# 물리 이야기

로이드 모츠·제퍼슨 헤인 위버 지음
차동우·이재일 옮김

전파과학사

To Minne and Shelley

# 서문

과학에 대한 이야기를 쓰는 저자는 "과학" 자체의 정의에 의해 그에게 부여되는 제한과 요구 사항에 따라 안내되지 않을 수 없다. 과학이란 창의적인 논문들에 의해 설명되고 책으로 모인 한 아름의 지식 이상의 것이다. 과학이란 이런 지식이 부인할 수 없는 내부 추진력을 가지고 이 "대단한 모험"에 열중하는 헌신적인 사람들의(과학자들의) 집단에 의해 능동적으로 추구되는 것이다. 지적 행동으로서의 물리학은 자연의 기초적인 법칙들을 찾는 것이므로 모든 다른 과학을 유도할 수 있는 기본과학이다. 자연의 모든 현상은 물리학자들이 다룰 현상이다. 그러나 물리학자는 사실에 대한 단순한 지식보다는 이 사실들로부터 서로 상관없는 것처럼 보이는 현상들을 연관시키고 장래 사건을 예견할 수 있게 하는 기본법칙을 유추하는 것이 궁극적인 관심이다. 그런 관심사들 중에서 요즈음의 아주 좋은 예로는 천체물리학자가 (예를 들면 태양 같은) 별의 진화를 현재 상태에서부터 백색왜성이나 중성자별 또는 검은 구멍의 형태로 마침내 사라질 때까지 기술하는 것을 들 수 있다. 천체물리학자는 알려진 물리법칙들을 별의 내부에 적용하여 그 내부의 동역학적 과정을 발견함으로써 이런 과제를 수행한다.

자연현상이나 자연법칙에 대한 지식만이 과학이라고 볼 수는 없다. 따라서 우리는 단순히 사실들이 불어 가는 이야기뿐 아니라 사실과 상상력(사색)의 놀라운 지적 종합에 의해서만 유래될 수 있는, 즉 사실들로부터 추출되는 자연법칙의 출현과 진화로서의 물리 이야기를 소개했다. 이러한 주제와 연관하여, 다시 한번 지식과 과학 사이의 차이를 강조하고자 한다. 우주의 모든 생물은, 심지어 단세포(單細胞)까지도, 우리가 의식적으로 알고 있는 것을 훨씬 초월한 삶의 지식을 알고 있다. 우리의 눈은(눈을 이루는 세포는) 광학의 법칙에 대해 우리가 알고 있는 것보다 훨씬 더 많이 알고 있다. 만일 우리가 신체의 조직에게 어떻게 동작하라고 지시해 주어야만 한다면, 우리는 바로 죽고 말 것이다. 그러나 우리 몸을 이루는 세포들이 그렇게 영리함에도 불구하고 과학자는 아니다. 다른 예로 꿀벌들이 날개를 빠르게 움직여서 꿀벌 통을 시원하게 유지할 줄 안다고 해서 기술자라고 말할 수 있을지는 몰라도 과학자는 아니다.

이 생각을 세포나 곤충 등과 같은 하등동물에서 시작하여 우리 자신에까지 가지고 오면, 과학에 대해 조금도 공부하지 않은 사람까지도 스스로 의식하지 못한 채 자연의 법칙에 대해 매우 많은 것을 알고 있음을 볼 수 있다. 우리들은 걷고, 뛰고, 우리 자신의 평형을 유지하면서 모든 종류의 자연적인 위험들을 피하는 데 운동의 법칙과 만유인력의 법칙, 열역학법칙, 벡터의 개념, 대칭원리와 보존원리 등에 대해서 우리의 잠재의식 속에 들어 있는 지식을 끊임없이 적용한다. 지식 자체와 과학 사이의 이런 차이를 염두에 두고, 그리스 사람들이 우주를 이해하려는 길로서 지식을 사려 깊게 추구하는 데 관여했다는 당시의 기록에 따라 물리 이야기를 고대 그리스 사람들로부터 시작하고자 한다. 그런 의미에서, 우리의 정의를 따르면 그리스 사람들은 그렇게 성공적이지는 못했지만 분명히 과학자들이다.

우리의 이 책이 물리 역사를 다루는 것이 아니므로, "그리스 물리학"의 모든 면들을 다 망라하지 않고, 뒤따른 후세 과학자들의 사고에 옳건 그르건 영향을 미친 두드러진 특징만을 소개하고자 한다. 이런 관점에서 피타고라스와 유클리드, 아르키메데스, 아리스타르코스, 히파르코스, 프톨레마이오스의 발견들이 가장 주목받을 만하지만, 이 책이 원래 의도했던 정도의 부피를 유지하기 위해, 이 경이로운 철학자들의 연구를 이해할 수 있을 정도로만 자세하게, 그러나 될 수 있는 대로 간략하게 설명하도록 할 것이다.

물리학에 대한 그리스 사람들의 공헌에 별 관심을 갖지 않는 독자들은 3장부터 바로 시작하기 바란다. 3장은 주로 니콜라우스 코페르니쿠스와 튀코 브라헤, 요하네스 케플러의 천문학에 대한 연구를 다룬다. 브라헤가 관찰한 자료로부터 케플러가 유도한 행성의 운동에 대한 법칙들은 코페르니쿠스 이후 시대에 존재했던 위대한 지적 종합 중 하나이다. 이렇게 성취한 것들을 고대 그리스에서 가장 위대한 사람들의 업적들과 비교하면 (실험이나 관찰의 밑받침이 없는) 그리스 사람들의 사색과 관찰에 의해 확고한 기반을 가진 케플러의 추론과의 사이에 현격한 차이를 분명히 느낄 수 있다.

그리스 사람들의 사고와 르네상스 스콜라 시대 이전 철학과의 사이에서 보이는 커다란 차이를 특별히 강조하기 위해, 갈릴레오 갈릴레이의 관성에 대한 개념과 아이작 뉴턴 경의 운동법칙을 꼽고자 한다. 현대물리학이 양자론과 상대론으로부터 유래하였으며, 어떤 기본적인 측면에서는 뉴턴역학과 현저히 달라지긴 하였으나, 비교적 짧은 기간 동안 급속히 발전된 뉴턴 이후의 물리학이 모든 고전물리학과 현대물리학의 기반을 쌓았다는 것은 극히 명백하다. 그렇지만 18세기와 19세기에 고전 수리물리학자들에 의해 수립된 보존원리들이나 대칭원리, 고전(뉴턴)물리학의 최소작용의 원리 등은 특정한 측면에서 결정적인 수정을 통해 현대물리학에 계승되었다.

고전물리학의 발전을 묘사하면서, 우리는 그런 원리들을 강조하고, 그런 원리들이 한 묶음의 개념들을 다른 묶음의 개념들과 연결 짓는(예를 들면, 입자들의 동역학을 열역학과 연결 짓는) 고리를 이루는 것과, 또한 물리학이 진화해 나가는 데 연속성을 정의함을 보인다. 이러한 연속성이 현대물리학, 즉 양자론과 상대론이 출현하면서도 끊어지지 않았으므로 우리는 왜 양자론이 필요하며 그것이 고전물리학으로부터 어떻게 태동되었는지를 조심스럽게 보이고자 한다.

루이 드 브로이와 에르빈 슈뢰딩거, 베르너 하이젠베르크, 폴 디랙, 막스 보른이 발전시킨 양자론으로부터 양자역학(행렬역학과 파동역학)으로의 변천은 막스 플랑크가 양자 개념 자체를 도입하였을 때보다 우리의 사고에 훨씬 더 큰 혁명을 불러일으켰다. 그것은 그러한 변천과 함께 가져온 것(즉 올바로 예언되는 것)이 기존의 물리적 지식에 도전하는 현상이었기 때문이었다. 그러므로 우리는 양자역학의 특성들을 가능한 한 많이 강조했고 그와 함께 이 시점에서 아무런 의문을 갖지 말고 받아들여야만 하는 특성들을 지적했다.

지난 사반세기 동안에 고에너지 물리학이 급속히 발전됨에 따라서, 현재 진행되고 있는 입자물리학에서 중요한 실험적, 이론적 특성들을 간략하게나마 논의하지 않고서는 물리 이야기가 완전하지 못할 것이다. 그래서 이 주제에 관한 논의를 19장에 포함시켰다.

로이드 모츠

제퍼스 헤인 위버

# 옮긴이의 말

흔히 『삼국지』라 불리는 중국 소설 『삼국지연의』를 모르는 이는 없을 것이다. 글을 아는 사람이면 한 번쯤은 그것을 읽어 보았을 것이며, 설령 끝까지 읽지는 않았을지라도 최소한 그 내용을 익히 알 것이다. 거기에는 수많은 영웅호걸이 등장하고, 그들이 펼치는 흥미진진한 이야기는 독자를 매료시켜 자신도 모르는 사이에 소설 속으로 빠져들어 이야기의 일부분이 되게 한다. 새로운 전술을 개발하고, 지묘와 책략을 써서 영토를 확장하며, 궁극적으로는 천하 통일을 이루려는 수십 년에 걸친 이야기가 한편의 풍경화처럼 눈앞에 전개되는 것이다. 이 『삼국지연의』는 단순히 있는 그대로의 역사책이 아니라 역사에 바탕을 두어 재미를 가미시킨 이야기인 것이다.

여기에 옮겨진 『물리 이야기 The Story of Physics』도 『삼국지』와 같이 물리학에 관한 역사책이 아니라 물리에 대한 이야기책이다. 그러나 삼국지와는 달리 물리에 대하여 허구를 가미한 것이 아니라, 물리를 이야기 형식으로 풀어 쓴 것이다. 이 책에는 삼국지의 영웅들보다 더 많은, 더 위대한 위인들이 등장하며 『삼국지』의 이야기보다도 더 웅장한 내용이 담겨 있다고 생각된다. 그리스 시대로부터 현재에 이르기까지 수천 년에 걸친 물리학자들의 삶의 이야기가 이 책 속에 있으며, 또한 이 책은 물리학자들이 집념과 노력의 결과로 이룩해 낸 물리학적 업적과 이론체계를 알기 쉬우면서도 재미있게 들려준다. 그래서 물리학을 공부하는 사람은 물론이고 아주 조금이나마 물리학에 흥미를 가진 사람이면 누구나 마치 『삼국지』를 읽듯이 이 책을 읽어 갈 수 있으리라 생각된다.

『삼국지』의 이야기는 이미 끝맺음됐다. 한 시대를 풍미했던 영웅들은 소설의 뒤안길로 사라졌고 우리를 사로잡던 줄거리는 우리의 마음속에 파묻혀 있을 뿐이다. 하지만 물리학 이야기는 아직 끝나지 않았다. 앞으로도 계속 새로운 주역들이 나타날 것이며, 더욱 흥미 있는 새로운 이야깃거리를 만들어 줄 것이다. 그리하여 이 책의 끝맺음은 또 다른 시작이 될 것이며, 우리의 마음은 새로운 위인과 그들의 이야기를 받아들일 준비가 항상 되어 있을 것이다.

이 책을 옮기면서 한 가지 아쉬운 점은, 이 책의 수많은 등장인물 중 우리나라 사람이 단 한 명도 없다는 것이다. 하지만 앞에서도 언급했듯이 물리학 이야기는 아직 끝나지 않았다. 앞으로의 등장인물들은 물리학에서 보다 더 막중한 역할을 해야 될 것이며 그 역할을 바로 우리 한국 사람들이 해 줄 것이라 믿어 의심치 않는다.

이 책의 번역을 허락하여 준 저자와 Plenum출판사, 그리고 우리말 책 출판을 맡아 주신 전파과학사 손영일 사장님께 감사드린다. 또한 번역하는 동안 많은 관심을 가져 주신 장회익 교수님과 인하대학교의 한기호, 김인기 그리고 김영철 군에게 감사드린다.

이재일, 차동우

# 차례

# 1장
# 그리스의 물리학

중요한 모든 것은 그것을 발견하지 않은
누군가가 이미 말하였다.
—ALFRED NORTH WHITEHEAD

물리학의 역사에 관해서가 아닌 그 지식체계를 이루고 있는 개념, 관찰, 사고 그리고 이들을 종합해 온 과정에 대한 이야기를 쓰기 위해서는 이 가운데에서 역사에만 적합한 부분들은 제외해야 한다. 이러한 점을 염두에 둔다면, 우리의 이야기에 무엇을 포함시키건 않건 간에 그 결과가 아주 만족스럽지는 못하리라는 것을 잘 알면서도 물리 이야기에 그리스가 얼마나 기여했는지를 설명하려 한다. 비록 그리스 시대의 물리학이 뉴턴의 물리학과 꼭 맞게 연결되지는 않는다 해도 그리스 철학과 유클리드기하학은 우리의 사고(思考)에 아직도 영향을 미치고 있다. 따라서 그리스사상 중 물리학과 직접 관련된다고 생각되는 면들을 여기에 넣고자 한다.

오늘날 우리가 이해하며 이용하고 있는 물리학은 옛날 그리스 사람들에게는 알려져 있지 않았다. 그러나 만일 뉴턴의 운동법칙과 만유인력 법칙이 옛 그리스의 아리스토텔레스나 아르키메데스에 의해 발견되었더라면 현재 우리 사회는 어떠할까 곰곰이 생각해 볼 만하다. 이것은 그리스의 철학자나 수학자들이 넓은 의미에서 과학자가 아니었다고 말하려는 것은 아니다. 하늘에 대한 예리한 관찰이나 끝없는 사색, 수학에 대한 업적들이 증명하듯 그들은 분명 과학자들이었다. 그렇다면 그들의 과학이 뉴턴의 과학과 어떻게 다른가? 그것은 현재의 관찰에 의해 앞으로 일어날 사건을 예측하게 할 수 있는, 다시 말하면 겉보기에는 서로 다른 다양한 우주 안의 현상들을 연관 짓는 원리나 법칙을 갖지 못했다는 점이다.

몇 가지 예를 통해 위와 같은 매우 중요한 차이를 살펴보고 그 의미를 풀어보자. 그리스 천문학자들이 행성의 운동에 관해 얼마나 많이 관찰했는지는 모르나 그것만으로는 밀물과 썰물이 때를 맞춰 드나드는 현상이나 자유낙하 하는 물체의 운동, 한 점의 주위를 회전하는 가까이 놓인 두 별(쌍성) 등을 예측하거나 이해할 수 없었다. 반면에 뉴턴이나 그 후의 물리학자들은 뉴턴의 법칙들을 이용하여 행성들의 운동, 밀물과 썰물, 중력이라는 물리적인 힘에 의해 나타나는 여러 현상들을 서로 연관 지어 설명할 수 있었다. 마찬가지로 압력에 대한 깊은 이해가 없었던 그리스 사람들은 아르키메데스의 부력에 관한 원리를 뉴턴 시대의 과학자들처럼 대기(大氣)에 관한 일반 현상들을 설명하는 데 응용할 수 없었다. 이처럼 그리스 과학은 기본법칙을 갖추지 못한 경험 과학에 불과했다.

그럼에도 불구하고 우리는 아직도 그들이 이루어 놓은 수학, 천체의 관찰, 그리고 깊은 사색의 덕을 입고 있다. 비록 수학은 물리학과 다르지만 그들이 위대한 업적을 많이 남겼던 수학의 중요한 한 분야인 기하학은 물리학과 아주 밀접하게 연관되어 있기 때문에 물리학을 제대로 공부하기 위해서는 그리스의 기하학을 공부하지 않을 수 없다. 기하학은 물리학에서 중요한 위치를 차지하는데 이것은 물체의 운동에 관한 법칙들을 기하학의 방법으로밖에는 표현할 수 없기 때문이다. 기하학은 또한 물체들의 공간적 상호관계라든가 물체의 운동을 실험적으로 나타내는 데에도 중요하다. 만일 기하학이 없었다면 유용한 물리법칙들을 만들어 낼 수 없었을 것이다. 왜냐하면 물리법칙은 우주공간 내에서 서로 관계없어 보이는 여러 사건들을 연관 지을 수 있게 하기 때문이다.

오늘날 우리는 유클리드기하학(평평한 공간), 쌍곡선기하학(음의 곡률을 가진 공간), 타원기하학(양의 곡률을 가진 공간) 등 세 가지 기하학을 알고 있다. 그러나 그들은 유클리드와 더불어 피타고라스와 에우독소스가 발전시킨 유클리드기하학만 알고 있었다. 피타고라스(기원전 560~480)는 그리스 사상에 큰 영향을 미친 철학자들을 위한 학교를 세웠는데 이 학교는 200여 년간 존속하였다. 그의 자세한 생애에 관해서는 별로 알려진 바 없지만 젊었을 때 상당 기간 동안을 이집트와 바빌로니아에서 수학을 공부하며 보냈으리라 믿어진다. 오랫동안 살아왔던 사모스의 집을 떠나지 않으면 안 될 처지가 되자 그는 기원전 530년에 이탈리아의 크로톤에 정착하고 철학학교를 세웠다. 비록 그의 가르침이 남부 이탈리아의 전역에 걸쳐 큰 영향을 미치긴 했지만, 그의 반민주적인 생각은 심한 반발을 일으켜 그는 기원전 500년에 메타폰툼으로 망명하지 않을 수 없었으며 그곳에서 여생을 보냈다.

피타고라스학파의 사람들에게 있어 수(數)는 모든 것이었다. 그들은 자연의 모든 현상이 수들 사이의 상관관계로 설명될 수 있다고 믿었다. 하지만 그러한 상관관계를 알아내지 못했기 때문에 그들의 "수철학"은 더 이상 발전하지 못했다. 그럼에도 불구하고 모든 기본원리들이 그러하듯 피타고라스학파의 숫자학도 그 문하생들로 하여금 자연현상 속에 들어 있는 대칭과 조화의 성질을 찾도록 촉진하였다는 데 그 가치가 있다. 이러한 탐구에 의해서 그들은 음악에서 소리의 조화는 그 소리의 높낮이 사이에 존재하는 규칙적인 주기성 때문이라는 것을 발견했다.

그들은 이와 같은 생각들을 일반화시켜 행성의 운동을 서로 다른 높낮이 음표와 연관 지어 설명한 우주조화 이론을 제안했다. "구(球)들의 조화"라고 불리는 이 이론은 요하네스 케플러에게까지 영향을 미쳤다. 그는 초창기 연구에서 여러 행성들의 운동을 음계에서의 서로 다른 옥타브로 표현하려고 시도했다.

오늘날 피타고라스는 직각삼각형에서 빗변의 길이를 다른 두 변의 길이로 표현하는 유명한 법칙, 즉 피타고라스 정리로 널리 알려져 있다. 그가 평면 위의 직각삼각형에 대해 세운 이 간단한 관계식은 모든 차원(次元)과 비유클리드기하학에까지 확장되었다. 그러한 확장은 오늘날 자연법칙을 기하학으로 해석하는 데 있어서 피타고라스 정리가 기본이 될 정도로 철저하게 이루어졌다. 실제로 가장 일반적인 형태의 피타고라스 정리는 알베르트 아인슈타인이 수립한 일반상대성이론과 시공간 기하를 통해 자연의 법칙을 통일하려는 모든 현대적인 연구 방법의 출발점이 된다.

유클리드는 열세 권으로 이루어진 『원론 Hemenfs』이라는 제목의 책으로 유명하다. 여기에는 여러 가지 정의(定義), 가정, 공리, 정리 등과 같은 고대 그리스의 모든 수학 지식들이 담겨져 있다. 이 책의 영향은 대단했으며 그의 3차원 기하학은 자연의 법칙을 수식화하는 데 옳은 기하학적 체계로서 수백 년 동안 인정받아 왔다. 뉴턴의 역학과 제임스 클러크 맥스웰의 전자기학은 그 이론체계 안에 유클리드기하학을 결합시켰다. 19세기의 위대한 기하학자들인 카를 프리드리히 가우스, 니콜라이 로바쳅스키, 게오르크 리만 등은 한 직선과 그 직선 밖에 한 점이 주어졌을 때 이 점을 지나며 그 직선에 평행한 직선은 단 한 개밖에 존재하지 않는다는 그의 다섯 번째 공리에 이의를 제기함으로써 유클리드기하학으로부터 벗어나게 되었다. 이 공리에 대한 부정(否定)으로부터 현대적 비유클리드기하학이 나오게 되었으며 그로부터 많은 새로운 이론이 나오게 되었다.

현대물리학과 그리스 물리학 사이의 가장 두드러진 차이는 아마도 현대 원자 이론과 데모크리토스와 그 학파 사람들이 만들어 낸 그리스 원자론에 의해 잘 나타날 것이다. 데모크리토스가 제안한 매력적인 가설은, 모든 물질은 (예를 들어 크기나 질량, 색깔 등) 여러 가지 면에서 구별되고 더 나뉠 수 없는 입자(원자)들로 구성되었으며 그 입자들이 결합하여 우주에서 보이는 만물을 이룬다는 것이었다. 그리스의 원자론자들이 물질의 성질을 계산하거나 미지의 현상을 예언할 아무런 방법이나 수학적 공식을 제시하지 않았으므로 그들의 이론은 쓸모가 없었으며 더 이상 발전할 수도 없었다.

반면에, 원자 내부의 전기를 띤 입자들 사이에 작용하는 전자기적 상호작용에 바탕을 둔 현대의 원자 이론은 수학과 물리학의 기본원리들에 의해 발전되었으며 명료한 체계가 이루어진 학문 분야이다. 때문에 물리학자들은 원자와 분자에서 관찰되는 현상들을 믿을 수 없을 정도로 정밀하게 계산할 수 있다. 그리스 사람들도 전기와 자기 현상을 알고 있었지만 그것을 데모크리토스의 원자와 연관 짓지는 못했다.

물리적인 현상에 관심을 가졌던 그리스의 모든 철학자 중에서 가장 주목받을 만하며 오늘날에도 과학자라고 부를 만한 사람은 아르키메데스(기원전 287~212)였다. 천문학자였던 피디아스의 아들인 그는 시라쿠사에서 태어났으며 지방군주인 히에론 왕의 좋은 친구였다. 젊었을 때 이집트로 건너가 유클리드의 직계제자로부터 수학을 배운 다음 시라쿠사로 돌아와 여생을 보냈다.

그는 오늘날의 과학적인 과정과 비슷한 방법으로 이론과 실험을 결합시켰으나 자신이 행한 연구로부터 어떠한 과학적인 기본원리 체계도 이끌어내지 못했다. 그는 유클리드가 기하학에 했던 것과 같은 일을 과학에서 시도했다. 즉, 과학적 지식들을 몇 개의 자명한 명제로부터 끌어낼 수 있음을 보이고자 노력했던 것이다. 그러나 그가 끌어내기 위해 채택한 공리나 정리들에 대해 알려진 것은 거의 없다.

위대한 실험가요, 발명가이며 자연에 대한 예리한 탐구자라는 사실은 그가 발견한 것들과 이룩한 수학체계를 통해 알 수 있다. 실제 실험을 하기에 충분한 장비를 갖추지 못했기 때문에 다른 모든 위대한 과학자가 그러했듯 일종의 사고(思考)실험에 의존할 수밖에 없었다. 부력에 관한 원리(아르키메데스의 원리)의 발견으로 널리 알려졌으며, 빛이 거울에서 반사될 때 만족하는 법칙도 알고 있었던 것 같다. 그의 발명품은 분수(噴水)로부터 천문관, 천체관측을 정밀히 수행할 수 있는 측정 장치에 이르기까지 다양했다. 그의 수학적인 재능은 (원의 둘레와 지름 사이의 비인) $\pi$라는 수를 원하는 자릿수까지 정확하게 계산할 수 있는 방법을 알아낸 것으로 잘 알 수 있다. $\pi$를 계산하기 위해 원의 둘레를 그 원에 내접하는 정다각형과 외접하는 정다각형의 둘레를 이용, 근삿값을 구하고 그러한 정다각형의 변의 수를 무한히 늘림으로써 $\pi$를 나타내는 무한급수를 얻는다.

또한 매우 큰 유한수(有限數)가 무한수(無限數)와 실제로 같지 않다는 사실을 명확히 증명하기 위해 「모래알을 세는 사람」이라는 논문을 썼다. 논문의 첫 문장은 "모래알의 수가 무한히 많다고 생각하는 겔론이라는 이름의 왕이 살았으며(여기서 모래알은 단지 시라쿠사 근처나 시칠리아의 섬에 있는 것만을 뜻하지 않고 사람들이 살고 있는지 없는지에 관계없이 모든 땅에 존재하는 모래알들을 뜻한다), 또한 그 수가 무한하다고는 생각지 않지만 그 모래알의 수를 능가할 만큼 큰 어떤 수도 아직 이름 지어지지 않았다고 생각하는 사람이 살았다"라고 시작한다. 그는 양귀비씨 한 알에 모래알 몇 개가 들어가는지 헤아려 보고 다시 손가락만 한 크기를 채우기 위해 필요한 양귀비 씨의 개수를 세는 등의 방법을 계속하여 10,000스타디온(1스타디온은 185m에 해당) 속에 들어가는 모래알의 수를 계산함으로써 전 우주를 채우는 데 필요하다고 믿어지는 모래알의 수를 구하였다. 그가 이처럼 큰 수를 손쉽게 다루었다는 사실보다 더 중요한 점은 그 큰 수들을 차수(次數)와 자릿점으로 분류하였다는 데 있다.

그는 로마의 공격으로 시라쿠사가 함락되었을 때, 75세의 나이로 생을 마감하였다. 그런데 로마의 공격은 그가 발명한 기발한 방어 장치 때문에 상당히 지연되었다. 허버트 웨스턴 턴불이 지은 『위대한 수학자들 The Great Atofematiciaras』[1)]이라는 책에 의하면, 로마군의 지휘관인 마르켈루스는 아르키메데스에 대해 말하기를 "우리 로마의 배들을 마치 바닷물을 퍼내는 컵처럼 사용하였고, 불경스럽게도 우리 삼부카(역주 : 고대 현악기의 일종)를 곤봉으로 때려 끊어지게 하였으며, 무수히 많은 미사일을 동시에 쏘아대는 것이 신화에 나오는 손이 100개인 거인을 훨씬 능가하므로!" 그를 생포하라고 명령했다. 비록 그가 그의 도시를 지키려고 비상한 노력을 기울인 것은 사실이지만, 그는 이러한 노력들을 단지 그가 아끼던 기하학에 비해 훨씬 덜 중요한 분야인 역학의 응용 이상으로 생각하지 않았다. 시라쿠사가 함락되고 로마의 보병군단이 시내로 들어왔을 때 그는 모래 위에 수학도형을 그려놓고 골똘히 생각에 잠겨 있던 중 한 로마 병사에 의해 살해되었다. 앨프리드 노스 화이트헤드는 "로마인들이 위대한 민족이긴 하지만 실용주의에 따라오는 황폐함에 의해 저주받았기" 때문에 아르키메데스의 죽음을 기념비적인 사건으로 규정했다. 그의 의견에 따르면, "로마인들은 자연의 힘을 보다 근본적으로 다스릴 수 있게 하는 새로운 사고에 충분히 도달할 정도의 꿈을 가진 사람들이 아니다." 한마디로 말하면, "수학도형에 대한 사색에 빠져들어서 목숨을 잃는 로마인은 한 명도 없다."

이제 드디어 플라톤의 가장 유명한 제자이며 아르키메데스보다 약 100년 정도 일찍 태어난 아리스토텔레스(Aristoteles, 기원전 384~322)에 대해 이야기해야 되겠다. 칼기디케의 스타기라에서 출생한 그의 철학은 물리학

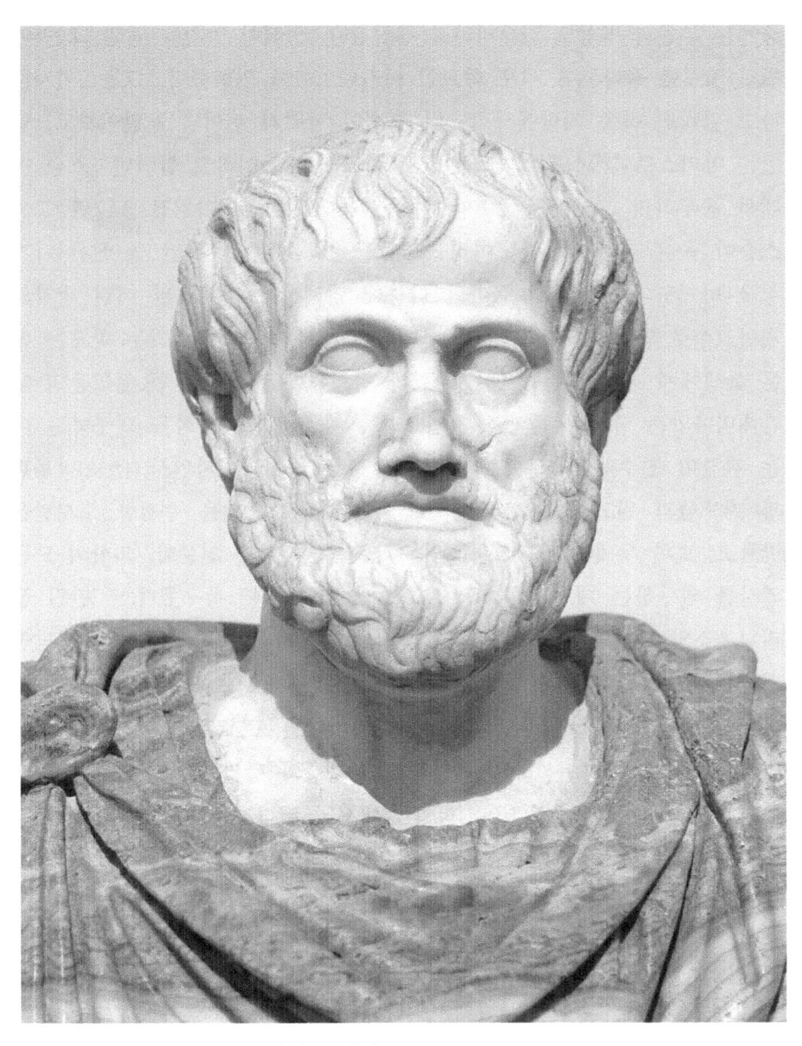

아리스토텔레스(기원전 384~322)

과 기상학으로부터 생물학과 심리학에 이르는 많은 분야에 걸쳐서 근 2000년 동안 인간의 사고를 지배했다. 그의 부친은 마케도니아의 궁중의 사였는데 그가 어릴 적부터 생물학과 과학의 분류에 흥미를 가졌던 이유

중에는 부친의 영향도 컸으리라고 짐작된다. 일찍이 양친을 여읜 그는 기원전 367년 플라톤이 세운 학교인 아카데미아에 입학했다. 그는 "미개하다고 알려진 북쪽 지방에서 온 이 학생이 남달리 뛰어남을 알아보고, 한번은 아리스토텔레스를 의인화법으로 학교의 마음이라고 불렀던" 스승 아래서 공부하며 그곳에서 20여 년 동안을 보냈다.[2] 기원전 347년 그의 스승이 죽은 후에는 근처 여러 그리스 왕국을 수년 동안 돌아다니다가 결국 마케도니아에 다시 돌아와 나중에 알렉산더대왕이 된 어린 왕자의 개인교수로 일했다. 그 후 그가 아테네에 세운 리케이온이라는 학교는 많은 학생에게 인기가 높았으며, 수학과 정치철학을 위주로 한 플라톤의 아카데미아와는 달리 생물학과 자연과학을 강조했다.[3] 과학을 연구하는 데는 관찰이 필수적이라는 그의 신념은 그로 하여금 "자연사(自然史)박물관과 지도들과 원고들(자신의 논문과 강의 노트를 포함한)을 수집한 도서관을 만들고, 또한 무엇보다도 그리스의 자연철학, 수학과 천문학, 의학의 모든 역사를 연구하는 데 초석이 된 계획을 수립하도록" 촉구했다.[4] "만일 플리니우스의 말을 믿을 수 있다면, 알렉산더는 자신의 명령을 받는 사냥꾼과 사냥터지기, 정원사, 어부들에게 아리스토텔레스가 필요하다고 여기는 모든 동식물을 공급해 주도록 지시했으며, 다른 고대(古代) 작가들은 한때 그가 모든 땅에서 번식하는 동물상과 식물상의 종자들을 수집하기 위해 그리스와 아시아 전역에 1,000명의 사람을 부렸다고 적고 있다."[5]

그는 과학을 체계적으로 만드는 모형을 제공하는 열쇠가 수학이라고 생각했다. 이 같은 신념은 아마도 그가 플라톤의 아카데미아에서 공부하면서 형성된 것으로 보인다. 그곳에서는 추론의 과정에서 만들어진 가정들을 검토하는 수학과 대화에 의한 토론을 가장 중점적으로 연구했다. 그는 과학의 구조를 "과학적인 정리['전제(前提)나 '정의(定義)', 후자는 유클리드의 '정의'에 해당]와 다양한 계에 적용될 수 있는(유클리드의 '상식적 개념'에 해당하는 '공리') 원칙들로부터 적합하게 얻어지는 자명한 체계"라고 간주했다. 그렇지만 수학을 이용하여 일반화를 추구함에 따라 플라톤이 그렇게도 선호했던 대화법은 수학이 과학적 논리를 역행하거나 제자리로 돌아오게 만드는 곤란한 경우에만 불러내는 보조적 역할만을 수행하게 되고

말았다.[6)]

그는 생물학의 발전에 커다란 영향을 미친 분류체계를 이룩한 공으로 대단히 칭송받을 만하나 물리학에는 별로 큰 공헌을 하지 못했다. 그의 『물리학 Physics』이라는 저서는 무한대(無限大)나 시간으로부터 운동과 공간에 이르기까지 소위 "가장 근본적인 주제"를 가지고 씨름하는 형이상학적 잡동사니에 불과하다. 그가 소크라테스 이전 학자들의 견해를 답습했기 때문에 그 책이 값진 역사적 자료를 제공한다는 데서 의미를 찾을 수는 있다. 그러나 선배학자들의 의견 중에서 틀린 점을 지적하거나 반박할 수 있도록 그들의 업적을 소개한 것은 전혀 아니었다. 『물리학』이 천문학 지식의 발달에는 전혀 기여하지 못했고 태양이 우주의 중심에 존재한다는 피타고라스학파의 주장을 분명히 인정하지 않았지만 이 세상이 끊임없는 변화의 과정을 거치고 있다는 그의 기상학에 대한 고찰은 감명 깊다. "태양은 늘 바다를 증발시키고 있으며 강과 샘을 말리고 마침내는 끝이 없는 바다를 벌거벗은 바위들로 변하게 한다. 한편 거꾸로 위로 올라간 수분이 모여서 구름을 이루고 다시 떨어져서 강과 바다를 새롭게 만든다."[7)] 그럼에도 불구하고 그는 자신의 관찰 결과를 종합하여 자연 속에 들어있는 형식을 뽑아내고, 거기서 물리적 세계에 대한 쓸 만한 이론을 만들어 내지는 못했다.

그도 별에서 지상의 물체에 이르기까지 모든 관찰 가능한 대상의 운동상태를 설명할 수 있는 운동 이론을 전개하려고 시도하기는 했다. 하지만 "계속해서 작용하는 운반자"와 직접 접촉하는 물체만이 운동을 계속할 수 있다는 그의 신념 때문에 물체의 운동에 대한 분석을 옳게 끌어내지 못했다. 만일 운반자와 물체의 접촉을 유지하지 않으면 물체는 순간적으로 운동을 멈춰 버린다고 잘못 생각하였다. 관성이라는 개념에 대한 인식이 없었던 그는 운동법칙을 발견하지 못했다.

어떤 현상이 왜 발생하는지를 설명하기 위해 그는 모든 원인을 "물질", "형식", "효용성", "종결"로 이름 붙인 기본적인 네 가지로 나누는 원인의 원리를 제의했다. 우리가 이 같은 명칭들을 언급하는 이유는 그의 생각이 인과관계에 대한 현대 개념과 얼마나 동떨어져 있는가를 보이기 위함이다. 그가 예리한 관찰자였다는 사실은 지질학에 대한 여러 발견들과 생물의 분류체계를 보면 잘 알 수 있다. 이러한 업적들은 여전히 주목받을 만하며 쓸 만한 가치를 지니고 있다.

따라서 그리스 물리학은 전체적으로 보아 우리의 관심을 별로 끌지 못하지만, 강력한 수학에 의한 철저한 이론적 기초를 갖추지 못하면 추정(推定)에만 의존하는 정밀과학이 얼마나 보람 없는 것인지를 극명하게 알려준다는 점에서 가치를 찾을 수도 있다. 그리스 사람들은 자연에 대한 흥미 있는 사실들을 많이 찾아냈다. 그러나 과학을 세우는 데 자신이 뿌린 씨앗으로부터 얻어지는 기본원리를 갖추지 못했기 때문에 그들의 과학은 더 이상 발전하지 못했다. 그럼에도 불구하고 우리는 현대물리학이 사실과 연관 없는 이론들의 집합으로 변해가는 위험에 처해 있기 때문에 그들에게서 무언가 중요한 것을 배울 수 있다고 믿는다. 비록 그들이 자신들의 물리학을 위해 강력한 이론적인 배경이 되는 수학적 수식화 체계는 갖고 있지 않았지만 그들의 사고는 현명했고 재치가 넘쳤다. 오늘날 물리학의 가장 앞선 단계에서도 이와 비슷한 일이 일어나고 있다. 입자물리학은 수식화 체계의 바다에 빠져 허우적거리고 있는 중이다. 오늘날 가장 명성을 날리는 물리학 논문집들에는 수치적 추론은 전혀 없이 어려운 수학방정식만 가득 찬 논문들이 연이어 발표되고 있다. 이러한 논문들의 말미에 수치(數値)가 빠져 있는 것은 이론학자들이 실제 우주보다 환상적인 우주에 대해 논의하는 셈이기 때문인데, 이것은 오늘날의 이론물리학이 건강하지 못한 상태라는 분명한 증거가 된다.

## 참고문헌

1. Herbert Westren Turnbull, The Great Mathematicians in The World of Mathematics. James R. Newman, ed. New York : Simon & Schuster, 1956.
2. Will Durant, The Story of Philosophy. New York : Simon & Schuster, 1961, p. 41
3. 위에서 인용한 책, p. 44.
4. G. E. L. Owen, "Aristotle," Dictionary of Scientific Biography. New York : Charles Scribner's Sons, Vol.l, 1970, p. 250.
5. 위에서 인용한 Durant 의 책, p. 44.
6. 위에서 인용한 Owen 의 책, p. 251.
7. 위에서 인용한 Durant의 책, p. 53.

## 그림출처

1. Aristoteles, Bust of Aristotle. Marble, Roman copy after a Greek bronze original by Lysippos from 330 BC; the alabaster mantle is a modern addition. by National Museum of Rome–Palazzo Altemps, Photographer Jastrow (2006)

# 2장
# 그리스의 천문학

**자연의 맹목적인 힘을 제외하면 이 세상에서 그리스에**
**연유하지 않고 움직이는 것은 아무것도 없다.**
—Sir. HENRY JAMES SUMNER MAINE

오늘날 천문학은 과거 그 어느 때보다도 물리학의 한 분야로 받아들여지고 있다. 그러므로 우리 물리 이야기에 그리스의 천문학을 포함시킨다 해도 전혀 어색하지 않을 듯싶다. 천문학과 물리학 분야가 얼마나 밀접하게 연관되어 있는가를 알려면 고(高)에너지 물리학과 우주론 및 성간(星間) 진화, 그리고 핵물리학과의 관계나 또는 은하계의 구조와 유체(流體)동역학(動力學) 사이의 관계를 보면 된다. 어떤 의미로는 물리 이야기가 그리스의 천문학으로부터 시작된다고 할 수도 있다. 왜냐하면 별과 행성들의 움직임을 설명하고 이해하려고 한 사람들은 그리스인들이었기 때문이다. 물체들이 보이지 않는 힘(현재 우리가 물리법칙과 연관시키는)에 의해 움직인다는 생각은 모호한 형태이긴 하나 그리스의 천문학자들로부터 유래되었다고 할 수 있다. 그리스인들의 믿음이 오늘날 우리에게는 낡은 것처럼 보이겠지만 그들은 자신들이 상상했던 우주의 "기하학적 구조"를 이해하기 위해 수학을 이용하려고 시도했다. 그들은 비록 (실제적인 응용보다는) 개념적인 수학을 좋아했지만 그들 중 몇몇 천문학자는 지구의 지름이라든가 우주 안에 존재하는 모래알의 수를 계산하는 데 수학적 기술이 유용함을 보여주었다. 천문학자들은 이러한 기발한 방법들을 통해 수학이 서로 연관 없어 보이는 물리현상들을 정량화(定量化)시키는 방법을 제공하여 주므로 그 유용함을 알기도 했다. 그러나 그리스 사람들은 과학을 위한 공용어(公用語)로서 수학을 이용한다는 생각을 심각하게 고려하지 않았다. 그렇기 때문에 다른 분야와 비교하여 상대적으로 낙후되었던 관측에 의해 천문학을 연구한다는 생각을 뛰어넘어 그들이 관측한 결과를 설명하는 데 있어서 유용한 물리법칙을 만들 수 있는 능력을 갖지는 못했다.

그들은 천문학을 연구하는 데 지침이 되는 어떠한 법칙이나 원리를 발전시키지는 못했다. 그러나 많은 천문학적 관측 자료를 축적시키고 우주에 대한 다양한 모형들을 제안함으로써 다음 시대의 천문학이 더욱 부흥할 수 있는 기틀을 마련했다. 그들은 물리학보다는 천문학에 더 많은 기여를 했는데 그 주된 이유는 물질의 구성 요소나 구조를 분석하기보다는 밤하늘을 관찰하는 것이 더 쉽고 즐거웠기 때문이었다. 하늘은 그 아름다움과 신비로움으로 인해 많은 연구와 경탄의 대상이 되었다. 하늘의 매력은 풍부한 철학적 성향을 지닌 그리스인들을 매료시켰다. 천문학에 대한 연구가 번창할수록 물리학에 대한 연구는 시들해졌다.

비록 피타고라스와 그의 제자들은 지구가 우주의 중심에 놓여 있다고 하기는 했지만 그것은 구형이며 24시간이 지날 때마다 작은 원의 주위를 회전한다고 보았다. 따라서 그들은 매일 반복되는 별빛 초롱초롱한 하늘의 회전과 해와 달의 운동을 설명할 수는 있었지만 지구가 중심축 주위로 자전(自轉)한다는 생각은 하지 못했다. 그들은 지구가 따라 움직이는 원궤도의 중심에 해와 달을 비춰 주는 중심적인 불이 놓여 있다고 믿었다. 이런 유치한 모형으로 관찰된 결과를 모두 설명할 수 없었기에 그들은 아무런 물리적 근거가 없는 많은 다른 속성을 도입하여 이야기를 꾸며대야만 했다.

당시의 사람들은 상식적으로 지구가 정지해 있고 하늘은 지구의 주위를 회전한다고 생각하고 있었지만 지심적(地心的, 지구가 중심이라는) 우주 이론이 옳지 않다고 믿는 이들도 더러 있었다. 사모스의 아리스타르코스(기원전 310~230)는 천심적(天心的, 태양이 중심이라는) 우주 이론을 처음으로 제창한 사람이라 여겨진다. 사모스섬에서 태어나 아리스토텔레스가 세운 학교인 리케이온에 다니던 그는 스트라토 밑에서 이른바 "물리철학"을 공부했다. 그는 수학을 좋아했고 실제로 그 당시 사람들에게 "수학자"로 통했다. 그러나 이러한 칭호는 단지 그와 같은 이름을 가진 사람들과 구별하기 위해 붙여진 것 같다.[1)]

그는 현대적인 태양중심설의 발전에 처음으로 커다란 발걸음을 내디딘 사람이었다. 『해와 달의 크기와 거리 On the Size and Distances of the Sun and Moon』라는 그의 책만 지금까지 남아 있을 뿐이지만 우리는 이 책으로부터 그가 지구에서 태양과 달까지의 상대적인 거리를 처음으로 진지하게 측정하고자 했던 사람임을 알 수 있다. 그의 생각들은 마침내 근세의 아리스타르코스라고 일컬어지는 니콜라우스 코페르니쿠스에게 지대한 영향을 미쳐 태양을 중심으로 한 태양계 모형을 이끌어 내게 했음이 분명하다. 그는 상현달일 때, 즉 정확히 달의 반쪽이 보일 때는 지구와 달의 중심을 잇는 직선이 태양과 달의 중심을 잇는 직선에 수직이라고 추론했다. 만약 그렇다면 달과 태양 사이의 거리는 달과 지구 사이의 거리와 비슷할 것이고 태양과 지구를 잇는 직선이 지구와 달을 잇는 직선과 45°의 각도를 이룰 것이라고 생각했다. 그러나 그도 발견했듯 실제는 이와 같지 않다. 이 각도는 거의 90°이며 따라서 달로부터 태양까지의 거리가 지구와 달 사이의 거리에 비해 훨씬 더 길다고 할 수 있다. 그리고 달과 태양의 크기가 같게 보이므로 실제로는 태양의 크기가 지구와 달보다 매우 크다는 것을 뜻한다. 이 같은 발견으로부터 그는 지구와 같이 조그만 물체가 태양과 같이 커다란 물체의 주위를 도는 것이 그 반대의 경우보다 더 합리적이라고 주장했다.

로마의 건축가 비트루비우스는 아리스타르코스가 비범한 수학적 자질을 가졌을 뿐 아니라 그것을 실제적인 문제 해결에 응용할 수 있는 능력까지 가진 사람이라고 기록했다. 그는 아리스타르코스가 "반구(半球) 모양의 그릇과 그 가운데 그림자를 만들도록 수직으로 세운 바늘로 이루어진" 스카페 skaphe라는 해시계를 발명했다고 믿었다. 아리스타르코스와 같이 뛰어난 수학자가 무엇 때문에 태양계에 속한 물체들의 상대적인 위치에 관심을 갖게 되었는지는 분명치 않다. 하지만 그가 그 책의 원고를 준비하면서 "태양과 지구의 상대적인 크기에 대해 올바른 인식을 갖게 되었고 이로부터

태양중심설에 이르게 되었다"고 믿어진다.[1)]

그의 과감한 사고는 고대의 몇몇 비평가들로부터 칭찬을 받기도 했지만 태양중심적 모형이 널리 받아들여지지는 않았다. 아르키메데스도 아리스타르코스가 제안한 태양중심설이 "우주의 크기에 대한 지구 크기의 비율이, 흔히 생각할 수 있는 것처럼 항성들이 그리는 구의 크기에 대하여 아리스타르코스가 제안한 지구가 따라 돌고 있는 구의 크기의 비율과 같다"고 하는 것처럼 보이기 때문에 수학적으로 옳지 않다고 반박했다.[2)] 그렇지만 아르키메데스의 비판은 오히려 정확하지 못한 셈인데 그것은 아리스타르코스가 실제로는 하늘이 대단히 큰 것과 비교하여 행성인 지구가 지극히 작음을 단순하게 대비시킨 것을 가지고 수학적인 모형이라고 가정했기 때문이다. 아리스타르코스의 이론이 계속적인 지지를 받는 데 보다 더 치명적인 어려움을 주었던 것은, 그리스의 재능 있는 수학자들이 점점 더 천문학에 관심을 갖게 됨에 따라 우주에 대한 신비론적인 추론에 바탕을 두고 있는 그 이론의 중요성이 감소되었기 때문이다. 페르게의 아폴로니오스와 히파르코스, 프톨레마이오스가 행한 엄밀한 논증과 계산은 지구가 중심이라는 데 기반을 두었다. 이러한 새로운 우주 이론들은 주전원(周轉圓, 역주 : 그 중심이 다른 큰 원의 둘레 위를 회전하는 작은 원)이라든가 편심률(偏心率, 역주 : 타원에서 긴반지름과 짧은반지름 사이의 비) 등을 도입하여 이전의 태양중심 이론에 비해 수학적으로 더 어려워짐에 따라 새로운 이론들이 더욱 지적인 가치를 갖는 것처럼 보였으며, 그 결과로 그리스의 천문학자와 수학자들의 관심을 점진적으로 끌어들였다.

아리스타르코스보다 1세기 앞선, 기원전 4세기에 살았던 헤라클레이데스는 지구가 "계속 앞을 향하여 움직이는 것이 아니라 축에 붙어 있는 바퀴처럼 중심 주위를 서쪽에서 동쪽으로 회전한다"는 이론을 제안했다. 이러한 회전하는 지구에 대한 생각은 함께 공부했던 아리스토텔레스나 플라톤의 가르침(즉, 하늘이 고정된 지구 주위를 회전한다는)으로부터 과감하게 벗어난 것이었다. 피타고라스학파의 학교를 다녔다고 전해지는 것으로 보아 그 역시 피타고라스학파 사람이었던 것 같다. 그리스의 다른 철학자들이 쓴 문헌에 의하면 그는 금성이 지구 주위가 아닌 태양 주위를 회전한다고 제안했다고 되어 있다. 금성의 밝기가 변하는 것으로 알 수 있듯이 지구와 금성 사이의 거리가 상당히 바뀐다는 것을 그 증거로 들었다.

아리스타르코스 이후 수백 년이 지나서야 태양, 달, 그리고 그 당시에 알려진 행성들의 운동을 올바르게 기술할 수 있는 태양계에 대한 물리적인 모형을 만들려는 진지한 시도가 나타났다. 관측천문학은 여전히 성행했다. 특히 알렉산드리아에서는 프톨레마이오스 왕조의 지원과 후원에 힘입었던 관측천문학파 사람들이 눈금이 매겨진 기구들을 이용하여 행성과 별들의 정확한 위치를 측정했다. 그들은 또한 달력을 만들기 위해 달과 태양의 움직임도 관찰했다. 그들의 관측은 나중에 히파르코스와 프톨레마이오스가 태양계에 대한 지구중심 모형 아래서 행성들의 움직임을 설명하기 위한 주전원 이론을 발전시키는 데 도움을 주었다.

그 당시에 이론천문학이 완전히 무시된 것은 아니었다. 그리스 초기의 위대한 수학자들 중의 한 사람이었던 페르게의 아폴로니오스(기원전 262~200)는 전 생애를 거의 알렉산드리아에서 보내며 행성들의 역행운동에 대한 기하학 이론을 발전시켰는데 프톨레마이오스는 이 이론을 모두 자신의 지구중심 이론과 결합시켰다. 아폴로니오스의 원뿔 단면 이론 또한 1300여 년 후에 요하네스 케플러가 태양 주위를 도는 행성들의 궤도가 원뿔 단면(타원)과 같다는 생각을 하게 하는 데 영향을 미쳤다. 그는 수학에 관한 폭넓은 저서를 많이 남겨서 "위대한 기하학자"로 알려졌으며 그의 저서들은 전문용어를 쓰지 않으면서도 그 설명이 명쾌하다는 점에서 특히 뛰어났다. 순수기하학의 형식을 채택하여 그는 원뿔의 특성들을 유도했으며 주어진 한 점으로부터 원뿔까지의 최단 거리와 최장 거리를 알아내는 방법을 제시했다. 허버트 웨스턴 턴불이 지은 『위대한 수학자들』에 의하면, 그는 "그 시대에 있어서는 놀라운 재능이었던, x와 y에 대한 6차방정식과 맞먹는, 또는 이와 기하학적으로 동등한 것"을 다룰 줄도 알았다. 그는 또한 『정리되지 않은 무리수 Unordered Irrationals』라는 자신의 책에서 $\pi$를 신속하게 계산하는 방법을 고안했다고 믿어지는데, 턴불은 이것이 균일(均一) 수렴(收斂)에 대한 초보적인 이론이라고 믿었다.

이 시대에 항해술과 지구의 기하학적인 구조에 대한 지식이 점점 증가함에 따라 상업이 번창했고, 지구에 대한 탐험이 확대됐으며, 지리적 활동도 상당히 고무되었다. 지구가 둥글다는 사실은 피타고라스학파의 사람들도 이미 알고 있거나 적어도 짐작은 하고 있었다. 아리스토텔레스는 지구의 둘레를 계산했는데 그 결과는 약 64,000㎞였다. 고대의 항해사들에게도 지구가 둥글다는 것은 명백했다. 이들은 수평선에 대한 별들의 상대적인 위치가 북쪽 또는 남쪽으로 항해할 때면 바뀐다는 사실에 주목했다. 북쪽으로 가면 전혀 볼 수 없던 별자리들이 남쪽으로 항해하면 떠올랐다지곤 했다.

그러나 지구의 둘레를 처음으로 정확히 결정한 사람은 위대한 기하학자인 알렉산드리아의 에라토스테네스(기원전 276~194)였다. 그는 당시 알렉산드리아에 있는 커다란 박물관의 사서였다. 그의 방법은 현대 측량술에서 사용하는 지표상 "1° 사이의 길이"를 결정하는 방법과 비슷했다. 지구 표면에서 "1° 사이의 길이"란 지구 대원(大圓, 지구의 북극과 남극을 지나가는 원)을 따라 움직일 때 수직으로 늘어뜨린 추의 각도가 1° 변할 때의 길이로 정의된다. 이 길이는 대략 111㎞이므로 지구의 둘레(대원의 길이)는 111×360°, 즉 39,960㎞이다.

1°의 길이를 직접 측정하지 않았다. 1년 중 가장 낮이 긴 날 정오에 시에네에서 해가 바로 머리 위에 있다는(즉, 깊은 우물의 바닥에 그림자가 비치지 않는다는) 사실을 알았다. 또한 바로 이때 알렉산드리아에서는 해시계 바늘(수직 막대)의 그림자 길이로부터 태양이 꼭짓점에서 $7\frac{1}{4}°$ 더 남쪽으로 위치해 있다는 사실도 알았다. 이러한 사실은 시에네와 알렉산드리아에서의 수직선의 각도가(즉, 이들의 위도가) $7\frac{1}{4}°$의 차이가 난다는 것을 뜻한다. 그런데 시에네와 알렉산드리아 사이의 거리는 대원을 따라 약 800㎞이며 $7\frac{1}{4}°$는 360°의 약 1/50이므로 지구의 둘레가 약 40,000㎞(더 정확하게는 39,200㎞)라는 것을 발견했다. 이 값은 현대의 측정값과 놀라울 정도로 가깝다.

히파르코스(기원전 약 190~120)는 의심할 여지없이 초기의 그리스 천문학자들 중에서 가장 위대했다. 그의 관찰과 이론에 대한 업적은 프톨레마이오스를 위한 발판을 만들었는데, 프톨레마이오스의 책 『알마게스트 The Almagest』는 후세 1500년 동안 유럽 천문학자들의 교과서였다. 히파르코스가 저술한 수많은 책들 중에서 현재는 단 하나만 전해지고 있다. 이 책은 기원전 140년에 쓰였는데, 이는 그가 분점(分點)의 세차(歲差)운동을 발견한 것과 별자리를 정리한 시기보다 더 이전이다. 『알마게스트』라는 책에서 그의 업적을 완벽하게 기술했던 프톨레마이오스에 따르면 히파르코스는 기원전 161년 천체의 운동을 관찰하기 시작했다. 그는 알렉산드리아뿐 아니라 바빌로니아의 천문학도 공부했는데 이러한 공부는 그로 하여금 분점이 서쪽을 향해 세차운동을 한다는 유명한 발견을 하는 데 큰 도움이 되었다.

이러한 발견을 설명하기 위해 먼저 분점을 설명하기로 한다. 천문학자들은 행성들이 뜨고 지는 것, 그리고 해, 달, 행성들의 운동을 기술하기 위해 가상적인 두 개의 커다란 원을 이용한다. 이 커다란 원이란 천구(天球)의 적도(지구의 적도면이 천구를 자르는 면상의 대원)와 황도(黃道, 태양이 이 원을 따라 동쪽으로 매일 조금씩 이동하여 1년에 한 바퀴 공전한다고 생각하는 가상의 원)이다. 이 대원들을 이루는 두 면 사이의 각도는 $23\frac{1}{2}°$여서 천구의 적도와 황도는 서로 지름을 따라 반대편 두 점에서 만나게 되는데, 하나는 춘분점(春分點)이고 다른 하나는 추분점(秋分點)이다. 태양이 황도를 따라 동쪽으로 움직임에 따라 1년에 한 번씩 이 분점들과 만나게 되는데, 봄이 시작할 때, 즉 3월 21일경에 춘분점과 만나고 9월 21일경에는 추분점과 만난다. 춘분과 추분에는 태양이 정확히 오전 6시에 돋아서 오후 6시에 지므로 밤과 낮의 길이가 똑같기 때문에 이러한 점들을 분점이라고 부른다.

히파르코스는 행성들의 뜨고 짐, 봄의 시작에 대한 이전의 관찰기록 등을 이용하고 별들이 돋는 시각과 비교하여 매년 봄이 조금씩 일찍 시작한다는 것을 알았다. 다시 말하면 그는 항성들이 춘분점에 대하여 매년 조금씩 동쪽으로 이동함을 발견했는데, 그가 계산한 바에 따르면 그 이동은 75년 동안에 약 1° 정도이다. 오늘날 정확히 측정된 값은 매년

50.2619"로서 이는 1태양년(태양이 춘분점과 만난 후 다시 춘분점과 만날 때까지의 기간)이 지구의 공전주기(항성년)보다 20분 짧다는 것을 의미한다. 이러한 현상을 "분점의 서향(西向)세차"라 부른다.

그 당시에는 이 세차운동의 원인을 알지 못했지만 지금은 그 이유를 알고 있다. 그것은 지구가 완벽한 구가 아니라 적도 부근이 부풀어 나오고 극 부분이 평평한 찌그러진 타원체이기 때문이다. 그러므로 지구의 회전축은 항상 같은 방향을 가리키고 있는 것이 아니다. 태양과 달이 적도 부근의 부푼 부분을 잡아 다니기 때문에(즉, 이 부푼 부분에 회전 모멘트가 작용하여) 26000년마다 서쪽 방향으로 한 바퀴 돌게 된다. 달리 표현하면 천구의 북극이 하늘에 정지된 것이 아니라 황도의 극 주위 원을 따라 서쪽으로 움직인다.

히파르코스는 의심할 여지없이 그 시대에 가장 뛰어난 천문학자였으며 일반적으로 말하면 고등과학에서, 특별히 천문학에서 선대의 어떤 다른 천문학자보다도 뛰어났다. 그의 위대한 공헌은 정확한 측정과 수학, 천문학적 자료를 분석하는 정밀한 논리를 도입한 것이다. 오늘날 천문학자들이 항성의 밝기를 나타내기 위해 사용하는 항성의 등급에 대한 개념을 그가 처음 만들었는데 그는 별들을 그 겉보기 밝기에 따라서 분류했다. 그는 월식(月蝕)의 진행 시간을 분석함으로써 달의 크기와 달과 지구 사이의 거리를 꽤 정확히 얻어 냈다. 그는 또한 오늘날 삼각법이라고 불리는 삼각형의 측정에 관한 과학을 고안한 것으로 알려지고 있는데 그 자세한 내용은 후에 프톨레마이오스에 의해 완성되었다. 히파르코스는 천체들이 원운동을 한다는 아리스토텔레스의 믿음이 틀렸다는 것을 연구를 통해 확인했으나 오늘날 행성의 궤도로 알려진 타원과 같은 다른 곡선들을 생각하지는 않았다. 그 대신 그와 그의 후계자들은 밤하늘을 가로지르는 행성들의 움직임을 설명할 수 있는 태양계의 모형을 고안하기 위해 주전원이나 부속원(附屬圓, 역주 : 프톨레마이오스의 천문학에서 주전원의 중심이 따라 돈다고 생각한 원)으로 불리는 원들의 조합을 시도했다. 수학적으로 지구중심 이론을 입증하려는 그의 노력이 끼친 영향이 워낙 컸기 때문에 16세기가 다 되도록 아리스타르코스의 태양중심 이론에 대한 의미 있는 논의가 되살아나지 못했다.

히파르코스가 고대 그리스 시대에서 가장 위대한 천문관측가라는 것은 확실하지만, 프톨레마이오스(기원후 100~170)가 『알마게스트』라는 책을 쓰지 않았다면 그가 이룬 업적의 대부분이 없어졌을 것이다. 프톨레마이오스는 이집트에서 살았으나, 그의 라틴 이름인 클라우디우스 프톨레마이오스는 그가 로마 시민권을 가지고 있었음을 보여 주며 이는 그가 클라우디우스나 네로 황제의 후손으로 인정됨을 뜻한다.[3] 그는 능숙한 수학자이지만 유클리드기하학과 비슷한 논리체계에 의해 초기 그리스 천문학의 많은 부분을 분석한 천문학에서의 업적으로 더 잘 알려져 있다. "프톨레마이오스는 (『알마게스트』의) 독자들이 유클리드기하학과 상식적인 천문학적 용어 이상의 지식은 모른다고 가정했다. 그는 필수적인 천문학 및 수학적 방법을 통해 독자들로 하여금 고대 사람들이 알고 있었던 천체[해, 달, 수성, 금성, 목성, 토성, 지구와 동심(同心)인 천구에 붙어 있다고 생각한 항성들]의 운동과 일식과 같이 천체들과 관계되는 여러 현상들을 이해하도록 이끌었다."[3]

프톨레마이오스의 책은 고대 천문학, 특히 히파르코스에 의해 주도된 알렉산드리아 시대의 천문학사에 대한 완벽한 책이다. 『알마게스트』에서 그는 지구중심설 내에서 태양, 달, 행성들의 겉보기 운동을 설명하기 위해 완전한 주전원 이론을 정립했다. 그는 히파르코스의 업적을 해석했을 뿐만 아니라 많은 점에서 이를 확장하고 완성시켰다. 하나의 예로 그는 별의 크기 등급을 나누는 방법을 크게 개선하였는데, 이 방법은 포그슨이 정확한 크기의 척도를 도입하였던 1850년까지 이용되었다. 『알마게스트』의 중요성은 거기에 담긴 천문학적 지식보다는 그 책에 도입된 과학적 방법들, 즉 수학과 결합된 정밀한 관측에 있다. 행성들의 운동을 설명하기 위해 아무도 주전원보다 더 나은 것을 제시할 수 없다는 사실이 그의 위대한 수학적 재능과 사고력을 입증한다.

## 참고문헌

1. William H. Stahl, "Aristarchus of Samos," Dictionary of Scientific Biography. New York : Charles Scribner's Sons, Vol. 1, 1970, p. 246.
2. 위에서 인용한 책, p. 247.
3. G. J. Toomer, "Ptolemy," Dictionary of Scientific Biography. New York : Charles Scribner's Sons, Vol. 11, 1975, p. 187.

# 3장
# 갈릴레오 이전의 과학

한 시대의 문명은 다음 시대의
밑거름이 된다.
—CYRIL CONNOLLY

세 위대한 인물들이 1500년에서 1600년까지의 한 세기 동안 과학적인 사고를 지배했는데 그들은 니콜라우스 코페르니쿠스와 튀코 브라헤, 요하네스 케플러였다. 우리는 이 장에서 모두 그들의 이야기만 할 수도 있겠지만, 그렇게 하면 독자들은 왜 그리스 천문학으로부터 현대천문학이 출현할 때까지 약 15세기에 이르는 공백이 생겼는지 의아해 할 것이다. 그러므로 중세의 교조적(敎條的)인 스콜라철학(과학이 아닌)과 위 세 인물들이 이룬 경이로운 발견들 사이의 두드러진 차이를 보이기 위해 우선 중세의 과학을 간단히 설명하겠다. 성 빅터의 휴고라든지 토마스 아퀴나스와 같은 중세의 스콜라 철학자들은 신앙과 이성을 하나의 지성적 체계로 결합함으로써 세상을 이해하려고 했다. 반면에 초기 르네상스 시대의 과학자들, 특히 케플러와 같은 사람은, 그들이 행한 천체관측 자료들로부터 수학적으로 표시할 수 있는(정량화시킬 수 있는) 규칙성을 찾음으로써 우주가 갖는 의미를 알고자 했다. 비록 스콜라 철학자들이 다른 어느 것보다도 신의 존재에 대해 인상 깊은 증명들을 전개했다고는 하지만, 그들의 결론을 뒷받침할 만한 어떤 객관적인 증거도 제시하지 못했다. 그와는 대조적으로 케플러는 30년에 걸친 연구를 통해 하늘에 보이는 행성들의 운동을 설명할 수 있는 세 가지의 간단한 수학적 관계를 끌어냈다. 그는 가설을 세운 뒤 그것과 관찰을 계속 반복하여 검증했는데 이러한 방법은 오늘날 우리가 현대 과학이라고 부르는 것의 초기 형태이며, 이것은 세상을 경험적으로 연구하는 데 있어 현재까지 계속적으로 유용한 방법을 제공했다.

중세 또는 암흑시대라고 일컬어지는 프톨레마이오스에서 니콜라우스 코페르니쿠스에 이르는 긴 세월 동안, 후대의 과학 발전에 도움을 준 기술은 발달했지만 순수한 의미의 과학은 별로 추구되지 않았다. 즉, 항해에 이용되는 기구들이라든가, 역학적인 원리로 만들어진 시계들, 화약, 여러 가지 종류의 총들, 방직술, 연금술, 그리고 종이를 만드는 기술 등은 급격히 발전했다. 이러한 기술 가운데에서 꽃이라고 할 수 있는 것은 1436년 마인츠 지방의 구텐베르크가 발명한 인쇄술이었다. 과학적인 원리들이 적용되어야 새로운 기술이 발명될 터인데 중세의 발명가들은 기본적인 과학법칙으로부터 출발하지 않았다. 실제로 그들은 관계된 법칙이나 원리를 전혀 알지 못하고도 발명품을 만들어 냈다. 이와는 대조적으로 갈릴레오는 빛의 굴절법칙을 조심스럽게 응용하여 망원경을 제작했다.

그러나 중세 유럽에서 순수과학이 전혀 발달되지 않은 것은 아니었다. 그 증거로 13세기에 옥스퍼드의 프란치스코수도회 소속인 로저 베이컨의 연구를 들 수 있다. 그는 “진정한 학생은 자연과학을 실험에 의해 배워야 하고”, 검증되지 않아 오류의 가능성이 있는 권위적 견해들 또한 배제되어야 한다고 천명했다. 그것은 아리스토텔레스나, 성 아우구스투스와 같은 사람들의 스콜라철학과, 알베르투스 마그누스라든가 토마스 아퀴나스와 같이 존경받는 신학자들에게 도전하는 셈이었기에 매우 대담한 행동이었다. 옳다고 공인받고 있는 권위에 대한 베이컨의 위협은 해롭고 이단적인 것으로 여겨져, 그는 프란치스코수도회의 상관에게서 “과학이라는 나무는 수많은 생명의 나무를 속이거나 또는 그들을 혹독한 연옥의 형벌에 내던지게 한다”는 비난과 함께 질책을 당했으며 광학, 역학, 유체역학 등의 연구를 포기하도록 강요당했다.

비록 아리스토텔레스학파의 사상이 중세의 사고를 지배했으나, 아리스토텔레스의 운동에 대한 개념은 그 어느 때보다도 큰 저항과 비판에 맞닥뜨려 있었다. 예를 들면, 14세기의 오컴의 윌리엄과 같은 사람은 움직이는 물체가 운동을 계속하기 위해 "운반자"가 직접 접촉할 필요는 없다고 주장했으며 때문에 하늘에 있는 물체들(예를 들면 행성과 같은)이 천사들이 이끌어 줌으로써 궤도운동을 지속할 수 있다는 생각에 반대했다. 대신 그는 신께서 이 물체들에 처음부터 운동할 수 있는 능력(신이 내려 준 일종의 관성이라는 개념)을 주었을 것이라고 가정했다. 그는 "더 간단히 설명할 수 있는 것을 복잡하게 설명하는 것은 의미가 없다"고 주장했다. 이렇게 해서 "오컴의 면도날 Ockham's Razor"이라는 원리가 나오게 되었는데, 이 원리는 여러 이론 중에서 한 이론을 선택할 때 자주 이용된다.

이와 같이 물체의 운동을 설명하기 위해 처음에 신이 추진력을 부여했다는 생각은 대단한 호평을 받아서, 15세기에 브릭슨의 주교였던 쿠사의 니콜라스 같은 사람은 지구가 창조될 때 신으로부터 부여받은 추진력에 의하여 지구가 자전한다는 개념을 받아들였다. 그는 사람이 어디에 있건 간에(행성이건 별이건 지구이건 간에) 그 사람 자신은 항상 우주의 중심에서 움직이지 않고 다른 모든 물체들이 움직인다고 믿는다는 주장을 펼쳐 지구의 자전을 긍정했다.

중세 말기와 르네상스 초창기에 걸쳐 가장 뛰어난 천재는 의심할 여지없이 15세기의 이탈리아 예술가이며 발명가이자 과학자였던 레오나르도 다빈치이다. 그는 수리학(水理學)과 역학, 지질학 등의 분야를 연구했다. 그는 건축가였고 탁월한 발명가였다. 그가 남긴 여러 종류의 기계와 기구들에 대한 수백 개의 설계도를 보면 그가 건축이나 발명품에 적용되는 기본적인 물리법칙과 공학 원리들에 대해 해박한 지식을 갖고 있었음에 틀림없다. 그러나 레오나르도는 그 위대한 천재성에도 불구하고, 기본적인 물리법칙들의 발견이나 수립에 대한 아무런 증거도 남겨 놓지 않았기 때문에 어떤 의미로는 물리학에 아주 조금밖에 기여하지 못했다고 할 수 있다.

레오나르도에서 갈릴레오에 이르는 기간 동안 물리학은 주로 코페르니쿠스와 브라헤, 케플러의 노력에 의해 발전되었다. 그들의 주된 관심사는 천문학이었지만 그들의 발견들은 갈릴레오와, 근대적인 의미에서 첫 번째

니콜라우스 코페르니쿠스(1473~1543)

물리학자라고 할 수 있는 뉴턴에게 지대한 영향을 끼쳤다. 그 세 명 중에서 니콜라우스 코페르니쿠스(Nikolaus Kopernikus, 1473~1543)는 예술과 문화의 번성에 힘입어 몇몇 용감한 사람들이 공식적으로 인정되었던 지구 중심적 우주를 재검토하게 만든, 16세기 유럽의 새로운 탐구정신을 상징적으로 나타내는 인물이다.

코페르니쿠스는 폴란드에서 부유한 상인의 아들로 태어났다. 열 살 때 아버지를 여윈 니콜라우스를 1489년에 에름란드 지방의 주교가 된 숙부

루카스 바첸로드가 키웠다.[1] 어렸을 적에 받은 교육에 대해서는 거의 알려져 있지 않지만 1491년 코페르니쿠스가 크라코대학교에 입학한 것은 틀림없다. 그는 그곳에서 수학을 배웠다. 숙부의 덕택으로 프라우엔부르크 대성당의 참사원 회원으로 선출되었고, 교회에서 주는 충분한 수입 덕분에 다른 나라에서도 계속 교육을 받을 수 있었다. 1496년 법률 공부를 위해 이탈리아의 볼로냐대학교에 입학했으나, 곧 천문학에 흥미를 느끼기 시작했다. 1500년 11월 로마에서 월식을 처음으로 관찰한 후 이에 대한 강의를 하여 참석한 많은 학자를 깊이 감명시켰다.[2]

참사원으로부터 의과대학을 다녀도 좋다는 허락을 받은 그였지만, 그보다는 법률학의 대학원 과정을 밟기로 작정했다. 1503년 페라라대학교에서 교회법 박사 학위를 취득한 그는 바르미아로 돌아온 후 그곳에서 여생을 보냈다. 참사원을 위하여 온 힘을 다해 봉사하면서 틈틈이 개인적으로 천문학에 관한 연구를 계속했다. 1513년에 저녁 하늘을 관찰하기 위한 천장 없는 작은 탑을 지으려고 약 800개의 바윗덩어리와 석회 한 통을 사들였다.[3] 태양과 달, 별들에 대한 철저한 연구에 의해 천동설이 옳지 않다는 확신을 갖게 된 그였지만 감히 그런 의견을 공개적으로 발표하지는 못했다. 대신 지구가 아니라 태양이 정지해 있다는 자신의 견해를 문서로 남기기 위해 『비망록 Commentariolus』을 작성하여 그 원고를 가장 친한 친구들이 돌려 보도록 했다. 그의 생각이 아리스타르코스가 주장했던 태양중심 이론으로부터 영향을 받은 것은 분명해 보이지만, 그러한 아이디어를 창출하게 된 공을 의도적으로 아리스타르코스에게 돌리지 않았다. 착상의 근원이 무엇이었느냐는 문제를 떠나서, 『비망록』은 낡은 프톨레마이오스의 우주론이 오랫동안 누려 온 지식의 독점에 도전했다는 사실은 물론, 하늘이 매일 한 번씩 회전한다든가 태양이 1년에 한 번씩 황도를 여행한다든가, 앞으로 진행하다 거꾸로 가는 것처럼 보이는 행성들의 운동 등을 잘 설명할 수 있다는 사실로 주목받을 만하다.[4]

그렇다고 해서 코페르니쿠스가 프톨레마이오스가 세운 우주체계의 마지막 흔적까지 남김없이 지워 버릴 준비가 되어 있었다는 뜻은 아니다. 프톨레마이오스와 마찬가지로, 그도 행성들이 태양 주위의 원궤도를 따라 움직인다고 믿었다. "코페르니쿠스는 프톨레마이오스가 명실상부한 피타고라스학파의 선입관으로부터 멀어졌기 때문에 그의 우주체계가 '충분할 만큼 완전무결하지도 못하고 충분할 만큼 마음에 흡족하지도 못하였다'고 생각했다."[5] 대부분의 천문학자들이 행성들의 움직임을 설명하려고 하면 할수록 취급하기가 더욱 불가능해지는 천동설에 너무 집착해 있기 때문에, 당시에 널리 퍼져 있었던 이 이론에 거슬리는 설명에는 전혀 관심이 없다고 믿었다. 고대의 우주론과 프톨레마이오스의 우주론을 완벽하게 이해하고 있었는데 쓸데없이 복잡할뿐더러 그가 보기에 불완전하기까지 한 그런 이론들을 받아들일 수 없었다. 그 자신의 말을 빌리자면, "그들(코페르니쿠스 이전에 연구한 학자들)은 무엇인가 필수적인 것을 빠뜨렸든지, 아니면 무엇인가 주제와는 연관되지 않는 전혀 엉뚱한 것을 포함하고 있다." 태양과 달과 행성들의 움직이는 모습을 설명하기 위해 프톨레마이오스가 도입한 주전원은 지구의 운동(예를 들면 지구의 자전과 공전 등)을 태양, 달, 다른 행성들과 연관시켰기 때문에 대단히 복잡해질 수밖에 없다고 확신했다. 만일 지구에 자신의 "진정한 운동들을" 되돌려 준다면, 태양과 달과 행성들의 운동은 매우 단순해질 것이다. 태양이 태양계의 중심에 놓여 있고 지구가 자전하면서 태양의 둘레를 다른 행성들과 함께 회전한다고 가정하면, 프톨레마이오스의 주전원 중에서 대부분은 필요 없게 되고 프톨레마이오스의 체계에서는 찾아볼 수 없는 태양을 중심으로 한 아름다운 대칭성을 보일 것이라고 생각했다.

그 자신도 지구와 행성들이 원궤도를 따라 움직인다는 생각은 버릴 수 없었기에 태양과 행성들에서 볼 수 있는 불규칙하거나 대칭적이지 못한 어떤 운동들을 설명하기 위해서는 새로운 주전원들을 도입해야만 했는데, 케플러가 천문학에 대한 위대한 발견들을 이루고 난 후에야 그러한 문제들이 완전히 해결되었다. 코페르니쿠스는 관측천문학자가 아니었으므로, 가능한 한 간단한 공리들로부터 우주론을 유도하려고 애썼다. 그러나 그가 채택한 공리들 중에는 천체들의 움직임은 모두 같은 종류의 원궤도를 도는 운동이어야 한다는 등 운동의 본성에 대해 고대 그리스인이 갖고 있었던 많은 잘못된 개념이 포함되어 있었다. 원궤도를 따라 돈다는 생각은 순전히 신학적인 이유로부터 나왔으며 그 역시 천체들의 움직임은 "완전"해야 하므로 "완전"한 궤도, 즉 원궤도를 따라 도는 것이 필수적이라는 믿음에서 그러한 생각을 받아들였다. 그가 언급한 "완전함"이라는 말은 요즈음의 물리학자들이 일컫는 대칭성을 뜻하는데, 이 대칭성은 현대 물리학에서 대단히 중요한 역할을 한다. 평면상의 원은 어느 방향에서 보든지 같은 모습을 띤다는 점에서 대칭성이 가장 완벽하다. 그러나 타원의 대칭성은 원의 대칭성보다는 못하다.

코페르니쿠스의 태양중심적 태양계에 대한 일반의 이해가 더디었던 까닭은 주로 신학적인 반대 때문이었지만 실제로 지상에서 완전히 정지해 있는 것 같은 느낌이 지구가 빙빙 돈다는 생각과 도저히 조화를 이룰 수 없었던 것도 무시할 수 없었다. 그러나 천문학의 관측 자료가 점점 더 많이 쌓임에 따라 이들을 설명하기 위해서는 더 많은 주전원을 가상해야 했기 때문에 지구중심적 태양계 모형이 다루기에 더욱 주체스럽고 마음에 들지 않게 되었다.

지구가 태양의 주위를 돈다고 함으로써 코페르니쿠스는 태양과 행성들이 다른 별들과 떨어져 있는 것과 같은 대단히 먼 거리를 생각해야만 했다. "지구와 비교하여 하늘은 대단히 커서 무한이라는 개념을 생각하게 만들며, 우리의 감각에 따르면 천체에서 지구는 마치 물체에서의 한 점과도 같고 무한한 크기에 대하여 유한한 존재와도 같다."[6] 그는 데모크리토스와 루크레티우스의 원자론에서 아이디어를 얻어 무한한 크기의 우주를 상상했는데 지구는 그 안에서 행성들로 이루어진 태양계의 한 구성 요소에 불과했다.

> 원자들은 충분히 많이 모이면 마지막에는 그 크기를 감지할 만큼 커질 수 있다. 그와 똑같은 논리를 지구의 위치에도 적용할 수 있을 것이다. 비록 지구가 우주의 중심에 놓여 있지는 않으나, 그럼에도 불구하고 지구가 우주의 중심으로부터 떨어져 있는 거리는 항성들로 이루어진 구와 비교하면 여전히 무시할 만하다.[7]

튀코 브라헤(1546~1601)

그는 태양을 무한히 큰 공간에서 떠돌아다니게 하는 것이 내키지 않았기에 공개적으로 우주가 무한하다고 천명한 적은 결코 없었다. 이 점에 대해서 그가 그렇게 보수적이었던 것은 참 묘하다. 즉, 지구를 우주 중심의 위치로부터 제거할 때는 전혀 개의치 않았으나 태양을 감히 지구와 같은 운명에 처하게 하는 일은 불가능하게 생각했던 것이다. 지구의 공전 때문에 생기는 별들의 위치 변화 시차가 매우 작아서 맨눈으로는 도저히 감지할 수 없다는 것은 무한히 큰 우주가 더 그럼직하다는 증거인 것 같았다. 그러한 점을 의도적으로 회피하여 우주가 무한한지 또는 유한한지를 단정하지 않음으로써 논리적인 모순을 피했다.

저서 『천구의 회전에 관해서 De revolutionibus orbium coelestium』는 1543년 그가 죽은 바로 그날 출판되었지만, 그의 태양중심 이론은 그로부터 한 세기가 더 흐른 다음에야 몇 명의 용감한 사상가들에 의해 진지하게 받아들여졌지만 그것도 브라헤와 케플러, 그리고 1642년에 죽은 갈릴레오와 같은 세 위대한 과학자들이 이룩한 업적 때문에 비로소 가능했다. 코페르니쿠스가 직접 천체를 관측한 자료는 별로 많지 않았다(기껏해야 27건 이하). 후에 브라헤가 정밀도나 양에 있어서 이들을 능가하는 많은 일을 해냈다.

덴마크에서 태어난 튀코 브라헤(Tycho Brahe, 1546~1601)는 헬싱보리성의 추밀원 고문관이었다가 나중에 그 성의 장관이 된 오토 브라헤의 열 자녀 중 하나였다. 어린 튀코는 숙부 밑에서 양육되다가 일곱 살 때 집으로 돌아와 가정교사의 지도를 받았다.[8] 1559년부터 3년 동안 코펜하겐에 있는 루터파대학교에서 라틴어와 고전문학을 전공했다. 피타고라스학파의 화성학(和聲學)에 관한 수학 강의에서 큰 영향을 받아 충직한 아리스토텔레스학파의 한 사람이 되었다.[9] 또한 과학도 공부했는데 특별히 물리학과 수학 분야에 대한 그리스의 고전문헌을 연구했으며, 점성술을 배우는 데 많은 시간을 보냈다. 1560년 우연히 일식을 보게 된 것을 계기로 천문학에 대한 관심이 깊어졌으며, 자신의 맨눈으로 하늘을 관찰하기 시작했다.

브라헤는 법률을 공부하라는 가족들의 성화 때문에 1562년 라이프치히대학교에 입학했다. 그와 동행한 가정교사 안더스 베델의 임무는 브라헤의 법률 공부를 돕는 것과 그의 숙부가 시간 낭비일 뿐이라고 생각한 천문학에 한눈을 팔지 않도록 감시하는 것이었다. 그러나 브라헤를 막을 길은 없었다. 가정교사가 잠든 틈을 이용해 틈틈이 밖으로 빠져나가서 별들을 관찰하곤 했다.[10] 절약할 수 있는 돈을 모두 모아 천문학에 관한 책이나 기구 등을 구입하는 데 사용했다.

브라헤는 1565년 라이프치히대학교를 졸업하고 다시 코펜하겐으로 돌아온 뒤 어떤 덴마크 귀족과의 논쟁에 휘말려 그와 결투 끝에 코끝을 베이고 말았다. 일생 동안 그 상처를 은과 구리로 만든 덮개로 가리고 살았는데, 1901년 그의 관을 열었을 때 "그의 두개골 중 코의 윗부분에 해당하는 자리에 밝은 초록빛의 얼룩이 남아 있었다."[11]

덴마크에 남아 있을 아무런 이유도 찾지 못한 브라헤는 바젤대학교에서 1년을 보낸 뒤 다시 아우크스부르크로 옮겨와 자신이 발명한 기구들을 이용하여 철저히 천문학 연구에 돌입했다. 그가 발명한 기구들로는 지름이 6m가 넘는 대단히 큰 나무로 만든 사분의(四分儀, 역주 : 원을 네 조각 낸 형태로 천체 관찰에서 별들이 보이는 각도를 측정하는 장치)라든지 이동이 가능한 육분의(六分儀), 별자리를 이루는 별들을 그려 넣기 위한 반지름이 1.5m인 지구의 등이 있었다.[12]

1572년 11월 11일 그는 카시오페이아자리(역주 : 북쪽 하늘에 보이는 별자리)에서 매우 밝은 새로운 빛을 관찰했는데, 처음에는 그 근처의 별에 딸린 달일 것으로 생각했으나 근처의 별들로부터의 상대적인 거리를 측정한 결과 (다음 2년 동안 그 거리가 전혀 변하지 않았으므로) 자신이 전혀 새로운 별을 관측하고 있다고 결론지었다.[13] 그는 자신이 발견한 "새로운 별"에 대해서 장래에 과학자들과 역사학자들에게 대단히 값진 정보를 제공하게 되었던 관찰기록을 조심스럽게 작성하여 보관했다.

그 당시 관찰에 의한 천문학은 그 관찰의 정확성에 대해서는 아무도 개의치 않는 한심스러운 상태에 놓여 있었다. 브라헤는 별들과 행성들을 체계적으로 꾸준히 관찰하지 않고서는 천문학의 발전을 전혀 기대할 수 없다는 점을 제대로 알았다. 다행스럽게도 덴마크의 프레드리히 2세가 그를 대접하여 코펜하겐 해협에 위치한 덴마크 영토의 흐벤이라는 섬에 관측소를 만들어 주었다. 그곳에다 맨눈으로 관찰할 수 있는 기구로는 당시에 구할 수 있었던 것들 중에서 가장 좋은 것들을 설치했으며, 1576년에서 1597년 사이에 방대한 양의 매우 정확한 측정 결과를 남겼다. 맨눈에 의한 관찰에 탁월한 능력을 가졌던 그는 관찰의 정확도를 크게 개선했으며 그의 업적은 케플러가 행성의 운동에 관한 세 가지 법칙을 발견하는데 결정적인 요인이 되었다. 실제로 브라헤는 사람의 맨눈이 이룰 수 있는 최대한의 정확도를 갖는 관찰을 해냈다. 또한 천문학에 관계되는 자료를 철저하게 수집했으며 방대한 양의 정확한 관찰기록을 남겼다. 그럼에도 불구하고 흔쾌히 받아들일 수 있는 이론의 체계가 이룩된 다음에야 과학이 진정으로 진보할 수 있다고 믿었던 그는 자신이 쌓은 관찰 자료에는 별로 적용할 수가 없었던 수정된 지구중심 이론에 매달렸다.

1597년에 프레드리히 2세가 서거하자 그는 재정적인 지원을 얻을 수 있는 다른 곳을 찾아야만 했다. 덴마크 황실의 총애를 잃은 브라헤는 네덜란드로 다시 돌아갈까 하는 생각도 했었으나 친구들이 프라하에 가서 황제를 알현하도록 그를 설득했다. 황제의 호의로 재정 지원과 프라하 동북쪽 베나트키성의 사용을 허락받은 그는 그곳에 실험실과 관측소를 만들었다. 그러나 자신의 노력을 적절히 이용할 수 있을 만한 재정을 결코 확보할 수 없었다. 조악한 작업환경 아래서 설상가상으로 건강까지 나빠지자 더 이상 좋은 관찰을 많이 남길 수는 없었다.

생애의 막바지였던 1599년, 젊은 독일 천문학자 요하네스 케플러를 프라하로 불러들여 조수로 쓰고자 했다. 이미 코페르니쿠스의 학설을 지지하고 있었던 케플러는 브라헤의 관찰기록이 코페르니쿠스의 학설을 수학적으로 증명하기 위하여 필요한 바로 그 자료라는 것을 깨닫고 있었기 때문에 브라헤의 제의를 매우 기쁜 마음으로 받아들였다. 케플러의 수학적인 재능이 브라헤의 관찰 능력과 잘 조화를 이루긴 했으나, 그들 둘은 때때로 심하게 다투곤 했다. 그럼에도 불구하고 각자는 자신들이 상대방에게 얼마나 의존해야 하는지를 잘 깨닫고 있었기 때문에, 그들의 살얼음판을 걷는 듯한 협력 관계는 브라헤가 죽을 때까지 계속되었다. 프라하에서 브라헤의 직책과 자료를 모두 물려받은 케플러는 거의 30년이 걸렸던 행성의 궤도에 관한 그의 기념비적인 작업을 시작했다.

요하네스 케플러(Johannes Kepler, 1571~1630)는 자신의 일생을 우주에서의 조화 관계를 규명하는 일에 전념했다. 행성운동에 관한 세 가지 법칙은 수년에 걸쳐서 지루하게 계속된 계산의 결과인데, 천체 특히 행성의 움직임을 설명할 수 있는 수식 관계를 찾으려는 그의 끊임없는 노력으로부터 얻어진 부산물이었다. 코페르니쿠스 이론에 대한 그의 열정은 그 이론의 결점들을 깨달은 후에야 어느 정도 감소되었다. 즉, 행성의 궤도를 원이라고 정해 놓았기 때문에 계산된 것과 실제로 관측된 행성의 위치들이 계속 일치하지 않았다.

뛰어난 지성과 탁월한 집중력을 갖고 있었지만, 비판을 달게 받아들이지 못하는 신경질적인 사람이었다. 다소 별난 성질은 행복하지 못했던 어린 시절의 탓인지도 모른다. 아버지 하인리히는 툭하면 화를 잘 내는 성질을 가진 용병으로서 몇 번의 전쟁에 참가하여 싸웠고 1588년 결국 가족을 떠났다. 어머니 카타리나는 말참견하기 좋아하고 남을 잘 괴롭히는 부류의 여자였는데, 가난한 집안 살림을 꾸려 나갈 능력이 전혀 없었다. 그는 나중에 어머니가 마술을 사용했다는 혐의를 벗게 하기 위해 3년에 걸친 법적 분쟁에 말려들었다. 그것은 그를 지치게 하였고 커다란 재정적 손해도 입게 하여 그 일이 끝나자 가족은 거의 파산 지경에 이르렀다.

어린 케플러는 학교에 입학하기 전에 레온버그에서 교육을 받기 시작했는데 특히 라틴어에 뛰어난 재능을 보였다. 1584년 알델버그수도원에 들어갔고 2년 후에는 마울브론에서 예비학교에 입학했다. 그리고 1589년 튀빙겐대학교에서 천문학을 전공하기 시작했다. 그곳에서 지도교수 미카엘 마스틀린의 영향을 받아 코페르니쿠스의 이론에 흥미를 갖게 되었다. 1591년 석사 학위를 받은 뒤 다시 신학을 전공하기 시작했으나 그라츠에 위치한 루터파 학교의 수학교사인 조지우스 스타디우스가 죽은 뒤 그 자리로 와 달라는 교섭을 받게 되었다. 비록 처음에는 수학에 별 흥미를 갖지 못했지만 성직자가 되려는 원래의 계획을 미련 없이 떨쳐 버리고 그 자리를 받아들였다.

부여된 강의와 개인지도만 마치면 케플러는 남은 시간의 대부분을 이용하여 점성술 달력을 만드는 데 열중했는데, 그 달력이 몇 번의 농민봉

요하네스 케플러(1571~1630)

기와 기상이변을 예언한 것들이 적중하여 그 지방에서 상당한 명성을 얻었다. 그는 그다음 몇 해에 걸쳐서 그러한 달력의 증보판들을 계속 만들었으나, 과학적이지 못한 근거에 의해 예언을 만드는 일이 점점 더 부담스러웠다. 그는 비록 공개적으로는 점성술이 과학적인 면에서는 별로 유용하지 않다는 생각에 동의했으나, 인간의 활동과 별이나 행성들의 움직임 사이에는 어떤 신비한 관계가 있으리라고 믿어 결코 점성술을 무시할 수 없었다. 어찌 되었건, 그 달력들이 그에게는 꾸준한 수입원이 되어 주었으며, 또한 바로 그 점성술에서의 명성에 힘입어 나중에 황실 수학자로 발탁되었다.

점성술에 대한 흥미로 인해 만들게 된 첫 번째 우주론에 대한 저서인 『우주의 신비 The Mistery of the Universe』를 1597년에 출판했다. "그는 코페르니쿠스 체계에서 행성들의 궤도 사이에 존재할 수 있는 수학적인 조화를 찾아보았는데, 행성의 궤도들로 이루어진 구들 사이에 다섯 가지 종류의 정다면체를 꼭 맞추어 넣을 수 있음을 발견했다." 그 다섯 개의 정다면체가 그때까지 알려진 행성들의 궤도와 거의 일치한다는 결론에 도달한 후에, 우주는 기하학적으로 구성되어 있으며 만들 수 있는 정다면체가 오직 다섯 가지뿐이기 때문에 행성도 오로지 다섯 개밖에 존재할 수 없다고 확신했다. 사실 이러한 결론은 근거가 없음이 명백한데도, 그 주장이 사실이라고 끈질기게 고집하는 데서 그의 생각이 얼마나 기하학적 사고에 편향되어 있는지를 짐작할 수 있다.

기하학에 근거한 자신의 모형을 그 업적 중에서 다른 어떤 것보다도 자랑할 만한 것이라고 생각했다. 하지만 그를 가장 유명하게 만든 행성의 운동에 관한 세 가지 법칙은, 브라헤로부터 그가 만들어 놓은 관찰 자료들을 이용하여 자신의 지구중심 이론을 증명해 달라는 유언을 받고서야 비로소 연구되기 시작했다. 케플러에게는 화성의 궤도가 가장 큰 관심의 대상이었다. 그 궤도의 모양이 도저히 원을 이룬다고 볼 수 없었기 때문에 균일한 원궤도를 돈다는 코페르니쿠스의 가설이 심각한 도전을 받게 되었던 것이다. 코페르니쿠스가 모든 점에서 옳을 것이라는 확신에 차 있었던 케플러는 브라헤가 만든 화성의 궤도에 관한 자료를 원궤도와 맞추려고 오랜 시간을 헛되이 보낸 끝에 마지막으로 거의 성공했다고 생각했다. 그렇지만 원궤도로 만들기 위해서는 어떤 한 점에서 브라헤가 관찰한 위치를 8분(역주 : 1분은 1도의 1/60에 해당하는 각) 정도 옮겨 놓아야만 되었다. 따라서 케플러는 화성의 궤도가 원궤도라는 생각을 포기할 수밖에 없었는데, 그것은 브라헤가 8분과 같이 큰 오차를 도저히 용납하지 않는 정확한 관찰자임을 그가 너무도 잘 알고 있었기 때문이다.

그러고 나서 케플러는 다른 가능한 형태의 궤도들을 연구했는데, 마침내 전에는 전혀 고려의 대상도 되지 못했던 타원궤도에 맞추어 보기로 했다. 타원은 원이 갖는 완전한 대칭성을 지니지는 못하지만, 타원의 정의에 의하거나 곧 설명하겠지만 타원을 그리는 방법에서 명백히 알 수 있듯이, 그것의 가장 긴 지름, 즉 타원의 장축에 대해서 단순한 대칭성을 갖는다. 타원을 그리려면 종이 위에 일정한 길이만큼 떨어진 두 점 A와 A′을 표시하고 그 두 점을 직선으로 잇는다. 그 선 위에 다른 두 점 F와 F′을 잡는데, F점과 A점 사이의 거리가, F′과 A′점 사이의 거리와 같게 한다. A점과 A′점 사이의 거리와 같은 길이의 실을 마련하여 그 양 끝을 두 점 F와 F′에 핀으로 고정시킨다. 이제 연필로 실을 밀어 실을 될 수 있는 대로 팽팽하게 유지하면서 연필을 움직여 종이에 타원을 그린다. 두 점 F와 F′을 방금 그린 타원의 "초점", 그리고 두 점 A와 A′을 잇는 직선을 "긴지름" 또는 "장축"이라고 부른다. 두 초점 사이의 거리를 변화시킴으로써 여러 가지 모양의 타원을 그릴 수 있는데 그 거리가 짧아지면 원에 가까워지고 멀어지면 더 길쭉한 타원을 얻는다.

행성의 운동에 관한 케플러의 첫 번째 법칙에서 타원이 기본을 이루는데 그는 그 법칙을 다음과 같이 표현했다. 각각의 행성은 태양을 한 초점으로 하는 태양 주위의 궤도를 따라 움직인다. 태양이 모든 행성이 그리는 타원의 한 초점에 위치해야 하므로 행성의 궤도를 이루는 타원은 모두 한 초점을 공유해야 한다. 이러한 표현이 과학의 역사에서 처음으로 물리법칙이 물체의 운동에 적용된 예이다. 또한 이는 움직이는 물체를 지배하는 법칙과 수학 사이의 놀랄 만한 연관성을 보여 준 첫 번째 예이기도 하다.

타원을 다른 관점, 즉 원뿔의 단면으로 고찰하는 것도 유익하리라고 생각한다. 원뿔을 임의의 방향으로 베었을 때 나타나는 단면의 둘레가 타원을 이룬다. 이렇게 얻은 타원의 모양은 원뿔의 밑면에 대하여 얼마나 경사진 방향으로 원뿔을 베었느냐에 따라 결정된다. 원뿔을 그 밑면에 정확히 평행한 방향으로 베었을 경우에만 그 모양이 원을 이루므로, 임의로 베었을 때 원을 얻을 확률은 0이다. 이것은 행성의 궤도가 원이 될 가능성이 전혀 없음을 의미한다. 우리는 이러한 관점을 뉴턴이 케플러의 법칙들을 유도하는 과정을 논의할 때 더욱 면밀하게 고찰할 것이다. 원뿔에서 다른 단면으로는 포물선과 쌍곡선이 있는데 그것들도 천체의 궤도가 갖는 모양이 될 수 있다.

연필의 위치에서 초점 F까지의 거리에 초점 F′까지의 거리를 더하면 항상 실의 길이, 다시 말하면 장축의 길이와 같으므로 타원은 흔히 두 고정된 점(초점)과의 거리의 합이 상수인 점들의 궤적으로 정의된다. 이 상수, 또는 그 상수의 절반("반장축"이라고 불리는 양)은 그 수의 크기로써 타원의 크기를 알 수 있으므로 타원의 특징을 나타내는 중요한 요소이다.

타원의 이심률(離心率)이라고 불리는 또 다른 요소가 있는데 이 값이 타원의 모양을 결정하기 때문에 타원에 대한 기하학을 연구할 때 역시 중요한 양이다. 이심률은 0에서 1 사이의 값을 갖는데 타원이 원형에서 멀어지는 정도를 나타낸다. 두 초점 F와 F′이 접근하여 타원의 중심(두 점 A와 A′의 맨 가운데)에 가까이 올수록 이심률은 0에 더 가까워지고, F와 F′이 중심에 겹쳐서 한 점이 되면 그 타원이 바로 원이다. 반면에 F와 F′이 멀어지면 이심률은 1에 더 가까워지고 타원의 모양은 더 길쭉해지며 F와 F′이 각각 A와 A′점에 겹쳐지면 그 타원은 직선이 된다.

케플러는 행성의 운동에 관한 이러한 첫 번째 법칙(타원궤도들)을 순전히 경험에 의해서 발견했다. 다시 말하면 우리가 방금 알아본 두 가지 기하학적인 요소들이 지니고 있는 의미, 즉 타원의 크기와 모양을 나타낸다는 사실을 전혀 알지 못하면서도 시행착오를 거친 반복된 계산을 통해 발견했다. 이제 우리가 그의 행성운동에 관한 세 가지 법칙이 뉴턴의 운동법칙들과 중력(역주 : 질량을 가진 물체들 사이에 작용하는 힘)법칙의 결과로부터 어떻게 아주 자연스럽게 얻어지는가를 보이게 되면 위의 요소들이 지니고 있는 자세한 역학적인 의미를 저절로 알 수 있게 될 것이다.

그가 지침이 되는 아무런 기본적 과학 원리들을 알지 못하면서 행성의 궤도들이 갖는 기하학적인 성질을 발견한 것은 대단히 놀라운 일이며 그러한 과정에서 자신이 갖고 있었던 "완전한 궤도"라는 선입관을 모두 포기해야만 되었기 때문에 더욱 경탄을 금할 수 없다. 이 첫 번째 법칙의 발견이 행성운동에 관한 철저한 지식을 갈망하는 케플러를 만족시키지는 못했으나, 그로부터 행성의 운동을 완전히 이해하기 위해 어떤 방법으로 연구해야만 하는지를 깨닫게 되었다. 원형 궤도를 포기함으로써 행성이 일정한 빠르기로 움직인다는 가정도 또한 포기해야 한다는 점을 알아차렸으므로 행성들의 운동에 대한 자세한 연구를 다시 시작했다. 그의 목표는 행성이 태양의 주위를 돌 때 비록 그것의 빠르기는 변할지라도 변하지 않는 그 무엇을 찾아내는 일이었다. 그러한 방향의 탐구는 대단히 유익했는데, 이로부터 그는 면적의 법칙과 조화의 법칙이라고 불리는 행성의 운동에 관한 다른 두 가지의 법칙을 발견할 수 있게 되었다.

자신의 두 번째 법칙인 면적의 법칙을 발견한 것은 위대한 천재성과 탁월한 수학적 재능을 웅변적으로 증명하는 사례이다. 면적의 법칙은 행성의 빠르기에 대해서는 직접적인 언급이 전혀 없이, 그저 행성의 운동을 묘사하는 타원의 어떤 특정한 기하학적 성질이 어떻게 변화하는가에 대한 기술이다. 그러므로 태양에서 한 행성까지 그린 선〔행성의 "동경(動徑)벡터"〕은 같은 시간 간격 동안 같은 면적을 쓸고 지나간다고 표현한 법칙을 발견한 것은 그의 깊은 통찰력과 직관을 잘 보여 주는 것이라 할 수 있다.

이 법칙을 발견할 때, 태양으로부터 그 궤도의 여러 다른 점에 위치한 행성까지 연결한 선들로 이루어진 타원을 조각낸 모양들, 즉 여러 가지 쐐기 모양의 면적들을 계산해야 했기 때문에 브라헤가 관찰한 것 이상의 일을 해내야만 했다. 이 일은 산수(역주 : 숫자를 이용한 계산)와 대수학(역주 : 문자와 기호를 이용하여 수학적인 법칙을 다루는 수학의 한 분야), 그리고 삼각법(역주 : 삼각형의 변들과 각들 사이의 관계를 다루는 수학의 한 분야) 등을 이용한 지극히 끈질긴 작업을 필요로 한다. 이러한 과정을 거쳐서 마침내 주어진 시간 간격 동안 태양에서 행성까지 그린 선이 타원을 쓸고 가는 부분의 면적은 그 행성이 자기 궤도의 어떤 위치에 있든지 항상 같다는 유명한 면적의 법칙에 도달했다. 이 법칙은 보통 태양에서 주어진 행성까지의 동경벡터는 같은 시간 간격 동안에 같은 면적을 쓸고 지나간다고 기술된다. 이 놀랄 만한 법칙은 과학에서 보존원리를 천명한 첫 번째 예인데, 안타깝게도 케플러는 두 번째 법칙이 앞으로 뉴턴의 중력법칙을 논의할 때 설명하게 될(6장) 각 운동량의 보존원리와 동등하다는 사실을 깨닫지 못했다.

케플러는 행성의 운동에 관한 세 번째 법칙, 즉 조화의 법칙을 1618년에 출판된 『세상의 조화 The Harmony of the World』라는 저서를 통해 발표했다. 이번에도 그 전의 연구에서와 마찬가지로 행성들의 주기(역주 : 어떤 궤도를 한 바퀴 완전히 도는 데 걸리는 시간)들과 태양과 행성들 사이의 평균 거리들로 만들 수 있는 모든 종류의 비율을 계산해 보는 갖가지의 시행착오를 거쳤다. 대단히 고되고 정밀을 요하는 작업이었지만, 행성이 태양 주위를 회전하는 주기와 그 행성에서 태양까지의 평균 거리 사이에 존재하는 올바른 관계를 발견할 때까지 꾸준히 밀고 나갔다. 그 관계를 한 행성의 주기의 제곱은 태양에서 그 행성까지의 거리를 세제곱한 것에 비례한다고 기술했다.

그가 기술한 것처럼, 한 행성의 주기의 제곱을 그 행성에서 태양까지의 거리를 세제곱한 것으로 나눈 비율은 변하지 않는데 비율은 어떤 행성의 경우에나 모두 같다. 이 발견이 그의 생애 중 가장 활동적이었던 기간을 이루는 16년에 걸친 연구의 결실을 대표하므로 그의 가장 빛나는 업적이라고 생각했으며, 자신의 말대로 "그 발견을 위해 튀코 브라헤와 함께 일했고 그 발견을 위해 프라하에 있었다."

앞으로 뉴턴의 중력법칙을 논의하게 되면, 세 번째 법칙이 케플러가 기술한 대로라면 완전히 옳지는 않음을 알게 될 것이다. 뉴턴의 법칙으로부터 유도하면, 그 세 번째 법칙은 케플러가 기술한 경우와는 달리, 행성의 주기를 제곱한 것과 태양까지의 평균 거리를 세제곱한 것과의 비가 한 행성에서는 일정하지만 다른 행성에서는 약간 다른 값을 갖는다고 수정되어야 한다. 그러나 이러한 차이를 브라헤의 관찰로부터 알아내기에는 너무 작아서, 케플러가 기술한 세 번째 법칙은 브라헤의 자료와는 일치하나 중력법칙과 완전히 일치하지는 않는다.

케플러도 행성의 운동이 태양의 힘에 의해 지배받는다는 점을 알고 있었지만, 그는 이 힘이 중력이라는 사실을 깨닫지는 못했기 때문에 그 힘의 성질을 잘못 이해했다. 이 힘이 거리와 제곱에 비례한다기보다 자석이 끌어당기는 힘처럼 거리가 멀어지면 그 거리에 비례하여 약해진다고 생각했으며, 그 힘이 태양의 방향으로 작용하기보다는 옆 방향으로(행성과 태양을 잇는 선과 직각의 방향으로) 작용한다고 생각했다. 만일 이 힘이 사라지면 행성들이 계속 움직이지 않고 그 자리에 딱 멈춰 서리라고 믿었다.

그는 광학을 연구했으며 망원경도 설계했는데 그 망원경을 실제로 만들었을는지는 몰라도 사용하지는 않았다. 빛을 내는 물체의 밝기가 그 물체에서 멀어질수록 거리의 제곱에 역비례하여 어두워진다는 법칙을 발견했다. 멀리 있는 물체에서 나오는 빛이 모든 공간을 통해 퍼져 나가므로 그 물체의 밝기는 그 물체를 보는 사람까지의 거리의 제곱에 따라서 변한다는 사실을 직관으로 알았다. 또한 빛의 굴절도 조사했으며 굴절각(빛이 그 경로로부터 구부러지는 각)이 입사각에 비례한다는 프톨레마이오스의 근사적인 굴절법칙이 단지 입사각이 작을 때만 성립한다는 사실을 증명했다. 그럼에도 불구하고 옳은 굴절법칙을 발견하지는 못했는데, 그 법칙은 케플러와 같은 시대 사람이었으며 레이던대학교의 수학교수였던 빌레브로드 슈넬에 의해 1621년에 발견되었다.

케플러는 1621년에 완성한 『코페르니쿠스 천문학 개요 Epitome of the Copernican Astronomy』 저서에서 코페르니쿠스의 이론이 처음 발표되었을 때와 비교하여 어떻게 수정되었는지에 대한 자신의 견해를 피력하고 가상적이며 정확히 정의되지 않은 주제로서의 우주론이 그 자신의 실질적인 기여로 말미암아 어떻게 이론적으로 통합되고 수학적으로 우아한 이론으로 변화되었는가를 보였다. 어떤 주제를 체계적으로 연구하는 자세는 천문학이 "첫째, 하늘의 관찰 ; 둘째, 관찰된 겉보기 움직임을 설명할 가설 ; 셋째, 우주론을 형성할 물리학 또는 형이상학적인 법칙 ; 넷째, 천체들이 과거에 머무른 또는 미래에 나타날 위치의 계산 ; 다섯째, 위와 같은 연구에 사용될 기구를 만들거나 사용하는 방법" 등의 다섯 가지의 부분으로 이루어졌다는 믿음으로부터 확고하게 되었다. 이 책은 당시 유럽에서 천문학 교과서로는 가장 널리 읽혔는데, 그것은 행성의 운동에 관한 케플러의 세 가지 법칙은 물론 태양중심 이론이 사상 처음으로 아주 상세히 묘사되었기 때문이었다.

또한 당시에 알려진 행성궤도들의 가장 정확한 일람표를 만들고자 브라헤의 관찰 자료와 행성의 운동에 관한 자신의 연구 결과를 통합하여 『루돌핀 목록 Rudolphine Tables』을 작성하는 데 30년을 보냈다. 그 목록은 까다로운 인쇄상의 요구와 너무 많은 도표를 포함하고 있어서 1627년에 이르러서야 겨우 출판되었다.

출판된 『루돌핀 목록』은 너무 커서 한 번 접어야 하는 지침을 담은 면이 120쪽이나 되었고 또한 119쪽의 도표도 포함하고 있다. 행성과 태양과 달에 대한 도표와 그에 연관된 대수표(역주 : 곱셈과 나눗셈을 덧셈과 뺄셈으로 할 수 있게 하는 수표)는 물론이고 그 목록은 또한 브라헤가 관찰한 1,000개의 항성을 정리한 표와 연대별 요약표, 그리고 별의 위치를 표시한 도표도 포함하고 있다. 어떤 특정한 기간에 출판된 책에는 접어 넣은 세계지도도 들어 있는데 그 크기가 40×65㎝에 달하였다. 그 지도는 1630년에 제판되었지만 수년 후에야 겨우 책에 포함되었음에 틀림없다. 케플러의 책 중에서 이 책만이 유일하게 앞표지의 뒷면에 울퉁불퉁하게 인쇄된 그림을 싣고 있는데 복잡한 바로크풍(역주 : 16세기와 17세기에 유럽에서 유행한 요란하고 사치스러운 문양 형태)의 기호들과 문자들로 꽉 찬 이 그림은 튀코의 이론에 의한 천체의 모습을 천장에 그린 우라니아(역주 : 고대 그리스의 천문을 관리하는 여신)의 성전을 뜻한다…….

이 목록을 오스트리아에서 출판하기로 동의해 주는 대신에 궁전에서 받지 못하고 밀린 급료 약 6,300굴덴을 마련하기 위해 세 도시에 세금을 부과하도록 오스트리아 황제 페르디난트 2세를 설득시켰다. 비록 케플러는 그가 받기로 되어 있는 액수의 3분의 1밖에 지급받지 못했으나 1624년 린츠에서 책을 인쇄할 경비로는 충분했다. 그렇지만 린츠의 새집에 정착하자마자, 유럽에서 반종교개혁(역주 : 16세기 개신교로 시작된 종교개혁에 이어 로마 천주교 내부에서 일어난 개혁운동)이 발발하였으며, 그의 집 앞까지 전쟁이 몰아쳤다. 린츠시는 봉쇄되었으며 그 인쇄소는 완전히 불에 탔다. 자기의 목록이 출판되는 것을 영원히 볼 수 없을지 모른다는 두려움으로, 짐을 꾸려 울름으로 옮겼으며, 그곳에서 새 인쇄업자와 계약을 맺은 후 책의 출판을 직접 관리했다. 종교적, 정치적 폭동이 끊이지 않았기 때문에 이탈리아나 네덜란드로 옮길까도 고려했으나 지방과 황실에서 수학자로서 받기로 되어 있는 급료를 포기할 수는 없었다. 중부 유럽의 여러 공국(역주 : 왕자에 의해 다스려지는 나라)들을 여행하면서 재정적 후원자들에게 점성술을 읽어 주며 여생을 보냈다. 마지막 연구의 결과인 『꿈 The Dream』은 그가 죽기 직전에 완성되었는데, 그것은 상상에 의한 작품이지만 "달에서 관찰한 천체의 운동을 통찰력이 풍부하게 묘사하여 코페르니쿠스 체계의 입장을 뛰어나게 논증했다"는 점에서 주목할 만하다. 그 책은 케플러가 죽은 후에 그의 아들이 집안의 빚을 갚기 위해 한 출판사에 판 후에 출판되었다.

케플러는 과학에 접근하고 과학을 실제로 구사하는 방법에 있어서 그보다 먼저 살았던 어떤 다른 사람보다도 현대의 과학자에 더 가까웠다. 대단히 상상력이 풍부하였고 뛰어난 사색가였지만, 결코 애매하거나 구체적이지 않은 이론이나 가설에 만족하지 않았다. 이론이나 가설은 명백하고 정확한 관찰에 의해 검사받을 수 있도록 체계화되어야 했다. 그에게는 관찰된 자료만이 모든 이론의 옳고 그름을 판단할 수 있는 마지막 근거였으며, 자신의 이론들에 위와 같은 판단 기준을 적용하는 것을 한 번도 주저한 적이 없었다.

## 참고문헌

1. Stephen F. Mason, A History of the Sciences. New York : Abelard -Schuman Ltd., 1962, p. 127.
2. Edward Rosen, "Nicolaus Copernicus," Dictionary of Scientific Biography. New York : Charles Scribner's Sons, Vol. 3,1971, p. 401-402.
3. 위에서 인용한 Mason의 책, p. 128.
4. 위에서 인용한 Rosen의 책, p. 403.
5. David Pingree, "Tycho Brache, " Dictionary of Scientific Biography. New York : Charles Scribner's Sons, Vol. 2, 1970, p.401.
6. 위에서 인용한 책, p. 402.
7. 위에서 인용한 책, p. 402-403.
8. 위에서 인용한 책, p.413.
9. Owen Gingerich, "Johannes Kepler,M Dictionary of Scientific Biography. New York : Charles Scribner's Sons, Vol. 7, 1970, p. 289.
10. 위에서 인용한 책, p. 290.
11. 위에서 인용한 Mason의 책, p. 135.
12. 위에서 인용한 책, p. 136.
13. 위에서 인용한 Gingerich의 책, p. 305.

## 그림출처

1. Nikolaus Kopernikus, Nicolaus Copernicus portrait from Town Hall in Torun-1580), by Regional Museum in Torun, Torun, Poland, http://www.frombork.art.pl/Ang10.htm
2. Tycho Brahe, Tycho Brahe's mural quadrant in Uranienborg (Uraniborg). Engraving from the book : Tycho Brahe (1598), Astronomiae instauratae mechanica, Wandsbeck. Found in the article "A Study of Tycho Breahe's Astronomical Latitude Determination of Uranienborg using Satellite Positioning and Deflections of the Vertical" by Martin Ekman and Jonas Agren, Small Publications in Historical Geophysics No. 18.
3. Johannes Kepler, http://www.sil.si.edu/digitalcollections/hst/

# 4장
# 갈릴레오의 물리학

여기 또는 어디서건 간에 일들이 처음 시작될 때부터 계속해 보지 않고서는 그에 대한 가장 좋은 직관을 얻을 수 없다.
—ARISTOTLE

갈릴레오 갈릴레이(Galileo Galilei, 1564~1642)는 요하네스 케플러와 같은 시대에 살았지만, 두 과학자는 서로 거의 연락이 없었으며 공통점도 별로 없었다. 그렇지만 그들은 아이작 뉴턴이 역학 연구에 공헌을 세울 수 있도록 과학적 기반을 쌓는 데 가장 크게 이바지한 사람들이다. 갈릴레오는 아마도 케플러처럼 타고난 재능의 수학자는 아니었을지언정, 전문가적인 흥미는 더욱 다양했으며, 자유낙하 하는 물체의 가속과 같은 물리현상을 설명하기 위해 아무도 생각지 못했던 실험을 이용했다. 게다가 현격히 개선된 망원경과 같은 기구들도 고안할 정도로 창의적인 기술자였다. 그가 만든 망원경으로 많은 중요한 천문학 발견을 이루어 냈고 우리가 볼 수 있는 우주의 영역도 훨씬 크게 넓어졌다.

갈릴레오는 미켈란젤로가 죽기 사흘 전에 피렌체 상인의 아들로 태어났다. 그 당시 과학은 아직 유치한 단계였고, 학구적 질문 따위는 교조주의자들의 압제 아래서 기를 펴지 못했다. 아버지는 자유롭게 서로의 생각을 나누는 것을 격려하지 않을 아무런 이유가 없었기에, 자유분방한 논쟁에 대한 그의 열정을 주저 없이 아들에게도 물려줬다. 젊은 갈릴레오는 피렌체 근처 볼롬브로사의 수도원에서 초기 교육을 받았으며, 그 후에 피사대학에서 수학을 공부했다. 피렌체 아카데미에서 수학강사로 일한 후

1592년에 피사대학에서 수학을 가르치기 시작했다. 피사에서 교수로 있었던 18년 동안 자신의 일생에서 가장 큰 업적을 쌓았다. 물체가 멈추지 않고 계속 움직이려면 그 물체에 추진력이 끊임없이 작용해야만 가능하다고 믿었던 따위의 아리스토텔레스 물리학의 잘못된 점들을 밝혀내려고 많은 실험을 수행했다. 그는 역학을 연구하여 추진력을 제거하면 물체가 정지하는 것이 아니라 단지 그 물체가 받는 마찰의 크기에 따라 감속됨을 알아냈다. 이러한 결론으로부터 관성의 개념에 매우 가까이 도달했다. 그는 또한 공기 마찰이 없다면 모든 물체가 같은 모양으로 떨어진다고 주장했다. 무거운 물체가 먼저 땅에 떨어진다는 아리스토텔레스의 주장이 틀렸음을 보여 주기 위해 피사 사탑의 꼭대기에서 무게가 다른 여러 물체들을 떨어뜨렸다는 일화도 전해 내려오지만, 실제로 그와 같은 실험을 했다는 기록을 찾아볼 수는 없다.

갈릴레오가 과학 분야에서 발견한 것들로는 진자의 주기성, 유압 저울, 동역학의 원리, 음역의 비례관계와 온도계 등이 있다.[1] 또한 망원경의 많은 부분을 개선했으며, 달의 표면, 목성의 위성, 금성의 모양 등을 관찰함으로써 뛰어난 천체관측가로서의 지위를 굳혔다. 그런데 울퉁불퉁한 달 표면을 조심스럽게 연구함에 따라 갈릴레오는 먼저 종교적 정설에 의문을 품게 되었다. 망원경을 통하여 "어두운 바다와 밝은 땅, 대양과 대륙, 아침 빛에 돌출된 산봉우리와 그림자에 담긴 계곡"처럼 보이는 것들을 관찰했다.[2] 이러한 것이 지구의 지질과 아주 유사하다는 것을 놓치지 않았으며, 지구와 달이 같은 물질로 만들어졌다고 추론하는 데 주저하지 않았다. 이러한 결론은 위험했는데 그 이유는 지구가 우주의 중심을 차지하고 있으며 따라서 다른 어느 곳에서도 발견할 수 없는 물질로 만들어졌다고 생각되어 왔기 때문이다. 그는 코페르니쿠스의 태양중심 우주이론이 더 그럴듯하고, 지구가 태양계에 속한 여느 행성들 중의 하나라는 생각을 가졌기에 우주에 대한 정통적인 교회의 견해가 틀렸다고 확신하게 되었다.

그가 아리스토텔레스의 철학에 의문을 품은 것은 교회의 지적 고결함에 대한 도전으로 비쳤으며, 그의 견해를 잘 아는 교회 성직자들은 이것

갈릴레오 갈릴레이(1564~1642)

을 지나칠 수 있는 문제로 생각하지 않았다. 그 당시 교회는 프로테스탄트 혁명의 위협에 직면해 있었기 때문에, 교회 자체도 반대 의견에 대해 좀처럼 관대할 수 없는 입장이었다. 실제로 여러 사람들이 너무 많은 사상의 자유가 종파 분립을 조장하는 데 기여했다고 생각했다. 결과적으로 교회가 교리에 대한 도전을 더 이상 허용할 용기가 없게 되었다. 그는 이러한 교회의 자세를 알아차렸으며, 태양중심설을 공개적으로 지지하면 종교기관에 의해 처벌받게 될지도 모른다는 생각에서 코페르니쿠스적 태양계에 대한 그의 열정을 식힐 수밖에 다른 도리가 없었다. 이러한 내용이 그가 1597년에 요하네스 케플러에게 보낸 편지에 나타나 있다.

…여러 해 동안 나는 흔히 알려진 가설로는 결코 설명할 수 없었던 많은 자연현상의 원인을 나에게 해명해 주는 코페르니쿠스적 견해를 지지 했습니다. 그런 가설들이 잘못되었음을 보이기 위해 나는 많은 이론을 생각해 냈지만 이들을 감히 대중의 관심 앞에 내놓을 용기가 없습니다. 나는, 몇몇 사람의 존경심에 의해 그 명성이 영원히 기려지겠지만, 무한히 많은 사람(그렇게 많은 수의 바보들)의 비웃음과 조롱을 견뎌야만 했던 우리 스승 코페르니쿠스와 같은 운명에 처해지는 것이 두렵기 때문입니다.[3)]

그는 1600년에 조르다노 브루노가 이단이라는 이유로 화형에 처해지자 더욱 신중해질 수밖에 없었다. 브루노는 이단 종교 재판소에 의해 감금된 지 6년 만에 로마에 있는 캄포 데이 피오리에서 죽었다. 우주는 무한하며 무한한 수의 세계가 있다는 믿음이 근간을 이루는 그의 철학적 견해를 철회하라는 요청을 거절했기 때문에 죽었다. 우주의 중심이 없다는 것이나 브루노의 우주에서처럼 복수의 세상이 있다는 것 모두가 지구중심설에 대한 직접적 도전이었다. 브루노는 자신의 불경한 견해를 결코 굽히지 않고 주장하여 자신의 운명을 비참하게 만들었다. 그러나 브루노와 갈릴레오 사이의 중요한 차이점 하나는, 브루노가 성경에서 제시된 세계상에 정면으로 배치되는 우주론을 세운 데 반하여 갈릴레오는 코페르니쿠스 이론의 결론을 기독교에 반대되는 방법으로 해석할 마음의 준비가 되어 있지 않았다는 것이다.

(갈릴레오의) 생애 동안 그는 성경을 제대로 해석하면 정지한 태양과 움직이는 지구의 개념이 성경과도 부합한다고 확신했다. 갈릴레오가 교리문제로 마음의 갈등을 일으켰다는 증거는 전혀 없다. 그는 과학의 근세를 연 사람일 뿐 아니라 있을지도 모르는 초자연적 간섭을 과학과 타협

시키는 데 어려워하지 않았던 일단의 과학자들의 첫 번째 대표자 격이었다.[4)]

갈릴레오는 종교적 믿음 때문에 코페르니쿠스 이론을 멀리하지도 않았을 뿐만 아니라, 교회의 반대를 슬쩍 피해 가려는 그의 노력이 실패했기 때문에 1616년 종교 재판소에 의해 견책당했다. 태양중심설을 인정하거나 가르치거나 또는 옹호해서는 안 된다는 명령을 받았다. 조르다노 브루노보다 현실적인 사람이었으며 화형장에서 순교한다고 해서 아무런 개인적 이득도 얻을 수 없음을 알았기 때문에 종교 재판소의 판결을 감수하기로 동의했다. 친구인 베르베리니 주교가 교황 우르바누스 8세가 될 때인 1623년까지 아무것도 출판하지 않았다. 우르바누스를 과학과 예술의 후원자로 생각했다. 우르바누스는 태양중심설을 반대하는 판결을 번복할 수는 없었지만, "의심스러운 한 가지 가설로서 그 이론을 논의하는 것까지 금지하지는 않았다."[5)] 갈릴레오는 1632년 이 저주받을 이론을 지지하는 『두 주된 세계상에 관한 대화 Dialogues Concerning the Two Chief World System』라는 책을 출관했을 때 서문에 자신의 교회에 대한 헌신에 대해 길게 서술했으며 이 책을 우르바누스에게 헌정했다.

책을 출판할 때까지는 그가 코페르니쿠스의 이론이 공인된 교리에 대해서 가능한 한 가지 다른 이론이라고 조심스럽게 제시했지만, 그의 책 『대화 Dialogues』를 통해서 그의 선택이 무엇인지가 분명해졌다. 그는 교황청 내에 많은 적을 가지고 있었다. 아리스토텔레스의 철학이 계속 침식당하는 것을 우려한 교황청 사람들은 종교 재판소에 갈릴레오가 1616년 판결을 지키지 않았다는 것을 주지시켰다. 그 결과로 갈릴레오는 1632년 종교 재판소로부터 로마에 가서 신문을 받아야 한다는 명령을 받았다. 1632년 2월 로마에 도착했고 넉 달 후에는 『대화』가 1616년의 판결을 어겼다는 혐의로 조사를 받았다. 유죄라는 평결을 받고 감금형이 언도되었으며 강제로 꿇어 앉혀져서 지구가 태양 주위를 움직인다는 그의 믿음을 철회해야만 했다. 그는 지구중심설에 도전하지 않기로 약속하면서도 작은 목소리로 "E pur si muove(그래도 지구는 돈다)"라고 속삭였다고 알려지고 있다. 피렌체에 있는 자기 마을로 돌아가도록 허용되었으나, 생의 마지막 8년을 집 안에 연금된 채로 보내게 되었다. 더 이상 공개적 논쟁을 불러일으키지 않도록 자제할 밖에는 다른 도리가 없었지만, 그 기간 동안에도 과학 실험을 계속했으며 『대화』 한 권을 라틴어로 번역할 수 있도록 몰래 내보내기도 했다.

앞에서 얘기한 것과 같이 갈릴레오는 유치한 단계의 과학이, 특히 역학 분야에서, 게으른 철학적 추론으로부터 벗어나게 함과 동시에 실험과 관찰이라는 튼튼한 기초를 쌓게 하는 데 중추적 역할을 담당했다. 역학에 관한 과학은 운동에 대한 연구로부터 자라났으며, 두 단계, 즉 운동학과 동역학으로 발전되었다. 운동학은 그 운동의 원인은 생각하지 않고 물체의 움직임을 다루며, 동역학은 물체의 운동 상태를 변화시키는 원인으로서의 힘을 다룬다. 그래서 역학은 뉴턴이 운동의 세 가지 법칙을 정립할 때까지는 완전히 발전하지 못했으며, 이 운동법칙이 없이는 동역학이 진보할 수 없었으나, 갈릴레오는 이미 운동학을 과학으로 자리 잡아 놓았다. 역학의 연구는(화살이나, 총알, 대포알 등의 예와 같은) 포사체(역주 : 공중으로 쏘아 올려진 물체)의 비행이나, 차량의 추진, 동물의 움직임, 새의 비행 등과 같은 실제적 현상을 이해할 필요에서 시작되었다. 레오나르도 다빈치는 역학이 모든 과학 중 가장 가치 있는 것이고 수식으로 만들어서 검증이 가능한 것으로 보았기 때문에, 이를 열심히 연구했다. 따라서 다빈치의 정신적인 후계자인 갈릴레오가 물리학의 다른 어떤 분야보다도 역학에 더욱 헌신한 점은 그리 놀랍지 않다. 그는 운동의 성질이 완전히 이해되기 전까지는 역학이 완성될 수 없음을 직감으로 느꼈다.

물체는 어떤 종류의 힘에 의해 밀리거나 끌리기 때문에 움직인다는 매우 합리적인 것처럼 보이는 생각을 제시한 아리스토텔레스 시대 이래로 운동에 관한 연구는 거의 진전되지 않았다. 이러한 생각은 사람들이 지상의 물체가 밀리거나 끌릴 때만 움직인다는 것을 직접 경험해서 알고 있었기에(물체를 계속 움직이기 위해서는 육체적 노력이 필요했다) 일반적으로 옳다고 받아들여졌다. 이러한 아리스토텔레스의 생각이 행성들의 운동을 연구할 때는 심각한 어려움을 불러일으켰는데, 행성들은 밀거나 끌지 않는

데도 움직이는 것이 분명해 보였기 때문이다. 스콜라철학자와 신학자들은 단순히 각 행성마다 지정된 하늘의 궤도를 따라 밀어 주는 천사를 배정함으로써 이 문제를 "해결"했다. 그러나 이러한 생각은 반대에 부딪혔는데, 오컴의 윌리엄을 추종하는 "원기론자"로 불린 사람들이 맨 처음 신이 각 천체들에 원기를 부여하여 그 뒤로 계속 움직인다고 언명했다. 이것은 교회를 거역하지 않고 딜레마를 벗어나는 손쉬운 방법이긴 했지만, 운동을 이해하는 데는 아무런 보탬이 되지 않았다. 갈릴레오가 역학을 실험적 검증의 대상으로 삼고서 운동에 관한 수학적 이론을 세우기 전까지 역학은 탁상공론의 단계를 벗어나지 못하고 아무런 진보 없이 절름거리고 있었다.

요하네스 케플러 이후, 갈릴레오는 자연의 법칙과 원리를 발전시키는 데 있어 수학의 중요성을 깨달았던 두 번째로 위대한 과학자였다. 그는 측정 가능한 양과 관계되는 현상은 수학을 이용하여 식으로 만들 수 있다는 믿음 아래서 물리적 현상을 탐구하는 데 있어 수학을 적용하는 일에 몰두했다. 게다가 그는 이러한 생각을 한 단계 더 발전시켜서, 문제를 수식화하면 현상 자체만으로는 직접 관찰할 수 없는 결과까지도 수학적 조작만을 통해 얻어 낼 수 있다고 지적했다. 이러한 것이 물론 오늘날(뉴턴 시대 이래로 계속 그래 왔던 것처럼) 대부분의 과학적 발견의 기본이 된다.

그는 자신의 수학적 재능을 비례 문제에 처음으로 응용했는데, 이는 오늘날 공학과 과학의 모든 분야에서 광범위하게 이용되고 있다. 두 개의 (같은 화학적 구성과 밀도를 가진) 비슷한 구조물을 받치는 다리(예를 들면 코끼리의 다리)의 치수는 두 구조물 자체의 치수와 비례하지는 않음을 알았다. 즉, 어떤 큰 구조물의 치수가 작은 구조물보다 5배 크더라도 그것들을 받치는 다리의 굵기는 큰 것이 작은 것보다 5배 이상 커야만 한다. 그것은 구조물의 무게가 그 부피, 즉 높이의 세제곱에 비례하기 때문이다(즉, 높이가 5배이면 부피는 125배이다). 반면에 받치는 다리의 강도는 단지 그 단면적에 의존하므로, 구조물 높이의 제곱에 비례한다(즉, 25배가 된다). 따라서 받치는 다리의 치수가 5배만큼씩 증가한다면 그 강도는 1/5만큼 부족하다. 받치는 다리의 높이가 5배만큼 증가한다면, 그 지름(굵기)은 최소한 125의 제곱근 배보다 커져야 한다.

(마찰에 방해받지 않고) 자유낙하 하는 물체의 운동을 연구하기 위해 자유낙하를 방해하는 공기저항을 고려하지 말아야 한다는 것을 알았다. 그러나 실험을 행할 수 있는 진공이 없었으므로 질량이 다른 작은 금속구로 작업을 하기로 결정했다. 운동하는 물체에 작용하는 저항은 공기에 노출된 물체의 겉면적에 비례하므로, 질량이 같은 경우 구형이 어떤 다른 형태보다 저항을 덜 받는다. 그렇게 한 다음 자유낙하 하는 물체가 떨어지는 동안 그 운동을 자세히 추적할 수 있는 방법을 찾아내야 했는데 물체가 수직으로 떨어질 때는 워낙 빨리 떨어지므로 이것이 불가능했다. 그래서 금속구를 경사가 매우 완만한 평면을 따라서 굴러가게 함으로써 그 어려움을 극복했다.

그는 (항상 연직 방향으로 작용하는) 중력의 잡아당김이 물체의 운동을 어떻게 변화시키는지, 그리고 모든 물체의 운동이 중력으로부터 같은 식으로 영향을 받는지를 알아내고 싶었다. 무게가 다른 돌들을 같은 높이에서 떨어뜨리면 모두 동시에 지면에 닿으리라고 짐작하고는 있었지만, 그러한 약식의 관찰로는 결론을 내리기에 충분하지 못하다고 생각하고 정확한 측정을 위해 경사진 평면 실험을 고안했다. 경사면을 굴러 내리는 구는 중력의 전 부분에 의해 끌어당겨지는 것이 아니고 경사면을 따르는(경사면에 평행한) 부분에 의해서만 영향을 받는다. 경사도가 커질수록 중력이 잡아당기는 힘이(면이 수평으로 놓여 있을 때) 0으로부터 커져서 면이 연직 방향으로 놓일 때 그 힘이 가장 크게(즉 중력의 온값) 된다. 그렇기 때문에 경사진 정도를 완만하게 만들어서 갈릴레오는 그가 원하는 대로, 즉 그가 바라는 만큼 정밀하게 측정할 수 있고 운동이 진행되는 시간을 자세하게 측정할 수 있을 정도로 천천히 금속구가 굴러 내려갈 수 있게 만들었다. 경사각이 30°일 때는 중력 중에서 경사면을 따라잡아 다니는 부분이 가장 큰 값의 절반이며, 45°일 때는 2의 제곱근 배의 절반이다. 또한 60°일 때는 가장 큰 값에 3의 제곱근 배한 것의 절반이다.

그는 뉴턴의 세 가지 운동법칙으로 수식화된 뉴턴역학의 기본이 되는 일련의 중요한 관찰을 했다. 뉴턴의 세 법칙 중에서 첫 번째 법칙, 즉 관성의 법칙은 갈릴레오가 이룬 운동에 관한 연구로부터 직접 얻은 결과이다. 갈릴레오는 구가 경사면을 굴러 내려올 때는 같은 시간 동안 속력이 같은 크기만큼 증가함을 관찰했다. 그러나 구가 일단 경사면을 다 내려와서 평평한 수평면을 움직일 때는 그 속력이 변하지 않았다. 따라서 물체가 일정한 속력으로 계속 움직이게 만들려면 힘도 계속 작용해야 된다는 아리스토텔레스의 주장이 틀림을 실험으로 증명했다. 경사면 실험을 통해 경사면을 따라 작용하는 일정한 크기의 중력이 굴러 내리는 구의 속력을 계속 증가시킨다는 것으로부터, 힘의 작용이 물체의 속도를 변화시키는 반면에(경사면 위의 운동) 힘이 작용하지 않는다면(수평면 위의 운동) 속력도 일정함을 분명히 보여 주었다. 이와 같이 갈릴레오는 가속도(속도의 변화)를 힘의 작용과 연관 지었다.

갈릴레오는 굴러가는 구를 관찰하여 여러 가지 수학적 추론을 만들었다. 굴러 내리는 구의 속력이 시간이 지남에 따라 일정한 비율로 증가하는데, 이 속력이 증가하는 비율(가속도)은 구의 무게나 크기에 관계없이 모두 같다는 것, 즉 같은 경사면의 꼭대기에서 출발한 구들은 밑바닥에서 모두 같은 속력으로 내려온다는 것을 처음으로 보였다. 또한 구가 면을 따라 굴러간 거리는 구가 굴러가는 데 걸린 시간의 제곱에 비례하며, 경사면의 한 지점에서 굴러가는 속력의 제곱은 경사면의 꼭대기로부터 그 지점까지의 거리에 비례한다는 것도 수학적으로 증명했다. 이와 같은 간단한 수학적 관계로부터, 물체가(무게에 관계없이) 진공 중에서 자유낙하한다면 속력이 매초 약 9.8m씩 증가한다는(중력가속도) 결론을 얻었다. 더 나아가 수평면에서 굴러가는 구가 결국 정지하는 이유는 수평면이 완벽하게 매끄럽지 않기 때문이라는 것을 알아냈다. 면이 더 매끄러워질수록 구는 점점 더 먼 거리를 굴러갔다. 그렇기 때문에 수평면이 완벽하게 매끄럽다면 구는 영원히 굴러갈 것이라고(이것이 관성의 개념이다) 결론지었다. 그는 다음과 같은 중요한 점을 한 가지 더 관찰했다. 경사면들의 꼭대기가 지면으로부터 같은 높이에 있다면 그 경사면의 길이와는 전혀 관계없이 경사면 밑바닥에서의 구의 속력은 모두 같다. 지면으로부터의 경사면의 높이가 맨 밑바닥에서 구의 속력을 결정짓는 유일한 요소이다. 이처럼 간단한 관찰들과 추론들이 역학에 관한 과학을 출발시켰다.

경사면 위의 구에 관한 실험으로부터 한 걸음 더 나아가, 운동학에 관한 수학 공식들을 대포알과 같은 포사체의 비행에 응용했는데, 이는 당시에 매우 중요한 응용 분야였다. 물체가 지면으로부터 어떤 각도로 발사되든지 그것이 지나간 흔적은 포물선을 그리는데 그것은 비행하는 물체의 운동이 연직 방향 운동과 수평 방향 운동의 두 성분으로 구성되었기 때문임을 보였다. 포사체의 수평 방향 속력은 일정하므로 발사 지점으로부터 시작하여 수평 방향으로 진행한 거리는 시간에 따라 같은 비율로 증가하지만 연직 방향의 속력은 시간에 따라 일정한 비율로 감소하기 때문에 지면으로부터 물체가 올라간 높이는 시간의 제곱에 따라 변한다. 포사체 운동의 연직 방향과 수평 방향 성분을 합함으로써, 갈릴레오는 포사체가 지나간 흔적이 포물선을 그리며, 물체가 지면으로부터 45°의 각도로 발사될 때 그 도달거리가 최대임을 보였다.

그는 자신의 과학에 대한 연구를 역학에만 국한시키지 않고 많은 서로 다른 과학적, 기술적 문제에 매우 의욕적이고도 강한 호기심을 보였는데, 연구의 각 단계마다 올바른 과학적 원리와 결부된 수학이 지니는 예측 능력을 유감없이 보여 주었다. 열을 연구하여 온도를 측정하는 온도계를 처음으로 만들었고, 시간의 측정에 진자의 진동을 이용했는데, 진자의 주기(주어진 시간 동안 왕복운동 하는 횟수)가 1차적 근사로서 한쪽 끝에서 다른 쪽 끝까지 흔들리는 진폭의 크기에 관계없이 진자의 길이에만 관계된다는 것을 알아냈다. 맥박을 측정하는 데 진자를 이용했으며 병을 진단하는 데 이러한 측정이 가지는 중요성을 지적했다.

오늘날 갈릴레오는, 천제망원경으로 가장 유명하다. 망원경은 천문학을 순전히 운에 맡겨진 과학으로부터 육안에 의해 얻을 수 있었던 최대의 성과를 크게 능가하는 정확도를 가진 정밀관측학 분야로 바꾸어 놓았다. 망원경 이전의 천문학은 사분원, 천구의, 시차측정자와 같은 기구에 의존했는데, 튀코 브라헤는 이 기구들을 이용하여 경탄할 만한 관측을 이루어 냈다. 천체망원경이 출현함에 따라 육안으로 관측하는 천문학과 거기에서 사용된 기구들은 곧 사라지게 되었다. 갈릴레오는 망원경을 이용하여 다음과 같은 중요한 네 가지 사실을 관찰함으로써 코페르니쿠스의 우주론이 옳으며 스콜라철학과 프톨레마이오스의 천문학이 틀렸음을 전혀 의심 없이 확신하게 되었다. (1) 달의 표면은 분화구투성이고 매우 울퉁불퉁하며, 따라서 천체들이 "완전하다"는 생각은 틀렸다. (2) 달과 금성의 위상변화(역주 : 달이나 행성의 겉보기 모양이 주기적으로 변하는 것)가 비슷한데, 이는 금성이 지구가 아니라 태양의 주위를 회전함을 증명하는 것이다. (3) 목성 주위를 회전하는 네 개의 달(위성)을 관찰했는데, 이 모양이 태양계에 대한 코페르니쿠스 모형의 축소판이라고 볼 수 있다. (4) 은하수는 수많은 빛을 내는 점들로 이루어졌는데 갈릴레오는 이것들을 멀리 있는 별들이라고 올바로 해석했다.

## 참고문헌

1. W. L. Reese, "Galileo Galilei," Dictionary of Philosophy and Religion. Atlantic Highlands, New Jersey : Humanities Press, Inc., 1980, p. 186.
2. Chet Ray mo, The Soul of the Night. Englewood Cliffs, New Jersey * Prentice-Hall, Inc., 1985, p. 163.
3. G. Szczesny, The Case Against Bertold Brecht With Arguments Drawn from His Life of Galileo. New York : Frederick Ungar Publishingq Company, 1969, p. 68.
4. Dietrich Schroeer, Physics and Its Fifth Dimension : Society. Reading, Massachusetts : Addison—Wesley Publishing Company, p. 81.
5. 위에서 인용한 책, p. 84

## 그림 출처

1. Galileo Galilei, Portrait of Galileo Galilei, by Justus Sustermans (1597-1681), National Maritime Museum, http://www.nmm.ac.uk/

# 5장
# 뉴턴과 뉴턴의 물리학 : 이론의 본질

우리는 유클리드를 순수한 얼음과
같다고 생각한다. 또한 마치 테네리페의 포구
(역주 : 아프리카 북부의 카나리아제도에 위치한 가장 아름다운 섬)를
찬양하듯이 뉴턴을 찬양한다.
추상적 지성은 닿기 어려운 성공을
가져오는 격렬한 노력조차도 우리 자신의 세계와는
너무 다른 데로 우리를 인도하여 순수한 논리의
미개척지에 이르게 하고 인간의 추리에 찬물을 끼얹는다.
-WALTER BAGEHOT

아이작 뉴턴 경(Sir. Isaac Newton, 1642~1727)은 링컨셔 지방의 울스소프라는 동네에서 뉴턴의 이름과 같이 아이작이라는 이름을 사용했던 자작농인 아버지와 그의 전처 한나 아이스코프 사이에서 아버지가 죽은 석 달 후 크리스마스에 태어났다. 아기 때의 뉴턴은 허약하며 병치레를 많이 했고, 일생 동안 건강에 자신을 가져 본 적이 없었지만 어찌어찌 이겨 내서 점점 더 건강해져 갔다. 아이작이 두 살도 되기 전에 어머니가 바나바스 스미스라는 부유한 목사와 재혼했다. 새 남편의 세 아들을 키우기 위해 남편이 사는 이웃 동네로 이사 갈 때 아이작을 할머니에게 맡겼기 때문에 아이작은 행복한 어린 시절을 갖지 못했다. 아이작은 그의 계부가 죽은 1653년까지 거의 9년 동안 어머니와 함께 살지 못했는데, 어머니와

떨어져 살아야만 했던 일이 그의 인간성 형성에 쓰라린 영향을 주었음에 틀림없다. 그와 같은 경험이 그의 여성관을 만들었음이 분명한데, 일생 동안 여자와는 별다른 관계를 갖지 않았다. 결혼도 하지 않았고 젊은 시절의 로맨스를 제외하고 나면 관심사는 오직 연구뿐인 것처럼 보였다. 그 다음으로 자신을 비평하는 사람들을 의식했다. "뉴턴은 자기 연구 결과가 발표될 때는 강박관념에 사로잡힌 듯이 불안에 떨고 그를 비평하는 사람들에게는 이성적이지 못할 정도로 격렬하게 대응하는 것으로부터 알 수 있듯이, 너무 예리한 감각이 그 자신을 불안하게 한다는 감정에 일생 동안 시달렸는데 불행했던 어린 시절 때문에 그렇게 되었다는 설이 매우 설득력을 갖는다."[1)]

뉴턴의 어린 시절 행적만으로는 그의 정신적 능력에 대한 아무런 징표도 찾아볼 수 없다. 그랜텀의 중학교에 다닐 적에는 호기심 많은 평범한 학생이었다. 교실에서는 학과 공부에 열중하기보다 공상으로 더 많은 시간을 보냈다. 혼자 있기를 좋아했으며 다른 아이들과 놀이나 운동경기를 함께 한 경험이 거의 없었다. 신경질 많고 예민한 그였지만 내성적이고 수줍음을 잘 타기도 했다. 역학적인 면에 재간을 드러내기도 해서 "자신이 설계한 연이나 해시계, 물시계와 같은 역학적인 원리를 이용한 기구들을 만들기도 했다."[2)]

계부가 죽은 후에 어머니는 그녀가 소유하게 된 상당히 많은 재산을 관리하도록 뉴턴을 불렀다. 그러나 그가 재산을 운영할 능력이 전혀 없다는 것은 금방 밝혀졌다. 농사꾼들과 잘 지내지 못했으며 농사일에도 전혀 흥미가 없었다. 다행스럽게도 외삼촌이 어머니를 설득하여서 어려운 대학교 공부에 대비하기 위해 라틴어와 수학을 배우도록 그를 그랜텀의 중학교로 돌려보냈다. 1661년 18세가 되던 해에 케임브리지의 트리니티대학의 입학시험에 합격할 정도로 공부를 잘해 냈다.

트리니티대학에서 공부하던 시절이 니콜라우스 코페르니쿠스와 갈릴레오 갈릴레이, 요하네스 케플러 등이 이미 현대 과학에 위대한 업적을 세운 후였음에도 불구하고, 당시 대개의 대학교에서처럼 케임브리지에서 제공하는 교육도 아리스토텔레스학파의 학설을 위주로 한 것이었다. 코페르

아이작 뉴턴 경(1642~1727)

니쿠스의 태양 중심 태양계라든지 갈릴레오의 역학에 대해서는 별로 배우지 못했고, 대신 뉴턴과 동료 학생들은 아리스토텔레스나 플라톤이 이룩한 일, 그리고 친숙하지만 갈수록 비현실적이 되어 버린 지구 중심의 우주론에 대해서 배워야만 했다. 그럼에도 불구하고 "복잡하며 인격을 갖지 않아 제 마음대로 행동하지 못하는 기계로서의 자연을 바라보는 새로운 개념을 형성하기 시작한"[3] 르네 데카르트와 같은 물리철학자들의 연구에 심취하게 되었다. 아리스토텔레스와는 달리 데카르트는 "물리적인 실체는 모두 움직이는 물질 입자들에 의해 구성되어 있고 자연의 모든 현상은 그 입자들의 역학적인 상호작용에 의해 생겨난다고 보았기"[3] 때문에 그가 뉴턴에게 끼친 영향은 대단히 컸다. 뉴턴은 또한 자신의 뛰어남을 처음으로 알아준 수학자 아이작 배로의 영향도 받았다. 배로는 뉴턴이 수학에 관심을 갖도록 격려했고 광학을 연구해 보도록 권유했다. 케임브리지대학에서 공부하던 마지막 두 해 동안 그는 르네상스 시기의 과학자들과 철학자들의 업적에 대한 공부를 병행하면서 수학을 완전히 터득했고, 자신이 과학에 대해 독보적으로 기여하는 데 기본이 되는 개념을 형성하기 시작했다. 그럼에도 불구하고 개인적인 공부에만 몰두했기 때문에 학교 성적은 별로 두드러지지 않았다. "뉴턴이 학사 학위를 받던 1665년 4월, 대학 교육의 역사에서 가장 뛰어난 대학생으로서의 업적이 알려지지 않고 지나갔는데" 그것은 그가 "새로운 철학과 새로운 수학을 찾아서 자기 것으로 만들었으나, 그 과정을 발표하지 않고 단지 자신의 노트 속에 담아 두었기" 때문이었다.[3)]

1665년 런던에 전염병이 돌자 뉴턴은 케임브리지를 떠나 울스소프의 고향으로 돌아가게 되었으며, 그곳에서 두 해 동안 대학 시절에 처음 착안했던 공간과 시간, 운동에 관한 생각들을 곰곰이 돌이켜보았다. "1667년 케임브리지로 다시 돌아올 때까지, 그의 이름과 영원히 연관 짓게 된 미적분학, 백색광의 본성, 만유인력과 그 결과 등 세 가지 위대한 분야에 대한 그의 연구 기반이 이미 튼튼하게 잡혀졌음이 확실했다."[4)] 또한 이항정리(二項定理)를 발견했으며, "원운동의 요소들을 검토하는 과정에서 그의 분석을 달과 행성들의 운동에 적용하고 행성에 작용하는 구심력이 태양까지의 거리의 제곱에 반비례한다는 관계(이것이 후일 만유인력의 법칙을 발견하는 데 결정적인 역할을 했다)를 유도한 것도 모두 그때의 일이었다."[5)]

이 주목할 만한 울스소프에서의 두 해 동안, 갈릴레오와 케플러의 업적을 논리적인 결론에 이르는 데까지 재검토했으며 기계적인 우주의 동작을 설명하기 위해 필요한 물리법칙을 규정했는데, 이러한 과학적 업적은 다음 두 세기에 걸쳐 과학과 철학을 지배했다. 그 엄청난 지적인 업적이 그렇게 젊은 나이에, 그리고 그렇게 짧은 기간 동안에 어떻게 이루어질 수 있었는지 좀처럼 이해하기가 어렵다. 하지만 누구에게도 견줄 수 없을 만큼 강한 집중력을 가지고 있었다는 사실은 그의 뛰어남을 엿볼 수 있게 해 준다.

> 그는 순전히 지적인 문제에 대해 그것을 꿰뚫어 볼 때까지 계속 마음속에 잡아 두는 특별한 능력을 갖고 있었다. 나는 그가 남보다 특출한 이유가 누구보다도 강력하고 오래 지속시킬 수 있는 직관력을 타고났기 때문이라고 생각된다. 누구든지 한 번이라도 순수하게 과학적이거나 철학적인 사고를 해 보려고 한 사람이라면, 그 문제를 순간적으로나마 마음속에 잡아 두고 그것을 꿰뚫어 보기 위해 자기의 모든 주의력을 온통 쏟아붓는 일이 얼마나 어려운지 알 것이며, 그 문제가 슬며시 흐려져서 도망가는 바람에 생각하고자 하는 것이 어떻게 공백으로 남겨져 버리는지 알 것이다. 나는 뉴턴이 어떤 문제가 그에게 굴복하여 모든 비밀을 털어놓을 때까지 그 문제를 몇 시간이고, 며칠이고 아니 몇 주일이 되더라도 그 마음속에 붙잡아 둘 수 있었으리라고 믿는다. 그런 다음 남에게 보이기 위해 최고의 수학적인 재능을 이용하여 그 문제를 치장할 수 있었다. 그러나 그에게서 무엇보다도 탁월한 점은 그의 직관이었으며, 드 모건은 "그는 증명할 수 있는 방법이 전혀 엿보이지 않는 문제를 판독할 때 무척 행복해 했다"라고 말했다.[6]

뉴턴의 만유인력에 관한 정리는 "떨어지는 비율은 중력의 세기에 비례하며 중력은 지구 중심으로부터의 거리의 제곱에 비례하여 감소한다"[7]는 이론을 바탕으로 한다. 울스소프에 머무를 때, 나무에서 떨어지는 사과를 관찰하면서 지구가 사과를 잡아당기며 사과도 지구를 잡아당긴다고 결론지었다. 비록 지구가 지상의 물체를 잡아당긴다는 개념이 그 당시에 새로운 생각은 아니었지만, 사과를 땅에 떨어지도록 만든 힘이, 달이 지구 주위의 궤도를 돌게 하고 지구를 태양 주위의 궤도에 붙잡아 두는 힘과 똑같은 종류라는 사실을 처음으로 설파한 사람이 뉴턴이었다. 그의 역제곱비례법칙으로부터 두 물체 사이에 작용하는 인력이 그들의 질량과 떨어진 거리에 어떻게 수학적으로 의존하는가를 알 수 있다. 지구가 지상의 물체를 잡아당기는 힘이 전혀 특별하지 않다는 그의 결론도 결코 이에 뒤지지 않을 만큼 중요하다. 즉 이러한 종류의 힘은 우주 속의 모든 물체로부터 나올 수 있다. 그는 갈릴레오와 케플러의 역학을 통합하고 완성했을 뿐 아니라, 우주의 동역학적인 운동들이 우주 내 어느 곳에서나 통용되는 수학으로 표시되는 기본적 관계식들에 의해 나타낼 수 있다는 것을 보였다. 수학이 이렇게 유용하다는 사실이 과시됨으로써 전에는 전혀 누리지 못했던 독립적인 이론체계로서의 자연철학(당시에 물리학 대신 불렀던 명칭)이 등장하게 되었다.

두 번째 위대한 업적은 빛에 대한 실험과 빛의 입자설이다. 울스소프에 머무는 동안 프리즘을 이용한 실험을 통해 프리즘을 통과하는 빛이 "굴절하는 것을 관찰했으나, 프리즘의 서로 다른 부분을 통과하는 빛이 굴절하는 정도가 달랐으며, 화면에 비친 모양은 빛이 단순히 확대된 것이 아니고 우리가 잘 알고 있는 무지개의 일곱 색깔, 즉 빨강, 주홍, 노랑, 초록, 파랑, 남색, 보라의 순으로 띠 모양을 나타내었다."[8] 그 빛을 두 번째 프리즘에 통과시키니까 여러 다른 색깔의 빛이 백색광으로 다시 합쳐졌다. 이 실험들로부터 백색광이 무지개의 모든 색깔을 포함하고 있다고 결론지었다. 백색광의 각 성분들이 확실히 서로 섞이지 않는다는 점으로부터 그는 빛의 입자론에 도달했다. "그는 개별적인 광선들이(그 말은 주어진 크기의 입자들이) 눈의 망막에 부딪힐 때 그 광선에 속하는 개별적인 색깔을 느끼도록 자극한다는 생각을 가졌다."[9] 비록 후세에는 동료 물리학자들이 빛이 아주 미세한 입자들로 이루어져 있다는 그의 이론을 일반적으로 받아들였지만, 당시에는 빛이 파동으로 이루어져 있다고 주장한 크리스티안 하위헌스를 포함한 많은 사람이 그에게 동의하지 않았다. 그는 만약 빛이 출렁거리는 파동이라면 소리가 "휘어져서" 길모퉁이를 돌아 보이지 않는 곳에서도 들리는 것처럼 빛도 그림자를 만들지 말고 휘어져야 할 것이라고 응답했다. 그가 옳았지만 그로부터 몇 년이 되지 않아서 좀 더 정밀한 실험들에 의해 빛이 과연 휘어진다는 사실과, 따라서 빛이 파동과 같은 성질을 지닌다는 사실이 밝혀졌다. 그렇지만 20세기에 들어와 알베르트 아인슈타인이 빛이 "광자"라고 불리는 불연속적인 입자들로 이루어졌다고 제의할 때 어떤 의미로는 입자론이 부활한 셈이었다. 아무튼 빛이 입자와 파동의 특징들을 모두 지니고 있는 것처럼 보이므로 어쩌면 그러한 논쟁이 결정적으로 해결되기는 어려울 성싶다.

케임브리지가 1667년 다시 문을 연 후에, 그는 트리티니대학의 평의원으로 선출되었다. 두 해 뒤에 스승인 아이작 배로가 교수직을 사임하면서 그를 후임으로 추천했다. 비록 자신이 발견한 것을 아직 논문으로 발표하지 않고 있었지만, 광학에 대한 강의를 시작했다. 또한 빛에 대한 실험을 계속했으며 반사망원경을 처음으로 제작했는데 그것이 학술원 사람들에게 큰 흥미를 일으키게 만들었고 그로 말미암아 1672년 마침내 학술원 회원으로 선출되었다. 이러한 영예를 얻은 것이 계기가 되어 광학에 관한 논문을 발표하게 되었는데, 그 논문은 곧바로 로버트 훅에 의해 격렬하게 공격당했다. 비록 학술원의 지도자이며 광학에서의 권위자라고 생각하고 있던 훅이었지만 그가 한껏 우월감을 풍기며 자신의 논문을 논평하자 뉴턴은 불같이 흥분했다. 그는 자신의 일에 대해 어떠한 비평도 감내할 수 없었으며 어떠한 논쟁도 혐오했다. "그 논문을 발표한 지 1년도 채 되기 전에 그〔뉴턴〕는 진지한 논쟁을 주고받는 것이 너무 짜증스러워서 넥타이를 찢어 버리기 시작했으며 실질적인 은둔 상태에 들어갔다.[9)]

빛의 본성에 관해서 그가 훅과 하위헌스와 벌인 토론은 고트프리트 빌헬름 폰 라이프니츠가 미적분학에 관한 논문을 1684년 발표한 뒤에 시작된 누가 미적분학을 발견하였느냐에 대한 논쟁에 의해 가려지게 되었다. 뉴턴이 미적분학에 대한 논문 발표를 1704년까지 미루고 있었기 때문에 진정한 미적분학의 발견자를 가리는 문제가 더욱 꼬이게 되었다. 두 사람 모두 공개 석상에서는 상대방에게 겉보기에 다정한 것처럼 대했지만, 뒤에서는 자신의 지지자들에게 상대방의 업적을 헐뜯도록 충동질했다. 비록 라이프니츠가 혼자서 독립적으로 해석학을 발견한 것이 틀림없어 보이지만, 이제 와서 보면 라이프니츠가 수학을 공부하기도 훨씬 전에 뉴턴은 해석학을 상당히 발전시키고 있었음은 의심할 여지가 없다. 아무튼 논쟁은 나라 대 나라의 논쟁으로 발전하게 되어서, 두 사람이 이룬 일의 내용에 대하여는 눈곱만큼도 알지 못하는 사람들이 그것을 발견한 것이 영국인인가 독일인인가에 대해 열정적으로 말다툼을 벌이곤 했다. 그 문제는 뉴턴이 살아 있는 동안에는 결코 결론이 나지 못했다. 많은 학자가 뉴턴의 발견이라는 생각을 더 지지했지만(대체로 그의 과학적인 명성에 힘입어서), 유럽대륙에서는 거의 모든 과학자들과 수학자들이 라이프니츠가 제안한 좀 더 편리한 표기법을 더 좋아했으며 그 표기법이 현재까지 내려오며 사용되고 있다.

1680년대 중반에 이르기까지 뉴턴은 광학과 역학에서의 주요 발견을 거의 다 이룩했으나, 광학에 대한 몇 편의 논문을 제외하고는 그의 업적, 특히 만유인력의 법칙에 대해서는 별로 발표하지 않았다. 학술원에 속한 많은 동료와 주기적으로 가졌던 껄끄러운 관계들 때문에 그는 과학에 정이 떨어지곤 했으며 그를 항상 사로잡았던 종교나 신비스러운 일 따위와 같은 다른 주제에 관심을 돌리곤 했다. 오랜 적수였던 로버트 훅과의 행성들의 운동을 거리의 제곱에 반비례하는 인력으로 설명할 수 있다는 점에 관한 논쟁이 없었다면 그의 가장 중요한 업적인 『원리들 Principia』은 영영 쓰일 수 없었을는지도 모른다. 훅은 그 이론을 증명할 수 없었으나 뉴턴의 친구인 에드먼드 핼리가 그 문제를 뉴턴에게 가지고 와서 행성이 태양까지의 거리의 제곱에 따라 행성과 태양 사이의 인력이 감소한다면 행성들의 운동이 어떻게 될지 물어보았다. 그는 그 행성들이 타원궤도를 따라 움직일 것이라고 대답했고, 핼리가 다시 어떻게 그러리라고 생각하게 되었느냐고 물어보았더니 자기가 그 궤도를 계산했다고 대답했다. 핼리가 뉴턴에게 그러한 연구를 보여 달라고 요청한 것이 계기가 되어 만유인력에 관한 이론뿐만 아니라 세 가지 운동법칙도 설명하는 책을 쓰기 시작했다. 열여덟 달 만에 원고를 완성했고 핼리가 비용을 부담하여 1687년 『자연철학의 수학적 원리들 Philosophiae Naturalis Principia Mathematica』이라는 제목으로 출판하였다. 일련의 고도로 함축된 기하학적인 공리들과 증명들로 이루어진 이 책은 지금까지 인간에 의해 쓰인 책 중에서 가장 위대하고 영향력 있는 과학 저서로 남아 있다. 그 책은, 신의 손으로 짜였으나 만유인력 법칙의 지배 아래서 모든 역동적인 움직임을 스스로 결정하는 우주에 대한 개관을 제공했다. 『원리들』로 말미암아 뉴턴은 세계적으로 유명해졌고 과학 사회에서는 누구도 필적할 수 없는 명성을 보장받았다. "그리고 뉴턴의 이론은 너무나도 간결하며 그 수도 너무나 적은 몇 개 안

되는 가정에서 출발하여 너무나도 분명하고 너무나도 설득력이 풍부한 수학적인 논리 전개로 그 이론을 발전시켰으므로 보수주의자들이 그 이론에 대항할 엄두를 내거나 용기를 가질 수 없었다."[10)]

그는 비록 이성의 시대를 대표하는 살아 있는 상징이 되었지만, 과학에서 벗어나 싸구려 금속을 금으로 만들 수 있는 방법에 대해 험난한 노력을 시작했는데 결국 성공하지는 못했다. 또 화학에 관해 전혀 쓸모없는 길고 긴 논문들을 쓰곤 했다. 케임브리지의 직장을 유지하기 위해 견진성사를 받고 자신의 종교적 주관을 가진 유니테리언(Unitarian)교도(역주 : 삼위일체를 믿지 않고 신은 한 분이라고 주장하는 교파)로서 100만 개가 넘는 단어를 이용하여 성서의 구절 중 신비스러운 부분의 의미를 고찰했으며, 성경에 나오는 사람들의 족보를 조사하여 지구의 나이가 약 5000년 정도일 것이라고 결정하기도 했다.

뉴턴은 1692년 신경쇠약 증세에 시달렸는데, 그것은 아마 과로로 기진맥진한 때문이었을 것이다. 그 증세로부터 완전히 회복된 후에도 근 2년간 일을 쉬었다. 이로써 그의 과학적인 연구는 막을 내린 셈이었다. 그러나 그로부터 10년 뒤쯤부터 간간히 20년 전에 발표한 빛의 이론에 대한 자료를 수집하여 1704년 『광학 Optics』이라는 책으로 출판했다. 이 책의 출판이 그토록 미뤄진 이유는 혹이 1703년에 죽을 때까지 뉴턴이 빛에 관한 논문들의 출판을 거절했기 때문이었다. 1703년 학술원 회장으로 선출되었고 죽을 때까지 그 자리를 지켰다. 또한 1689년 국회의원으로 선출되었는데, 국회의원으로 일하는 몇 년 동안에 걸쳐서 창문 좀 닫아 달라고 청한 것을 제외하면 한 번도 국회에서 발언한 적이 없었다.[11)]

1696년 조폐국장에 임명되었으며 3년 뒤에는 조폐청장에 취임했다. 비록 1701년까지 케임브리지에 소속되어 있었지만, 조폐국에 일자리를 잡고 공무를 수행하기 위해 런던으로 이사할 때 그의 학문적인 활동은 막을 내렸다고 볼 수 있다. 어떤 해설가들은 직업을 바꿨기 때문에 과학사회가 뉴턴의 일생 중에서 마지막 사반세기에 해당하는 기간 동안 가장 뛰어난 인물 한 사람을 빼앗겼다고 주장했지만, 사실 뉴턴 자신은 대학교 밖의 생활에 만반의 준비를 해 두고 있었고, 런던의 숨 가쁜 사교계에서 유명 인사 대접을 받으며 즐기기를 상당히 원했다. 핼리팩스 경의 화폐제도 개혁에 관한 계획을 실행하기 위해 온 힘을 다한 것을 보아도 알 수 있듯이, 그는 단순히 명예직으로 조폐국장에 임명된 것이 아니었다. 또한 1705년 앤 여왕으로부터 기사 작위를 수여받았는데, 이는 과학자로서는 사상 처음 받는 영광이었다. 계속 몰려오는 고관대작들을 면담했고 『광학』과 두 번에 걸친 『원리들』의 개정판을 출판하는 것을 감독했다. 말년을 전례 없는 일반 대중의 찬양을 받으며 지냈고 그런 찬양은 84세로 생을 마칠 때까지 계속되었다. "1727년 그가 죽자 최고의 영예가 주어졌다. 그의 유해는 예루살렘 관에 정장하여 안치되었고 상원의장과 두 명의 공작, 세 명의 백작에 의해 운구되었으며(당시에 그러한 일은 특별한 영예를 의미하였다) 가장 고귀한 귀족에게도 허가되지 않은 곳에 기념비가 세워졌다. 그것은 엄청난 일이었는데, 이러한 국가적인 영예가 과학자에게 주어지기는 처음이자 마지막이었으며, 내가 믿기로는, 영국에서 철학자나 학자 또는 예술가 중에서 어떤 사람에게도 그런 전례가 없었다."[12]

현대 과학에 대한 뉴턴의 영향은 오로지 아인슈타인의 업적만이 필적할 수 있다. 뉴턴과 아인슈타인의 업적을 두 사람이 살았던 시대의 상황을 고려하여 비교하면 뉴턴의 경우가 더욱 혁명적이라고 주장하는 사람도 있다. 두 사람 모두 과학에 대한 주된 기여는 그들이 20대였을 때, 그것도 비교적 짧은 기간 동안에 이루어졌다는 점이 매우 흥미롭다. 뉴턴의 업적이 현대 과학과 현대 과학이 보는 공간, 시간, 운동에 대한 개념을 어떻게 변화시켰는지를 묘사하기 위해, 우리는 케임브리지를 다니던 학생이었던 뉴턴이 울스소프의 집에 돌아와서 근대적인 물리학의 기초를 이룬 수학과 물리학에 대해 연달아 여러 가지를 발견했던 때로부터 이야기를 시작했다. 그는 미적분학과 만유인력의 법칙, 빛의 입자론 등을 포함하는 여러 가지 발견들을 다음과 같은 말로써 마감했다. "이러한 모든 일들이 1665년과 1666년 두 해 동안에 일어났는데, 그 두 해가 내 직관의 절정기였으며 그 이후의 어느 때보다도 더 수학과 철학에 전념하였다."[13] 자신의 초기 업적에 대한 이 발언에서 운동법칙에 관해서는 전혀 언급하지 않았지만, 달에 대한 지구의 중력 작용에 관한 그의 논의로부터 알 수 있듯이, 이러한 법칙들을 철저히 이해하고 있었고 훨씬 이전에 체계화했던 것이 틀림없어 보인다.

비록 갈릴레오가 운동에 대한 연구로부터 역학의 기초를 다져 놓고 가속도가 중요함을 강조했지만, 뉴턴에 와서야 만유인력의 법칙만큼이나 그를 유명하게 만든 세 가지 운동법칙을 발표함으로써 역학을 엄밀한 과학의 한 분야로 확립시켰다. 세 가지 법칙들로 말미암아 역학이 반경험적이며 반수학적인 과학으로부터 마치 엄격한 기하학과 같이 완벽한 수학의 한 분야로 떠올랐으므로 이 법칙들의 중요함은 아무리 강조해도 지나치지 않다. 운동의 법칙을 분석하고 이 법칙들이 지니는 위대한 예측 능력을 과시하기 전에 우선 "자연의 법칙"이라는 표현의 의미를 정의해야만 되겠다.

만일 과학이 근본적으로 달라 보이는 부분들을 정확한 방법에 의해 연관 지을 수 있는 의미 있는 지적 구조를 이루기 위해 체계화되지 않은 단순한 자료의 집합이라면, 과학은 탐구심과 호기심이 가득 찬 마음에 별 매력을 주지 못할 것이다. 그러나 과학은 단순히 아무렇게나 모아 놓은 자료 훨씬 이상의 것이다. 과학은 또한 우리 주위에 존재하는 우주를 관찰하면서 지속적으로 의식하고 있는 하나하나의 자료들 사이의 인과관계를 발견하려는 추진력까지도 포함한다. 우리가 끊임없이 접하고 있는 자료들의 대부분은 거의 모든 사람들에게 호기심을 자극하지 못하고 또 그 자료들의 의미를 알고자 한다든지 모든 현상을 지배하는 근본적인 상관관계를 이용하여 그 자료들을 이해하려는 의욕을 발동시키지 못한 채 그냥 지나쳐 버린다. 과학자들이란 이런 자료의 물결에 가장 왕성한 호기심을 일으키는 부류이다. 과학자들 중에서도 물리학자는 그 자료들이 어떻게 흘러가는가에 대한 설명, 즉 기본적인 자연의 법칙을 추구하는 사람들이다.

법칙의 본성을 더욱 명확히 하기 위해, 일어날 수 있는 가장 근본적인 현상인 사건을 먼저 정의하자. 이를 위해 우선 이상적인 개념인 "질점"(약간의 물질 덩어리, 그러나 크기를 갖지 않는다)을 도입하자. 질점은 실제로 존재하지는 못하나, 주어진 시간에 주어진 공간의 한 점에 놓인 것으로 정의되는 사건의 성질을 이해하고자 하는 우리의 지적 행동에 매우 유용하다. 여기서 우리는 역시 잘 정의되지 않은 "공간의 한 점"과 "주어진 시간에"라는 개념 또한 도입했다. 그러나 우리 이야기의 이 시점에서는 그 의미에 대해 더 이상 깊숙이 들어가지 않도록 할 것이다.

우리가 앞으로 접하게 되겠지만, 물리법칙에 관계되는 개념들이 모두 정의되지는 않는다. 그러나 자연의 법칙을 형성해 나가면서, 물리학자는 가능한 한 적은 수의 정의되지 않은 개념들을 기반으로 이용하여 법칙을 세운다. 어느 경우에나 그러한 기본이 되는 개념들을 정의할 수는 없다 하더라도, 물리학자는 그 개념들을 측정하는 구체적인 방법을 도입할 수 있는 경우에 한하여 그 개념들을 사용해 일을 도모한다.

이러한 점들을 이해했다고 치고, 이제 "사건"과 "법칙" 사이의 관계로 돌아가서 주어진 입자와 연관된 일련의 사건들을 생각하자. 어떤 입자가 관찰자이며 법칙을 만들고자 하는 우리들에 대해 한 곳에 정지되어 있는 경우라 할지라도, 시간이 흐름에 따라 지정된 공간의 한 점에 서로 다른 일련의 시간을 부여해야 하기 때문에 서로 다른 여러 개의 사건을 정의하게 된다. 그러나 이런 종류의 특별한 "일련의 사건"은 법칙을 발견하는 데에는 별로 효과적이지 못하다. 그러므로 입자를 한 점에서 다른 점으로 움직이는 경우를 고려하고 이러한 모든 점들을(또는 사건들을) 어떤 선으로 연결하기로 하자. 이 선은 그 입자의 "궤도" 또는 "길"이라고 불린다. 그러면 법칙이란 모든 경우에 입자의 궤도를 결정하게 하는 보편적인 서술이다. 간단한 예로는 공중에 던져진 입자의 길을 들 수 있다. 앞으로 알게 되겠지만, 그렇게 던져진 물체의 길을 계산할 수 있도록 하는(뉴턴이 발견한) 법칙은 그러한 법칙들이 가지는 기본적인 특색을 갖추고 있다. 입자들의 궤도에 대한 정보는 이 우주에서 원자 안에 있는 원자핵으로부터 은하계에 이르기까지 자연의 구조에 대한 깊은 통찰력을 갖게 하며 우리들이 추구하는 법칙의 진위를 가늠할 수 있게 하기 때문에, 입자들의 궤도를 결정하거나 발견하는 것은 물리학자들의 가장 주된 목표가 되어 왔음을 강조하고자 한다.

법칙을 구성하는 기본 요소들에 대해 논의하기에 앞서서, 물리학자들이 또는 일반적으로 과학자들이, 대부분 사건들의 혼란한 모임들로 보이는 것들로부터 어떻게 그 속의 질서(법칙)를 찾아내는 묘기를 연출하는지 간단히 알아보자. 그 과정은 서로를 보완하는 두 가지 측면으로 이루어져 있는데 어느 것도 한 가지만으로는 쓸모가 없지만 둘이 합쳐지면 우주를 탐구하고 자연을 파헤치는 데 인간이 고안한 가장 강력한 도구가 된다.

첫 번째 측면은 "실험물리학" 또는 "관찰물리학"이라고 불리는데 이는 실험물리학자들에 의해서 실험실에서 수행되며 간단한 사건에 연관되는 여러 가지 종류의 측정에 의하여 자료를 수집하는 것으로 이루어진다. 그런 사건들의 모임은 주로 감광판에 남겨진 흔적으로 나타나거나 또는 여러 종류의 실험 결과를 숫자로 표시하게 하는 계기를 자극시킨다. 어느 경우에나, 실험학자들은 관찰된 사건들로부터 수치로 이루어진 자료를 얻는 역할을 담당한다. 두 번째 측면은 "이론물리학"이라고 불리며, 이론물리학자들에 의해 "연필과 종이"를 가지고 수행된다. 이런 활동의 주된 목적은 실험실에서 실험학자들이 실험으로 밝힌 사건들을 설명할 법칙을 발견하는 것이다.

실험학자와 이론학자들의 이중주를 통한 활동의 중요한 특징은 실험학자가 자기 실험을 고안할 때 이론학자로부터 어떤 실험을 할지 자문을 받으며, 이론학자는 실험학자가 얻은 자료를 이용하여 자기 이론이 옳은지 점검한다는 점에서 두 측면이 서로 긴밀하게 연관되어 있는 것이다. 실험학자와 이론학자 사이의 이러한 차이를 염두에 두고 생각하면, 뉴턴은 비록 뛰어난 실험도 수행했으나 역시 첫 번째이자 가장 위대한 이론학자들 중의 하나라고 볼 수 있다. 아무튼 실험학자와 이론학자 모두 자연의 사건들을 다루는데, 한쪽(실험학자)은 이러한 사건들을 묘사하며 다른 쪽(이론학자)은 사건들을 연관 짓거나 알려 주는 측정 가능한 양들 사이의 관계인 법칙들을 만들어 낸다. 사건이란 가장 간단하게는 어떤 주어진 시각에 공간의 한 점과 결부된 입자이므로 실험학자들이 이를 나타낼 때나 이론학자들이 법칙을 표현할 때 기본이 되는 물리적 요소는 공간과 시간이다. 그러므로 실험학자들이 이를 나타낼 때나 이론학자들이 세운 법칙에서 시간과 공간을 정의할 수 없는 기본량으로 받아들여야 한다.

이와 같은 생각을 받아들이면서, 먼저 공간의 개념이 어떻게 도입되어야 할지 알아보고 다음에 시간의 개념으로 넘어가겠다. 공간에 대한 두 가지 측면이 당장 우리에게 문제가 된다. 하나는 사건들 사이의 거리를 나타내기 위한 공간의 퍼진 정도이고, 다른 하나는 주어진 기준점으로부터 사건이 전개되는 방향과 관계되는 공간이 놓인 상태이다. 우리가 공간을 더 간단한 다른 양들로 정의할 수 없으므로, 공간을 정의할 수 없는 기본량들 중의 하나로 받아들이고, 그것을 어떻게 측정할 것인가를 결정하기로 한다. 정의를 대신하는 이러한 측정이 바로 두 사건들 사이의 거리를 이야기할 때 우리가 뜻하는 것이다. 측정하는 과정은 두 사건을 잇는 직선 위에 길이의 단위(예를 들면 센티미터, 피트, 마일, 킬로미터 등)를 정하는 일로 구성된다. 이 과정에서 중요한 특징 중의 하나는 공간의 기하적인 구조를 알고 있어야만 그 뜻을 갖게 되는 "직선성"에 대한 규정이다. 뉴턴 시대에는 단지 유클리드기하만 알려져 있었으므로, 당분간은 공간이 유클리드공간이며 또는 같은 뜻이지만 평평하며 두 사건들 사이의 직선은 보통 쓰이는 의미대로 단순히 두 사건들 사이의 가장 짧은 거리라고 가정하고 논의를 계속하자. 유클리드기하란 유클리드가 제안한 몇 개의 공리들과 그 공리들로부터 얻을 수 있는 모든 기하학의 정리들을 의미한다. 여기서 특별히 중요한 것은 한 직선과 그 직선 밖의 한 점이 주어질 때, 그 점을 지나며 주어진 직선에 평행한 직선은 오직 한 개만 존재한다는 소위 "평행선 공리"이다. 이 공리로부터 삼각형의 내각의 합은 180°여야 되며 원둘레의 길이는 그 원의 반지름에 $2\pi$를 곱한 것과 같아야 한다는 것 등을 보이기는 어렵지 않다. 그러나 이로부터 삼각형의 내각이나 원둘레의 길이를 측정하여 유클리드기하가 우리 공간을 정확히 기술한다는 사실을 결코 증명할 수 없다는 것을 보이는 것도 역시 어렵지 않다. 나중에 유클리드의 평행선 공리가 성립하지 않는다는 가정하에서 우리 공간을 지배하는 기하를 논의할 때 이 문제를 다시 다루자. 그러나 당장에는 유클리드기하를 받아들이고 각각 한 개의 수(측정된 길이)로 대표되는 직선들로 연결된 우리 우주(당분간은 뉴턴식의 우주) 안의 모든 사건들을 그려 보자.

그렇게 기하적으로 펴 놓은 사건들의 나열은 아무것도 움직이지 않는 단지 한 특정한 순간(순간적인 사진과 같이)에만 의미를 가지나, 이 거리들은 모두 시시각각으로 변한다. 그렇지만, 어느 순간에도 이 거리들이 무한히 조그만(예를 들면 원자핵에 들어 있는 양성자와 중성자 사이의 간격 같은)데서부터 천문학적으로(성운에 이르는 거리) 큰 거리까지 모두 포함하므로 이렇게 광대한 범위를 망라하는 거리들에 모두 같은 기하적인 의미를 부여할 수 있는가에 대한 의문을 품을는지도 모른다. 거리를 얻기 위해 단위를 매기는 직접적인 동작은 우리가 다룰 수 있는 거리에만 적용할 수 있는데, 간접적인 방법을 이용하여 구할 수밖에 없는 원자핵이나 원자 또는 천문학적인 거리들은 이 범주에 들지 않는 것이 분명하므로 위의 의문은 정당하고도 중요하다. 이 점은 나중에 좀 더 자세히 다루겠지만 여기서 원자 규모나 천문학적인 거리의 측정에 대해 간략히 논의함으로써 우리가 이러한 다른 종류의 동작들을 거리의 "측정"이라고 말할 때 야기되는 문제점들을 부각시키고자 한다.

매우 빨리 움직이는 원자나 원자보다 작은 입자들(전자, 양성자, 중성자 따위)이나 또는 매우 큰 에너지를 지닌 방사선(X선이나 감마선 따위)을 이용하여 물질을 탐구함으로써 원자 규모의 거리를 얻는다. 입자들이 원자나 원자핵과 서로 작용하여 어떻게 튕겨 나가는지 관찰하고, 원자나 원자보다 작은 입자들 사이에서 알려진 상호작용의 법칙들을 이용하여 원자의 모습에 대한 지식과 그들의 크기를 얻어 낸다. 어떤 의미로는, 이 동작은 조사를 하기 위해 이용하는 입자들의 크기를 조사당하는 원자나 원자핵의 크기와 비교하는 것이다. 방사선을 이용하여 구조를 조사할 때도 본질적으로는 위와 같은 일을 한다. 방사선의 파장(방사파를 이루는 두 인접한 꼭대기 사이의 거리)을 거리의 단위로 이용하여 조사하려는 구조의 크기에 따라 놓인 파동을 생각한다.

천문학적인 거리를 측정하기 위해서는 어느 정도 직접적인 방법을 이용하는데, 예를 들면 지구가 태양 주위의 궤도를 따라 한쪽 끝으로부터 다른 쪽 끝으로 이동할 때 어떤 별이 보이는 위치가 변하는 정도를 측정하여 알아낸다(시차에 의한 방법). 이런 방법은 가까이 위치한 별들(수백 광년 이내)에나 적용할 수 있기 때문에, 매우 멀리 떨어진 별들까지의 거리를 구하기 위해서는 겉보기 밝기에 근거한 간접적인 방법들이 사용된다.

위와 같이 원자 규모의 거리나 천문학적인 거리의 측정에 대한 간략한 설명을 했는데, 이런 방법들이 거리를 측정하는 데 있어 직선을 따라 단위길이를 표시하는 간단한 동작과 얼마나 다른지를 보여 준다.

사건들이 공간에 배열된 것을 생각할 때, 그 공간이 퍼져 있는 범위와 함께 그 공간의 방향에 대한 측면도 고려해야 한다. 어떤 사건이 단순히 우리로부터 얼마나 멀리 떨어져 있는지를 측정하는 것은 그 사건에 대한 공간적 특징을 완벽하게 기술하는 것이 아니며, 그 방향에 대해서도 명백히 말해야만 한다. 그렇게 해야 하는 이유는 공간이 다차원으로 이루어져 있기 때문이다. 공간은 실제로 우리가 아는 것처럼 3차원이다. 이것이 정확히 무엇을 의미하며 공간의 차원을 어떻게 규정할 것인가 하는 문제를 살펴보자.

어떤 한 특정한 방향, 예를 들어 우리로부터 어떤 별까지 나아가는 직선을 상상하면서 시작하자. 이제 먼저 그린 직선과 수직으로 교차하면서 우리를 지나는 다른 직선을 그려 보자. 이 두 직선은 한 평면을 정의함을 (또는 만듦을) 주목하라. 평면에 그려진 어떤 다른 직선도(또는 방향도) 그 일부는 첫 번째 직선(별을 향한 직선)의 방향에 그리고 일부는 두 번째 직선의 방향을 따라 놓여 있는 것으로 표현할 수 있다. 그러므로 공간에서 평면은 2차원이라고 말한다. 즉, 평면은 그 위에 그려진 직선 위의 한 점을 지나며 그 직선에 수직인 직선은 하나밖에 존재하지 않는다는 의미로 공간에서 단지 두 개의 독립인 방향만을 갖는다. 그러나 아직 평면에 수직이며 따라서 처음 두 직선에 모두 수직인 세 번째 직선을 더 그릴 수 있다. 이것이 공간에서 세 번째 독립적인 방향을 정의하며, 그래서 공간은 3차원이다. 공간에 그려진 어떤 다른 직선도 서로 수직인 이 세 독립적인 방향을 따라 일부분이 놓여 있는 것으로 묘사할 수 있다.

공간이 차원을 갖기 때문에 시간이나 질량, 온도 등과 같이 공간의 성질에는 관계없이(공간에서의 방향성이 없이) 크기만으로 완전히 정해지는 기본적인 물리량들과, 변위처럼 그 크기뿐 아니라 방향성도 함께 갖고 있는 양들과는 구별을 지어야 한다. 첫 번째 부류에 속하는 양들을 "스칼라 scalar"라 부르며 두 번째 부류에 속하는 양들을 "벡터 vector"라 부른다.

스칼라는 그 크기만으로 완전히 결정되지만, 벡터는 크기가 주어짐과 동시에 그 방향이 주어져야만 완전히 결정된다.

앞서 가졌던 거리의 개념에 관한 논의에서 우리는 그 크기만을 논하였지 방향은 언급하지 않았다. 그러나 한 사건을 완전히 묘사한다는 것은 우리로부터 그 사건까지의 거리뿐 아니라 그 방향도 함께 말해야 함을 의미한다고 이미 지적했다. 이제 우리는 두 사건 사이의 거리는 두 사건을 잇는 직선이 포함하고 있는 단위길이의 수를 세어서 얻는 숫자로 주어짐을 보았다. 그러나 그 방향은 어떻게 측정할까? 여기서 우리는 한 방향에서 다른 방향으로 향하도록 회전하는 정도인 각도의 개념을 도입하자.

이 개념을 정확히 하기 위해, 공간에서 한 방향(예를 들면, 좀 전에 묘사했듯이 우리로부터 한 별까지 그린 가상의 직선)을 선정하고 그 방향으로부터 회전하기를(우리 위치로부터 떠나지 않으면서) 시작한다. 우리가 회전할 때 우리가 향하는 방향이 변한다. 만일 우리가 처음 행했던 원래 방향에 이를 때까지 회전했으면, 완전히 한 바퀴 돌았다고 말하고 그 한 바퀴에 360단위의 회전량을 부여한다. 이 회전량의 한 단위를 1도라 부른다. 서로 다른 두 방향을 향하는 교차된 두 직선이 이루는 각도는 우리의 시선을 따라가는 직선을 처음 직선 방향에서 나중 직선 방향으로 회전시키는 정도를 측정한 크기이다. 거리가 공간의 한 점에서 다른 점까지 이르기 위해 움직여 주어야 하는 단위의 수를 의미하는 것과 마찬가지로 각도 역시 한 방향에서 다른 방향으로 우리의 시선을 변경시키기 위해 회전해 주어야만 하는 양이다. 거리는 크기를, 각도는 방향을 정의한다. 그래서 벡터를 완전히 결정하기 위해서는 각도를 도입해야 한다.

거리를 원하는 어떤 단위로든(예를 들면, 마일이나 센티미터 또는 피트 등) 표현할 수 있는 것과 마찬가지로, 각도도 여러 단위로 나타낼 수 있다. 그래서 도를 60개의 동일한 부분으로 나누고(분), 분을 다시 60개의 동일한 부분으로 나눈다(초). 그러나 물리학자나 천문학자, 수학자들이 이용하는 각도를 측정하는 또 다른 중요한 단위가 있는데, 그것은 "라디안"이라 불린다. 이 단위를 더 잘 이해하기 위해, 여러분이 중심에 서있고 그 중심 주위로 원을 그리며 회전하는 입자를 상상해 보자. 이제 원둘레 주위를 회전하는 입자를, 그 입자를 보기 시작했을 때부터 그 입자가 움직인 거리가 정확히 그 원의 반지름과 같은 위치에 왔을 때까지 따라가면서 보자. 이때 여러분이 회전한 정도가(여러분이 회전한 각도가) 1라디안으로 정의된다. 그래서 어떤 원이든지 원둘레와 그 반지름과의 비는 정확히 2 $\pi$기 때문에, 원둘레를 완전히 한 바퀴 돌면, 즉 360°는 2$\pi$라디안과 같다. 1라디안은 약 57°에 해당한다.

회전이란 공간에서 어떤 방향을 정의하는 정해진 축을 따라서 일어나기 때문에, 회전도 방향(회전축이 가리키는 방향)과 크기(회전하는 각)에 의해 결정되는 벡터양이다. 회전에서의 각도는 변위에서의 거리와 같은 역할을 한다.

거리의 개념으로부터 새로운 두 가지 양들인 넓이와 부피를 유도할 수 있다. 넓이는 서로 수직인 두 거리의 곱으로 정의되며 거리의 단위의 제곱으로 표현한다. 만일 한 거리가 4㎝이고 다른 거리가 5㎝이면 이 두 거리에 의해 정의되는, 또는 생기는 넓이는 20제곱센티미터이고 20㎠로 적는다. 평면 위에 존재하는 넓이도 공간에서 임의의 방향을 향하여도 놓일 수 있으므로 넓이 자체도 벡터이며, 그 방향은 넓이에 수직인 방향이고, 그 크기는 넓이를 표시하는 수치(거리의 단위들을 제곱한 수)이다. 넓이의 중요한 몇 가지 예로는 삼각형(밑변×높이÷2)과 직사각형(두 수직인 변의 곱), 평행사변형(밑변×높이), 반지름이 r인 원($\pi r^2$) 그리고 반지름이 r인 구($4\pi r^2$) 등을 들 수 있다. 여기서 $\pi$는 원둘레의 길이를 그 지름으로 나눈 것과 같은데 일정한 값으로 약 3.14159265이다.

부피는 서로 수직인 세 방향의 곱으로 정의되며 거리의 세제곱으로 표현한다. 1㎤는 단위가 되는 정육면체(한 변의 길이가 1㎝인 육면체)의 부피이다. 어떤 방의 부피는 그 길이와 너비, 높이의 곱이며 만일 세 차원이 모두 미터로 측정되었다면 그 부피는 세제곱미터로 표현된다. 반지름이 r인 구의 부피는 $\frac{4}{3}\pi r^3$인데 $\pi$가 3에 가까우므로 그 구의 부피는 반지름의 세제곱의 약 네 배이다. 지구의 부피는 대략 1조 680억 ㎦이다. 인류는 이 부피의 10,000분의 1보다 적은 부분을 조사하고 이용했다. 지구의 부피는 달의 부피보다 약 64배 크며, 목성의 부피는 지구의 1,000배쯤이며, 태양의 부피는 목성보다 다시 1,000배쯤 더 크다.

## 기본이 되는 양으로서의 시간

우주는 가만히 있는 것이 아니라 동적이며 끊임없이 변화하고 있으므로, 자연의 법칙을 기술하기 위해서는 공간이라는 개념만으로는 충분하지 않다. 그러므로 자연의 법칙을 기술하기 위해 유도된 양들을 생각하기 전에 기본이 되는 양으로서 시간을 먼저 도입해야 한다. 사람은 거리를 알 수 있는 본능을 가지고 태어나서 보통 정도의 거리들을 상당히 정확하게 알 수 있는 능력을 가지고 있다. 마찬가지로, 위대한 체육 선수들이나 음악가들, 마술사들이 하는 것들로부터 알 수 있듯이 시간을 느끼는 놀라운 능력도 물려받고 태어났다. 시간을 인식하는 능력은 동물이나 곤충, 심지어 나무들에도 매우 높은 수준으로 발달되어 있다. 그럼에도 불구하고 공간을 정의할 수 없는 것과 마찬가지로 시간도 정의할 수 없다. 그 대신 두 사건 사이의 시간상의 간격을 나타내는 수치를 얻을 수 있는 시간측정 동작을 설명하고자 한다.

이를 위해서 우선 과거와 현재와 미래를 구별할 수 있도록 해 주는 변화가 일어날 경우에만 시간의 흐름이 물리적 의미를 가지게 됨을 주목하자. 그러한 변화가 없으면, 시간의 측정은 아무런 의미가 없다. 모든 경험에 의해 우리는 시간이 오로지 한 방향으로만 흐르며 비록 원자나 원자보다 작은 영역에서는 매우 제한된 의미로 예외가 있을 수도 있지만 거시적인 세계에서는 시간이 결코 뒤로 흐르지 않음을 알 수 있다. 두 번째로, 두 사건 사이의 시간 간격은 반드시 전체 간격을 연속적인 짧고 동일한 간격들로 나눌 수 있는 주기적인 또는 반복되는 현상을 이용하여 측정되어야 하는데, 이때 그 짧은 간격이 바로 반복되는 현상의 주기(반복운동을 한 번 수행하는 데 걸리는 시간)에 해당한다. 이 반복되는 현상이 시계로 이용되며, 그 주기를 "단위시간"이라고 부른다. 시계로서는 간단한 진자로부터 원자의 진동을 이용하는 매우 복잡한 원자시계에 이르기까지 복잡한 정도를 달리하는 어떠한 기구도 이용이 가능하다.

시간의 단위는 초인데, 그것은 천문학적으로 1태양년(봄부터 다음 봄까지의 기간)이 31,556,926초로 이루어졌다고 정의되었다. 물리학자들은 원자 내부의 핵에서 일어나는 과정을 묘사하는 데 있어 1조분의 1초를 다시 10억으로 나눈 만큼의 시간 간격으로부터 별이나 우주의 나이에 해당하는 수십억 년에 이르는 범위의 시간 간격을 다룬다. 가장 복잡하고 정확한 시계를 이용하면 10조분의 1의 정확도로 시간 간격을 측정할 수 있으며, 10억분의 1초까지의 시간 간격을 기록할 수 있다.

## 속력의 개념

자연의 법칙에 들어 있는(또는 그러한 법칙들을 기술하기에 필요한) 유도된 양들을 구성하는 기본적 양으로서 공간과 시간에 대하여 알아보았으므로, 유도량들 중에서 가장 간단하고 기본적인 물체의 속력을 소개하기로 한다. 그렇지만 앞으로 알 수 있듯이 속력은 에너지의 이동(예를 들면, 방사선)과도 연관되어 있다. 그러나 뉴턴은 원래 움직이는 물체에 관심을 가졌으며 그런 물체를 연구하는 데 속력의 성질을 이해하는 것은 필수적이다. 정말로 속력은 공간과 시간을 섞어서 구성할 수 있는 가장 간단한 유도량이다. 속력을 정의하기 위해 순간순간마다 입자를 따라가며 관찰한다고 할 때 그 입자가 처음 $t_0$일때 어떤 장소 A에 있었고, 약간 시간이 흐른 후인 시각 $t_1$에는 다른 장소인 B로 이동했으며 그때 입자는 A와 B를 잇는 직선을 따라 움직였다고 가정하자. 이제 A에서 B까지의 거리 s를 측정하고 그것을 시간 간격 $t_1-t_0$로 나누면 v라는 양을 얻는다. 기호 v는

A에서 B까지의 직선을 따라가는 물체의 평균속력 또는 중간값 속력을 나타낸다. v를 구하는 공식은 속력을 얻는 데 어떤 기본이 되는 측정 가능한 양이 사용되는지를 보여 준다. 즉, 거리와 시간이다. 시간으로 거리를 나누므로, 초당 센티미터(㎝/sec, 또는 ㎝•$sec^{-1}$) 또는 시간당 킬로미터와 같이 단위시간당의 거리를 나타내는 단위를 가지고 속력을 나타낸다. 방금 지적한 것처럼 속력은 유도된 양이고 그 단위는 거리를 측정하는 단위와 시간을 측정하는 단위를 복합하여 표현하면 되므로 속력을 측정하기 위해 새로운 단위를 도입할 필요가 없다.

왜 v를 평균속력 혹은 중간값 속력이라고 일컫을까? A에서 B까지의 거리가 유한함에 유의하자. 그렇기 때문에 입자는 그 거리를 진행하는 데 유한한 시간이 걸린다. 그 시간 동안 입자의 속력은 마치 고속도로를 달려가는 자동차와 같이 한 값에서 다른 값으로 불규칙하게 오르내릴 수도 있다. 단순히 전체 진행거리를 전체 시간으로 나누면 그러한 오르내림이 상쇄되고 평균값만을 얻는다. 이 평균값으로부터는 이제 논의하려고 하는 매 순간의 그 입자의 속력(순간속력)을 알 수가 없다.

입자의 순간적인 속력을 결정하는 문제가 뉴턴에 의하여 멋지게 풀렸는데, 그 과정에서 인간이 여태껏 개발한 것 중 한 가지 종목으로서는 가장 강력한 분석적인 도구가 된 미적분학을 발견하기에 이르렀다. 이 놀랍고도 아름다운 수학적인 도구가 없었더라면, 우리의 첨단기술이나 자연의 법칙에 대한 깊은 인식을 얻는 데 대단한 어려움을 겪었을 터이다.

속력을 알기 위해서는 입자가 움직이는 경로상에서의 서로 다른 두 점, 다시 말하면 서로 다른 두 시각에 그 입자를 관찰해야 한다는 것을 유의하면, 입자의 순간속력을 결정하는 것이 쉽지 않음을 알 수 있다. 여기서 도입하는 서로 다른 두 시각이라는 자체가 순간속력의 의미와 모순을 이룬다. 이 모순에도 불구하고, 우리는 여전히 위에서 정의한 평균속력을 측정함으로써 순간속력을 결정할 수 있는지를 생각해 보기로 한다. 만일 입자를 관찰하는 시간 간격이 상당히 크다면 측정되는 속력이 그 동안에 변할 여지를 갖게 하는 셈이므로 순간속력을 정할 수 없음이 분명하다. 여기서 "상당히 크다"는 것이 무엇을 의미하는지가 문제가 된다.

같은 입자를 대상으로 계속 반복하여 같은 종류의 측정을 할 수 있다고 가정하자. 그러나 그 측정을 반복할 때마다 시간 간격을 점점 줄여 간다. 또는 이 문제를 바라보는 다른 방법으로, 매우 짧은 시간 간격에서부터 긴 시간 간격에 이르기까지 서로 다른 시간 간격을 이용하여 같은 입자의 평균속력을 측정하는 많은 관찰자를 가상할 수도 있다. 일반적으로 각각의 관찰자는 서로 약간 다른 결과를 얻는다. 그러나 잇단 여러 관찰자의 측정 사이의 차이는 시간 간격이 짧아질수록 점점 더 작아져서 충분히 짧은 시간 간격에 도달하면 그 평균속력 값이 변하지 않게 된다. 그러면 이 값을 그 특정한 순간에서의 입자의 순간속력이라고 불러도 좋다. 이 경우에도 여전히 유한한 시간 간격이 사용되고 있기 때문에 진실로 실제의 순간속력을 나타내지는 않는다. 하지만 이러한 과정은 우리가 구할 수 있는 측정기구가 그 시간 간격 동안에는 입자의 속력이 변하는 것을 감지할 수 없을 만큼 매우 짧은 시간 간격을 항상 상정할 수 있음을 말해 준다. 그와 같은 시간 간격에서도 속력의 변화를 감지할 수 있는 더 민감하고 더 정확한 기구가 생기면 순간속력을 얻기 위하여 좀 더 짧은 시간 간격을 이용해야 하지만 위의 일반적인 생각은 여전히 유효하다.

이러한 생각을 대수학을 이용하여 표현하기 위해, 어떤 양의 작은 값을 나타내는 델타($\Delta$)라는 기호를 도입하자. 그러면 $\Delta t$는 짧은 시간 간격을 나타낸다. 우리가 이 시간 간격 동안 입자를 관찰할 때 그 입자가 짧은 거리 $\Delta s$만큼 진행했다면, $v=\Delta s/\Delta t$가 된다. 순간속력을 얻기 위해서는 아주 짧은 $\Delta t$를 취하여 더 작은 값의 $\Delta t$를 취하더라도 v가 눈에 띄게 변하지 않아야 한다. 그래서 실제로 측정된 순간속력의 값은 사용된 기구의 정밀도에 의해 정해진다.

그러나 뉴턴이 생각하고 제안한 것처럼 무한히 작은 $\Delta t$를 도입하면 이론적인 순간속력을 도입할 수 있다. 뉴턴은 이론적으로는 $\Delta t$가 0이 될 때까지 작아져야 순간속력이 얻어진다는 점을 알았다. 이 간단한 생각과 그로부터 얻은 수학적인 결과가 뉴턴을 미분학으로 인도했다.

분수에서(이 경우에는 분수 $\Delta s/\Delta t$) 분모를 0으로 만드는 이와 같은 과정이 미적분학을 배우지 않은 독자들에게 매우 위험스럽게 보일지도 모른다

(실제로 그것은 대수학에서 금지되어 있다). 그러나 뉴턴은 $\Delta t$가 0이 될 때 $\Delta s$도 함께 0이 되면 아무런 재난도 일어나지 않는다는 사실을 알았다. 이것이 처음에는 부정(역주 : 어떤 값이든지 가질 수 있는 경우를 나타내는 대수학의 용어)의 결과인 0/0을 얻는 것처럼 보일지도 모르지만, 실제로는 $\Delta t$가 0으로 가까이 갈 때 비율 $\Delta s/\Delta t$는 유한한 값을 가지며, 그 값이 바로 입자의 순간속력이다. 뉴턴은 이 사실이 정말 그렇다고 증명했다. 그의 커다란 업적은 만일 입자의 이동 거리가 시간이 흐름에 따라 어떻게 변하는지를 알면 이 값, 즉 "극한값"이라고 불리는 값을 어떻게 구하는지 보여 준 데 있다. 입자의 순간속력 $\Delta t$가 무한히 작아지게 허용함으로써 얻어진다. 뉴턴이 만든 과정이 미분학의 기초를 이루며, 우리가 그것을 이용할 때, s의 "도함수"를 얻는다거나 또는 그것을 시간에 대하여 "미분한다"라고 말한다. 그는 이 과정을 s자 꼭대기에 점을 찍어서 표시하고 이것을 "미분율 fluxion"이라고 불렀는데, 역시 미적분학의 창시자라고 알려진 라이프니츠는 그것을 "도함수 derivative"라고 불렀다.

## 속도의 개념

우리는 앞에서 어떤 물체의 평균속력에 대한 개념을 도입하였고, 물체가 주어진 시간 간격 동안 움직인 거리를 그 시간 간격으로 나누어 값을 구했다. 그러나 속력은 물체의 운동에서 한 면만을 나타낸다. 만일 자동차가 시속 50㎞의 빠르기로 달리고 있다고 말한다면 그것은 분명히 자동차의 진행 경로를 알기 위해 필요한 정보의 한 부분에 지나지 않는다. 물체의 경로를 그리기 위해서는 매 순간 그 물체의 속력을 알아야 할 뿐만 아니라 운동의 방향 또한 알아야 한다. 물체의 운동 방향과 속력을 모두 알면 그때 벡터양인 물체의 속도를 안다. 속력은 속도의 크기이며 그 방향은 매 순간에 그 물체의 운동 방향을 향하는 화살표로 나타낼 수 있다.

속도를 그림으로 표시하기 위하여 어떤 기준계에서(기준계가 없이는 속도에 아무런 의미를 부여할 수 없음을 주의하자) 입자의 경로를 생각하자. 점 A와 같이 입자가 따라가는 경로 위의 모든 점에다 그 점을 지날 때 입자의 속력 값을 하나씩 대응시킬 수 있다. 그러나 운동의 방향은 어떻게 표시할 것인가? 입자의 경로 위에서 점 A와 매우 가까운 다른 점 B를 고려해야만 이를 어떻게 나타내는가를 가장 잘 이해하게 된다. 입자가 A에서 B까지 실제로 따라가는 구부러진 선 대신에, A에서 B까지 바로 직선을 따라간다고 가정하자. 그러면 운동의 방향은 실제 방향 대신에 직선 AB의 방향이 될 것이다. 그런데 B를 A에 점점 더 가까이 가져가면, A에서 B까지의 직선의 방향은 A에서의 실제 운동 방향과 점점 더 일치하게 된다. 여기서 B를 A에 무한히 가깝게 가지고 가서 A에서 B까지의 직선의 방향을 A에서 입자가 갖는 운동의(또는 속도의) 방향으로 취할 수 있음을 보았다. 그러나 그렇게 할 때, 이 직선은(그러니까 A에서 구한 속도의 방향은) 점 A에서 그린 접선에 불과하다는 것을 안다. 점 A에서의 접선이란 A를 지나는 곡선을, 전혀 자르지 않고 A만 살짝 스치고 지나가는 직선을 의미한다.

이제 우리는 어떤 경로를 지나는 입자의 속도를 벡터로 표시하려면 그 경로의 어느 점에서나 그 점을 지나는 접선을 그리고 그 크기를 (적당한 눈금을 사용하여) 입자의 속력과 같게 하면 된다는 사실을 알았다. 입자가 그 경로를 따라서 움직일 때, 이 벡터는 크기와 함께 방향이 변한다. 만일 속도벡터를 운동하고 있는 순간순간 안다면, 그 입자의 경로를 그릴 수 있다. 즉, 속도벡터들이 있을 때 이들을 자르지 않으면서, 그 시작점(화살표가 없는 쪽의 끝점)들을 살짝 스치기만 하며 지나가는 선을 그리면 된다. 그러면 입자가 따라가는 경로의 접선이 속도가 된다.

## 가속도의 개념

공간과 시간에 의해 구성할 수 있는 가장 중요한 동역학적인 물리량 중에서 제일 먼저 나오고 가장 간단한 양이 속도이다. 이것은 앞으로 알 수 있겠지만, 자연의 법칙을 고려하는 데 항상 필요하다. 그러나 속도 하나만으로 해결할 수 있는 것은 그리 많지 않다. 이런 생각을 받아들이고 이에 따라 행동함으로써, 갈릴레오, 특히 뉴턴은 아리스토텔레스의 과학과 결별하였다. 아리스토텔레스는 동역학 이론을 세우는 데 속도 이상을 생각하지 않은 데 반하여, 뉴턴은 올바른 동역학을 위해서는 속도뿐 아니라 속도의 변화도 고려하지 않으면 안 된다는 사실을 알았다. 만일 우리의 우주를 구성하는 물체들의 속도가 일정하다면(변하지 않는다면), 구조물(예를 들면 원자핵, 원자, 분자, 행성, 항성, 은하계 등)이 존재할 수 없다. 그러나 단순히 속도가 변하는 것만으로는 정확하게 동역학 법칙의 구성에 필요한 모든 것을 얻을 수 없고 속도가 변하는 비율, 즉 우리가 "가속도"라고 부르는 것을 이용해야만 한다. 동역학에서 가속도가 차지하는 절대적 역할에 대한 인식은 과학의 역사에서 가장 기념비적인 발견 중의 하나이다. 그렇기 때문에 뉴턴의 운동법칙에 대한 논의를 준비하기 위해 가속도(속력이나 운동의 방향이 조금이라도 변함)의 성질을 어느 정도 확실하게 이해하는 것이 바람직하며 유용하다.

우리가 가속도의 개념을 이해하고 있건 없건 우리가 이리저리 돌아다닐 때 운동 상태를 계속 변화시키고 있으므로 우리의 몸은 그 의미를 잘 알고 있음에 틀림없다. 우리가 가만히 있다가 천천히 걸으며 조금 후에 뛰어간다면, 우리는 한 가지 운동 상태에서 다른 운동 상태로 옮아가는 변화를 느끼게 된다. 우리가 자동차를 운전할 때도 그런 것을 느끼는데, 그때 우리는 그러한 변화가 얼마나 빨리 또는 천천히 일어나는지도 느끼며, 그것이 가속도의 본질이다. 운동 상태 또는 속도가 변하는 비율, 즉 속력이나 운동 방향이 변하는 비율이 가속도이다.

속도가 변하는 정도(가속도)에 대한 우리 관심의 정도는 활동 상황에 따라 다르다. 한가하게 산책하고 있다면 가속도는 크게 문제되지 않는다. 그러나 테니스 경기를 빠르게 하고 있다면 계속 속도를 바꾸고 있으며 경기의 승부는 가속도에 크게 좌우되므로 그 효과는 매우 중요하다. 자동차를 운전할 때는 속력을 줄이거나 증가시킬 때 또는 방향을 바꿀 때마다 자동차의 가속도를 느낀다. 이러한 경험들은 가속도가 일반적으로 두 전형적인 현상과 관계되어 있음을 보여 준다. 하나는 운동 방향의 변화 없이 물체의 속력만 변하는 것이고 다른 하나는 속력의 변화 없이 운동 방향만 변하는 것이다. 이 두 가지 변화가, 보통의 경우에 항상 그렇지만, 함께 일어날 수도 있으나 그들을 따로 떼어서 설명하는 것이 훨씬 더 편리하므로, 이제 그 둘을 간략히 설명하고자 한다.

고속도로를 점점 가속하면서 달리는 자동차의 경우처럼 물체의 속력이 계속하여 일정한 비율로 변하고 있으면(그러나 방향은 변하지 않고), 그 물체의 가속도는 주어진 시간 간격 동안의 처음 속력과 나중 속력으로부터 쉽게 계산된다. 만일 자동차의 속력이 10초 동안에 시속 5㎞에서부터 45㎞까지 일정한 비율로 증가되었다면, 그 자동차의 가속도는 4㎞/시간/초이다. 빈 공간에서 자유롭게 떨어지는 물체는 이런 종류의 가속도를 갖는 중요한 예인데, 전에 살펴본 바와 같이 이 가속도는 갈릴레오에 의해 처음으로 정확히 측정되었다. 그는 또한 지구 표면 근처의 한 점으로부터 빈 공간을 통하여 떨어지는 물체는 모두 같은 가속도로 떨어진다는 사실을 보여주었다.

움직이는 물체의 가속도를 분석할 때, 그 물체의 운동을 서로 독립된 세 방향을 따라 움직이는 세 가지 독립적 운동으로 나누면 그 분석이 한층 간결해진다. 포사체(임의의 방향으로 던져 올려진 물체)의 운동을 연직 운동과 수평 운동으로 나누어서 살펴보아도 좋다. 이렇게 나누면 물체의 연직 운동만 중력에 의하여 가속되고 수평 운동은 가속되지 않으므로 문제가 무척 간단해진다. 그러면 두 운동은 서로 전혀 관계가 없으므로 전체 운동은 연직 운동과 수평 운동을 합하여 얻어진다.

물체가 직선을 따라 움직일 때 가속도가 생기는(물체의 속력이 감소하거나 증가하는) 직선 가속운동을 알았으므로, 이번에는 정해진 크기의 (정해진 반지름 r를 갖는) 원둘레를 일정한 속력으로 회전하는 물체의 가속도에 관해 알아보자. 이 경우에는, 가속도의 방향이 항상 물체의 속도의 방향과 직각(수직)을 이룬다. 이때 속도의 방향은 늘 원둘레를 따라가는 방향이다. 가속도의 어떤 부분도 그 물체가 갖는 속도의 방향을 향할 수 없다. 만일 그렇다면, 그 물체의 속력이 꾸준히 증가하거나 감소할 것이다. 원둘레를 일정한 속력으로 회전하는 물체의 가속도가 갖는 방향은 항상 변하지만, 항상 원의 중심을 향함을 알 수 있다.

비록 이 가속도의 방향은 끊임없이 변하지만, 그 크기는 변하지 않는다. 우리가 원형 모양의 경주로에서 일정한 속력으로 자동차를 운전한다면 자동차의 가속도는(자동차 속도의 방향이 변하는 비율) 순전히 자동차의 속력과 경주로의 크기로 결정되므로 그 가속도의 크기를 구하는 것은 그렇게 어렵지 않다. 우리가 주어진 일정한 속력으로 10분 정도 운전하면 경주로의 중간쯤에 도달한다고 가정하자. 그러면 속도의 방향은 10분 동안에 180° 변한다. 그보다 두 배가 더 큰 경주로(반지름이 두 배인 경주로)를 같은 속력으로 달리면, 경주로의 중간까지 도달하는 데 20분이 걸리게 되며, 따라서 자동차의 가속도는 처음 경우의 절반이 될 것이다. 원운동을 하는 입자의 가속도는 이처럼 원궤도의 반지름에 반비례한다(작은 원일수록 큰 가속도를 갖는다).

이제 자동차의 가속도가 그 속력에 어떻게 관계하는지 알아보자. 자동차가 빨리 달리면 달릴수록(속력이 커질수록) 운동 방향, 그러니까 속도가 빨리 변할 것이며, 따라서 가속도도 속력에 관계됨이(속력이 커지면 가속도도 커지는 것이) 분명하다. 그러나 그 관계하는 정도는 경주로의 반지름의 경우보다 더 크다. 이것은 어려운 문제지만, 운동하는 모습으로부터 그것을 분석하고 옳은 답을 얻을 수 있는지 알아보자. 이미 알아본 것처럼, 가속도가 속력에 직접 관련됨은 분명하나 다른 속력의 효과가 또 있다. 만일 자동차가 가속도에 의해 경주로를 따라 움직이도록 제약받지 않으면 자동차가 더 빨리 움직일수록 원궤도로부터 이탈하려 할 것이기 때문이다. 자동차가 더 빨리 움직이면, 단순히 자동차를 경주로에서 벗어나지 않게 하기 위하여 단위시간 동안에 속도가 더 많이 변하지 않으면 안 된다. 그러므로 자동차의 가속도는 두 가지 방법으로 속력에 의존하며, 각각의 방법이 같은 비율 v(속력)만큼씩 가속도를 증가시킨다. 원궤도를 도는 경우의 가속도는 $v^2$(속력의 제곱)에 비례하여 커진다. 일정한 속력 v로 반지름 r인 원궤도를 도는 입자의 가속도는 따라서 $v^2/r$과 같으며, 이 가속도는 그 입자의 속도의 방향에 수직이고 항상 원궤도의 중심을 향한다.

원궤도 운동은 물리학에서 중심적 역할을 하기 때문에 그 중요성은 아무리 강조해도 지나치지 않다. 그것은 지구나 행성들이 태양의 주위를 공전하는 현상이나, 은하계에 속한 별들이 그 중심 부분 주위를 회전하는 현상 등에서처럼 천문학에서 특히 중요하다.

원둘레를 일정한 속력으로 도는 입자의 운동과는 또 다른 중요한 종류의 가속도가 있다. 원궤도를 돌고 있는 입자에 빛을 쪼여서 원궤도의 한 지름에 그 입자의 그림자가 생기는 경우를 상상해 보자. 입자가 원둘레를 돌고 있는 동안 그림자는 지름 위를 왔다 갔다 하게 된다. 이 원의 지름을 따라 왕복운동 하는 매우 특별한 종류의 가속도가 소위 "단진동"을 만든다. 단진동의 가속도는 항상 지름의 중심 부분을 향하며 가속도의 방향은 항상 입자의 그림자가 움직이는 속도의 방향과 반대 방향이고, 가속도의 크기는 지름의 중심으로부터 그림자까지의 거리가 커질수록 커지며, 그림자가 지름의 양쪽 끝에 도달하게 되면 속도는 점점 감소하여 순간적으로 정지하게 됨을 주목하자. 그림자가 지름의 중심에 오면 단진동의 가속도는 0이고 그 속도는 최대이다. 가장 단순한 단진동의 두 가지 예로는 (1) 실에 매달린 물체가 짧은 원호를 그리며 왕복운동 하는 경우(근사적인 단진동)와 (2) 늘어났다 줄어들었다 하는 스프링의 한쪽 끝에 매달린 물체의 운동(진정한 단진동)을 들 수 있다.

단진동에는 세 가지의 중요한 물리적인(측정이 가능한) 양들이 있다. 그것들은 (1) 진폭(그림자가 왕복운동 할 때 그 지름의 크기), (2) 주기(한 번 왕복운동을 하는 데 걸리는 시간), 그리고 (3) 진동수(振動數, 1초 동안 왕복운동 한 횟수) 등이다. 주기는 진동수의 역수(역주 : 둘을 곱해서 1이 되는 수)이다. 물리학의 연구와 물체 운동의 분석에서 단진동의 중요성은 아무리 강조해도 지나치지 않다. 그 이유는 19세기 프랑스의 위대한 수학자인 장바티스트

조제프 푸리에 남작이 아무리 복잡한 운동도 여러 가지 단진동의 합으로 나타낼 수 있다고 증명했기 때문이다. 푸리에 분석이라고 불리는 그러한 합은 동역학이나 운동학, 광학, 열역학 문제들을 단순하게 만드는 데 자주 이용되어 왔다.

## 운동의 법칙들—힘의 개념

기본 되는 개념인 공간과 시간이 유도된 양인 속도와 가속도를 낳게 했으나, 운동의 동역학적인(역주 : 운동이 일어나는 원인) 측면을 이해할 수 있는 안목은 전혀 주지 않았다. 그래서 우리에게는 기하학적인 측면과 물체 사이의 틈을 연결하는 데 다른 기본이 되는 동역학적 개념이 필요하다. 자연의 법칙을 논의하면서, 우리는 입자를 주어진 시각에 공간의 한 점과 결부시킨 것으로 정의한 사건의 개념을 도입함으로써, 사건은 물체(입자들)와 연관되는 경우에만 의미를 가졌다. 실제로 우리는 물체가 없이는 앞에서 논의한 공간과 시간을 측정하는 동작을 생각할 수조차 없으며, 공간과 시간 없이 물체를 생각할 수는 더욱 없다. 이 시점에서 물체도 공간과 시간으로부터 유도될 수 있으므로 모든 문제가 기하학으로 귀착하지는 않는 것인지 의문을 가질 수도 있다. 지금까지는 아무도 어떻게 그런 일이 이루어질 수 있을지 밝히지 못했기 때문에, 우리는 새로운 기본적인 양으로서 "공간과 시간과 물체를 연결하는 다리"를 도입하지 않으면 안 된다.

물론 우리는 물질 자체(질량)를 세 번째 기본이 되는 요소로 도입하여 그 "다리"의 성질을 뉴턴의 동역학 법칙들로부터 얻어 낼 수도 있다. 그러나 질량의 단위가 어떻게 도입되고 사용될 것인지 알기가 어렵기 때문에 그러한 과정은 만족스럽지 못하다. 또 다른 가정들을 도입하지 않고서는 물체의 질량을 단위질량과 비교함으로써 그 질량을 측정할 수 있는 직접적인 작동 방법을 찾을 수 없다. 질량은 공간과 시간이 도입된 방법과는 매우 다른 방법으로 도입될 수밖에 없다. 우리는 별로 달갑지 않은 이런 과정을 피하고 대신에 세 번째이자 마지막인 기본량으로서 힘을 도입하고자 한다.

우리는 공간과 시간을 느끼며 인식하고 있는 만큼 힘도 또한 잘 느끼며 인식하고 있기 때문에, 힘의 개념은 우리에게 자연스럽게 들어온다. 힘의 개념은 바로 우리의 심리적이고 육체적인 구조의 일부분이다. 그래서 그 개념은 우리가 태어날 때부터 받아들였고 또 우리가 일상적 기능을 하는 데 필요한 힘의 척도를 어려움 없이 세울 수 있게 된 것이다. 이 척도는 "자기감수체 proprioceptor"라고 불리는 특수한 신경조직 끝을 통하여 동작하는데, 우리가 놀랄 만큼 정확하게 힘을 알 수 있도록 해 준다. 근육은 잡아당길 수도 있고 밀 수도 있기 때문에, 우리는 힘이 끌어당기기도 하며 밀치기도 한다고 생각한다. 마지막으로 우리는 물체를 우리가 원하는 모든 방향으로 그리고 크고 작은 여러 가지 크기로(세기로) 잡아당기고 밀 수 있으므로 힘이 벡터의 성질을 가졌음을 안다.

우리가 힘을 정확하게 추정하더라도, 어떤 힘의 단위 같은 것을 염두에 두고 그렇게 하는 것은 아니다. 그러나 힘을 동역학과 연관 지으려면, 물리학자들이 한 것처럼 힘의 정확한 단위를 도입해야만 한다. 그 단위는 매우 작은 단위인 다인(dyne)이다. 약 450,000다인이 한 파운드의 힘과 같다. 힘은 주어진 스프링을 늘려 주는 정도를 가지고 측정된다.

힘의 개념이 이해되었으면, 이제 고전역학과 동역학의 기초가 되며 유도된 양으로서 질량에 이르게 하는 세 가지 뉴턴의 운동법칙을 이야기할 수 있다. 흔히 "관성의 법칙"으로 인용되는 첫 번째 법칙은 물체가 받는 모든 힘의 합이 0이면 정지해 있거나 또는 직선을 따라서 균일한 운동을 하고 있는 물체는 계속하여 정지해 있거나 그 균일한 운동을 유지한다고 말한다. 이 법칙은 물체의 운동 상태는(정지한 것도 운동 상태에 포함된다) 합이 0이 아닌 힘이 물체에 작용될 때만 변할 수 있음을 의미한다. 따라서 0이 아닌 합력이 있어야만 물체의 운동 상태가 변함을 가리킨다. 물체가 항상 여러 힘들의 영향 아래 있을 수도 있지만 중요한 것은 이 힘들의 합이 0이 아닐 때에만(즉, 힘이 평형을 이루지 않을 때에만) 그 물체의 운동 상태가 변한다는 것이다. 운동 상태의 변화가 바로 가속도이므로 0이 아닌 합력은 그 힘을 받는 물체를 가속시킴을 알 수 있다.

뉴턴의 두 번째 운동법칙은 물체에 작용한 힘과 그 때문에 생긴 가속도 사이의 정량적인 관계를 알려 준다. 뉴턴에게는 가속도가 힘에 정비례하고 방향은 힘의 방향을 향하지 않으면 안 된다는 사실이 자명했다. 그런 생각을, 만일 합이 0이 아닌 힘이 물체에 작용하면 그 물체는 힘의 방향으로 가속되고 힘의 크기를 가속도의 크기로 나눈 것은 힘의 크기에 관계없이 일정(상수)하다고 표현했다. 이러한 생각을 문자로는 F=ma라고 쓰는데, 여기서 F는 작용한 힘이며, a는 가속도이고, m은 뉴턴이 물체의 관성질량이라고 이름 붙인 상수이다. "뉴턴의 운동방정식"이라고 불리는 이 간단한 방정식은 근대적인 물리학의 탄생을 가져온 과학사에서 가장 유명한 식 중의 하나이다. 이 식은 모든 뉴턴 동역학의 기초이며, 20세기에 들어와 양자론과 상대성이론이 몇 가지 중요한 관점에서 변화를 주기 전까지는 물리학을 지배하였다.

이 방정식에서 몇 가지 점을 짚고 넘어가야 한다. 무엇보다 먼저, 이 식은 기본적이 아닌 유도된 양으로서 물체의 질량을 정의하며, 이를 측정하는 과정(동작)을 마련한다. 크기를 아는 힘을 물체에 작용하고, 그 힘이 작용되고 있는 동안에 힘의 방향을 따라 생기는 가속도를 측정해서, 힘의 크기를 가속도의 크기로 나눈다. 이렇게 하여 얻은 수치가 바로 물체의 질량이며, 만일 힘을 다인의 단위로 표현하고 가속도를 1초의 제곱분의 센티미터($cm/sec^2$)의 단위로 표현했다면, 질량은 그램(gram)의 단위로 표현된다. 이것은 다음과 같은 의미로 질량의 단위를 수립한다. 만일 1다인(단위 힘)의 힘을 받는 물체가 $1cm/sec^2$의 가속도를 얻었다면, 그 물체의 질량은 1g(단위질량)이다.

뉴턴의 운동법칙에서 두 번째 주목할 만한 특징은, 그 벡터적인 성질이다. 이 법칙은 한 가지 벡터양(힘)을 다른 종류의 벡터양(가속도)과 연결 짓는다. 이것은 서로 독립된 세 방향을 따라 서로에게 전혀 영향을 주지 않고 작용하는 세 개의 서로 다른 독립적인 힘들의 결합으로서의 힘이 물체에 작용함으로 세 개의 방정식이 하나로 뭉쳐졌음을 의미한다. 이와 같이 우리는 한 개의 방정식을 다루는 것보다 훨씬 편리한 세 개의 독립적인 운동방정식들을 얻었는데, 그 이유는 세 방정식에 속한 개개의 방정식은 단지 한 방향으로 제한된 운동만을 다루기 때문이다.

마지막으로, 이 법칙은 힘의 종류가 무엇이든 관계없이 항상 적용되는 지극히 보편적인 법칙이다. 뉴턴에게 알려져 있던 힘은 중력과 물체들이 직접 끌어당기는 힘뿐이었으나, 그는 자기의 두 번째 법칙을 진술하면서 이러한 힘들 간에 구별을 두지 않았다. 주어진 물체에 작용하는 모든 힘들은 모두 같은 종류의 가속도를 가져오게 한다. 힘의 성질은 그 법칙에 관여하지 않고 단지 그 크기와 방향만이 관여한다. 이 법칙은 그 자체로도 중요하고 강력하지만, 이 법칙 스스로는 힘을 받는 물체의 경로나 또는 궤도를 구하는 동역학 문제를 풀지는 못한다. 힘의 성질(기하적인 특징과 물리적인 특징)들을 알아야만 비로소 뉴턴의 방정식에서, F를 대수적인 표현으로 바꿔 쓸 수 있으며, 그런 후에야 물체의 궤도를 구하기 위해 필요한 가속도를 이 방정식을 풀어 얻을 수 있다.

뉴턴의 세 번째 법칙도 다른 두 법칙만큼 간결하다. 그러나 이 법칙은 처음 두 법칙에서는 찾아볼 수 없었던 힘의 작용에 대해 놀랄 만한 대칭성을 부여한다. 그것은 자연에서 힘은 본질적으로 크기가 같고 방향이 반대인 짝으로 존재함을 천명하는데, 우리는 이것을 태양과 지구 사이처럼 두 물체가 중력에 의해 서로 잡아당기고 있는 상호작용을 검토함으로써 잘 이해할 수 있다. 이 세 번째 법칙은 태양이 지구를 잡아당기는 힘의 크기가 지구가 태양을 잡아당기는 힘의 크기와 정확히 같으며, 그 잡아당기는 방향은 같은 선상에서 반대 방향을 가리킨다고 말한다. 뉴턴은 이 법칙을 가장 일반적으로 다음과 같이 표현했다. 만일 물체 A가 물체 B에 어떤 종류의 힘을 가했다면, B는 A에게 정확히 크기가 같고 방향이 반대인 힘을 가한다(작용과 반작용의 법칙 : 자연에 존재하는 모든 작용은 크기가 같고 방향이 반대인 반작용을 수반한다). 우리는 이 법칙을 6장에서 훨씬 자세하게 논의할 것이다.

## 참고문헌

1. "Sir. Isaac Newton," Encyclopaedia Britannica.
Chicago : Encyclopaedia Britannica, Inc., Vol. 13, 1974, p. 17.
2. Isaac Asimov, Asimov s Biographical Encyclopedia of Science and Technology. Garden City, New York : Doubleday & Company, Inc., 1982, p. 148.
3. "Sir. Isaac Newton," 위에서 인용한 책, p. 17.
4. E. N. da Costa Andrade, "Isaac Newton," The World of Mathematics. Ed. James R. Newman. New York ' Simon & Schuster, 1956, p. 256.
5. 위에서 인용한 "Sir Isaac Newton," p. 17.
6. John Maynard Keynes, "Newton, the Man,,〉 The World of Mathematics. Ed. James R. Newman, New York : Simon & Schuster, 1956, p. 278. 1956, p. 278.
7. 위에서 인용한 Asimov 책, p. 148.
8. 위에서 인용한 책, p. 232.
9. 위에서 인용한 "Sir Isaac Newton," p. 18.
10. 위에서 인용한 Asimov 책, p. 152.
11. 위에서 인용한 책, p. 153.
12. 위에서 인용한 Andrade 책, p. 270.
13. Henry A. Boorse and Lloyd Motz, The World of the Atom. New Yor k : Basic Books, 1966, p. 89.

## 사진 출처

1. Sir. Isaac Newton. Mezzotint by J. MacArdell after E. Seeman, 1726. http://wellcomeimages.org/indexplus/image/V0004273.html

# 6장
# 뉴턴의 만유인력 법칙과 그 시대 사람들

모든 위대한 과학적 진리는 세 단계의 과정을 거치게 된다.
처음에는 사람들이 그것은 성경에 위배된다고 말한다.
다음에는 그것이 이미 전에 발견되었다고 말한다.
마지막으로 사람들은 그것을 항상 믿었다고 말한다.
—LOUIS AGASSIZ

과학자들이 연구하는 자연법칙들은 명확히 구분되는 범주에 의해 구별할 수 있다. 자연법칙은 서로 연관되어 있지만 흔히 독립적으로 발전되어 왔다. 기본적 범주에 속하는 것은 공간과 시간을 다루는 법칙, 이론 또는 가설들이다. 뉴턴의 역학과 이론에서는 공간과 시간이 서로 아무 관계가 없고 공간 구조는 유클리드적, 즉 평평하다고 가정한다. 게다가 공간은 절대적이고(두 사건 사이의 거리가 모든 관찰자에게 똑같고) 무한히 크다고 생각한다. 시간 또한 절대적이며 무한히 먼 과거에서 무한히 먼 미래까지 연속해서 흐른다고 생각한다. 우리가 양자론과 상대성이론을 논의할 때 이 유클리드적이고 절대적인 개념들이 어떻게 바뀌는지 보여 주게 될 것이다.

두 번째 범주에는 운동법칙들이 속하는데, 뉴턴의 세 가지 운동법칙에서 볼 수 있듯이 물체의 운동과 그 물체에 작용하는 힘 사이의 관계를 설정한다. 이 법칙들은 운동 상태를 변하게 만드는 구체적 힘에 관계없이 성립하는 일반적인 명제들이다. 이런 법칙들이 없다면 우주에 존재하는(원자와 분자, 행성, 별 등과 같은) 기본적 구조물의 성질을 알아낼 수 없다. 물체의 운동 상태를 묘사하려면 공간과 시간이 모두 다 필요하므로 우리가 설정하는 공간의 모습과 공간과 시간 사이의 관계를 어떻게 정하느냐에 따라 운동법칙도 좌우된다.

세 번째 범주는 자연에 존재하는 힘을 기술하는 법칙들을 포함하는데, 뉴턴의 만유인력 법칙이 그중 하나이다. 현재까지 우리는 중력, 전자기력, (핵 속에서 중성자와 양성자의 수가 조화를 이루도록 작용하는 특별한 종류의) 약한 상호작용, 강한 핵력 등 네 가지의 기본이 되는 힘이 존재함을 알고 있다. 여기서는 우주 전체에서 가장 중요한 힘이라고 할 수 있는 중력에 한정하여 논의하고자 한다. 중력은 행성이나 별, 태양계, 은하계, 우주 자체와 같이 매우 큰 구조물에 관계한다. 만일 중력이 없어지면 이러한 구조물들은 그 어느 것도 존재할 수 없다.

힘의 법칙은 일반적으로 서로 독립적인 두 가지 측면을 갖는다. 하나는 기하적인 것인데, 서로 상호작용하는 두 물체가 놓인 공간의 상황에 힘(그 크기와 방향)이 어떻게 의존하는지를 기술한다. 두 번째 측면은 힘을 주고받는 두 물체 자체의 고유한 성질에 관한 것인데, 두 물체의 물리적 성질이 힘의 크기를 결정한다. 두 물체 사이의 힘은 그 물체들의 운동에도 의존하는 수가 있지만, 뉴턴의 만유인력에는 해당되지 않는다.

뉴턴은 아마도 행성운동에 대한 케플러의 세 번째 법칙과 자신의 운동 제2법칙으로부터 만유인력 법칙에 도달한 것으로 보인다. 그가 자신이 만든 운동 제2법칙을 생각하던 중 마침 떨어지는 사과를 보게 되어 가속도가 힘을 나타내는 것임을 깨닫는 것을 상상해 볼 수 있다. 사과는 땅을 향하여 가속되며 따라서 땅이 사과에 힘을 작용한다. 그렇게 하여 만유인력 법칙이 나오게 된다. 그가 정말 이와 똑같은 계기에 의해 만유인력 법칙을 발견하게 되었는지는 별로 중요하지 않지만, 지구가 아니 실제로 모든 물체가 중력을 작용한다는 대담한 발상은 아인슈타인의 위대한 업적에서 최고봉이 되는 심오한 생각들을 매우 넓게 발전시키는 출발점이 되었다.

뉴턴의 발상은 단지 만유인력 법칙을 공식으로 나타내는 데 있어 시작에 불과하다. 그에게는 위에서 설명한 만유인력 법칙이 갖는 기하적인 성질과 물체의 고유한 성질을 알아야 하는 일이 아직 남아 있다. 행성운동에 대한 케플러의 제3법칙으로부터 중력의 크기가 태양과 행성 사이의 거리에 의존하는 모양을 비교적 쉽게 알아낼 수 있다. 케플러는 태양이 행성에 작용하는 힘이 그 둘을 잇는 직선의 방향이라고 생각하지 못했기 때문에 그것을 알아내지 못했다. 그렇지만 뉴턴은 이 일을 해냈다. 게다가 그는 중력이 단지 지구나 태양, 행성들 사이에만 작용한다는 생각을 뛰어넘었다. 그는 중력의 개념을 일반화시켜 우주의 모든 물체들이 중력에 의해 서로 잡아당긴다는 것이 보편적이라고 가정했다. 이것을 보이기 위해 그는 임의의 질량을 가지면서 임의의 거리만큼 떨어져 있는 두 물체 사이의 중력을 나타내는 대수식을 만들었다.

그는 작업을 간단히 하기 위해 (크기와 모양을 갖지 않는) 두 질점 사이의 힘을 우선 고찰함으로써 모양이나 크기가 두 물체 사이의 힘에 영향을 줄지도 모른다는 문제를 제거했다. 그는 다음과 같은 문제를 붙잡고 늘어졌다. 질량이 $m_1$과 $m_2$인 두 입자가(m은 질량을 그리고 아래 첨자 1과 2는 각 입자를 표시한다) 거리 r만큼 떨어져 있다면 그 두 입자 사이에 작용하는 중력에 의한 상호작용의 크기와 방향은 어떠할까? 여기서 "상호작용"이라 함은 $m_1$이 $m_2$를 끄는 정도, 또는 $m_2$가 $m_1$을 끄는 정도를 의미하는데, 이 두 작용은 뉴턴의 제3법칙에 의하여 그 크기는 같고 방향은 반대이다.

매우 일반적인 대칭성이 있는 경우만 고려하여, 뉴턴은 그 힘이 두 질량을 잇는 선을 따라 작용해야 한다고 결정했다. 그렇지 않다면 두 입자는 서로 상대방의 주위를 돌 수도 있을 터인데, 만일 그렇다면 지상에서 자유낙하 하는 물체는 실제로 관찰되는 모양과는 달리 연직 방향뿐만 아니라 수평 방향으로도 움직여야 할 것이다.

힘의 방향을 결정한 뒤에 뉴턴은 그 힘의 크기를 생각했다. 그것은 우리가 이미 알아보았듯이 기하적인 측면(두 입자 사이의 거리)과 입자 고유의 측면(입자의 질량)을 갖는다. 만유인력 법칙이 거리에 의존하는 모양을 알기 위해서, 뉴턴은 중력이 입자로부터 모든 방향으로 균일하고 똑같은 모양으로 퍼져 나가기 때문에 그 힘의 세기는 두 입자 사이의 거리의 제곱에 따라 줄어들 것이라고 추론했다. 만일 이 거리가 두 배로 되면 힘은

1/4로 줄어들고, 세 배가 되면 1/9로 줄어든다. 우리는 이 힘을 거리의 제곱에 반비례한다고(제곱 반비례 법칙) 말할 수 있다. 이런 식으로 거리에 의존하므로 거리가 멀어지면 중력은 약해지지만 결코 0이 되지는 않음을 유의하자. 그러므로 어떤 물체가 다른 물체의 중력으로부터 벗어날 수 있다는(예를 들면 지구의 중력으로부터 벗어날 수 있다는) 의견은 옳지 않다.

뉴턴은 중력법칙에다 힘이 질량에 어떻게 의존하는가를 집어넣기 위해 우선 중력이 질량에 의해 발생하고 두 입자 사이에 작용하는 힘의 세기는 두 질량 사이에 대칭으로 작용해야 한다고 가정했다. 그렇지 않다면 작용과 반작용의 크기가 같고 방향이 반대일 수 없을 것이기 때문이었다. 이 대칭 관계를 올바로 나타낼 수 있는 대수적인 조합은 두 질량의 곱 $m_1m_2$뿐이다.

이 표현을 힘이 거리에 의존하는 모양과 결합하여 뉴턴은 그의 만유인력 법칙을

$$F = G\frac{m_1m_2}{r^2}$$

와 같이 표현하였는데, 여기서 F는 힘을 나타낸다.

우리는 이 공식에서 질량과 거리 부분에 대해서는 이미 알아보았다. 그러나 맨 앞의 인자 G는 무엇일까? 어떻게 하여 이것이 포함되었을까? 뉴턴의 "만유인력상수"라고 알려진 이 인자는 꼭 필요하다. 이것이 없다면 이 공식은 두 가지 점에서 옳지 않게 된다. 첫째는 그 값이 중력의 세기로는 너무 크며, 두 번째로 이 공식으로 계산된 결과의 차원, 즉 공간, 시간, 질량이 조합된 모양이 옳지 않게 된다. 뉴턴의 운동 제2법칙에 의하면 힘은 질량에 가속도를 곱한 것이며, 가속도는 거리를 시간의 제곱으로 나눈 것임을 주목하자. 그래서 힘은 질량과 거리의 곱을 시간의 제곱으로 나눈 것이다. 그러나 만약 G가 포함되지 않았다면 힘의 표현은 질량과 질량의 곱을 거리의 제곱으로 나눈 셈이 되는데, 이것은 힘이 아니

다. 뉴턴은 질량과 거리의 조합이 올바른 힘이 되도록 하기 위해 이것에 상수 G를 곱했다. 그렇게 함으로써 공식이 올바른 공간-시간-질량 요소로 나타나고 결과적으로 기본적 물리량들에 의해 힘의 차원이 맞게 표현되는 완전한 뉴턴 공식이 되었다. G에서 공간-시간-질량 성분은 거리의 세제곱을 시간의 제곱에다 질량을 곱한 것으로 나눈 것이다. 다시 말하면 G는 ㎤/g sec²으로 표현되며 그 값은(뉴턴이 중력의 제곱 반비례 법칙을 발견한 지 한 세기 반 뒤에 헨리 캐번디시가 처음으로 측정하였는데) $6.668\times10^{-8}$ ㎤/g sec²이다.

뉴턴의 만유인력 법칙과 운동 제2법칙이 알려짐에 따라 천문학은 주먹구구식 과학에서 정밀한 수학을 이용하는 분야로 발전했다. 이러한 점은 행성의 궤도에 대한 연구에서 더욱 두드러졌는데, 이 분야는 인간의 정신이 이룩한 가장 아름답고 위대한 업적 중의 하나인 "천체역학"이라고 불리는 분야로 발전했다. 뉴턴의 만유인력 법칙은 그의 세 가지 운동법칙과 결합하여 물체 사이의 중력에 의한 상호작용을 다루는 문제를 해결하는 능력이 놀랄 만했다. 이 법칙들을 태양 주위의 행성궤도를 결정하는 문제에 적용하자마자 그 위력이 당장 뚜렷하게 나타났다. 행성궤도의 성질을 (행성운동에 관한 케플러의 세 가지 법칙) 경험적으로 발견했던 브라헤와 케플러의 노력을 더하면 60명이 1년 동안 연구한 것과 마찬가지인데, 뉴턴의 법칙들을 이용하면 같은 결과를 단지 한두 시간 안에 얻을 수 있다. 이러한 차이가 올바른 이론이 올바른 논리(수학)와 결합되어 지니게 되는 위대한 예측 능력을 극명하게 보여 준다.

뉴턴은 더 나아가서 지구의 바다나 호수, 강물이 달의 중력에 의해 잡아당겨져서 밀물과 썰물 현상이 생기게 된다는 것을 올바르게 설명함으로써 그의 법칙들이 갖는 위력을 과시했다. 그는 밀물과 썰물에서는 중력이 거리의 세제곱에 반비례함을 보여 주었다. 밀물과 썰물을 끄는 힘은 지상의 물을 (단위질량당) 끄는 힘과 지구 전체를 단위질량당 끄는 힘의 차이로 주어지기 때문이다. 비록 태양이 지구를 잡아당기는 중력은 달의 그것보다 약 180배 더 크지만 지구에서 달까지의 거리가 태양까지의 거리보다 약 400배 더 가깝기 때문에 달이 밀물과 썰물을 끄는 힘은 태양보다 약 두 배 더 크다.

뉴턴은 운동법칙과 만유인력 법칙으로 가장 유명하지만, 다른 중요한 과학 분야에서도 여러 가지 발견을 이룩했다. 광학에 대한 그의 업적은 실제적으로나 이론적으로도 매우 중요하기 때문에 특별히 주목할 만하다. 케플러가 렌즈를 이용하여 상이 어떻게 형성되는지를 보여 주는 굴절광학을 발전시켰고 갈릴레오는 망원경을 만들었지만, 빛의 성질이나 그 빛이 어떻게 전파되는지에 대하여는 별로 알려지지 않았다. 흰빛이 삼각프리즘을 통과하면 빨강에서 보랏빛에 이르는 여러 색깔로(스펙트럼) 나뉨을 보임으로써 흰빛은 서로 다른 모든 색깔들이 섞여 있기 때문에 "희게" 보인다는 것을 증명하였고, 이로써 뉴턴은 빛의 성질을 설명하는 첫 번째 큰 걸음을 내디뎠다. 프리즘을 통과해 나온 한 가지 색깔의 빛을 두 번째 프리즘에 통과시키더라도 그 빛이 흰빛처럼 더 이상 나뉘지 않고 두 번째 프리즘에 들어가기 전과 똑같은 빛이 나옴을 보여 줌으로써 그의 결론을 확고하게 만들었다. 이것은 색깔이 프리즘으로부터 나오는 것이 아니라 흰빛 속에 들어 있다는 것을 뜻한다. 첫 번째 프리즘을 통과하여 나온 색깔의 띠를 동일한 두 번째 프리즘에 거꾸로 통과시키면 흰빛이 다시 만들어진다는 것을 보였는데 이것은 두 번째 프리즘이 모든 색깔을 다시 합하여 첫 번째 프리즘의 효과를 상쇄하는 것이다. 이와 같이 뉴턴은 빛의 전파에 대한 아주 중요한 성질, 즉 빛이 거꾸로 진행하는 성질을 가짐을 보여 주었다. 이것은 어떤 매질 또는(공기, 물, 유리와 같은) 여러 매질을 통과하는 빛을 임의의 한 점에서 되돌아가게 만들면, 그 빛은 단순히 왔던 길을 되돌아 전파됨을 뜻한다. 이 거꾸로 되돌아가는 현상은 자연에서 일반적으로 일어나지 않기 때문에 매우 중요하다. 그러나 빛의 전파에서처럼 거꾸로 진행하는 성질이 성립하는 경우가 그렇지 않은 경우만큼이나 흔하게 일어난다는 것을 나타내는 것처럼 보였기 때문에 자연의 법칙에 대해 매우 중요한 문제들을 제기했다. 뉴턴은 렌즈와 거울을 가지고 여러 가지 실험을 거친 후에 (자신이 직접 유리를 갈고 닦아 만든) 구형 오목거울이 렌즈와 똑같이 상을 만들지만, 렌즈에서 나타나는 상의 가장자리가 색수차에 의해 희미해지는 바람직하지 못한 현상이 오목거울에서는 생기지 않음을 보였다. 그는 렌즈의 색수차가 그 가장자리 부분에서 중심 부분에 이르는 얇은 프리즘 효과 때문에 생긴다고 옳은 판단을 내렸으며, 오목거울에서는 이 색수차가 생기지 않기 때문에 오목거울(반사체)을 사용하는 망원경이 렌즈(굴절체)를 사용한 것보다 더 선명한 상을 만든다는 데 유의했다. 거대한 천체망원경에서는 오목거울을 사용하는 것이 매우 큰 차이를 주었는데, 그렇지 않았더라면 뉴턴 이후의 여러 가지 중요한 우주에 관한 발견들이 결코 이루어질 수 없었을 것이다.

아르키메데스 시대 이래로 자연현상을 공부하는 사람들은 빛의 본성과 빛이 전파해 나가는 방법에 대해 생각하고 궁금해 했다. 갈릴레오는 비록 성공하지는 못했지만 매우 엉성한 방법으로 빛의 속도를 측정하려고 시도했으며 케플러는 빛의 본성에 대해 생각해 보았다. 그러나 뉴턴이 빛의 전파에 대한 엄밀한 이론을 처음 제안한 사람이었다. 그는 날카로운 가장자리를 갖는 불투명한 가리개에 빛을 쪼이면 가까운 흰 벽에 생기는 가리개 그림자의 가장자리도 가리개의 가장자리만큼 날카롭다는 것에 유의하여 자신의 이론을 끌어내었다. 뉴턴에게는 빛의 어떤 부분도 가리개의 가장자리를 지나서 그림자 속으로 휘어지지 않는 것처럼 보였다. 만일 빛이 파동처럼 전파된다면 빛은 가장자리에서 휘어지게 될 것이었다. 뉴턴은 이 결과가 (음파나 물결파의 행동과는 대조적으로) 빛이 파동처럼 회절되는 대신에 날카로운 가장자리를 지나 직진한다는 것을 뜻한다고 믿었다. 그래서 그는 빛이 입자들로 이루어졌으며 가리개의 가장자리가 빛에 아무런 힘도 작용하지 않으므로 자신의 운동 제1법칙에 의해 직선을 따라 진행해야 된다고 결론지었다. 이 결론으로부터 뉴턴의 빛의 입자설이 출현했다. 빛의 입자설은 후에 가리개의 그림자 가장자리 부분을 좀 더 자세히 관찰한 결과 그것이 날카롭지 않고 희미하며 따라서 빛이 날카로운 가장자리에서 회절된다는 것이 알려지자 빛의 파동설에 의해 밀려나게 되었다. 게다가 뉴턴의 입자설에 의하면 빛의 속도가 공기나 진공같이 묽은 매질에서보다 유리나 물과 같이 진한 매질에서 더 빨라야 했는데, 이는 실험 사실과 일치하지 않았다.

뉴턴은 그의 책 『광학』에서 주목받을 만한 질문들을 연속하여 제의했는데, 그가 빛에 대해서 얼마나 깊이 생각했는가를 말해 준다. 마지막 질문에서 어떤 특별한 환경 아래서는 빛과 물질이 서로 바뀔 수 있을지도 모른다고 제의했다. 그렇다고 뉴턴이 상대론을 염두에 두었다고 생각할 수는 없지만, 상대론에 의하면 그의 짐작이 옳았다.

비록 뉴턴이 17세기 말부터 18세기 초에 이르는 기간 동안 가장 뛰어난 물리학자였지만, 그 시대에 다른 과학자들도 과학에 상당한 기여를 했다. 그들 중에는 뉴턴의 생각에 강력히 도전한 사람들도 있었다. 뉴턴과 같은 시대를 살았던 사람들 중 중요한 인물들로는 로버트 훅, 로버트 보일, 크리스티안 하위헌스, 올레 뢰머, 제임스 브래들리, 에드먼드 핼리 등을 들 수 있다. 이 멋진 사람들의 주된 업적에 대해 약간이라도 얘기하지 않고 지나간다면 물리 이야기가 결코 완전할 수 없을 것이다.

뉴턴처럼 로버트 훅(1635~1703)도 어린 시절의 대부분을 두통으로 고통받았던 병약한 어린아이였다. 와이트섬의 조그만 교구에서 일하는 부목사의 아들이었던 로버트는 어린 시절 아버지로부터 교육을 받았다. 건강 때문에 여러 해 동안 공부를 계속하는 것이 불가능했지만, 미술에 관심을 갖게 되어 1648년 런던으로 건너가 화가인 피터 릴리의 지도를 받게 되었다. 그러나 곧 화가가 되려는 노력을 포기하고 웨스트민스터학교에 입학했는데 거기서 고전과 수학에 두각을 나타냈다. 그다음 옥스퍼드대학교에 입학했다. 2년 후 화학교수 토머스 윌리스는 방금 옥스퍼드에 부임하여 공기펌프를 개선시키는 일을 도와줄 조수를 찾고 있던 로버트 보일에게 그를 추천했다.

근 10년에 걸쳐 훅은 보일 밑에서 일하면서 실험 솜씨를 익혔다. 1662년 영국학술원의 총무 자리(당시에 급료를 받던 유일한 직책)를 맡기로 하고 매주 학술원 회의에서 서너 가지의 중요한 실험을 준비하는 고된 일을 시작했다. "여러 해에 걸쳐서 뛰어난 솜씨로 그 임무를 수행한 것은 훅의 풍부한 상상력에 의한 기념비적 업적이다."[1] 1664년 훅은 아이작 배로가 케임브리지대학 수학과의 첫 번째 루커시안 석좌교수 자리로 옮기기 위해 사임하자 그 후임으로 그레셤대학의 기하학 교수로 임명되었다. 학술원의 고된 총무 일을 수행하면서도 훅은 1665년 "그의 창의적인 연구와 자신이 직접 만든 현미경을 이용하여 얻은 관찰 결과뿐 아니라 도안가로서의 출중한 재능을 유감없이 발휘한"[2] 아름답게 그려진 많은 도안이 들어 있는 『미세 기하 Micrographia』라는 책을 출판했다. 그가 그린 도안의 미세한 부분과 이해하기 쉽게 설명한 본문이 조화를 이루어, 영국에서 베스트셀러가 되었으며 과학자로서 훅의 평관을 올리는 데도 한몫을 차지했다. 런던의 대화재 후에 훅은 그의 도안 솜씨를 활용하여 파괴된 도시를 재건하는 설계도를 그렸다. 비록 그의 제안이 채택되지는 않았지만, 그 설계는 크리스토퍼 렌 경의 눈에 들었으며, 둘은 가까운 친구가 되었다.

훅은 1677년 사망한 헨리 올든버그의 후임으로 영국학술원 서기장으로 선출되었는데, 올든버그가 자신의 스프링 시계 발명 업적을 훔치려 했다고 의심했다. 훅은 힘을 다해 학술원 임무를 수행했지만, 그의 풍부한 지성은 학술원 회원들 사이의 논쟁을 중재하기보다는 자연현상을 분석하는 데 더 알맞았기 때문에 서기장 역할은 별로 돋보이지 않았다. 1683년 서기장 자리를 사임하고 총무 일만 계속 맡아보았다.

생애의 대부분을 허약한 건강 때문에 고생했지만 창의적인 과학자였다. 가장 큰 결점은 자기의 생각들을 미숙한 형태 이상으로 발전시키지 못하는 성급한 성질이었다. 뉴턴과는 달리 훅은 비난을 참지 못하고 논쟁을 싫어한 것처럼 보인다. 그런데 훅은 불행히도 광학의 기본 개념과 천체역학에 대하여 뉴턴과 의견을 달리했다. 그 결과로 뉴턴은 빛의 연구에 대해 훅이 기여한 상당 부분을 인정하기를 거부했고 1703년 죽을 때까지 20년 동안 자신의 책 『광학』의 출판을 미루었다.

훅은 뉴턴 다음으로 당시에 가장 업적이 많고 창의적인 과학자 중의 한 사람이었다. 그는 깨어 있는 동안 줄곧(그는 하루에 서너 시간밖에는 자지 않았다) 모든 종류의 역학 장치들을 주물럭거리고 수많은 실험을 수행하며 모든 종류의 신기한 이론들을 전개하면서 보냈다. 보일이 기체에 관한 실험에 사용한 공기펌프를 여러 차례에 걸쳐 개선시켰고, 수많은 과학 장치들을 발명하거나 개선했다. 그중에는 상을 더 선명하게 하기 위한 망원경의 조준기라든가 미세나사 조정장치, 시계가 부착된 망원경 받침대, 스프링으로 움직이는 시계, 모든 방향으로 움직일 수 있는 연결 장치, 홍채조리개 등이 있다.

물리 이론으로서는 빛이 그 진행 방향에 수직으로 진동한다는 불완전 파동 이론을 제안했다. 행성들의 운동을 역학현상으로 취급해야 한다고 주장했고 그 운동을 설명하기 위해 옳지는 않았지만 중력 이론을 제안했다. 물질의 운동 이론을 최초로 내놓기도 했다. 모든 물체는 끊임없이 진동하는 보이지 않는 입자들로 구성되었으며 각 종류의 입자마다 오직 그 종류에 해당하는 독특한 방식으로만 진동할 수 있다고 강조했다. 이것은 원자 내부의 전자가 각기 고유한 에너지 상태를 갖는다는 오늘날의 설명과 매우 비슷하다.

훅은 많은 발명과 이론을 남겼음에도 불구하고, 요즈음은 탄성에 관한 법칙으로만 알려져 있다. 이 법칙은 어떤 의미로 고체물리의 시작이며 기계공학의 기초로 볼 수 있다. "훅의 법칙"으로 알려진 이 법칙은 고체의 탄성한계 내에서 고체가 힘을 받았을 때의 변형은 가한 힘에 비례한다고 말한다. 여기서 "탄성한계"란 힘을 제거했을 때 고체가 원래의 모습으로 돌아올 수 있는 한계를 의미한다. 이 법칙으로 힘의 단위(정해진 만큼 변형시키기 위하여 필요한 힘)를 결정하기 위해 고체를 이용할 수 있고, 어떠한 힘이든지 그 힘에 의해 생긴 변형을 단위 힘에 의해 생긴 변형과 비교하여 그 크기를 측정할 수 있게 되었다.

훅이 학문을 연구할 때의 동반자였으며 평생 친구였던 로버트 보일(1627~1691)은 영국을 떠나 아일랜드에서 성공한 케임브리지대학 출신 법률가의 열네 자녀 중 한사람이었다. 보일은 먼스터 지방의 리즈모어에 위치한 가족 영지(領地)에서 자라났다. 여덟 살까지 가정교사에게 배웠으며 그 후 아버지가 그를 이튼학교에 입학시켰다. 4년 동안 이튼학교에 다닌 다음 형과 함께 제네바로 가서 개인교사 밑에서 공부했다. 스위스에서 충분한 교육을 받았지만, 그곳에서 격렬하게 휘몰아치는 폭풍우에 충격을 받아 어떻게든 지상에서 기독교를 전파하는 일에 자신의 능력을 다해야 할 것으로 확신했다.

1644년 런던으로 돌아왔는데, 그곳에서 자연의 비밀을 벗기는 데 가장 좋은 방법은 실험이라고 믿었던 몇몇 유토피아 철학자들의 영향을 받았다. 과학에 대한 이러한 베이컨식의 원칙은 보일이 나아가야 할 방향을 제시해 주었다. 그는 싯셔 지방의 스탈브리지에 위치한 가족 영지에 정착하여 과학과 신학 공부에 몰두하기 시작했다. 특별히 화학에 흥미를 느꼈으며, 곧 이 분야를 철저히 터득하게 되자 1654년 와드함대학의 학장인 존 윌킨스로부터 옥스퍼드로 와 달라는 요청을 받았다. 윌킨스는 이름난 실험가로 독실한 종교인이었지만 자연을 신학적으로 엄밀히 설명하는 데는 한계가 있다는 것을 깨달은 사람이었으므로 보일은 그가 자신과 비슷한 성격임을 알았다.

보일은 옥스퍼드로 옮긴 후에 대기의 성질에 대한 실험을 시작했는데, 이 실험으로부터 후에 자신의 이름을 딴 법칙을 만들게 된다. 그는 독일의 폰 게리케가 행한 실험에 자극받아 이 분야에 관심을 갖게 되었다. 실험은 "속이 빈 금속 반구체 두 개를 맞물려 놓고 그 안의 공기를 뽑아내면, 대기의 압력 때문에 양쪽에서 각기 여섯 마리의 말이 잡아끌더라도 반구체가 떼어지지 않음을" 보여 주었다.[3] 보일은 더 나은 펌프를 만들 수 있으리라고 믿었는데, 필요로 하는 기계를 다루는 솜씨가 부족하여, 이 기구를 실제로 만들 수 있는 조수를 구하기로 결정했다. 윌킨스의 한 동료가 추천하여, 당시에 별로 알려지지 않은 옥스퍼드 학생이었던 로버트 훅을 고용했다. 이로써 보일과 훅은 보일이 죽을 때까지 지속되는 성공적인 동반자 관계를 시작했다. 그것이 훅에게는 특별한 행운이었는데, 이런 기회가 없었더라면 그가 과학적인 솜씨를 그렇게 짧은 기간 동안 연마할 수 있었을지 의심스럽다. 어찌 되었든 둘은 함께 여러 가지 실험을 수행했고, 그 결과로 보일은 공기가 화학적으로 같은 종류로 구성된 것이 아니라 "생명에 필수적인 요소와 그 밖에 별 소용이 없는 것들이" 있으며, 또한 공기도 무게를 갖는다고 결론지었다. 이러한 통찰력을 통해 보일은 땅에 가까운 대기는 압축되어 있으며 이 압력은 긴 관에서 열린 쪽을 수은 통에 담그고 수직으로 세우면 76㎝의 수은 기둥을 지탱하기에 충분하다는 결론을 내렸다.

보일은 일정한 온도 아래서 주어진 기체의 압력과 부피의 곱은 일정

로버트 보일(1627~1691)

하다는 그의 기체에 관한 법칙으로 가장 널리 알려졌다. 11장에서 상세하게 설명할 예정인 이 간단한 법칙을 이해하려면, 우리는 압력을 기본이 되는 공간-시간-힘의 개념으로 표현 또는 정의해야 한다. 힘의 효과는 그 힘이 넓은 면적에 퍼져서 작용하느냐 또는 작은 면적에 집중해서 작용하느냐에 따라 다르다. 면적이 좁을수록 그 효과는 더 크다. 그렇기 때문에 우리 살갗을 뾰쪽한 핀으로 찌를 때는 아프지만 무딘 물체로 누를 때는 그저 짜증스러울 따름이며, 부드러운 눈이 깊게 쌓인 곳을 눈신발이나 스키를 신고는 쉽게 걸을 수 있지만 보통 신발을 신고 걸으면 푹 빠져 버린다. 이 두 예에 효과적으로 관계되는 물리량이 압력인데, 압력은 단위면적에 작용하는 힘으로 정의되며, 단위는 제곱센티미터당 다인(dyne/㎠) 또는 제곱인치당 파운드(lb/in$^2$)이다. 고체의 (힘의 일종인) 무게는 그것을 받쳐 주는 물체의 표면에만 압력을 가하는데 직접 접촉하는 부위에만 작용한다. (그릇이나 물탱크에 담긴 물과 같은) 액체는 그 용기의 밑바닥뿐만 아니라 네 벽에 압력을 작용한다. 벽이나 액체 내부에 작용하는 압력은 바닥까지의 깊이가 커짐에 따라 증가하며, 깊이가 같은 곳의 압력은 모두 같다. 기체는 그것을 담고 있는 용기의 모든 점에 압력을 가하는데 (대기의 높이에 비하여) 그 용기의 크기가 작다면, 기체 내부의 압력은 모든 점에서 같다고 볼 수 있다. 기체를 고려할 때는, 액체에서와 마찬가지로 기체 내부의 한 점에 작용하는 압력을 생각한다. 기체에서 중요한 성질 중의 하나는 만일 기체의 한 점에 힘을 가해 압력을 주면, 이 압력은 기체 안에서 모든 방향으로 동일하게 전달된다는 점이다. 기체가 용기의 벽을 미는 압력은 벽에 수직한 방향으로 작용된다.

위와 같은 압력의 성질들을 이해했으므로, 이제 보일의 법칙을 좀 더 실제적으로 논의할 수 있다. 이를 위해 수직으로 놓인 가는 원통 모양의 그릇에 담긴 기체를 생각하자. 그릇의 꼭대기에는 단면적이 단위면적인(1㎠인) 가볍고(질량을 무시할 수 있고) 위아래로 자유롭게 움직일 수 있는 피스톤이 달려 있다고 생각하자. 피스톤은 기체의 압력을 증가시키거나 감소시키기 위해 아래로 밀든지 위로 올릴 수 있게 만들어졌다. 피스톤 위에 추를 올려놓지 않으면 기체 압력이 대기압과 똑같게 되는 위치에 피스톤이 머무른다. 이제 피스톤 위에 무게가 W인 추를 올려놓으면, 피스톤은 기체의 압력을 증가시켜 그 압력이 대기압에 W를 더한 것과 같게 될 때까지 밑으로 내려간다. 기체의 압력이 증가하면 그 기체의 부피는 감소하며, 만일 기체의 전체 압력이 대기압의 두 배가 되도록 W를 크게 하면 기체의 부피는 (피스톤에 추가 올려져 있지 않은) 처음과 비교하여 절반으로 준다. 이 관계를 압력과 부피의 곱이 일정하다고 표현할 수 있다. 이 관계는 기체의 온도가 변하지 않는 한 성립한다.

보일과 훅의 생산적인 동반자 관계는 훅이 1662년 영국학술원 총무가

되었을 때 잠시 중단되었다. 보일은 그 후에도 대기에 관한 실험을 계속 했지만, 1668년 런던으로 이사하여 여동생 펠 말과 함께 살았다. 그는 또한 물질의 원자 이론을 발전시키는 데 많은 흥미를 갖게 되었다. 뉴턴처럼 보일도 신비스러운 것에 흥미를 느끼게 되어 금속을 변환시키는 실험을 의욕적으로 수행했다. 실제로 뉴턴은 보일의 대기 압력에 관한 연구보다 흔한 금속을 금으로 바꾸려는 시도에 관한 연구에 보다 더 감명받은 것처럼 보인다. 그렇지만 보일은 실험을 수행하는 데 아주 현대식이라 할 만한 방식으로 진행했다. 모든 일을 자신이 직접 하기보다는 지침만 주고 지루한 실험의 대부분을 조수들에게 시켰다. 보일이 직접 실험에 참여하지 않고 감독만 한 것은 (영지를 소유한 신사가 그런 노동에 직접 참여하는 것이 점잖지 못하다는) 사회 관습 탓도 있었지만 병약한 건강 때문에도 다른 도리가 없었다.

그는 일생을 통해 콩팥에 생긴 돌 때문에 고생했으며, 이로 말미암아 우울증에 걸리게 되었고 효험을 보기보다는 더 해로웠을지도 모르는 민간요법들을 이것저것 다 사용해 보았다. "그는 엄격한 식이요법을 늘 지켰는데 그의 식사는 오로지 살아남기 위함이었고 즐거움을 위하여 음식을 먹은 적은 한 번도 없었다."[4] 말년에 가까워지면서 종교적 문제에 더 많은 관심을 갖게 되었으며, 신학 논문도 여러 편 작성했다. 죽기 전에 「공기의 일반 역사에 관한 논고」라는 논문을 완성했고 병상에서 이 논문의 교정을 보던 중 사망했다.

크리스티안 하위헌스(1629~1695)도 보일처럼 부귀영화를 버리고 지루한 실험실 생활을 선택한 타고난 실험가였다. 아버지 콘스탄테인 하위헌스는 저명한 외교관이자 시인이었는데, 네덜란드 문학사에서 비중 있는 사람이었으며 유명한 국회의원이었다. 어머니가 1637년 죽은 후에, 온 가족이 헤이그 근처의 한 마을로 이사했다. 하위헌스의 집에 자주 찾아온 사람들 중에는 프랑스 철학자 르네 데카르트도 있었는데, 공간에 대한 기하학적인 개념은 수학과 자연철학의 발전에 지대한 영향을 미쳤다. 그는 수학에 대한 매력 때문에 아리스토텔레스의 이론보다는 뉴턴의 『원리들』을 더 좋아하였고 서른 살도 되기 전에 이미 몇 개의 수학 논문을 발표하여 유럽에

크리스티안 하위헌스(1629~1695)

서 높은 평판을 얻었다.

그 기간 동안 하위헌스는 망원경의 중요한 부분을 개선했다. 반사와 굴절현상을 연구하여 결함을 줄인 렌즈를 만들었다. 이러한 기구들을 이용하여 토성을 두르고 있는 띠와 그 여섯 번째 달인 티탄을 발견했다. 1657년 진자시계를 만들고 이를 바다에서 경도를 결정하는 데 이용할 수 있게 되기를 바랐지만, 움직이는 배에서 눈금을 정확히 잴 수 없는 바람에 독창적인 설계가 힘을 발휘하지 못하고 말았다. 곧 더 유용한 시계들이 발명되었지만, 여러 해 동안 자신의 진자를 이용한 기구에 매달렸는

데, 결국 기본 결함을 결코 제거할 수 없었다.

1661년 영국학술원을 창립한 사람들을 만나 보기 위해 런던을 방문했다. 두 해 뒤에 프랑스의 루이 16세는 진자시계에 대한 업적으로 표창했다. 1666년 프랑스에 과학아카데미가 조직되었는데, 당시의 총리인 콜베르는 하위헌스를 학술원 원장으로 위촉했다. 하위헌스는 이를 받아들이고, 행정적인 도움이 필요하여 영국학술원 초대 서기장이었던 헨리 올든버그에게 편지를 띄웠다. 그 둘 사이의 서신 왕래는 당시 과학 분야의 업적들을 유럽 전역에 유포하는 데 도움이 되었다. 그는 원심력에 대한 논문들을 발표했으며, 후에 뉴턴의 운동 제2법칙으로 알려진 법칙에 담긴 생각을 뉴턴보다 더 먼저 착상했다. 이러한 주제에 대한 하위헌스의 논문은 1673년 출판되었으며, 이 논문은 "진자와 그 진동주기에 대한 그의 연구에 덧붙여서, 곡선의 곡률 초점의 궤적(축폐선 evolute)에 관한 이론, 그 자체가 자신의 축폐선인 사이클로이드(cycloid), 원운동에서 힘의 합성에 관한 정리, 에너지 보존에 관한 일반적 생각 등을 포함하고"[5] 있다.

하위헌스는 빛의 파동설을 제창했고 결국 뉴턴의 입자설을 대신하게 되었는데, 뉴턴의 이론으로는 설명할 수 없었던 당시에 알려진 빛의 광학적 현상과 성질을 이것이 모두 설명했기 때문이다. 특히 파동설을 이용하여 빛이 묽은 매질에서보다 진한 매질에서 (공기에 대해 물에서처럼) 더 천천히 진행함을 증명했다. 이에 반하여 뉴턴의 입자설에서는 묽은 매질에서보다 진한 매질에서 빛이 더 빨리 진행한다. 빛이 직진함을 설명하기 위해 하위헌스는 빛 파동의 파면(波面)에 대한 개념을 도입했다. 파면을 빛을 내는 곳으로부터 빛의 속도로 퍼져 나가는 구의 표면이라고 생각했다. 구형 파면은 진행할수록 크기가 커지며 면의 각 점에서의 빛의 세기는 줄어든다. 이러한 생각은 아마 하위헌스가 잔잔한 호수에 조각돌을 던질 때 수면 위에 생기는 물결파가 퍼져 나가는 모양으로부터 영향 받았을지도 모르겠다. 한 물결 뒤에 또 다른 물결이 일정한 간격을 두고 생기며 이것은 마치 뒤따르는 물결이 앞서가는 물결을 미는 것처럼 보인다. 게다가 만일 진행하는 물결이 서로 가까이 떨어져 있는 두 장애물을 만나게 되면 마치 그 사이에 조약돌이 떨어진 것처럼 새로운 물결들이 생겨난다. 이 현상을 설명하려고, 위에서 묘사된 현상에서처럼 물결의 각 점이 새로운 물결을 만드는 2차적 근원이 되기 때문에 이전의 물결에서 만들어진 새 물결이 진행해 나간다고 생각했다. 두 장애물은 그 사이로 들어오는 부분을 제외한 다른 물결은 모두 부수어 버리고 이 사이의 점들이 새로운 2차적 물결을 만들어 내며 이것이 장애물 사이를 지나 진행한다.

그는 이 생각들을 빛의 구형 파면의 진행에 적용하여, 구면 위의 각 점들이 진동하면서 2차적 파면을 만들고 이것들이 합쳐져서 이전의 파면 바로 앞으로 진행하는 파면을 만든다고 생각했다. 하위헌스의 이론은 9장에서 더 자세히 설명되는 반사나 굴절, 회절과 같은 광학현상을 설명하는 데 매우 유용하였으며 현재까지도 매우 유용하게 사용되고 있다.

프랑스 과학아카데미는 그의 지도력 아래서 번영을 거듭했으나, 하위헌스 자신의 건강은 대체로 좋은 편이 못 되었다. 자기의 시간과 힘의 대부분을 데카르트 학설을 따르는 파와 그 반대파의 논쟁을 진정시키는 데 써 버렸다. 그 자신은 데카르트의 소용돌이 이론을 지지했으며 뉴턴의 만유인력 이론은 조리에 맞지 않아 오래가지 못할 것으로 믿었다. 특별히 멀리 떨어진 물체들 사이에 작용하는 힘의 개념을 받아들이는 것을 주저했는데, 둘 사이를 연결시키는 작용이 눈에 보이지 않기 때문이었다.

콜베르가 1683년에 죽자 프랑스에 외국인 배척운동이 일어나기 시작하여 하위헌스도 프랑스를 떠나야만 되었다. 그는 영국학술원 회의에 참석하고 보일이나 뉴턴처럼 저명한 학술원 회원들과 만나며 영국에서 몇 년을 지냈다. 그렇지만 1687년 뉴턴의 『원리들』이 발표되자 뉴턴은 유럽에서 가장 영향력이 강한 과학자가 되었고 세상을 데카르트적으로 보는 하위헌스의 견해는 아무런 쓸모도 없어졌다. 과학에 더 이상 가치 있는 일을 보탤 수 없으리라고 생각한 하위헌스는 점차로 대부분의 그의 동료들과 연락을 끊게 되고, 뉴턴역학에 의해 야기된 거대한 변화로부터 홀로 떨어져 네덜란드로 돌아와 여생을 보냈다.

덴마크 선주의 아들로 태어난 올레 뢰머(1644~1710)는 빛의 입자설과 파동설이 너무 흥미로워서 코펜하겐대학교에서 천문학을 공부하기로 결심했다. 그는 프랑스 천문학자인 장 피카르에게 고용되어 그 조수로 일하려고 파리로 건너왔다. 자기 시간의 대부분을 목성의 위성운동을 관찰하는 데 보냈으며 "(지구에서 볼 때) 이 위성이 목성에 가려지는(월식) 시각을 이론적으로 계산하는 것이 가능함"[6]을 발견했다.

뢰머가 물리학에 기여한 일 중에서 가장 값진 것은 목성의 달의 월식과 월식 사이의 시간 간격을 재어서 놀랍도록 독창적인 방법으로 빛의 속도를 측정한 것이다. 빛의 속도는 상대론에서 절대적인 역할을 하는 것처럼 자연에 존재하는 상수 중에서 가장 중요한 것이기 때문에 이 측정에 대해 자세히 설명하는 것이 가치가 있으리라 생각한다. 우리는 정확히 어느 시기에 과학자들이 빛도 유한한 속력으로 움직이는 물리량이라고 생각하기 시작했는지 알지 못한다. 갈릴레오조차도 그의 놀랄 만한 물리적 통찰력에도 불구하고 빛은 그 근원으로부터 관찰자까지 무한히 빠른 속력으로 순간적으로 다가오는 것으로 생각했다. 나중에야 그의 잘못된 생각을 깨닫고 빛의 속력을 측정하려고 엉성한 실험을 제안했지만 성공하지 못했다. 뉴턴과 하위헌스는 빛이 유한한 속력으로 달린다는 것을 알았지만, 그 속력을 정확히 측정할 수 있는 기구가 아직 발명되지 못했으므로 이를 측정하는 방법을 제안하지 않았다. 이러한 기구들은 19세기에 와서야 출현하게 되는데, 1849년 피츠로는 정확한 시계와 매우 빨리 회전하는 톱니바퀴를 이용하여 물속에서의 빛의 속도를 측정했으며, 이것이 공기 중에서의 빛의 속도보다 느림을 보였다. 이 실험적 증거에 의해 뉴턴의 입자설이 배격되고 하위헌스의 파동설이 받아들여지게 되었다.

뢰머는 목성의 위성에 의해 생기는 연이은 두 월식 사이의 시간 간격이 반년마다 변하는 것을 알아차리고 1675년 빛의 속도를 측정하는 방법을 생각하게 되었다. 시간 간격이 지구가 목성으로부터 멀어질 때 가장 길고 가까워질 때 가장 짧아짐을 관찰했다. 그 기간 지구는 지구와 목성을 잇는 직선에 수직한 방향으로 움직이며, 이때 월식 사이의 시간 간격(실제 시간 간격)은 앞의 두 개의 시간 간격을 합한 것의 절반이다.

이것이 왜 그런지 알기 위해, 만일 목성으로부터 멀어지는 지구의 속력을 v라 하고 연이어 일어나는 두 월식 사이의 실제 시간 간격을 t라고 할 때, 이 시간 동안 지구는 목성으로부터 vt만큼의 거리를 움직인다는 것을 주목하자. 그래서 지구의 관찰자에게 다른 월식이 시작됨을 알리는 빛은 이 여분의 거리를 빛의 속도 c로 달려와야 한다. 이것이 여분의 시간 간격 vt/c(지연 시간)를 만들며, 지구가 목성에서 멀어질 때는 관찰된 월식 사이의 시간 간격은 t에 이 지연 시간을 합한 것이다. 그러므로 만일 지구가 목성에서 (가장 가까운 거리로부터 가장 먼 거리까지) 멀어지는 동안 n번의 월식이 일어난다면, 이러한 모든 월식에 대한 지연 시간은 nvt/c가 되는데, 뢰머는 이것이 1,000초임을 관찰했다. 그러나 nvt는 n번의 월식 동안 지구가 목성으로부터 멀어진 전체 거리이며, 이것은 지구 궤도의 절반(3억 ㎞)이다. 그러므로 nvt/c는 300,000,000/c과 같은데 이것이 1,000초이다. 따라서 c는 초당 300,000㎞와 같다. 이 숫자는 오늘날 받아들여지고 있는 정확히 측정된 값인 $2.9979 \times 10^{10}$㎝/sec와 놀랍도록 가깝다. 그때는 빛의 속도가 기본적으로 중요한 값이라기보다는 그저 과학적 호기심 정도로 보였으므로 뢰머의 발견이 별 관심을 끌지 못했지만, 피카르와 하위헌스, 뉴턴, 에드먼드 핼리 등의 지지를 얻게 되었다. 대부분 과학자들의 무관심 속에서도, 뢰머의 천문학적 솜씨가 인정받지 못하고 지나쳐 버려진 것은 아니었다. 그는 1681년 국왕 크리스티앙 5세에 의해 덴마크의 궁중천문학자 겸 코펜하겐대학교의 천문학 교수로 임명되었다.[6] 또한 1705년 코펜하겐 시장이 되어 덴마크의 도량형 제도의 개혁을 돕는 등 공적인 정치생활도 누렸다.[6]

주기적 현상에서 관찰되는 진동수가 관찰자의 운동에 의존한다는 "도플러 효과"는 그 이름이 붙여지기 200년 전에 크리스티안 도플러에 의해 빛에 응용되었다. 제임스 브래들리가 발견한 빛의 수차현상은 뢰머가 행한 빛의 속도 측정에 결정적 역할을 했는데, 이 현상 또한 광원이 관찰자에 대해 상대적 운동을 하기 때문에 생기는 것이다(또는 상대적 운동의 영향을 받는다).

글로스터셔 지방의 셔본에서 1693년에 출생한 제임스 브래들리는 옥스퍼드에서 교육받으며 천문학에 관한 흥미를 키웠다. 영국 성공회 목사이며 솜씨 좋은 아마추어 천문학자였던 그의 숙부 제임스 파운드는 브래들리가 천체역학에 심취하도록 격려했고 에드먼드 핼리에게 소개시켜 주었다. 브래들리가 1718년 영국학술원 회원으로 추대된 것은 순전히 핼리의 덕택이다. 1719년 브리드스토 교구의 목사가 됨으로써 경제 문제를 해결했지만 천문학에 대한 그의 관심을 꾸준히 추구했다. 4년 후에 옥스퍼드의 천문학 교수로 임명됨과 동시에 목사직을 그만두었다.

그는 지구가 태양 주위를 공전하기 때문에 생기는 인접한 두 별의 위치가 반년마다 이동하는 것을 측정하여 별에서 나오는 두 빛 사이의 각도〔별빛의 시차(視差)〕를 알아내려고 시도했다. 만일 가까이 있는 "고정된" 별을 6개월 차이를 두고 지구 궤도의 양 끝 점에서 본다면, 매우 멀리 떨어진 별과 비교하여 이 별의 관찰된 위치가 변한다. 브래들리는 1725년 이 변화(시차)를 측정하려고 시도했지만, 당시에 그가 사용한 기구로 측정하기에는 이 변화가 너무 작아서 실패했다. 이 관찰된 변위는(측정된 각도의 이동) 그 별까지의 거리와 6개월 사이에 일어난 지구의 위치 변화 또는 지구 궤도 반지름(위치 변화의 절반)에 의존하는데, 시차를 성공적으로 측정하면 그 별까지의 거리를 계산해 낼 수 있음을 알았다. 결국은 실패하고만 이 일을 수행하면서, 별에서 오는 빛의 시차를 발견했는데, 그것은 또 한 별의 위치의 이동을 발견한 것이며, 지구가 얼마나 멀리 움직였는지에 의존한 것이 아니라 지구가 얼마나 빨리 움직였는가에 의존한다. 시차는 관찰자의 속도와 관찰 대상 물체에서 나오는 빛의 속도와의 조합으로부터 생긴다. 우리가 움직이지 않을 때는 우산을 똑바로 위를 향하여 받치면 위에서 내려오는 비를 막을 수 있다. 빗속에서 뛰기 시작하면, 우산을 앞쪽으로 기울여야 한다. 더 빨리 달릴수록 우산을 더 많이 기울여야 하는데, 빗방울 이 위에서 떨어진다기보다는 앞쪽에서 오는 것 같기 때문이다. 그 이유는 우리가 달릴 때 관찰되는 빗방울의 속도를 얻으려면 아래로 떨어지는 비의 속도에서 앞으로 나가는 우리 자신의 속도를 (벡터적으로) 빼야 하기 때문이다.

이러한 분석을 별로부터 오는 빛에 적용하면, 관찰된 빛의 방향, 그러니까 지구로부터 별까지의 방향은 지구가 태양의 주위를 회전함에 따라 변한다. 지구로부터 별까지의 관찰된 방향(즉, 별로부터 오는 빛의 관찰된 방

제임스 브래들리(1693~1762)

향)은 지구에서 별까지의 실제 방향에 비하여 지구가 진행하는 방향보다 앞쪽으로 기울어져 있다. 이 효과는 지구의 운동 방향과 수직한 방향에 위치한 별의 경우에 가장 뚜렷하며, 이 효과의 크기는 태양 주위를 공전하는 지구의 속력에만 의존하고 별까지의 거리나 별 자체의 운동에는 관계없는데, 지구로부터 지구의 운동 방향과 평행한 방향에 위치한 별의 경우에는 0이다. 이런 효과로 인해 지구가 태양 주위를 공전함에 따라 별들이 자신의 작은 타원궤도를 따라 움직이는 것처럼 보인다.

브래들리는 자신이 측정한 이 시차 값과 시차의 공식(지구의 속력÷빛의 속력)으로부터 지구의 공전 속력을 계산하였다. 이를 위하여 그는 뢰머가 측정한 빛의 속력을 사용하였으며 지구의 공전 속력으로 초속 29.8㎞를 얻었다. 별을 관찰함으로써 어떤 별에서는 그 방향의 편차가 매년 변하는 것도 밝혀냈는데, 이것이 시차 때문이 아니라 달의 중력이 잡아끄는 방향이 변함에 따라 지구 자전축이 균일하지 않은 미세한 운동을 하기 때문이라고 결론지었다.[7] 이와 같이 브래들리는 과학의 역사에서 최초로 별에서 오는 빛의 행동과 성질을 분석함으로써 지상의 동역학에 관한 중요한 면들을 밝혀낼 수 있음을 입증하였다.

브래들리가 별을 관측한 자료는 뉴턴역학의 예언 중 많은 부분을 확인하는 데 도움이 되었다. 브래들리는 1742년 왕실 천문학자가 되었으며, 1748년에는 영국학술원으로부터 코플리 메달을 수여받았다. 그리니치에서 여러 가지 행정직 및 학술직을 맡아 일하다가 고향인 글로스터셔로 돌아갔다. 그로부터 수년 후인 1762년에 죽었다.

브래들리의 오랜 친구이자 조언자인 에드먼드 핼리(1656~1742)는 런던의 성바오로학교와 옥스퍼드의 퀸스대학에서 공부하였으며, 1676년 왕실 천문학자로 임명되었다. 플램스티드가 핼리의 천문학에 대한 흥미를 격려해 주었다. 북반구에 보이는 별들의 목록을 만들려는 플램스티드의 노력에 자극받아 핼리도 남반구의 별들에 대해 비슷한 목록을 만들려는 시도를 하였다. 그는 이 연구에 필요한 경제적 지원을 아버지와 국왕 찰스 5세로부터 얻어 냈다. 1676년 남대서양의 세인트헬레나섬으로 출항하였으며 그곳에서 14개월 동안 머무르면서 341개의 별의 위치를 기록하고 여러 가지 다른 천문학에 관한 관측을 수행하였다.[8] 1678년에 출판된 이 별들의 목록 덕택으로 핼리는 같은 해에 영국학술원 회원으로 선출될 수 있었다.

핼리는 혜성에 관한 연구, 특히 1680년 관찰하였고 1758년에 다시 돌아오리라고 정확히 예언한 자신의 이름을 딴 유명한 혜성으로 가장 널리 알려졌다. 그는 케플러법칙을 1680년 혜성에 적용한 것을 기초로 하여 이 예언을 발표하였는데, 이 혜성의 궤도가 타원일 것이라고 확신하였다.

이것도 과학에 기여한 많은 업적 중 하나로 꼽히지만, 과학에 한 가장 위대한 봉사는 아마도 뉴턴이 『원리들』을 출판하도록 설득한 것이리라. 이 책에는 뉴턴이 이룩한 발견들의 대부분이 포함되어 있으며, 이론물리학의 첫 번째 위대한 논문집이다. 이 책의 출판은 자연과학을 엄밀한 수학적 방식으로 체계 있게 다룬 효시로 간주될 수 있을 것이다. 뉴턴에게 중력이 만들어 낼 수 있는 행성궤도의 종류를 물어본 핼리의 질문이 『원리들』을 저술하게 만든 계기였을 뿐 아니라, 핼리는 책의 출판에 중추적 역할을 하였다. 그는 책의 출판 비용을 부담하였고, "뉴턴과 상의하여 뉴턴이 훅과의 논쟁에서 솜씨 있게 이길 수 있도록 해 주었으며, 책의 본문을 편집하였고, 저자를 기리는 서문을 대신하여 라틴어로 찬양시를 썼으며, 원고를 교정하고, 1687년 마지막으로 출판되어 나올 때까지 모든 일을 돌보았다."[8)]

핼리는 또한 바다에서 가장 흔히 부는 바람의 분포를 나타내는 기상도표를 처음으로 고안하였다. 또한 브레슬로시의 사망통계표도 작성하였는데 이것이 주민의 나이와 사망률을 연관 짓는 최초의 시도 중 하나였으므로[8)] 보험통계표를 개선하는 데 큰 영향을 미쳤다. 나중에 과학팀을 인솔하여 전함을 이끌고 3년 동안 남대서양에서 그가 방문한 항구의 경도와 위도를 측정하였다. 핼리의 측량으로 만들어진 도표는 그가 죽은 뒤에도 오랫동안 항해사들이 애용하였다.

핼리는 1704년 영국으로 돌아와 옥스퍼드의 기하학 교수가 되었다. 다음 해 지난 4세기에 걸쳐서 관찰된 24개의 혜성 궤도를 해설하는 개론집을 출판하였다. 이 책에서 대략 76년 간격으로 관찰되는 세 개의 혜성이 너무 비슷한 것으로부터 사실은 이 혜성들이 동일한 한 개의 혜성(오늘날 그의 이름이 붙여진)이며 이것이 76년마다 돌아오리라고 정확하게 결론지었다.[9)] 그는 또한 금성의 궤도를 철저히 연구하였으며, 시차 방법을 이용하여 태양에서 지구까지의 거리를 계산하였다.

## 참고문헌

1. Henry A. Boorse and Lloyd Motz, The W'orld of the Atom. New York : Basic Books, 1966, p. 54.
2. 위에서 인용한 책, p. 55.
3. 위에서 인용한 책, p. 38.
4. 위에서 인용한 책, p. 40.
5. 위에서 인용한 책, p. 65.
6. Isaac Asimov, Asimov s Biographical Encyclopedia of Science and Technology. Garden City, New York' Doubleday & Co., Inc., 1982, p. 155.
7. "James Bradley," Encyclopaedia Britannica. Chicago : Encyclopaedia Britannica, Inc., Vol. 3, 1974, p. 101.
8. "Edmond Halley," Encyclopaedia Britannica. Chicago ; Encyclopaedia Britannica, Inc., Vol. 8, 1974, p. 556.
9. 위에서 인용한 책, p. 557.

## 사진 출처

1. Robert Boyle, Portrait of The Honourable Robert Boyle (1627-1691), Irish natural philosopher, http://wellcomeimages.org/indexplus/image/ M0006615.html
2. Christian Huygens, Christian Huygens, by Popular Science Monthly Volume 28
3. James Bradley, Portrait of James Bradley (1693-1762), Artist Thomas Hudson(1701-1779), National Portrait Gallery : NPG 1073

# 7장
# 뉴턴 이후 시대 : 동역학의 보존원리

**원래 특수한 상황이나 복잡한 실험의 결과를**
**추상화하여 얻어진 개념들은**
**자생력을 얻는다.**
—WERNER HEISENBERG

18세기와 19세기를 지나는 동안 뉴턴이 밝힌 운동법칙들과 만유인력 법칙은 뉴턴역학을 잘 정의된 힘을 받아 움직이는 한 입자의 궤적을 추적하고 분석하기 위하여 고안된 몇 개의 간단한 방정식들의 모임으로부터, 많은 입자의 상호작용과 그 운동을 연구할 수 있는 복잡한 편미분방정식들의 복합체로 바꾸어 놓은 방대한 수학적 상층구조를 창조하는 기초가 되었다. 그런 방정식들이 갖는 의의와 그들이 뉴턴 이후 시대의 물리학 발전에 끼친 중요성을 알기 위해, 그 방정식들의 어려운 형식화 과정들을 여기서 모두 논의할 필요는 없다. 중요 부분을 강조하면서 간략히 살펴보는 것으로 충분하리라. 모페르튀이, 라그랑주, 오일러, 라플라스, 달랑베르, 푸아송, 해밀턴, 가우스, 야코비와 같은 수학자와 이론물리학자들이 이러한 발달에 기여했다. 그러나 이들의 업적을 한 사람씩 얘기하는 것은 우리 주제와 너무 동떨어질 수 있으므로, 여기서는 그들의 노력을 종합하여 알아보고자 한다.

두 종류의 보편적인 원리가 이 뛰어난 사람들이 뉴턴 이후의 고전역학 체계를 세워 나가는 데 길잡이 역할을 했다. 하나는 보존원리들이고 다른 하나는 최소원리들이다. 물리학자들은 자연에서 변화하지 않는 것을 찾다가 보존원리에 이르게 되었는데, 뉴턴 이전의 시대에는 일반적으로 지구나 태양, 별, 하늘과 같은 물질적인 데서 찾았다. 기독교 이전의 라틴 시인인 루크레티우스는 우주는 항상 변하며 그 안에 영속하는 것은 존재하지 않는다고 노래했지만, 기독교 신학에서는 위와 같은 것들이 신에 의해 영원불변한 존재로 창조되었다고 묘사되었다. 뉴턴 이후의 물리학자들은, 물질세계가 항상 변한다는 루크레티우스적인 생각을 받아들여서, 우주의 움직임을 지배하는 원리들에서 무엇인가 변하지 않는 것을 찾으려 했다. 물론 자연법칙은 언제 어디서나 변하지 않고 동일하며 모든 현상을 결정한다. 그러나 뉴턴의 법칙을 연구하면서, 물리학자들은 이 법칙이 서로 상호작용하는 입자들과 관계되어 측정 가능한 어떤 물리량들이 변하지 않게끔 한다는 것을 발견했다. 이런 종류의 일정함을 "보존원리"라고 부르는데, 이렇게 일정하게 유지되는 양들은 제각기 자신들의 보존원리에 의해 지배받거나 표현된다.

측정 가능한 양들이 변하지 않는다는 것을 보장하는 보존원리들과는 달리, 최소원리들은 자연에서 사건들이 일어날 때 어떤 측정할 수 있는 형세가 가능한 한 조금씩 변하면서 발생해야 한다는 조건을 부여한다. 보존되는 양이(보존원리를 만족하는 것) 최소원리를 따르는 것들과 일치하지는 않으나, 두 가지 모두 앞에서 이미 소개한 양들로부터 유도할 수 있으며 뉴턴의 운동방정식에 관계되는 동역학적인 실체들이다. 우리는 보존원리들에 대해 먼저 알아보겠는데, 앞으로 알게 되겠지만, 이 원리들은 우리 주위에 있는 구조물들의 대칭성에서 나타나듯이 자연에서 어떤 시간과 공간의 대칭성과 밀접하게 관계되어 있다는 것을 유의하자. 이러한 구조물들의 대칭성들은(예를 들면, 눈송이나 보석 또는 생명체 등에서 발견할 수 있는 대칭성) 그 구조물을 지배하는 힘의 대칭성과 관계가 있으므로, 궁극적으로는 보존원리들에서의 시간과 공간에 대한 대칭성으로까지 거슬러 올라갈 수 있다.

# 운동량 보존

주어진 궤도(예를 들면, 지구 표면 위에서 포물선을 그리며 떨어지는 물체)를 움직이는 입자를 따라가 보면, 그 궤도 위의 모든 점에 정해진 속도(벡터양)가 매겨 있으며, 속도는 주어진 점에서 접선 방향이 되는 운동 방향 쪽을 가리키는 화살표로서 나타낼 수 있음을 유의하자. 이제 또 다른 유도량을 만들기 위해 속도 v에 입자의 질량 m을 곱하자. 이것을 물체의 운동량이라고 부르며 p=mv로 쓴다. 운동량도 역시 벡터양이며 그 방향은 속도의 방향과 같다. 물체가 궤도를 따라 한 점에서 다른 점으로 움직이는 모양(운동학)에만 관심이 있으면, 매 순간 그 물체의 속도를 아는 것으로 충분하다. 그러나 물체가 운동하는 원인까지를(동역학) 알고자 한다면, 그 물체의 질량도 고려해야 한다. 일상적인 경험을 잠시만 생각해 보면 그 이유를 쉽게 알 수 있다. 우리에게 부딪히는 물체의 효과는 그 물체가 움직이는 빠르기뿐만 아니라 그 물체의 질량의 크기에 따라서도 달라진다. 다른 말로 표현하면, 움직이는 물체에 반응할 때(그것과 부딪치지 않으려고 피할 때), 우리는 단순히 그 물체의 속도만 보고 결정하는 것이 아니라 그 물체의 운동량을 보고 결정한다. 동역학에 있어서 질량의 중요성은 물체에 가해진 힘은 물체의 질량과 속도가 변하는 비율(가속도)을 곱한 것과 같음을 알려 주는 뉴턴의 제2법칙에 질량이 포함되어 있는 것을 보아도 알 수 있다. 그렇지만 이런 식으로 뉴턴의 제2법칙을 얘기하게 되면, 힘이 작용되고 있는 동안 질량이 변하지 않는 물체의 경우에만 이 법칙을 적용할 수 있다. 그러나 힘에 의하여 밀리거나 끌어당겨지는 동안 질량을 잃는(또는 얻는) 물체를 생각해 보자. 그러면 질량이 계속하여 변하기 때문에, 힘은 질량과 가속도의 곱과 같다는 간단한 공식을 적용할 수 없다. 그런 예는 인공위성을 궤도에 쏘아 올릴 때, 연료를 분사하는 경우에 생긴다. 인공위성이 발사되기 전의 질량은 연료와 위성의 질량을 합한 것이나, 발사된 후에는 올라가는 동안 연료가 소모되기 때문에 그 질량이 줄어든다.

뉴턴은 그의 제2법칙에서 이러한 어려움을 알고 있었으며 그러한 문제가 질량과 속도가 변하는 비율의 곱이 물체에 작용하는 힘과 같다고 하는 대신에 운동량이 변하는 비율이 같다고 하면 해결됨을 알았다. 후자가 실제로 뉴턴 자신이 표현한 뉴턴의 운동 제2법칙이다. 즉, 물체에 작용하는 힘의 크기는 그 물체의 운동량이 변하는 비율과 같으며 그 방향은 운동량이 변하는 방향을 따른다고 말한다. 이 점을 염두에 두면, 물체에 작용하는 힘을 두 단계로 구할 수 있다. 첫째 단계는, 어떤 한 순간에 물체의 질량이 변하지 않는 것처럼 취급하여 질량과 그 순간의 가속도를 곱한다. 둘째 단계는, 그 순간에 속도가 변하지 않는 것처럼 취급하고 속도와 그 순간에 질량이 변하는 비율을 곱한다. 그러면 그 순간에 물체에 작용하는 힘은 이 두 단계에 걸쳐 구한 힘들의 합과 같다.

이런 방식으로 표현된 제2법칙은 운동량이 보존되는 양의 한 후보가 됨을 가리킨다. 어느 물체에 힘이 작용하지 않으면 그 물체의 운동량은 변하지 않음을(보존됨을) 안다. 그러나 아무런 힘도 받지 않는 물체의 운동량이 일정하다는 사실만으로는 운동량 보존원리의 중요성을 완전히 나타내지 못한다. 물체들의 수가 몇이건 그들이 어떠한 방법으로 서로 상호작용하고(힘을 미치고) 있건 상관없이 그 물체들의 운동량이 보존됨을 보이기 위해, 우리의 결론을 가장 간단하게 상호작용하는 두 물체의 경우로부터 시작하여 많은 수의 물체까지 확장하고자 한다. 서로 다른 질량을 갖는 두 작은 공이 그 중심을 잇는 직선을 따라 (지표에 대해) 서로 다른 속도로 마주 바라보며 달려온다고 가정하자. 두 공들은 그들이 충돌하는 순간에만 상호작용할 것이기 때문에, 그들이 충돌하면서 운동량이 어떻게 변할 것인지 알아보기 위하여 이 두 공으로 이루어진 계의 총 운동량에 충돌이 일으키는 효과를 분석하자. 어떤 순간에 이 계의 총 운동량을 얻으려면 운동량이 벡터양이므로 그 방향까지를 고려해야 한다는 것을 염두에 두면서 두 공의 운동량을 합하면 된다. 만일 두 공이 왼쪽에서 오른쪽으로 잇는 직선상을 움직인다면, 오른쪽을 향하여 움직이는 공에는 양수의 운동량을, 왼쪽을 향하여 움직이는 공에는 음수의 운동량을 부여한다. 그러면 이 계(두 공)의 총 운동량의 크기는 각각의 운동량의 크기의 차이가 되며 총 운동량의 방향은 이 차이가 양수이면 오른쪽, 음수이면 왼쪽이다. 이 예에서는 그 차이를 0이라고 가정하자.

1초의 극히 일부분 동안 계속되는 충돌 과정에서 한 공은 다른 공을 밀며, 두 공이 미는 정도는 뉴턴의 제3법칙에 의해서 그 크기는 정확히 같고 그 방향은 반대이다. 그러므로 이 계에서 각 공이 미는 정도가 총 운동량에 미치는 효과는 크기가 같고 방향이 반대이다. 한 공은 충돌하는 동안 그 공이 움직이는 방향으로 다른 공과 똑같은 비율로 운동량을 잃게 되는데 서로 상대방 공에 대하여 순간적으로 정지할 때까지 운동량을 다른 공에게 넘겨준다. 그러나 상호작용이 그 시점에서 그치는 것이 아니고, 각 공은 얼마 동안 (충돌에 의하여 찌그러진 효과 때문에) 다른 공을 충돌 전과 같은 방향으로 계속하여 밀며, 그 후 두 공은 다시 떨어지게 되는데, 한 개의 계로서 두 공의 총 운동량이 여전히 충돌 전과 같은, 즉 운동량이 0이 되게 하는 속도로 움직인다.

이것이 운동량 보존원리의 골자이며, 이는 진정으로 뉴턴의 제3법칙의 연장 또는 그 결과인 것이다. 운동량 보존원리는 만일 두 물체가 어떤 방법으로든지 상호작용하면 그들은 서로에게 크기가 같고 방향이 반대인 운동량을 넘겨주며, 그래서 외부의 힘(두 물체의 상호작용을 제외한 다른 힘)이 작용하지 않는 한 그들의 총 운동량은 변하지 않고 일정하다는 것을 알려 준다. 뉴턴의 제3법칙에 의한 작용과 반작용이 운동량의 교환을 정확하게 상쇄하도록 해 준다. 이것은 자연이 (운동량에 대하여) 대차대조표를 깔끔하게 꾸려 나감을 말해 준다. 운동량은 절대로 없어지지 않고, 한 물체에서 다른 물체로 옮겨 갈 뿐이다.

우리는 이 원리를 두 물체만 상호작용하는 경우에 대해서 분석하고 표현했지만, 이 원리는 제멋대로 움직이고 끊임없이 서로 충돌하는 기체 분자들이나, 떠돌아다니는 성운을 이루는 별들, 고체를 만드는 원자 등과 같이 물체들의 수에 관계없이 적용된다. 우리는 그와 같은 물체들의(또는 입자들의) 모임에 총 운동량을 매길 수 있는데, 이는 매 순간 동시에 그 모임을 이루는 물체들을 모두 고려함으로써 얻는다. 각 순간마다 개개의 물체는 그 물체의 질량과 그 순간의 속도를 곱한(벡터양인) 자신의 운동량을 가지며, 운동량은 물체의 속도 방향을 향하며 일정한 크기를 갖는 화살표로 표시할 수 있다. 그러면 우리는 이 모든 화살표들을 더해서(그 화살표들이 모두 다른 방향을 향할 수도 있다는 점을 고려하여 벡터적으로 더한다) 한 개의 화살표를 얻는데, 이 화살표는 물체들이 모여 있는 공간의 특정한 한 점에 위치하며 일정한 크기를 갖고 정해진 방향을 향한다. 이 화살표가 물체들의 모임의 총 운동량을 나타내며, 그 화살표가 위치한 점을 이 물체들의 "질량중심"이라고 부른다. 물체들이 서로 상호작용하면서 돌아다니면, 개개의 물체들에 부여된 화살표도(그 물체의 순간운동량) 그 방향과 크기를 바꾸는데, 이 물체들의 모임에 외력이 작용하지 않는 한 질량중심에 위치한 화살표(이 계의 총 운동량을 대표하는 것)는 그 방향이나 크기가 모두 변하지 않고 일정하다. 만일 이 화살표의 길이가 0이라면, 이 물체들의 모임의 총 운동량이 0이다. 만일 이 화살표의 크기가 이 모임의 질량중심의 속도 v라고 하면, 모임 전체는 이 화살표의 방향으로 속도 v를 갖고 움직이며, M을 이 계의 전체 질량(개개의 물체의 질량을 모두 합한 것)이라고 할 때 이 계의 총 운동량은 Mv가 된다. 그러면 운동량 보존은 이제 다음과 같이 표현할 수 있다. 만일 물체들의 모임에 아무런 외력도 작용하지 않는다면, 그 모임의 질량중심이 처음에 정지해 있었으면 계속 정지해 있고 처음에 움직이고 있었으면 직선 위를 일정한 속도로 계속 움직인다.

이 간단한 보존원리는 서로 상호작용하는 물체들의 운동을 분석하는데 대단히 중요하며 고에너지 입자물리학에서 새로운 입자들을 발견하는데 결정적인 역할을 했다. 이 원리는 또한 자연의 법칙에 있어서 공간과 시간의 대칭성과 연관되어 있기도 하다. 운동량 보존의 원리가 성립한다는 것은 자연법칙이 관찰자의 기준계 내에서 공간 이동에 대해 대칭적임을 뜻한다. 즉, 관찰자의 기준계에서 공간을 이동하여도 관찰자가 인지하는 자연법칙은 변하지 않는다. 그 법칙들은 관찰자의 좌표계를 이동하여도 변하지 않고 그대로 있다.

이렇게 공간의 대칭성과 운동량의 보존이 서로 연관되는 이유는 외력이 작용하지 않는 입자들의 모임의 질량중심과 함께 움직이는 관찰자에게는 그 질량중심이 정지해 있거나 또는 (일정한 속도로) 움직이고 있거나 관계없이 입자들의 행동양식(그러니까 이 움직임을 결정하는 법칙들)이 동일하기 때문이다.

## 에너지의 개념

에너지의 보존원리는 운동량의 보존원리와 밀접하게 연관되어 있다. 우리는 에너지의 개념을 기본량(길이, 시간, 힘)과 유도량(질량, 속도, 가속도)으로부터 얻어 내려 한다. 물론 위와 같은 양들 중 특정한 것들을 단순히 조합하여 에너지라고 부르는 유도량을 얻을 수는 있다. 그러나 이런 과정만으로는 뉴턴의 운동법칙이 알려진 지 꽤 오랜 후에 물리학에서 지금과 같은 형태로 쓰이고 있는 에너지의 물리적인 측면이나 특성에 대한 직관을 얻을 수 없다. 하위헌스와 라이프니츠가 물체의 운동과 그 에너지 사이의 관계를 제대로 인식했지만, 우리가 현재 사용하고 있는 역학적 에너지에 대한 개념이 완전히 발전한 것은 오일러와 라플라스, 특히 해석역학에서 에너지를 그 기본으로 삼은 라그랑주의 유명한 업적으로부터 비롯되었다. 그 연구에서 라그랑주는 뉴턴의 운동법칙으로부터가 아니라, 오히려 에너지의 개념에서 출발하여 뉴턴역학을 자기모순 없이 논리가 정연한 공리적인 분야로 만들고자 시도했다.

우리는 지금까지 모든 역학적 개념들을 도입하거나 유도하면서 그들을 추상적인 대수적 양으로 나타내기보다는 가능하면 언제나 우리의 물리적인 직관과 연관 지으려 했다. 그저 개념뿐인 에너지는 길이나 시간, 속도, 가속도, 힘, 질량처럼 우리의 감각이나 느낌에 전혀 와닿지 않는다. 다행스럽게도 에너지는 우리가 느낄 수 있는 물리적인 동작에 의해 나타나는 실체적인 양인 일과 연관되어 있다(실제로 동등하다). 우리 모두는 일이란 (물리적인 의미로) 힘을 육체적인 작업에 적용하는 것으로 이해하고 있으므로(예를 들면, 물체를 주어진 거리만큼 미는 따위) 이것을 일의 기술적인 정의로 삼고 이러한 정의가 여러 가지 형태를 지니는 에너지의 개념에 어떻게 다다르는지 고찰해 보기로 한다.

만일 우리가 어떤 물체에 힘을 가함으로써 일을 한다면, 그 물체는 에너지를 얻으면서 변하는데, 그 에너지는 물체가 변하는 성질에 따라 여러 다른 형태나 종류로 나타난다. 우리는 이렇게 얻어진 에너지의 양이 힘에 의하여 그 물체에 작용된 일과 같다고 놓는다. 이 등식을 정확하게 만들기 위해, 일을 물체에 작용한 힘과 물체가(또는 물체의 일부분이) 힘의 방향으로 이동한 거리의 곱으로 정의한다. 이것은 그럴듯하고 받아들일 수 있을 법한 정의인데, 만일 우리가 무거운 물체를 주어진 거리만큼 옮겨 달라는 일을 맡았다면 일의 양은 받을 대가와 정확히 일치하지 않겠는가? 만약 우리가 어떤 물체를 100m 옮기는 데 일정한 금액을 받기로 했다면, 그 물체를 200m 옮기는 데는(거리가 두 배이면) 임금도 두 배로 요구하고, 두 개의 물체를 100m 옮기게 되어도(힘이 두 배) 임금을 두 배로 요구하는 것이 이치에 틀리지 않는다. 다른 말로 한다면, 만일 임금이 일을 재는 진정한 척도라면, 일은 힘과 거리의 곱이고, 대수적으로는 일=힘×거리 또는 $W=Fd$로 쓸 수 있다. 물체의 이동은 꼭 힘의 방향으로 이루어져야만 한다. 그래서 물체에 가해진 일의 정확한 정의는 작용된 힘과 힘의 방향으로 이동한 거리만의 곱이다.

힘에 의해 가해진 일의 양, 그러니까 물체가 얻은 에너지의 양을 표시하기 위해 일의 단위를 도입하고자 하는데, 이는 일을 정의하는 물리량들의 단위로부터 얻어진다. 따라서 물체를 힘의 한 단위(1다인)를 가지고 거리의 한 단위(1㎝)만큼 이동시켰다면 그 힘은 한 단위의 일을 했다. 왜냐하면 $W$(일)는 $F$와 $d$의 곱이므로 $F$와 $d$가 모두 1이면 $W$도 1일 수밖에 없다. 이 단위는 "에르그 erg"라고 불리는데, 이것은 역학에서 에너지의 단위가 되기도 한다. 힘에 의해 주어진 거리만큼 움직인 물체에 가한 일은 오로지 그 힘과 움직인 거리의 크기에만 관계한다. 1다인의 힘이 1㎝

를 움직였다면 그 물체가 모래주머니이거나 화물차이거나 관계없이 물체가 받은 일은 모두 1에르그이다.

어느 물체에 일을 가하면 그 물체의 에너지는 당장 에너지라고 알아볼 수 없는 여러 가지 형태로 나타나기 때문에, 물체의 에너지가 취할 수 있는 여러 형태에 대해 조심스럽게 설명하기로 한다. 진공 중에서(공기저항이 없는) 완벽하게 매끄러운(마찰이 없는) 수평면에 놓여 있는 입자에 수평 방향의 힘을 가하면 그 힘이 더 이상 가해지지 않더라도 입자가 일정한 속도로 움직이는 것을 관찰할 수 있다. 그 물체의 에너지는 힘에 의해 얻어진 속력에 포함되어 있으므로, 이렇게 얻어진 움직임의 에너지를 "운동에너지 kinetic energy"라고 부를 수 있다. 이때 m을 물체의 질량이라고 하고 v를 물체의 마지막 속력이라고 하면, 일의 정의로부터 물체가 얻은 운동에너지는 정확하게 $\frac{1}{2}mv^2$이 됨을 보이는 것은 간단한 대수학의 연습문제이다. 만일 10g의 물체가 정지 상태에서 시작하여 100㎝/sec의 속력에 이르렀다면, 이 물체가 얻은 운동에너지는 50,000에르그이다. 이제 우리는 물체가 운동에너지를 어떻게 얻었는가에 관계없이 이를 일반적으로 이야기할 수 있다. 만일 한 물체가 어떤 관찰자에 대하여 v의 속력으로 움직이면, 우리는 물체의 운동에너지가 그 관찰자가 보기에 $\frac{1}{2}mv^2$이라고 말한다. 물체의 속력은 절대적인 의미로 정할 수가 없기 때문에, 운동에너지를 정의할 때 어느 주어진 관찰자가 보는 에너지로 제한하는 것이 중요하다. 지상에서 정지된 물체를 지상의 관찰자가 보면 운동에너지를 갖지 않으나, 태양에 있는 관찰자가 보기에는 그 물체가 굉장히 많은 양의 운동에너지를 갖는다. 우리는 일반적으로 모든 종류의 에너지가 절대적인 방법으로 정의될 수 없으며, 항상 관찰자의 기준계에 따라 임의의 상수를 더해 줄 수 있음을 알게 될 것이다.

이제 자유롭게 움직이지 못하고 그 운동이 어느 정도 제한되어 있는 물체에 가해지는 일을 생각하기 위해, 먼저 중력장에 놓인 입자(예를 들면, 지상에서 이상적으로 매끄러운 표면 위에 놓인 입자)로부터 시작하자. 이 입자를 수평 방향으로 약간 밀면, 그것은 운동에너지를 얻게 되어 위에서 운동에너지를 논의할 때처럼 지구 표면 위를 영원히 움직일 것이다. 이 물체가 가다가 완벽하게 매끄러운 구덩이를 만난다면 어떻게 될까? 그 입자는 구덩이에 빠질 때는 점점 속력이 커지면서 내려가다가 다시 속력이 작아지면서 올라와서 수평 방향의 운동을 계속한다. 이제 그 구덩이 속을 움직이는 입자의 에너지를 분석하자. 이 입자가 구덩이를 내려가면서 운동에너지를 얻고 있으므로, 그 운동에너지 증가에 해당하는 만큼의 일이 그 입자에게 가해져야 하며, 우리는 곧 지구의 중력에 의한 힘이 이러한 일을 한다는 것을 알게 된다. 이렇게 힘의 장이(중력장) 일을 한다는 생각을 검토하고 그와 관련된 에너지(장에너지)가 어떻게 정의되는지 알아보자.

그렇게 하기 위해 질량이 m인(또는 g를 중력가속도라 할 때 무게가 w=mg인) 입자를 지표면으로부터 높이 A만큼 들어 올릴 때의 일을 생각하면 가장 쉽게 알 수 있다. 이때 작용하는 연직 방향의 힘은 입자의 무게 w이며 그 입자를 연직 방향으로 높이 A만큼 들어 올렸으므로, 입자에 가해진 일은 정확히 wh(힘×높이)이다. 따라서 높이 A에서 입자의 에너지는 지표면에서보다 정확히 이 양만큼 증가했다. 여기서의 상황은 운동에너지의 경우와 상당히 다르다. 운동에너지의 경우에는 일의 결과가(운동에너지가) 입자의 운동에 존재했으나, 이제는 지표면에서나 높이 A에서의 입자의 움직임에 전혀 차이를 발견할 수 없다. 에너지의 증가에서 보여 주는 차이는 입자의 행동이 아니고 지표면에 대한 위치이다. 운동보다도 위치에 의하여 결정되는 이러한 종류의 에너지를 "위치에너지 potential energy"라고 부르는데, 입자가 높이 A로부터 자유롭게 떨어지도록 놓아두면 바로 이 에너지가 운동에너지로 다시 나타나게 되므로 그것은 적절한 이름이다. 입자의 위치에너지를 측정하거나 나타내기 위해 필요한 것은 오직 지표면으로부터의 입자의 높이며, 입자를 그 높이까지 올려놓는데 거쳐 간 경로는 전혀 관계가 없다.

운동에너지처럼 위치에너지에도 임의의 상수가 더해져 있다. 그것은 아래의 논의에서 볼 수 있는 것처럼 그 정의에서 기준이 되는 면을 아무 면이나 택할 수 있기 때문이다. 해면 높이의 지표면에 위치한 입자와, 어떤 구덩이에서 맨 밑에 위치한(해면보다 더 낮은) 똑같이 생긴 다른 입자,

그리고 마지막으로 산꼭대기에 위치한(해면보다 더 높은) 세 번째 동일한 입자를 생각하자. 만일 해면에 위치한 입자의 위치에너지를 0이라고 정의한다면, 첫 번째 입자의 위치에너지는 0이겠지만 구덩이 속에 있는 입자의 위치에너지는 0보다 작고 산꼭대기에 있는 입자의 위치에너지는 0보다 크다. 만일 산꼭대기를 위치에너지가 0인 면이라고 정의하면, 해면과 구덩이 속에 있는 입자들의 위치에너지는 모두 0보다 작다. 운동에너지는 0이거나 0보다 클 수밖에 없는 반면에 위치에너지는 어떤 면을 기준으로 선택했느냐에 따라 0보다 작을 수도, 0이 될 수도, 0보다 클 수도 있다.

사람들은 에너지가 0이거나 0보다 크면 전혀 문제없다고 생각한다. 그러나 0보다 작은 에너지는 그들을 매우 당황하게 한다. 이 개념을 간단히 이해하기 위해, 해면을 위치에너지가 0인 곳으로 택하고 구덩이 속의 입자를 다시 생각해 보자. 그 입자에 0보다 큰 일을 하여, 그러니까 그 입자에 0보다 큰 에너지를 주어서 해면까지 들어 올리자. 그러면 그 입자의 에너지는 이제 0이다. 만일 그 입자에 일을 한 뒤 에너지가 0이 되었다면, 구덩이 속에 있을 때 그 입자의 위치에너지는 0보다 작아야 함은 물론이다. 물체가 0보다 작은 위치에너지를 갖는다고 말하는 것은 단지 그 물체를 위치에너지가 0이라고 정한 면까지 가져오는 데 일을 해 주어야 한다는 점을 의미할 뿐이다. 따라서 그 개념이 이상할 것은 조금도 없다.

이 점을 염두에 두고, 위치에너지를 표시하는 식에서 임의로 더해 주는 상수가 어느 위치에서나(그러니까 모든 관찰자에게) 위치에너지가 0으로 되는 기준면을 정하고자 한다. 무한히 멀리 있는 면을 택하면 그렇게 되므로, 어떤 입자든지 무한히 멀리 있을 경우에 그 위치에너지를 0으로 놓는다. 이것은 유한한 거리에 있는 입자의 위치에너지는 0보다 작음을 의미 한다. 왜냐하면 그런 입자를 무한히 멀리 가져가기 위해서는 일을 해 주어야 하기 때문이다.

위치에너지가 0이 되는 곳을 이렇게 정하고, 온 우주 안에 지구와 한 입자만 존재한다고 가정하면 입자의 중력에 의한 위치에너지를 나타내는 표현식은 입자가 지구 중심으로부터 어떤 거리에 있거나 이용될 수 있게 만들 수 있다. 입자의 질량을 m이라 하고, 지구의 질량을 M, 지구 중심에서 입자까지의 거리를 r, 뉴턴의 만유인력상수를 G라고 하면, 이 입자를 무한히 멀리 옮기기 위해 필요한 일은 이 네 가지 양만으로 표시할 수 있다. 일은 힘(여기서는 중력)과 거리의 곱이며 힘은 오직 앞에서 말한 이 네 가지 양에만 관계한다는 것을 기억하면, 왜 일이 오직 그 네 가지에만 의존하는지 이해된다. 이제 우리는 일반적인 논증을 통하여 가해 주어야 할 일(음수의 위치에너지)에 대한 표현식을 도출할 수 있다. 만일 M과 m이 크면 중력에 의한 힘도 크므로(힘은 그 둘의 곱에 비례한다), 일도 또한 그 곱에 의존하여야 하고 따라서 GMm에 의존한다. 그러나 지구의 중심에 가까울수록(즉, r가 작아질수록), r가 작아짐에 따라 출발점에서의 중력이 더 세지므로 더 많은 일을 해 주어야 한다. 이 두 가지 의존성을 한 번에 쓰면 해 준 일은 GMm/r과 같이 나타나며, 따라서 지구의 중심에서 r 되는 거리에 위치한 질량 m인 입자의 위치에너지는 -GMm/r이다. 이 식은 지구 이외의 다른 물체는 존재하지 않는 경우에 한하여 성립한다. 만일 다른 물체들도 가까이 있으면, 각각의 물체에 대하여 M을 그 물체의 질량으로, r를 그 물체에서 질량 m까지의 거리로 바꾸어 쓴 비슷한 음수 값의 식들을 쓴다. 그러면 m의 총 위치에너지는 이러한 모든 음수의 항들을 다 합한 것이다. 이로부터 이제 우리는 질량 $m_1$과 $m_2$가 r 만큼 떨어져 있으면 두 질량 사이의 중력에 의한 상호 위치에너지는 $-Gm_1m_2/r$임을 알게 된다.

위의 양과 운동에너지를 나타내는 식을 합하면, 질량 M인 입자(예를 들면 태양)가 만드는 중력장 안에서 움직이고 있는 질량 m인 입자(예를 들면 어떤 행성)의 총 에너지에 대한 표현식 T=총 에너지=운동에너지+위치에너지=$\frac{1}{2}mv^2$-GMm/r를 얻는다. 이것을 한 입자의 "총 역학적 에너지 total mechanical energy"라고 부른다. 입자의 위치에너지는 입자가 힘의 장 안에 있음으로써 생기는 것도 있고, 힘이 작용함으로써 물체가 변형되어 생기는 것도 있다. 물체에 힘을 가해 물체를 전체적으로 움직이게 하지 않으면서 그 형태를 바꾸어 놓으면(예를 들면, 스프링을 잡아당기는 것), 그 물체의 운동에너지나 외부의 위치에너지를 증가시키지 않으면서 그 물체에 일을 하게 된다. 그러나 에너지를 해 준 일이라고 한다면, 변형된 물체의 에너지는 증가되어야만 한다. 실제로 토목공학이나 기계공학에서는 물질의 물리적인 성질을 연구하는 데 이 내부적 위치에너지의 증가가 중요하나, 뉴턴역학에서는 별 관심을 끌지 못한다.

마지막으로, 우리가 무거운 물체를 거친 수평면 위에서 일정한 속력으로 밀 때는 그 물체의 위치에너지나 운동에너지도 커지지 않는다. 우리가 해 준 일이 어떤 방법으로 에너지로 변하고, 그 에너지는 어디로 갔을까? 여기서는 일에 의해 생긴 에너지가 우리가 밀어 준 물체에 집중되지 않고 흩어져서, 결국은 열의 형태로 주위로 흘러가 버린다.

## 에너지 보존

일과 에너지에 대해 알아보았으므로, 우리는 이제 에너지 보존의 원리에 대해 공부할 수 있겠다. 우선 마찰에 의해 방해받지 않으며 중력장 안에서 움직이는 입자의 운동에너지와 위치에너지에 국한하여 생각하겠다. 에너지 보존원리의 좋은 예로는 진자에 매달린 추를 들 수 있다. 이를 논의하기 위해, 추가 흔들리는 과정에서 가장 아래로 내려왔을 때를(지면에 가장 가까웠을 때) 위치에너지가 0인 곳으로 삼으면, 이 추의 총 역학적 에너지(위치에너지와 운동에너지의 합)는 그 추가 이곳에서 정지해 있을 때 0이다. 이 위치에서 시작하여 추에 일을 가해 한쪽으로 밀게 되면 처음보다 지면으로부터 더 높아지므로 그 추에 위치에너지를 주게 된다. 그 추의 에너지는 이제 단지 위치에너지뿐이다. 그러나 그 추가 내려오기 시작하면 위치에너지를 잃으면서 운동에너지를 얻게 된다. 추가 내려와서 처음에 시작한 위치(추의 경로에서 가장 낮은 점)에 오더라도, 비록 이 위치에서 위치에너지가 0이긴 하지만, 관성 때문에 추는 멈추지 못한다. 위치에너지는 완전히 운동에너지로 변환되었다. 그 추는 가장 낮은 점을 지나서 반대편의 가장 높은 점까지 올라간다. 이와 같이 추의 에너지는 위치에너지로부터 운동에너지로, 그리고는 다시 위치에너지로 바뀌기를 계속한다. 만일 이 운동에 마찰이 없다면(공기저항도 없고 추를 매고 있는 줄과 줄을 매단 못 사이의 마찰이 없으면), 추가 운동하는 경로의 모든 점에서 추의 총 역학적 에너지는 일정할 것이다. 이것이 에너지 보존의 원리인데, 실제로는 추의 역학적 에너지를 열로 변환시키는 마찰 때문에 추는 결국 정지하게 되므로, 이 원리를 실제로 만족시키지는 않는다. 그러나 이 원리는 태양 주위를 회전하는 행성들의 운동에 의해 적절하게 증명되었다. 예를 들면, 지구는 매년 태양 주위를 공전하는 궤도상의 모든 점에서 운동에너지와 위치에너지를 함께 가지며, 비록 위치에너지와 같이 운동에너지도 끊임없이 변하고 있지만 두 에너지의 합(지구의 총 역학적 에너지)은 일정하게 유지된다(그리고 수십억 년 동안 그렇게 유지되어 왔다). 지구가 태양에서 가장 멀리 떨어져 있을 때(원일점) 지구의 위치에너지는 최대이며 운동에너지는 최소이고, 지구가 태양에서 가장 가까이 있을 때(근일점)는 지구의 운동에너지가 최대이고 위치에너지가 최소이다. 만일 지구의 총 에너지가 꾸준히 감소했다면 지구는 오래전에 태양에 붙어 버렸을 것이며, 지구의 총 에너지가 꾸준히 증가했다면, 지구는 지금쯤 우주 공간에서 홀로 떠다니는 춥고 죽어 버린 물체가 되었을 것이다.

운동량 보존이 자연법칙의 공간적 대칭성을 알려 주는 것과 마찬가지로(자연법칙은 우리가 기준계를 어디에 놓든 동일하다). 에너지 보존은 자연의 법칙이 시간적으로 대칭임을 알려 준다. 자연법칙은 시간을 이동시켜도 변하지 않는다. 이것은 만일 어떤 계의 물리적 상태를 공간과 시간의 함수인(즉, 이들에 의존하는) 양들로 나타낸다면, 그 계의 운동량은 그 계가 공간의 한 점에서 다른 점으로 이동할 때 물리적 상태가 어떻게 변하느냐에 관계되며, 에너지는 시간이 한 순간에서 다른 순간으로 흐를 때 그 상태가 어떻게 변하느냐와 연관되어 있음을 뜻한다. 이것은 양자역학에서 매우 중요한 역할을 하게 되는데, 양자역학은 뉴턴의 운동법칙을 대체한 이론이다.

## 각운동량 보존

뉴턴의 운동법칙은 물체가 가질 수 있는 병진운동과 회전운동의 두 가지 운동에 모두 적용되지만, 대개의 사람들은 병진운동에 대한 것 외에는 잘 생각하지 못한다. 그렇지만, 순수한 병진운동은 자연에서 별로 일어나지 않으며, 회전운동(또는 원운동)이 오히려 일반적인 운동이다. 물체에서 어떤 두 점을 잇는 직선은 물체가 병진운동을 하는 중에는 처음의 직선과 평행하다(공간에 놓인 방향은 변하지 않는다). 순수한 회전운동을 하게 되면 한 개의 직선을 제외한 다른 어느 직선도 처음의 직선과 평행하게 남아 있지 못한다. 평행하게 남아 있는 한 직선을 그 물체의 "회전축"이라고 부르며, 이것은 물체가 회전할 때 그 위치를 변하지 않는 점들의 모임으로 이루어진다. 병진운동에서는 물체가 향하는 방향은 그대로인 채 위치만 변하고, 회전운동에서는 물체의 위치는 그대로이며 향하는 방향만이 변한다는 것을 잊지 말자.

뉴턴의 제2법칙이 회전하는(빙빙 도는) 물체에는 직접 적용될 수 없으므로(회전하는 물체는 전체적인 가속도가 없으므로), 회전운동까지를 다룰 수 있도록 그 법칙을 확장(또는 일반화)하지 않으면 안 된다. 이를 위하여 우리는 반지름 r인 원의 둘레를 일정한 속력 v로 움직이는 질량 m인 입자의 병진운동부터 검토하기로 한다. 입자의 운동량에서 그 크기 mv는 변하지 않으나, 그 방향은 항상 변하므로 따라서 운동량은 보존되지 않는다. 이것은 입자가 원궤도를 계속 돌 수 있기 위하여 입자에 그 원의 중심을 향하는 힘이 항상 가해지고 있음을 뜻한다. 그러나 비록 입자의 운동량은 보존되지 않지만, 이 운동에서 보존되는 다른 물리적인 성질이 있는데, 이것이 각운동량의 개념에 다다르게 한다. 각운동량의 동역학적인 성질을 알아내기 위하여, m과 v, r 같은 양들이 입자가 운동하는 동안 일정하게 유지되고 있으며, 그래서 이 세 양들의 곱인 mvr도 일정하게 유지됨을 주목하자. 그리고 입자가 회전운동 하는 원의 축(원의 중심을 지나는 직선)의 방향도 또한 일정하게 유지된다. 따라서 입자의 운동에 새로운 벡터양을 부여할 수 있는데, 그 크기는 mvr이고 방향은 입자의 회전운동을 이루는 축을 따르는 방향이다. 이 변하지 않는 벡터가 "각운동량 angular momentum"이며, 이 양도 운동량이나 에너지와 같이 보존원리를 만족함을 보이고자 한다.

그 전에, 위에서 기술한 입자가 단단하고 무게가 나가지 않는(질량이 없는) 막대기에 의해 회전축에 연결되어 있다고 가정하고 물체의 회전을 각운동량과 연관 지어 살펴보기로 한다. 막대기와 입자가 함께 각운동량 mvr로 회전하는 물체를 이룬다. 이 입자에 일정한 힘이 가해지고 있더라도, 위의 양과 회전축의 방향이 변하지 않음을 유의하자. 즉, 물체의 각운동량은 힘이 가해지고 있더라도 일정하므로, 단순히 힘이 아닌 다른 어떤 물리량이 존재한다는 것과 관계되어 있음을 알 수 있다. 우리는 힘과 더불어 다른 양을 찾아야 하며, 그것이 무엇인지 알기 위해, 어떠한 것에도 연결되어 있지 않은 바퀴를 회전시켜 보자. 우리가 바큇살 중 하나를 그냥 잡아당긴다면, 바퀴는 돌지 않고 전체적으로 우리에게 가까이 오게 될 것이다. 바퀴를 돌리기 위해서는 바퀴 둘레를 따라 끌어 주든가(또는 밀든가) 아니면 바퀴의 축에서 어느 정도 거리를 두고 바큇살에 수직으로 끌거나(또는 밀거나) 하지 않으면 안 된다. 뉴턴의 작용과 반작용 법칙에 따라 이렇게 밀거나 끄는 힘은 바퀴의 중심(바퀴의 회전축이 지나가는 점)에 대해 방향이 반대이고 크기가 같은 반작용(관성 반작용)을 유발시킨다. 이와 같이 약간의 거리를 두고 크기가 같고 방향이 반대인 두 개의 힘이 바퀴에 작용한다. 한 물체에 그와 같이 작용하는 반대되는 두 힘의 합을(두 힘이 일직선상에 놓이지 않아서 물체에 대한 한 힘의 효과가 다른 힘의 효과에 의하여 상쇄되지 않는다) "토크 torque"라고 부른다. 물체를 회전시키려거나 회전하는 물체를 정지시키려면, 또는 일반적으로 물체의 각운동량을 변화시키려면, 그 물체에 토크를 가해 주어야 한다.

각운동량 보존의 원리는, 만일 어떤 계에 외부에서 토크가 작용되지 않으면 그 계의 각운동량은 변하지 않고 일정하다는 것이다. 만일 토크가 작용하면, 그 계의 각운동량은 토크의 방향으로 토크의 크기와 같은 비율로 변한다. 이때 토크는 이를 이루는 두 힘 사이의 수직거리에 한 힘의 크기를 곱한 것이다. 토크의 방향은 두 힘으로 이루어진 평면에 수직인 방향이다.

토크와 각운동량에 관하여 몇 가지 사소한 것 같은 점들에 주목하기로 한다. 우리는 일상생활에서, 단순한 힘보다는 토크를 훨씬 더 자주 쓰게 된다. 열쇠를 돌린다든지, 문을 연다든지, 병뚜껑을 돌려서 연다든지, 자동차 운전대를 돌린다든지, 물체를 들어 올리는 것과 같은 육체적인 행동을 하는 일상생활 과정에서 이를 손쉽게 하기 위해 우리는 은연중 토크의 크기를 나타내는 공식을 알고 그것을 적용하고 있다. 토크의 크기를 나타내는 공식으로부터 나사못을 빼기 위하여 손가락이나 짧은 렌치보다는 긴 렌치를 이용하는 것이 토크가 크기 때문에 훨씬 쉽다는 것을(지렛대 원리) 알 수 있는데, 우리는 이 사실을 본능적으로 알고 있다.

비록 우리가 원 주위를 회전하는 입자를 이용하여 각운동량의 개념을 도입하였지만, 입자가 직선 위를 일정한 속력으로 움직이더라도 각운동량을 갖는다. 그러나 이 두 형태의 운동에서의 각운동량에는 중요한 차이가 있다. 원 주위를 회전하는 입자의 각운동량은 모든 관찰자들에게 그들이 어디에서 보건 모두 같은 평균값 mvr를 갖는 반면에, 직선 위를 움직이는 입자의 각운동량은 관찰자가 그 직선에 대해 어떤 위치에 있느냐에 따라 다른 값을 갖는다. 만일 관찰자가 일정한 속력으로 직선을 따라 움직이는 입자의 궤적으로부터 수직거리 y에 있으면, 이 관찰자에 대한 입자의 각운동량은 단순히 mvy이며, 이 양은 관찰자가 그 직선에 가까이 갈수록 작아지고 바로 직선 위에서 보게 되면 0이다. 관찰자가 그 직선을 넘어서 건너편으로 가면, 각운동량의 부호가 바뀌게 되며 관찰자가 더 멀리 갈수록 각운동량의 크기가 증가한다. 이와 같이, 원운동 하는 입자는 고유한 각운동량을 갖는 데 반해, 직선운동 하는 입자는 그렇지 못하다.

관찰자로부터 직선 위를 일정한 속력 v로 움직이는 입자까지 선을 그리면, 그 선은 단위시간이 흐르는 동안 밑변이 v이고 높이가 y인, 면적이 vy인 삼각형을 쓸며 지나간다. 그런데 이 값은 입자의 각운동량을 자신의 질량의 두 배로 나눈 것과 똑같다. 따라서 관찰자로부터 입자까지 그은 선 같은 시간 간격 동안에 같은 면적을 쓸며 지나감을 알 수 있고, 이것은 바로 각운동량의 보존에 해당한다. 행성의 운동에 대해 태양으로부터 행성까지 그은 선이 같은 시간 동안 같은 면적을 쓸며 지나간다는 케플러의 제2법칙은 태양의 중력을 받는 행성들의 각운동량이 보존됨을 말한다. 이것이 성립하는 이유는 태양에 의한 중력이 태양에서 행성을 잇는 선을 따르는 방향이기 때문이다. 그래서 태양과 행성으로 이루어진 계에서는 아무런 토크도 작용하지 않는다.

회전 대칭성이 각운동량의 보존과 연관되어 있다. 우리 기준계를 어느 방향으로 움직이게 하든지 또는 회전시키든지 자연의 법칙은 동일하다. 이것은 공간이 등방적임을 뜻한다. 즉 공간의 기하적인 성질이 모든 방향으로 동일하다는 것이다.

자연의 법칙과 공간, 시간, 물질의 구조를 이해하는 데 있어 각운동량이 차지하는 중요성을 여기서는 단지 대략적으로밖에 지적할 수 없다. 각운동량의 전체적인 중요성은 양자론과 원자핵의 구조, 소립자들을 논의할 때에 가서야 명백하여질 것이다.

우리는 이 장을 뉴턴의 법칙으로부터 발전된 보존원리와 최소원리의 두 가지 일반적 원리들을 소개함으로써 시작하였으나, 아직까지는 물리적인 현상들을 이해하는 데 있어 간단한 운동법칙보다 훨씬 더 깊이 있게 들어간 보존원리만을 논의하였다. 그러나 이는 뉴턴 물리학을 초보적인 형태로부터 라그랑주(또는 해밀턴) 역학으로 알려진(고전적인 뉴턴역학을 아주 멋진 수학으로 옷 입힌 것) 격조 높고 세련된 수학적인 구조로 발전시키는 과정의 첫 단계에 지나지 않는다. 이러한 발전을 위해서는 보존원리들을 다음 장에서 논의되는 최소원리들과 결합하는 것이 필요하다.

# 8장
# 뉴턴 이후 시대 : 최소원리와 라그랑주 그리고 해밀턴의 역학

과학 문제에서는 천 명의 권위 있는 의견보다
한 사람의 소박한 이론이 더 가치 있다.
—GALILEO GALILEI

## 작용의 개념

우리는 7장에서 운동법칙과 동등하며 이들로부터 유도되는 동역학의 보존원리들을 도입하면 뉴턴의 운동법칙이 더 깊은 의미를 갖게 됨을 보았다. 뉴턴의 법칙을 표현하는 기본 되는 물리량을 대수적으로 조합하여 얻게 되는 보존되는 양은 벡터(운동량, 각운동량)일 수도 있고 스칼라(에너지)일 수도 있다. 최소원리는 스칼라에만 적용되는데, 만일 이 원리가 한 기준계에서 성립하면 다른 모든 기준계에서도 성립하는 매우 바람직한 성질을 갖고 있다.

물리학에서 최소원리는 17세기 프랑스 수학자인 피에르 드 페르마가 빛의 전파를 연구하면서 처음 도입했다. 빛은 묽은 매질(공기)에서보다 진한 매질(물)에서 더 빨리 진행한다는 르네 데카르트의 가설을 페르마가 반박했다. 페르마는 빛의 그런 행동이 자연에서 일어나는 사건은 가능한 한 가장 짧은 시간 동안에 벌어진다는 "경제원리"를 위반한다고 주장했다. 그는 빛의 반사와 굴절에 대한 연구에서 빛은 가장 짧은 시간으로 달릴 수 있는 길을 따라 진행한다고 결론지었다. 이것이 페르마의 "최소시간의 원리"로 알려져 있으며, 이로부터 빛의 반사법칙과 굴절법칙이 유도될 수 있다. 이와 같은 자연의 경제성에 대한 일반적인 생각은 프랑스 수학자인 P. 모페르튀이에 의해 18세기 뉴턴역학에 처음으로 도입되었다. 그는 경제원리가 이동에 걸리는 시간에 의해서가 아니라 그가 "작용"이라고 이름 붙인 양에 의해 가장 잘 만족될 수 있다고 주장했다. 그는 작용을 물체가 이동한 거리에 그 속력을 곱한 것으로 (잘못) 정의했다.

현대적인 작용의 개념과 최소작용의 원리가 물리학의 발전에 대단히 중요한 역할을 차지하여 왔으므로, 우리는 여기서 작용을 매우 조심스럽고 정확하게 정의하려고 한다. 어떤 입자에 대해 측정할 수 있는 두 가지 양인 입자의 위치와 운동량은 그 입자의 운동 궤도 위의 모든 점에서 생각할 수 있다. 만일 어떤 한 점에서 이 두 양이 알려져 있으면 뉴턴의 운동 제2법칙과 그 입자에 작용하는 힘의 법칙에 대한 지식을 이용하여 입자의 전체 궤도를 알아낼 수 있다. 입자가 지나가는 경로 중에서 매우 짧은 구간 동안에는 실제로 입자의 운동량이 크게 변하지 않을 것이므로, 이 운동량에 그 짧은 구간의 길이를 곱한 양을 생각하는 것이 의미를 가지며 이 곱을 "입자의 작용이 증가한 양"이라고 부른다. 작용은 입자가 가지고 다니는 스칼라 양으로써 입자가 궤도 위의 한 점에서 다른 점으로 옮기면 증가한다. 이러한 작용의 정의는 운동량 대신에 속력을 사용한 모페르튀이의 정의와는 완전히 다르다.

작용에 "경제원리"를 적용시켜서, 모페르튀이는 입자에 대한 최소 또는 극소 작용의 원리를 도입했는데, 이 원리는 입자가 한 점에서 다른 점으로 움직일 때 그 작용의 증가가 극소인 경로를 선택한다고 말한다. 이 명제가 "최소작용의 원리"로 알려져 있다. 이 원리가 뉴턴의 만유인력 법칙에서 고유한 특성인 원격작용의 개념 때문에 생기는 어려움을 없애 준다. 뉴턴 자신도 이 개념을 싫어하였는데 왜냐하면, 이 개념이 어떤 물체가 멀리 떨어져 있는 다른 물체에 영향을 주는 방법뿐만 아니라 각 물체들이 자신의 주위나 경로와 관계되는 어떤 성질(작용)에 어떻게 반응하는가를 바꾸어 버려서 뉴턴 법칙의 초점을 흩트려 놓았기 때문이다. 마치 각 물체나 입자가 자기 앞에 놓인 가능한 모든 경로를 훑어보고 그중에서 작용이 가장 조금 변하는 경로를 고르는 것처럼 보인다. 이러한 결론이 힘을 장(場)의 개념으로 생각하는 시초가 되었는데, 전자기이론이나 일반상대론, 고에너지 입자물리학, 우주론 등의 발전에 매우 유용하게 사용되어 왔다.

작용에 대한 개념과 최소작용의 원리는 위대한 아일랜드 수학자이자 수리물리학자인 윌리엄 로언 해밀턴에 의해 그 범위가 넓어지고 의미가 확장되고 일반화되어 입자의 궤도뿐 아니라 빛의 전파, 입자들이 복잡하게 모여 있는 계의 행동, 그리고 (전자기나 중력장의 예와 같은) 장에까지 응용되었다. 해밀턴의 위대한 업적들을 돌아보기 전에, 작용에 어떤 제약이 가해지면 그로부터 얻을 수 있는 한 가지 중요한 결과를 지적하고자 한다. 뉴턴역학은 묵시적으로 자연현상이 시공간 내에서 연속적으로 전개되며 궤도를 따라가는 입자의 운동과 같은 과정은 무한히 자세하고 무한히 정확하게 추적할 수 있다고 가정한다. 만일 입자의 궤도 위의 아무 점에서나 입자의 운동량과 위치를 정확히 측정할 수 있다면 이 가정이 옳다. 만일 이것이 가능하다면 입자의 궤도를 얻기 위해 입자의 운동을 모두 다 자세히 알 필요가 없고, 단지 궤도 위의 한 점에서 입자가 갖는 운동량과 위치만 알면 이것을 뉴턴의 운동방정식과 결합하여 그 후로 무한한 미래까지 입자가 진행할 궤도를 알 수 있다.

만일 모든 물리량들을 무한히 잘게 쪼갤 수 있으며 그래서 그 양이 아무리 작더라도 여전히 관찰하거나 측정할 수 있다면 위의 결론은 옳다. 그렇지만 그렇게 잘게 자르는 데 제한을 받는다면 위의 결론은 옳지 않다. 만일 작용이 어떤 과정 동안 연속적으로 변하는 것이 아니고 작지만 유한한 양 h만큼씩밖에는(h보다 더 작게는 결코) 변하지 않는다면 다음과 같은 이유 때문에 입자의 정확한 궤도는 결코 결정될 수 없다. 궤도를 정확히 정하려면 한 점에서 입자의 정확한 운동량과 위치를 알아야만 된다. 그러나 작용은 입자의 운동량에 측정된 위치 간격을 곱한 것인데, 입자의 위치를 알려면 이 위치 사이의 간격이 무한히 작아야 한다. 그렇지만 위치간격을 무한히 작게 만들면 운동량이 무한히 크지 않는 한 작용을 정의하는 곱도 무한히 작아져서 허용된 최솟값 h보다 더 작아지며 따라서 그에 대한 정보를 모두 잃어버린다. 다시 말하면, 만일 작용이 한 움큼씩 변한다면(즉, 양자화되어 있다면), 우리는 입자의 위치와 운동량을 동시에 알 수 없다. 이 결과가 물리학에 주는 전체적인 중요성에 대해서는 양자론을 논의할 때 분명해질 것이다.

## 해밀턴의 최소작용의 원리

윌리엄 로언 해밀턴 경(1805~1865)은 아일랜드 더블린에서 태어났다. 어릴 때부터 무척 영특했으므로 아버지는 그의 교육을 아일랜드학술원 회원인 자기의 형 제임스 해밀턴 신부에게 위임했다. 세 살이 되기 전에 더블린 근처 트림 지방에서 영국교회학교의 교장인 숙부의 집으로 보내졌다. 1823년 더블린 트리티니대학에 입학할 때까지 숙부와 함께 살았다.

그는 숙부의 집에서 살기 시작하면서 곧 영어 읽기를 배웠으며 복잡한 산수 계산을 해냈다. 다섯 살이 되자 라틴어와 그리스어, 히브리어를 번역하고 호메로스에서 밀턴에 이르는 시인들의 산문시를 암송할 수 있었다.[1] 그다음 다섯 해 동안에 산스크리트어에 숙달했고 아라비아어와 칼데아어, 몇 가지 인도 사투리를 스스로 터득했으며 이탈리아어와 프랑스어를 완벽하게 익혔다. 열두 살이 되기 전에 시리아어의 문법을 편집하고 두 해 후에는 페르시아어를 충분히 높은 수준까지 공부하여 페르시아로부터 온 방문사절의 환영사를 페르시아어로 지었다.[1]

매우 큰 숫자를 다루는 문제를 속셈으로 계산하는 조라 콜번이라는 미국인을 만나게 된 1820년부터 수학에 관심을 갖기 시작했다.[1] 수학의 효용성에 감명받은 그는 뉴턴의 『원리들』을 비롯하여 라플라스의 『천체역학 Traité de mécanique célyeste』과 같은 고전과학 책에 몰두했다. 라플라스의 불후의 명저에서 논리적인 결함을 지적해 내자, 더블린의 트리니티대학의 천문학 교수인 존 브린클리의 눈에 띄게 되었다.[1] 해밀턴은 고전역학을 완벽하게 이해함에 따라 광학 분야에 관심을 갖게 되었다. 트리니티대학 학부 시절인 1824년 기하광학에 관한 첫 번째 논문을 완성했고 이것을 발표하고자 아일랜드학술원에 원고를 보냈다. 그런데 논문의 수학은 너무 추상적이어서 학술원 회원들조차 제대로 이해할 수 없었으므로 해밀턴은 직접 자기가 발견한 것을 설명해 주도록 요청받았다. 그들의 권고를 받아들이고 아직 학부 학생으로 있으면서 그 연구를 완성했다. 1827년 공식적으로 「광선으로 이루어진 계의 이론에 대한 고찰」이라는 제목의 자신의 논문을 학술원에서 발표했다. "그 논문은 이론물리학에서의 위대한 고전들 중의 하나가 되었으며 기하광학에 대한 대부분의 논문들의 기초가 되어 있다. 더구나 그것은 그의 유명한 동역학을 수립하는 근원이 되었다. 이 논문에서 해밀턴은 광선들의 계가 갖는 특성함수를 도입했는데 미분과 같은 간단한 수학 연산을 통해 이 계의 모든 성질들을 그 함수로부터 유도할 수 있었다. 이 함수는 해밀턴 동역학에서 중심 역할을 맡으며 슈뢰딩거가 그의 파동방정식을 유도하는 데 그 출발점으로 사용했던 작용적분과 직접 연관되기 때문에 중요하다."[2]

해밀턴은 이 논문으로 수리물리학자로서의 평판을 굳히게 되었는데, 이 논문에서 기하광학 분야의 모든 문제가 그가 제안한 단 한 가지의 똑같은 방법에 의해 풀릴 수 있음을 보임으로써 기하광학을 수학의 한 분야로 정착시켰기 때문이다.[3] 존 브린클리는 해밀턴이 아직 학부 학생일 때 트리니티대학의 천문학 교수 자리를 사임했다. 이 논문이 너무 훌륭했으므로 해밀턴은 21세에 불과했음에도 교수 자리를 맡아 줄 것을 제의받았다. 그는 이 자리를 수락하고 수학과 물리학, 천문학에 대한 연구는 물론 강의와 천문대를 운영하는 지루한 일과까지도 충실히 수행했다.[4]

해밀턴은 원뿔함수를 발견한 공적으로 1834년 아일랜드학술원이 수여하는 커닝햄 메달과 영국학술원이 수여하는 황실 메달을 받았다. 3년 뒤에 아일랜드학술원 원장이 되었으며 8년 동안 이 자리를 지켰다. 이 기간 동안 수리물리학에서 가장 중요한 업적들을 이룩했으며, 그 결과가 1835년 「동역학의 일반적 방법」이라는 제목의 유명한 논문으로 발표되었다. "논문에서 그는 자신의 특성함수에 대한 생각을 물체들의 모임의 운동에 응용함으로써 운동방정식을 동역학계의 운동량 성분과 그 위치를 결정하는 좌표 성분 사이의 이중성을 드러내는 형태로 표현했다."[5] 방정식들은 소위 "해밀턴 함수"를 사용하여 얻어졌는데, 함수는 양자역학을 수립하는데 대단히 중요한 기여를 했다. 함수는 다음과 같은 방식으로 설명된다. "여기에 힘의 장 속에서 움직이는 한 계, 말하자면 한 입자가 있다고 가정하자. 그러면 이 계의 총 에너지(운동에너지+위치에너지)를 운동량 성분과 위치 성분으로 나누어 쓸 수 있다. 이 표현이 그 계의 해밀토니안이라고 불리며 계의 운동을 묘사하는 방정식은 양으로부터 어떤 수학 연산을 통하여 얻어질 수 있다. 동역학을 이렇게 기술하는 이점은 좌표들만 잘 선택하면 매우 복잡한 계에서도 적용할 수 있다는 것이다."[6]

해밀턴은 또한 대수학을 연구하여 사원법을 발견하기에 이르렀는데, 이를 이용하여 완전히 새로운 방법의 계산이 가능하게 되었다. 그 이유는 사원법이 수(數)처럼 행동하지만 보통 수에서 성립하는 a×b=b×a와 같은 교환법칙을 만족하지 않으므로 수가 아니기 때문이다. 대수학에서 곱셈은 교환법칙을 만족해야 한다는 공리를 제거함으로써, 해밀턴은 "3차원 공간에서 크기와 방향을 갖는 양들을" 연구하는 강력한 도구를 제공했다.[7] 뫼비우스가 위치들을 더하고 힘들을 더하려는 노력에서 만들어진 개념인 벡터를 곱하는 방법을 발견하기 위해 해밀턴은 15년 동안 노력을 기울인 끝에 결국 1843년 이것을 발견했다. 이 문제에 대한 해답은 해밀턴이 더블린의 학술원 회의에 참석하려고 로열 운하를 따라 부인과 함께 걷던 중 번개와 같이 뇌리를 스치는 하나의 생각으로부터 비롯되었다. "그들이 브루엄 다리를 지나갈 때, 문제에 해답을 제공한 "사분법"을 나타내는 기본 공식인 $i^2 = j^2 = k^2 = ijk = -1$을 칼로 옆의 돌기둥에 새겨 놓고 싶은 충동을 억제할 수 없었다."[8] 비록 해밀턴의 사분법이 현대대수학에 지대한 영향을 미쳤지만, 얼마 안 되어 조사이아 윌러드 기브스가 더 간단한 벡터 해석법을 창안하였기 때문에 응용수학에서 오랫동안 사용되지는 못하였다.

해밀턴은 그 생애의 마지막 20년 동안 대수학과 확률해석학, 방정식론, 함수론 등에서 문제점을 제기하는 수학 논문을 작성했다. 그의 연구는 심오한 직관에 기초한 점이 특징이었지만, 논문을 보면 수학이 자세히 설명되어 있고, 추리한 논리는 항상 명쾌하고 정확했다. 동시에 지극히 종교적인 사람이었으며 "공간과 시간의 요소(要素)로부터 대수학을 유도하면서 그것을 수학보다는 과학의 한 분야로 세우려고 시도"한 것처럼 수학에 대한 발견을 형이상학적인 기초 위에 세우려고 노력했다.[9] 조지 버클리와 이마누엘 칸트의 이론을 잘 이해하고 있었으며, 르네 데카르트와 아이작 뉴턴으로부터 지대한 영향을 받아 과학을 물리 용어로 기술하려고 시도했다. 그렇지만 뉴턴과 같이 종교심이 너무 열렬하였으므로 정신생활의 중요성을 과학과 수학의 중요성보다 더 위에 두었다. 두 사람은 이러한 순서가 합리적이지 못하다고 전혀 생각하지 않았는데, 그들은 모두 수학이란 단지 놀랄 만한 우주의 생동하는 아름다움을 과시하는 도구에 불과하다고 여겼으며 우주는 절대자인 창조주가 직접 만들었다고 믿었다.

해밀턴은 빛의 전파를 피에르 드 페르마의 최소시간 원리로 표현하고 그것이 입자의 경로에 관한 모페르튀이의 최소작용의 원리와 비슷한 것에 착안하여 움직이는 물체에 대한 동역학의 연구를 시작했다. 연구를 수행하면서, 광학과 동역학이 놀랍게도 유사함을 발견하고 이를 발전시켰는데, 수십 년 뒤에 에르빈 슈뢰딩거가 입자들을 파동역학으로 기술하는 데 이것을 출발점으로 삼았다. 이것이 물리학의 역사에서 서로 다른 분야 사이에 존재하는 상관관계를 맺는 가장 두드러진 예 중 하나인데, 이러한 점은 나중에 양자역학을 논의하게 되면 더욱 분명해진다.

해밀턴은 "광학에 대한 과학"이 서로 다른 두 가지 방법으로 발전되었음을 지적했다. 하나는 광선이 직선을 따라 전파하는 데 근거한 것으로, 해밀턴은 이를 "광선의 모임에 대한 이론"(기하광학)이라고 불렀으며 다른 하나는 파동의 전파(물리광학)에 근거한 것이다. 광선광학을 연구하면서 그는 광선광학에 대한 페르마의 최소시간의 원리와 입자들에 대한 모페르튀이의 최소작용의 원리 사이에 존재하는 유사함에 놀라서 동역학도 일종의 기하광학적인 이론으로 기술할 수 있을 것이며 따라서 광학과 동역학의 법칙들이 모두 한 가지 보편적인 작용의 동일한 최소원리로 결합되거나 나타낼 수 있다고 확신했다. 그는 라그랑주의 『해석역학 Méchanique Analytique』으로 발전된 동역학에 대한 라그랑주의 연구를 매우 찬양하면서 자신의 이러한 생각들을 발전시키려고 정진했다.

그는 「빛과 행성의 경로를 특성함수 계수로 표현하는 일반적 방법」이라는 유명한 논문에 이 생각들을 묘사했다. 논문은 1833년 더블린대학교 논문집에 발표되었다. 논문의 서문에 다음과 같이 썼다.

이론역학에서 라그랑주의 일반적 방법의 아름다움과 효용성을 생각해 본 사람들과(그는 『해석역학』에서 가상속도의 원리와 달랑베르의 원리를 결합하여 유도한 주요 동역학 정리의 위력과 참가치를 느꼈다) 그리고 변수 변분에 대한 생각과 교란함수의 미분을 통하여 행성의 섭동 연구에 라그랑주가 도입한 간결함과 조화의 가치를 제대로 이해할 수 있는 사람들은 수리광학이 적절한 방법을 채택하고 중심 되는 생각을 구현하는 데 있어서 수리역학이나 동역학적 천문학과 그 아름다움에서나 위력, 조화의 측면에서 동등한 지위를 차지한다고 느낄 것임에 틀림없다.

이 기본이 되는 욕망이 오래전부터 내 마음속에서 분출되어 나왔으며, 나는 오랫동안 이 욕망을 채울 수 있는 방법을 알고 있었다. 그러나 그러한 생각에서 있을 수 있는 편견의 위험에 대해서도 또한 인식하고 있었다.

다른 사람들과 마찬가지로 나에게서도 오래 간직했던 생각이 실제적이지 못한 점을 중요하다고 가정한다든지, 오랫동안 사용되었던 방법이 허울뿐이었다고 판명될지도 모른다. 나의 시도들이 얼마나 성공적이며 앞으로 과학이 발전됨에 따라 얼마나 더 보완될 것인지 또는 필요 없게 될 것인지는 다른 사람들이 판단하도록 남겨 두어야 한다.

한편 연역적인 광학에서도 일반적인 방법이 얻어질 가능성이 존재한다면 그것은 그 자체가 가장 일반적인 어떤 법칙이나 원리로부터, 그리고 추론의 최종 결과 중에서 나와야 한다고 보인다. 그러면 어떠한 것을 가시적이며 알기 쉽게 전달되어야 한다는 법칙과 조건을 만족하면서 광학적인 추론을 낳게 하는(베이컨적 의미에서) 가장 높고 일반적인 공리로 간주할 수 있을 것인가? 내 생각에 그 해답은 보통 최소작용의 법칙으로 불리는 원리 또는 법칙이어야 한다. 이 법칙은 의문스러운 견해로부터 제의되었으나 광범위한 귀납에 의해서 확인되었으며, 여러 매질이 조합되었을 때나 빛이(그 빛이 무엇이든 간에) 시공간에서 똑바르거나 휘었거나 구부러졌거나 간에 어떠한 경로를 따라 진행해 나갈지라도 적용이 된다. 즉, 한 점에서 다른 점까지의 빛의 경로는 항상 다음과 같이 결정된다. 어떤 두 점 사이를 상상으로나 기하적으로 연결할 때 서로 다른 무한히 많은 경로에 대해서 흔히 작용이라고 불리는 특정한 적분, 즉 합이 길이, 모양, 경로의 위치, 빛이 통과하는 매질에 대해서 근처의 다른 모든 경로에 대한 적분 값보다 더 작다든가 또는 적어도 그런 규칙 아래서 어떤 변하지 않는 성질을 갖는 경로를 따른다는 것이다. 그러면 변하지 않는 작용의 법칙이라고 이름 붙여질 법한 이 법칙으로부터 종합적이거나 연역적인 과정을 통하여 가장 적합하고 가장 가망이 있는 수학적 방법을 찾을 수 있으리라고 본다.

이렇게 하여 이와 알려진 최소작용 또는 변하지 않는 작용의 법칙으로부터 나는(오래전부터) 이와 연관되고 같은 정도로 성립하는 다른 원리를 끌어냈다. 이 법칙은 위와 유사하게 변하는 작용의 원리라고 불릴 수도 있을 것인데, 이는 우리가 찾고 있는 방법을 자연스럽게 제공해 주는 것처럼 보인다…….[10)]

그래서 해밀턴에게는 그가 페르마의 최소시간의 원리를 포함시킨 최소작용의 원리가 자연법칙의 맨 윗자리를 차지하였으며 물리학으로의 통합을 향한 창문이었다. 광학과 역학현상을 모두 다룰 수 있는 간단한 최소작용의 원리를 구하기 위하여, 페르마의 원리로부터 시작해 이것이 모페르튀이의 최소작용의 원리와 매우 닮은 원리로 바뀔 수 있음을 보였다.

이를 보이기 위해 페르마 원리에서의 시간을, 매질에서 광선이 통과한 두 점 사이의 경로의 길이를 그 매질에서의 광선의 속력으로 나눈 것으로 바꿨다. 이것은 진공 중에서 광선이 움직였을 거리에 광선의 경로 각 점에서의 매질의 굴절률을 곱한 것과 같다. 이 과정을 통해, 그는 페르마의 최소시간의 원리가 모페르튀이의 최소작용의 원리의 형태와 비슷함을 보였다.

그는 연구를 수행하면서 광학의 법칙과 뉴턴의 운동법칙을 놀랍게 종합하였다. 매질 안의 한 점에서의 굴절률이 그 점에서 광선의 속력을 결정함으로써 마치 힘의 장이 그 안에서 움직이는 입자에 영향을 미치듯이 굴절률은 광선에 영향을 미친다. 이와 같이 기하광학에서의 페르마의 원리와 동역학계에서의 모페르튀이의 최소작용의 원리 사이의 비슷함을 살펴보던 중에, 해밀턴은 입자의 행동을 일종의 파동역학으로 기술할 수 있을지도 모른다는 생각에 다다르게 되었다. 그는 동일한 양의 총 에너지를 지니는 입자가 지나가는 궤도는 알맞은 굴절률을 갖는 매질에서 광선이 지나가는 경로와 동일함을 보였다. 즉, 해밀턴에 의하면 어떤 입자든지 그 궤도가 주어진 굴절률을 갖는 매질을 통과하는 광선의 궤도와 같도록 해 주는 굴절률을 찾는 것이 가능하다. 그렇지만, 광선이란 빛을 파동으로 기술하는 올바른 방법에 대한 (파장이 작아질수록 점점 더 정확해지는) 근사에 불과하므로 뉴턴의 궤도는 입자의 운동을 파동으로 기술하는 한 가지 근사법에 불과하다고 생각할 수 있다. 광학에서 빛의 광선은 (동일한 위상을 갖는 면인) 파면에 수직한 것과 마찬가지로, 역학에서 입자의 궤도는 다른 종류의 파면(동일한 작용을 갖는 면)에 수직하다. 다시 말하면, 입자 파동역학에서 작용은 광학에서 위상의 역할에 해당한다. 이 해밀턴의 공식체계가 바로 입자의 고전역학으로부터 양자역학과 파동역학으로 옮겨지는 데 필요한 것이며, 이것을 슈뢰딩거가 통째로 물려받게 된다.

이제 우리는 해밀턴이 고전동역학에 끼친 위대한 공적을 요약할 수 있다. 힘의 장 안에서 움직이는 입자를 생각하자. 그러면 해밀턴이 채택한 과정을 따라서 이 입자의 경로는 마치 그 입자가 움직이는 힘의 장과 명확하게 연관 지을 수 있는 굴절률을 가진 광학적 매질 속을 진행하는 광선으로 묘사할 수 있다. 그래서 이러한 생각으로부터 광선과학, 즉 기하광학에서 빛을 단지 근사적으로 기술하는 것처럼, 고전동역학도 입자의 운동을 단지 근사적으로 기술한 것에 불과하다고 추측할 수 있다(해밀턴이 그렇게 생각하지는 않았으나 슈뢰딩거는 그렇게 생각하였다). 그리고 광선광학이 파동광학에 의해 보완되는 것과 꼭 마찬가지로 입자동역학도 파동동역학의 측면으로 보완된다.

만일 뉴턴 동역학을 고전광학과 비교하면, 동역학은 광학에 비하여 단지 절반만 기술한다고 보인다. 즉, 광학은 뉴턴의 입자설 형태와 하위헌스의 파동설 형태의 두 가지로 나타나는 데 반해 동역학은 파동의 측면을 전혀 갖지 않는다. 자연의 단일성을 정열적으로 믿었던 해밀턴과 같은 사람에게는 이것이 뉴턴 물리학에서 보완되어야만 할 결점으로 보였으며 그는 작용의 개념에 빛의 전파를 포함시킴으로써 이런 방향으로 확장하려는 첫걸음을 내디뎠다.

보편적인 작용원리를 찾으려고, 해밀턴은 작용이 운동하는 입자의 운동량뿐 아니라 에너지도 포함하도록 그 의미를 넓혀서 모페르튀이의 작용원리를 확장했다. 작용을 입자가 진행하는 경로 위의 짧은 구간에서 입자의 운동량과 짧은 구간의 간격의 곱으로 정의하는 대신에, 그는 매우 짧은 시간 간격 동안의 입자의 운동을 고려하고 이 짧은 시간 간격에 라그랑주가 일반화된 뉴턴역학에 도입했던 "라그랑지안"이라고 불리는 양을 곱한 것으로 작용을 정의했다. 한 입자의 라그랑지안은 단순히 그 운동에너지에서 위치에너지를 뺀 것인데, 그래서 해밀턴이 정의한 작용은 힘의 장 안에서 움직이는 입자를 그것의 위치에너지로 기술하는 데 이용될 수 있다. 한 개의 입자만 있는 경우에 해밀턴의 작용은 두 가지 곱의 합이다. 하나는 입자의 운동량에 그 경로 위의 짧은 구간 거리를 곱한 것이고(모페르튀이의 작용) 다른 하나는 입자의 총 에너지에 입자가 짧은 구간을 진행하는 데 걸린 시간 간격을 곱하여 이것의 음수를 취한 것이다. 이 식은 다음과 같이 표현될 수 있다. 해밀턴의 작용=(운동량×거리)-(에너지×시간)=모페르튀이의 작용-(에너지×시간).

해밀턴이 정의한 작용이 운동량을 거리와, 그리고 에너지를 시간과 연결시킨 것은 다음 두 가지 점에서 놀랄 만하다. 그것은 입자의 운동량을 그 운동 경로 위에서 측정하는 것이 어떤 방법으로든 그 위치의 측정과 연관되어 있음을 보여 주며 이것은 양자역학을 암시한다. 그것은 또한 물리계를 기술하는 데 있어 작용과 같은 양을 구하는 데 운동량은 공간과, 그리고 에너지는 시간과 결합하여야 함을 의미한다. 그래서 이것은 공간과 시간을 단일 시공간 연속체로 결합하는 상대론을 암시한다.

## 라그랑주의 업적

프랑스계 이탈리아 태생의 수학자인 조제프루이 라그랑주(Joseph-louis comte de lagrange, 1736~1813)는 토리노시에서 이탈리아 귀족의 혈통을 지닌 부유한 가정의 아들로 태어났다. 아버지는 사르디니아 국왕의 회계사였는데, 투자를 잘못하는 바람에 재산을 모두 날려 버렸다. 혼자 힘으로 살아야 할 수밖에 없었던 라그랑주는 학교에 다니며 공부에만 열중하면서 특별히 호메로스나 베르길리우스와 같은 그리스와 로마 고전시인에 몰두했으나 우연히 에드먼드 핼리의 전기를 읽게 된 후 자신이 참으로 공부하고 싶은 것이 수학임을 깨달았다. 그는 구할 수 있는 모든 수학 논문을 읽었으며 얼마 안 되어 이 분야를 모두 터득하여서 19세 때 토리노의 왕립포병학교에서 수학을 가르쳤다. 이 분야를 그야말로 철저히 이해했기 때문에, 서투른 말솜씨에도 불구하고 매우 미심쩍어 하는 노교수에 이르기까지 모든 청중의 시선을 사로잡을 수 있었다. 그의 겸손한 성격과 수학에 대한 열정은 동료들로부터 존경을 받게 만들었으며 이때의 학자들이 모여 토리노 과학학술원의 초기 회원이 되었는데 학술원을 세우는 데는 라그랑주의 노력이 크게 작용했다. 그는 수학 논문을 쓰는 데 가장 뛰어난 자질을 발휘했다. "라그랑주는 펜을 손에 잡으면 모습이 변하였으

조제프루이 라그랑주(1736~1813)

며, 그가 쓰는 것은 첫 줄부터 세련과 우아함 그 자체였다. 마치 슈베르트가 그의 환상을 사로잡은 어떤 방황하는 음운으로부터 음악을 시작한 것처럼 친구들이 그에게 가져오는 물리에 대한 질문에서 찾을 수 있는 어떤 작은 소재를 가지고도 수학을 시작했다."[11]

그는 수학자들을 근 반세기 동안이나 골탕 먹였던 소위 "동일한 주변길이 문제"를 해결한 뒤에 전 유럽에 걸친 수학자들에게 처음으로 알려지게 되었다. 그는 당시에 유럽에서 가장 유명한 수학자였던 레온하르트 오일러에게 자신의 풀이를 보냈는데, 오일러도 비슷한 결과에 도달해 있었음에도 불구하고 너그럽게도 이 발견을 모두 라그랑주의 공으로 돌렸다. 그는 이 문제를 풀기 위해 "변분법"을 창안하는 것이 필요했는데, 이것이 그의 경력의 초점이 되었으며 자연에서의 경제의 개념(최소작용의 원리)에 결정적으로 중요하였다. 이 극소원리는 그 후에 해밀턴, 제임스 클러크 맥스웰, 알베르트 아인슈타인의 연구에도 영향을 주었으며 현대물리학의 모든 분야에 계속 밀접하게 연관되고 있다.

라그랑주는 잇달아 수학에서 중요한 발견들을 이룩하였으며 유럽에서 가장 재능 있는 수학자 중의 한 사람으로 인정받게 되었다. 라플라스와는 달리 그는 다른 사람의 업적을 너그럽게 인정했지만 다른 사람의 연구에서 뉴턴에 의해 저질러진 몇 가지 실수를 포함한 미묘한 잘못까지도 가려낼 수 있었다. 그와 동시대 사람들은 그의 능력을 아낌없이 인정했고, 나중에 유럽에 생존하는 가장 위대한 수학자로 널리 알려졌다.

1764년 파리 과학아카데미로부터 「지구로 향하는 달의 표면 위의 지형물 위치를 약간 변경시키는 겉보기 진동인 달의 칭동(秤動)에 대하여」라는 논문으로 상을 받았다.[12] 라그랑주는 그가 발견하여 자신의 이름이 붙은 방정식의 도움으로 그 문제에 대한 해답을 얻었다. 두 해 뒤에는 목성의 달들의 운동을 설명하는 이론에 관한 논문으로 같은 아카데미로부터 다른 상을 받았다. 그 뒤 10년 동안, 명료하고 흠잡을 데 없이 이론에 맞는 수학 논문들로 세 개의 상을 더 받았다. 1776년 오일러와 프랑스 수학자 장 달랑베르의 추천을 받아 프리드리히 대제의 초청으로 베를린으로 가서 오일러의 자리를 이어받았다. 프리드리히 대제는 "유럽에서 가장 위대한 왕"이 "유럽에서 가장 위대한 수학자"를 그의 궁전에 모시고 싶다는 소망을 피력했다.[12]

라그랑주의 겸손한 성격은 궁전직위에 임명되고서도 별로 변하지 않았으며 계속하여 학술 연구에 온 힘을 쏟았다. 휴식 부족으로 몇 번 병에 걸린 후에 프리드리히는 수학자에게 너무 빡빡한 연구 계획을 줄일 필요가 있다는 강의를 하였다. 후원자의 충고를 받아들였던 것처럼 보인다. 그래서 "습관을 바꾸어서 저녁마다 다음 날 읽을거리를 결정하고 할당량을 결코 초과하지 않았다."[13] 프러시아에서 20년 동안 지내면서 나중에 『해석역학』으로 엮인 수많은 뛰어난 수학 논문을 완성했다. 그가 연구한 것들 중에는 "뉴턴의 만유인력 법칙에 의해 서로 잡아당기는 세 입자의 궤도가 변하는 모양을 다룬 세 물체 문제에 관한 논문을 비롯하여, 미분방정식, 소수(素數) 이론, (오일러가 실수로) 존 펠의 이름을 붙였던 기본이 되는 중요한 수 이론 방정식, 역학, 태양계의 안정성 등을 들 수 있다."[14]

프리드리히가 사망한 후에, 라그랑주는 프러시아를 떠나 루이 16세의 초청으로 파리에 왔다. 그는 아파트와 많은 영예를 하사받았지만, 파리에 도착하자마자 수학에 대한 열정이 식어 파리에 머문 첫 두 해 동안에는 아무런 업적도 이루지 않았다. 친구들에게 마음이 산란하고 모든 일에 관심이 없는 듯이 보였는데, 쉬지 않고 계속된 수학의 연구가 결국 그의 마음을 지치게 했을는지도 모르겠다. 그보다도 전에 뉴턴이 그랬듯이, 라그랑주도 형이상학이나 철학, 화학 등의 다른 분야로 눈을 돌렸다. 그가 완성한 『해석역학』이 마침내 1788년 출판되었을 때도 조그만 관심조차 내보이지 않았고, 두 해 동안 초판을 펴 보지도 않았다. 어찌 되었든 그의 책은 "자신의 변분법에 기초하여 뉴턴 이래 100년 동안의 역학에 대한 연구를 놀랍게 종합하였는데, 책에서는 역학적인 계의 성질들이 그 계의 실제 역사를 기술하는 경로가 아니라 개념적으로만 생각할 수 있는(또는 가상적인) 변위의 합(또는 적분)의 변화를 고려하여 설명되었다."[14] 이 연구는 복잡한 계에서 입자들의 위치를 결정하는 데 필요한 독립좌표(일반화된 좌표)와 고전적인 역학계의 운동에너지에서 위치에너지를 뺀 것을 일반화된 좌표와 그에 대응하는 일반화된 힘, 그리고 시간과 연결시키는(뉴턴 방정식 대신에) 라그랑주 방정식을 이용하였다.[14]

프랑스에서 혁명이 일어난 후, 라그랑주의 친구들 중 여러 명이 프랑스를 떠났지만 그는 직접 영향을 받지는 않았다. 유명한 화학자인 앙투안-로랑 라부아지에가 교수형을 당하는 것을 보고 자기가 살날이 며칠이나 될까 걱정하기도 했으나 격동 기간 동안 정부는 전과 다름없이 융숭하게 대접해 주었다. 아무튼 라그랑주는 생명의 위협에도 아랑곳없이 파리에 머무르면서 화폐와 무게, 측정들을 엄격히 십배수에 기초한 미터법으로 개혁하기 위해 모인 위원회에 그의 에너지를 쏟았다. 1791년에 이르러 수학에 관한 정신적 무기력을 떨쳐 버리고 다시 한번 가지각색의 주제와 문제에 대하여 많은 논문을 만들어 내기 시작했다.

76년에 걸치는 생애 동안 수학의 거의 모든 분야에서 이룩한 업적과 겨룰 사람을 찾아보기는 어렵다. 논문의 독창성과 장엄함은 물론 단순히 논문의 양에서도 필적할 학자가 거의 없다. 그의 관심은 뉴턴의 고전역학에서부터 페르마의 수 이론까지 걸쳐 있었으며, 연구는 라플라스나 푸리에, 몽주, 르장드르, 코시 등을 포함하는 많은 뛰어난 수학자의 업적에 원동력이 되었다.[15] 라플라스는 흰 종이 위에 현대수학의 골격을 그렸고 세부 사항은 그의 동료들과 뒤를 잇는 사람들이 채워 넣도록 남겨 두었다. 마찬가지로 뉴턴은 그의 세 가지 운동법칙과 중력이론으로 고전물리학의 기초를 다졌으며, 이로써 불멸의 지적 건축물을 지을 "벽돌과 시멘트"를 제공하였다. 라그랑주는 뉴턴에 의해서 형상화된 만만찮은 수학적 개념으로부터 위대한 영감을 발견하였으므로, 뉴턴의 연구로부터 어떻게 라그랑주의 업적으로 발전해 나갔는지 알아보는 것도 가치 있을 것이다.

뉴턴의 운동방정식은 외부에서 작용하는 힘과 입자들 상호 간에 작용하는 힘을 받아 움직이는 개개의 입자들의 운동을 구체적으로 다루므로, 그러한 입자들의 모임(입자들의 앙상블)의 운동을 뉴턴의 방법으로 완전히 기술하려면 매우 복잡해지고 입자들의 수가 많을 때는 현실적으로 불가능하다. 뉴턴역학에서의 이러한 어려움을 제거하기 위해, 라그랑주는 이 앙상블을 묘사하는 방정식의 수를 줄임으로써 뉴턴 방정식들을 간단하게 만들어 주는 과정을 발전시켰다. 이 과정은 입자계의 자유도에 관한 라그랑주의 개념으로부터 비롯되었는데, 한 입자의 운동을 생각해 보면 이 개념을 잘 이해할 수 있다. 만일 이 입자가 아무런 힘도 받지 않는다면 공간에서 서로 수직인 세 방향 중에서 어느 방향으로나 자유로이 움직인다. 그러한 세 방향을 한 점에 서로 수직인 세 선으로 표시한다. 그래서 (꼬불꼬불한 산길을 달리는 자동차의 예와 같이) 지상의 한 입자는 남북으로, 동서로, 위아래로 움직인다. 우리는 그러한 입자의 자유도는 셋이라고 말하며, 그 입자에 힘이 작용하면 그 운동을 묘사하기 위해 뉴턴의 운동방정식이 세 개 필요하다. 앙상블에 속한 각 입자마다 모두 세 개의 방정식이 필요하므로, 입자의 수가 증가하면 운동방정식의 전체 수는 다루지 못할 정도로 많아진다. 라그랑주는 앙상블에 속한 입자들이 받는 (일반적으로 기하적 성질의) 제약을 고려하면, 이 계의 라그랑지안을 이용하여 많은 수의 뉴턴의 운동방정식을 수학적으로 다룰 수 있을 정도의 몇 개 안 되는 방정식으로 줄일 수 있다는 것을 보였다. 이 방정식들은 입자의 보통좌표를 소위 "일반화된 좌표"(옛 좌표들의 기하 및 대수적 조합)와 일반화된 좌표의 시간에 대한 변화율인 "일반화된 속도"로 바꾸면 더욱 간단해진다. 이 중요한 뉴턴 동역학을 간단하게 만드는 모양을 몇 가지 예를 들어 살펴보자.

첫 번째 예로 단진자를 보자. 질량이 m인 추가 가볍고 늘어나지 않는 길이 $\ell$인 줄의 끝에 매달려 있다. 이 추는 줄 때문에 줄의 길이인 반지름 $\ell$이 되는 원의 원호를 따라서만 움직일 수 있는 제약을 받는다. 따라서 이 추의 자유도는 줄 때문에 하나로 줄어든다. 이 자유도는 추가 그리는 원 모양의 경로 위의 한 점에 있을 때 줄과 연직선 사이의 각(그리스 문자 $\theta$로 표시)으로 나타낼 수 있다. 이 각의 시간에 대한 변화율이 일반화된 속도 $\dot{\theta}$(머리 위 점은 변화율을 의미한다)이다. 단진자의 라그랑지안은 추의 운동에너지($\frac{1}{2}m\ell^2\dot{\theta}^2$)에서 위치에너지[$mg\ell(1-\cos\theta)$]를 뺀 것인데, 여기서 g는 중력가속도이고 $\ell(1-\cos\theta)$는 추가 정지하였을 때의 위치로부터 잰 추의 높이이다. 이 표현으로부터 정해진 어떤 수학 연산을 통하여 각 $\theta$에 대한 라그랑주의 운동방정식을 얻으며, 이것이 추의 공간좌표에 대한 뉴턴의 세 운동방정식을 대신한다. 진동하는 단진자의 동역학에 대한 모든 특성은 $\theta$에 대한 이 한 방정식으로부터 얻을 수 있다.

다른 예로 가볍고 단단한 막대로 연결된 두 구로 이루어진 계를 보자. 만일 두 구가 (막대로 연결되어 있지 않고) 자유로이 서로 독립하여 움직인다면 한 구마다 세 개의 자유도를 가지며, 따라서 전체 자유도는 여섯일 것이다. 그러나 막대로 연결되어 있는 제약 때문에 자유도의 수가 다섯으로 준다. 그중에서 세 개의 자유도는 이 계의 질량중심(막대 위의 한 점으로 그 점에서 각 구까지의 거리의 비가 두 질량의 비의 역수가 되는 곳)의 병진운동을 가진다. 나머지 둘은 회전운동의 자유도인데 이것은 이 계가 막대 위의 질량중심에서 서로 수직인 두 축을 중심으로 하는 자유로운 회전운동을 나타낸다.

일반화된 좌표와 일반화된 속도에 대한 라그랑주의 개념과 해밀턴의 방식으로 라그랑지안으로부터 구성된 작용을 통하여 해밀턴이 확장한 최소작용의 원리는 물리학자들이 중력장이나 전자기장과 같은 힘의 장을 동역학적으로 다룰 수 있도록 만들어 주었다. 그 결과로 장의 일반화된 좌표와 속도를 도입하고 장의 라그랑지안과 이로부터 장의 작용을 구성할 수 있게 되었다. 그리하여 해밀턴의 작용에 대한 원리로부터 장의 운동방정식을 얻게 된다.

이 모든 것이 갈릴레오와 뉴턴 물리학의 기초가 되었던 공간이나 시간, 힘, 질량과 같은 "실제로" 측정할 수 있는 양을 구체적으로 다루지 않기 때문에 매우 추상적으로 보일지 모른다. 그러나 작용과 라그랑지안, 그리고 최소작용의 원리와 같은 개념이 오늘날 이론물리학에서 차지하는 중요성은 아무리 강조하여도 지나치지 않는다. 이러한 발전 과정에서 한 계의 작용에 대한 그 유명한 해밀턴-야코비 방정식이 절정을 이룬다. 이 방정식은 해밀턴과 19세기 독일의 뛰어난 수리물리학자인 카를 구스타프 야코비가 발견했다. 이 방정식의 풀이에 의해 얻어지는 작용으로부터 운동량과 에너지, 각운동량과 같은 모든 관찰할 수 있는 동역학적 성질을 얻을 수 있으며, 그래서 어떤 의미로 이 점이 뉴턴역학의 궁극적인 종합을 대표한다. 그뿐 아니라 그것은 고전 전자기동역학(전하와 전자기장 사이의 상호작용)과 상대론적 동역학에도 적용되었다. 비록 한 계의 작용에 대한 해밀턴-야코비 방정식이 고전(뉴턴)역학을 위하여 발전되었으나, 그것은 양자역학에서 입자를 기술하는 유명한 슈뢰딩거 파동방정식과도 밀접하게 연결된다. 실제로 입자에 대한 슈뢰딩거 파동함수는 고전적 작용이 취할 수 있는 여러 가지 값으로부터 구성될 수 있다.

마지막으로 태양 주위를 도는 행성의 궤도는 뉴턴의 운동방정식을 푸는 대신 보존원리를 이용하여 아주 쉽게 구할 수 있다. 여기서는 수학적 대수를 사용하지 않고 그 과정의 대략만을 설명하고자 한다. 이때 사용되는 수학은 고등학교 과정의 초보 대수를 벗어나지 않는다. 질량이 m인 행성(예를 들면 지구)과 질량이 M인 태양이 만유인력을 통하여 상호작용하고 있다. 다시 말하면 그 둘을 잇는 가상의 선을 따라 서로 잡아당기고 있다. 지구와 태양이 구형이며, 구형 물체의 경우에는 질량이 모두 그 중심에 모여 있는 것처럼 중력이 작용하므로 이 문제에서는 지구와 태양을 태양과 지구의 중심 사이의 거리만큼 떨어져 있는 두 질점(한 점에 모두 모여 있는 질량)으로 바꾸어도 좋다. 뉴턴의 제3법칙에 의하면 지구가 태양을 잡아당기는 힘은 태양이 지구를 잡아당기는 힘과 정확히 같지만, 이 힘에 대한 태양의 반응은 지구와 태양의 질량 사이의 비만큼 지구의 반응보다 덜하다. 간단히 말하면 지구의 질량이 태양의 질량보다 무척 작기 때문에 지구의 반응이 태양의 경우보다 훨씬 크다. 이 점을 잊지 말고 이제 관계되는 기하학적, 운동학적, 동역학적 요소들이 어떻게 두 입자의 궤도를 결정하는지를 보자.

질량 m인 입자(지구)와 질량 M인 입자(태양)가 서로 거리 r만큼 떨어져서 정지해 있는 경우부터 시작하자. 그리고 나서 그 둘을 붙잡아 놓는 힘을 제거하면 그들이 어떻게 움직이는지 보기 위해 보존원리를 적용하기로 한다. 이 계(지구와 태양의 두 입자)의 총 운동량은 0이며, 총 각운동량(회전하지 않는다)도 0이고 총 에너지는 두 입자의 (음수인) 상호 위치에너지이며 이 계의 운동에너지는 0이다. 이제 보존원리들이 이 두 입자들이 보존원리를 만족하면서 어떻게 움직여야만 하는가를 말해 준다. 이들은 그들을 잇는 선 위에서만 움직일 수 있기 때문에 그들의 총 운동량을 0으로 유지하면서 움직여야 하는데, 이것은 m(지구)이 M(태양)의 속력보다 M/m 배만큼 더 큰 속력으로 이 선을 따라서 운동함을 의미한다. 이것은 단순히 질량 m과 이것이 갖는 속력의 곱이 질량 M과 그 속력의 곱과 같음을 뜻할 뿐이다. 만일 지구와 태양에 이것을 적용하면, 이 선을 따라 지구가 움직이는 속력은 항상 태양의 속력의 340,000배일 것이다.

M과 m의 속력이 서로 다가갈수록 커지기 때문에 그들의 운동에너지는 증가하지만, 이 증가는 그들의 위치에너지 감소와 정확히 상쇄되어서 에너지 보존원리가 요구하는 대로 이 계의 총 에너지는 일정한 채로 있다. 그 둘이 자기들의 질량중심에서 충돌한 후에는 둘이 붙어 있을 수는 없는데, 그렇다면 에너지가 보존되지 않기 때문이다. 따라서 그들은 충돌 후에 꼭 다시 떨어져야 하며, 그들이 서로 멀어지는 동안에는 멀어지는 각 위치에서 그들이 다가올 때와 똑같은 속력으로 운동한다. 이 두 물체는 그들 사이의 거리가 원래 시작한 처음 거리와 정확히 같아지면 멈추

게 되며 그 후에는 다시 다가가기 시작하여 이러한 동작을 반복한다. 이 반복 과정에서 역학적 에너지를 잃어버리지 않는 한, 두 물체는 직선 위에서 왕복운동을 영원히 계속한다.

왕복직선운동은 행성에는 실제로 일어나지 않는 이 계의 매우 특별한 궤도 중의 하나이다. 행성궤도를 얻기 위해서는 이 계에 토크를 작용시켜 각운동량(회전)을 주어야만 한다. 우리는 단순히 m과 M을 잇는 선과 정확하게 수직인 방향으로 매우 짧은 시간 동안 힘을 가하여 이것을 매우 쉽게 이룰 수 있다. 토크의 크기는 단순히 이 옆으로 작용하는 힘에 질량중심으로부터 m까지의 거리를 곱한 것이며, 이 계에 첨가된 각운동량은 토크에 m이 힘을 받은 시간을 곱한 것과 같다.

질량중심 주위의 m의 궤도(질량중심 주위의 M의 궤도는 m의 궤도와 정확히 같지만 단지 그 크기가 질량인자 m/M배만큼 작을 뿐이다)를 얻기 위해, m을 옆으로(두 입자를 잇는 선과 수직으로) 잠시 동안 밀었음을 기억하자. 질량 m은 옆 방향의 속도를 얻어서 이것이 밀린 후에 옆으로 얼마나 빨리 움직였느냐에 따라 결정되는 원호의 모양을 따라서 운동한다. m의 운동의 각 단계마다 그것의 총 에너지(운동에너지+위치에너지)를 구할 수 있는데, 이 값은 변할 수 없다. 또한 그 총 각운동량도 구할 수 있는데 이것 역시 m이 자기 경로를 따라 움직이는 동안 일정하게 유지된다. 이와 같이 두 가지 일정하게 유지되는 동역학의 성질로부터 경로 위의 각 점에서 m의 속력과 질량중심으로부터의 거리가 포함되는(의존하는) 두 개의 대수방정식을 얻는다. 이 방정식들의 풀이는 m의 궤도가 타원이며 M에서 m까지 그린 선은 같은 시간 간격 동안 같은 면적을 쓸며 지나가는 것을 알려 준다. 이 두 결과가 바로 케플러의 행성운동에 관한 세 법칙 중 처음 두 개이다. 세 번째 법칙도 또한 이 방정식의 직접적인 결과로 얻어진다.

우리는 위의 생각들이 발전된 과정과 뉴턴의 운동법칙과 만유인력의 법칙이 서로 상호작용하는 두 물체의 경우와 같이 매우 중요한 문제에 어떻게 응용되는지를 꽤 상세하게 설명했는데, 그것은 이 경우가 뉴턴역학의 절정을 대표하기 때문이다. 더구나 이 경우는 그 운동하는 모양(궤도)이 정확하게 얻어질 수 있는 중력에 의해서 속박된 가장 간단한 입자들의 계(두 질점)이다. 셋이나 그보다 많은 서로 상호작용하는 입자들의(n이 2보다 클 경우 유명한 n 물체 문제) 궤도는 라그랑주가 해결한 제한된 세 물체 문제와 같이 매우 특수한 경우를 제외하고는 구체적인 수학 형태로 쓸 수 없다. 일반적인 다체계의 중력 문제는 섭동이론의 방법에 의해서만 수치 계산으로 풀 수 있다. 이것은 진정한 풀이(관찰된 궤도)에 원하는 만큼 가깝게 도달하기 위해 연속적으로 수치 근사법을 이용하는 것이다.

## 참고문헌

1. "Sir. William Rowan Hamilton," Encyclopaedia Britannica. Chicago : Encyclopaedia Britannica, Inc., Vol. 8, 1974, p. 588.
2. Henry A. Boorse and Lloyd Motz, The World of the Atom. New York : Basic Books, 1966, p. 1027.
3. 위에서 인용한 "Sir Willian Rowan Hamilton", p. 588.
4. 위에서 인용한 Boorse 와 Motz 의 책, p. 1028.
5. 위에서 인용한 "Sir Willian Rowan Hamilton", p. 589.
6. 위에서 인용한 Boorse 와 Motz 의 책, p. 1028.
7. 위에서 인용한 "Sir Willian Rowan Hamiliton", p. 589.
8. Herbert Westren Turnbull, The Great Mathematicians in The World of Mathematics. Ed. James R. Newman. New York : Simon & Schuster, 1956, p. 163.
9. 위에서 인용한 Boorse 와 Motz 의 책, p. 1029.
10. W. R. Hamilton, Dublin University Review, 1833, pp. 795—826.
11. 위에서 인용한 Turnbull의 책, p. 153.
12. "Joseph-Louis Comte de Lagrange," Encyclopaedia Britannica. Chicago : Encyclopaedia Britannica, Inc., Vol. 10, 1974, p. 598.
13. 위에서 인용한 Turnbull 의 책, p. 154.
14. 위에서 인용한 "Joseph-Louis Comte de Lagrange", p. 598.
15. 위에서 인용한 Turnbull 의 책, p. 155.

## 사진 출처

1. Joseph-louis Lagrange,
http://www-history.mcs.st-and.ac.uk/history/PictDisplay/Lagrange.html

# 9장
# 광학, 전기학 그리고 자기학의 발전

원인은 숨겨져 있어도, 그 효과는 드러나 있다.
—OVID

## 뉴턴 시대의 종말

뉴턴역학과 만유인력 이론은 19세기 중반까지 물리학을 지배해 왔다. 이때는 뉴턴 시대 이후의 수리물리학자들의 연구 업적에 의해 수학적 발전이 정점을 이루었던 시기였다. 광학이나 전기학, 자기학, 열(열역학) 등과 같은 물리학의 다른 분야들은 뉴턴역학과는 독립적으로 커 가며 발전했는데 그 발전 속도는 매우 느렸다. 이와 같이 느린 발전 속도는 부분적으로 매우 아름답고 미적으로 만족스러운 수학 구조를 지닌 뉴턴역학과의 강력한 지적 경쟁에 기인한다. 더구나, 물질의 본성에 관한 심오하고 어려운 문제에 매달려 칙칙한 실험실에서 별로 알려지지 않은 채 일하는 것보다 뉴턴역학에서처럼 태양계 이론에 성공적으로 응용되어 바로 보상받고 인정받는 일이 훨씬 더 인기를 끌었다.

영국의 존 코시 애덤스와 프랑스의 우르방 장 조세프 레베리에는 1846년 독립적으로 천왕성에서 계산된 궤도와 관찰된 궤도 사이의 차이는 천왕성 궤도에서 훨씬 멀리 떨어진 궤도를 따라 태양 주위를 도는 아직 발견되지 않은 행성(후에 애덤스나 레베리에가 예언한 장소로부터 멀지 않은 곳에서 관찰되었으며 해왕성이라고 명명되었다) 때문임을 밝혔다. 이는 뉴턴역학이 천문학에 응용되어 극적인 성공을 얻음과 동시에 보상을 받았음을 가리킨다. 전혀 상상하지도 못하였던 행성의 존재를 추상적인 과학 이론으로부터 나오는 순수한 사고(수학)에 의하여 알아낼 수 있다는 사실이 엄청난 흥분을 자아내었으며 사람들의 마음속에서 과학을 종교의 위치까지 끌어올리게 했다. 더구나 그것은 과학과 수학의 조합이 전문가의 손안에서 매우 강력한 지적 도구가 됨을 보였다.

뉴턴 이후 시대의 물리학에서 다른 분야에서보다 오히려 뉴턴역학이 선호되었던 경향은 그 이용이 용이하다는 점에서도 비롯되었다. 물리이론과 수학, 그리고 이 이론적인 장치가 적용되는 문제들이 모두 가까이 있었으며, 이러한 문제들은 이상적인 입자가 이상적인 조건에서 움직이는 것과 같이 순수한 이론적인 문제들보다 훨씬 더 광범위하게 펼쳐져 있었다. 바다의 밀물과 썰물이 들고 난다든가 강물의 흐름, 공중으로 던져진 물체의 궤도(탄도학), 바퀴와 기계의 부품들의 움직임, 구조물의 안정 조건 등과 같은 문제들이 모두 성공적으로 다루어졌다. 그래서 기계공학과 토목공학이 튼튼한 과학적 기반 위에서 발전했다.

뉴턴 이론에 의한 과학적 업적들이 손쉽게 이루어질 수 있었음에 비해, 빛의 성질을 발견하거나 물질의 구조를 탐구하는 일은 어려웠으며, 이런 분야에서의 발견은 더디게 이루어졌고, 많은 것이 우연적으로 이루어졌다. 그것은 뉴턴역학과는 달리 이런 분야를 발전시키는 수학적인 기반이 마련되지 못했기 때문이었다. 많은 연구가 매우 조악한 실험실에서 수행된 실험에 의하여 시행착오를 거쳐서 이루어졌다. 비록 그렇다 해도, 부유한 과학자인 헨리 캐번디시는 1794년 질량 값을 아는 납으로 만든 두 개의 구를 일정한 거리에 놓고, 두 구 사이의 만유인력을 측정하여 뉴턴의 만유인력상수 값을 처음으로 놀랄 만큼 정확하게 측정했다.

# 뉴턴 이후의 광학

빛의 전파와 본성에 관한 많은 사실이 발견되었다. 1850년대에 피조와 푸코는 진한 매질에서의 빛의 속도가 묽은 매질에서보다(공기나 진공에 비하여 물속을 통과할 때) 느리다는 것을 측정함으로써, 뉴턴의 입자설은 하위헌스의 파동이론에 밀려나게 되었다. 토머스 영과 오귀스탱 장 프레넬의 실험 결과가 이러한 선택을 강력히 뒷받침해 주었다. 그들은 뉴턴의 입자설로는 절대로 이해할 수 없는 빛의 편광이나 간섭, 그리고 (모서리를 돌아 구부러지는) 회절현상 등을 파동설로 설명했다. 비록 파동설이 점차로 완전히 받아들여지게 되었지만, 그 파동의 물리적 성질이나 별에서 지구에 이르는 광대한 거리를 어떻게 전파되어 오는 것인지에 대해서는 전혀 알지 못했다. 비록 파동이 매질을 통하여 전파됨을 알았지만(예를 들면, 음파는 공기를 통하여, 수면파는 물의 표면을 통하여), 빛파동을 전파시키는 뚜렷한 매질을 생각할 수 없었다. 그래서 그러한 매질로 "빛을 발하는 에테르"를 생각하게 되었다.

빛파동의 본성은 1862년 제임스 클러크 맥스웰이 전기와 자기에 관한 마이클 패러데이의 실험적 발견들을 연구하면서 그의 유명한 전자기장에 관한 방정식을 씀으로써 드러나게 되었다. 이 방정식은 빛이 전자기현상임을 알려 준다. 비록 빛파동의 본성이 19세기 중반까지 알려지지 않았지만, 그것의 중요한 성질의 일부는 이미 알려져 있었고 실용적으로 이용되고 있었다. 그래서 기본적인 파동 공식, 즉 파동의 파장과 그 진동수의 곱은 파동의 속도와 같다는 것이 충분히 이해되었다. 파장은 파동에서 이웃한 두 마루(꼭대기) 사이의 거리이며, 진동수는 1초 동안 정해진 점을 지나가는 마루의 수이다. 진동수의 단위(초당 1)는 헤르츠이다. 이것은 맥스웰이 제안한 빛의 전자기이론을 실험으로 증명한 위대한 실험학자 하인리히 루돌프 헤르츠의 이름을 따서 정해졌다. 빨간빛의 파장은 보랏빛의 파장보다 거의 두 배가 더 길고 모든 파장(색깔)이 진공 속에서 같은 빠르기로 움직인다는 사실 등도 또한 밝혀졌다.

뉴턴이 광학 스펙트럼(가시광의 모든 색깔을 섞으면 흰빛을 이룬다는 것)을 발견한 뒤 마침내 분광기를 발명하게 되었다. 간단한 구조에도 불구하고 그것은 아마 지금까지 고안된 모든 기구 중에서 과학에서 가장 중요하게 이용되고 있는 도구일 것이다. 분광기의 발명은 물리학과 천문학에서는 물론 원자핵에서 천체에 이르는 영역에 걸쳐서, 그리고 지질학과 화학 및 의학 등의 모든 분야를 망라하여 어떤 다른 도구나 도구들을 짜 맞춘 것들이 이룬 것보다도 더 위대한 과학적 발견들을 가능하게 만들었다.

광학이론을 실용적으로 응용하는 데 가장 중요한 것이 모든 종류의 렌즈를 설계하는 일이다. 이를 위해서 파동이나 물리광학의 지식이 필요하지는 않다. 빛이 갖는 파동의 성질을 무시한 광선 또는 기하광학이 아주 복잡한 광학장치를 설계하는 데 필요한 전부였다. 그래서 모든 종류의 망원경이나 현미경, 카메라 렌즈 등이 모두 광선이 한 매질에서 다른 매질로 진행할 때 그 경로가 어떻게 휘는지를 알려 주는 스넬의 법칙에 근거하여 설계되고 제작되었다. 광선에는 두 매질의 차이가 그 매질에서 광선이 지나가는 속력에 의해 나타나며, 이 속력은 그 매질의 "굴절률"이라고 불리는 수로 표현된다. 이 수가 클수록 그 매질을 지나가는 광선의 속력은 작아지고, 광선이 그 매질의 표면으로 들어가는 각이 90°가 아니면 그 수가 클수록 매질의 경계에서 광선의 경로가 더 많이 휜다. 이와 같이 순수한 기하에 기반을 둔 실용적인 광학이 이 기간 동안 매우 풍성한 성장을 구가했다. 오늘날에는 광학장치를 설계할 때 빛이 지닌 파동 성질에 옛날보다 더 많은 주의를 기울인다. 높은 정밀성이 요구되는 데에서는 파동 성질을 고려하는 것이 필수적이라는 것은 말할 나위도 없다.

## 전기와 자기

전기와 자기(자석)가 고대 그리스 사람에게도 알려져 있었고 엘리자베스 여왕의 궁중의사인 윌리엄 길버트도 자석을 가지고 많은 실험을 수행했지만, 전류가 발견되고 뒤따라 그러한 전류가 갖는 자기적 성질이 발견된 후에야 전기와 자기에 관한 이론이 쏟아져 나오고 발전하였다. 그때까지는 전기(정전기학)나 자기(정자기학)가 과학적으로 연구할 가치가 있는 자연현상으로 다루어지기보다는 주로 거실에서 손님을 즐겁게 해 주는 호기심을 자극하는 것쯤으로 생각되었다.

17세기 말에서 18세기 초에 이르는 기간 동안, 몇몇 열성적인 아마추어 과학자가 정전기학을 진지하게 연구했지만, 뉴턴역학에 뒤이어 발전된 것과 같은 이론체계는 수립하지 못했다. (많은 양의 전하를 구에 모으는 것과 같은) 정전기 기계가 발명되었으며, 전하를 저장하기 위해 레이던병(기본적으로 축전기의 일종)과 같은 기구들이 만들어졌다. 그러나 그런 기구로부터 전도체의 개념이나 전기회로와 같은 생각으로 발전하는 단계를 밟지는 못했다. 벤저민 프랭클린이 번갯불을 조사하면서, 전깃줄의 한쪽 끝이 지상에서 충분히 높게 올려져서 번갯불에 맞게 되면 땅 쪽으로 내려진 전깃줄의 다른 쪽 끝에서 전기적인 불꽃이 일어남을 보인 것이 그래도 그런 단계에 가장 가까웠다. 이런 관찰로부터 프랭클린은 1752년 모든 공간에 스며들어 있고 모든 물질에 존재하는 감지할 수 없을 만큼 가벼운 전기적 유체가 존재한다는 생각을 제의했다. 어떤 물체에 들어 있는 이 유체의 양이 그 물체의 바깥보다 더 많으면 유체가 전체적으로 보아 바깥으로 흘러 나가서 이 물체는 음으로 대전되고, 만일 유체의 흐름이 반대이면 양으로 대전된다. 이와 같이 전하의 부호가 자연 전체에 존재하는 전기적 유체의 양이 넘치느냐 또는 모자라느냐와 관련된다고 생각했다.

그리스 초기 사람들도 전기와 자기 현상을 연구했으나 전하 사이의 전기력에 관한 정량적인 법칙이 발견되지 못하여 정전기와 정자기에 관한 과학은 천천히 발달했다. 1730년 프랑스의 뒤페가 행한 실험으로부터 전하를 띤 물체들이 (반대 부호의 전하를 띠면) 서로 잡아당기거나 (전하가 같은 부호이면) 또는 밀친다는 것이 알려졌다. 하지만 이 지식은 정성적일 뿐이었으며, 샤를 오귀스탱 드 쿨롱이 같은 양의 양전하를 띠고 정밀하게 측정된 거리만큼 떨어진 두 작은 구 사이의 밀치는 힘을 정밀한 뒤틀림 천칭을 이용하여 측정한 뒤에야 비로소 정량적이 되었다. 그는 이 힘이 뉴턴의 법칙을 따르는 만유인력과 똑같이 두 구의 중심 사이의 거리의 제곱에 반비례하고 전하들의 곱에 정비례함을 발견했다. 이것이 쿨롱의 “거리의 제곱에 반비례하는 전기력의 법칙”이라고 알려져 있다. 이것은 자기전하(자극)에도 또한 적용되는데, 이때도 두 자극이 (다른 극 사이에는) 서로 잡아당기거나 또는 (같은 극 사이에는) 밀친다. 이 법칙은 물체가 지닌 전하가 같은 양이거나 또는 다른 양이거나 모두 성립하므로, 이 힘의 쿨롱 법칙은 대수적으로, $F=q_1q_2/r^2$이라고 나타낸다. 여기서 $q_1$과 $q_2$는 두 구의 전하이고 r는 두 구의 중심 사이의 거리이다. 이 공식으로부터 전하의 단위를 정의할 수 있는데(1정전기 단위 또는 1esu), 단위전하를 띤 두 구의 중심이 1㎝ 떨어져 있을 때 두 구 사이에 작용하는 힘이 정확히 1다인이다. 그러나 이것은 전하가 각 구의 표면에 균일하게 분포되어 있어서 전하들이 마치 그 구의 중심에 모두 모여 있는 것처럼 행동하는 경우에만 옳다. 이 조건은 만일 구가 전도체이면 자동으로 성립하는데, 이때는 전하들이 자유로이 움직일 수 있어서 표면에 고르게 퍼지도록 서로 밀치기 때문이다. 이 힘에 대한 쿨롱의 법칙은 정전기학의 기본이 되며 자석에 대한 정자기학의 기본이 되기도 한다. 양전하와 음전하는 서로 독립적으로 존재할 수 있는 데 반해 자석의 양극은 그렇지 못하다. 앞으로 알게 되겠지만 전기와 자기 현상은 밀접하게 연관되어 있지만, 이 차이가 전기와 자기 사이에 놀라운 비대칭성을 만들어 낸다.

이 기간 동안에 관찰된 많은 현상이 전하의 흐름(전류)을 암시했음에도 불구하고, 당시에는 아무도 전류를 만들어 낼 수 있고 마음대로 조절할 수 있는 전하의 끊임없는 흐름이라는 의미로 생각하지 못했다. 그런 전류는 1780년대에 볼로냐의 해부학 교수였던 루이지 갈바니에 의해 우연히 발견되었다. 그는 개구리의 다리 근육이 서로 다른 금속(아연과 구리)과 접촉하자마자 갑자기 수축하는 것을 유심히 보았다. 그의 동료이자 물리학 교수인 알레산드로 볼타는 그것이 생물학적인 현상이라는 갈바니의 의견을 반대하고, 개구리 다리의 신경이 다른 두 금속에 접촉하였을 때 전류가 만들어졌으리라는 생각을 제의했다. 갈바니가 생각했던 것처럼 신경이 전류를 만들지는 않았고 단순히 전류를 전달해 줄 뿐이었다. 그 후에 볼타는 물기 없는 두 아연과 구리막대를 황산용액에 담그고 철사로 연결하면 강한 전류가 흐른다는 것을 보였다. 이 기구가 바로 최초의 볼타전지이며 전기기술의 시작이었다. 볼타는 이렇게 만들어진 전류의 세기는 사용된 금속막대의 종류와 산용액의 종류에 의존함을 보였다. 이 발견과 함께, 전기에 관한 연구가 정전기에서 전류에 대한 연구로 급속히 바뀌었다. 그래서 전자기현상이 발견될 것은 필연적이었으며, 몇 해 지나지 않아 1820년 한스 크리스티안 외르스테드에 의해 이루어졌다.

외르스테드(1777~1851)는 덴마크의 랑게란드에서 약제사의 아들로 태어났다. 많은 자식을 다 부양할 만한 경제적 능력이 없었으므로, 크리스티안과 동생 아네르스는 매우 어릴 적에 가발공장을 경영하는 가족의 친구 집으로 보내졌다. 이 부부는 아이들 교육에 관심을 기울여 가족 성경으로 독일어를 가르쳤으며 또한 약간의 라틴어와 수학도 공부시켰다. 두 아이들이 모두 빨리 배웠고, 정규학교에서 교육받은 것이 아닌데도 불구하고 그렇게 어린 나이에서는 보기 드물게 무엇이든 알고 싶어 했다. 크리스티안은 다른 집에 살면서도 약국에서 일하는 아버지를 도왔는데, 그래서 그의 과학 지식은 학교에서 배운 것이 아니라 아버지를 도우며 배운 것이었다.

교육은 별로 받지 못했지만, 크리스티안은 코펜하겐대학교 입학시험에 합격했으며 1794년부터 그곳에서 공부하기 시작했다. 철학, 특히 이마누엘 칸트의 업적에 매우 흥미가 있었으나 천문학, 물리학, 수학 그리고 화학을 공부했으며, 1797년 화학으로 학위를 받았다. 잠시 철학 잡지의 편집 일을 보다가, 외르스테드는 과학에서 칸트의 철학이 차지하는 중요성을 검토하는 박사 학위논문을 준비하기 시작했다. 1801년 외르스테드는 독일의 여러 곳을 자주 여행하면서 볼타전지를 발명하는 계기가 되었던 전기와 화학 사이의 관계에 대해 이루어진 연구들을 공부했다.

1804년 코펜하겐으로 돌아와서 물리학 교수직을 얻으려고 시도했으나 여의치 않았다. 경제적으로 궁핍한 나머지, 과학과 철학에 대한 주제로 대중을 상대로 한 일련의 강좌를 맡기 시작했다. 강좌가 매우 성공적이어서, 코펜하겐대학교의 학장은 외르스테드를 위해 특별히 새로 교수직을 하나 더 만들었다. 이제 마침내 대학교에서 일할 수 있게 되자, 그의 명성을 확고하게 만들도록 도운 많은 과학 논문을 쓰기 시작했다.

그는 실험 강의 도중 어떤 현상을 발견했는데, 그 강의에 참석했던 사람들의 증언에 의하면, 외르스테드는 실험 도중에 일어난 현상을 보고 마치 전혀 예상하지 못했던 것처럼 당황하는 것 같았다고 한다. 그는 볼타전지의 양극과 음극 기둥 양 끝을 잇는 철사에 강한 전류를 흘려 보내면서, 원래 북쪽에서 남쪽 방향을 향하는 철사 옆에 나란히 놓인 나침반의 바늘이 철사의 방향과 수직하게 동쪽에서 서쪽을 향하도록 90° 회전한 다음 계속 그 방향을 가리키는 것을 보고 놀랐다. 그가 철사에 흐르는 전류의 방향을 바꾸니, 나침반의 바늘은 즉시 180° 회전했고, 철사가 놓인 방향에 상관없이 바늘은 항상 철사와 수직한 방향을 가리켰으며, 원래 북쪽을 가리켜야 할 나침반의 바늘이 철사에 흐르는 전류의 방향에 따라서 철사의 한쪽 옆이나 다른 쪽 옆을 향하였다. 이것은 정말로 인류 역사 이래 과학 분야에서 가장 위대한 발견 중의 하나인데, 이것이 우리 생활과 사회의 모든 측면을 변혁시킨 전자기의 광대한 과학적, 기술적인 영역을 향한 문을 열어 주었기 때문이다. 이 발견 자체는 과학 연구에 즉각적인 반향을 일으켰는데, 이것은 자침에 작용하는 힘의 행동양상이 정전기나 정자기 또는 만유인력과 사뭇 달랐기 때문이다. 바늘이 회전하였다는 사실은 두 질량이나 두 전하 또는 두 자극 사이에 작용하는 것과 같이 단순한 인력이나 척력이 아니고 전류에서 발생한 회전력의 영향을 받는다는 것을 시사한다. 나침반의 바늘이 전하에 의해 영향을 받지는 않는다는 사실로부터 이 회전은 자기적인 효과임이 명백했으며, 그래서 외르스테드는 전류가 자기를 발생시킨다는 올바른 결론을 내렸다. 이것을 충분히 설명하기 위해서는 전기장과 자기장의 개념을 도입해야만 한다.

## 전기장과 자기장

우리는 멀리 떨어진 거리까지 작용하는 만유인력의 개념을 한 질량과 다른 질량이 주위 공간에 만드는 중력장과 상호작용하는 것으로 바꿔 놓을 수 있음을 보았다. 그래서 떨어진 두 물체 사이의 힘은 각 물체와 그 물체가 차지하는 공간의 어떤 양(장) 사이의 상호작용이 된다. 장 자체는 모든 곳에 가득 차 있는 물리적 실체 또는 구조이며 공간의 각 점에서 그 세기(또는 크기)와 방향으로 정의된다. 그래서 어떤 질량분포에 의해 한 점에 생기는 중력장은 그 점에 위치한 단위질량의 가속도와 같다. 중력장에 놓인 질량은 모두 장이 약한 곳에서 강한 곳으로 움직이려 한다. 전하들이나 자석의 두 극 사이에 작용하는 전기력이나 자기력에 대해서도 같은 방법으로 기술하고자 한다. 그렇지만 전하나 자극의 경우에 작용하는 힘은 잡아당기지만 않고 서로 밀치는 수도 있어서 이때의 장은 조금 더 복잡하지만, 일반적인 장으로서의 개념에는 큰 차이가 없다.

크기가 q인 전하가 놓인 점에서 r만큼 떨어진 곳에 생기는 전기장의 세기는 전하의 크기를 거리의 제곱으로 나눈 $q/r^2$와 같다. 이 장의 방향은 그곳에 양전하를 놓았을 때 이 양전하가 움직이는 방향이다. 달리 말하면, 어느 주어진 점의 전기장은 그 점에 놓인 단위양전하에 작용하는 힘으로 주어진다. 그래서 한 점의 전기장은 그 전기장을 발생시키는 전하가 양이냐 음이냐에 따라 양일 수도 있고 음일 수도 있다. 전기장이 있는 어떤 점에 놓인 양전하와 음전하는 반대 방향으로 움직인다. 자석에 의해 생기는 자기장에도 똑같은 생각이 적용된다.

한 전하나 자극에 의한 전기장이나 자기장을 결정하는 것은 아주 쉽지만, 전하나 자극의 수가 많아지면 문제는 걷잡을 수 없이 복잡해진다. 이제 바로 중력에서와 마찬가지로, 각 점에서의 장을 그 점에서의 퍼텐셜로 정의함으로써 문제를 간단하게 만들 수 있다. 장이 있는 한 점에서의 퍼텐셜에 대한 개념은 위치에너지의 개념으로부터 나올 수 있다. (진동하는 진자의 끝에 매달린 추의 문제에서 잘 예시되었던 것처럼) 한 입자가 중력장 안에서 운동에너지와 위치에너지를 가졌던 것과 같이, 움직이는 전하는 전기장 안에서 운동에너지와 위치에너지를 가질 수 있다. 전기장 안의 한 점에서 전기 퍼텐셜은 단위전하를 무한히 먼 곳으로부터 그 점까지 가져오는 데 필요한 일로서 정의된다. 만일 이 점의 위치가 전기장을 만드는 크기 q인 전하로부터의 거리 r이면, 이 점에서의 퍼텐셜은 q를 r로 나눈 것, 즉 q/r이다. 그래서 무한히 먼 곳에서는 퍼텐셜이 0이며, 전기장을 만드는 전하가 양이냐 또는 음이냐에 따라 퍼텐셜이 양 또는 음이 된다. 전기장 안의 한 점에 놓인 전하의 위치에너지는 전하의 크기에 그 점에서의 퍼텐셜을 곱한 것이며, 그 전하가 양이냐 음이냐에 따라 위치에너지도 양 또는 음이 된다.

장의 세기보다 퍼텐셜을 이용할 때 좋은 점은 앞의 것이 벡터양인 데 반해 뒤의 것은 스칼라양이라는 점이다. 만일 서로 다른 많은 전하에 의해 전기장이 만들어지면, 그 전하들에 의해 만들어진 장 안의 어떤 점에서도 전체 퍼텐셜은 개개의 전하가 만드는 퍼텐셜을 그저 더하기만 하면 얻어진다. 그 장의 어떤 점에서든지 전기장의 세기는 그 점의 퍼텐셜에 간단한 수학 연산을 적용하면 얻어질 수 있다. 서로 상호작용하는 전하들의 운동은 이제 그들이 항상 정전기장 안에서 퍼텐셜이 높은 점으로부터 낮은 점으로 움직인다고 함으로써 기술될 수 있다. 이 사실이 볼타전지의 한 극에서 다른 극으로 전하가 움직이는 것을 설명한다.

외르스테드의 발견으로 다시 돌아오기 전에, 중력장을 기술할 때보다 전자기를 논의할 때 훨씬 더 유용한 것으로 장을 역선(力線)으로 표시하는 시각적인 방법을 설명하고자 한다. 한 질점이 만드는 중력의 역선은 단지 그 질점에서 모든 방향으로 퍼져 나가는 직선들이며, 한 정전하에서 발생하는 전기력의 역선도 역시 이와 같다. 그러나 두 질점이 중력에 의해 상호작용하고 두 전하가 전기적으로 상호작용하는 각각의 경우에 만들어지는 중력선과 전기력선은 차이를 보인다. 두 입자 사이의 중력선은 항상 같은 모양이지만, 두 전하 사이의 전기력선은 두 전하의 부호가 같으냐 반대이냐에 따라 달라진다. 만일 그 둘이 같다면 전기력선은 서로 밀어내지만 반대이면 마치 한 질량에서 나오는 중력선이 다른 한 질량 또는 주위의 여러 다른 질량으로 들어가는 것과 똑같이, 한 전하에서 나오는 전기력선도 다른 전하로 들어간다. 우주에 존재하는 전하의 전체 합은 0이므로(양전하가 존재하는 양만큼 음전하도 존재한다), 우주에는 갈 곳을 잃고 헤매는 전기력선은 없다. 자기력선도 기하적으로 전기력선과 비슷하며 같은 방법으로 묘사될 수 있다. 임의의 점에서 주어진 방향을 향하는 역선의 세기는 (전기력선이나 중력선이나 또는 자기력선이나 모두 마찬가지로) 그 점에서 역선의 방향에 수직하게 놓인 1㎠의 면적을 통과하는 역선의 수로 정의된다. 반대 방향을 향하는 역선들은 서로 상쇄되며 같은 방향의 역선은 서로를 보강한다.

역선에 대한 이 간단한 생각을 가지게 되면, 이제 외르스테드의 발견을 단순히 나침반 바늘이 돌았다는 것보다는 좀 더 물리적으로 설명할 수 있다. 우선 그리스 사람들이 발견한 자석에 대한 성질로서, 지구가 만든 자기장 안에 있는 자석의 움직임은 자력선의 개념을 통해 이해가 된다. 이 개념을 살펴보기 위해, 자기장(공간의 작은 영역 속에 작용하는 지구의 자기장이나 또는 평행하게 놓여 있는 자석의 북극과 남극의 평평한 두 끝 사이의 자기장)을 고려하자. 그런 자기장은 일정한 방향을 향하고 모두 같은 방향을 가리키는 평행한 자기력선들로 기술될 수 있다. 그 방향은 그곳에 놓인 자석의 북극이 향하는 방향으로 주어진다. 만일 이제 막대자석이 자기력선과 약간의 각을 이루며 놓여 있으면, 자기장이 그 막대자석의 북극을 자기력선의 방향으로 잡아당기고 남극을 같은 크기이고 반대인 힘으로 밀치므로, 막대자석은 회전력을 받는다. 이 방향이 반대인 두 힘은 그 세기는 같으나 같은 선을 따라 작용하지 않으므로 막대자석을 자기장의 방향에 평행하도록 회전시키는 토크를 준다. 자기장에서 자석이 움직이는 양상에 대한 이 단순한 설명은 역선 개념이 얼마나 유용한지를 알려 준다.

이제 외르스테드가 발견한 전류가 발생시킨 자기적 성질로 돌아오게 되면, 처음에 야기되었던 혼동을 이해하는 것이 쉬워진다. 그 전까지 자기 효과는 언제나 자석이나 자극과 관련되는 것으로 알았지만, 여기에 자석이 없는데도 자기성질이 나타났던 것이다. 이 분명한 모순을 받아들이는데도 장의 개념이 도움이 된다. 장의 개념을 이용하면 자기장이 자석과 전류 모두에 의해 생길 수 있다는 이원설을 도입함으로써 이 분명한 모순을 받아들이기가 쉬워진다. 자기장은 혼자서 독립적으로 존재할 수 있는 것이 아니고 전류에 의하여 만들어진다. 자석 주위의 자기장도 자석 내부에 있는 분자들의 운동에 의한 전류 때문에 생기는 것이라는(이제는 사실로 받아들여지고 있는) 통합 원리에 의해 나중에는 두 현상 사이의 구분이 사라지게 되었다. 이런 개념의 직접적 결과로, 어떤 정해진 방법으로 전류가 흐르는 전선을 배치하면 자석을 만들 수 있으리라는 것이다. 이것은 전선을 코일 모양으로 감아 만들 수 있는데, 남극과 북극을 갖는 자석과 똑같이 행동한다. 이렇게 전류가 흐르는 막대기 모양의 코일을 전자석이라고 부르며, 과학 기술의 역사가 만들어 낸 가장 중요한 기구 중의 하나이다.

자기력선의 개념을 이용하면, 긴 직선 모양의 전선에 흐르는 전류가 만드는 자기장의 중요한 성질들을 알아낼 수 있다. 전선 바깥의 어떤 점에서도 자기장의 방향은 전선과 수직(90°)이다. 그러므로 자기력선은 전선을 중심으로 하는 동심원들을 이룬다고 결론지을 수 있다. 전선 바깥의 한 점에서 자기장의 세기는 전선에 흐르는 전류의 세기와 그 점을 지나는 자기력선(원)의 반지름에 의존한다. 전류의 세기가 클수록 자기장의 세기가 커지며, 자기력선의 반지름이 클수록 자기장의 세기는 작아진다. 전류가 만드는 자기장의 한 점에 나침반을 놓았을 때 북극이 가리키는 방향은 엄지손가락이 전류가 흐르는 방향이 되도록 오른손으로 전선을 감아 주었을 때 나머지 네 손가락이 가리키는 방향과 같으며, 나침반의 남극이 가리키는 방향은 그 반대 방향이다. 오른손의 엄지손가락과 나머지 손가락들을 이용하면 전자석의 북극과 남극도 알아낼 수 있다. 코일에 흐르는 전류의 방향으로 코일을 감아쥐면 엄지손가락이 가리키는 방향이 북극이다.

## 전류의 동역학

외르스테드의 위대한 발견 이후로 전류 사이의 상호작용에 관한 연구는 자신의 이름이 전류의 단위로 채택된 앙드레 마리 암페어의 뛰어난 업적을 선두로 매우 왕성하게 진행되었다. 그는 두 전선에 같은 방향으로 전류가 흐르면 서로 잡아당기고 반대 방향으로 흐르면 서로 밀치는 것을 알아냈다. 이 결과도 자기력선을 이용하여 설명할 수 있다. 두 경우 모두 오른손의 엄지손가락이 전류의 방향을 가리킬 때 나머지 오른손의 손가락이 가리키는 방향을 향하는 동심원들이 각 전류가 만드는 자력선이다. 이것은 같은 방향으로 흐르는 두 전류의 경우, 그 둘 중간에 위치한 자력선은 서로 상쇄되지만(만일 두 전류의 세기가 같다면 정확히 상쇄된다), 두 전류 바깥쪽의 자력선은 그대로 남아 있기 때문에 그 모양이 마치 두 전선 주위로 벌려 놓은 고무 밴드 모양이 되어 그 둘을 서로 밀어 넣는다. 이것은 "죔 pinch" 효과라고 알려져 있다. 이 효과는 가벼운 원자핵(양성자, 중양성자, 삼중수소핵)을 융합시켜 헬륨 원자핵을 만듦으로써(열핵융합) 핵에너지를 생산하려고 시도하는 현대의 거대한 기구들에서 이용된다.

이러한 동역학적 성질들의 발견이 전자기 기술에 끼친 중요성은 아무리 강조해도 지나치지 않는다. 이 성질들이 바로 전동기의 기본이 된다. 전동기는 모든 산업을 혁신시켰다. 많은 동력이 드는 산업공정들이 동력의 근원지 가까이에 있어야만 하는 필요성이 없어졌다. 외르스테드의 발견이 지체 없이 전동기로 연결된 것은 뉴턴의 제3법칙인 작용반작용의 법칙에 의해 분명히 알 수 있다. 만일 전류 근처에 놓인 자석이 힘을 받는다면, 이 전류를 나르는 전선도 크기가 같고 방향이 반대인 힘을 받을 것이기 때문이다. 그래서 이 힘의 작용을 받는 전선은 자석이 움직이는 방향과 반대 방향으로 움직인다. 만일 전류가 흐르는 코일을 고정된 자석의 북극(또는 남극) 주위에 놓으면, 코일은 토크를 받게 되고 회전하기 시작한다. 이와 같이 전류가 동력의 원천이 될 수 있음은 자명한 것이다.

전류가 만드는 자기력(또는 자기장)과 전하가 만드는 전기력(또는 전기장) 사이의 관계에서 정지한 전하는 아무런 자기적 성질을 보이지 않으므로 처음에는 상당히 당혹스러웠다. 전하와 자석을 바로 옆에 놓아도, 아무것도 다른 것이 옆에 있는지 알지 못한다. 전하는 자석이 만드는 자기장에 놓여 있는지 알지 못하며, 자석도 전하가 만드는 전기장에 놓여 있는지 알지 못한다. 그러나 외르스테드의 뒤를 이은 물리학자들은 그들을 연결시키는 고리를 찾았는데, 그것은 전하와 자석 사이의 상대적인 운동이다. 전류는 전하의 흐름이며 이 흐름이야말로 자석과 전하의 존재와 상호 간의 대응을 연결하는 결정적 요소이다. 위에서 알아본 것처럼, 전하와 자극이 서로에 대해 상대적으로 정지해 있으면, 그 둘은 상대방을 알아볼 수 없다. 그러나 전하가 움직이기 시작하면 곧 그 주위에 자기장을 만들어서 자석이 이에 반응한다. 이것이 외르스테드의 발견에 대한 설명의 핵심이다. 헨리 롤랜드가 개개의 전하도 전류와 같이 자기장을 만드는 것을 보이기 전까지는 이러한 설명이 완전히 받아들여지지 않았다.

외르스테드의 발견을 이처럼 전하와 그 운동의 복합적인 결과로 설명하는 것은 전기와 자기 사이의 놀라운 대칭성을 알려 주지만, 10년 후 패러데이가 전자기유도를 만들어 내기 전까지는 이러한 점이 완전히 이해되고 설명되지 못했다. 그러한 대칭성이 존재함은 뉴턴의 세 번째 법칙인 작용반작용의 법칙으로부터 시사된다. 움직이는 전하는 (자석의 주위에 자기장을 만들어서) 자석에 힘을 작용시키므로, 자석도 움직이는 전하에 크기가 같고 방향이 반대인 힘을 작용시켜야 한다. 그러나 전하는 단지 전기장에만 반응하며, 이것은 움직이는 자석이 전기장을 만든다는 것을 의미한다. 이 모든 것에서 단지 자석과 전하 사이의 상대운동만 관계된다. 만일 둘이 함께 움직인다면, 그 둘은 서로 상대방을 알지 못할 것이다. 그러나 상대운동이란 우리가 자석을 고정하고 전하를 움직이든지, 또는 전하를 고정하고 자석을 움직이든지 자석과 전하에 동일한 효과가 일어남을 뜻한다. 어떤 경우에나 모두 힘을 받는데, 이 힘에 관하여는 패러데이와 맥스웰의 전자기에 대한 연구를 설명하게 되는 다음 장에서 훨씬 더 자세히 논의할 것이다.

정전기장의 이론을 간단히 하기 위해 도입된 정전기 퍼텐셜이 전류에 대한 공부를 쉽게 만들어 준다. 정전기 퍼텐셜은 전하가 높은 퍼텐셜을 갖는 점에서 낮은 퍼텐셜을 갖는 점으로 움직이도록 정의되며, 이것은 전하가 높은 에너지 상태로부터 낮은 에너지 상태로 흐름을 뜻한다. 전류란 전하의 흐름이므로 우리는 이 흐름을 회로상의 두 점 사이의 퍼텐셜 차이로 나타낸다. 그래서 회로의 두 점 사이의 "퍼텐셜 강하"라는 말을 사용한다.

퍼텐셜의 개념을 전기회로에 적용한 것은 볼타가 만든 화학전지에서 전류가 발생된다는 것으로부터 자연스럽게 이해될 수 있다. 이 전지의 가장 중요한 부분은 (황산과 같은) 산성용액에 담근 (아연과 구리와 같은) 서로 다른 두 금속 전극이다. 각 전극은 산성용액이 전극의 표면으로부터 (양전하로 대전된 원자인) 이온을 녹게 하여 음전하를 남겨 놓기 때문에 전하를 얻게 된다. 아연 이온은 구리 이온보다 훨씬 더 쉽게 용액에 녹으며, 그래서 전극과 산성용액 사이에 평형을 이루면, 아연 전극이 구리 전극보다 더 많은 음전하를 갖는다. 이와 같이 구리 전극은 아연 전극에 비하여 양의 퍼텐셜(더 적은 음전하)을 갖는다. 그래서 두 전극이 도체(금속 전선)로 연결되면 전류가 (전지의 양극이라고 불리는) 구리로부터 아연 쪽으로 흐른다. 실제로는, 전하가 아연으로부터 구리로 흐르나, 역사적인 이유 때문에, 전류가 구리로부터 아연으로(높은 퍼텐셜에서 낮은 퍼텐셜로) 흐른다고 말한다. 이러한 전하의 흐름은 에너지가 떨어짐을 나타내기 때문에, 에너지가 회로에 계속 공급되어야만 전류의 흐름을 지속시킬 수 있으며, 이러한 일은 산성용액에 의해 화학 에너지의 형태로 이루어진다. 이와 같이 전지는 화학에너지를(산성용액이 강제로 아연과 구리 이온을 용액에 녹여서 두 전극 사이에 퍼텐셜 차이를 만들도록 한 일) 전자기에너지로 변환시키는 기구이다. 이처럼 에너지는 전류와 관계되는데 그 크기는 전류의 세기에 의존한다. 즉, 전류가 셀수록 그것이 갖고 있는 에너지가 크다.

이 에너지는 여러 가지 방법으로 나타난다. 일부는 전류 근처의 자석의 운동(운동에너지)에서 보이듯이 전류에 딸린 자기장 속에 존재하며, 나머지는 전류를 이루는 움직이는 전하의 운동에너지로 존재한다. 이 운동에너지는 전기회로 속에서 열을 내는데, 그것은 전류를 만드는 가볍고 잘 움직이는 전하가 전선에 어느 정도 고정되어 있는 무거운 원자들과 끊임없이 충돌하여 전하의 운동이 방해받기 때문이다. 이러한 저항이 전류에 의해 생기는 열의 원인이다. 전류가 흐르는 경로 위 두 점 사이의 퍼텐셜 차이라는 개념이 도입되면서, 전기회로 이론과 기술이 급격히 발전했다. 여기서는 게오르크 시몬 옴(옴의 법칙)과 구스타프 로베르트 키르히호프(키르히호프의 회로법칙)와 관계되는 기본 개념만을 소개한다.

여러 가지 물질을 통과하는 전류의 흐름을 이해하는 데 필수적인 옴의 법칙은 전류의 크기를 전류가 흐르는 회로에서 그 시작점과 끝점 사이의 퍼텐셜 차이와 전류가 흐르는 물질의 저항의 관계를 맺어 준다. 옴의 법칙을 나타내는 아주 간단한 공식이 전기 기사가 일하는 데 기본이 되며 그의 모든 일을 좌우한다. 그것이 없었다면, 지구상의 생활을 그처럼 대폭 바꿔 놓은 세상의 방대한 전기화가 가능하지 못했을 것이다. 우리는 서로 다른 두 금속(전극)을 산성용액에 담그면 그 둘이 서로 다른 양(量)의 음전하를 얻는 것을 보았다. 이렇게 만들어진 퍼텐셜 차이에 의해 두 전극을 연결하는 모든 종류의 전선을 통해 전류가 흐르게 된다. 이 전류의 크기는 퍼텐셜 차이와 그리고 연결하는 전선에서 전하의 흐름을 방해하는 정도에 의존한다. 퍼텐셜 차이가 클수록 전류가 세지며, 저항이 클수록 전류는 약해진다. 이 관계가 옴의 법칙의 기반이 되는데, 일반적으로 다음과 같이 표현된다. 주어진 전선을 통해 일정한 전류가 흐르도록 하는 퍼텐셜 차이는 전류의 세기에 전선의 저항을 곱한 것과 같다. 이 법칙은 대수적으로 $V=IR$라고 쓸 수 있으며, 여기서 $V$는 퍼텐셜 차이 또는 전압, $I$는 전류의 세기, $R$는 저항의 크기를 나타낸다. 이 공식에서 $V$와 $I$, $R$는 어떤 실제적인 단위로 표현되는데, 우리는 이 단위를 뉴턴역학을 구성하는 데 기초가 되었던 길이와 시간, 질량(또는 힘)과 같은 기본단위와 직접 연결 짓지는 않는다. 이러한 부적당함은 전류와 퍼텐셜 차이가 전하와 관계되기 때문인데(전류는 단위시간당의 전하이고 퍼텐셜은 단위전하당의 에너지이다), 우리는 전하를 공간과 시간, 질량으로 표시하지 않았다. 그렇지만 다음 예에서 보듯이, 전하를 그러한 양들로 나타내는 것이 불가능하지는 않다. 질량과 가속도의 곱인 힘은 전하의 제곱을 거리의 제곱으로 나눈 것과 같다. 그러면 전하는 거리에 힘의 제곱근을 곱하든가, 또는 거리에 질량의 제곱근을 곱하고 시간과 길이의 제곱근의 곱으로 나눈 것이다.

전하를 기본 되는 공간-시간-질량 단위로 나타내면 이렇게 차원이 복잡한 형태가 되므로, 퍼텐셜과 전류의 차원을 기본단위로 표시하면 실제로 사용하기에 너무 복잡하다. 그래서 전기에서는 다른 기본단위, 즉 전하에는 쿨롬, 퍼텐셜 차이에는 볼트, 전류에는 암페어, 저항에는 옴을 사용한다. 이러한 단위를 사용하면 옴의 법칙은 볼트=암페어×옴과 같아진다. 이 공식은 전류가 흐르는 전선에서 두 점 사이의 퍼텐셜 차이가 1볼트이고 그 두 점 사이의 전선의 저항이 1옴이면 전선에 흐르는 전류는 1암페어임을 의미한다. 만일 전선의 양 끝 사이의 전압과 전선의 저항을 알면 공식 V/R를 이용하여 전류를 계산할 수 있다. 전류가 1암페어라는 것은 회로의 단면적을 통하여 1초 동안 1쿨롬의 전하가 흐름을 말한다. V=IR기 때문에 전기 기사는 전압강하를 전류가 흐르는 경로 위 두 점 사이의 IR강하라고 말한다.

전선의 전기저항은(금이나 은 또는 구리 등의) 전선의 화학적 본성과 온도(일반적으로 온도가 낮을수록 저항이 작아진다), 전선의 길이와 굵기에(전선이 더 길고 가늘수록 저항은 커진다) 의존한다. 저항의 단위인 옴은 이에서 길이가 106.300㎝이고 단면적이 1/100㎠인 균일한 수은기둥의 저항으로 정의된다.

전류는 전하의 흐름이므로, 운동에너지를 갖는 전하는 에너지를 나르며, 만일 전선에 저항이 없으면 전하가 그 운동에너지를 잃지 않을 것이므로 일단 시작된 전류는 영원히 흐를 것이다. 그렇지만 저항에 의해 생기는 끊임없는 마찰은 전하로부터 운동에너지를 빼앗으며, 따라서 전류가 계속 흐르게 하기 위해서는 전선을 따라 일정한 전압 차이를 유지시켜 주어야만 된다. 저항 때문에 잃어버린 전하의 운동에너지는 회로에서 열로 나타나며, 그러한 열이 생기는 비율은 $I^2R$, 즉 전류의 제곱에 저항을 곱한 것으로 주어진다.

전류가 나르는 에너지는 화학반응을 일으키고, 전동기를 움직이며, 전류를 증폭시키고 많은 다른 유용한 일들에 사용될 수 있다. 전류가 에너지를 만드는 비율은 IV로서, 이것은 전류와 전압의 곱이며 와트라는 단위로 나타낸다. 1암페어의 전류가 1볼트의 퍼텐셜 차이를 지나가면 이것이 1와트짜리 전류이며 이것은 1초 동안 1(1,000만 에르그) 또는 1/4칼로리보다 약간 작은 에너지를 만드는 것을 의미한다. 나중 단위들은 다음과 같이 정의된다. 1에르그는 2g짜리 질량이 1초에 1㎝의 속도로 움직이는 운동에너지이며, 1칼로리는 물 1g의 온도를 1℃ 높이는 데 필요한 열이다.

키르히호프의 회로법칙은 모든 회로이론의 기본이며, 이것은 컴퓨터와 모든 종류의 통신장비에 사용되는 복잡한 회로를 분석하는 데 없어서는 안 된다. 키르히호프의 첫 번째 법칙은 회로의 어떤 접점에서도, 그 점으로 들어오는 전류의 합은 그 점에서 나가는 전류의 합과 같다는 것이다. 이것은 회로의 어떤 점에서도 전하가 쌓여 있을 수 없음을 뜻한다. 키르히호프의 두 번째 법칙은 닫힌회로에서는, 즉 닫힌 고리에서는 IR강하는 0이라는 것이다. 이 법칙은 회로에서 임의의 두 점 사이의 퍼텐셜 강하는 그 두 점이 한 개의 전도체로 연결되든 또는 여러 개의 전도체로 연결되건 관계없이 같다는 것을 말해 준다.

비록 전류, 그리고 전류와 연관된 자기장의 발견이 전자기 기술의 시작이 되었지만, 그것은 자연에 존재하는 전자기현상의 놀라운 이중성 중에서 단지 절반밖에는 드러내지 않았다. 그 이중성의 나머지 절반은 다음 장에서 설명된다.

# 10장
# 패러데이—맥스웰 시대

이단으로 시작하여 미신으로 끝나는 것이
보통의 새로운 진리가 겪는 운명이다.
-T. H. HUXLEY

마이클 패러데이(Michael Faraday, 1791~1867)는 정규교육을 전혀 받지 않고서도 독학으로 당대의 뛰어난 실험물리학자가 된, 모든 시대에 걸쳐서 가장 놀라운 과학자 중의 한 사람이다. 아무런 수학 교육을 받지 않았으며 이론적 지식보다는 직관과 영감에 의존했다. 어둠 속에서 더듬는 사람처럼, 패러데이는 많은 실험을 꼼꼼하게 고안하고 수행했으며, 이것이 제임스 클러크 맥스웰이 전기장과 자기장을 한 개의 요소로 통합한 수학적 방정식을 유도해 낼 수 있도록 해 주었다.

패러데이는 런던의 빈민가에서 대장장이의 아들로 태어났다. 그 당시에는 노동계급의 자녀가 정규교육은 물론 읽고 쓰는 것조차 그리 흔한 일이 아니었다. 그래서 마이클은 13세에 제책소의 조수가 될 때까지 책을 읽어 볼 기회가 별로 없었다. 가난한 집안 살림이었지만, 항상 배움에 대한 간절한 열망을 간직하고 살았다. 그러나 수학을 좋아한 적은 한 번도 없었다. 아마도 자세한 증명과 엄격한 논리가 그의 성미에 맞지 않았는지도 모른다.

마이클은 책방에서 열심히 일했지만, 남는 시간은 거의 다 제책하려고 맡겨온 책을 읽으며 보냈다. 우연히 발견한 화학에 관한 책에 특별한 감명을 받았는데, 그 책이 화학의 기초지식을 얻게 도와주었고 과학의 방법이나 일부 용어에 익숙하게 만들어 주었다. 20살이 되기 전에 자기 밑에 두 소년을 부리게 되었지만 결코 제책사업에 뜻이 있지는 않았으므로, 패러데이는 지적으로 그를 만족시켜 줄 다른 직업을 찾기 시작했다. 패러데이에게 자신의 진정한 사명은 과학에 있음을 확신시켜 준 왕립연구소 주최의 일련의 강의를 통해 그 해답이 명백해졌다. 그는 1812년 제책의 수련을 마친 후에 몇 달 동안 다른 책방에서 일했지만, 그때 이미 자기가 제책의 일로 행복할 수 없음을 깨달았다. 책방 주인은 그가 자꾸만 과학에 빠져드는 것을 별로 탐탁지 않게 생각하고 직장을 바꾸겠다는 생각을 말렸다. 책방 주인의 반대는 오히려 패러데이로 하여금 자신의 진정한 사명이라고 믿는 것을 따르려는 결심을 더욱 확고하게 만들 뿐이었다.

영국인 화학자 험프리 데이비 경의 조수로 과학자의 길을 출발했다. 그는 데이비가 연구소에서 강의할 때 몇 번 수강한 경험이 있었다. 자신을 내세울 것이 아무것도 없었기에 강의를 들으며 작성한 두꺼운 노트를 데이비에게 보냈다. 그의 끈질긴 사정으로 마침내 데이비는 1813년 그를 왕립연구소의 실험조교로 채용했다. 데이비는 패러데이가 보낸 노트의 이곳저곳에서 번뜩이는 재능을 엿볼 수 있었기에 그에게 병을 씻는 일부터 시키라는 동료의 충고를 듣지 않고 조교 자리를 마련해 주었다.

패러데이는 무척 신중하고 세세한 점까지 주의를 기울이면서 조교 임무를 수행했다. 또한 연구소에서 많은 강의를 주의 깊게 경청했으며 그가 하고 싶은 실험을 어떻게 장치할 것인가에 대해 생각하기 시작했다. 패러데이는 3년 후인 1816년 연구소의 조교로 다시 임명되었다. 그해에 또한 첫 번째 과학 논문을 발표했는데, 이 논문으로 영국 과학계의 관심을 얻게 되었으며, 1823년 영국왕립협회 회원으로 선출되는 계기가 되었다. 패러데이의 생애에서 이 기간이 전기와 화학 실험 연구의 출발점이었으며, 그의 연구 인생은 전자기유도를 발견할 때 절정을 이루었다.

그는 연구에 열중했고 자신의 능력이 남들에 못지않음을 충분히 인식했지만 항상 다른 사람의 의견을 잘 들었다. 유별나게 어린아이들을 좋아했고, 특별히 청소년을 위해 준비한 기초과학에 관한 강의를 하곤 했다. 그는 종교심이 지극히 돈독한 사람이었으며, 기독교적인 삶을 이끌어 가

마이클 패러데이(1791~1867)

는 데 있어 그리스도의 말씀만으로 충분하다고 믿는 종파에 속했다. 그렇기 때문에 조직적인 종교에는 별 관심이 없었고 교회에 나가 볼 생각을 품지 않았다. 그의 신앙심은 가끔 두통과 기억상실로 고통받았음에도 불구하고 연구를 꾸준히 계속하도록 그를 도와주었다. "1831년부터 1840년까지 이러한 증상이 상당히 심해졌으며, 그는 스스로 자신이 어떤 의사도 자기 병을 이해하지 못하리라고 믿으면서 자신의 육체와 정신의 기능이 퇴보하고 있어서 나을 가망이 전혀 없다고 확신했다. 가끔 순간적인 의식불명이 되도록 병세가 악화되었음에도 그의 창조적 기능은 어느 때보다도 왕성하게 유지되었으며, 그의 활발한 연구 활동은 70회 생일보다 정확히 한 달 앞인 1867년 8월 25일 오후에 숨을 거둘 때까지 계속되었다."[1)]

패러데이의 전자기유도에 관한 발견은 원래 전류가 나침반의 자침을 움직이게 만드는 것을 보여 준 한스 크리스티안 외르스테드의 실험으로부터 비롯되었다. 그렇지만 패러데이는 그 반대 방향으로부터 접근하여, 자기력이 전류에 영향을 미친다면 어떤 것일지에 대해 의문을 품은 몇 안 되는 사람들 중의 한 사람이었다.[1] 그는 자기와 전기에 관한 실험을 통하여 자석과 전류 사이의 상호작용을 설명하는 것과 같은 방법에 의해 장의 개념을 형성하기에 이르렀다. 현재까지 물리학 대부분을 지배해 오고 있는 장의 개념은 뉴턴의 원격작용설을 피하려는 패러데이의 갈망과 "물리적 작용의 모든 형태는 근본적으로 하나이며, 그것은 통일된 장의 개념일 것이라는 그의 확신"[2]으로부터 비롯되었다.

패러데이는 전자기유도에 관한 현상을 1854년에 발견하고서 "나는 오랫동안 거의 확신에 이른 한 의견을 가지고 있었는데… 물질의 형태가 만들어지게 된 여러 가지 형식은 한 가지 공통된 근원을 드러내고 있다. 다시 말하면, 그 여러 가지 형식들은 너무 직접적으로 관계되고 너무 자연스럽게 서로 의존하고 있어서, 있는 그대로 서로 상대방으로 변환될 수 있고 그들이 작용할 때 동등한 능력을 가진다"[3]라고 썼다. 전자기유도를 발견한 후에, 패러데이는 일련의 전기화학 실험을 시작했는데 그로부터 전기분해의 법칙을 이끌어 냈으며 분자 안에 원자를 붙잡아 두는 힘의 본성에 관하여 최초로 명백한 증거를 찾게 되었다. 이 실험들로부터 패러데이는 "전극과 화학용액 사이의 반응에 의해 동작하는 볼타전지로부터 전류를 얻을 수 있다는 것은, 용액 속의 원자들이 그 안에 전하를 포함하고 있어야만 된다고 추론함으로써, 분자 안에서 전기력이 작용하고 있다"[2]고 결론지었다. 그는 용액에 같은 세기의 전류를 흘려보내면 항상 같은 양의 물질을, 즉 한 주어진 화학적 혼합물에서 같은 수의 이온들이 분해되는 것을 발견했다. 그는 후에 "이온이 지니고 있는 전하는 모두 한 가지 기본적인 단위전하의 정수 배이며, 이 기본 되는 전하는 결코 더 쪼개지지는 않는다"[2]는 결론을 내렸다. 그의 연구는 이온들 사이의 전기력이 매우 큼을 보여 주는 극히 적은 양의 원자를 혼합하여도 매우 큰 양의 전기를 얻을 수 있음을 밝혀내었다.[3] 그는 또한 1824년 벤젠을 발견했고 부틸렌과 에틸렌 같은 유기화합물의 화학적, 물리적 성질도 발견했다. 하지만 그는 전기에 대한 연구에 더 몰두했는데, 이것이 그가 일생을 통하여 전념한 물리와 화학 분야를 연구할 기회를 제공했기 때문이었다. 그가 매우 유능한 화학자였다는 것은 그의 전기화학 연구에서 확연히 드러난다. 그는 전기화학의 기초를 세웠으며 원자의 전자가가 전하를 나타냄을 입증했다. 외르스테드의 연구에 의해 처음 암시된 전기와 자기의 대칭성을 완전히 드러나게 한 위대한 전자기유도에 관한 발견을 하기에 앞서 많은 정전기 실험을 수행했다. 그는 수학에 대한 기초지식이 보잘것없었고 근본적으로 물리현상을 수학모형으로 묘사하는 것에 대해 회의적이어서 자기의 실험 결과를 설명하기 위한 독창적인 물리적 모형을 만들었다. 그래서 실제로 존재하는 물리량으로서의 전기장과 자기장의 개념으로 자연스럽게 귀착된 것이다. 전하들(자극들) 사이의 상호작용을 묘사하기 위하여, 한 전하에서 다른 전하로 뻗쳐 있는 "힘의 관"이라는 개념을 도입했다. 힘의 관을 도입함으로써, 패러데이는 비위에 거슬리는 원격작용설과 다투지 않아도 되었다. 그는 원격작용설을 뉴턴만큼이나 받아들일 수 없었다. 뉴턴은 그 생각이 "아주 어리석은 것이어서 나는 철학 문제에 대해 충분한 사고 능력을 갖춘 사람이라면 결코 그런 생각에 빠져들 수 없으리라고 믿는다"[1]라고 일축했다.

패러데이의 가장 위대한 과학적 업적인 전자기유도를 논의하기 전에, 특히 전기화학 실험을 포함하는 그의 다른 업적들을 간단히 돌아보자. 그는 정전기와 정자기 분야의 실험으로부터 전자기 연구를 시작했으며 힘의 선 또는 힘의 관 개념에서 유도되는 몇 가지 기본적 사실들을 실험으로 입증했다. 전하로부터 흘러나오는 힘의 선의 수는 전하의 크기에 비례한다고 가정하여, 그는 장(전기장 또는 자기장)의 한 점에서 장의 세기는 전하(자극)의 크기를 그 점에서 전하(자극)까지의 거리의 제곱으로 나눈 것에 비례함을 보였다. 이 관계가 전기력에 대한 쿨롱의 제곱반비례 법칙을 낳게 했다.

패러데이는 정전기의 또 다른 중요한 특징으로 전하는 크기가 같고 부호가 반대인 쌍으로(모든 양전하는 같은 양의 음전하와 함께) 만들어짐을 증명했다. 그는 얼음을 담는 금속 통에 양전하를 집어넣으면 이 통 바깥 면에 같은 양의 양전하가 생기는데 통 안의 양전하를 통의 안쪽 면에 닿지 않도록 주의하면서 이리저리 옮기더라도 바깥의 양전하는 변하지 않음을 보임으로써 이를 증명했다. 그는 이 결과에 대해 통 안의 양전하에서 나오는 힘이 통 안쪽 벽에 존재하는 음전하를 붙들어 매고 따라서 금속 통 내부의 양전하들은 그들 사이의 척력 때문에 통의 바깥 면으로 옮겨진다고 설명했다. 이와 같이 힘의 선 때문에 통의 안쪽 벽에 생기는 음전하와 같은 양의 양전하가 통의 바깥벽에 만들어졌다. 이 결과는 패러데이로 하여금 원자란 그 구성입자가 전기력에 의해 얽혀 있는 구조물이라는 개념에 도달하도록 만들었다.

그는 이렇게 중요한 생각을 전기에 관한 실험적 연구를 설명한 논문 중 하나에다 다음과 같이 천명했다. "비록 우리는 원자가 무엇인지 전혀 모르지만 우리 마음속에 떠오르는 작은 입자에 대한 생각을 떨쳐 버릴 수가 없다. 그것이 어떤 특별한 물질 또는 물질들인지, 보통 물질의 움직임에 불과한 것인지, 또는 어떤 제3의 능력 아니면 자연력인지 말하지 못할 정도로 우리가 전기에 대해 모르거나 더 모를지도 모르지만, 물질 안의 원자는 어떤 방식으로든 전기적 능력과 관계되거나 이를 갖고 있다. 원자들의 가장 두드러진 성질과 원자들 상호 간의 화학적 유사성이 전기적 능력에 연유한다고 믿게 해 주는 사실들은 대단히 많이 존재한다."[3] 패러데이의 전기화학에 대한 실험들이 이런 추측을 증명했을 뿐 아니라 전하가 기본 되는 전하량의(양수나 음수의) 정수배로 존재함을 알려 주는 최초의 증거를 제공했다. 이 기본 전하량은 여러 해 뒤에 전자의 전하임이 증명되었다. 비록 오늘날에는 이 전하보다 작은 값을 갖는(소위 "쿼크"라고 불리는) 기본 입자도 존재한다고 생각되지만 우리는 지금도 이를 전하의 "요소"(기본단위)라고 부른다. 쿼크에 대해서는 19장에서 설명될 것이다.

전기화학 연구로부터 패러데이는 전해질(산용액)에 전류를 흘려 주면 정해진 시간 동안 전극에서 방출되는 물질의 양은 전류에 의해 전해질 용액(소금 용액)을 통과한 전하의 전체 양에 의존한다는 기본 법칙을 발견했다. 그는 이것을 소금이 그 구성체인 전하를 띤 원자(이온)로 분해되고 이 이온들이 기본 전하의 1배, 2배, 3배 또는 더 많은 배수의 전하를 나른다는 것을 뜻한다고 해석했다. 같은 종류의 이온은 모두(양수거나 음수인) 같은 양의 전하를 나른다.

이 기본 법칙은 한 가지 간단한 예로 가장 잘 설명된다. 염화나트륨(소금) 용액에서, 염화나트륨 분자는 나트륨 양이온과 염소 음이온으로 분리되며, 각 이온은 한 단위의 기본 전하를 나른다. 그래서 나트륨 이온은 용액에 담겨진 음극(캐소드)으로 끌리고 염소 이온은 양극(애노드)으로 끌린다. 정해진 시간 동안 소금 용액을 흐르는 주어진 세기(암페어)의 전류는 양극에 모인 염소 이온의 양과 같은 양의 나트륨 이온을 음극에 모으지만, 염소 원자의 질량이 나트륨 원자의 질량과 같지 않으므로 그렇게 모인 나트륨과 염소의 양은 같지 않다. 나트륨 원자와 염소 원자의 질량비(원자량의 비)는 23대 35이기 때문에 주어진 시간 동안 23g의 나트륨이 모일 때마다 35g의 염소가 모인다. 패러데이는 각 이온이 한 단위의 전하를 나르면 어떤 원자든지 전류에 의해 전극에 모이는 이온의 질량은 그 원자량에 비례함을 발견했다. 예를 들어, 구리 이온은 두 단위의 전하를 나르므로 23g의 나트륨을 모았던 전류를 흘려 주면 주어진 시간 동안 32g의 구리(구리 원자량의 절반)를 모은다. 한 개의 구리 이온은 두 단위의 전하를 나르므로, 나트륨 이온 때보다 두 배의 전하를 더 운반하며, 그래서 주어진 시간 동안 나트륨 이온의 경우보다 절반의 이온이 모아진다. 어떤 원자에서 그 이온이 나르는 전하를 단위전하로 나타낸 것을, 원자의 전자가라고 부르는데, 화학에서 매우 중요한 역할을 하는 양이다.

패러데이는 전기화학에 대한 연구로부터 물질이 서로 다른 종류의 원자로 이루어졌고, 각 원자는 같은 양의 양전하와 음전하 단위를 지녀서 전기적으로 평형을 이루는 구조를 가지며, 그 전하들은 기본이 되는 단위전하의 배수임을 확신했다. 그는 전하의 기본단위를 측정할 수는 없었지만, 기본단위 전하와 한 원자의 질량의 비를 측정했으며, 이 비가 다른 이온에서보다도 수소이온에서 가장 크므로 수소 원자의 질량이 어느 다른 원자의 질량보다 작음을 발견했다.

## 전자기유도의 발견

패러데이는 정전기 연구와 전기화학 연구에 의해 실험물리학자들 중에서 비범한 사람으로 지칭되고 있지만, 전자기유도의 발견으로 가장 유명하다. 자연법칙의 유일성을 정열적으로 신봉하던 패러데이는 전류가 자기장을 만든다는 외르스테드의 발견이 전기와 자기 사이의 관계에서 단지 반쪽에 불과하다고 확신했다. 그는 전기(전류)가 자기를 만든다면 자석도 어떤 방법으로든지 전기장을 만들 것이 분명하다고 생각했다. 그러나 이러한 생각을 가지고, 초기에는 정지된 자석으로부터 전기장을 만들려는 시도로 애를 먹었다. 이렇게 하면서 그는 전기와 자기 사이의 관계에서 움직임이 차지하는 중요한 요소를 소홀히 보아 넘겼다. 전류는 전하의 흐름(운동하는 전하)이며, 따라서 전하가 자기장을 만들 때 운동이 결정적인 요소이다. 그의 이 발견이 우연이었는지 또는 외르스테드의 발견을 의도적으로 분석한 결과였는지는 중요하지 않다. 그의 전자기유도에 관한 법칙은 전자기에서뿐 아니라 순수과학에서, 그리고 실제로 모든 다른 공업기술 분야에서 위대하고 획기적인 성과 중의 하나이다. 전자기유도는 외르스테드로부터 출발된 여러 발견들의 고리를 완성했으며 맥스웰이 그 장엄한 전자기이론을 수립하는 데 기초가 되었다. 그래서 패러데이의 발견은 과학의 역사에서 한 분수령이 되었다.

우연이었든지 아니었든지 간에, 패러데이는 회로 옆의 자석이 정지하여 있으면 아무런 일도 일어나지 않지만, 자석을 아주 조금이라도 움직여 주면 그 회로에 전류가 생김을 발견했다. 만일 회로와 자석이 함께 똑같이 움직이면, 다시 아무 일도 일어나지 않는다. 그러나 회로는 고정되어 있는데 자석이 움직인다든지 또는 자석은 고정되어 있는데 회로가 움직이면, 그 회로를 통하여 전류가 흐른다. 회로와 자석 사이의 상대운동만이 영향을 주는 것이다. 전류의 방향도 이 상대운동의 방향과 관계된다. 상대운동의 방향이 뒤바뀌면 흐르는 전류의 방향도 뒤바뀐다.

패러데이는 이 현상을 자신이 제안한 힘의 선 또는 관으로 설명했다. 힘의 선이나 관들이 회로가 만드는 면적을 채우면, 다시 말하면 전선 고리에 힘의 선들이 꿰어지거나 또는 전선 고리가 이 선들을 자르게 되면 전류가 발생한다고 말했다. 그는 이 생각을 법칙으로 만들었는데, 이 법칙은 자기력선을 전선으로 자르게 되면 유도되는 전류의 크기가 정확히 얼마인지 알려 준다. 그는 전선 양 끝에 유도되는 퍼텐셜 차이로 이 법칙을 표현했다. 이것을 잘 이해하기 위해서 직사각형 모양의 전선(도체)으로 만들어진 회로를 생각하자. 이 직사각형의 한쪽 변을 이루는 전선이 직사각형의 긴 두 변에 접촉되어 움직일 수 있게 만들어졌다. 만일 이 직사각형 모양의 회로를 연직 방향으로 얼마간 떨어져 있는 두 자석의 북극과 남극 사이에 갖다 놓으면, 이 회로에 생기는 자기력선은 직사각형의 면적과 수직하게 되며, 회로의 움직일 수 있는 부분을 수평 방향으로 밀면 이것이 힘의 선을 자르게 되고 직사각형의 회로에는 전류가 흐른다. 패러데이의 전자기유도 법칙은 회로의 움직일 수 있는 부분 양 끝의 퍼텐셜 차이의 크기가 전선이 자기력선을 자르는 비율에 비례한다는 것이다. 이 법칙은 가끔 다음과 같이 약간 다른 방법으로 말해지기도 한다. 자기장을 직사각형의 면적을 통과하는 흐름의 다발로 생각한다. 전선의 일부분이 움직이게 되면 직사각형의 면적도 줄어들게 되어 이 흐름의 다발도 작아진다. 이때 패러데이의 법칙은 움직이는 전선에 유도된 퍼텐셜은 자기장의 흐름 다발의 변화율에 비례한다고 말한다. 이 놀랍게 간단한 법칙이 발전기의 원리인데, 발전기의 기본 구조는 강한 자기장 속에서 전선으로 만든 거대한 코일이 회전하는 것으로서, 코일에 감긴 전선마다 모두 자기력선을 자른다. 코일이 더 빨리 회전할수록, 그리고 자기장이 강할수록 코일에 더 많은 전류가 유도된다.

전선 안에서 전류를 만드는 전하를 생각하면, 전하의 속도는 자기 흐름 다발과 힘의 선을 자르는 전선의 속도에 수직한 방향이다. 이것은 움직이는 전하에 작용하는 힘인 자기장의 힘은 전하의 속도와 자기장의 크기를 곱한 것에 비례함을 의미한다. 이 공식은 네덜란드의 위대한 물리학자 헨드릭 안톤 로런츠가 발견했는데 그의 이름을 따서 "로런츠힘"이라고 불린다. 움직이는 전하에 작용하는 힘의 방향은 전하의 속도와 자기력선 방향에 수직하다.

우리는 외르스테드와 패러데이의 발견이 동일한 기본적 현상의 두 가지 측면임을 알 수 있다. 전하와 자극은 상대적으로 정지해 있으면 상대방의 존재를 알지 못하지만, 상대적으로 움직이면 이 운동에 의해서 모두 힘을 받으므로(전자는 전기력, 자극은 자기력) 모두 그 운동을 인식하게 된다.

## 맥스웰의 전자기이론

패러데이는 다른 많은 전자기현상도 발견했지만, 전자기장을 모두 포함하는 한 이론체계를 발전시킬 만한 수학적 재능을 갖추지 못했기 때문에, 이 임무는 영국 물리학자인 제임스 클러크 맥스웰에게 넘겨졌다. 과학자들, 특히 물리학자들의 서열을 매기는 일은 언제나 쉽지 않은데 그것은 그들의 연구가 일반적으로 많은 분야를 다룰 뿐만 아니라 대부분이 혁신적이거나 또는 이전의 연구를 주목할 만큼 종합한 것이라고 볼 수 없기 때문이다. 그러나 몇몇 사람은 아주 뛰어났기 때문에 그들이 어느 누구보다도 탁월하다는 것을 금방 인정받기도 한다. 맥스웰이 그런 물리학자에 속하는데, 과학 원리들을 통일한 사람으로서 뉴턴, 아인슈타인과 같은 서열에 놓인다. 수학에 매우 능숙했던 그는 공간에서 장(전기장 또는 자기장)의 공간적 변화와 다른 장(자기장 또는 전기장)의 시간에 대한 변화를 관계짓는 방정식들을 가지고 전기장과 자기장을 하나의 전자기장으로 통합할 수 있음을 알았다. 다시 말하면, 그의 방정식은 두 장 중의 하나(예를 들면 자기장)가 시시각각으로 변하면 전기장은 정해진 방법에 의해 공간에서 위

제임스 클러크 맥스웰(1831~1879)

치에 따라 변하며, 그 반대도 마찬가지임을 보여 준다.

제임스 클러크 맥스웰(James Clerk Maxwell, 1831~1879)은 에든버러에서 변호사 개업을 하면서 발명과 역학 장치 등을 다루는 취미를 가진 법률가의 아들로 덤프리셔의 가족 영지(領地)에서 출생했다. 그는 아버지를 닮았는지 호기심이 많았으며 항상 어떤 장치나 발명이 동작하는 원리를 알고 싶어 했다. 그가 여덟 살 때 어머니가 돌아가시자 평화롭고 즐거웠던 생활은 막을 내리게 되었다. 아버지는 가족이 함께 모여 살기를 바랐지만, 제임스가 교육을 받기 시작할 때가 되었으므로 그를 에든버러로 보내 이모와 함께 살게 했다. 그다음 10년 동안 그는 겨울에는 에든버러 학교에서 공부하며 에든버러에서 보냈고 여름에는 덤프리셔에서 보냈다. 그의 아버지는 가족 영지를 운영하고 변호사 일을 보느라고 바빴지만 항상 아들이 원할 때 옆에 있으려고 애썼다.

제임스는 학교 성적이 돋보이지는 않았으나 자기가 기하에 재능이 있음을 발견했다. 수학 전반에 걸쳐, 특히 입체기하에 매우 숙련되어서 열 세 살 적에는 학교로부터 그해의 수학 메달을 수여받았다. 그 이듬해부터 맥스웰의 아버지는 그를 에든버러 영국학술원 회의에 데리고 다니기 시작했다. 제임스는 이 회의에서 달걀 모양에 대한 관심을 칭찬받게 되고 이에 대한 논문을 작성하여 1846년 3월 학회에서 발표하는 등[4] 회의에 참석하는 일이 여러 가지로 유익했던 것처럼 보인다. 또한 프리즘을 가지고 여러 가지 실험도 해 보았으며 그가 발견한 것들을 기록하기 위해 여러 가지 색깔을 써서 자세한 그림을 그리기도 했다.[4]

맥스웰은 1847년 영어와 수학에서 1등으로 학교를 졸업했다. 그다음 해 가을에 에든버러대학교에 입학하여 수학과 물리학을 익히면서 3년을 보냈다. 이 기간 동안 여름에는 가족 영지로 돌아와 집에 만들어 놓은 실험실에서 여러 가지 실험들을 수행했다. 굴러가는 곡선과 탄성체의 평형에 관한 두 개의 논문을 작성하기도 했는데 이 논문들도 각기 1849년과 1850년 학회에서 발표했다 1850년 케임브리지의 피터하우스대학에 입학했으나, 곧 장학금을 받기가 쉽다고 생각되는 트리니티대학으로 옮겼다. 대학 생활 초기에 뛰어남을 인정받았으며, 유명한 케임브리지 지도교수인 홉킨스는 맥스웰이 그가 만난 사람들 중 가장 비범한 사람이라고 여겼다.[4] 맥스웰은 2학년 말에 트리니티대학의 장학생으로 선발되었다.

그는 이만저만 힘들지 않은 트리포스 시험(케임브리지에서 수학 최고우등상 수상자를 결정하는 특별시험)을 준비하다가 1853년 6월에는 신경쇠약 증세로 고생했다. 1854년 1월에 그 시험을 치를 때까지도 여전히 이 증세의 후유증으로 고생했다. 이 시험에서 후일 유명한 수학자가 된 에드워드 루스 다음으로 2등을 차지했으며, 좀 더 어려운 스미스 상을 위한 시험에서는 둘이서 동점으로 1등을 차지했다.[5] 맥스웰은 학사 학위를 받은 후에도 케임브리지의 학문적 환경이 자신의 약간 별난 성격과 아주 잘 맞는다고 생각하여 거기서 공부를 계속했다. 스물네 살에 트리니티대학의 특별연구원으로 선발되었으며, 그 임무 중 하나로 강의를 맡고 전기와 자기에 대한 실험을 주관하기 시작했다. 그렇지만 곧 애버딘에 있는 마리셜

대학의 자연철학 교수직을 맡기 위해 케임브리지를 떠났다.

맥스웰은 1857년 토성의 띠의 구조에 관한 논문을 제출했으며, 그것이 매우 조그만 입자들로 구성되어 있을 경우에만 안정된 구조를 가짐을 보임으로써 애덤스 상을 수상했다.[6] 이 논문은 그의 평판을 확고하게 해 주었을 뿐 아니라 기체운동론의 기초가 되는 많은 수의 입자로 이루어진 계의 운동에 대한 그의 관심을 고무시켜 주었다. "이러한 관심으로부터 곧 어떤 온도에서든지 기체 분자의 속력 분포에 관한 멋있는 결론에 다다랐다. 기체를 이루는 기본 입자들의 행동을 이해하기 위한 이와 같은 거보는 물질의 원자론을 발전시키는 데 기여한 주요한 진전 중의 하나로 꼽힌다."[6] 맥스웰은 그의 결과를 1860년에 발표했는데 이 해에 마리셜대학이 애버딘대학교에 흡수되었다. 이 두 학교의 합병으로 맥스웰의 자리가 없어졌으나, 즉시 런던의 킹스대학 교수로 취임했으며 그곳에서 전자기장에 대한 이론을 구상하며 다섯 해를 보냈다. 이 기간 동안 집에서 많은 실험을 수행했으며 1858년 결혼한 그의 아내가 유능한 조교로서 실험을 거들어 주었다. 맥스웰은 또한 과학에 대한 주제로 많은 강연의 연사로 초청되었으며 전기와 자기, 열에 대한 책들을 저술하기도 했다.

맥스웰은 1865년 그의 자리를 사임하고 케임브리지의 교수가 되었다. 그는 트리포스 시험의 수학 과목 시험관으로 일했는데, 이때 출제한 열역학과 전기, 자기에 대한 문제들이 교과과정의 개편을 추천하는 대학교 위원회를 구성하는 계기가 되었다. 이 위원회는 그러한 과목을 가르치는 강좌를 개설하고 실험을 위한 물리실험실도 준비해야 한다고 의결하였다. 이러한 제안은 대학교 명예총장인 데번셔 공작의 후한 경제 지원이 없었더라면 재정 부족으로 결코 실현될 수 없었을 것이다. 그 공작은 자신이 부자였을 뿐 아니라 트리포스 시험에서 두 번째 랭글러(케임브리지에서 최고우등상 수상자) 수상자였으며 또한 스미스 경시대회에서 1등을 차지하는 등 학문적 자격도 뛰어난 사람이었다.[7] 1870년에 공작은 실험실을 짓고 필요한 실험기구들을 사들이기에 충분한 자금을 마련해 주었는데, 그 실험실은 후에 헨리 캐번디시 연구소라고 명명되었으며 영국에서 원자물리 분야의 유수한 연구업적의 산실이 되고 있다.

실험실 건축을 지도하기 위해 전기와 자기, 열 분야에 대한 해박한 지식을 갖춘 교수가 필요했으므로, 켈빈 경이 거절한 그 자리를 맥스웰에게 제의하였다. 맥스웰은 1871년 가을부터 공식적인 임무를 시작했다. 유감스럽게도 그는 공작의 먼 친척이었던 헨리 캐번디시의 출판되지 않은 원고를 검토하고 출판에 적합하게 다시 정리하여 주는 지루한 임무까지 떠맡게 되었는데, 이 일로 그다음 다섯 해의 대부분을 할애하여야 되었으며, 그의 공식적인 행정업무 외의 일과 시간의 대부분을 써야 되었다.[8] 그의 아내도 또한 병에 걸려서 여러 달 동안 누워만 지냈으므로, 맥스웰은 여가만 나면 늘 그녀를 돌봐 주는 데 정성을 쏟았다. 그렇지만 계속되는 긴장으로 인해 1877년 맥스웰은 위통으로 고생하기 시작했다. 그는 두 해 동안 아무 말 없이 참고 지내다가 결국 1879년 초에 병원을 찾았다. 그는 여름 동안 점점 더 쇠약해졌으며 마침내 1879년 11월 5일 비교적 젊은 나이인 마흔여덟 살에 위암으로 죽었다.

맥스웰이 전자기의 통합을 어떻게 이루었는지 보기 위하여, 평행한 축전기 내의 전기장을 살펴보기로 한다. 평행판 축전기는 짧은 간격을 두고 평행하게 놓인 두 개의 금속판으로 이루어진 것인데 이 중 하나는 접지되었다. 만일 한 평행판에 음전하가 놓이면, 다른 평행판은 즉시 같은 양의 양전하를 얻으며, 이 두 판 사이에는 그 역선이 평행판에 수직인 전기장이 생긴다. 맥스웰은 이 간단한 장치를 조심스럽게 분석했는데, 두 평행판을 도선으로 연결했을 때 두 판 사이의 (전기장이 생긴) 공간에서 벌어지는 일에 특별히 주의했다. 두 개의 판 중 하나로부터 음전하가 도선을 따라 흐르며 이것이 전류를 만든다. 이렇게 전류가 흐르기 시작하면 두 판 사이의 전기장이 변한다. 이런 변화가 맥스웰의 관심을 자극했는데, 왜냐하면 이 변화를 제대로 해석하지 않으면 축전기 내의 전자기장의 모양에는 가능하지 않은 불연속성이 생기는 것처럼 보였기 때문이다.

이 변화를 이해하기 위해, 두 판을 연결하는 도선에 전류가 흐르면, 이 도선 주위에는 도선을 중심으로 하는 원 모양의 자기력선이 둘러싸이고 그 세기는 0에서부터 커지기 시작하여 한쪽 판의 전하가 모두 다른 쪽 판으로 옮겨져서 그 판의 전하를 모두 상쇄할 때 최대가 된다는 것을 유의하기로 한다. 도선에 흐르는 전류가 멈추면 축전기판에는 전하가 하나도 남아 있지 않으며 따라서 두 판 사이의 공간에 전기장도 존재하지 않게 되지만, 전류에 의해 생겨 도선을 둘러싸고 있는 자기장은 여전히 남아 있다. 맥스웰에게는 이러한 상황이 외르스테드와 패러데이의 발견에 들어 있는 대칭성이 결여된 것처럼 보였다. 더구나 도선을 둘러싸는 공간의 상태(자기장)와 축전기 내부 공간의 상태(장이 없다) 사이의 차이는 받아들일 수 없는 불연속성을 나타내었다. 이러한 마음에 들지 않는 면을 없애고 그가 원하는 통합을 이루기 위해, 그는 도선에 흐르는 전류에 따라 함께 줄어드는 축전기 두 판 사이의 전기장은 그 자체가 전류라고 제의하였다. 이것은 도선에 흐르는 전류가 아니고 진공을 통하여 흐르는 전류이다. 그는 이 전류를 "변위전류"라고 불렀으며, 이 전류도 자기장을 만드는데 이때 만들어지는 자기장의 역선은 전기장의 역선 주위를 둘러싸게 된다고 (올바르게) 주장했다.

축전기판에 전하가 없고 도선에 흐르는 전류도 0일 때의 축전기와 도선의 상황은 그 전에는 결코 상상해 보지도 못했던 매우 이상한 것이었다. 빈 공간의 자기장은 그 역선이 전류도 흐르지 않는 도선 주위로 원을 그리고 있으며 전하도 전혀 없는 축전기 두 판 사이의 공간을 둘러싸고 있다. 이다음에는 무슨 일이 벌어질 것인가? 자기장의 역선은 이를 지탱하게 하는 전류가 없으므로 고무 밴드가 줄어들듯이 도선과 축전기 속으로 다시 작아지기 시작한다. 그러나 패러데이의 발견에 따르면 그렇게 작아지는 자기장은 전기장을 만들며 전기장은 도선의 전하를 움직이도록 만든다. 이와 같이 다시 도선에 전류가 만들어지는데, 이번에는 처음 전류와 반대 방향이며, 그래서 축전기의 두 판은 다시 전하를 띠게 되지만 판에 생기는 전하의 부호는 처음과 반대이다. 이 전체 현상이 저절로 다시 진행되며, 주기적으로 계속 반복되어서 마치 역학적 진동자(진자나 스프링)와 비슷한 전자기적 진동자가 생긴다.

역학적 진동자와 전자기적 진동자가 얼마나 비슷한지 보기 위해, 진동하는 축전기의 전자기 에너지를 고려하여 약간 다른 관점으로 살펴보자. 축전기가 전하를 내보내지 않으면(도선에 전류가 흐르지 않으면), 모든 에너지는 두 판 사이의 전기장 속에 포함되어 있으며 이것은 두 판에 있는 전하의 위치에너지이다. 이와 같이 그 에너지는 모두 위치에너지인데 이는 마치 진자에서 추를 평형위치(흔들리는 과정에서 가장 낮은 위치)로부터 위로 들어 올린 경우와 같다. 진자의 위치에너지가 운동에너지로 변환되는 것과 똑같은 이치로, 축전기의 위치에너지가 전류의 운동에너지로 변환된다. 운동에너지는 전류에 의해 만들어진 자기장에 저장되고, 다시 반대 부호로 전하를 띠게 되는 축전기의 위치에너지가 된다. 이 유사성을 좀 더 확장할 수 있는데, 진자의 추는 관성 때문에 가장 낮은 위치에서 멈추지 않고 그대로 통과하여 흔들리는 과정의 반대편 끝까지 올라간다. 이것이 또한 축전기 회로의 전류에도 그대로 적용된다. 전류를 만드는 움직이는 전하의 관성 때문에 전류는 축전기가 반대 부호로 충전될 때까지 계속되며, 이렇게 한 진동이 끝나면 다음 진동이 시작되게 된다.

이 진동과 관련하여 중요한 의문은 진동이 얼마나 빨리(다시 말하면 1초 동안 진동하는 횟수, 즉 진동수가 얼마인가, 또는 한 진동에 걸리는 시간, 즉 주기가 얼마인가인데 주기는 진동수의 역수이다) 일어나는가 하는 점이다. 다시 진자와 비교하여 알아보자. 진자의 주기는 진자의 길이와 중력가속도로 결정된다. 길이가 길수록 천천히 진동하며, 중력가속도가 클수록 빨리 진동한다. 일반적인 방법으로, 이 규칙이 축전기에서도 성립한다. 축전기가 작을수록 더 빨리 진동하며, 전류가 만드는 자기장이 클수록 더 천천히 진동한다. 전류가 만드는 자체 자기장은 방해물로 작용하여 진동을 느리게 만든다. 축전기의 전하 방출을 엄밀히 분석하면 그 진동주기를 간단히 나타내는 공식이 만들어지는데 이 공식은 실제 응용에 광범위하게 사용되고 있다.

맥스웰의 전자기이론으로 돌아오기 전에, 맥스웰 이론의 골자를 드러내는 축전기의 전기진동에 관한 매우 중요한 성질 중의 하나, 즉 그가 전자기현상의 파동 성질을 발견한 것에 대해 살펴보자. 축전기의 전기진동은 영원히 계속되는 것이 아니고 얼마만큼의 시간이 지나면 멈추는데, 이것은 진자에서와 마찬가지로 축전기가 그 에너지를 모두 잃었음을 뜻한다. 그러나 이 두 경우에서 에너지를 잃는 방법에 매우 중요한 차이가 있다.

진자는 마찰(열)로 에너지를 잃지만, 축전기가 에너지를 잃는 이유는 마찰이 아니다. 전하를 방출하는 축전기 회로의 저항을 0으로 만들더라도, 축전기는 매우 빠르게 모든 전기에너지를 잃는다. 축전기는 에너지를 복사로 내보내게 된다. 이 현상의 이치를 이해하기 위하여 축전기 두 판 사이의 전기장의 변화에 의해 만들어지는 변위전류를 다시 한번 생각하자. 이 전류는 변하는 자기장이 둘러싸고 있으며 이 자기장은 다시 (유도법칙에 의하여) 변하는 전기장과 연관되어 있어서 이것이 반복된다. 그래서 연쇄적으로 변하는 전기장과 자기장이 만들어지며 한 번 반복될 때마다 먼젓번 것은 새로 만들어지는 것에 의해서 바깥 공간으로 밀려 나간다. 이와 같이 번갈아 진동하는 전기장과 자기장의 진동이 파도처럼 바깥 공간으로 밀려 나간다.

## 빛에 대한 맥스웰의 전자기이론

진동하는 축전기를 이용하여 복사현상을 위와 같이 대강 설명하는 것은 맥스웰의 전자기이론의 내용을 단지 피상적으로 전달할 따름이지만, 전자기장에 대한 맥스웰의 여섯 방정식으로부터 엄밀하게 유도되는 전자기파의 존재를 예언하는 이론을 보이는 데 충분하다. 이 방정식 중에서 세 개는 전기장의 세 성분(공간의 한 차원이 한 성분에 대응)이 시간에 따라 변하는 모양으로부터 공간에서 위치에 따라 자기장이 어떻게 변하는지 결정하는 것을 묘사하며, 나머지 세 방정식은 자기장의 세 공간성분의 시간에 대한 변화가 위치에 따른 전기장이 어떻게 변하는지를 결정하는 것을 묘사한다. 이렇게 자기장과 전기장의 성분이 서로 섞인 장에 대한 방정식으로부터, 맥스웰은 각기 전기장의 성분들과 자기장의 성분들이 만족하는 간단한 방정식을 수학적으로 유도했다. 이 두 방정식은 전기장과 자기장이 서로 수직하게, 그리고 모두 파동의 진행 방향과 수직하게 주기적으로 진동하면서 전파해 나감을 보여 주기 때문에 "파동방정식"이라고 불린다. 그뿐 아니라, 전기장과 자기장의 진동은 함께 이루어지지 않고 위상이 90°(한 주기의 4분의 1)만큼 벗어난다. 즉, 전기장이 최대일 때 자기장은 0이고 자기장이 최대일 때 전기장은 0이다. 이런 종류의 현상은 잔잔한 물에 조약돌을 던지면 물 표면에 만들어지는 물결이 전파해 나가는 것과 같이 "횡파"라고 불린다. 물의 표면에 생기는 진동은 물결파의 진행 방향과 수직하게 떤다.

맥스웰의 전자기이론의 중요성은 전자기파가 빛의 속력과 같은 속력을 가진다는 것이 발견되기 전까지는 제대로 인식되지 못했다. 파동방정식은 공간에 대한 진폭(그 세기)의 변화를 시간에 대한 변화와 연관시켜 준다. 공간에 대한 변화는 실질적으로 파동의 진폭을 짧은 거리의 제곱으로 나눈 것이며, 시간에 대한 변화는 같은 진폭을 작은 시간 간격의 제곱으로 나눈 것(일종의 가속도)이다. 그러나 이 두 변화가 한 방정식의 두 항이 되기 위해서는 각 항의 공간-시간 차원이 같아지도록 만들기 위하여 앞항이나 뒷항에 어떤 여분의 인자를 곱해 주어야만 된다. 그렇지 않으면 첫 번째 항의 분모는 거리의 제곱이며 두 번째 항의 분모는 시간의 제곱이기 때문에 두 항의 차원이 같지 않다. 두 항의 차원을 같게 만들기 위해서는 두 번째 항에 속력의 제곱으로 주어지는 인자를 곱해 주면 된다. 이것이 바로 파동의 속력이며, 맥스웰은 그 수치 값이 바로 빛의 속력임을 보였다. 이것은 빛의 전자기이론이 옳음을 명백히 해 주며, 실제로 모든 복사는 전자기현상이다. 맥스웰은 이와 같이 전기와 자기뿐 아니라 빛까지 하나의 이론으로 통합했다. 궁극적으로, 이 연구는 복사의 전자기이론이 되었으며, 파장이 가장 긴 라디오파에서부터 원자핵에서 방출되는 파장이 가장 짧은 감마선까지 이르는 전자기파 스펙트럼 전체를 포함한다.

맥스웰의 방정식에 빛의 속력이 포함되었다는 것은 이 방정식들에서 속력의 값은 전하를 표현할 수 있는 두 가지 다른 단위계(정전기단위계와 전자기단위계)의 비로 주어지기 때문에 관찰자의 기준계와는 관계없으므로 놀라운 것이다. 이처럼 속력이 기준계에 독립이라는 사실은, 뉴턴역학에서는 대상물체의 관찰된 속력이 관찰자의 운동에 의존하므로, 깜짝 놀랄 일이다. 빛의 속력에 관한 이 성질(관찰자의 운동에 대한 독립성)이 주는 모든 의미는 아인슈타인의 특수상대론에 의해 처음으로 밝혀지게 되었다. 맥스웰의 전자기파의 속력에 대한 또 다른 주목할 만한 성질은 진공에서는 갖가지 파장을 갖는 전자기파의 속력이 모두 같으나 물질로 된 매질에서는 파장에 따라 다르다는 점이다. 그의 이론에 의하면, 그러한 매질을 통과하는 속력은 만일 그 매질이 자성을 띠지 않았다면 진공을 통과하는 속력(최대 속력)을 매질의(1보다 큰 값을 갖는) 굴절률로 나눈 것과 같다. 유리와 같이 진한 매질에서는(푸른색이나 보라색 같은) 짧은 파장의 빛이(빨간색이나 주황색 같은) 긴 파장의 빛보다 더 큰 굴절률을 가지므로, 진한 매질에서 빨간색 빛은 보라색 빛보다 더 빨리 진행하며, 그래서 빛이 진공에서 진한 매질로 비스듬히 들어가면 빨간색 빛의 경로가 보라색 빛보다 덜 구부러진다. 이런 관계는 맥스웰이 전자기이론을 공표하기 이전에 이미 실험학자들에 의해서 관찰되었다. 그래서 물리학자들은 일반적으로 그 이론을 받아들일 채비가 되어 있었으나 약간의 의심을 떨치지 못하기도 했다. 그러나 이 이론이 옳다고 인정하기를 주저하는 생각들은 하인리히 루돌프 헤르츠의 유명한 실험으로 깨끗이 없어지게 되었다. 이 실험은 전기진동을 이용하여 전자기파를 만들어 내었으며 이 전자기파는 파원으로부터 여러 다른 거리에 장치한 같은 종류의 진동자로 수신되었다. 헤르츠는 두 평행판 대신에 짧은 간격으로 떼어 놓은 두 작은 구로 이루어진 축전기에서 전하를 방출하여 파동을 만들었다. 두 구 사이의 퍼텐셜 차이가 충분히 클 때는 전하가 불꽃을 내며 방출되었으며 이때는 매우 빠른 전자기진동이 발생했다. 이렇게 만들어진 파동은 처음 두 도체구로부터 수 미터나 떨어진 곳에 장치한 같은 모양의 도선으로 연결된 도체구 사이에 불꽃이 일어나게 만들었다. 헤르츠는 이와 같이 맥스웰의 전자기파를 만들 수 있으며 맥스웰 방정식이 예언한 것과 똑같이 전파함을 실제로 증명하여 보여 주었다. 이 발견이 전파 공학기술의 시작이 되었다.

헤르츠는 단순히 (축전기의 전하를 방출하는) 전자기진동자가 전자기파를 만든다는 것을 증명하는 것에 그치지 않고 더 나아가서 이 파동이 빛과 똑같은 방법으로 반사되고 굴절되며, 그리고 회절(모퉁이를 돌아감)됨을 증명함으로써, 맥스웰의 빛에 대한 전자기이론에 품은 모든 의구심을 깨끗이 씻어 주었다. 맥스웰의 이론을 실험으로 증명하면서, 헤르츠는 빛이 뜨거운 고체나 액체, 기체로부터 방출되므로 물질은 전하를 띤 입자로 구성되었다는 믿음을 크게 진작시켰다. 뜨거운 물질에서 빛이 나온다는 것은 그 안에서 전하가 진동한다는 것을 뜻할 수밖에 없으며, 이것은 물질의 전기적 성질에 대한 패러데이의 가설을 지지한다.

빛과 전자기 성질 사이의 관계는 네덜란드 물리학자 피터르 제이만의 실험으로 더욱 확실해졌다. 그는 방전되는 기체에서 방출되는 여러 가지 빛의 파장이 그 기체를 강한 자기장 안에 놓으면 다른 파장으로 바뀜을 보여 주었다. 헤르츠는 물질의 전기적 구조를 알려 주는 또 다른 중요한 결과를 발견했다. 그가 만든 전기진동자의 두 작은 금속구 중 하나에 빛을 쪼이면, 전하의 방출이 그렇게 하지 않은 경우보다 더 빨리 일어났다. 그 이유는 쪼여 준 빛이 구로부터 전하(전자)를 튕겨 내며, 이 전하가 두 구 사이에 전하를 방출하는 불꽃을 일으키는 도선의 역할을 했기 때문이다. 이 현상은 광전효과라고 알려지게 되었다. 그러나 이것을 빛의 파동이론으로 설명할 수는 없었으며, 그래서 아인슈타인이 플랑크의 양자이론에서 직접적으로 나오는 빛의 입자 개념으로 이를 설명할 때까지 물리학의 불가사의 중 하나로 남아 있었다.

다음 장에서 보게 되겠지만, 맥스웰은 물질의 분자론에도 공헌을 남겼으며 통계물리학(통계역학)의 발전에도 중요한 역할을 했다. 하지만 그는 젊은 나이에 요절하는 바람에 애석하게도 그 믿을 수 없을 정도로 훌륭한 과학적 창의성을 모두 발휘하지는 못했다. 그렇지만, 그의 짧은 생애에도 불구하고, 19세기의 마지막 40년은 맥스웰의 시대로 불러도 손색이 없을 것이다.

## 참고문헌

1. Henry A. Boorse and Lloyd Motz, The World of the Atom. New York : Basic Books, 1966, p. 319.
2. 위에서 인용한 책, p. 320.
3. 위에서 인용한 책, p. 321.
4. 위에서 인용한 책, p. 263.
5. 위에서 인용한 책, p. 264.
6. 위에서 인용한 책, p. 265.
7. 위에서 인용한 책, p. 266.
8. 위에서 인용한 책, p. 267.

## 그림 출처

1. Michael Faraday, by Thomas Phillips oil on canvas, 1841-1842 35 3/4 in. x 28 in. (908 mm x 711 mm) Purchased, 1868
2. James Clerk Maxwell (1831-1879), by digitized from an engraving by G. J. Stodart from a photograph by Fergus of Greenock, The Life of James Clerk Maxwell, by Lewis Campbell and William Garnett

# 11장
# 물리학에서 널리 적용된 법칙들 : 열역학, 운동론 그리고 통계역학

자연의 법칙이나 방법, 그리고 변화에서 가장 중요한 발견들은
거의 항상 자연이 포함하는 가장 사소한 대상을 조사하여 이루어졌다.
—JEAN BAPTISTE DE LAMARCK

물리 역사에는 원래 서로 독립하여 진행되었다가 나중에 서로 밀접하게 연관된 것으로 밝혀지는 발전 과정의 예들이 많이 있다. 여러 이론을 수학적으로 수식화할 때 이러한 일이 특히 잘 일어남을 쉽게 알 수 있다. 소리파에서 처음으로 발전된 파동방정식(파동의 전파를 묘사하는 편미분방정식)은 그런 예 중의 하나로 전자기파, 즉 복사의 전파를 기술하는 데 통째로 물려받아 이용되었다. 중력 문제를 간단히 하기 위해 고안된 퍼텐셜 이론은 아무런 수정 없이 정전기와 정자기 이론에 그대로 적용되었다. 한참 후에는, 에르빈 슈뢰딩거가 전자의 운동이 갖는 파동적 특성을 기술하기 위해 같은 고전 파동방정식을 응용했다. 또 다른 매우 흥미 있는 예로는 여러 개의 갈라진 틈새를 통과한 빛이 화면에 만드는 간섭과 회절 무늬를 설명하는 수학이 같은 틈새를 통과한 전자들이 만드는 회절 무늬의 분포에 성공적으로 적용된 것을 들 수 있다. 비슷한 수학적 방식이 전혀 관계없어 보이는 물리현상을 설명하는 데 이용될 수 있다고 해서 기본적으로 동일한 현상이 단지 다른 모양으로 나타남을 뜻하는 것은 아니다. 그렇지만 이러한 수학의 1대 1 대응은 그러한 현상의 밑바닥에 통일된

원리가 있음을 가르쳐 준다는 강력한 믿음이 항상 존재해 왔다.

수학적 공식이 비슷하다고 해서 물리의 통일성을 암시한다고 볼 수 없는 것과 마찬가지로, 수학적인 표현이 다르다고 해서 서로 다른 물리현상을 의미한다는 법도 없다. 정말이지, 수학적인 처리 방법이 때때로 물리 밑바닥에 깔린 통일성을 애매모호하게 만들기도 하는데, 이를 가장 잘 볼 수 있는 예는 열역학, 운동론, 통계역학이라고 불리는 물리의 놀라운 세 분야이다. 이 분야들은 서로 다른 수학의 옷차림으로 나타나지만 실제로는 동일한 물리현상을 다룬다. 물리학자들은 항상 이 세 분야의 매력에 이끌렸으며 이 분야들을 존중해 왔다. 그것은 이 분야들이 가장 적은 수의 가정에 기초하고 있으며, 물리학에서 알려진 가장 일반적인 원리의 지배를 받으며, 그 학문적 골격 안에 있는 모든 문제가 풀릴 수 있기 때문이다. 이 장에서는 물리에서 이 세 분야가 발전되어 온 모습을 고전적인 (뉴턴적인) 관점으로부터 고찰하겠지만, 나중에는 양자론과 상대론이 이 분야들을 어떻게 또 어느 정도까지 변화시켰는지를 알아볼 것이다. 특히 우리는 간단한 고전 통계역학이 양자역학으로 말미암아 두 가지 서로 다른 통계역학으로 바뀌어야만 했음을 보게 되고, 일반상대론은 열역학의 새로운 분야인 검은 구멍의 열역학을 출현하게 했음을 보게 될 것이다. 그러나 열역학과 운동론, 통계역학의 일반 원리들은 그들이 처음 착상될 때부터 현재까지 바뀌지 않고 그대로 남아 있다.

## 열역학

우리가 현재 알고 있는 열역학은 율리우스 로베르트 폰 마이어가 1824년 열과 역학에너지(즉, 일 또는 운동에너지와 위치에너지의 합)가 서로 같은 것임을 발견하고, 오늘날 열역학 제1법칙(열을 에너지의 한 형태로 포함한 에너지 보존법칙)이라고 불리는 원리를 발표한 후부터 시작되었다. 독일의 하일브론 지방 약사의 아들이었던 마이어(Julius Robert von Mayer, 1814~1878)는 두 형들처럼 가족 사업에 종사하지 않겠다고 결심하고, 1832년 튀빙겐대학교 의과대학에 입학했다. 1837년 비밀 학생조직으로 활동한 혐의로 체포되고 쫓겨났지만, 그 이듬해에 복학하여 공부를 마치고 의사 국가시험에 응시했다. 마이어는 동인도로 항해하는 네덜란드 상선에서 의사로 1년을 보냈다. 그는 운동과 열이 자연에서 동일한 실체여서 서로 뒤바뀌어서 나타나며 그 양(에너지)은 그러한 변환하에서 보존된다는 이론을 세웠다.[1] 그는 입항한 지 얼마 안 되는 선원들의 피를 검사하면서 그 피의 색깔이 매우 붉은 것으로부터 그러한 착상을 하게 되었다. 피가 그토록 붉은 것은 열대기후의 열 때문이라고 추정했다. 왜냐하면 무더운 날씨에는 신진대사가 느리더라도 같은 체온을 유지할 수 있으므로 동맥의 피 속에 있는 산소가 덜 사용되었을 것이기 때문이다.[1] 음식의 산화가 동물이 열을 얻는 유일한 방법임을 알았으며 음식에 들어 있는 화학에너지는 음식의 산화로부터 얻는 열의 양으로써 표현될 수 있으리라고 결론지었다.[1] 근육의 힘과 체온은 음식에 들어 있는 화학에너지로부터 나오며 동물의 음식 섭취량과 에너지의 소모가 평형을 이룬다면 이 에너지가 보존되어야만 할 것이라고 믿었다.[1] 1845년 자신의 논문에서 이 보존원리를 자기에너지, 전기에너지, 화학에너지까지 확장했으며 이 기본 되는 에너지 보존을 생태계에서 다음과 같이 설명했다. 태양에너지가 식물에 의해 화학에너지로 바뀌는 것으로부터 시작하여, 이 에너지의 원천을 (음식물 형태로써) 동물이 사용하고 그 결과로 이 에너지가 동물의 체온과 그들의 활동에 필요한 역학적인 근육에너지로 바뀐다.[2]

그의 생각이 독창적이었음에도 불구하고, 물리학자 사회에서는 이를 선뜻 받아들이지 않았다. 마이어는 좌절감과 의기소침이 깊어 갔는데, 1848년 혁명에서 정치적 입장을 달리한 까닭으로 형 프리츠와 오랫동안 의를 상하게 되고 그의 일곱 자녀 중 다섯이 갓난아기 때 죽는 등의 사건이 그 원인이 되었다. 1850년 자살을 기도했다. 그 후 수년에 걸쳐서 정신병 발작을 자주 일으켰으며 잇달아 정신병원 신세를 졌다.

율리우스 로베르트 폰 마이어(1814~1878)

독일 물리학자인 헤르만 헬름홀츠는 마이어의 초기 논문들을 읽은 후에 마이어의 연구가 지닌 중요성을 널리 홍보했다. 헬름홀츠는 보존원리를 맨 먼저 발견한 공을 마이어에게 돌려야 한다고 주장하였는데, 이는 루돌프 클라우지우스와 영국 물리학자 존 틴들의 지지를 받았다. 이렇게 오랜 후에 받게 된 과학적 인정이 오랫동안 잊혔던 마이어의 건강을 극적으로 치료해 주는 효과를 내었던 것처럼 보인다. 그의 지지자들과 폭넓은 서신 왕래를 시작했으며 그의 초기 논문 중에서 여러 편이 영어로 번역되는 것을 보았다. 1870년 파리 과학아카데미의 통신회원으로 선출되었고, 그다음 해에는 영국학술원으로부터 코플리 메달을 수여받았다. 새로운 지위에도 불구하고, 그의 연구가 과학에 직접적인 영향을 별로 미칠 수 없었던 것이 마이어의 운명이었다. 왜냐하면 그가 연구한 것들이 이미 과학 사회에 널리 알려져 있었고, 그의 원리들도 이미 그와는 독립적으로 수립되어 물리에서 확고한 틀을 잡고 있었기 때문이었다. 더구나 마이어는 수학을 많이 사용하지 않았기에 그의 논문들은 다른 물리학자들에게 별로 유용하지 못했다. 실제로 영국의 아마추어 과학자인 제임스 P. 줄의 정확한 실험연구는 마이어의 천재성을 인정받게 해 주었다. 줄은 주어진 양의 일이 (예를 들면 마찰 등의 형태로) 만드는 열의 양은 항상 같다는 것을 보여 주는 정확한 측정에 의해 열에 해당하는 일의 양을 발견했다.

마이어가 열역학 제1법칙을 수립한 것이 열역학에 대한 과학이 발전하게 된 첫걸음이었지만, 프랑스 공학자인 니콜라스 레오나르 사디 카르노가 행한 열기관의 효율에 대한 연구와 오늘날 카르노 순환이라고 불리는 그의 발견은 열역학 제2법칙의 기초가 되었다. 카르노(Nicolas Léonard Sadi Carnot, 1796~1832)는 기계역학에 값진 업적을 남긴 유명한 공학자였던 라자르 카르노의 장남으로 태어났다. 어린 사디의 첫 번째 선생이었던 라자르는 그의 아들에게 수학과 과학에 대한 폭넓은 관심을 불어넣어 주었다. 사디는 에콜 폴리테크니크에서 화학과 지리, 역학을 배우기 위해 집을 떠났다. 그는 나폴레옹 군대에 복무해야 하는 의무 때문에 몇 달 동안 공부를 중단했고, 그 기간 동안 근처의 빈센스를 침공하는 연합군에 대항하는 작전에 참가했으며, 그 후 폴리테크니크로 돌아와 1814년 졸업했다. 이후 에콜 드 제니에서 공학을 공부하며 두 해를 보낸 후에 공병부대의 소위로 임관되었다. 그는 시간의 대부분을 사무적인 서류를 다루는 일로 보냈다. 그래서 결국 자신의 과학적 흥미를 추구하기에 좀 더 자유로운 육군참모 자리로 옮겼다. 소르본을 포함한 파리의 대학교에서 여러 가지 공학강좌를 이수했고 증기기관의 원리를 철저하게 검토하기 시작했다. 1823년 증기기관을 효율적으로 동작시킬 수 있는 개선점들에 대한 그의 생각을 간추린 그의 고전적 저서 『열의 능력과 그 능력을 개선시킬 수 있는 기계에 대한 고찰 Reflexions sur la puissance motrice du feu et sur les machines propres à développer cette puissance』을 저술하기 시작했다.

니콜라스 레오나르 사디 카르노(1796~1832)

카르노의 저서가 1824년 출판되었고 아주 좋은 평도 받았지만, 대부분의 과학자들은 열의 연구에 대한 그의 업적에 별로 관심을 보이지 않았다. 그의 책에서 카르노는 이미 받아들여지고 있는 과학적 원리에 근거하여 증기기관의 동작 효율을 판단하는 보편적인 기준을 선정하는 세 가지 전제를 간추려 설명했다. 첫째, 카르노는 영구적 운동은 비록 그의 아버지가 행한 연구를 포함한 여러 역학의 연구에 등장하지만 결코 가능하지 않다고 단언했다.[3] 둘째, 카르노는 물리계에 의해서 흡수되거나 방출되는 열의 양은 그 계의 처음 상태와 마지막 상태를 조사하면 측정될 수 있다는 것을 주장하기 위해 열의 열량이론을 이용했다.[3] 셋째, 카르노는 온도의 차이가 존재하면 언제든지 유용한 일이 만들어질 수 있다고 가정했다.[3] 그의 유명한 물레방아 비유는 소위 열의 "원동력"은 열량의 양과 그것이 흐르는 온도의 차이 모두에 의존하게 됨을 시사하며, 이는 또한 "원동력"을 이용하여 찬 물체에서 더운 물체로 열량을 되돌려 줄 수 있음을 암시했다.[3] 그는 또한 자신의 이름이 붙은 이상적인 열기관의 원리들을 발전시켰으며 완전성과 가역성이라는 개념을 도입했다.

프랑스 과학아카데미의 호평에도 불구하고 과학자들이 자신의 연구에 별로 관심을 보이지 않자 그는 마음의 상처를 입었다. 하지만 그는 열 이론에 대한 연구를 계속했으며 열기관의 설계를 더욱 개선하는 데 몰두했다. 또한 콜레라에 걸려 죽기 전까지 잠시 동안 기체의 온도와 압력 사이의 관계에 대해서도 조사했다. 그 후 몇십 년에 걸쳐 카르노의 연구가 때때로 인용되기도 했으나, 영국 물리학자 윌리엄 톰슨(나중에 켈빈 경이 된 사람)이 카르노의 『고찰 Réflexions』에 전적으로 의존하여 일련의 논문들을 출판한 후에야 겨우 열의 연구에 대한 카르노의 선구적 업적이 널리 인정받게 되었다. 카르노가 만든 공식과는 달리 루돌프 클라우지우스가 가정한 것처럼 열의 일부는 기관 안에서 잃게 되고 다른 일부는 더 찬 물체로 이동한다는 수정을 거친 후에, 카르노의 정리는 정식으로 열역학 제2법칙으로 출현했다. 이처럼 상당히 많은 양의 실험 작업이 19세기 후반 이론학자들로 하여금 열역학 연극에서 중요한 역할을 연기할 수 있는 무대를 마련해 주었다.

우리가 이미 지적한 대로 열역학은 두 기본 되는 법칙, 열역학 제1법칙과 제2법칙(에너지 법칙과 엔트로피 법칙)에 의존한다. 이 법칙들은 모든 조건 아래서 모든 형태의 물질과 에너지, 그들 사이의 상호작용(물질에 의한 에너지의 흡수, 방출 그리고 산란 등)에 적용된다. 열역학의 법칙들은 보편적으로 옳으며 모든 형태(고체, 액체, 기체)의 물질에 적용되지만, 기체에 적용되었을 때 가장 쉽게 공식화되고 이해된다. 모든 물질은(헬륨은 제외해야 할지도 모르지만) 적당한 열적 조건 아래서 고체, 액체, 기체 상태로 존재할 수 있다. 이 가운데 기체 상태에서는 그 구성입자가(분자들, 원자들, 원자핵들 또는 전자들) 일반적으로 각각 독립적으로 움직이기 때문에 가장 간단하며 가장 철저히 이해되고 있다. 그 가장 간단한 상태로서 기체를 이루는 분자와 원자들이 서로 완전히 독립이면, 즉 입자들이 서로 아무런 힘도 미치지 않으면서 제멋대로 움직이면 그 기체를 완전기체 또는 이상기체라고 부른다. 그런 이상기체가 자연에 존재하지는 않지만 그것은 그로부터 여러 가지 올바른 추론을 끌어낼 수 있도록 유용하게 이용되는 이론적 개념이다.

그런 입자들(완전기체)의 앙상블이 보이는 양상은 유명한 보일의 기체법칙과 샤를과 게이뤼삭의 기체법칙으로 기술된다. 보일의 법칙은 기체의 온도가 일정하게 유지되면 기체의 부피와 압력이 각각 독립적으로 변할 수는 없고 압력에 부피를 곱한 것이 항상 일정하게끔 함께 변해야만 한다는 것이었음을 기억하자(압력과 부피를 논의한 6장을 보라). 기체법칙에서 매우 특별한 경우인 이 법칙(보일의 법칙)은 우리로 하여금 열역학의 두 가지 법칙을 찾아내기에 충분할 만큼 기체의 열적 성질을 꿰뚫어 볼 수 있는 정보를 제공하지는 않는다. 그래서 압력과 부피, 온도가 다 함께 변할 때 기체의 행동을 지배하는 일반적인 기체법칙을 알아야 한다. 이런 경우에는 이미 논의된 것처럼 세 가지 양 중에서 어떤 두 가지 양은 서로에 무관하게 변할 수 있지만 세 번째 양이 변하는 방법은 정해지게 된다. 샤를과 게이뤼삭은 독립적으로 기체에 어떤 작용을 가하든지(압축하든지, 온도를 올리거나 내리든지 또는 부피를 어떤 방법으로든 변화시키면) 이상기체의 압력과 부피, 온도는 압력과 부피의 곱을 온도로 나눈 것이 일정하게 유지되도록 함께 변해야 함을 발견했다. 이것을 염두에 두면 열역학 제1법칙이 무엇인가, 그것이 무엇을 뜻하는가를 얘기할 준비가 된 셈이다. 이를 위하여 7장에서 자세히 논의한 에너지의 개념으로 돌아가자.

우리는 그때 물체에 작용하는 힘과 그 힘을 받으며 힘의 방향으로 물체가 이동한 변위(즉, 물체가 움직인 전체 거리)의 곱으로 물체가 받은 일을 정의하였고 이로부터 에너지의 개념을 가장 잘 이해할 수 있음을 보았다. 우리가 물체를 주어진 거리만큼 밀거나 당기면 언제나 우리는 물체에 일을 해 준다. 일을 받은 물체는 물론 일을 받기 전과 같지 않고 무엇인가를 얻었는데, 우리는 그것을 "에너지"라고 부르며, 우리가 일을 해 주기 전에는 물체가 그 에너지를 갖지 않았다. 이 에너지는 물체가 완전히 자유롭게 움직인다면 우리가 물체에 해 준 일과 정확히 같다. 만일 물체에 해 준 일이 그 물체의 높이를 변경시키지 않고 단순히 움직이게만 만들었다면, 물체가 얻은 에너지는 모두 다 운동에너지이다. 그렇지만 만일 이 일이 단순히 물체를 더 높은 위치까지 올려 주기만 하고 그곳에 정지시켰다면 물체가 얻은 에너지는 모두 위치에너지이다. 물체의 속력이 변하면 그 운동에너지도 변했음을 알려 주며, 높이의 변화는 위치에너지가 변했음을 뜻한다. 흔들리는 진자의 추는 운동에너지와 위치에너지를 모두 갖는 물체의 좋은 예이며 끊임없이 이 두 종류의 에너지를 서로 바꾼다.

뉴턴의 운동법칙과 만유인력 법칙의 직접적인 산물로서 물리에 에너지의 개념이 도입되자, 에너지의 영속성 또는 보존에 관한 질문이 제기되었다. 이 문제의 내용이 의미하는 것이 무엇인지도 다시 진자의 추에 의해 멋지게 설명된다. 추는 흔들릴 때 가장 높은 점에서는 위치에너지만 가지며 가장 낮은 점에서는 운동에너지만 갖는다. 이 결론은 진자의 총 에너지, 즉 운동에너지와 위치에너지의 합이 언제나 같을 것인가 하는 의문을 품게 만들었다. 우리의 경험에 의하면 그 대답은 "아니다"이다! 진자는 결국 멈추게 되며, 그래서 진자의 역학에너지(운동에너지+위치에너지)는 사라진다. 뉴턴을 뒤이은 훌륭한 고전물리학자들은 즉시 이 사실을 알았고 만일 진자의 추와 주위의 공기, 진자의 줄과 그것을 매고 있는 부분(못이나 나사) 사이에 마찰이 없다면 진자는 영원히 흔들릴 것이고 그래서 역학적 에너지는 보존될 것임을 이해했다. 태양 주위를 도는 지구(또는 모든 다른 행성)의 운동은 역학에너지의 보존을 매우 잘 보여 준다. 지구가 태양의 주위를 회전하면서, 태양에서 지구까지의 거리가 끊임없이 변하며 따라서 지구의 위치에너지도 변하고, 지구의 속력 역시 끊임없이 변하며 따라서 그 운동에너지도 변한다. 그러나 두 에너지는 항상 그 합이 일정하게 유지되도록 변한다. 그래서 지구 위의 생명체들에게는 참 다행스럽게도 역학에너지는 보존된다. 만일 지구가(진자나 지구 대기에 띄워진 인공위성처럼) 역학에너지를 계속하여 잃는다면, 지구는 결국 태양에 부딪히고 말 것이다.

18세기 말에서 19세기 초에 걸쳐 물리학자들은 마찰이 진자와 같은 역학계로부터 에너지를 훔쳐간다는 것은 알았지만, 그 에너지에 무슨 일이 벌어지는지는 몰랐고 단순히 사라진다고 가정했다. 에너지란 결코 줄어들지도 늘어나지도 않고 다른 형태를 취할 뿐이라는 생각이 그들에게는 결코 떠오르지 않았다. 만일 그들이 진자가 느려지면 진자 주위의 공기의 온도가 약간 오른다는 사실을 알았다면, 그들도 공기를 덥혀 주는 무엇인가가 진자로부터 빠져나와 공기로 들어간다고 의심했을지도 모르겠다. 마이어는 이 "무엇"(열)이 에너지의 다른 형태임을 깨달았고, 그래서 어떤 방법으로든 상호작용하는 물체로 이루어진 모든 계에서 운동에너지+위치에너지+열은 항상 일정하게 유지된다고 주장했다. 이 결론이 열역학 제1법칙의 실질적인 내용이다.

제1법칙을 가장 알기 쉬운 형태로 표현하기 위해 연직으로 놓인 원통에 담긴 기체를 살펴보자. 그 원통을 자유롭게 움직이는 뚜껑으로 덮고 그 위에 무게를 무시할 수 있는 피스톤을 올려놓자. 그리고 기체의 온도를 측정할 수 있는 온도계를 원통에 넣어 두자. 원통과 피스톤은 자동차 엔진을 통한 경험으로부터 우리에게 익숙한데, 이 엔진의 능력은 원통의 수로 구별된다. 여기서 원통 내부의 기체는 원통 밖의 공기와 똑같다고 가정하면 원통 내부의 압력은 대기압과 같게 된다. 이제 피스톤에 추를 올려놓으면 피스톤이 일정한 양만큼 아래로 내려가며(추가 무거울수록 더 많이 내려간다), 원통 속에 들어 있는 공기의 압력이 피스톤 위의 추를 버틸 만큼 대기압보다 충분히 커지면 결국 피스톤은 정지한다.

이제 원통을 불로 덥혀서 기체(공기)에 일정한 열을 넣어 주면, 우리는 즉시 두 가지 일이 벌어짐을 본다. 피스톤이 위로 올라가고 기체의 온도가 높아진다. 이 사건은 원통으로 들어간 열이 일을 했고(열이 피스톤 위의 추를 들어 올렸다) 기체에서 온도와 관계되는 무엇인가를 증가시켰음을 알려 준다. 이 "무엇"이 기체의 내부에너지인데 그것을 우리가 직접 관찰할 수는 없다. 온도가 높을수록 내부에너지가 크다. 이제 제1법칙은 기체에 공급된 열은 추가 받은 일에 기체의 내부에너지를 더한 것과 정확히 같다고 말한다. 우리는 이 명제가 이렇게 간단하면서도 인류에 끼친 막대한 영향에 감탄해야만 한다. 이것이 바로 자유와 노예 사이의 차이를 알려 주기 때문이다. 열역학 제1법칙이 알려지기 전에는 수백 년 동안에 걸쳐 일을 제공하는 근원은 단지 사람과 짐승 그리고 물과 바람뿐이었으며 그래서 경제와 사회의 정치를 지배하는 계급에 의해 사람과 짐승이 사고팔리는 상품이 되었다. 그 전형적인 결과가 형식은 어떠하든지 바로 노예제도이다.

열역학 제1법칙은 일을 열로부터 얻을 수 있음을 보여 주었기 때문에 노예경제를(비록 이 발견과 함께 노예제도가 즉시 없어지지는 않았지만) 약화시켰다. 다른 말로 표현하면, 열을 일로 바꿀 수 있는(피스톤과 기체가 담긴 원통이 그 실질적 요소인) 기관을 만들 수 있다.

이제 열을 적절히 사용하면 법적으로 자유롭건 않건 사람들 모두를 노예로 만들었던 힘든 육체노동을 영원히 제거할 수 있게 되었으므로, 인류에게 진실로 지상낙원을 약속하는 자연의 법칙이 나타났다. 물론 이 낙관적 법칙(우리가 그렇게 부를 수 있다면)으로부터 산출되는 놀라운 과일을 즉시 맛보게 되지는 않았다. 법칙을 밝혀 주는 순수과학과 그 과일을 낳게 하는 기술 사이의 단계는 흔히 매우 멀기 때문이다. 제1법칙으로부터 산출되는 기술의 발전에서 첫 번째이면서 가장 중요한 단계는 상당히 효율적인 열기관을 제작하는 일인데, 그 첫 번째 예가 증기기관이다. 우리가 알고 있는 것처럼, 그러한 기관을 만듦으로써 산업혁명이 초래되었고, 그것이 노예제도의 폐지를 알리는 조종을 울렸다. 두 번째 단계는 물론 싸고 풍부한 열의 자원, 즉 연료를 찾는 일이며, 그래서 석탄을 파내고 석유를 뽑아 올리는 광대한 사업이 조직화되었다.

모든 종류의 열기관이 발달되면서 곧 자연이 일을 열로 바꾸는 데는 아무런 제한을 가하지 않지만 열을 일로 바꾸는 데는 엄격한 제한을 하는 것이 명백해졌다. 자연은 일⇄열의 교환에서 한 방향을 다른 방향보다 더 좋아한다. 일→열 과정은 저절로 진행되나 거꾸로는 저절로 진행되지 않는다. 일을 열로 저절로 바뀌게 하는 마찰은 기관이 일로 바꿀 수 있는 열의 양을 엄격하게 제한한다. 기관에서 움직이는 부분은 다른 부분과 마찰하며 그러한 부분 사이의 마찰은 일로 바뀌게 되는(예를 들면 피스톤과 같은) 움직이는 부분의 역학에너지 중 일부를 다시 열로 만든다. 원칙적으로는 마찰을 원하는 만큼 줄일 수 있지만, 실제로는 마찰을 줄이는 데 한

계가 있다. 마찰 자체는 열기관의 효율에도 제한을 가한다. 그러나 역학적인 마찰이 완전히 제거된다고 할지라도, 열역학 제2법칙 때문에 열기관의 효율은 항상 1(완전한 효율은 1이다)보다 작다. 제2법칙은 최상의 환경 아래서도 열로부터 얻을 수 있는 일의 양에 제한을 주기 때문에 비관적 법칙이라는 별명이 붙을 만도 하다. 제1법칙은 어떤 의미에서는 단지 에너지 계좌의 대차대조를 맞추는 법칙으로 일을 열로 바꾸든지 열을 일로 바꾸든지 관계없이 항상 총합이 일정해야 한다고 말하고 자연이 두 과정 중 어떤 과정을 더 좋아하는지에 대해서는 아무 말도 하지 않는다. 그렇지만 제2법칙은 자연이 좋아하는 것을 말해 주는데 그것이 모든 문제의 핵심이다.

제2법칙을 충분히 이해하기 위해서, 흔들리는 진자로 돌아가야 된다. 이번에는 진자를 기체로 채워진 원통 속에 집어넣고 이것을 원통 위쪽의 움직이는 피스톤에 매달자. 이제 진자의 추는 기체의 압력을 일정하게 유지하기 위하여 피스톤 위에 올려놓았던 추의 역할을 한다. 이제 진자를 흔들고(즉, 일을 해서 진자가 역학적 에너지를 가지도록 만든다) 원통의 온도와 피스톤의 높이를 관찰하자. 진자가 에너지를 잃으면서 흔들림이 느려지면 기체의 온도가 높아지고 피스톤의 높이도 커지며, 진자는 마침내 정지한다. 확실히 진자의 역학에너지는 이제 두 가지 형태로 다시 나타나는데, 하나는 피스톤에 작용된 일이며(높아지는 피스톤의 위치에너지가 증가한 것으로 알 수 있듯이) 다른 하나는 기체의 온도가 올라가는 것으로 나타나듯이 기체의 내부에너지이다. 이 시점에서 기체의 내부에너지가 무엇인지를 알 필요는 없다. 조금 있으면 이번 장의 뒷부분에서 기체의 운동론을 논의할 때 그것이 무엇인지를 알 수 있을 것이다. 지금은 단지 진자에 매달린 추의 처음 위치에너지가 피스톤의 위치에너지 증가와 기체의 내부에너지 증가를 합한 것과 똑같다는 점만 알아 두자.

이 간단한 진자실험이 열역학 제2법칙의 기본 특징을 깨끗하게 보여준다. 에너지가 저절로 흐르는 오직 한 방향은 일의 방향이 아니고 역학에너지로부터 열의 방향이다. 이 점을 좀 더 분명히 보기 위해서, 에너지가 진자의 추로부터 열의 형태로 저절로 흘러들어 가서 기체의 온도를 높인 점에 유의하자. 그런 다음 기체가 팽창하여 피스톤을 들어 올린다. 그러나 진자를 들어 올리는 데 사용한 일은 진자로부터 열의 형태로 받은 에너지보다 작다. 비록 진자의 역학에너지는 모두 열로 바뀌었지만, 열은 단지 그 일부분만 일하는 데(피스톤을 들어 올리는 데) 쓰였다. 자연에서 자연스러운(또는 저절로 일어나는) 과정은 이와 같이 서로 뒤바뀌어 일어날 수가 없다. 이제 운동론을 논의하면 그 이유가 무엇인지를 알게 될 것이다. 만일 위로 올라간 피스톤을 원래의 위치까지 가만히 밀어 내리면, 기체의 온도가 높아지며, 이것은 우리가 가해 준 일이 열로 바뀜을 보여준다. 그러나 이 열이 진자의 추를 흔들도록 만드는 데는 조금도 사용되지 않는다. 열이 스스로 다시 역학에너지로 바뀌는 경우는 없다.

제2법칙은 19세기의 마지막 25년 동안 과학자들이 자연에 거꾸로 가게 만들 수 없는 과정이 존재함을 깨달으면서 출현하였다. 이 법칙은 자연과 그 행동에 대한 가장 어려운 명제 중의 하나이므로 거꾸로 갈 수 있는(가역) 과정과 거꾸로 갈 수 없는(비가역) 과정에 대해 좀 더 자세히 살펴보자. 물리학자들은 어떤 계에서 가역과정이란 그 계가 항상 평형을 이루도록 아주 천천히 일어나는 매우 작은 변화가 외부 조건에 따라 한 방향이나 다른 방향으로 진행할 수 있는 것으로 정의한다. 다시 말하면, 계를 천천히 변화시키는 조건을 없애면 그 계는 처음 상태로 되돌아온다. 만일 원통의 피스톤을 아주 천천히 매우 조금만 누른다면, 기체의 온도와 압력은 아주 조금 증가할 것이다. 그렇지만 피스톤을 누르는 힘을 천천히 다시 0으로 만들면, 피스톤은 천천히 그 원래 높이로 돌아오고 온도와 압력도 원래 값으로 되돌아간다. 이것이 가역과정의 예인데, 자연에서 일어나는 과정은 아주 조금씩 진행되지는 않기 때문에 이런 일은 자연에서 결코 벌어지지 않는다.

다음에 가역과정의 예들을 열거해 보자. 물과 얼음이 0℃와 1기압 아래 놓여 있을 때, 압력을 약간 높이면 얼음의 일부가 녹는데, 압력을 다시 1기압으로 줄이면 녹았던 것이 다시 언다. 주어진 온도에서 포화된 소금물의 온도를 약간 내리면 소금 결정이 나타나지만, 그 온도를 원래대로 올리면 소금은 다시 녹는다.

제2법칙은 근본적으로 비가역과정에 적용되는 것이므로, 그런 과정 을 나타내는 여러 가지 예를 살펴보고, 그로부터 우리를 제2법칙으로 안내하는 공통된 특징이나 성질을 찾아보자. 가장 간단한 예는 역시 원통 속에 들어 있는 이상기체의 행동에서 나타나지만, 이번에는 기체가 원통의 절반만 들어 있고 나머지 절반은 칸막이로 막혀 비어 있는 경우를 생각하자. 이제 칸막이를 들어내면, 기체는 저절로 원통 전체를 채우도록 퍼져나간다. 기체는 결코 원통의 절반만 채우고 나머지는 비어 있도록 저절로 오므라들지는 않으므로 이것은 비가역과정이다. 피스톤을 이용하여 기체가 원통 부피의 절반만 채우도록 기체를 내리누를 수도 있지만, 이때는 에너지가 사용되어야만(일을 해야만) 한다. 한 종류의 기체를 다른 종류의 기체에 확산시키는 것도 비가역과정의 예인데, 두 종류의 기체가 색깔을 띠고 있다면 이를 실제로 관찰할 수 있다. 즉, 파란색 기체와 빨간색 기체가 칸막이로 나뉘어 있는데, 칸막이를 제거하면 두 기체가 서로 섞여서 보라색 기체로 바뀐다. 또 다른 중요한 예는 뜨거운 물체와 찬 물체를 접촉시키면 열이 뜨거운 것에서 찬 것으로 저절로 흐르는 현상이다. 뜨거운 물체와 찬 물체는 온도가 같아질 때까지 하나는 식고 하나는 덥혀진다. 그 반대 과정, 즉 열이 찬 물체에서 뜨거운 물체로 흐르는 것은 결코 저절로 일어나지 않으며, 다만 냉장고나 에어컨에서와 같이 에너지를 가하면 가능해진다.

비가역과정은 그 징표를 나타내는 다른 현상들과 연관된다. 그래서 우리는 비가역과정이 무질서와 관계됨을 발견한다. 다시 말하면, 비가역과정이 진행되면 우주에 존재하는 무질서의 전체 양이 증가한다. 이러한 경향은 질서의 희생을 딛고 일어난다. 그래서 질서의 전체 양은 감소한다. 더 나아가서 일을 할 수 있는 에너지의 전체 양이 비가역과정이 일어날 때마다 감소한다. 다른 말로 표현하면 비가역과정은 사용할 수 있는 에너지를 사용할 수 없는 에너지로 바꾸며, 그래서 그러한 과정은 사용할 수 없는 에너지를 전체적으로 증가시킨다. 또한 비가역과정은 그러한 과정이 일어나는 계의 정보를 잃게 한다. 만일 비가역과정이 우주에서의 규칙이고 예외가 없다면, 앞으로 알게 되겠지만, 제2법칙은 우주와 그 안의 모든 계가 완전한 무질서를 향하여 돌진해 나가며, 그 목표가 달성되면, 완전히 무질서한 우주는 완전한 평형상태에 도달하여 더 이상 아무런 과정도 일어나지 않게 될 것이라 말한다. 완전한 평형은 죽음을 뜻한다. 우주의 모든 과정과 관계된 것이 시간의 흐름인데, 이것은 항상 과거에서 미래의 방향을 향한다. 우리는 곧 일상적으로 일어나는 사건이나 현상이 거꾸로 갈 수 없는 성질과 시간이 거꾸로 흐를 수 없는 성질 사이의 관계를 깨닫는다. 우리는 오직 과거에서 미래로만 진행할 수 있는데 그것은 시간의 흐름이 생물이 갓 태어나서 늙어 가는 과정처럼 우리 주위에 깔려 있는 거꾸로 갈 수 없는 현상으로 정의되었기 때문이다. 위와 같은 문맥에서 자연스럽게 떠오르는 아직 대답되지 않은 의문은 시간이 한 방향으로만 흐르는 것이 열역학 제2법칙으로부터 유래한 것인지 또는 시간의 흐름과 제2법칙 사이에 도대체 어떤 관계가 존재하는지에 관한 것이다.

매우 질서 있는 조건 아래서도 질서 정연한 현상과 무질서가 동시에 저절로 일어날 수 있음은 명백하다. 매우 단정한 사람의 책상도 하루 일과가 끝날 때쯤이면 쉽게 지저분해지며 매우 질서 있는 생물이 (그것이 취하는 음식, 물, 산소로부터) 자신의 질서를 꾸려 나가면서도 동시에 (열과 쓰레기 같은) 무질서를 만들어 낸다. 열의 흐름 또한 무질서를 만드는데, 열이 흐르는 동안 무질서가 퍼져 나가며(확산하며) 더 혼란스러운 형태의 에너지로 변한다.

비가역과정이 진행되는 동안 정보를 잃어버리는 것은 칸막이로 막혀 부피의 절반만 채워진 기체로 가장 잘 설명된다. 그러면 우리는 기체의 각 분자가 부피의 어느 반쪽에 존재하는지를 안다. 칸막이가 제거되고 기체가 전체 부피를 채우도록 팽창되면, 우리는 더 이상 어떤 특정한 기체 분자가 주어진 순간에 부피의 어느 반쪽에 존재하는지 알 수 없다. 다시 말하면, 우리는 분자들의 위치에 관하여 전보다 절반밖에는 알지 못한다.

우리는 이와 같이 열역학 제2법칙, 비가역성, 열의 흐름, 무질서, 정보를 잃음, 시간이 흐르는 방향 등이 서로 연관되어 있음을 본다. 그러나 그저 그러한 관계가 존재한다고 말하는 것만으로는 물리학자에게 충분하지 못하다. 임의의 과정에서 무질서의 비가역 정도를 알게 해 주는 측정

루돌프 율리우스 에마누엘 클라우지우스(1822~1888)

할 수 있는 양을 가지고 제2법칙을 정확히 공식으로 만들어야 한다. 그러한 공식이 독일의 루돌프 클라우지우스와 영국의 켈빈 경에 의하여 서로 독립적으로 만들어졌다.

루돌프 율리우스 에마누엘 클라우지우스(Rudolf Julius Emanuel Clausius, 1822~1888)는 목사의 아들로 어릴 적에는 아버지가 가르치는 교회학교에서 교육을 받았다. 1840년 베를린대학교에 입학하기 전까지 스테틴 김나지움에서 공부했다. 베를린대학교에 다니면서 처음에는 역사에 이끌렸음에도 불구하고 물리학과 수학을 공부했다. 1847년 할레대학교에서 박사 학위를 받았다. 1855년 취리히대학교의 교수로 임명된 것은 열 이론을 시작하고 열역학의 근대적 연구에 기초를 내린 1850년 논문 덕택이었다.

이 논문은 어떤 계가 포함한 열과 그 계의 온도와의 비는 닫힌계의 모든 과정에 대해서 증가한다는 클라우지우스의 발견을 담고 있다. 완전한 효율로 동작하는 이상적인 계에서는 비가 변하지 않는다. 클라우지우스는 이 비가 계의 "엔트로피"를 측정하는 기준이라고 말했는데, 엔트로피라는 단어는 그리스어로부터 끌어내었다. 엔트로피를 계의 에너지가 일로 바뀔 수 있는 정도를 알려 주는 기준이라고 정의했다. 엔트로피가 클수록 일을 할 수 있는 에너지가 작다. 클라우지우스는 한 계의 엔트로피는 비가역적으로 증가하며, 우주가 유일하게 완전히 닫힌계로 정의될 수 있으므로, 우주의 엔트로피는 계속하여 증가하며, 엔트로피가 최댓값에 이르고 모든 장소에서 열평형(같은 온도)에 이를 때까지 일로 바꿀 수 있는 에너지가 계속 감소한다는 가설을 주장했다. 그때는 열의 흐름이 더 이상 일어날 수 없으므로 어떤 종류의 물리적 변화도 불가능하다.

클라우지우스의 모든 연구는 기본적 사실을 착실히 이해하고, 실제로 벌어지는 사실과 연관된 현상에 대한 상세한 지식과 이 둘을 수학으로 연관시키려는 끈질긴 노력이 그 특징이라 할 수 있다.[4] 과감히 운동론에 뛰어들어서 병진운동뿐 아니라 회전 및 진동 운동들을 포함시키려고 당시에 유행하던 당구공 모형을 개조했다. 간단히 말하면, 분자들 사이의 충돌이 한 형태의 운동을 다른 형태의 운동으로 바꿀 수 있음을 보이고, 그럼으로써 모든 분자들이 일정하게 동일한 속도로 움직인다는 생각이 틀렸음을 증명했다.[5] 클라우지우스의 운동 모형은 또한 모든 기체는 온도와 압력 그리고 부피에 대한 동일한 관계식을 따르며 같은 온도에서는 모든 기체 분자들이 같은 평균 병진운동 에너지를 갖기 때문에 같은 온도와 압력 아래서 같은 부피의 기체는 동일한 수의 분자를 포함한다는 아보가드로의 이론에 대한 첫 번째 역학적 예를 제공했다.[6]

재능에도 불구하고, 열역학 분야에서조차 다른 사람의 연구의 진척 상황에 관심을 두지 않는 것으로 유명했다. 그는 볼츠만의 연구 결과는 안

중에도 없었고, 엔트로피가 비가역적으로 최댓값까지 커지는 경향에 대한 역학적 설명을 전혀 알려고 하지도 않는 것 같았다.[7] 또한 화학적 평형에 대한 기브스의 연구를 알아볼 생각이 없었다. 그러나 에너지 보존에 입각한 전자기이론을 발전시키려고 지대한 노력을 쏟았다.[7]

1867년 뷔르츠부르크대학교 교수가 되었으며 그 후 본대학교의 교수로 옮겨 근무했다. 1870~1871년 프랑스-프러시아 전쟁 때 학생들과 자원 구급차 부대를 조직했으며, 그때 부상을 당했다. 피터 거스리 테이트와 같은 영국 과학자들과 일과 열의 동등성을 발견한 사람이 독일의 마이어인지 영국의 줄인지에 대한 심한 논쟁으로 나머지 세월의 대부분을 보냈다.

당시 영국 과학계를 대표하는 가장 뛰어난 학자는 아마도 나중에 켈빈 경의 작위를 수여받은 윌리엄 톰슨(William Thomson, 1824~1907)이었다. 톰슨은 글래스고대학교에서 수학을 강의한 공학교수의 아들이었다. 남달리 비범했던 그는 여덟 살에 이미 자기 아버지의 강의를 들으며 즐겼다. 어린 톰슨은 1834년 글래스고대학교에 입학이 허가되었으며, 자기 반 수학 2등이었다. 15세 때 수학에 관한 첫 번째 논문을 썼으며, 그 논문은 에든버러의 왕립학회에서 어떤 노교수에 의해 읽혔는데, 그것은 어린 학생이 읽으면 학술원의 권위를 떨어뜨릴지도 모른다는 염려 때문이었다. 1841년 케임브리지대학교에 등록했고, 수학과 과학에 특출했으며 또한 보트 경주에서도 여러 개의 메달을 획득했다. 케임브리지에서는 대부분의 시간을 힘든 대학교 시험을 준비하며 보냈다. 결국 1등을 했지만 그의 배움은 너무 한쪽으로 치우쳤고 자연철학에 대해 배운 것은 전적으로 뉴턴의 『자연철학의 수학적 원리들』로부터 유래된 것임을 알아차렸다.

1845년 졸업한 후에, 레그노르 연구소에서 대학원 연구를 계속하기 위해 파리로 갔다. 프랑스에 머물면서 그는 열의 원동력에 대한 카르노의 이론에 흥미를 느끼게 되었고 어떤 방법론을 수립했는데, 그것이 나중에 전자기장을 수학적으로 묘사하려는 맥스웰의 노력에 없어서는 안 될 도움을 주었다. 톰슨은 또한 코시와 뒤마 등을 포함하는 저명한 프랑스 수학자들과 과학자들을 만났고, 프랑스 연구소의 기술을 습득했다.

윌리엄 톰슨 켈빈 경(1824~1907)

1846년 스코틀랜드에 돌아오자, 글래스고대학교에 비어 있던 자연철학 교수직을 얻게 되었으며, 50년 이상을 지냈다. 교수에 취임하자마자, 지구가 태양에서 떨어져 나왔으며 그 후로 꾸준히 식었다는 가정 아래서 계산한 결과 지구의 나이가 약 1억 년쯤 되어 보인다고 발표했다. 톰슨의 결론은 그것이 너무 적당히 계산되었다고 생각하는 많은 지질학자 사이에 논쟁을 불러일으켰다. 방사능 분열이 발견되면서 지구도 독자적으로 일어나는 방사능 원천을 가지고 있음이 발견되었기 때문에 톰슨의 이론이 틀렸다고 판명되었다. 그렇지만, 그의 이론은 생물학자들로 하여금 생명이 출현하는 데 필요하다고 추정되는 기간을 짧게 할지도 모르는 방법들에 대해 숙고하게끔 만들었으며, 궁극적으로 더프리스의 돌연변이 이론과 다윈의 진화론에도 원동력을 부여했다.

또한 대학교로부터 작은 방을 얻어 영국에서는 최초로 교육을 위한 실험실을 설치함으로써 영국의 실험과학에 매우 값진 공로를 남겼다. 그는 열역학에 대한 흥미를 가져 카르노 원리를 이용하여 자연법칙에 근거한 절대온도 눈금을 만들기에 이르렀다. 그의 절대온도계는 프랑스 물리학자 자크 샤를이 기체의 온도가 1℃ 떨어질 때마다 0℃ 때의 부피의 $\frac{1}{273}$ 줄어드는 것을 발견함에서 비롯되었다. 톰슨은 -273℃에서 0이 되는 것은 부피가 아니고 분자들의 에너지라고 제안했다. 실제로 이것이 모든 물질에서 성립함을 발견했고 -273℃가 절대 0으로 우주에서 존재할 수 있는 가장 낮은 온도라고 생각되어야 한다는 결론을 내게 했다. 그러고 나서 -273℃를 0으로 표시하는 (결국 그의 이름이 붙은) 새로운 온도눈금을 제안했다. 그것은 열역학을 연구하는 데 유익하게 쓰였고 서로 다른 두 온도 사이에서 작동하는 기관으로부터 얻을 수 있는 일의 양을 정확히 결정해 주었기 때문에 곧 물리학자들이 이용하기 시작했다.

그는 열과 운동에너지가 서로 바뀔 수 있다는 제임스 줄의 이론을 학자들이 받아들이도록 격려하는 데 주동적인 역할을 했다. 줄의 이론은 열의 열량이론을 버리고 열이란 물질이 아니라 운동의 한 형태라고 선언했기 때문에 혁명적이었다. 비록 톰슨이 줄의 이론에 대해 1874년 처음 들었을 때는 그 이론을 받아들이기에 주저했지만, 줄의 주장이 에너지의 본질에 관한 자신의 견해와 어떻게 들어맞는지를 보았다. 마침내 열역학 제2법칙과 연관하여 에너지의 쇠퇴에 관한 자신의 이론을 설명한 그의 저서 『열의 동역학적 이론에 관하여 On the Dynamical Theory of Heat』에서 줄의 견해를 수용했다.

톰슨은 자신의 수학적 재능을 이용하여, 몇 안 되는 기본방정식을 가지고, 열역학과 역학으로부터 자기와 전기에 이르는 다양한 현상을 설명할 수 있었다. 모든 형태로 나타나는 에너지를 수학방정식으로 표현하려고 시도했으나 성공하지 못했다. 그러나 넓은 영역에 걸친 그의 관심 때문에 에너지에 관한 19세기 이론들을 종합하는 데 주도적 역할을 할 수 있었다. 모든 형태의 에너지가 어떻게든 서로 연관되어 있다고 믿었으며, 이 믿음이 물질과 에너지를 통합하는 총괄적 이론을 찾게 하는 계기가 되었다. 또한 제임스 클러크 맥스웰에게도 일종의 조력자였는데, 맥스웰의 전자기 통합이론은 그 분야에 대한 톰슨의 연구로부터 큰 도움을 받은 것이다.

톰슨의 연구는 이론뿐 아니라 실제적으로도 유용했다. 고체 전선을 통해 흐르는 열을 설명한 1842년 논문은 대서양을 횡단하는 5,000㎞의 해저케이블을 통해 전류를 보내는 문제를 해결하는 데 없어서는 안 되었다. 결국 대서양 전신회사의 고문 대표로 취임하여, 자신의 위험을 무릅쓰고 그러한 케이블을 놓는 초기 작업을 감독했다. 몇 가지 장치도 발명했는데, 그중에는 케이블의 효율을 엄청나게 개선하여 대단히 많은 시간과 경비를 절약할 수 있는 전신의 수신 장치도 들어 있다. 또한 해저케이블을 놓는 두 건설회사에도 관여했다. 이러한 활동을 통해 바다 요트와 스코틀랜드의 북에어셔에 있는 라그스에 대저택을 살 수 있을 정도로 부자가 되었다.

수백 개에 이르는 명예학위와 상을 받고, 이 명예에 만족하며 살 수도 있었지만, 계속하여 항해 나침반과 파도의 높이를 재고 바다의 깊이를 알려 주는 기구들을 포함한 많은 장치의 특허를 따내었다. 그러나 톰슨의 원기 왕성한 마음은 맨 마지막까지도 그의 과학적 세계관이 틀렸을지도 모른다는 가능성을 결코 받아들이거나 심각하게 생각해 보도록 하지 않았다. 그래서 그의 말년에 상대론과 양자론에 이르게 되는 새로운 발전에 대비하지 못했다. 그렇지만 앞선 뉴턴이나 뒤에 온 아인슈타인과 마찬가지로, 당시 물리학의 많은 부분을 통합했다. 의식적이지는 않았지만, 그 자신의 마음속에 들어 있는 질서 정연한 우주의 개념을 결국 무너뜨리는 씨를 뿌리게 되었다.

클라우지우스와 켈빈이 어떻게 제2법칙을 수립하였는지 이해하려면, 이 법칙의 골자를 나타내는 공통의 성질을 찾기 위해 비가역과정의 여러 예를 공부해야만 한다. 클라우지우스는 열이 저절로는 뜨거운 물체에서 찬 물체로만 흐르며 거꾸로 갈 수 없는 성질에 기초하여 그의 제2법칙을 수립하여 다음과 같이 표현했다. 주어진 온도에서 더 높은 온도로 저절로 열만 흘러가게 하는 과정은 존재할 수 없다. 그렇지만 켈빈 경은 이 법칙을 열이 일로 바뀌는 것을 이용하여 다음과 같이 표현했다. 계속 같은 온도를 유지하는 열원(환경)으로부터 주어진 양의 열이 일로 바뀌는 것이 유일한 최종 결과라면 이것이 저절로 일어나는 것은 불가능하다. 간단히 말하면 열이 흐르지 않으면 일을 할 수도 없고 열은 온도 차이가 존재해야만 흐를 수 있다.

클라우지우스와 켈빈의 말이 같은 것임을 보이는 것은 어렵지 않으나, 두 가지 모두 측정될 수 있고 비가역과정이 일어날 때 (예를 들면 항상 증가하는 것과 같이) 단지 한 방향으로만 변하는 물리량과 바로 연결되지 않는다. 클라우지우스는 마침내 그러한 양을 발견했는데, 그는 그것을 계의 엔트로피라고 불렀으며, 이 양이 이제는 제2법칙을 가장 잘, 가장 쉽게 표현하는 물리량으로 보편적으로 받아들여지고 있다. 클라우지우스는 또한 계의 엔트로피가(다시 말해 과정이 진행하는 동안 엔트로피의 변화가) 어떻게 측정되는지를 보였다. 이제 제2법칙은 가장 일반적으로 다음과 같이 표현된다. 고립된 계의 엔트로피는 절대로 감소하지 않으며 기껏해야 변하지 않는 것인데, 그것은 계가 열역학적 평형에 도달했을 때(모든 곳에서의 온도가 같아질 때) 일어난다. 이와 같이 제2법칙은 고립된 계에서(밖으로부터 에너지를 얻거나 밖으로 에너지를 내보내지 않는 계) 변화가 일어날 수 있는지 없는지 알려 준다. 그래서 두 가지 열역학법칙으로부터 변화하는 계에 두 가지 조건이 부여된다. 이 두 조건은 화학적 동역학에서 주어진 조건(압력과 온도) 아래 어떤 특정한 화학반응이 일어날 것인지 아닌지를 결정하는 데 지극히 중요하다. 자연에서는 두 가지 종류의 화학반응이 저절로 일어난다. 하나는 열을 방출하는 발열반응이고 다른 하나는 열을 흡수하는 흡열반응이다. 일반적으로 어떻게 흡열반응이 일어날 수 있는지 알기는 쉽지 않으나, 증가하는 엔트로피 법칙이 그 이유를 설명해 준다.

제2법칙의 또 다른 특징의 하나인 무질서의 증가는 문외한이 언뜻 보기에는 우리의 경험과 모순되는 것처럼 여겨질지도 모른다. 왜냐하면 우주에서 조직화가 끊임없이 저절로 일어나고 있음을 알기 때문이다. 기체상태의 물질과 먼지가 저절로 조직되어 별과 행성을 만들며, 별들은 스스로 은하계를 조직하고, 매우 뜨거운 별의 내부에서는 가벼운 원자핵이 모여 매우 무거운 원자핵을 만들며, 차디찬 우주공간에서나 따뜻한 행성에서 원자들이 스스로 복잡한 분자가 되기 위해 모이며, 마지막으로 여기 지구 위에서는 복잡한 분자들이 모여 우주에서 가장 높은 수준으로 조직된 구성물, 즉 생명체를 형성한다. 제2법칙을 잘못 이해한 창조론자들은 제2법칙의 무질서에 대한 성질이 간단한 형태로부터 복잡한 형태의 물질을 형성하는 것(진화)을 금지한다고 잘못 믿고서 가장 높은 수준으로 조직된 구성물은 창조에 의한 작용의 결과라고 주장한다.

이 믿음은 잘못되었으며 제2법칙을 잘못 이해했음을 가리킨다는 사실이 다음의 간단한 예로부터 명백해진다. 주어진 온도에서 자유롭게 움직이는 두 종류의 원자 A와 B가 들어 있는 병을 생각하자. 두 원자가 서로 상호작용을 할 기회가 없었던 처음에는 병에 다른 구성물이 존재하지 않지만, 시간이 흐르면 다른 구성물 AB가 형성된다. 그러므로 원자들의 일부가 스스로 자유로운 원자보다 더 질서 있는 형태인 분자를 조직했다. 실제로 그 물질의 엔트로피는 감소했다. 이것이 제2법칙을 위배한 것일까? 아니다. 왜냐하면, 변화하는 계의 엔트로피 증가를 결정하거나 계산하려면 계의 모든 요소들을 전부 고려해야 하는데, 위에서는 그렇게 하지 않았다. 원자들 A와 B로부터 분자 AB가 형성될 때, 에너지가 방출되어야만 하며, 에너지의 엔트로피가 물질의 엔트로피에 더해져야만 한다. 그러면 분자들이 형성된 후의 계의 총 엔트로피는 원자들만 존재할 때의 계의 총 엔트로피보다 항상 크다는 것을 발견한다. 방출된 에너지의 엔트로피가 분자의 엔트로피 감소를 충당하고도 남는다. 그래서 전체적인 질서는 감소되고 혼란이 증가된다.

우리는 자연적으로(저절로) 진행하는 과정은 거꾸로 갈 수 없고 엔트로피의 증가를 수반하며, 그러한 과정은 엔트로피가 증가할 여지가 있는 이상 (아직 최댓값에 다다르지 않았다면) 계속될 수 있음을 보았으나, 어떻게 계의 엔트로피의 변화를 측정할 수 있는지에 대해서는 설명하지 않았다. 이때 의미 있는 것은 계의 엔트로피의 크기가 아니라 단지 엔트로피의 변화라는 것을 유의하자. 여기서는 이 문제에 대해 간단한 초보적 논리만 펼 수 있는데, 클라우지우스는 아마도 그의 엔트로피의 변화를 카르노가 열기관의 효율을 연구한 것에 기초하여 정의한 듯싶으므로, 클라우지우스의 분석을 좇아 설명하기로 한다. 카르노는 열기관의 마찰이 아무리 제거되었더라도 그 효율은 항상 100%보다 작음을 관찰했으며, 그래서 기관의 본질적 성질에 속한 무엇인가가(즉, 열이 일로 변하는 방법에서) 그 효율을 제한한다고 추정했다. 그러한 관찰로부터 그는 열역학 제2법칙을 거의 발견할 뻔했으며, 그가 연구할 당시에 제1법칙이 알려졌다면 아마도 틀림없이 발견할 수 있었을 것이다. 그럼에도 불구하고, 과학역사가들 중에서 많은 사람은 카르노를 열역학의 아버지로 생각한다.

카르노의 열기관에 대한 분석이 어떻게 엔트로피의 개념으로 이어지는지 보기 위해, 기체가 들어 있는 원통과 피스톤으로 돌아오자. 이것을 다시 매우 간단한 열기관으로 취급하고, 어떤 처음 상태부터 시작하여 여러 단계를 거쳐 다시 처음 상태로 돌아오기까지 완전히 한 바퀴 돌도록 동작시키자. 이렇게 변화할 때 계가 처음 상태로 돌아왔다는 것은 그 계의 모든 특징(압력, 부피, 온도, 내부에너지, 엔트로피)이 처음 값으로 되돌아와야 한다는 것을 의미한다. 우리의 기관에 일을 시키기 위하여, 기체의 압력을 일정하게 유지하도록 피스톤 위에 추를 올려놓고 원통을 온도가 일정한 높은 온도의 뜨거운 판(예를 들면 난로 위)과 접촉시킨다. 판의 열이 원통의 기체로 흘러들어 오면 기체는 팽창하고, 피스톤이 올라가며, 그러면 기체는 온도가 변하지 않는 뜨거운 판과 접촉되어 있기 때문에 온도가 일정하게 유지되면서 기관(즉, 기체)은 일을 한다. 기체의 온도는 항상 뜨거운 판의 온도와 같다. 이 단계에서 모든 열이 일로 바뀌었으며, 그래서 더 이상의 분석을 계속하지 않으면 이 간단한 기관의 효율이 100%인 것처럼 보인다. 모든 열은 일로 바뀌었으며, 이것은 추의 위치에너지가 증가한 것으로 나타나고, 이 추는 어떤 원하는 높이까지든지 올라갈 수 있다. 그러나 만일 이 단계에서 과정을 멈춘다면 그것은 단지 한 번밖에 사용할 수 없기 때문에 그런 기관은 아무런 쓸모가 없다. 만일 다른 추도 올리기를 원한다면(기관을 다시 사용하고 싶다면), 피스톤을 제 위치로 다시 돌려놓아야 한다.

그런 과정을 계속하기 위하여 원통을 뜨거운 판으로부터 떼어 놓자.

물론 기체는 아직 뜨겁기 때문에 여전히 일을 하며 계속 팽창할 것이다. 그러나 전체 과정의 이 단계에서 기체는 식기 시작한다. 이제 이 기관을 열을 일로 바꾸는 데 다시 사용할 수 있도록 피스톤에서 추를 제거하고 원래 위치로 되돌려 놓기 위해 아주 천천히 피스톤을 누르자. 물론 기체를 수축시킬 때 우리는 일을 해 주며, 그래서 열로부터 얻은 일을 다시 되돌려 주는 셈이지만, 받은 일을 전부 다 되돌려 주는 것은 아니다. 우리가 해 준 일은 열로 나타나며, 우리가 이 일을 하는 동안 기체의 온도가 일정하게 유지되도록 이 열이 원통 밖으로 나가더라도 내버려 둔다. 이 일을 계속하여서는 기체가 원래의 온도로 되돌아가고 피스톤이 원래의 높이로 되돌아가게 할 수는 없으므로, 이번에는 열이 도망가는 것을 허용하지 않으면서 피스톤이 원래 위치로 돌아오고 온도가 원래 값을 갖도록 한다. 이제 기관은 한 바퀴를 완전히 돌았으며 다시 일할 준비가 되었다.

이 과정을 분석하면서, 카르노는 기관을 아무리 조심스럽게 동작시키더라도 또한 피스톤과 원통 벽 사이의 마찰을 아무리 작게 줄이더라도 뜨거운 열원으로부터 받은 열의 일부는 항상 포기해야만 되었으므로 기관(피스톤과 원통)을 100% 효율적으로 동작시킬 수는 없음을 알았다. 그래서 기관이 한 일은 이 과정의 첫 번째 단계에서 흡수한 열과는 결코 같아질 수 없다. 그 일은 흡수한 열과 기관을 거꾸로 돌리는 과정(기관이 되돌아가는 마지막 절반 과정)에서 차가운 환경에 내보내는 열의 차이와 같다. 클라우지우스는 이 점으로부터 시작하여 분석을 계속했다. 그는 기관이 존재하지 않아 열이 뜨거운 근원에서 곧바로 차가운 환경으로 흐른다면 열은 조금도 일로 바뀌지 않을 것임으로 그 결과는 사뭇 다르리라는 점을 깨달았다. 두 경우에 모두 일정한 양의 열이(첫 번째 경우보다 두 번째 경우에 더 많이) 뜨거운 근원(열원)에서부터 차가운 환경(열이 빠지는 곳)으로 흐르지만, 첫 번째 경우에는 열이 유용한 일을 하고 두 번째 경우에는 일을 하지 않으며, 그래서 열원에서 환경으로 옮겨 가는 열에 의해 만들어지는 무질서의 양(그러므로 엔트로피의 증가분)은 두 번째 경우보다 첫 번째 경우가 더 작다. 이제 첫 번째 경우와 두 번째 경우의 열의 흐름에서 볼 수 있는 유일한 차이는, 첫 번째 경우에는 열이 높은 온도에서 기관으로 흘러들어 오고 이때 들어온 것과 다른 양의 열이 낮은 온도에서 밖으로 나간다는 점이다. 그러면 분명히 열의 흐름과 열이 흐를 때의 온도가 엔트로피의 변화를 결정해야 하며, 그래서 클라우지우스는 한 계의 엔트로피의 변화량을 계가 열을 얻거나 잃을 때 이 열의 양을 이때의 기관의 절대온도로 나눈 것으로 정의했다. 엔트로피는 열을 잃으면 감소하고 열을 얻으면 증가한다. 열의 얻음이나 잃음이 엔트로피의 변화와 관계되는 이유는, 운동론을 논의할 때 알게 되겠지만, 열이 제멋대로 일어나는 운동, 즉 무질서를 초래하기 때문이다.

## 운동론

운동론(흔히 기체의 운동론이라고 불린다)은 제1법칙의 필연적 결과이다. 이것은 열로부터 시작된 에너지가 보존되며 기체가 가열되어서 열이 내부에너지로 나타난다면, 내부에너지는 기체를 구성하는 요소(분자들)의 에너지일 것이 분명하기 때문이다. 그렇지만 초기에는 운동론 주장자들의 생각이 받아들여지는 것은 고사하고 과학계에서 그들의 의견을 공평하게 발표할 기회를 얻는 것조차 지극히 어려웠다. 20세기의 처음 10년까지도 화학자 오스트발트나 물리학자 마흐는 물질의 원자론과 분자론조차 받아들이지 않았다. 그러나 운동론에 대한 개념은 이미 17세기 말과 18세기 초의 위대한 과학자들과 수학자들 중 몇몇 사람의 마음속에 자리 잡고 있었다. 그래서 뉴턴은 『광학』에 다음과 같이 썼다.

> 나는 신이 태초에, 공간의 크기와의 비례를 생각하여 물질의 크기나 모양, 다른 성질들을, 그 창조하는 목적에 가장 잘 부합되도록 꽉 차고 무거우며 단단하고 뚫을 수 없으며 자유롭게 움직이는 입자로 만들었다고

생각한다. 또한 이 태초의 입자들은 고형체로서 이들로부터 합성되어 어떤 틈새가 있는 물체와 비교가 안 될 정도로 단단하고, 결코 닳거나 조각나지 않을 정도로 매우 단단해 신이 처음 창조한 것을 어떤 보통의 힘으로는 쪼갤 수 없음이 틀림없어 보인다. 그 입자들은 고스란히 남아 있으면서, 모든 시대에 걸쳐 같은 본질과 조직을 갖는 물체를 만들 수도 있다. 그러나 이 입자들이 닳거나 조각난다면, 이 입자들로 만들어진 물체의 본질이 변했을지도 모른다. 물이나 흙이 오래돼 낡은 입자나 입자들의 조각으로 구성돼 있다면, 태초의 온전한 입자들로 만들어진 물이나 흙이 오늘날의 물이나 흙과 같은 본질이나 조직을 갖지 않을 것이다.[8)]

이 인용구에서 뉴턴은 분자(물질을 구성하는 "입자")의 영구성과 파괴될 수 없는 성질을 강조했다.

그 후 1738년, 저명한 스위스 수학자이자 물리학자인 다니엘 베르누이는 유체역학에 관한 논문을 발표했는데, 그 논문에서 간략히 발췌한 다음과 같은 글로부터 알 수 있듯이 운동론의 본질적 성질들이 분명히 나타나 있다.

1. 탄성유체를 고려할 때, 그 유체에 대해 알려진 모든 성질과 부합하는 구조를 설정하여 이로부터 아직 충분히 조사되지 않은 다른 성질에 대한 연구를 진전시킬 수 있다. 탄성유체의 특별한 성질들은 다음과 같다. (1) 무겁다. (2) 별다른 제한을 받지 않는 한 모든 방향으로 팽창한다. (3) 수축하는 힘을 가하면 계속하여 점점 더 수축된다. 공기는 이런 종류의 물체에 속하며, 특별히 이번 연구의 대상이다.

2. 연직으로 세운 원통 용기가 움직일 수 있는 피스톤으로 덮여 있고 그 위에 무게 P인 추를 올려놓자. 원통 속에 미세한 입자가 매우 많이 들어 있고 이 입자들은 이리저리 매우 빨리 움직여서, 그 충돌하는 충격으로 피스톤을 받쳐 주고 있는데 이 입자들이 탄성유체를 이루고 있다. 추의 무게 P를 줄이거나 제거하면 이 탄성유체는 팽창할

것이고 추의 무게가 증가하면 수축하며 추는 마치 탄성력을 받지 못한 것처럼 수평한 바닥을 향하여 중력에 이끌려 내려온다. 입자들이 정지해 있건 또는 움직이건 간에 무게를 잃지는 않으므로, 바닥은 그 무게뿐 아니라 유체의 탄성도 함께 떠받친다. 그러므로 그러한 유체로 공기를 사용하려 한다. 공기의 성질은 우리가 이미 탄성유체의 성질로 가정한 것들과 일치하며, 그 성질들을 이용하여 공기에 대해 발견된 다른 성질들을 설명할 것이고, 아직 충분히 토의되지 않은 다른 성질들도 지적할 것이다.

3. 원통에 포함된 입자들의 수가 실질적으로 무한히 많다고 생각하고, 그들이 원통 밖의 공간을 차지하면 보통의 공기가 된다고 가정하며, 모든 우리의 측정들이 이를 표준으로 하여 언급될 것이다. 그래서 피스톤을 어떤 위치에 고정시키는 무게 P는 위의 공기가 누르는 압력(무게)과 다를 것이 없으므로 앞으로 모두 P로 쓸 것이다…….

베르누이의 생각이 우리의 생각과 그렇게 흡사한 것도 놀랍지만, 그보다 더 놀라운 것은 영국 물리학자 존 제임스 워터스턴의 연구인데, 그는 1845년 영국학술원에 한 논문을 제출했다. 논문에서 기체의 잘 알려진 대부분의 성질과 기체의 온도와 압력, 기체를 이루는 분자들의 운동 사이의 관계를 추론했다. 그는 최초로 기체의 온도는 그 기체를 이루는 분자들의 평균속력의 제곱으로 결정된다는 것과 기체의 압력은 1㎤ 안에 들어 있는 분자들의 수(분자 밀도)에 분자의 평균속도의 제곱을 곱한 것에 비례함을 보였다. 워터스턴의 논문은 그 평가를 의뢰받은 두 명의 심사위원으로부터 부정적인 보고를 받았기 때문에 유감스럽게도 출판되지 못하고 학술원의 문서보관소에 처박혔다.[10] 심사위원 중 한 사람은 "이 논문은 학술원에서 읽히기조차 적합하지 못할 정도로 무의미하다"고 평가했고, 좀 편견이 덜한 다른 심사위원은 이 논문이 "많은 재능을 보이고 일반 사실과 놀랍게 일치하지만… 그러나 근본원리는… 수학이론으로서는 전혀 만족스러운 기반을 갖추지 못했다"라고 평하였다. 이런 말들로부터 당시에 분자에 대한 개념(운동론)이 얼마나 낮은 대우를 받았는지 알 수 있다. 워터스턴의 논문은 그 논문의 서문을 쓴 위대한 영국 물리학자 레일리 경의 간청으로 1892년 출판되었다.

운동론은 1860년 제임스 클러크 맥스웰이 "완전탄성체인 구들의 운동과 충돌에 대해서"라는 부제를 가진 「기체의 동역학적 이론의 예」라는 논문을 『필로소피컬 매거진 Philosophical Magazine』에 발표하면서 큰 돌파구를 마련하게 되었다. 맥스웰은 기체의 운동론의 본질을 첫 번째 문단에서 다음과 같이 썼다.

물질, 특히 기체 형태의 물질의 성질 중에서 아주 많은 부분이 그 미세한 구성 요소가 빨리 움직이며 그 속도는 온도가 올라가면 커진다는 가설로부터 추론될 수 있기 때문에, 이 운동의 정확한 성질은 이성적인 호기심의 주제가 되고 있다. 다니엘 베르누이나 헤라파스, 줄, 크뢰니, 클라우지우스 등은 입자들이 균일한 속도로 직선을 따라 운동하며 용기의 벽에 충돌하여 압력을 만든다고 가정하면 이상기체에서 압력과 온도, 밀도 사이의 관계들이 설명될 수 있음을 보였다. 입자들이 운동을 하면서 서로 충돌한다고 하더라도 압력에 미치는 효과는 변하지 않을 것이므로 각 부분이 동일한 직선을 따라 아주 멀리 움직여야 한다고 가정할 필요는 없으며, 따라서 직선운동으로 묘사되는 부분은 매우 짧을 수도 있다. M. 클라우지우스는 충돌이 일어날 때 두 입자의 중심 사이의 평균 거리로 그 직선 경로의 평균 길이를 결정했다. 우리는 지금 그러한 거리를 확인할 방도가 없지만, 기체의 내부저항과 기체를 통한 열의 전도, 그리고 한 기체가 다른 기체로 확산되는 것 등과 같은 특정한 현상들로 미루어 보건대 연속적인 두 충돌 사이의 거리를 나타내는 경로의 평균 거리를 정확히 결정할 수 있는 가능성이 엿보인다. 엄밀한 수학적 원리를 이용하여 그러한 연구의 기초를 닦기 위해, 나는 대단히 많은 수의 작고 단단하며 완전탄성체인 구들이 있다 하고 이들이 단지 충돌할 때만 힘을 받는다고 할 때 운동의 법칙들을 증명할 것이다.

만일 그러한 물체로 이루어진 계의 성질이 기체의 성질과 대응된다는 것이 알려지면, 물질의 성질을 더 정확히 알게 해 줄지도 모르는 중요한 물리적 유추를 확립할 수 있을 것이다. 만일 기체에 대한 실험이 여기서 제안하는 가정들과 일치하지 않는다면, 우리 이론이, 비록 자체적인 일관성을 갖고는 있다고 하더라도, 기체현상을 설명하기에는 부적합하다고 판단될 것이다. 어떤 경우에서나, 이 가설의 결과들을 끝까지 지켜보는 것이 필요하다.

입자들이 단단하고 구형이며 탄성체라고 말하는 대신에, 우리가 원한다면, 입자들이 힘의 핵심이라서 매우 가까운 거리를 제외하면 이 힘의 작용이 느껴지지 않다가 갑자기 매우 세게 밀어내는 힘으로 나타난다고 말할 수 있다. 위의 어떤 가정을 사용해도 같은 결과에 도달할 것이 분명하다. 이 밀어내는 힘에 관해 길게 반복하는 것을 피하기 위하여, 나는 완전탄성체인 구형 물체라고 가정하고 계속할 것이다. 만일 뭉쳐져 함께 돌아다니는 분자들처럼 그 표면이 구형이 아니라고 가정하면, 클라우지우스가 보인 것처럼 그 계의 회전운동이 전체 힘의 일정한 비율만큼을 차지하게 되며, 이렇게 하여 좀 더 간단하게 가정한 경우보다 비열의 값이 더 큼을 설명할 수 있다…….

운동론에 들어 있는 착상은 내부에너지나 압력, 온도와 같은 기체의 전체적(거시적) 성질이 그 미시적 성질, 즉 구성입자(분자)들의 무질서한 운동에까지 거슬러 올라가 연결되어 있음을 보이는 것이다. 이 입자들을 맥스웰은 제멋대로 움직이면서 서로 충돌하는 아주 작고 단단한 탄성을 갖는 구라고 가정했다. "탄성"이란 두 탄성체인 구가 충돌하면 에너지를 전혀 잃지 않고 다시 튕겨 나오는 성질을 의미한다. 즉, 충돌 과정에서 열이 발생하지 않으므로 두 분자의 운동에너지의 합이 줄어들지 않는다. 만일 충돌할 때마다 분자들이 그 운동에너지의 일부를 잃는다면, 기체를 이루는 모든 분자는 곧 정지하고 모두 바닥에 쌓이게 될 터인데, 물론 이것은 우스꽝스럽기 때문에 일반적으로(적어도 온도가 너무 높지 않으면) 이것이 성립해야 함은 분명하다.

운동론은 기체 분자가 용기의 벽을 때리는 비율에 의해 기체의 압력을 쉽게 설명한다. 이 분석에서 두 가지 양이 관계된다. 하나는 분자가 1초 동안 벽의 단위넓이에 충돌하는 수이고 다른 하나는 충돌의 평균 세기 또는 효율성이다. 1초 동안 벽의 주어진 넓이에 충돌하는 횟수가 클수록 압력은 커진다. 분자가 충돌하는 빈도는 명백히 분자의 밀도와 분자의 평균속도에 의존한다. 분자의 수가 많을수록, 분자의 평균속도가 빠를수록, 용기의 벽과 충돌하는 횟수도 더 많아질 것이다. 충돌의 격한 정도의 세기는 분자의 속력과 질량의 곱(운동량이라고 불린다)에 의존한다. 그래서 운동론은 용기의 벽을 향한 기체의 압력이 분자의 밀도(1㎤ 안에 들어 있는 분자 수)와 분자의 질량, 분자의 평균속력을 제곱한 것들을 모두 곱한 값에 의존한다고 말한다.

물질(이 경우에 기체)을 미시적으로 묘사함으로써 얻어지는 이 결과는 거시적(열역학적)인 설명과 두 가지 방법으로 연결된다. 첫째, 열역학은 기체의 압력과 온도 사이의 관계를 얻게 해 주며, 즉, 압력은 온도에 비례한다고 알려 주며, 운동론은 압력과 분자들의 평균 운동에너지(운동에너지는 분자의 질량에 그 속도의 제곱을 곱하여 둘로 나눈 것과 같다) 사이의 관계를 알려 준다. 우리는 이와 같이 기체의 온도와 기체운동의 평균 운동에너지 사이의 관계를 추론한다. 온도는 분자의 운동에너지의 평균에 비례한다.

운동론은 또 다른 중요한 결론에 이르게 한다. 어떤 형태(열 또는 역학적)의 에너지든지 기체로 옮겨지면, 모든 분자들에 (평균하여) 똑같이 분배된다. 이것이 "에너지 균등분배 정리 또는 법칙"이라고 불린다. 이것은 기체를 이루는 분자가 모두 동일한 운동에너지를 가진다는 것을 뜻하는 것이 아니라 분자마다 지니는 운동에너지는 다르지만 그 차이는 얼마 되지 않으며, 전체적으로 운동에너지가 위에서 인용한 논문에서 맥스웰이 처음으로 계산한 값인 평균값과 매우 가까움을 의미한다. 기체 분자의 속도 분포를 알려 주는 공식을 유도한 이 논문은 분자와 기체의 운동론에 대한 믿음을 대단히 굳게 만들어 주었으며 또한 이론물리학에서 해석적인 도구로서 운동론의 능력을 과시했다.

기체의 압력이나 온도, 내부에너지, 엔트로피 그리고 다른 거시적 성질들을 분자운동의 동역학으로 바꾸어 설명하면서, 맥스웰과 다른 운동론 제안자들은 기체법칙이 본질적으로 뉴턴의 운동법칙의 결과임을 밝혔다. 그래서 비열과 같이 기체에서 관찰된 어떤 성질들이 기체법칙으로 계산된 것과 차이를 보인다면, 뉴턴의 운동법칙의 정당성에 대해 의문을 품을 수 있다. 12장에서 볼 수 있듯이, 맥스웰이 그러한 차이를 지적했으며, 이 차이는 양자론이 출현한 뒤에야 설명되었다.

## 통계역학

통계역학을 물리학의 중요한 분야로 발전시키는 데에는 훌륭한 네 사람의 이름이 관계된다. 제임스 클러크 맥스웰, 조사이아 윌러드 기브스, 루트비히 볼츠만, 알베르트 아인슈타인이다. 그 명칭이 드러내는 것처럼 통계역학이란 물리계의 성질과 구조, 행동을 분석하는 데 통계적 방법을 적용하는 것이다. 그것은 운동론에서와 같은 개념에 근거하며, 운동론과 밀접한 관계를 갖는다. 실제로 기체에서 분자의 평균속도와 분자의 속도 분포를 계산한 맥스웰의 논문은 운동론에 중요한 공헌을 한 것으로 생각할 수도 있고 또는 통계역학이 발전되는 첫 번째 단계라고 생각할 수도 있다. 주어진 범위 내 속도를 갖는 분자의 수를 알려 주는 분자의 속도 분포에 대한 맥스웰의 공식은 실제로 "맥스웰-볼츠만 분포"라고 불리는데, 이 공식을 맥스웰의 연구가 수행된 지 거의 30년 후에 볼츠만이 순수하게 통계적인 관점만으로 다시 유도하였으며 따라서 이는 고전 통계역학의 기본공식이다.

오스트리아 물리학자인 루트비히 볼츠만(1844~1906)은 역학법칙과 원자 운동에 대한 확률이론을 적용하여 어떻게 열역학 제2법칙이 설명될 수 있는지를 보이기 위하여 통계역학을 활용했다. 제2법칙을 이렇게 통계적으로 해석하면 열역학적 평형의 조건은 그 계의 가장 있음직한 상태임을 보여 주며 이로부터 볼츠만은 어떤 방향으로 원자가 움직이든지 원자의 에너지나 그 평균값은 모두 같음을 보여 주는 에너지 균등분배의 정리를 유도하는 데 이르게 되었다.

볼츠만은 빈에서 일하는 공무원의 아들이었다. 린츠와 빈에서 공부한 후에 1866년 빈대학교에서 박사 학위를 받았다. 그는 학생 시절에 뜨거운 물체가 내보내는 복사의 전체량은 그 절대온도의 네제곱에 비례함을(그래서 절대온도가 두 배가 되면 복사하는 비율은 16배로 커진다) 보인 요세프 슈테판의 제자였다. 볼츠만은 같은 원리를 열역학만 이용하여 유도했기 때문에 지금은 슈테판-볼츠만 법칙으로 알려진 공식을 완성했다.[11] 이 법칙은 양자론의 발전에 중요한 역할을 했을 뿐 아니라, 또한 영국의 천문학자 아서 에딩턴 경이 1920년대에 별에 있는 대기의 평형을 계산하는 데도 이용되었다.

볼츠만은 빈, 그라츠, 뮌헨대학교에서 물리학과 수학 교수로 연달아 임명되었다. 또한 유럽 대륙(영국이 아닌)에서 맥스웰의 전자기장 이론의 중요성을 가장 먼저 깨달은 과학자 중의 한 사람이었다. 또 맥스웰의 분포함수를 발전시켰으며, 모든 원자가 거의 같은 속도로 같은 간격을 유지하며 움직인다는 가정의 필요성을 제거했다. 한 원자의 좌표를 정하려고 하는 대신에, 분포함수를 이용하여 원자들이 주어진 속도와 위치 범위에 존재할 확률을 얻었다. 맥스웰 함수를 분석하여 한 계에서 일정한 총 에너지는 그 계를 구성하는 분자들에 고르게 나뉜다는 것을 보였다.[12]

볼츠만은 확률과 통계역학을 연구하면서 H-정리를 만들었는데 이 정리는 개개 원자들의 충돌 과정은 가역적이나 많은 분자로 이루어진 계에 대한 이론에서는 비가역적이라는 외관적 모순을 지적한 것이다.[13] 많지 않은 수의 충돌에서는 질서가 우연히 증가될 수도 있으나(또는 엔트로피의 반전), 가능한 충돌의 거의 대부분은 무질서를 증가시키는 방향으로 일어난다고 주장했다. 통계적으로 어떤 계의 처음 상태가 다시 출현하려면 상상할 수 없을 정도로 오래 기다려야만 가능하다.[14] 예를 들면, 한 병의 향수에 들어 있는 분자들이 방을 가득 채운 다음 모든 분자들이 다시 병 속으로 돌아오도록 충분한 충돌이 일어나기 위해 필요한 기간을 계산하면

$10^{60}$년이 소요된다. 우주적 척도에서 보자면, 볼츠만은 우주 자체는 최대의 엔트로피를 향하여 가차 없이 진행해 나가지만, 국소적으로는 엔트로피가 감소하는 것도 가능하다고 제의했다.[14)]

원자론에 대한 볼츠만의 매우 값진 공헌에도 불구하고, 원자란 편리한 수학적 허구에 불과할 뿐이며 물리적으로 존재하는 실체는 아니라고 생각한 에른스트 마흐나, 원자의 존재와 효용성까지도 부인한 게오르크 헬름과 같은 "에너지론자"들은 볼츠만의 연구를 공박했다. 에너지론자들은 모든 물질이 실제로 에너지로 만들어졌다고 가정했고 에너지 보존법칙은 자연에 존재하는 가장 높은 원리라고 생각했다. 이 논쟁은 빈에서 감각에 의해 직접 감지될 수 없는 현상은 과학으로부터 모두 제거해야 한다고 추구하는 논리적인 실증학파가 대두되면서 더욱 격렬해졌다. 불행하게도 볼츠만은 그의 생각이 물리학자들에게 일반적으로 받아들여지기 직전 심한 정신적 우울증으로 고생하던 때에 자살해 버림으로써 그의 탁월한 재능이 중도에 꺾이고 말았다.

모든 통계적 방법들과 마찬가지로, 통계역학의 효용성도 다루는 계에 속한 개개의 성분의 수가 많다는 점에 그 기반을 두고 있다. 성분의 수가 많을수록 방법에 따르는 고유한 백분율 오차가 작아진다. 실제로 이 백분율 오차는 그 계의 성분의 수의 제곱근에 비례하여 작아진다. 그래서 (예를 들어 중간 크기의 도시인구처럼) 100만 개의 성분을 갖는 계가 있다면, 모든 통계적 분석에서 그 오차는 1%의 10분의 1 정도의 크기이다. 아주 좋은 진공 상태에서조차 1㎤ 속에 들어 있는 분자의 수는 1조의 수천 배에 달하므로, 통계역학으로부터 얻는 결과는 매우 믿을 만하다.

통계역학에 들어 있는 철학과 동기는 많은 개개의 미시적 성분으로 이루어진 계의 전체적 또는 거시적 성질들은 그 계에 존재할 수 있는 여러 에너지 상태들에 이 개개의 성분들이 분포된 모양으로부터 알 수 있어야 한다는 것이다. 이러한 분야와 이런 종류의 분석에 대해 기브스(통계역학을 화학적 동역학과 상호작용하는 원자와 분자의 평형에 적용하였다)는 뛰어난 공헌을 했는데 그것은 그가 한 계의 상태를 가능한 여러 에너지 상태들 중에 그 계(분자와 원자)가 어떻게 분포하는가로 정확히 정의한 것이다.

조사이아 윌러드 기브스(1839~1903)

조사이아 윌러드 기브스(Josiah Willard Gibbs, 1839~1903)는 아마도 19세기의 가장 위대한 미국 과학자일 것이다. 코네티컷주의 뉴헤이븐에서 출생했으며 예일대학교 문학교수의 외아들이었다. 지방 고등학교에서 초기교육을 받은 후에 1854년 예일대에 입학했다. 대학교에 다니는 동안 많은 상을 받았으며 공학 분야의 대학원 과정을 계속했다. 그의 학위논문은 톱니바퀴 장치의 설계를 다룬 뛰어나게 실용적인 것이었다. 1863년 그 분야에서는 미국 최초로 공학박사 학위를 수여받았다.

그는 개인교수로 학문적 직업을 시작했고 3년 동안 유럽에서 수학과 물리학을 공부하기 위해 많지 않은 유산을 사용했다. 외국에 머물면서 와트의 증기기관이 동작하는 원리에 관심을 갖게 되었으며, 그로부터 열역학과 화학 과정의 열적 평형을 계산하는 방법을 찾기에 이르렀다. 1871년 예일대학교의 수리물리학 교수로 임명되었지만 9년 동안이나 월급을 한 푼도 받지 못했고, 존스홉킨스대학에서 좋은 조건의 자리를 제의받게 되자 예일대학교가 기브스에게 생활비를 주게 되었다. 뉴잉글랜드에서 보내는 여름휴가와 때때로 학술회의에 참석하는 것을 제외하고는 뉴헤이븐을 거의 떠나지 않았다. 자신의 전 생애를 자기가 출생한 집에서 집안일을 돌보아 주는 두 누이와 함께 보냈다.

기브스의 과학 논문들은 아주 수학적이며 간결했다. 그의 문체가 너무 함축적이어서 많은 동료가 논문을 이해하기 힘들어했다. 하지만 조직적이며 자기 확신적 문체도 가지고 있었다. 첫 번째 논문에서, 많은 유럽의 물리학자는 엔트로피의 물리적 중요성과 엔트로피라는 단어의 뜻에 대해 아직 많은 혼란을 겪고 있었음에도 불구하고, 엔트로피를 온도나 압력, 부피 또는 에너지처럼 열역학적 계를 다루는 데 필요한 양으로 가정했다.[15)]

기브스의 뛰어난 공헌은 화학반응에 카르노와 줄, 클라우지우스, 켈빈에 의해 발전된 열역학 원리들을 수학적 방식으로 적용한 것이었다. 그의 주된 연구인 "복합물질의 평형에 대하여"에서는 열역학 원리들을 화학계, 탄성계, 전자기계, 전기화학계에까지 확장했다. 비록 맥스웰과 볼츠만 모두 그의 훌륭함을 인정했지만, 그의 모든 연구 결과들이 잘 알려지지 않은 코네티컷의 과학 잡지에 발표되었기 때문에 거의 눈에 띄지 않고 묻혀 버렸다. 빌헬름 오스트발트가 기브스의 논문들 중에서 일부를 독일어로 번역한 후에야 비로소 기브스가 유럽에서 널리 알려지게 되었으며 그의 공헌이 모두 인정되었다.

그의 연구를 가장 간단한 형태로 설명하기 위해, 서로 상호작용하지 않는 각각의 원자들(소위 "홑원자분자 기체", 즉 기체의 분자가 $CO_2$처럼 여러 개의 원자로 만들어지지 않고 단지 한 개의 원자만 포함)로 이루어진 기체를 생각하고 분자의 자유도라는 개념을 도입하자. 또한 여기서 분자(원자)는 아무런 내부 구조도 갖지 않는다고, 또는 좀 더 정확하게, 내부 구조가 동역학이나 전체적 성질에는 아무런 역할도 행사하지 않는다고 가정하자. 이것은 분자가 단단하고 완전히 탄성체인 구라고 가정하는 것과 같은 효과를 준다.

이런 점을 이해하고, 이제 한 분자의 자유도라는 개념을 정의하자. 자유도란 에너지가 부여될 수 있는 독립된 운동의 가짓수와 관계된다. 위와 같은 간단한 분자의 경우에는 각 분자가 공간에서 서로 독립인(서로 수직인) 세 개의 차원 중에서 어느 하나를 따라서도 각 경우마다 일정한 양의 운동에너지를 지니고 움직일 수 있기 때문에 단지 세 개의 자유도를 갖는 것을 알 수 있다. 두 개나 그 이상의 원자로 구성된 분자의 자유도는 세 개가 아님을 유의하자. 왜냐하면, 그런 분자는 병진운동을 하는 운동에너지에 덧붙여서 회전에너지와 진동에너지도 가질 수 있으므로 자유도가 셋보다 많기 때문이다. 그러면 간단히 말해서 한 분자가 갖는 자유도의 수는 그것이 지닐 수 있는 에너지 양태의 수와 같다. 많은 수인 N개의 분자들이 모인 기체계를 생각하자. 그러면 그 앙상블(계를 일컬음)은 3N개의 자유도를 갖는다고 말할 수 있다.

그 계가 평형상태에 있다면, 무슨 일이 벌어지더라도 그 온도와 전체 내부에너지는 일정하게 유지된다. 통계역학은 그 계의 어떤 특정한 상태가 발생할 확률은 무엇인가라는 질문에 답하게 된다. 그것은 물론 가능한 모든 방법으로 분자들을 교환할 때 그 특정한 상태가 구현되는 방법의 수와 관계된다.

좀 더 정확을 기하기 위해, 거의 비슷한 에너지를 갖는 분자들을 같은 모임으로 묶어서, 모든 분자들을 여러 다른 에너지 모임으로 나눈다고 가정하자. 각 에너지 모임을 상자로 나타내고 그 상자가 대표하는 에너지 모임에 따라 번호를 매기기로 한다. 즉, 상자들을 1, 2, 3,… 과 같은 정수로 번호를 매기고, 상자1은 거의 1단위의 에너지(그 단위가 무엇이든 간에)를 갖는 분자를 모두 포함하고, 상자2는 거의 2단위의 에너지를 갖는 분자를 포함하는 식이다. 여기서 상자들이란 일정한 벽을 갖고 실제 공간(부피)을 차지하는 실제 용기라고 상상하지 않도록 조심해야 한다. 같은 상자에 들게 되어 같은 에너지를 갖는 서로 다른 두 분자는 일반적으로 기체가 차지하는 실제 부피에서 서로 다른 장소에 위치할 것이므로 그러한 상상은 옳지 않다. 그래서 기체 분자의 위치를 나타내기 위해 각각의 에너지 상자는 모두 동일한 수의 조그만 딸림 상자로 나뉘어야 하며, 각 딸림 상자는 기체가 들어 있는 원통의 중심과 같은 기준점으로부터 서로 다른 거리에 위치한다. 우리가 이 과정에서 사용하는 딸림 상자의 전체 수는 에너지 상자의 수에다 각 에너지 상자에 딸린 위치를 나타내는 딸림 상자의 수를 곱한 것과 같아야 한다. 각 에너지 상자가 차지하는 공간의 부피는 기체가 차지하는 전체 부피와 정확히 같음을 유의하자.

입자의 앙상블을 실제 공간에서 작은 영역에 위치하고 거의 같은 에너지를 갖는 입자들로 이루어진 딸림 모임들로 나누는 이러한 과정이 모든 통계역학에서의 기본이다. 이것은 (기체나 결정체 그리고 액체와 같은) 분자나 원자 앙상블과 광자 앙상블(복사), 전자의 앙상블(원자들, 백색왜성들), 별들로 이루어진 계(성단, 은하계) 등의 예에서 믿을 수 없을 만큼 성공적으로 응용되어 왔다. 수리물리학자들은 공간 개념을 운동량 개념과 결합함으로써 3차원에서 6차원으로 확장하고 앙상블에 속한 개개의 입자를 특정한 공간과 운동량을 가진 딸림 상자에 부여하도록 위의 묘사를 개선했다. 이것은 다음과 같은 생각에 기반을 둔 것이다. 공간은 3차원이기 때문에 주어진 순간에 기체에 속한 어떤 분자가 있는 곳을 알기 위하여(위치를 정해 주기 위하여) 숫자 세 개가 필요하다. 그렇지만 그런 분자는 주어진 속력으로 공간의 세 독립적인 방향들 중에서 어느 방향으로든지 움직일 수 있으므로, 그 운동(또는 운동량)을 정해 주기 위해서는 다른 숫자 세 개가 더 필요하다. 이와 같이 분자의 상태를 완전히 결정하려면 모두 여섯 개의 숫자가 필요하며, 이것이 바로 확장된 공간이 6차원이라고 말해지는 이유인데 기브스는 이를 기체의 "위상공간"이라고 불렀다. 위에서 묘사했듯이 조그만 상자들을 도입하는 것은 그래서 6차원 위상공간을 작은 방으로 나누는 것과 같은 효과를 주는데, 각 작은 방은 특정한 양의 운동량과 공간의 작은 영역을 대표한다. 통계역학은 어떤 계(예를 들면 기체)에서 개개의 거시적 상태는 한 개 또는 그 이상의 미시적 상태, 즉 그 계의 입자(분자)들이 위상공간에서 들어갈 수 있는 방(딸림 상자)에 어떻게 분포하는가에 따라 결정된다는(오늘날 실험으로 완전히 확인된) 생각에 근거한다. 그러면 주어진 거시적 변수들(압력, 부피, 온도)에 대해 실제로 존재하는 거시적 상태는 가능한 미시적 상태(작은 방들에서의 입자들의 분포)의 수가 가장 많은 것에 해당한다.

특정한 거시적 상태를 정의하는 미시적 상태의 최대 수를 결정하는 실제 과정은 아주 간단하다. 우리의 딸림 상자들을 다시 생각하여 임의의 방법으로 기체의 모든 분자를 그 상자들에다 나누어 넣는다고 상상하자. 이때 매우 중요한 한 가지 사항으로 전체 에너지(어떤 분포에서도 모든 분자들이 갖는 에너지의 합은 다른 분포에서와 같아야만 된다)를 잊지 말아야 한다. 이제 미시적 상태들(위상공간의 작은 방들에다 모든 분자들을 나누어 넣는 것)과 거시적 상태들을 관련시키기 위해 의미를 갖는 것은 오로지 각 방에 속한 분자들의 수일 뿐이며, 어느 특별한 분자가 어느 특별한 방에 속하는지는 아무 관계가 없다. 그러면 여러 다른 작은 방들에 있는 분자들을 각 방에 속한 분자의 수를 바꾸지 않으면서 다시 나누어 넣으면 한 가지 거시적 상태에 대응하는 많은 미시적 상태를 얻을 수 있음이 분명하다. 이제 문제는 조합문제가 되었다. 즉, 여러 작은 방(딸림 상자)들에다 분자들을 나누어 넣을 수 있는 모든 방법들 중에서, 어느 것이 개개의 작은 방에 들어 있는 분자의 수는 바꾸지 않으면서 가장 여러 번 분자들을 다시 배치할 수 있을까? 서로 다른 작은 방에 들어 있는 분자들의 총합은 항상 기체에 속한 분자들의 수와 같고, 이 분자들의 모든 에너지는 항상 기체의 총 에너지와 같아야 한다는 제한 아래서, 이 최댓값 또는 가장 그럴듯한 분포를 얻기 위하여 해석학이 이용될 수 있다.

이 분포를 알려 주는(또한 통계역학의 용어로는 "분배함수"라고 불리는) 공식은 지금까지 물리학에서 이룩한 이론적 발견 중에서 가장 중요한 것 중의 하나이다. 그것은 위에서 간략히 살펴본 방법에 의해 볼츠만이 최초로 얻어 냈으며, 제한된 의미로는 기체에서 분자의 속도 분포에 대한 맥스웰의 공식과 같은 것이다. 기브스는 볼츠만의 연구가 행해지기 전에 화학적 동역학을 다루면서 이 분포공식을 도입했다. 물리학에서 분포(또는 분배)함수가 갖는 중요성은 그것이 많은 입자로 이루어진 계의 내부에너지나 압력, 엔트로피 등 거시적으로 관찰될 수 있는 성질들을 계산할 수 있게 해준다는 점이다.

참고문헌

1. R. Steven Turner, "Julius Robert Mayer," Dictionary of Scientific Biography. New York : Charles Scribner's Sons, Vol. 9, 1974, p. 237.
2. 위에서 인용한 책, p. 238.
3. James F. Challey, "Nicolas Leonard Sadi Carnot," Dictionary of Scientific Biography. New York : Charles Scribner's Sons, Vol. 3, 1971, p.81.
4. Edward E. Darb, "Rudolf Clausius," Dictionary of Scientific Biography. New York : Charles Scribner's Sons, Vol. 3, 1971, p. 303.
5. 위에서 인용한 책, p. 306.
6. 위에서 인용한 책, p. 307.
7. 위에서 인용한 책, p. 309.
8. Sir. Isaac Newton, Optics. New York : Dover, 1952, p. 400.
9. F. W. Magie, The Source Book in Physics. New York : McGraw-Hill, 1935, p. 247.
10. Henry A. Boorse and Lloyd Motz, The World of the Atom. New York : Basic Books, 1966, pp. 213-214.
11. Stephen G. Brush, "Ludwig Boltzmann," Dictionary of Scientific Biography. New York : Charles Scribner's Sons, Vol. 2, 1970, p. 266.
12. 위에서 인용한 책, p. 262.
13. 위에서 인용한 책, p. 263.
14. 위에서 인용한 책, p. 264.
15. Martin J. Klein, "Josiah Willard Gibbs," Dictionary of Scientific Biography. New York : Charles Scribner's Sons, Vol. 5, 1972, p. 388.

그림 출처

1. Julius Robert von Mayer, Wikipedia
2. Nicolas Léonard Sadi Carnot,, by Louis-Léopold Boilly(1761-1845), http://www-history.mcs.st-and.ac.uk/history/PictDisplay/Carnot_Sadi.html
3. Rudolf Julius Emanuel Clausius, Rudolph Julius Emanuel Clausius, by Popular Science Monthly Volume 35
4. William Thomson(Lord Kelvin)(Source : Wikimedia Commons), by https://flic.kr/p/r5rUU1
5. Josiah Willard Gibbs, by Zeitschrift für Physikalische Chemie, Band 18, von 1895(Eng : Journal of Physical Chemistry, Volume 18, 1895)

# 12장
# 양자론의 시작

세속적인 생각은 돌담처럼 가장 강한 포탄도 견딘다.
그래서 비록, 아마도,
때때로 분명한 논리의 힘이 약간의 감명을 줄 수는 있을지라도,
그러나 세속적인 생각은 여전히 그대로 남아 있고,
세속적인 생각을 현혹시키거나 교란시킬지도 모르는 적인 진리를 멀리한다.
—JOHN LOCKE

양자론에 대한 이야기는 막스 플랑크와 함께 시작된다. 복사의 본질에 대한 그의 선구적 연구는 제임스 진스가 "과학의 역학시대"라고 부른 기간의 마지막을 장식했으며 바로 고전물리학의 기반을 뒤흔드는 발견을 재촉하는 새 시대를 인도했다. 덴마크 물리학자 닐스 보어에 의하면, 플랑크의 양자론은 "자연현상의 과학적 해석에 극단적 개혁을 일으켰으며, 양자물리에 입각하여 형성된 우주에 대한 묘사는 고전물리학과는 전혀 관계없고 개념의 아름다움이나 그 논리 속에 있는 조화로 미루어 보더라도 고전물리학보다 더 나은 일반화라고 보아야 한다."[1] 불확정성원리를 발견한 베르너 하이젠베르크도 플랑크의 연구를 칭찬하는 데에 조금도 인색하지 않았다. "그때까지 알려진 물리의 원리들과 철저히 위배된 이 이론이, 30년도 지나지 않아 과학적 포괄성과 수학적 간결함에서 고전 이론물리학 체계에 조금도 뒤지지 않는 원자구조를 설명하는 학설로 발전하게 되리라는 것을 당시의 플랑크는 전혀 예상할 수 없었을 것이다."[2] 마지막으로 알베르트 아인슈타인은 플랑크의 연구가 "과학의 발전을 도모하는 추

진력 중에서 가장 강력한 것을 제공했다"라고 썼으며, 이 추진력이 "물리학이 사라지지 않는 한 계속하여" 영향을 주리라고 믿었다.[3)]

막스 카를 에른스트 루트비히 플랑크(Max Planck)는 1858년 독일의 컬에서 출생했다. 아버지는 프러시아 시민헌장의 공동저자로 가장 잘 알려진 컬대학교의 헌법학 교수였다. 어린 플랑크는 자기 아버지의 법학에 대한 재능 중에서 일부를 물려받아 많은 양의 증거를 모두 면밀히 조사하여 관계되는 것과 관계되지 않는 사실을 갈라놓을 수 있는 능력을 갖추었다고 전해져 온다.[4)] 의심할 여지없이 물리학이 궁극적으로 인류의 운명을 결정짓는 인간 지식의 필수 불가결한 요소라는 막스 플랑크의 믿음은 그의 가족관계로부터 고무되었다.

플랑크는 뮌헨의 맥시밀란 김나지움에 다녔으며, "학생들이 물리법칙의 의미를 이해하고 가시화하게끔 만드는 데 완벽했던"[5)] 수학교사 헤르만 뮐러에 의해 처음으로 과학에 대한 흥미를 불붙였다. 뮐러는 돌을 들어 올리는 데 사용된 에너지가 없어지는 것이 아니라 그 돌이 미끄러져 다시 땅에 떨어질 때까지 저장되어 있을 뿐임을 보이려고 힘들여서 무거운 돌덩이를 들어 올리는 벽돌 쌓는 사람의 비유를 들어 설명했다. 에너지 보존에 관한 원리가 그가 배운 첫 번째 "절대적이고 보편적으로 성립하는" 물리법칙이었으므로 크게 놀랐다.[5)] 그날 이후로 자연의 절대적이거나 기본적인 법칙을 찾는 일이야말로 어떤 과학자든지 떠맡아야 할 사명이라고 생각했다.

김나지움을 졸업한 뒤에, 뮌헨대학교와 베를린대학교에 다녔으며, 실험물리와 수학을 공부했다. 베를린으로 간 후에야 비로소 헤르만 폰 헬름홀츠, 구스타프 키르히호프와 같은 세계적으로 유명한 물리학자들의 강의를 수강할 수 있었다. 플랑크는 자신이 열역학에 처음 관심을 갖게 된 것은 그들 때문이라고 말했다.

플랑크가 그 저명한 교수들의 평판에 위압당했을지 몰라도, 곧 자기의 놀라움을 극복했다. 자신의 『과학적 자서전 Scientific Autobiography』에서 이 사람들의 강의로부터 아무런 그럴듯한 이득도 건져 내지 못했다고 고백했다.[6)] 그의 견해에 따르면 헬름홀츠는 그의 강의를 한 번도 제대로

막스 카를 에른스트 루트비히 플랑크(1858~1947)

준비한 적이 없었으며 "헬름홀츠가 학생들을 지루하게 만든 만큼이나 학생들도 그를 지루하게 만들었다는" 인상을 받았다. 그와는 대조적으로, 키르히호프의 강의는 꼼꼼하게 준비되었으며 "무미건조하고 천편일률적인 암송된 내용처럼 들렸다"[7]라고 했다.

이상적이지 못한 베를린의 학구적 분위기 때문에 관심 있는 과목들만 공부했다. 루돌프 클라우지우스의 열역학적 방법을 우연히 접하게 된 날은 그의 과학 경력이 영원히 자리 잡히게 된 날이었다. "클라우지우스의 명쾌한 스타일과 논리의 분명성은 플랑크에게 깊은 감명"을 주었으며 꺼져 가는 그의 과학에 대한 열정을 다시 불붙게 하였다. 열역학 제2법칙에 대한 연구가 뮌헨대학에서의 플랑크의 박사 학위논문의 주제였는데 이를 1879년에 발표했다.

플랑크의 연구가 교수들의 관심을 거의 끌지 못하였지만(헬름홀츠가 그의 논문을 읽는 것조차 귀찮아하였다고 생각했다) 물리적 계의 성질로서 에너지보다 더 중요한 것은 엔트로피밖에 없다는 확신으로 엔트로피에 대한 연구를 계속했다. 플랑크는 뮌헨대학의 강사가 되었으며 이때 기체혼합물을 연구하면서 몇 가지 유용한 정리를 수식화했다. 그가 발견한 정리가 이미 미국 물리학자 기브스에 의해 발표되었다는 것을 알게 되었으며, 그래서 그의 역작은 인정받지 못했다.

플랑크는 1885년 킬대학의 이론물리학 조교수직을 수락하였다. 그 당시에는 이론물리학에서의 일자리 얻기가 매우 어렵기도 했지만, 부모로부터 독립할 수 있게 되어 더욱 다행스럽게 느꼈다. 킬대학으로 옮긴 후에 「에너지의 본성」이라는 제목의 논문을 완성했는데, 그 논문으로 결국 1887년 괴팅겐대학교의 철학부 교수진이 수여하는 2등상을 수상하게 되었다. 그러고 나서 특별히 화학반응의 법칙들과 연관하여 엔트로피에 대한 원리들을 다룬 전공 논문들을 연달아 써내었다. 1889년 키르히호프 교수가 사망한 지 얼마 안 되어 비어 있는 그 자리를 맡기 위해 베를린 대학교로 갔다. 그 곳에서 헬름홀츠를 포함한 여러 물리학자들과 오래 지속되었던 친분관계를 발전시켰을 뿐 아니라 빌헬름 오스트발트와 같은 물리학자들과 (플랑크의 의견으로는 온당하지 않은) 에너지를 세 개의 공간적 차원에 대응하여 세 가지 종류로 나누어야 한다는 오스트발트의 논쟁점에 대해 광범위한 서신 왕래를 시작했다. 또한 당시의 대부분의 물리학자들이 주장하듯이 높은 온도에서 낮은 온도로 열이 흐르는 것과 높은 위치에서 낮은 위치로 돌이 떨어지는 것 사이에 유사성이 있다는 것이 얼마나 정확한 것인지에 대한 논쟁에 말려들었다. 플랑크는 이 견해를 지지하는 소위 "에너지론자"들을 다음과 같이 비판했다.

이 이론은 무게는 떨어질 뿐 아니라 올라갈 수도 있으며, 진자는 가장 낮은 위치에 오면 최고 속도에 다다른 후 관성의 작용으로 평형 위치를 지나 다른 쪽 끝으로 옮아간다는 중요한 사실을 소홀히 넘긴다. 그와는 반대로 더 따뜻한 물체에서 더 찬 물체로 흐르는 열은 온도 차이가 감소하면 줄어들며, 더구나 어떤 종류의 관성 때문에 열평형 상태를 지나쳐 버리는 일은 물론 일어나지 않는다.[10)]

플랑크는 그런 비유를 통한 자기의 비판에 동료들이 호의적으로 반응하지 않자 대단히 실망했지만, "오스트발트나 헬름, 마흐 등과 같이 권위 있는 사람들에게 반대한다는 것 자체가 불가능하리란" 점을 인정했다.[11] 비록 그런 유사성이 모순이라는 플랑크의 의심이 결국에 가서는 정당했다고 증명되었지만, 플랑크의 견해는 후에 루트비히 볼츠만에 의해 제안된 원자론과 결합된 후에야 마침내 받아들여지게 되었으므로 플랑크는 자신의 정당함이 입증되었다는 만족감을 가질 수 없었다. 플랑크는 볼츠만과 오스트발트 사이의 계속된 논쟁에서 볼츠만 편을 들었지만, 볼츠만은 "플랑크의 견해가 자신의 것과 근본적으로 다름을 매우 잘 알고 있었으므로"[12] 플랑크의 지지를 진심으로 감사해 하지는 않았음이 명백했다. 플랑크는 볼츠만 연구의 기반을 이루는 원자론을 그렇게 대단한 것이라고 생각하지 않았다. 왜냐하면 당시에 "엔트로피 증가의 원리는 에너지 보존원리 자체만큼이나 불변인 진리라고 생각했던 반면에, 볼츠만은 엔트로피 증가의 원리를 단지 확률의 한 법칙으로, 다시 말하면 예외를 인정하는 원리로 취급했기"[12] 때문이다. 볼츠만이 궁극적으로 승리하고 열의 전도와 순수한 역학 과정은 다르다는 것이 일반적으로 받아들여지게 되자, 플랑크는 "새로운 과학적 진리는 반대편을 설득하고 그들로 하여금 빛을 보게 만들어서 승리하는 것이 아니라, 오히려 반대편 사람들이 다 죽고 새로운 진리에 익숙한 새 세대가 자람으로써 승리한다"[13]라고 씁쓸하게 말했다.

플랑크는 고전물리가 새로운 실험 결과를 설명하기에 점점 더 가능성이 없어짐을 깨닫고 복사에 대한 관심이 더욱 깊어졌다. 그렇지만 플랑크의 연구는 광학이 아닌 열역학에 대해서 수행되었으며, 흑체에서 내뿜는 복사 스펙트럼의 측정으로부터 시작되었다.

플랑크가 양자론을 제창한 후에 받은 1919년 노벨 물리학상을 포함한 많은 상과 과학계에서 이룩한 확고한 위치도 그의 개인생활의 비극과 두 번의 세계대전의 참화로부터 그를 막아 주지 못했다. 그의 두 딸들은 모두 결혼하자마자 죽었다. 큰아들 카를은 1916년 베르됭 전투에서 전사했으며, 둘째 아들 에르빈은 테러가 횡행하던 1945년 1월에 살해되었다. 그의 집은 공습으로 파괴되었고, 플랑크 자신도 한번은 공습으로 무너져 내린 방공호 더미에 여러 시간 동안 깔려 있었다. 1945년 5월 미국 군대가 진주하여 당시에 전쟁 지역이었던 엘베의 로괴츠에 위치한 그의 집에서 플랑크를 구출하여 괴팅겐으로 옮겨 주었다.[14] 플랑크 자신은 1947년 89세의 나이로 죽었다.

플랑크는 자녀들의 비극에도 불구하고 전 생애를 통하여 차분한 위엄을 유지했다. 쓰라린 기억들이 "그의 성격에 어떤 심오한 명상에 잠기는 듯한 특성을 심어 주었으며, 신비롭다고 할 만큼 따뜻하게 달아오른 불꽃을 준 듯이"[15] 보였다. 비록 "일상생활에서 완벽하게 실제적인 사람으로, 그리고 몸가짐이나 옷매무새에서 유행을 따르는 신사로, 또한 일흔두 살의 생일을 기념하려고 융프라우를 등반한 운동가로"[16]의 행동을 유지하기는 했지만, 그는 연구에 전심전력으로 몰두함으로써 고통을 해결하는 사람이었다. 아인슈타인과 마찬가지로 그도 능숙한 음악가였으며 베토벤을 좋아했다. 그의 과학적 노력에는 자연에 숨은 조화를 찾으면서 뉴턴역학의 고전적 세계와 양자론과 상대론의 현대적 세계 사이의 현격한 차이를 혼자 연결 지을 수 있었던 것처럼 예술가적인 상상력이 반영되어 있다. 이제 플랑크의 위대한 발견에 대한 이야기를 시작하자.

1900년 10월 19일 42세였던 독일의 이론물리학자 막스 플랑크는 앞으로 과학을 송두리째 뒤흔들어 놓게 될 새로운 복사공식을 베를린 물리학회에 제출했다. 그의 제안은 오늘날 고전물리라고 불리는 것의 마지막과 자연의 법칙을 보는 인간의 생각과 견해에 새로운 기원을 알리는 신호를 보냈다. 비록 과학자들이 플랑크의 양자 개념을 진짜 이론이 출현하면 결국 사라지게 되는 "그럴듯한 가설" 이상의 것으로 받아들이는 데는 수년이 걸렸지만, 플랑크는 자신이 발견한 것이 얼마나 중요한지를 잘 깨닫고 있었다. 공식을 제출한 그날 아들 에르빈과 산책하면서, "나는 오늘 뉴턴이 발견한 것만큼이나 중요한 것을 발견했다"라고 하였다. 그로부터 두 달 뒤, 독일물리학회의 한 회의에서 플랑크는 그의 발견을 더 상세히 다음과 같이 설명했다. 그것은 "작용의 양자화"를 의미하며, 그러므로 모든 작용은 "작용의 기본양자"의 정수 배이다. 플랑크에 의해 h로 표시된 (유명한 플랑크상수) "작용의 기본양자"는 자연에 존재하는 중요한 상수들 중에서 중력상수 G와 빛의 속도 c, 볼츠만상수 k, 단위전하 g 등과 같은 위치를 차지한다.

작용의 양자화는 자연의 기본법칙이기 때문에, 빛의 속도 c와 마찬가지로 플랑크상수도 자연의 모든 법칙에 포함되어야 한다. 따라서 h를 고려하지 않은 "법칙"은 어떤 것이든 완전하지 못하다. 따라서 물체의 운동 상태가 변하는 비율을 그 물체에 작용하는 힘과 연관시킨 뉴턴의 운동 제2법칙은 h를 포함하지 않았으므로 옳지 않다. 앞으로 알게 되겠지만, 작용의 양자화에 맞도록 뉴턴의 운동법칙을 보완한 것이 오늘날 양자역학이라고 부르는 것에 도달하도록 만들었다.

양자론은 고전이론으로부터 개념적으로 커다란 차이가 나는 것을 뜻하므로, 근본적으로 현상을 불연속적으로 묘사하도록 한 그런 혁명적인 양자화의 개념이 어떻게 연속적인 고전이론들로부터 나오게 되었는지 경탄하게 되는 것은 당연하다. 만일 "흑체"복사의 이상한 성질을 설명하기 위해 플랑크가 고군분투하면서 원래의 생각에 거슬리지만 더 나은 판단을 위해 작용의 양자가 존재함을 제안할 당시의 물리가 처한 상황을 살펴보게 되면 그 놀라움은 더 커질 수밖에 없다. 고전물리학은 그 절정에 도달하여 완벽한 위치에 있는 것처럼 보였다. 한편으로는 뉴턴의 운동법칙들과 만유인력 법칙은 행성 운동과 지상에서 움직이는 물체의 운동을 놀랍도록 정확히 묘사했으며 완전무결하게 보였다. 바닷물의 밀물과 썰물 현상까지도 설명되었다. 다른 한편으로는, 맥스웰의 유명한 전자기장 방정식에서 묘사되듯이, 빛에 대한 맥스웰의 뛰어난 이론은 일반적으로 뉴턴이 질량을 갖는 물체의 운동에 한 것과 같은 일을 빛의 복사에서 이룩했다. 고전물리학의 이 두 기둥이 에너지 보존과 엔트로피 법칙으로 대표되는 열역학법칙들의 발견과 함께 놀라운 세 기둥으로 확장되었다.

플랑크가 양자론으로 한 걸음 나아가던 19세기의 마지막 10년 동안에 물리학은 불연속적 이론은 물론이고 어떠한 새 이론도 필요로 하지 않을 정도로 아무런 결함이 없는 완전한 분야인 것처럼 보였다. 그러나 그 당시에도 예리한 통찰력을 갖춘 물리학자들이 사실들을 면밀히 검사함으로써, 뉴턴과 맥스웰 그리고 그 추종자들이 세운 아름다운 이론체계에 약점이 존재함을 밝혀내었다. 다음과 같은 두 가지 종류의 현상들이 설명될 수 없었다. 첫 번째 종류는 마이컬슨-몰리 실험의 부정적 결과(서로 다른 방향으로 진행하는 빛을 관찰하여 지구의 운동을 감지하는 것이 불가능하다는 것)와 수성의 근일점이 뉴턴역학적으로는 설명이 되지 않는 방법으로 진행하는 것이었다. 이 두 어려운 문제는 모두 궁극적으로 15장에서 설명하는 특수상대론과 일반상대론을 이용해야 해결되는 것이다. 두 번째 종류는 기체의 비열에 대한 계산 결과와 관찰된 값이 일치하지 않는 것과 난로벽의 조그만 틈에서 방출되는 복사(흑체복사 또는 열복사)의 성질, 원자에서 방출되는 스펙트럼에서 띄엄띄엄 나타나는 밝은 선들 등이다. 이것들이 양자론으로 설명되어야 할 것들이었다.

맥스웰은 1858년 이미 그의 기체운동론으로 계산한 기체의 비열 값이 관찰된(측정된) 값과 상당한 차이를 보임을 알았다. 맥스웰이 확립했던 운동론에서는 기체를 뉴턴의 운동법칙을 따르는 자유로이 움직이는 준미시적 입자(분자)들의 앙상블로 취급했다. 이 운동 모형을 이용하여, 맥스웰은 기체의 절대온도가 기체를 구성하는 분자의 평균 운동에너지에 의해 결정됨을(실제로는 비례함을) 보였다. 그러면 기체가 포함한 전체 에너지는 이 평균 운동에너지에 기체에 속한 분자들의 수를 곱한 것으로 주어진다. 만일 기체에서 관찰된 성질들 중에서 어떤 것이 운동론을 이용하여 계산한 값과 일치하지 않는다면 뉴턴의 운동법칙이 의심스럽다. 이것이 바로 기체의 비열이 직면한 상황이었다.

물질의 비열은 그 물질 1g의 온도를 1℃ 높이는 데 필요한 열로(물의 경우에는 정확히 1칼로리) 정의된다. 운동론에 의하면 온도를 높이기 위해서는 한 분자의 평균 에너지가 증가되어야만 할 것이다. 주어진 크기만큼 온도를 높이기 위해 필요한 열량은, 운동론에 따르면 모든 온도에서 다 같아야 한다. 그러나 이 결론은 관찰된 것과는 같지 않은데, 실험에 의하면 기체의 비열은 기체가 차가울수록 감소한다. 맥스웰은 이 결과가 이론의 심각한 결점이라고 지적하고 “나는 이것을 분자론이 지금까지 직면한 가장 큰 어려움이라고 생각한다"라고 말했다. 이와 같이 뉴턴의 운동법칙이 옳으냐 하는 문제는 이 모순을 갖고 온 운동론이 운동법칙의 직접적 결과이므로 이미 1세기 전에 제기되었다.

19세기 말 무렵 고전물리학이 당면한 또 다른 어려움은 뜨거운 물체가 방출하는 복사의 성질을 조사하면서 드러났다. 복사를 이루고 있는 파장(진동수 또는 색깔)을 분리해 내는 분광기가 뜨거운 고체나 별들에서 나오는 복사를 연구하는 데 이미 광범위하게 이용되고 있었다. 밝게 빛나는 기체(형광빛)로부터 나오는 빛의 스펙트럼(분광기를 통과시켰을 때 색깔, 즉 파장에 따라 빛이 펼쳐진 것)은 선명하게 밝은색을 띤 불연속적인 몇 개의 띠들로(기체의 종류에 다라 다른 띠들이 모임) 이루어졌음은 이미 알려졌다. 가열하면 빛을 내는 고체(예를 들면 전구 안에 들어 있는 뜨거운 필라멘트)에서 나오는 빛의 스펙트럼은 빨간색에서 보라색에 이르기까지 연속적으로 분포한다. 이 두 종류의 스펙트럼에 관해서 많은 의문이 제기되었다. 물리학자들은 당시에 알려진 기본 물리법칙들을 이용하여 이 의문의 대답을 유추하려고 애썼다.

뜨거운 고체나 밝게 빛나는 기체에서 나오는 복사의 성질은 그 물체(기체나 고체)의 성질뿐 아니라 물체의 온도에도 의존하는 것처럼 보였다. 맥스웰의 전자기이론에 의하면 복사는 전자기현상에 속하므로, 물리학자들은 전기와 자기 법칙들과 열역학법칙을 뜨거운 물체와 밝게 빛나는 기체에 제대로 적용하면 실험으로부터 제기된 의문들에 대한 해답을 얻을 수 있으리라고 확신했다. 두 종류의 의문이 제기되었다. (1) 물질 전체로는 전기적으로 중성인데, 물질이 어떻게 전자기복사를 만들어 내고 방출하고 흡수할까? (2) 왜 밝게 빛나는 기체에서 나오는 복사는 뜨거운 물체에서 나오는 복사와 그렇게 엄청나게 다르며, 뜨거운 물체가 내는 복사의 성질과 물체의 온도 사이의 관계는 무엇일까? 역사적으로 이 시기에는 패러데이가 전기화학과 전자기에 대해 연구하면서 발견한 것들을 제외하면 물질이 전기적으로 어떻게 구성되었는지에 대해 거의 알려지지 않았으므로 첫번째 종류의 질문에 대답할 수 있는 희망이 거의 보이지 않았다. 위대한 네덜란드 이론물리학자 헨드릭 안톤 로런츠가 "물질의 전자이론"을 개발하기 시작했지만 원자의 구조는 아직 깊은 미궁에 빠져 있었다. 따라서 원자가 복사를 방출하고 흡수하는 그림의 세세한 부분을 그려 넣는 것은 전혀 가망이 없었다. 그러나 물체의 열에 대한 성질과 물질이 흡수하거나 방출하는 복사 사이의 일반적 관계는 알아낼 수 있을 듯이 보였고, 플랑크는 그 방향을 택했다.

플랑크가 양자론에 이르게 한 선구적 연구를 시작하기 전에, 그의 스승인 구스타프 로베르트 키르히호프가 1860년 열역학에 의해 주어진 온도를 갖는 물체의 표면 1㎠에서 복사를 방출하는 비율과 흡수하는 비율 사이를 연관 짓는 중요한 복사법칙을 이끌어 냈다. 그의 연구에서 키르히호프는 복사를 곧바로 반사하는 표면과 복사를 흡수하는 표면을 엄밀히 구별했다. 이 두 성질은 동시에 존재할 수 없음이 명백하다. 만일 한 표면이 그 곳에 와 닿은 복사의 대부분을 흡수한다면, 흡수되지 않은 극히 일부분의 복사만 반사될 수 있을 것이며 그 반대도 마찬가지이다. 이때 두 극단적인 경우로, 와 닿는 모든 파장을 반사하고 따라서 하나도 흡수하지 않는 완전한 반사체와 모든 파장을 흡수하는 완전한 흡수체이다. 완전한 반사체를 "백체"라고 부르며 완전한 흡수체를 "흑체"라고 부르는데, 후자가 양자론의 역사에서 매우 중요한 역할을 차지한다. 물론 모든 표면이 어느 정도까지 흡수하며 동시에 반사하기 때문에 완전한 반사체나 흡수체는 실제로 존재하지 않는다.

키르히호프 법칙을 충분히 설명하기 위해, 복사의 방출(표면의 방출도)이라는 개념을 정의해야 한다. 모든 물체가 복사를 반사하거나 흡수하는 것과 마찬가지로 물체들은 또한 복사를 일정한 비율로 방출한다. 여기서 우리는 방출을 표면으로부터 복사가 변화되지 않고(빨간빛은 빨간빛으로 파란빛은 파란빛으로 그대로) 튕겨 나가는 반사와 혼동하지 않도록 주의해야 한다. 그래서 완전한 반사체는 복사를 전혀 방출할 수 없다. 그렇지만 흡수하는 표면은 또한 복사를 방출할 수도 있는데, 이때 방출되는 복사는 그것이 흡수한 복사와 아주 다르다.

반사와 방출의 차이를 아주 명확히 구별하기 위해, 특정한 파장의 빛(예를 들면 빨간빛)이 각기 완전히 반사하는 표면과 완전히 흡수하는 면에 부딪히는 경우를 생각하기로 한다. 첫 번째 경우에서 그 빛은 반사되며 반사되어 나간 후에도 부딪히기 전과 정확히 동일하기 때문에 빛 에너지는 표면으로 조금도 전달되지 않는다. 표면의 온도도 변하지 않으며 따라서 표면이 에너지를 방출하는 비율은 복사를 쪼여 주더라도 전혀 영향을 받지 않는다. 여기서 완전반사체의 경우는 복사를 반사하는 비율이 복사를 받는 비율과 똑같음을 유의하자. 그렇지만 완전히 흡수하는 표면(즉, 뜨거운 물체)에 부딪히는 동일한 복사가 겪는 과정은 표면 자체가 겪는 과정만큼이나 사뭇 다르다. 우선 복사 자체가 완전히 없어지지 않고 어떤 의미로는 표면의 일부로 바뀌므로 표면의 온도가 높아진다(에너지 보존법칙 또는 열역학 제1법칙). 이러한 온도의 증가는 이제 표면이 빨간빛이 부딪히기 전보다 더 빠른 비율로 에너지를 방출 또는 복사하도록 만든다. 실제로 표면은 단위시간 동안 흡수한 에너지(복사)와 똑같은 양의 에너지를 방출해야만 한다. 그렇지만 이 방출된 복사는 들어온 복사와는 아주 다르다. 방출된 복사는 그 전체 에너지가 들어온 빨간빛의 에너지와 같으나 연속된 파장의 혼합이다. 명백히, 방출된 복사 중에서 극히 일부분의 파장이 들어온 빨간빛의 파장과 같다. 다시 말하면, 흡수하는 표면은 들어온 복사를 연속된 스펙트럼으로 펼친다.

어느 표면이든지 복사를 방출하고 흡수하는 것과 관련하여 다음과 같은 의문이 떠오른다. 주어진 온도에서 1초 동안 1㎠의 표면이 어떤 파장(주어진 색깔)을 복사하는 양(세기 또는 밝은 정도)과 1㎠의 표면이 1초 동안 같은 파장을 흡수하는 양 사이에는 어떤 관계가 존재할까? 1860년 독일 물리학자 키르히호프는 열역학으로부터 그 해답을 얻어 냈다. 즉, 어떤 표면에서든지 유한한 온도에서 단위넓이로부터 나오는 주어진 파장의 복사가 방출되는 비율을 같은 온도에서 같은 단위넓이로부터 같은 파장이 흡수되는 비율로 나눈 것은 단지 복사의 파장과 표면의 온도에만 의존하는 보편적(모든 표면에 다 같이) 양이다(키르히호프 법칙). 그것은 표면의 성질과는 전혀 상관이 없다. 흑체의 경우에는 모든 파장에서 흡수되는 비율이 1이므로, 흑체에 대해서는 이 보편적 양이 바로 주어진 파장에서 복사의 방출되는 비율이다. 그래서 모든 종류의 표면 1㎠로부터 주어진 파장의 복사가 방출되고 흡수되는 비율에 대한 문제는 이와 같이 주어진 온도에서 흑체에 의해 방출되는 복사의 성질에 관한 문제로 귀착되었다. 플랑크가 추구한 문제는 당시에 알려진 물리의 기본법칙들(열역학법칙과 전자기현상)로부터 주어진 온도를 갖는 흑체 1㎠에서 매초 방출되는 전체 복사가 색깔(파장)에 따라 어떤 세기를 갖는지 올바로 알려 주는 수학공식을 유도하는 것이었다.

비록 조심스럽게 실험을 수행함으로써 그 실험값을 얻는 것은 가능했지만, 이상적인 흑체에 해당하는 실제적 물체가 필요했다. 이상적인 흑체라고 알려진 것이 없었으므로, 어느 정도로 흑체를 대신할 수 있는 것이 인공적으로 만들어져야만 되었다. 이 문제에 대한 해답은 비교적 간단히 구해졌다. 빈 공간을 불투명한 벽으로 둘러싸고 그 벽에 미세한 구멍을 뚫으면 흑체와 똑같이 행동한다. 그 구멍으로 들어간 복사는 어느 것이든지 도로 나올 기회를 거의 갖지 못한다. 그 복사는 벽 안의 빈 공간에서 완전히 흡수될 때까지 이리저리 반사된다. 이런 현상의 예를 사람의 눈에서 찾을 수 있다. 눈의 눈동자는 실질적으로 머리와 통하여 조금 열린 구멍이며 검은 역청 빛깔로 보인다. 만일 위에서 묘사한 것과 같이 미세한 구멍이 그 구멍으로 들어오는 모든 복사를 흡수한다면(즉, 흑체처럼 흡수한다면), 흑체처럼 복사할 것임에 틀림없다.

불투명한 벽으로 이루어진(난로와 같은) 용기를 상상하자. 이 벽의 온도는 정해져 있고 그래서 벽은 용기 내부로 에너지를 복사한다. 만일 벽의 온도를 일정하게 유지한다면, 용기 내부의 전체 복사에너지는 벽과 평형을 이루고 일정한 값으로 남아 있게 된다. 즉, 벽이 용기 내부의 복사를 흡수하는 비율은 에너지를 용기 내부로 다시 복사하는 비율과 정확하게 같다. 그러면 우리는 용기 속에 들어 있는 복사의 온도는 벽의 온도와 같다고 말해도 괜찮다. 이렇게 빈 동공에 생기는 복사를 "열복사"라고 말하는 것이 관례이다. 이제 이 용기의 벽에 아주 작은 구멍을 뚫는다면, 이 구멍을 통해 흘러나오는 복사가 "흑체"복사이며, 이 복사의 온도는 벽 내부 표면온도와 같다.

이러한 복사에 관한 많은 질문이 즉시 실험학자와 이론학자들에게 대두되었다. (1) 주어진 온도의 난로 벽에 뚫린 1㎠의 구멍에서 매초 모든 종류(모든 파장을 다 합하여)의 복사가 얼마나 많이 방출될까? (2) 이 복사에서 세기가 가장 큰 색깔의 파장(어떤 다른 파장보다 복사가 더 많이 집중된 파장)이 난로의 온도와 어떤 관계를 가질까? (3) 어떤 파장을 갖는 복사의 세기가 그 파장과 난로의 온도에 어떻게 의존할까?(즉, 주어진 파장을 갖는 복사의 세기와 그 파장, 그리고 온도가 한 개의 간단한 대수공식으로 결합될 수 있을까) 실험학자들은 이 질문들에 쉽게 대답했다. 그들이 첫 번째 질문을 실험으로 대답하려면 단순히 매초 1㎠ 구멍으로부터 방출되는 모든 복사를(모든 파장을 다 합하여) 복사계로 모으면 되었다. 그들은 두 번째 질문에 대답하기 위해 분광계를 이용하여 복사를 그것이 포함하고 있는 각각의 파장으로 펼쳐서(연속된 스펙트럼) 각 파장에 대응하는 세기를 측정했다. 이러한 실험 결과들은 이론학자들을 인도하여 이론 모형이나 유추의 정당성을 알아보게 하는 서로 다른 세 가지 시험을 제공했다. 당시에는 물론 이론물리학자들에게 위와 같은 모든 질문의 대답을 담고 있는 흑체복사의 전체적인 법칙을 찾는 것을 인도해 주는 것이라고는 단지 고전적 운동법칙(뉴턴역학)과 열역학의 두 법칙, 복사에 대한 맥스웰의 전자기이론이 고작이었다. 비록 주어진 온도의 난로에서 방출되는 모든 색깔을 포함하는 전체 에너지(복사)를 올바로 나타내는 공식을 열역학을 이용하여 얻을 수는 있었지만, 이러한 조사는 별 도움이 되지 못했다. 이 정도가 고전물리학으로부터 얻을 수 있는 전부였다. 완전히 새로운 개념과 새로운 기본원리가 필요했다. 플랑크의 양자론이 바로 그것이었다. 우리는 다음 장에서 그가 어떻게 그런 일을 해냈는지 보게 될 것이지만, 우선 중요하고 꼭 필요한 예비지식에 대해 알아보자.

우리는 앞에서 플랑크가 작용의 양자라는 개념을 도입했으며 그것이 후에 양자론의 모든 발전 과정에서 기본이 되었음을 알았다. 물리에서 작용이 무엇을 의미하며 그 기원과 함께 어떻게 그것이 물리에 도입되었는지를 이해하는 것은 참으로 중요하다. 이 질문에 대답하려면, 18세기 프랑스 천문학자이자 수학자인 피에르 루이 모로 모페르튀이로 돌아가야 한다. 그는 자연의 모든 작용이 지켜야만 하는 "경제규칙"의 하나로 최소작용의 원리를 처음 도입했다. 이 원리를 이해하려면 작용에 대한 모페르튀이의 개념을 정의해야만 한다. 8장에서 해밀턴이 물리에 행한 기여와 연관하여 이 개념을 어느 정도 상세히 다루었지만, 여기서는 플랑크의 연구와 연결 짓기 위해 다시 한번 살펴본다. 주어진 질량을 지닌 입자가 주어진 속력으로 운동하는 입자의 경로 중에서 짧은 구간을 생각하자. 입자의 질량과 속력, 그 경로의 짧은 구간거리를 모두 곱한 것을 그 구간에서 입자의 "모페르튀이 작용"이라고 부른다. 모페르튀이의 최소작용의 원리는 만일 입자가 운동하는 경로 전체를 따라서 각 구간의 작용들을 모두 더하면, 그 합은 입자가 움직이기 시작한 점과 끝난 점을 잇는 여러 다른 선(길)을 따라 더해서 얻은 것보다 입자의 실제 경로를 따라 더했을 때가 가장 작다고 말한다.

작용의 개념을 정의했으므로, 이제 그것이 어떻게, 왜 플랑크의 선구적 연구에서 그렇게 중요한 역할을 차지하며, 올바른 흑체복사 공식을 얻기 위해 작용을 양자화했는지를 보아야 할 차례이다. 우리는 이 점들을 다음 장에서 자세히 설명할 예정이므로, 여기서는 플랑크의 동기가 무엇인지를 보이는 정도로 간략히 간추려서 논의하자. 그는 열역학의 법칙들을 다음의 두 가지 이유에서 복사 문제의 분석에 적용했다. (1) 대부분의 독일 물리학자들처럼, 그도 맥스웰의 전기동역학보다는 열역학을 응용하는 것이 훨씬 더 편안했으며, 전기동역학은 당시에는 영국 밖에서는 별 지지를 얻지 못했다. (2) 앞 장에서 본 것과 같이, 열역학법칙은 지극히 일반적이어서 이들을 적용하기 위해서는 당시에 별로 알려지지 않은 원자의 내부 구조나 물질의 전기적 성질에 대하여 아무런 특별한 가정을 세울 필요가 없었다. 어찌 되었든, 플랑크는 열역학의 전문가였으며 만일 열역학 제1법칙이나 제2법칙처럼 일반적 원리로부터 올바른 흑체복사 법칙을 유도해 낸다면 누구도 그의 유도를 반대할 수 없으리라고 느꼈다.

플랑크는 물질의 구조에 대해서는 별로 관계없는 일반적 가정들만을 사용하면서 매우 주의 깊게 진행했다. 열역학에서 허용된 과정들과 발맞추어서, 그는 어떤 주어진 온도 T에서든지 닫힌 난로 속의 복사는 난로의 벽과 평형을 이룬다고 가정했으며 이것은 온도와 서로 다른 세기를 갖는 파장(색깔)들의 연속으로 구성된 복사의 총 에너지는 일정하게 남아 있음을 뜻한다. 더구나 각 색깔 또는 파장에 대응하는 세기 또한 일정하게 유지된다. 이 평형은 정적인 것이 아니라 난로의 벽은 에너지(복사)를 흡수함과 동시에 방출한다는 의미에서 동적이며, 난로의 1㎠마다 주어진 파장의 에너지를 방출하는 비율은 그런 에너지를 흡수하는 비율과 같다. 이것은 앞 장에서 본 것처럼 모두 열역학의 매우 좋은 결과이지만, 플랑크는 곧 그의 분석으로부터 난로 속의 복사가 난로의 벽을 구성하는 물질과 상호작용하는 방법에 대하여 가정을 세워야만 함을 발견했다. 그는 물론 난로 내부의 복사가 정상파(즉, 바이올린 줄이 떨 때 생기는 것과 같은 파동)로 이루어져 있음을 알았다. 줄의 양 끝이 고정되어 있으므로 줄을 따라 생기는 정상파는 일정한 간격으로 일렬로 늘어서서 움직이지 않는 점(마디)들과 이 점들 사이에 같은 진폭만큼 줄에 수직인 방향으로 떠는 진동(마루)들로 이루어져 있다. 이제 그러한 진동은 이상적인 스프링에 매달려 자유롭게 진동하는 왕복운동, 즉 진동과 정확히 같다. 이런 종류의 진동을 "단순 조화진동"이라고 부르며, 이것은 뉴턴역학에서 철저히 연구되었다. 그러므로 플랑크는 난로의 벽이 난로 속의 복사와 연결된 작은 스프링(조화진동자)들로 이루어졌다는 것을 매우 안전하게 가정할 수 있었으며, 조화진동자의 에너지(진폭)가 그의 작용과 간단한 방법으로 연관되어 있기 때문에 이곳이 바로 플랑크가 작용이라는 개념을 생각해야 될 장소였다. 진동하는 조화진동자의 작용을 계산하는 데, 모페르튀이의 처방을 따르면, 이 작용은 한 번의 진동에 대하여(한 번 갔다 오는 왕복운동) 바로 진동자의 에너지(운동에너지와 위치에너지의 합)를 그 진동수(1초에 왕복운동 하는 수)로 나눈 것과 똑같다. 한 개의 진동자가 방출하는 주어진 진동수(또는 파장)의 에너지는 이와 같이 그 작용에 진동수를 곱한 것과 같다. 플랑크는 열역학으로부터 만일 서로 다른 진동수의 에너지를 흡수하고 또한 방출할 수 있는 대상물체(예를 들면 진동자)들의 앙상블(모임)을 주어진 온도에서 모든 진동수로 이루어진 복사들이 많이 모인 곳에 넣으면(물결치는 물속에 서로 다른 크기의 코크들을 잔뜩 넣은 것처럼), 각각의 대상물체(진동자)는 평균적으로 복사들의 모임의 온도에 의해 전적으로 결정되는 같은 에너지를 가짐을 알았다. 그는 이 생각을 거꾸로 하여, 즉 열역학적인 논리를 거꾸로 이용하여 만일 복사들의 모임에서 한 진동자의 평균 에너지를 알아낼 수 있다면, 주어진 온도까지 높인(모든 진동수의) 진동자들이 방출하는 복사가 어떤 종류인지도 알아낼 수 있을 것임에 틀림없다고 추론했다.

플랑크에게는 이것이 꽤 간단하고 명백한 문제처럼 여겨졌다. 단지 한 진동수만으로 진동할 수 있는 진동자가 주어지면, 주어진 온도에서 그것이 방출하는 에너지는 그 작용에 진동수를 곱한 것과 같으며, 이 진동수를 갖는 복사만이 이 진동자에 의해 방출될 수 있다. 만일 온도를 높이면, 진동자가 더 많은 에너지를 방출할 수 있는 유일한 방법은 그 진폭(진동의 크기)에 의해 측정되고 고전역학에서 가정하는 것처럼 진동자가 어떤 크기의 작용이든지 가질 수 있다면 온도가 변함에 따라 연속해서 변할 수밖에 없는 그 자신의 작용을 증가시키는 것이다. 이런 생각을 이용하고, 그 진동수에 관계없이 각 진동자는 모두 평균해서 같은 양의 에너지를 가져야 함을 유의하면서, 플랑크는 주어진 온도에서 진동자들의 모임에 대한 올바른 복사공식을 찾아내려고 시도했다. 그의 이런 시도들은 모두 실패로 끝났으며 어떤 수학적 방법을 구사하든지, 어떤 고전원리를 적용하든지 항상 실패할 것임을 알게 되었다. 수많은 어려움과 고뇌, 의심을 거친 후에, 플랑크는 진동자의 작용(실질적으로 그 진폭)이 어떤 값이나 가질 수 있다는 고전적 개념을 포기하고, 양자화된 작용의 개념으로 바꾸지 않을 수 없었다. 다음 장에서, 이 개념이 어떻게 플랑크를 올바른 복사공식으로 안내하고 아인슈타인을 매우 보람 있는 광자의 개념으로 안내했는지 알게 될 것이다.

## 참고문헌

1. James Murphy, "Introduction," in Max Planck, Where is Science Going? New York : W. W. Norton, 1932, p. 18.
2. 위에서 인용한 책, p. 19-20.
3. Albert Einstein, "Prologue," in Planck, supra note 1, p. 12.
4. 위에서 인용한 책, p. 20.
5. Max Planck, "Scientific Autobiography," Scientific Autobiography and Other Papers. New York : Philosophical Library, 1949, p. 14.
6. 위에서 인용한 책, p. 15.
7. 위에서 인용한 책, p. 16.
8. 위에서 인용한 책, p. 20.
9. 위에서 인용한 책, p. 21.
10. Max Planck, The Universe in Light of Modern Physics. New York : W. W. Norton, 1931, p. 82.
11. 위에서 인용한 책, p. 30.
12. 위에서 인용한 책, p. 32.
13. 위에서 인용한 책, pp. 33-34.
14. Max von Laue, "Memorial Address," in Planck, supra note 5, p. 8.
15. James Murphy, "Introduction," in Planck, supra note 1, p. 37.

## 그림 출처

1. Max Planck, stamp series, men of the history of Berlin I, Max Planck, (1858-1947), Design Goldammer, scanned by NobbiP

# 13장
# 플랑크의 흑체복사 공식과 아인슈타인의 광자

불가능한 것을 제거하고 남아 있는 것이 무엇이건 간에
그것이 아무리 그럴듯하게 보이지 않는다 해도
바로 진리임에 틀림없다고 얼마나 여러 번 일러 주었던고
—Sir. ARTHUR CONAN DOYLE

앞 장에서 우리는 뉴턴의 운동법칙과 열역학, 그리고 맥스웰의 복사에 대한 전자기이론으로 대표되는 고전물리학이 "흑체"복사, 즉 주어진 절대온도를 갖는 난로 벽의 1㎠ 구멍에서 매초 방출되는 에너지가 만드는 연속 스펙트럼을 올바로 설명할 수 없기 때문에 복사에 대한 양자이론이 필요하였음을 알았다. 이 스펙트럼은 플랑크가 올바른 수식적 공식을 얻기 전에 이미 여러 해 동안 실험적으로 연구되어 왔으므로, 플랑크와 같이 제1원리로부터 공식을 끌어내려는 이론물리학자들은 그들의 목표가 무엇인지 잘 알았다. 그것은 주어진 온도의 난로에서 방출되는 주어진 진동수를 갖는 복사의 세기를 제대로 계산할 수 있는 공식을 찾는 일이다. 복사의 세기에 대한 이 공식은 대수적으로 오직 난로의 절대온도와 방출된 복사의 진동수만을 포함하고, 이 공식으로 계산된 주어진 진동수에서의 세기가 관찰된 결과와 일치해야만 한다.

이 문제를 이해하기 위하여, 플랑크가 혁명적인 작용의 양자를 발견하게 되는 이론적 연구를 시작했을 때, "흑체"에 대한 연구가 실험이나 이론 면에서 어떤 상황에 있었는지 살펴보자. 실험 작업은 아주 간단하여

"흑체"복사를 프리즘에 통과시켜서 적외선(긴 파장)에서 자외선(아주 짧은 파장)에 이르는 여러 파장으로 펼친 다음에 매우 민감한 광도계를 사용하여 각 파장마다(실제로는 각 파장대마다) 그 세기(에너지의 양)를 측정하는 것에 불과하다. 이 실험값들은 수직 축에는 세기를 그리고 수평 축에는 여러 가지 파장을 나타내는 그래프로 가장 잘 표현된다. 이 그래프 위의 각 점들을 연결하여 선을 그리면 흑체복사에서 관찰된 기본 성질을 한눈에 알아볼 수 있는 곡선(유명한 플랑크 복사곡선)이 만들어지는데, 이것은 주어진 온도의 난로가 방출하는 것과 같은 종류의 복사에 대해 우리가 알고 있는 피상적 지식과 잘 일치한다. 매우 긴 파장 쪽 끝(적외선과 빨간색)에서는 이 곡선이 파장 축에 가까이 놓여 있다가(세기가 약하다) 천천히 증가하여 주어진 색깔에서 최댓값(꼭대기)에 도달하며, 그다음에는 매우 빨리 감소하여 자외선 영역에서는 0이 된다.

이 그래프에서는 기본 이론으로부터 유추해야만 얻어질 수 있는 복사의 성질들에 대해 어느 정도 통찰력을 얻게 하는 중요한 세 가지 특징을 찾아볼 수 있다. 첫째, 매초 방출되는 모든 색깔의 전체 에너지는 그래프에 그려진 곡선 아래의 넓이와 같으며, 난로의 온도가 높아지면 그래프의 곡선은 위로 이동하므로 그 아래의 넓이가 증가하는데, 이것은 난로가 복사하는 비율이 절대온도가 증가함에 따라 커짐을 가리킨다. 서로 다른 온도에 대응하는 그래프의 곡선 아래 넓이들을 비교하면, 난로가 에너지를 복사하는 비율은 절대온도의 네제곱에 비례하여 커지는 것을 알 수 있다. 흑체복사에서 관찰할 수 있는 이 특징은 독일의 실험물리학자 슈테판이 이 넓이들을 측정하여 실험적으로 처음 발견했다. 후에 위대한 오스트리아 이론학자인 루트비히 볼츠만이 슈테판 공식을 고전열역학을 이용하여 유도하였기 때문에, 이 공식이 슈테판-볼츠만 법칙으로 알려져 있다.

두 번째로, 이 곡선의 꼭대기, 즉 흑체복사의 세기가 가장 센 파장(또는 색깔대)은 온도가 높아지면 왼쪽(파장이 짧은 쪽)으로 이동하는데, 그래서 서로 다른 온도에 대해 얻은 여러 곡선 중 각 곡선에서 세기가 최대인 파장과 그 곡선의 온도를 곱한 것은 항상 같은 값임을 알 수 있다. 독일 물리학자 빌헬름 빈(오늘날 빈의 이동법칙으로 알려진)은 이 관계를 맥스웰의 복사법칙으로부터 유도했지만, 이론물리학자들이 고전이론을 이용하여 흑체복사 곡선 전체와 일치하는 수식을 구하려고 아무리 여러 가지로 시도하더라도 고작 이 정도가 그들이 얻을 수 있는 전부였다. 이제 우리는 곡선의 세 번째 특징인 그 정확한 모양 전체를 고려해야 한다.

난로가 뜨거울수록 모든 색깔에서 더 빠른 비율로 복사에너지를 내보내며, 절대온도로 수백 도에서 시작하여 수천 도까지 온도가 높아지면 복사는 (우리가 볼 수는 없지만 느낄 수는 있는) 적외선으로부터 빨간색을 거쳐서 마지막으로 청백색까지 이동한다는 흑체복사의 처음 두 특징들은 우리의 피상적 관찰과 일치한다. 이러한 관찰로부터 자연스럽게 대두되는 의문은 왜 난로의 온도가 방출된 복사의 색깔(진동수)을 지배하며, 특히 파란색을 내기 위해 왜 높은 온도가 필요할까 하는 점이다. 19세기 말 물리학자 레일리 경과 독일 물리학자 빈 두 사람이 고전물리학 체계 안에서 이 의문들의 해답을 얻으려고 시도했지만 부분적인 성공밖에는 얻지 못했다.

레일리 경(John William Strutt Rayleigh, 1842~1919)은 영국의 마지막 고전물리학자였다. 영국의 에식스 지방 위탐에서 존 윌리엄 스트럿이라는 이름으로 출생했다. 같은 이름을 가진 그의 아버지는 귀족계급에 속했으며, 그의 어머니는 훈장을 받은 군인의 딸이었다. 어릴 적부터 총명했지만, 아파서 자주 공부를 중단해야만 했을 정도로 허약한 어린이였다. 잠시 이튼에 다녔지만, 거의 양호실에서 보냈다.[1] 3년에 걸쳐 윔블던에 있는 한 사립학교를 겨우 마치고 해로에 입학했으나 건강 문제로 중도에 그만두었다. 가정교사의 도움으로 대학교 입학을 위한 4년 동안의 준비교육 과정을 마치고, 1861년 케임브리지의 트리니티대학에 등록했다. 타고난 수학적 재능이 몇몇 다른 학생들보다 못하였지만, 열심히 공부하여 1865년 수학 트리포스 시험에 우등생으로 졸업할 만큼 수학에 숙달하였다. 케임브리지에서 장학금을 받아 공부를 계속하였으며 1871년에 졸업했다. 그 기간 동안 수학과 물리학을 공부했고 전기와 자기에 대해 수많은 실험을 수행했다.

1871년 결혼한 다음 류머티즘열을 앓게 되어 과학 연구를 중단했다. 한동안은 그해를 넘기지 못할 듯이 보였으나, 그리스와 이집트에서 나일

강을 따라 자가용 보트를 타고 여행하는 등의 요양을 하면서 점차로 건강을 되찾았다.[2] 자연 풍경의 변화가 그로 하여금 1877년과 1878년에 두 권으로 출판된 그의 가장 중요한 책인 『소리이론 The Theory of Sound』에 대한 연구를 시작하도록 격려했음이 틀림없다.[2] 그의 책은 진동과 공명, 음향학에 대한 현상을 검토했으며 "음향학에 대한 문헌 중에서 가장 기념비적인 것으로 남아 있다."[2]

그가 영국으로 돌아오자 아버지가 돌아가셔서 새로운 레일리 남작이 되었다. 작위와 함께 7,000에이커의 집안 영지를 경영할 책임도 같이 따라왔으므로, 그곳에 살게 되었다. 집 근처에 전자기와 음향학에 대한 과학 연구를 계속할 수 있도록 실험실을 지었다. "그의 초기 연구에서 가장 중요한 것은 하늘이 파란색인 이유가 햇빛이 공기 중의 미세한 입자에 의하여 산란되었기 때문임을 설명한 그의 이론이었다."[2] 레일리는 또한 과학지식을 당시에 알려진 가장 진보된 영농기술과 결합하여 농장의 산출을 증가시켰다. 그는 아주 성공적인 신사농부였지만, 1876년 동생에게 영지를 맡기고 자신은 과학 연구에 전념했다.[3]

레일리는 1879년 케임브리지에서 맥스웰의 뒤를 이어 교수가 되었으며 캐번디시 연구실의 운영도 물려받았다. 케임브리지에 재직하는 동안 수많은 중요한 논문을 발표했고 전기측정을 표준화하기 위해 진행 중이었던 연구 프로그램을 감독했다. 또한 케임브리지 학부생들을 위해 강의의 질을 개선하기 위한 계획을 시행했다. 그렇지만 자신이 맡은 행정업무가 보람 있기보다는 귀찮아서 1884년 그 자리를 사임하고 시골 영지로 돌아갔다. 그가 떠난 직후에 영국학술원의 총무로 선출되었다. 1887년 틴들이 맡았던 영국 왕실연구소의 자연철학 교수직을 이어받아 1905년까지 그 자리를 지켰다.[3]

레일리의 과학에 대한 관심은 다양했다. 자신의 동료들과는 달리 대부분의 과학적 경력을 대학교 밖에서 보냈으므로 가장 관심 있는 분야를 자유로이 연구했다. "그의 후기연구는 소리, 파동론, 색깔론, 전기동역학, 전자기, 빛의 산란, 유체의 흐름, 유체역학, 기체의 밀도, 점성, 모세관현상, 탄성, 사진술 등을 포함하는 거의 모든 물리학 분야를 다루었다."[4]

존 윌리엄 스트럿 레일리 경(1842~1919)

자신이 원할 때마다 한 분야에서 다른 분야로 바꾸는 것이 더 고무적이라고 생각되었으므로 물리학의 여러 분야를 동시에 연구하기를 좋아했다. 다양한 취향이 연구의 질을 떨어뜨리거나 논문들의 명료성을 손상시키지 않았다.

레일리는 아르곤을 발견한 것으로 가장 유명한데, 수년에 걸친 고된 실험 끝에 1895년 드디어 아르곤을 분리해 내는데 성공했다. 아르곤을 역시 독자적으로 발견한 화학자 윌리엄 램지와 그 발견의 공을 나누어 가졌지만, 실은 레일리의 초기실험 결과 발표 이후 램지가 자신의 연구를 시작했다. 어찌 되었든지, 레일리는 그 발견으로 1904년 노벨 물리학상을 수상하게 되었고 상대편인 램지도 역시 그 발견에 기여한 역할로 화학에서 같은 상을 받았다.

레일리는 여러 가지 자격으로 영국 정부의 고문 역할을 맡았고, 또한 영국 상원의원이기도 했는데, 그곳에서 발언한 경우는 무척 드물었다. 케임브리지대학교의 명예총장직도 맡았으며 여러 가지 명예학위를 받았다. 또한 메리트 훈장과 영국학술원에서 수여할 수 있는 중요한 명예는 빠짐없이 받았다. 일생 동안 거의 500편의 논문을 발표했으며 죽기 직전까지 뛰어난 정신력을 유지했다.

19세기 마지막 25년 동안 켈빈 경과 함께 영국 물리학계를 석권했던 레일리는 흑체복사 공식을 유도하기 위해 매우 영리한 방법을 사용했다. 그는 주어진 온도의 빈 공간 속에 포함된 복사의 파동이 지닌 진동을 조화진동자의 진동과 비교하여 그런 진동의 하나하나가 적절한 조화진동자의 에너지를 갖는다고 생각했다. 그의 유추 과정을 따라가기 위해, 온도가 고정된 난로의 벽과 평형을 이루는 흑체복사를 생각하기로 한다. 그러면 난로 안의 모든 단위부피가 포함하는 주어진 진동수(또는 파장)를 갖는 그러한 복사의 양(세기)은 벽이 모든 진동수의 복사를 끊임없이 흡수하며 방출하더라도 변하지 않는다. 이 복사는 빈 공간 속에서 횡파의 형태로 존재하지만, 빈 공간을 에워싼 벽 때문에 어떤 방향을 향하여 진행하는 파동이 아닌 정상파의 형태를 갖는다. 두 면으로 제한된 공간 사이를 파동이 한 면에서 다른 면 쪽으로 진행하다 그 면에서 반사되어 왕복운동을 하면 진행하는 파동과 반사된 파동이 간섭을 일으켜 정상파가 만들어진다. 그런 파동은 팽팽히 당겨진 줄을 튕길 때에도 만들어지는데, 이때 생기는 정상파는 일정한 간격으로 늘어서서 떨지 않는 점들로 이루어진(모두 위상이 일치하는) 일련의 횡파들의 모임이다. 이때 진동하는 것을 "마루"라 하고 정지하여 있는 점들을 "마디"라고 한다. 줄의 양쪽 끝 점은 고정되어 있으므로 어떤 주어진 진동수에서 일정한 간격으로 늘어선 마루의 수는 바로 줄의 길이를 그 파동의 반파장으로 나눈 것이다.

레일리는 이렇게 정상파가 생기는 것을 빈 공간의 흑체복사에 적용했다. 빈 공간을 육면체 모양이라고 가정할 때, 주어진 진동수의 복사는 육면체에서 서로 마주 보는 두 벽에 존재하는 임의의 두 점을 잇는 선을 따라 생기는 정상파로 이루어졌다고 상상했다. 그러면 복사의 어떤 정상파든지 그 진동의 수는 육면체의 한 변의 길이를 그 파동의 반파장으로 나눈 것과 같다. 이런 방법으로 그는 주어진 부피를 갖는 육면체가 포함하는 서로 다른 복사진동의 수를 계산했다. 이렇게 얻은 결과는 주어진 길이의 선을 따라 파장이 긴 것보다 짧은 것이 더 많이 만들어질 수 있으므로 낮은 진동수의 진동보다 높은 진동수(짧은 파장)의 진동을 더 선호했다. 그러한 개개의 정상진동이 한 개의 조화진동자에 대응한다고 생각하여, 그는 이 진동자들 하나하나가 에너지 균등분배의 정리에 의해 볼츠만상수에 빈 공간의 절대온도를 곱한 값만큼의 에너지를 갖는다고 주장했다. 흑체복사에 대한 이 고전공식은 "레일리-진스의 공식"으로 불리지만, 공식을 약간 수정할 것을 제안한 제임스 진스는 원래 개념의 착상과는 아무런 관계가 없다. 레일리가 추론한 과정과 그가 총명하게 유도한 흑체복사 공식에 따르면, 주어진 온도의 난로가 방출하는 흑체복사의 세기는 공식이 말해 주는 대로 방출된 복사의 진동수가 커짐에 따라 증가해야만 한다. 그것은 이 세기가 공식으로 주어진 것처럼 진동수의 제곱에 비례하기 때문이다. 그러나 이것은 난로가 막대한 양의 자외선 복사를 내뿜으며 폭발해야만 한다고 얘기하는 셈이기 때문에 분명히 옳지 않다.

비록 레일리-진스 공식이 흑체복사 스펙트럼의 높은 진동수 영역에서는 터무니없는 결과를 보이지만, 낮은 진동수 쪽에서는 아주 잘 들어맞는데, 이것은 뉴턴과 맥스웰의 고전물리를 이용하면 긴 파장은 꽤 정확히 기술할 수 있지만 높은 진동수 복사를 설명하는 데는 전혀 적절하지 않음을 의미한다. 이렇게 고전물리가 성립하지 않는 것에 대하여 즉시 품을 수 있는 의문은 어디에서 잘못되었으며 그 잘못을 어떻게 수정할 것인가 하는 문제이다. 우리는 기체법칙을 논의할 때에도 뉴턴의 운동법칙이 성립하지 않음을 보았다. 기체의 비열을 고전물리로 계산한 값과 측정한 값이 일치하지 않는다. 고전물리가 갖는 동일한 결점 때문에 이 두 가지 차이가 모두 일어난 것이라고 추측할 수도 있는데, 나중에 정말 그러했음을 알게 될 것이다. 이제 우리의 문제는 무엇이 결점이며 그것을 어떻게 고치느냐 하는 것이다. 우리는 그 결점이 레일리가 흑체복사와 대응시킨 정상파에서 그 진동 자유도의 수를 세는 방법에 있지는 않음을 안다. 그러면 이제 남은 유일한 결론은 고전적 균등분배 정리, 즉 주어진 절대온도를 갖는 동역학 계로 이루어진 앙상블에서(기체를 이루는 입자들 또는 흑체복사를 이루는 정상파들) 각각의 자유도는 평균해서 볼츠만의 상수에 온도를 곱한 것과 같은 양의 에너지를 가져야만 한다는 것에 원인이 있다는 것이다.

흑체복사의 세기에 대해 독자적으로 고전공식을 제안한 빈은 아마도 고전적 균등분배 원리에 무엇인가가 잘못되었음을 이해했을지도 모르지만, 어떻게 하는지 몰랐기 때문에 그런 입장에서 공식을 만들지 않았다. 올바른 공식을 얻기 위해 흑체복사 스펙트럼에서 높은 진동수 복사를 억제해야만 한다는 것을 알고서, 그는 자신의 공식을 유도하는 데 볼츠만의 통계물리를 이용했다. 통계물리(통계역학)는 맥스웰과 볼츠만에 의해서(둘이 서로 독자적으로) 주어진 온도의 기체에 속한 분자들의 수를 결정하는 데 최초로 적용되어 성공을 거두었다. 그 분석에 의하면 에너지가 증가함에 따라 이 분자들의 수는 감소했지만, 이 감소하는 비율은 온도의 증가와 함께 둔화되었다. 그것은 앙상블의 온도가 높을수록 앙상블에서 높은 에너지를 갖는 입자의 수가 증가함을 말해 주기 때문에 그럴듯해 보인다. 그렇지만 모든 입자들의 에너지 합은 열역학 제1법칙이 요구하듯이, 앙상블의 총 에너지보다 더 커질 수는 없다.

빈은 이 생각을 채택하여 흑체복사의 에너지보다는 오히려 여러 가지 진동수에 적용했다. 높은 진동수를 갖는 진동의 마디 수에 온도에 따라 변하는 지수함수인 진동수 장벽을 부과했다. 이것이 높은 진동수를 억제하며, 그 결과로 그의 공식이 스펙트럼의 높은 진동수 쪽에서는 흑체복사를 올바로 표현하게 되었지만, 낮은 진동수 쪽에서는 틀린 결과를 주었다. 그렇지만 물리학자들은 왜 자연에서 진동수와 에너지가 같은 방법으로 행동하며, 왜 물질 분자를 위하여 개발된 통계 공식이 파동에도 적용될 수 있는지 이해할 수 없었기 때문에 이 공식을 의아하게 생각했다.

이것이 막스 플랑크가 고전열역학으로부터 스펙트럼의 모든 영역에 걸쳐 올바른 공식을 유도하기 위해 이 연구과제에 대해 역사적으로 유명한 탐구를 시작할 당시 흑체복사 이론이 처한 상태이다. 이 과제를 풀기 위해, 그는 복사가 난로의 벽에서 여러 가지 진동수를 갖는 실제 조화진동자들과 평형을 이루고 있다고 생각했고, 그래서 복사의 온도 대신에 그 엔트로피와 에너지 사이의 관계를 집중적으로 연구했다. 그는 이 진동자들이 임의의 값을 갖는 진동수를 흡수하여 모든 진동수를 갖는 복사로 다시 방출하며 따라서 복사의 흑체 특성이 유지된다고 생각했다. 이를 위해 진동자의 평균 에너지가 무엇인가를 알아야만 했다. 그래서 이 평균값을 보통 평균을 계산하는 것과 똑같은 방법으로 구할 수 있다고 가정했다. 그 과정은 모든 진동자의 에너지를 각각의 진동자에 적당한 가중 값(진동자가 그 에너지를 가질 확률)을 곱하여 더한 다음에 진동자의 전체 수로 나눈 것이다. 이 과정에 엔트로피가 들어오게 되는데, 그것은 볼츠만이 보여 준 것처럼 진동자가 주어진 에너지를 가질 확률은 엔트로피에 지수적으로 의존하기 때문이다. 엔트로피와 에너지는 온도를 통하여 연관되어 있으므로, 플랑크는 열역학을 통해 올바른 복사공식을 얻을 수 있으리라고 확신했다. 그러나 이것을 위해 진동수가 주어진 조화진동자의 에너지를 구하는 공식이 필요했는데, 그 공식은 뉴턴 동역학을 이용하여 바로 얻어진다. 즉 그 에너지는 진동자의 진동수에 그 진동과 관계된 진동자의 작용을 곱한 것이다. 플랑크는 이 작용을 h라고 부르고 v를 그 진동자의 진동수라고 할 때 에너지를 hv라고 썼다. 이 식과 볼츠만의 확률공식을 가지고, 균등분배 정리로부터 얻은 고전표현과는 다른 진동자의 평균 에너지를 계산했다.

고전적 균등분배 정리는 온도가 T인 앙상블에서 한 진동자의 평균 에너지는 진동자의 진동수에는 무관하고 온도가 변함에 따라 곧 변한다는 것이다. 이 때문에 레일리-진스의 법칙이 틀렸던 것이다. 플랑크가 구한 조화진동자가 갖는 에너지의 평균값은 작용 h가 0이 아닌 유한한 값을 갖는 한, 진동수와 온도에 복잡한 방법으로 의존한다. 플랑크는 이 조건 때문에 마음이 불편했는데, 그것은 비록 그가 진동자의 평균 에너지를 올바르게 표현해서 흑체복사 공식을 구했을지라도, 그의 기본개념에 무슨 결함이 있는 것처럼 느껴졌기 때문이다. 그의 공식에서 h를 0으로 놓으면 항상 레일리-진스의 법칙과 같아졌으므로, h를 유한하게 남겨 놓았는데, 그것은 자연에 오직 h보다 작지 않은 작용만 일어난다는 조건 아래서만 흑체복사 스펙트럼이 설명될 수 있음을 의미한다. 이것은 작용이 양자화되었음을 나타내며 기본단위로 6.625를 1조의 1조 배의 1,000배가 되는 에르그•초로 나눈 값($6.625 \times 10^{-27}$)을 갖는 h가 작용의 단위 또는 양자이다.

플랑크는 작용의 양자화는 복사가 파동이 아닌 입자적이라는 것을 뜻하기 때문에 맥스웰의 복사에 대한 전자기이론과 위배된다는 생각에서 이 결과가 만족스럽지 못했다. 이 비위에 거슬리는 생각을 극복하기 위해, 관찰과 모든 면에서 일치하는 그의 흑체복사 공식을 포기하는 대신에, 흑체복사가 불연속적인 덩어리(양자)로 방출되지만 그 즉시 파동으로 변한다고 제의했다. 플랑크는 몇 달 전에 레일리-진스의 공식과 빈의 공식을 한 개의 대수 표현으로 단순히 결합하여 그의 복사공식과 정확히 동일한 식을 얻었으므로, 공식이 옳다고 자신했다. 두 공식을 단순히 결합해서 얻은 공식은 아무런 물리적 기반이 없는 그저 수학적 기교에 불과하다고 느꼈지만, 작용의 양자화라는 조건으로 보강한 열역학을 이용하여 동일한 공식을 얻고 나서는, 비록 그가 발견한 것이 얼마나 중요한 것인지 충분히 깨닫지는 못했을지라도, 그 공식이 옳다고는 확신했다.

## 양자론에 대한 아인슈타인의 기여

알베르트 아인슈타인은 복사에 대해 많은 뛰어난 논문을 발표했는데, 그중 첫 번째가 1905년 『물리연감 Annalen der Physik』의 같은 호에 실린 세 편의 혁명적 논문들 중 한 편이었다. 이 논문의 「빛의 창조와 변화에 관한 과학적 관점에 대하여」라는 아주 평범한 제목에는 이것이 물리학에, 특히 양자론과 복사의 본성에 대한 우리의 이해에 막대한 영향을 끼쳤다는 점이 드러나 있지 않다. 아인슈타인은 물질적 물체를 지배하는 법칙(뉴턴의 운동법칙)과 복사를 지배하는 법칙(맥스웰의 전자기파 이론) 사이에 얼마나 복잡한 차이가 존재하는지를 설명하는 것으로 이 논문을 시작했다. 그는 이 차이가 입자를 한곳에 집중시킬 수 있는 가능성(위치와 운동량)과 파동을 한곳에 집중시킬 수 없는 불가능성(복사)으로 분명히 구별되는 것에 유의했다. 그러고 나서 이 차이가 겉으로 보이는 것처럼 그렇게 결정적이고 예리하지 않을지도 모르며, 복사에 대한 어떤 현상은 파동이 복사의 본성 중 단지 일부분이라고 생각해야만 그 설명이 가능한 경우도 있으며 복사가 부서지지 않는 연속된 파동이라기보다는 오히려 "공간에 불연속적으로 분포되어 있다"는 가능성도 고려해야 한다고 시사했다.

이러한 기본 생각에서 출발하여 아인슈타인은 완전히 반사하는 벽으로 이루어진 용기 속에 들어 있는 복사를 살펴보고서 만일 스펙트럼의 분포가 플랑크의 복사공식의 지배를 받는다면(즉, 만일 진동수의 함수로 나타낸 세기가 플랑크의 공식으로 주어진다면), 복사는 모든 면에서(예를 들면 압력이나 엔트로피) 비추어 보아 각각 hν의(플랑크상수×진동수) 에너지를 갖는 덩어리(양자)로 이루어진 기체와 똑같이 행동함을 보였다. 이것은 후에 "광자"라고 부르게 되었는데 플랑크가 거부했던 빛의 양자적 개념을 분명하게 확립했다. 아인슈타인은 복사를 분석하는 데 한 걸음 더 나가서 용기에 속한 작은 부피 속에 들어 있는 복사의 에너지가 요동치는 것은(작은 부피 속의 에너지가 순간순간 불규칙하게 변한다) 이것이 두 항의 합으로 표현되는데, 한 항은 맥스웰의 빛의 파동이론으로 유도될 수 있는 것이지만(그것은 표준적인 고전적 유도 방법이다) 두 번째 항은 순수한 양자론에 의한 것이며(고전적이 아니다) 복사속에 들어 있는 양자의 존재로부터 유래함을 보였다. 이것은 복사의 파동적 측면과 입자(광자)적 측면 중에서 어느 하나를 무시하더라도 그 분석이 잘못됨을 보여 준다. 이것은 오늘날 모든 물리학에 내재되어 있는 파동과 입자의 이중성에 대한 최초의 예이다. 이 이중성에 대해서는 양자역학과 전자의 파동이론을 논의할 때 다시 살펴보게 될 것이다.

아인슈타인은 빛의 양자론이 유명한 광전효과를 완벽하게 설명함을 매우 간단한 방법으로 보이는 것으로 그의 1905년 논문을 끝맺었다. 맥스웰의 빛에 대한 전자기이론이 옳음을 증명한 헤르츠의 실험을 논의할 때 언급한 것처럼, 헤르츠는 전하를 띠고 있는 금속 구에 자외선 복사를 쪼여 주면 즉시 전하를 잃어버리지만 빨간빛을 쪼여 주면 그런 일이 일어나지 않음을 발견했다. J. J. 톰슨이 전자를 발견함에 따라 자외선 복사가 구의 표면으로부터 전자를 튕겨 내어 방전시키는 것이 분명했지만, 고전 전자파 이론에 의하면 별다를 것이 없는 빨간빛을 쪼여 주면 같은 일이 일어나지 않는 이유가 분명치 않았다. 전자들이 금속 구의 표면으로부터 튕겨져 나가는 것은 그들을 구에 붙잡아 두고 있는 사슬을 끊기에 충분한 에너지를 복사로부터 흡수하기 때문인데, 고전 파동이론에 의하면 자외선 복사이거나 빨간빛이거나에 관계없이 전자들이 모두 튕겨져 나가야 한다. 고전이론에 따르면 매초 구에 전달되는 에너지는 파동의 세기에만 (그 파장이나 진동수에 관계없이 진폭에만) 의존한다. 그러나 관찰에 의하면 이 이론은 옳지 않다. 빨간빛의 세기가 아무리 강하더라도 전자를 전혀 튕겨 내지 못하지만 자외선은 아무리 약하게 쪼여 주더라도 전자가 튀어나온다.

아인슈타인은 빛의 양자(광자) 개념을 이용하여 이 결과를 설명했다. 각각의 전자는 한 개의 광자를 흡수함으로써 튀어나온다. 그러므로 광자는 전자가 튀어나오고 관찰된 전자의 운동에너지를 갖는 데 필요한 일을 해 줄 만큼 충분한 에너지를 지녀야 한다. 그러나 빨간색 광자는 플랑크 공식에 의하면 필요한 일을 하기 위한 충분한 에너지를 갖기에는 진동수가 너무 낮다. 그러므로 아무리 많은 수의 빨간색 광자가 금속 구를 때려도 한 개의 전자도 튀어나오지 못한다. 이와는 대조적으로 자외선의 진동수는 각 자외선 광자가 금속 구로부터 전자를 떼어 내기에 충분할 정도로 크다. 아인슈타인은 광전효과의 다른 특징 하나도 지적했다. 전자들은 금속 표면에 띄엄띄엄 위치한 점으로부터 나오게 되며 이것은 그런 점들이 제각기 복사의 덩어리(양자)를 받았음을 시사한다. 파동이라면 전체 표면으로 다 펼쳐졌을 것이며 따라서 그 표면의 모든 점이 전자를 방출할 수 있었을 것이다. 아인슈타인은 금속 표면으로부터 전자를 떼어 내고 관찰된 운동에너지를 주기 위해 광자가 가져야 하는 진동수를 나타내는 간단한 공식을 적었다. 그는 1905년 논문에서 한 페이지 정도를 사용하여 유도한 이 공식 덕택에(로버트 밀리컨의 실험으로 완벽히 증명되었다) 1921년 노벨 물리학상을 수상했다.

당시에 대부분의 물리학자들은 플랑크의 양자론을 연속적인 흑체복사 스펙트럼을 설명하기 위해 이용된 아무런 실제적인 물리적 의미를 지니지 못한 인위적인 수학기법의 하나쯤으로 간주하였다. 광자라는 개념은 맥스웰의 전자기파 이론이 거둔 대단한 성과들로 미루어 볼 때 특히 비위에 거슬렸다. 그럼에도 불구하고 아인슈타인은 양자론을 물리의 모든 단계에 적용되는 심오한 과학적 진리 중의 하나로 받아들였다. 이러한 믿음으로부터 고체의 비열을 연구하고 거기에 양자론을 적용했다. 그렇게 함으로써 왜 매우 낮은 온도에서 측정된 비열이 고전이론으로부터 계산한 값과 그렇게 엄청나게 다른지를 설명했다. 고전이론에서 고체는 조화진동자들의 모임으로(분자들이 서로가 연결되어 있도록 잡아매는 힘 때문에 탄성적으로 진동하는 것으로 묘사된다) 취급하여 진동의 각 양태마다 고전적 균등분배 평균 에너지(볼츠만상수에 절대온도를 곱한 것)를 부여한다. 이것이 낮은 온도에서의 비열 값을 틀리게 만든다. 아인슈타인은 진동자에 양자론에 의해 계산된 평균 에너지 값을 부여하여 올바른 값을 얻었다.

아인슈타인은 1917년 복사에 대한 마지막 위대한 논문에서 물리학과 광학기술에 막대한 영향을 끼친 광자의 놀라운 두 가지 특성을 지적했다. 이 논문에서 흑체복사는 전혀 참고하지도 않고 다만 원자에 속한 전자가 복사를 방출하고 흡수하는 것만을 고려하여 플랑크의 복사공식을 유도했다. 전자가 원자에 존재할 수 있는 불연속적인 일련의 궤도들 중의 하나에서 다른 것으로 옮겨 뛰면서 복사를 방출하거나 흡수한다는 보어의 원자이론을 받아들이고, 전자가 옮겨 뛸 때마다 정해진 진동수를 갖는 광자가 전자에 의해 방출되거나 흡수된다고 가정했다. 이 방법으로 플랑크 공식을 유도하는 것을 마무리 짓기 위해 전자가 높은 궤도에서 낮은 궤도로 잘 정의된 한 개의 광자를 방출하며 자발적으로 뛰어내릴 뿐 아니라,

만일 그러한 광자가 뛰어내릴 기회를 아직 찾지 못하고 있는 전자 옆을 지나가면 이 광자는 그 전자가 뛰어내리도록 자극하여(말하자면 그것이 전자를 약간 밀어 주어서) 지나가는 광자와 정확히 같은 방향으로 움직이는 똑같은 광자를 강제적으로 방출하도록 하여 두 광자가 서로 같이 떠나도록 한다는 가정을 해야만 했다. 이것을 복사의 유도방출이라고 불렀는데 이것이 바로 "복사의 유도방출에 의한 빛의 증폭 light amplification by stimulated emission of radiation"의 첫 글자를 따서 지은 약어인 레이저(LASER)의 기본 원리이다.

복사의 유도방출에 대한 개념을 논의하면서 아인슈타인은 광자가 입자의 모든 성질을 갖추기 위해서는 광자에 에너지뿐 아니라 운동량도 부여해야만 함을 지적했다. 그렇지만 광자는 보통 의미로 질량을 갖지 않으므로 광자의 운동량은 질량×속도로 표현할 수가 없다. 그러나 이러한 것이 아인슈타인을 조금도 어렵게 만들지는 않았다. 광자의 운동량을 그 에너지(플랑크상수×그 진동수)를 광자의 속력(빛의 속력)으로 나눈 것 또는 플랑크상수를 광자의 파장으로 나눈 것으로 정의했다. 이 공식은 후에 전자와 빛을 충돌시킨 유명한 콤프턴의 실험에 의해 완전히 증명되었는데 이것은 나중에 다시 논의하겠다.

양자론과 양자역학의 모든 것은 플랑크상수×광자의 진동수로 표시되는 광자의 에너지를 결정하는 공식으로부터 유래하며, 이 공식은 그것을 기본원리로부터 얻어 내려는 아무런 시도가 없었음에도 불구하고 물리학자들에게 일종의 선물로 주어졌다. 그러나 이 책의 저자의 한 사람(모츠)은 이전에 발표된 논문에서 만일 광자가 존재한다고 가정하면 플랑크 공식을 고전열역학과 도플러효과로부터 유도할 수 있음을 보였다. 완전히 반사하는 벽으로 만들어진 용기 속에 들어 있는 복사를 피스톤으로 천천히 밀어 일을 해 줌으로써 압축한다고 생각하자. 이 일은 복사의 내부에너지로 나타나며 모든 광자들에게 균일하게 배분되므로, 피스톤을 매우 짧은 거리만큼 밀었다면 각 광자의 에너지는 그 처음 에너지에서 같은 백분율(동일한 작은 비율)만큼 증가한다. 그와 동시에 광자가 움직이는 피스톤으로부터 반사되면 도플러효과에 의해 광자의 진동수도 증가하는데 진동수가 증가하는 백분율은 에너지가 증가하는 백분율과 정확히 같다. 그러므로 어떤 광자든지 그 에너지와 진동수 사이의 비는 플랑크상수로 알려진 보편상수일 수밖에 없다.

## 참고문헌

1. Nobel Lectures : Physics 1901-1921. New York : Elservier Publishing Co., 1967, p. 97.
2. "John William Strutt, Lord Rayleigh," Encyclopaedia Britannica. Chicago : Encyclopaedia Britannica, Inc., Vol. 15, 1978, p. 538.
3. 위에서 인용한 Nobel Lectures, p. 97.
4. 위에서 인용한 Nobel Lectures, p. 98.

## 그림 출처

1. John William Strutt Lord Rayleigh, by Popular Science Monthly Volume 25

# 14장
# 19세기 말의 실험물리학

실험하는 사람의 진정한 가치는
그의 실험에서 찾고자 하는 것뿐만 아니라
찾지 않는 것까지도 추구하는 데 있다.
—CLAUDE BERNARD

19세기 말에 이르러 물리학자들은 물리학이 근본적인 점에서는 더 이상 추구할 것이 거의 남아 있지 않고 일종의 마지막 상태에 도달했다고 믿는 사람들과 고전이론과 실험 사이에 설명되지 않는 어떤 괴리 때문에 곤혹스러워하는 사람들의 둘로 갈라졌다. 실험학자들은 뉴턴물리학과 맥스웰의 빛에 대한 전자기이론이 이론물리학의 완성이라고 보았기 때문에 일반적으로 첫 번째 그룹에 속하였다. 그들에게 있어서는 물리학이란 본질적으로 이미 알려진 법칙들에 의해 완전히 설명될 것이 분명한 현상들에 대한 더욱 정확한 실험 자료를 수집하는 것에 불과했다. 두 번째 그룹에 속한 곤혹스러워하는 물리학자들은 플랑크와 아인슈타인 같은 주로 이론학자들이었는데, 그들은 혁명적인 생각에 의해서만 설명될 수 있는 고전물리학의 결점들을 보았다.

첫 번째 그룹에 속한 만족스러워하는 물리학자들은 1900년 이전에 는 실험물리학이 이룬 성공이 모두 뉴턴이나 맥스웰 이론과 일치되는 것처럼 보인 것에 도취되어 논쟁에서 유리한 입장이었다. 빛을 이용하여 태양 주위를 회전하는 지구의 운동을 탐지하려는 마이컬슨-몰리 실험의 실패라든지 기체의 비열에 대한 계산 값과 측정값 사이의 불일치, 흑체 스펙트럼을 설명하려는 고전물리학의 실패, 그리고 뉴턴의 만유인력이 수성의 궤도를 제대로 알려 주지 못한 것들로부터 야기되는 어려움들은 고전물리학에 조금도 위협을 주거나 도전할 수 없는 사소한 문제들이라고 간주되었다. 수년 후에 막스 플랑크가 작용의 양자를 발견하게 되자 고전물리학이라는 장엄한 지적 체계가 허물어지기 시작했다. 그것은 2년쯤 후에 알베르트 아인슈타인이 특수상대론을 발표함과 동시에 완전히 무너졌다. 특수상대론은 양자론과 함께 물리학자들이 우주를 탐구하는 방법을 완전히 바꾸어 놓았다. 상대론에 대해, 또 이것이 물리학과 우주에 대한 우리의 개념을 어떻게 바꾸었는지를 논의하기 전에, 물질의 원자론으로 우리를 인도해 준 19세기의 마지막 사반세기와 20세기의 처음 10년 동안의 실험에서 어떤 중요한 의견들이 나왔는지 살펴보자.

19세기의 많은 물리학자와 화학자는 전자나 양성자의 존재와 같은 원자에 대한 결정적인 실험증거들이 나오기 전에 물질의 구조와 성질을 설명하기 위해 원자 모형들을 개발했다. 1802년과 1803년 사이에 영국 화학자 존 돌턴은 원자들 사이의 힘의 개념을 도입한 원자론을 제안하는 일련의 논문들을 발표했다. 모든 물질은 서로 다른 종류의 원자(서로 다른 질량을 지닌 기본입자)로 구성되어 있는데, 그 원자들은 적당한 수와 종류끼리 결합하여 알려진 모든 복합물을 만들도록 서로 잡아당긴다. 돌턴이 원자들 사이에 작용하는 힘의 성질을 밝히지 않았기 때문에, 그 이론은 새롭게 발전하지 못하고 쓸모없이 버려졌다. 그렇지만 화학자들은 간단한 화학반응을 설명하고 분자 개념을 강화시키는 데 돌턴의 원자론을 이용했으며 이것은 기체를 연구하는 데 지극히 유용했다. 실제로 자크 알렉상드르 세사르 샤를과 함께 기체법칙을 발견했던 조제프 루이 게이뤼삭은 돌턴의 원자론이 기체 사이의 화학반응을 정량적으로 설명함을 보였다. 서로 다른 두 기체가 관계되는 어떤 화학반응에서든지, 일정한 양의 제3의 기체를 형성하기 위하여 결합된 두 종류의 기체들의 양의 비는 제3의 기체가 얼마만큼 형성되었는지에 관계없이 항상 같다. 게이뤼삭에게는 이것이 세 가지 기체 분자는 모두 각기 고정된 수의 돌턴 원자로 구성되어 있음을 의미했다.

윌리엄 프라우트에 의해, 모든 물체를 구성하는 근본적 물질이 존재한다는 생각이 큰 진전을 이루었다. 1815년과 1816년에 쓴 두 논문에서 모든 원자는 서로 다른 수의 수소 원자들의 조합으로 구성되었다고 제안했다(프라우트의 가설). 수소에 근본적 물질의 역할을 맡긴 이 개념은 알려진 화학원소의 원자량(질량)을 측정하는 기술에 뛰어났던 많은 화학자에 의해 수행된 관찰에 근거하였다. 즉, 원자량들은 모두 수소의 원자량의 정수 배에 매우 가까웠다. 프라우트에게는 원자량에서 발견되는 이러한 기초적인 규칙성은 모든 원자들이 공통된 성분으로 수소를 갖고 있으며 단지 그들이 포함하고 있는 수소 원자의 수만 다름을 의미했다. 이 생각은 매력적이긴 했지만 쉽사리 받아들여지지는 않았는데, 실제로 어니스트 러더퍼드와 닐스 보어가 원자론의 기초를 확립할 때까지 물리학에서 별로 관심을 얻지 못하고 변두리를 맴돌았다.

원자론을 가로막는 장애에 처음으로 큰 돌파구를 마련한 계기가 10장에서 논의된 마이클 패러데이의 전기화학 실험이었다. 이 실험들은 물질이 원자에서 양전하를 띤 무거운 입자(원자핵)와 음전하를 띤 입자(가벼운 전자)로 이루어졌음을 분명히 보여 주었지만, 어떻게 이 두 종류의 입자들이 결합하여 원자를 이루는지가 분명하지 않았다. 정말이지 전자가 입자일 것이라는 생각은 조지프 존 톰슨 경이 나중에 "전자"라는 이름이 붙은 음전하를 갖는 기본입자를 분리해 내기까지는 알려지지 않았다.

원자론의 화학적 측면에서 가장 중요한 업적은 드미트리 멘델레예프가 발견한 화학원소의 주기율표였다. 이것은 원소가 지니는 화학적 성질이 주기성을 가짐을 나타냈다. 멘델레예프의 발견을 설명하기 위하여 가벼운 원소에서 무거운 원소로 옮기면 증가하는 원자번호와 원자량(질량)을 정의하자. 원자번호는 주기율표에서 원소에 부여한 위치로서, 수소에서 시작하여(원자번호 1을 갖는 첫 번째 위치) 원소가 무거워질수록 한 번에 한 단계씩 앞으로 나간다. 그래서 두 번째 위치의 헬륨은 원자번호가 2이고 세 번째 위치에 놓인 리튬은 원자번호가 3이며, 이렇게 계속된다. 원자질량(또는 원자량)은 수소 원자를 1이라고 정하고 그보다 더 무거운 원소의 질량을 수소 원자 질량의 몇 배인가로 나타내는 것이다. 다시 말하면(적어도 가벼운 원소의 경우에), 원자질량은 원자번호의 대략 두 배가량이다. 멘델레예프는 원자번호가 8, 18, 32 등으로 차이가 나는 원소들의 화학적 성질이 매우 비슷하므로 화학적으로 같은 가족으로(화학원소의 표에서 보이듯이) 그룹 지을 수 있음을 발견하고서 원자번호가 8, 12, 32 등으로 차이 나는 원소들을 위에서 아래로 배열했다. 즉 리튬, 나트륨, 칼륨 등을 한 줄(알칼리금속)에, 플루오르, 염소, 브롬 등을 다른 한 줄(할로겐족)에, 헬륨, 네온, 아르곤 등을 또 다른 한 줄(불활성기체)에 배열하는 식이다. 이러한 수의 규칙성은 18세기 말과 19세기 초의 화학자들에게 매우 편리했다. 그들은 이것이 원자가 어떤 방식으로든지 내부 구조를 지님을 가리킨다고 보았다. 하지만 그 당시에는 1897년 톰슨이 전자를 발견한 후에야 비로소 알게 된 원자를 구성하는 기본요소에 대한 지식을 갖지 못하였으므로 멘델레예프의 표에 포함된 주기성의 수수께끼를 풀 방도가 없었던 물리학자들에게는 매우 큰 흥미를 자아내었다.

멀리 1830년대에까지 거슬러 올라가서 패러데이는 자신의 초기실험을 통해(양극과 음극의 두 전극을 집어넣어) 높은 전압 차이를 걸어 준 진공관에 생기는 음극선(음으로 대전된 전극인 음극으로부터 방출되는 입자)을 연구했다. 음극으로부터 흘러나온 것을 지칭한(비록 이렇게 흘러나온 것이 전자기파인지 입자인지 알지 못하였지만) 음극선에 대한 연구는 방전관의 진공을 점점 더 좋게 만드는 것이 가능해지자 더욱 주의 깊게, 복잡한 기법을 이용하여 수행되었다.

당시에 가능한 가장 좋은 진공과 가장 진보된 기구들을 이용하여, 톰슨은 음극선이 정말로 음전하를 나르는 물질입자임을 보였다. 음극선관을 두 축전기판 사이에 놓고 음극선이 음전기를 띤 판에서 양전기를 띤 관쪽으로 휘는 것을 관찰함으로써 이 과제를 해결했다. 그러고 나서 음극선이 관 길이를 진행하는 동안 휘는 정도를 측정했는데, 그 휘는 정도는 음극선에 들어 있는 입자가 얼마나 빨리 움직이는지와 입자가 지닌 전하 e와 질량 m의 비, 즉 e/m에 의존한다. 그는 휘어진 음극선 입자의 속도에 수직한 방향으로 관에 자기장을 가해 줌으로써 자기장의 세기를 충분히 크게 조절하여(이 조절은 어렵지 않다) 휘어진 음극선이 다시 원래의 직선 경로를 따라가도록 만들었다. 그러면 축전기의 판에 의해서 입자에 작용된 정전기 힘이 자기장에 의해 만들어진 힘과 똑같아야 하므로 이 두 힘을 같다고 봄으로써 입자의 속도를 소거했다. 이렇게 하여 그의 방정식은 단지 알고 있지 못한 비 e/m와(알고 있는) 관의 길이, 전기장의 세기, 자기장의 세기만을 포함하게 되었다. 이렇게 함으로써 e/m의 값을 구했는데 그것은 패러데이가 수소이론에서 구한 e/m보다 약 1,836배나 더 컸다. 톰슨은 이 입자를 "전자"라고 불렀으며, 1905년 로버트 밀리컨은 유명한 낙하하는 기름방울 실험을 통하여 전자의 전하가 4.77을 100억 정전기 단위로 나눈 값($4.77 \times 10^{-10}$)임을 발견했다. 톰슨과 밀리컨의 연구가 원자에 대한 올바른 모형을 세우는 첫 번째 단계였다.

측정된 전자의 전하 값 e와 톰슨이 측정한 전자의 전하와 질량 사이의 비 e/m로부터, 첫 번째 측정값을 두 번째 측정값으로 나누어 전자의 질량을 계산할 수 있다. g으로 표시된 그 값은 9를 1조의 1조 배한 것을 다시 1,000배한 것으로 나눈 것($9 \times 10^{-28}$)이다. 간단히 표현하면, 이것은 1조의 1조배를 1,000배한 수만큼의 전자를 모아 놓으면 그 질량이 1g임을 의미한다. 이 숫자는 한 원자나 원자들의 모임이 갖는 질량에서 전자가 차지하는 비율이 매우 적다는 것을 알려 준다. 그럼에도 불구하고 중성적인(전하를 띠지 않은) 원자의 구조에서 전자는 절대적으로 꼭 필요하다. 그것은 전자가 원자의 양전하를 상쇄하는 음전하를 제공하며 그래서 원자가 전기적으로 중성이 되도록 만들기 때문이다. 앞으로 알게 되겠지만, 원자에 들어 있는 전자는 원자의 화학적 성질을 결정하는 원인이다. 모든 화학반응은 전자에 의해 일어나고 지배받는다.

전자가 음전하를 띤 음극선의 구성체임이 발견된 직후에, 톰슨과 다른 사람들은 "양극선"도 발견했다. 그것은 음극선관에서 양극으로부터 음극 쪽으로 전자보다 훨씬 느리게 움직이는 양전하를 띤 입자들이다. 이 입자들의 e/m는 전자의 그것보다 수천 배나 작았으며 양극의 성질에 따라 변하였다. 가장 큰 e/m는 수소화합물로 얇은 막을 씌운 양극에서 나오는 양전하를 띤 입자들에서 발견되었다. 이 입자들은 양성자였는데 그 질량은 전자의 약 1,840배이며 그 양전하의 크기는 전자의 전하의 크기와 같았다. 양성자와 그보다 뒤에 발견된 중성자가 원자의 질량을 결정하는 원인이다.

전자의 발견과 더불어서 이론물리학자들은 물질에서 관찰된 성질을 설명하기 위한 원자모형을 고안하기 시작했지만 닐스 보어가 유명한 원자의 "보어 모형"을 수립하기 전까지는 매우 심하고 극복할 수 없는 것처럼 보이는 어려움들이 그러한 시도들을 괴롭혔다. 위대한 네덜란드 이론물리학자인 로런츠가 전자를 물질의 기본 구성 요소로 하여 당시의 뉴턴과 맥스웰 물리학에 결부시키려는 이론적 연구에서 가장 주목받을 만하며 부분적인 성공을 거두었다. 그는 맥스웰의 전자기장에 대한 방정식을 맥스웰의 전자기파(변하는 전기장과 자기장을 포함하여)와 그가 전자라고 부른 전하를 띤 기본입자 사이의 상호작용을 포함하도록 변경(확장)시키는 것으로 시작했다. 이 수학적 묘법은 톰슨이 전자를 발견하기 직전에 이루어졌으므로, 로런츠의 이론적 "전자"는 약 1899년까지 톰슨의 실험적 전자와 동일한 것임이 알려지지 않았다. 그러나 로런츠의 이론적 연구에 관한 한 그것은 아무래도 상관없다. 그것의 옳고 그름이 톰슨의 발견에 관계되지는 않는다.

헨드릭 안톤 로런츠(Hendrik Antoon Lorentz, 1853~1928)는 네덜란드의 아른험에서 과학에 특별한 재능을 보이지 않았던 가문에서 출생했다. 그의 아버지는 보육원을 운영하는 사람으로 헨드릭의 어머니가 1857년 죽은 후에 집안 살림을 안정적으로 꾸려 나가려고 노력했다. 아버지가 5년 후에 재혼할 때까지, 헨드릭은 이미 초등학교에서 과학에 대한 소질을 발휘하기 시작했다. 아른험고등학교에서 비범한 학생이었으며, 그곳에서 고전문학과 수학에 전념했다. 1870년 레이던대학교에 입학했으며 그다음 해에 수학과 물리학에서 학사 학위를 받았다. 22세에 물리학으로 박사 학위를 받을 때까지 자신의 생활비를 마련하기 위해 밤에는 학생들을 가르쳤다. 그의 학위논문은 광학과 전기에 대한 그의 연구를 시작하게 된 빛의 본성을 다루는 문제였으며, 그것이 그로 하여금 전자의 개념에까지 이르도록 했다.

1878년 로런츠는 레이던의 이론물리학 교수직을 수락했으며, 전 생애를 그곳에서 보냈다. 바로 같은 해에 「매질에서 빛의 속도와 그 매질의

헨드릭 안톤 로런츠(1853~1928)

밀도와 구성 사이의 관계에 대한 소고」라는 논문을 발표했는데 그것이 오늘날 로런츠-로런츠 공식으로 알려져 있다.[1)] 전자기장에 대한 맥스웰 방정식을 공부하고 이 장엄한 수학 체계가 물리학의 다른 분야에도 확장될 수 있는 방법을 탐구했다. 당시에는 자연에 알려진 요소가 단지 중력과 전자기 둘뿐이었으므로 우주를 탐구하는 데 필요한 도구는 오로지 뉴턴역학과 전자기장에 대한 맥스웰 방정식으로 짝지어진 도구뿐이라는 믿음을 가진 사람이 로런츠 혼자만은 아니었다.

로런츠는 움직이는 물체에 대한 전기동력학에 상당히 많은 기여를 했지만, 공간에서 모든 전자기파의 매질이 되며 모든 공간에 스며들어 있는 에테르가 존재한다는 가설을 포기하지 않았다. "로런츠로부터 전자라는 개념이 유래하였다. 이 미세하고 전기를 띤 입자가 무게를 가진 물질에서 전자기현상이 일어날 때 어떤 역할을 차지한다는 그의 견해로부터 분자론을 전기이론에 적용하고 움직이는 투명한 물체를 통과하는 빛파동의 행동을 설명할 수 있게 되었다."[1] 또한 전하들이 움직이면 전하들 사이에 작용하는 전자기 힘이 변하며 전자들을 약간 수축되게 만든다는 것도 발견했다. 소위 이 "로런츠변환"은 아인슈타인의 특수상대론에서 나오는 결과임이 증명되었다.[1]

이러한 이론적 연구 외에도, 또한 네덜란드가 새로이 간척한 지역의 해변을 따라 바닷물이 이동하는 현상을 조사하기 위해 구성된 위원회의 회장이 되었다.[2] 행정업무를 수행하는 과정에서 그는 수력공학 분야에서 계속적으로 상당한 가치가 있었던 많은 계산을 남겼다. 솔베이회의의 의장을 맡았는데, 그 회의는 세계적으로 저명한 학자들이 물리학의 가장 새로운 문제들을 토의하고 논의하는 공개토론의 기회를 제공했다. 1923년 지적 협력을 위한 국가연합의 국제위원회에서 세계적으로 명망 높은 일곱 명의 학자들 중 한 사람으로 선출되었다. 또한 진행되고 있는 연구 계획들을 조정하기 위해 네덜란드의 응용과학 연구를 관리하는 기관을 만드는데 상당한 영향력을 행사했다.

그는 맥스웰의 방정식에 한 항을 더하여 그것을 확장시켰다. 그 항은 변하는 자기장이 도체 속의 자유전자에 작용하여 만들어진 전자의 흐름에 의한 자기유도 때문에 도체에 생기는 전류를 기술한다. 오늘날 "로런츠 힘"이라고 불리는 이 항은 전기장이 전자에 작용하는 힘(바로 쿨롱 힘)뿐 아니라 위에서 언급된 것처럼 자기장과 전자 사이의 상호작용도 고려하고 있다. 로런츠는 이 자기 상호작용의 크기가 전자의 전하와 전자의 속력을 빛의 속력으로 나눈 것, 그리고 전자가 존재하는 위치에서 자기장이 센 정도(세기) 등 세 항의 곱이라고 가정했다. 이 힘의 방향은 전자의 속도와 전자가 존재하는 위치에서의 자기장의 방향에 모두 수직하다. 이 로런츠 힘은 오랜 기간의 시험을 견뎌 내고 어떤 전하든지 전자기장과의 상호작용을 올바르게 기술한다고 보편적으로 인정되고 있다.

그는 모든 물질의 구성체로서 기본전하의 개념을 받아들이지 않으면 이해될 수 없는 일련의 현상을 설명하기 위해 자신의 전자이론을 확장했다. 첫 번째 성공은 자기장에 놓인 원자에서 나오는 스펙트럼 띠의 소위 "정상적 제만 무늬"를 설명한 것이다. 이 무늬는 보통의(자기장이 없는 경우의) 스펙트럼에서 원래 있는 띠 가까이에 새로운 스펙트럼 띠가 더 생기는 것이다. 로런츠는 원래의 무늬를 만든 전자의 운동이 자기장 때문에 바뀌어서 새로운 띠가 만들어짐을 보임으로써 이 여분의 띠를 설명했다. 그의 이론이 이렇게 극적으로 성공하자 전자에 대한 개념은 굉장한 흥미와 신임을 받게 되었다.

또한 전기전도(전자가 도체에서는 거리낌 없이 움직이나 절연체에서는 그렇지 못하다), 열전도, 굴절, 빛의 산란, 매질에서 빛의 여러 현상들을 그의 전자이론을 이용하여 설명하였다. 하지만 이러한 모든 성공에도 불구하고 양성자와 전자를 결합하는 원자의 올바른 모형은 이론물리학자들을 교묘히 피해 다녔다. 그러나 19세기가 마감되면서 다른 흥미진진한 실험적 발견이 계속 나오게 되었다.

투과하는 전자기선을 다루는 어떤 실험에서 1895년 빌헬름 뢴트겐이 X선(또는 뢴트겐선이라고도 불린다)을 우연히 발견했고, 다른 종류의 실험에서는 1896년 앙투안 앙리 베크렐이 무거운 원자에서 저절로 방출되는 매우 강한 선(전자기선과 입자)을 발견했다(방사능). 뢴트겐은 다른 많은 실험물리학자와 마찬가지로 여러 가지 종류의 방전관(톰슨이 전자를 발견할 때 사용한 것과 같이 본래 음극선관 또는 크룩스관)을 이용하여 연구하던 중 관을 덮은 마분지가 보통 빛은 통과시키지 않지만 관에서 나오는 어떤 다른 종류의 방사선은 마치 마분지가 투명해진 것처럼 통과시킨다는 것을 알아차렸다. 바륨시안화백금 막으로 싸인 종이가 막을 입힌 쪽이건 안 입힌 쪽이건 간에 관을 향하면 관에서 나온 어떤 것 때문에 길고 가는 줄의 흔적이 생기는 것을 관찰함으로써 이 투과성 방사선을 탐지했다. 더구나 종이가 관으로부터 6m까지 멀리 떨어져 있더라도 그 막이 영향을 받았다. 깜깜한 방에서 뢴트겐은 방전관이 가동될 때마다 바륨시안화백금이 형광을 발하는 것을 관찰했다. 나중에 뢴트겐은 이 방사선이 여러 가지 다른 물질을 뚫고 지나갈 수 있으며, 방사선을 쪼이게 되는 물체의 밀도를 증가시키면 이 뚫고 들어가는 힘이 급격히 약해짐을 보였다. 그는 또한 이 방사선이 공기를 지나가면서 원자에 부딪혀 전자를 떼어 내고 원자를 이온으로 만든다는 것도 발견했다.

베크렐이 방사능 현상을 발견한 것은 어떤 의미로 인광과 형광현상을 3대에 걸쳐서 연구한 가문 연구의 집대성이라 할 수 있다. 그의 할아버지는 물리학자 앙투안 세자르였는데, 그는 전기화학에서 몇 가지 중요한 발견을 남겼고 영국학술원으로부터 코플리 메달도 수여받았다. 그의 아버지 알렉상드르 에드몽은 근 반세기에 걸쳐 자기가 연구하는 분야에서 유익한 논문들을 발표하여 많은 연구 업적을 남긴 저명한 물리학자였다.[3] 두 사람 모두 프랑스 과학아카데미의 회원이었으며 학문에 종사하는 동안 자연사박물관에서 물리학 교수직을 맡았는데, 이는 앙투안 앙리, 그의 아들인 장 베크렐에까지 이어진 가문의 전통이었다.

아버지와 할아버지의 직업 때문에, 앙리는 어릴 적부터 아버지가 늘 연구하고 가르쳤던 실험실에 친숙해지지 않을 수 없었다. 앙리 베크렐(Antoine Henri Becquerel)은 1852년 파리에서 출생했고 초기 공식교육을 루이대제고등학교에서 받았다. 1872년 20세 생일 전에 에콜 폴리테크니크에 입학했고, 두 해 뒤에는 토목기술학교에서 공부하기 시작했는데 그곳에서 수학과 토목공학의 철저한 기초를 쌓으며 4년을 보냈다. 1877년 기술자로 다리 및 고속도로를 관장하는 행정부 공무원이 되었으며 그보다 한 해 전에는 에콜 폴리테크니크에서 시범조교가 되었고 한 해 뒤에는 자연사박물관에서 연구조원이 되었다. 이 두 직책이 모두 그의 아버지와 가까이 일하는 것이었기 때문에, 그가 자신의 유명한 가문의 전통을 잘 이해하고 아버지가 필요하다고 생각하는 과제는 아무리 힘들더라도 수행해야 된다는 동기가 뚜렷한 젊은 청년이었음은 다행스러웠다. 정말로 그는 자신이 발견한 방사능은 아버지의 연구로부터 내려온 논리적 결론이라고 생각하는 것처럼 보였으며, 그보다 앞선 뉴턴처럼 자신이 성취한 것은 대부분 다른 사람들, 말하자면 그의 아버지와 할아버지의 덕택이라고 믿었다.

앙투안 앙리 베크렐(1852~1908)

베크렐의 초기연구는 결정체가 빛을 흡수하는 현상과 또한 편광된 빛에 대한 자기장의 효과를 다루었다.[3] 그는 광학을 연구하여 1888년 파리대학교의 이과대학에서 박사 학위를 받았으며, 그다음 해에 과학아카데미 회원으로 선출되었다. 아버지가 1891년 죽은 후에 베크렐은 박물관의 아버지 자리를 이어받았고 에콜 폴리테크니크에서 물리를 강의하기 시작했다. 동시에 토목연구소에서 기술자로 일했으며, 1894년 그 연구소의 선임 기술자로 임명되었다.

베크렐이 진공 중에서 방사능을 발견하지는 않았지만 1896년 초에 공표된 뢴트겐의 X선 발견이 처음 동기가 되었다. 그 X선들이 자기장이나 전기장을 통과하면서도 휘지 않고 똑바로 지나간다는 점으로부터 전하를 띤 입자가 아니라고 추론되었다. 전하를 띤 입자는 그러한 장 안에서 직선 경로로부터 휘어진다. 방전관에서 X선이 나오는 곳을 자세히 살펴본 결과 뢴트겐은 그것들이 음극선(음극에서 나오는 전자)이 부딪혀서 밝게 빛나는 금속 표면의 작은 점으로부터 방출된다는 것을 발견했으며, 이로부터 이 불가사의한 현상이 맥스웰의 전자기이론과 로런츠의 전자이론에 의해 설명되었다. 이 이론들에 따르면 전하를 띤 입자는 감속되면 전자기파를 방사한다. 전자가 금속 표면에 부딪히면 이러한 감속이 일어나며, 그 에너지를 전자기 방사의 형태로 내보낸다.

양자론을 고려하면, 이렇게 방출된 X선의 에너지(또는 진동수)를 쉽게 계산할 수 있다. 만일 전자가 지나다가 금속의 표면에 부딪히면, 모든 운동에너지를 한 개의 에너지양자(X선 광자)로 변환시키며, 이 광자의 진동수는 전자의 운동에너지를 플랑크상수 h로 나눈 것과 같다(어떤 의미로 이것은 광자가 전자를 만드는 대신에 금속 표면에 부딪히는 전자가 광자를 만드는 것으로, 단지 광전효과의 역과정이다).

X선 광자의 진동수(진동수에 플랑크상수를 곱한 것에 불과한 에너지)와 그 광자를 만드는 전자의 운동에너지 사이에는 이렇게 간단한 양자적 관계가 존재한다. 따라서 X선을 만드는 음극선의 운동에너지를 변화시킴으로써 X선의 에너지를 바꾸는 것이 가능한데, 이것은 방전관 양 끝의 전압을 변경시킴으로써 가능해진다.

뢴트겐이 X선을 발견하자 베크렐도 고무되어 저절로 형광을 내거나 또는 햇빛을 쪼여 주면 형광이 유도되는 형광 분자들을 가지고 일련의 실험을 수행했다. 그런 형광현상은 잘 알려졌지만, 형광을 내는 동작원리는 완전히 불가사의였다. 베크렐은 이 동작원리가 어떻게든 X선의 발생과 관련 있으리라고 생각했다. X선에 대한 관찰을 묘사하면서 뢴트겐이 바륨시안화백금 막의 "형광"에 대해 언급했으므로 베크렐은 X선이 어떻게든 형광과 관련될 것이라고 가정했다. 이 가정은 옳지 않았지만 이 생각이 결국은 방사능을 발견하기에 이른 일련의 관찰을 하는 계기가 되었다.

베크렐은 전에도 이미 여러 해 동안 인광과 형광(이 용어들은 서로 바뀌어 사용되기도 한다) 현상에 대해 연구했으며, 만일 제대로만 다룬다면 전기적으로나 또는 햇볕을 쪼임으로써 인광물질에서 X선을 발생시킬 수 있을 것으로 확신했다. 그러나 몇 주일 동안을 여러 가지 물질로 시험해 보았으나 X선은 나오지 않았다. 그럼에도 불구하고 베크렐은 포기하지 않았는데, 매우 두꺼운 두 겹의 검은 종이에 의해 햇빛이 차단된 사진건판 위에 복잡한 우라늄 결정체인 백금 우라늄 이황산염을 올려놓고 연구하다가 그 끈기를 보상받게 되었다. 결정체의 "인광현상을 유도시키기 위해" 그것을 몽땅 밝은 햇빛 아래 놓았는데 두꺼운 검은 종이로 싸 놓은 사진건판에서 결정체가 놓였던 부분이 그 두꺼운 검은 종이를 투과한 선에 의해 검게 변해 있음이 발견되었다. 베크렐은 이 결과가 형광 또는 인광현상이 뢴트겐선과 비슷한 투과성 선을 발생시킨다는 가정을 강력히 입증하는 것이라고 생각했으나 그 가정은 사실 틀린 것이었다. 그러나 며칠 후 쾌청한 날씨를 기다리느라 햇빛이 닿지 않게 서랍에 넣어 뒀던 백금 우라늄 이황산염 옆에 놓인 사진건판을 검사하다가 그 전의 실험에서와 똑같이 결정체로부터 나오는 어떤 선 때문에 사진건판이 검게 변한 것을 발견했다. 그는 곧 이 결정체에서 나오는 선들은 인광이나 형광 현상과 아무런 관계가 없음을 알아차렸으며 후에 결정체의 우라늄 원자가 그 원인임을 찾아냈다. 탐정 노릇과 같은 그의 연구는 무거운 원자의 방사능을 발견함으로써 절정을 이루었다. 그러나 원자의 구조에 대해서는 전혀 알려지지 않았으므로, 원자가 어떻게 베크렐선을 발생시키는지에 대해서는 아무 말도 할 수 없었고, 이 일은 후에 어니스트 러더퍼드 경이 발견하도록 남겨졌다. 베크렐의 발견이 과학계에 별로 흥분을 자아내지 못했으므로, 그 자신도 흥미를 잃고 자신의 발견이 품고 있는 혁명적 성질을 이해하지 못한 채 그보다 더 중요하지 않은 문제에 대한 연구를 계속했다.

베크렐은 주로 실험물리학에서 많은 재능을 보였는데, 그러한 그의 재능은 그가 단조롭고 지루한 실험을 꾸준히 수행한 데에서 엿볼 수 있다. 그는 방사능 현상을 이론적으로 설명하고자 하는 충동을 억제하고 그러한 과제를 다른 사람들에게 남겨 놓기로 했다. 이론과 실험 사이에는 서로 상호보완 관계가 있음을 부정할 수 없지만, 그는 입자의 방사성을 설명할 수 있는 이론체계를 세울 만큼 자기가 능력이 있다고 생각하지는 않았던 것처럼 보인다. 어쨌든 그의 발견은 결국 합당한 과학적 인정을 받았지만, 그것은 마리와 피에르 퀴리가 원자핵물리학에서 방사능의 중요성을 보인 후에야 비로소 이루어졌다. 베크렐은 영국학술원으로부터 럼퍼드 메달을 수여받았으며 1900년 영국학술원의 외국인 회원으로 추대되었다. 옥스퍼드와 케임브리지에서 명예박사 학위를 받았고 1903년에 퀴리 부부와 함께 노벨 물리학상을 공동 수상했다. "베크렐의 선구적 조사가 퀴리 부부에게 발견의 길을 마련했으며, 퀴리 부부의 발견이 베크렐의 발견의 중요성을 보이고 값지게 만들었으므로 공동수상은 매우 적절했다."[4] 베크렐은 1908년 과학아카데미의 회장이 되었을 때가 개인적으로 가장 보람있는 영예를 받은 때였다고 생각했다. 애석하게도 회장직을 불과 몇 개월밖에 즐기지 못하고 1908년 8월 25일 프랑스의 브르타뉴 지방 르크로이시에서 휴가 도중 심장마비로 사망했다.

베크렐의 방사능에 대한 연구는 저명한 물리학자들에게 별로 큰 인상을 주지 않았지만, 젊은 세대에 속하는 물리학자들 중 가장 뛰어난 두 사람인 마리 퀴리와 어니스트 러더퍼드를 자극하여 자신의 연구를 뒤이어 계속하도록 만들었다. 마리 스크워도프스카 퀴리(Maria Skłodowska-Curie, 1867~1934)는 폴란드의 바르샤바에서 출생했다. 그녀의 아버지는 국립중학교에서 수학과 물리학을 가르쳤으며, 어머니는 여자기숙사의 사감이었다. 부모가 모두 매일 오랜 시간을 일했지만, 마리의 아버지는 정치적 신념 때문에 좀 더 보수가 좋은 자리로 옮길 기회를 번번이 놓칠 수밖에 없었고 그래서 그들의 수입으로는 겨우 생활을 근근이 이어 갈 정도였다. 집안 경제사정이 좋지 않았으므로 가족들이 병들었을 때도 변변한 치료를 받기가 어려웠다. 큰언니 소피아는 1876년 발진티푸스로 죽었고 그의 어머니는 오랫동안 폐병으로 고생하다가 소피아보다 두 해 뒤에 죽었다.[2]

마리의 아버지가 여분의 생활비를 벌기 위해 하숙하는 사람을 받았기 때문에 그녀는 자주 거실에서 잤다. 주위 환경이 좋지 않았음에도 불구하고 열심히 공부하여 당시 친러시아 정부의 억압정치에 시달리고 있던 폴란드의 고등학교에서 러시아어 부문의 금메달을 수상했다. 그녀는 학교 공부 외에도 도서관에서 도스토옙스키에서 마르크스에 이르는 문학이나

마리 스크워도프스카 퀴리(1867~1934)

정치서적들을 탐독했다.[3] 1886년 프랑스에서 공부하는 여동생 브로니아의 학비를 벌기 위해 프자스니스 근처에 사는 부유한 폴란드 고위 관리의 아이들을 돌봐 주는 가정교사가 되었다. 10년 후에 가족과 좀 더 가까이 지내기 위해 바르샤바로 돌아왔다. 이때쯤 화학에 흥미를 갖게 되었으며, 여동생 브로니아는 프랑스에서 의사가 되었다. 브로니아가 마리에게 파리로 오기를 간청해서 1891년 거의 맨몸으로 기차를 타고 프랑스로 건너갔다. 그녀는 장학금을 받게 되어 소르본에서 수학과 물리학을 공부하기 시작했다. 처음에 동생 부부와 함께 살았지만 소르본까지 거리가 너무 멀었고 집에서 공부하기엔 자주 방해를 받았으므로 결국 대학교 근처에 조그만 방을 세 얻어 생활했다. 한 달에 100프랑이라는 턱없이 모자라는 수입으로 생활해야 했으므로 굶기를 밥 먹듯이 했으며 가장 추운 겨울에도 난로에 석탄이 없을 때가 허다했다. 여러 번 굶주림으로 기절했고 영양부족 때문에 여러 가지 병을 얻어 고생했다. 그렇지만 오로지 공부에만 전념하여 1893년과 1894년 차례로 무척 어려운 물리학과 수학 자격시험에 우등으로 합격했다. 이 기간에 피에르 퀴리를 만나게 되었는데, 피에르는 자기현상을 연구하고 "피에조전기"를 발견하여 유명해졌으며 파리의 이화학학교의 연구소장으로 일했다. 1년 만에 둘은 결혼했고 마리는 피에르의 연구소에서 일하게 되었다. 그녀는 베크렐의 연구에 대해서 들은 후 방사능 연구에 자기의 일생을 바치기로 결심했다. 남편 피에르는 그녀를 도와 함께 일했으며, 그들은 무거운 원소의 방사능을 조직적으로 조사하기 시작했다. 그들은 베크렐의 발견을 확인했을 뿐 아니라 새로 중요한 것들을 더 발견했다. 즉, 이산화토륨은 같은 질량일 때 금속 우라늄보다 더 방사능이 강하고, 복합물 속에 들어 있는 우라늄이나 토륨의 농도가 짙어질수록 방출된 선들의 세기는 증가했지만 농도에 단순히 비례하지는 않는다는 것이다. 이 비례하지 않는 성질은 그들이 올바른 해답을 찾을 때까지 얼마 동안 물리학자들을 당황스럽게 만들었다. 그 해답은 방사성 원자가 방출한 선들 중에서 일부는 이미 선을 방출한 다른 원자들에 의해 다시 흡수된다는 것이었다. 퀴리 부부는 또한 방사능은 원자 개개의 현상이며 집합적인 과정이 아니라는 것을 확실히 보여 주었다. 각 원자는 단 한 개의 선만을 방출하며 따라서 방사능은 원자에 고유한 성질이다.

그렇지만 퀴리 부부의 가장 위대한 성공은 라듐의 방사능을 발견하고 역청 우라늄 광석에서 그 원소를 분리해 낸 것이었다. 마리 퀴리는 역청 우라늄 광석, 즉 이산화우라늄 광석이 같은 양의 순수한 우라늄보다 방사능이 훨씬 더 센 것에 주목했다. 그러므로 역청 우라늄 광석이 우라늄보다 방사능이 훨씬 더 센 원소를 포함하고 있다고 결론지었다. 피에르의 도움으로, 그녀는 1898년 방사능 화학을 탄생시킨 기념비적 사건인 역청 우라늄 광석으로부터의 라듐 분리로 이를 증명했다.

퀴리 부부는 현대설비를 갖춘 화학자들은 상상하지도 못할 어려운 조건에서 연구를 수행했다. 폴로늄과 라듐에 관한 연구에서 그들은 각 원소를 분리하여 그 원자량을 결정하는 일이 필요했는데, 이것은 수 톤에 이르는 역청 우라늄 광석을 정제해야만 비로소 가능한 일이었다. 광석이 정제된 뒤에 퀴리 부부는 많은 화학적 조사를 해야 했지만, 실험실에 여분의 공간이 남아 있지 않았기 때문에 마리가 전에 사용하던 실험실 앞뜰 건너편 헛간에 임시로 실험실을 꾸며야 했다. "열정적이며 헌신적인 부부가 순수한 염화라듐 시료를 준비하고 그 원자량을 결정하기 위해 거의 쉬지 않고 45개월을 계속하여 노력한 곳이, 여름에는 찌는 듯이 덥고 겨울에는 꽁꽁 얼어붙도록 추운 바로 그 장소였다."[7] 이렇게 과다한 노력과 얼마 안 되는 수입을 보충하기 위해 추가로 더 맡았던 강의 때문에 그들은 모두 탈진하게 되었다.[7] 마리는 당시에 알지 못했지만, 그녀가 지속적인 빈혈과 육체적 탈진 상태에 도달했던 것은 해로운 방사선에 노출된 때문이었다.

마리는 소르본에서 자신의 박사 학위논문을 위해 방사능 연구를 시작했었지만, 그녀는 학위를 신청하는 공식 절차를 완전히 무시해 버렸다. 그 연구의 가치가 너무 명백했기 때문에 학교에서는 공식 절차를 면제해주고 1903년 6월 박사 취득시험을 치르도록 주선한 뒤 곧 박사 학위를 수여했다. 여기서 특별히 놀라운 일은 그녀가 학위를 받은 지 6개월도 되지 않아서, 그녀와 남편 피에르는 앙리 베크렐과 함께 1903년 노벨 물리학상을 공동으로 수상했다는 것이다. 그렇지만 마리와 피에르는 너무 아팠기 때문에 스톡홀름에서 열리는 공식행사에 참석할 수가 없었다. 그들이 비록 건강했다 하더라도 스톡홀름으로 가지는 않았을 것이 거의 확실한데, 환영회라든가 사교모임 따위는 실험실 연구를 산만하게 할 뿐이라는 생각으로 매우 싫어했기 때문이다.

그다음 수년 동안에 걸쳐 퀴리 부부는 라듐의 성질을 계속 연구했다. 1905년 소르본에서는 피에르를 위해 물리학 교수 자리를 새로 만들었다. 그 후에 과학아카데미 회원으로 추대되었다. 그러나 불행하게도 1906년

4월 19일 폭풍우가 치던 날, 말이 모는 짐차에 치여 사망했기 때문에, 새 지위를 그리 오랫동안 누리지는 못했다. 46세의 나이로 죽어 마리가 두 어린 딸을 혼자 힘으로 기르게 되자 그녀의 책임은 더욱 무거워졌다.

소르본의 몇몇 교수는 여자에게 물리학 교수직이 적당하겠느냐는 의문을 표시하는 보수적 자세를 보였으나 교수 회의는 결국 마리에게 소르본의 피에르 자리를 물려주는 것을 만장일치로 가결했으며 때문에 그녀는 그곳에서 실험실 연구를 계속할 수 있었다.[5] 그녀가 소르본에서 강의하도록 결정된 첫 번째 여자였기 때문에 그녀의 임명은 기념비적인 의미를 갖는다. 실험실에서 실험을 수행하는 것이 더 적합하다고 믿어서 강의실에서 가르치는 것을 별로 즐기지 않았다. 하지만 그녀의 세계적인 명성과 강의 도중의 시범실험은 그녀의 강의에 인기를 더해 주었다.

마리는 자신을 돌보지 않고 과학에 대한 헌신을 계속했으며, 문교부로부터의 조기연금 제의뿐 아니라 1910년의 레종 훈장마저 거절했다.[6] 그녀는 사람들의 간청에 따라 과학아카데미에 입회신청을 제출했다. 그러나 조수와 사건이 있었다고 비방하는 신문기사 때문에 아카데미는 그녀의 신청을 기각하고 상대적으로 별로 두드러지지 않은 다른 과학자를 입회시켰다.[6] 그렇지만 마리는 전혀 기가 꺾이지 않고 라듐연구소의 창설과 라듐에 대한 공식표준을 제정하는 일에 관심을 기울였다. 1910년 벨기에에서 열린 방사능 대표자회의는 그녀에게 라듐 금속 20㎎을 정제하여 이것을 파리 국제도량형국에 제출하는 연구과제의 책임을 맡겼다.[6] 대표자회의는 또한 라듐에서 방출되는 방사능 물질을 재는 단위의 이름을 퀴리라고 정하여 그녀의 남편을 추모하고 기리었다.[6]

마리는 1911년 노벨 화학상을 받음으로써 두 개의 노벨상을 받은 첫 번째 사람이 되었다. 상금의 대부분은 연구계획을 지원하는 데 사용되었다. 1914년 라듐연구소를 위한 위원회가 조직되었으며 그 건물이 그해 연말에 완성되었다.[6] 위원회 회원으로 봉사했지만 위원회 사람들이 그녀가 제안한 연구계획에 동조하지 않는다는 것을 알았다. 그녀는 부드럽게 말하는 편이었고 과학자가 아닌 사람들 앞에서는 꽤 수줍어했다. 1차 세계대전이 발발하여 프랑스 북부에서 독일 침략에 맞서 싸우는 프랑스 군대에 부상자가 많이 생기자, 전쟁터의 구급차에 방사능 장비를 갖추기 위한 자금을 모으기 위해 국민들에게 호소해야겠다고 생각했다. 모금을 위한 노력은 대성공이었으며, 적십자사로부터 방사능 부대의 공식 책임자로 위촉되었다.[6] 딸 이렌의 도움으로 마리는 방사능에 대한 고급과정 과목을 마련하여 인체 속에 들어온 이물질의 위치를 찾아내는 새로운 기술을 의사들에게 가르쳐 주었다.[6]

1918년 휴전과 함께 라듐연구소가 활동을 시작했으며 그 연구소의 연구원이 되었다. 1921년 미국에서 민간 모금운동이 전개되어 라듐 1g을 구입하기에 충분한 자금이 모였으며, 그해 미국을 방문하여 워런 G. 하딩 대통령으로부터 그것을 공식적으로 기증받았다.[7] 마리는 첫 번째 노벨상에 대한 세인의 평판에 전혀 무관심했었으나 이 기증으로 많은 감동을 받게 되었다. 이 기증은 마리의 헌신과 국가에 대한 봉사심에 감명받은 한 기자의 신문기사 덕택으로 이루어진 것이었다.[7]

마리는 자신의 과학 생애의 남은 기간을 라듐연구소의 인원 확장에 힘썼는데, 1933년까지 이 연구소에는 17개 나라로부터 모여든 연구원들이 일하게 되었다.[7] 그렇지만 건강이 악화되어 공식임무를 줄이지 않을 수 없었다. 백내장 수술을 네 번이나 받았고 가끔 손가락을 잘 쓸 수가 없었다. 자신을 제대로 돌볼 수 없게 되자 파리의 요양원에 입원했다.[7] 건강은 계속 나빠져서 1934년 7월 4일 운명했다. 사망 후에 많은 영예와 조사가 있었는데 그중에서 가장 감동적인 것은 아마도 아인슈타인의 조사일 것이다. 그는 다음과 같이 썼다. "힘과 의지의 순수함, 자신에 대한 철저한 엄격함, 뚜렷한 주관, 흔들리지 않는 판단력 등의 모든 것이 한 개인에게서 발견된다는 것은 극히 드문 일입니다… 방사능원소의 존재를 증명하고 그것을 분리해 낸 그녀의 생애에서 가장 위대한 과학 업적의 성취는 대담한 직관에만 의지한 결과가 아니라 과학의 역사에서 겪어 보지 못했던 상상할 수조차 없을 정도의 극단적인 어려움 아래서 헌신적으로 집요하게 파고든 결과인 것입니다."[8]

겉보기에는 별로 관계가 없어 보이는 (퀴리 부부가 발견한) 여러 방사능 현상들에 대한 혼돈을 정리해 준 어니스트 러더퍼드(Ernest Rutherford,

어니스트 러더퍼드 경(1871~1937)

1871~1937)는 모든 시대에 걸쳐 가장 위대한 실험물리학자들 중의 한 사람이 되었다. 그는 뉴질랜드의 남섬 북부 해안의 넬슨이라는 곳에서 가까운 브라이트워터에서 출생했다. 열두 남매 중 넷째였으며, 부모는 모두 어릴 적에 부모를 따라 스코틀랜드에서 뉴질랜드로 이주해 온 이민 1세대였다. 어니스트가 네 살 적에 그의 가족은 약 20㎞ 정도 떨어진 폭스힐로 옮겼는데, 그곳이 어린 시절의 초등교육을 받은 곳이다. 가족들은 1882년까지 폭스힐에 머물렀으며 그 후에 헤블럭으로 이사했는데, 그곳에서 장학금을 받아 넬슨대학에 입학할 수 있었다.[9] 러더퍼드는 과학과

수학에 특별히 흥미를 갖고 있었지만 모든 과목에서 탁월한 실력을 보였다. 넬슨에서 학업성적이 뛰어났으므로 뉴질랜드의 크라이스트처치에 있는 캔터베리대학에 장학생으로 입학하게 되었다. 그곳에서 학사 학위를, 그리고 수학과 물리학에서 우등으로 석사 학위를 받았다, 이 기간 동안에 집 지하실에 직접 기구를 만들어서 전자기파의 전파를 조사했다. 또한 2년 동안 케임브리지에서 연구조교로 공부할 수 있는 장학금도 받았는데, 그의 어머니가 이 소식을 알려 주었을 때 그는 밭에서 감자를 캐고 있다가 호미를 옆으로 던져 버리며 "이것이 내가 캔 마지막 감자다"라고 외쳤다고 전해진다.

1896년 캐번디시 실험실에서 J. J. 톰슨의 연구조교로 X선에 대한 연구를 시작했다. X선이 원자를 이온으로 만들고 그런 원자를 다시 자유전자와 결합시키는 것에 특별히 흥미를 느꼈다. 그러므로 베크렐선이 원자를 이온으로 만드는 성질에 대한 연구를 계속한 것은 극히 자연스러운 일이었다. 이 연구로부터 그의 가장 중요한 방사능에 대한 발견이 나오게 되었다. 우선 베크렐선(방사능을 가진 원자에서 나오는 방사선)이 균일하지 않고 그가 "알파선"과 "베타선"이라고 부른 적어도 두 가지 서로 다른 성분으로 이루어졌음을 보였는데, 알파입자는 우라늄에서 나오는 방사선의 한 성분이었다. 그는 알파선이 베타선보다 투과력이 훨씬 약하나 둘 모두 전하를 띠고 있음을 발견했다. 나중에 베타선은 전자이고 알파선은 양전기를 띤(2가로 이온화된) 헬륨 원자(헬륨 원자핵)임을 보였다. 알파선과 베타선이 방출될 때 그들의 속력이 서로 다른 것은 그들의 질량이 다르기 때문이었다. 알파입자의 질량은 베타입자의 질량보다 약 8,000배나 더 컸다. 러더퍼드는 알파입자와 베타입자가 전기장과 자기장에서 어떻게 행동하는지를 분석하여 그들의 전하 값을 알아냈는데 이 값은 오늘날 받아들여지고 있는 값과 매우 비슷했다.

그는 케임브리지에서 톰슨과 함께 연구하며 수년을 보냈다. 1898년 캐나다의 몬트리올에 있는 맥길대학교에서 교수로 오라는 요청을 받고서, 아마도 당시에 세계에서 가장 좋은 실험실과 또 원자현상에서 가장 뛰어난 연구가인 스승 톰슨을 떠나는 것이 못내 아쉬웠지만 그 자리를 수락했다. 맥길에서 일하기 시작한 지 얼마 되지 않아서, 토륨의 방사능이 시간에 따라 지수적으로 약해지는 것을 발견했다.[11)] 이때 화학과에 시범교수로 부임한 지 얼마 안 된 재능 있는 화학자 프레더릭 소디를 만났다. 소디의 도움으로 러더퍼드는 화학자들이 오랫동안 추측했던 대로 원자가 안정되어 있지 않으며 방사능원소는 방사능을 내보내는 일련의 변환을 겪는다고 결론지었다.[12)] 질산염토륨을 사용한 여러 가지 실험을 통해, 러더퍼드와 소디는 "방사능이란 원자 내부에 변화가 나타난 현상이라는 결론에 도달했는데, 이 결론은 러더퍼드가 9년 후에 제안하게 되는 원자핵에 대한 예언자와 같았다."[13)] 러더퍼드와 소디의 실험연구는 모든 방사성원소는 저절로 새로운 원소로 변환한다는 것을 보임으로써 물질은 변하지 않는다는 기본 견해를 바꾸었기 때문에 화학을 송두리째 뒤흔들어 놨다.

러더퍼드가 맥길대학교에서 이룩한 연구의 중요성에도 불구하고, 원자물리학에서 행해지고 있는 중요한 연구들로부터 어쩐지 소외된 것 같은 느낌을 받았다. 맨체스터대학교의 물리학과 학과장인 아서 슈스터가 1907년 정년퇴임할 때 그 자리를 맡아 달라는 요청을 받았다.[14)] 제의를 즉시 수락하고 그해 말에 영국에 도착하여 원자핵을 발견함으로써 자신의 연구의 절정을 이루었다. 맨체스터에 재직하면서 이룬 가장 놀라운 업적 중 하나는 알파선이 실제로 이온화된 헬륨 원자핵임을 증명한 것이다. 이러한 가설은 이미 몇 해 전에 제안되었지만 러더퍼드의 실험적 증명이 있기 전까지 이것은 많은 학자의 시도를 교묘히 빠져 달아났다.[14)] 실험물리학자로서의 그의 명성이 커짐에 따라 그에게는 과학자나 일반 청중을 위해 강연해 달라는 요청이 쇄도하기 시작했다. 그러한 요청이 때때로 자신의 일과와 맞지 않아 성가시기도 했지만 당시에 이룩된 원자에 대한 혁명적 발견에 대해 동료나 광범위한 청중에게 들려줄 그러한 기회를 환영했다. 강연 중 가장 유명한 것은 1904년 런던의 왕립학술원을 방문하여 방사능 붕괴의 측정을 토대로 지구의 나이가 켈빈 경이 제안한 수백만 년보다 수백 배는 더 되리라는 것을 증명하여 보여 줄 때였다.[15)] 켈빈의 계산은 태양이 중력에 의해 수축하면서 내는 열이 태양에서 나오는 에너지의 근원이라는 가정 아래서 이루어졌다. 그러나 러더퍼드는 중력수

축에 의해 태양이 에너지를 만든다면 자신이 어떤 방사능원소의 붕괴율을 근거로 추산한 지구의 나이와 같은 기간만큼 태양이 연소하기에 충분치 못하기 때문에 그러한 가정은 성립될 수 없음을 보였다.

맨체스터에 도착한 다음부터 자신의 과학적 생애에서 가장 왕성한 업적을 쌓기 시작했다. 벌써 50편 정도의 중요한 논문들을 발표했으며 탁월한 물리학자로 인정도 받았으나 지난날의 업적에만 만족하고 쉴 수가 없었다.[16] 거의 매일 저명한 물리학자와 화학자들과의 토론에 자극받아 새로운 정열로 연구와 강의에 임했다. 맨체스터에 도착한 지 1년도 채 되기 전에 물질의 변환을 예증한 공로로 토리노 과학아카데미로부터 브레사상을 받았으며, 더블린의 트리니티대학에서는 명예학위를 수여받았다.[17] 가장 보람 있는 영예는 1908년 장난처럼 찾아왔는데, 노벨 화학상을 받게 된 것이었다. 자신을 물리학자라고 생각하고 있었기 때문에 이 상이 난처하기도 했으나 한편으로는 즐거웠다.

그는 방사능원소 중에서 토륨족에 대해 연구하면서 방사능 붕괴에서 방출되는 알파입자를 이용하여 원자의 구조를 연구할 수 있으리라고 확신했다.[17] 자신의 연구에 의해 원자는 거의 완전히 빈 공간으로 이루어졌다는 것과 알파입자를 이용한 한스 가이거의 산란실험은 러더퍼드가 원자는 양전기를 띤 핵으로 이루어졌다는 원자모형을 수립하는 데 결정적으로 중요한 역할을 했다.[18] 알파입자를 이용한 러더퍼드 자신의 산란실험에서 그는 각 원자의 내부가 대단히 큰 에너지로 결속되어 있다는 암시를 받았다. 측정한 것에 따르면 원자핵은 매우 작아서 그 지름이 $3\times10^{-10}$㎝밖에 되지 않았고, 이 결과는 현재 우리가 알고 있는 원자핵의 시작이라 할 수 있다.[18]

1914년 러더퍼드의 과학적 업적이 왕실에 의해 공식적으로 인정되어 작위가 수여되었다. 당시 비교적 젊었기 때문에 "어니스트 러더퍼드 경"이라고 불리는 것이 좀 어색하기도 했다. 그렇지만 6년 전에 노벨상을 받았을 때처럼 작위도 담담하게 받았다. 그는 감마선의 본질을 연구하던 오토 한이나 리제 마이트너와 같은 다른 과학자들과 광범하게 서신을 주고받으며 자신의 연구를 계속했다.[19] 또한 연구조교들이 수행하는 점점 더 다양한 실험들을 감독했으나, 1914년에 1차 세계대전이 일어나자 조교들이 독일에 대항하는 영국 정부를 돕는 여러 다른 연구계획에 배당되는 바람에 당시까지 지속되던 대학에서의 학문적 분위기는 끝이 나게 되었다. 러더퍼드도 잠수함의 위치를 탐지하는 방법을 고안하고 영국 파견단의 일원으로 미국에 건너가 1년을 보내는 등 전쟁을 돕기 위한 역할을 하게 되었다.[19]

전쟁 후 러더퍼드는 질소에 알파입자를 충돌시켜 인위적으로 붕괴시킨 유명한 실험을 완수했으며, 그 직후에 맨체스터를 떠나 케임브리지의 캐번디시 연구소의 소장과 트리니티대학의 이사가 되었다, 1920년 영국학술원에서 또다시 강연하게 되어 자신의 방사능에 대한 이론을 발표하면서 "단위질량을 지닌 중성입자"가 존재할 것이라고 제안했다. 나중에 이 입자를 발견한 제임스 채드윅은 이것을 "중성자"라고 불렀다.[20] 같은 해 연말에 러더퍼드는 수소원자핵은 양전기를 띠고 있으므로 "양성자"라고 부를 것을 제안했으며 그 이름은 오늘날까지 그대로 쓰이고 있다.[20]

러더퍼드는 행정임무를 보는 중에도 잦은 강연과 시상식 등으로 바빴다. 많은 명예학위와 메리트 훈장을 받았다. 1925년 영국학술원 회장이 되었으며, 1931년 왕실에 의해 남작의 작위를 수여받아 공식 명칭이 넬슨의 러더퍼드 남작이 되었다. 수많은 영예와 언론 매체의 아낌없는 찬사를 즐기기도 했지만, 채드윅의 중성자 발견이라든가 콕크로프트와 월슨이 인위적인 방사성 붕괴를 유도하기 위해 양성자 충돌을 이용한 것, 앤더슨의 양전자 발견 등 원자핵물리학에서 이루어진 가장 새로운 발견들에 관심을 두었을 뿐만 아니라 캐번디시에서 이루어지고 있는 연구를 감독하는 일도 게을리하지 않았다.[21] 핵의 연쇄반응이 성공적으로 완성되기 직전에 탈장으로 인한 장폐색 증세 때문에 66세의 나이로 세상을 떠났다. 그러나 러더퍼드 자신도 자기의 실험연구로부터 원자에서 파괴적인 힘이 나올 수 있다는 것을 알고 있었음이 거의 틀림없었던 것 같다.

방사능선의 세 번째 성분인 감마선은 폴 빌라드에 의해 1900년에 발견되었는데, 그는 이 선들이 투과력이 매우 강하고 자기장에서 휘지 않음을 보였다. 빌라드는 이 선이 X선과 정상적으로 동일한 전자기파로서 단지 그 파장만 다를 뿐이라고 올바른 결론을 내렸다. 길이의 단위로 옹스트롬(1억분의 1㎝ : $10^{-8}$㎝)을 사용하면, X선의 파장은 수 옹스트롬인 데 반하여 감마선의 파장은 그보다 100~1,000배 더 짧다.

러더퍼드는 방사능 연구에 사용되는 많은 중요한 개념들을 도입하였는데, 그중에서 가장 중요한 것이 아마도 방사성원소의 반감기일 것이다. 그는 주어진 양의 방사성원소의 절반이 붕괴하는 것, 즉 베타입자나 알파입자를 방출하고 다른 종류의 원소로 바뀌는 데 걸리는 시간을 반감기라고 정의했다. 방출된 방사선이 시간에 따라 감소되는 비율을 조심스럽게 추적하여 토륨의 반감기를(최초로 측정된 반감기) 측정한 결과를 이용하여 방사선의 세기가 지수적으로 감소한다고(붕괴한다고) 유추했다. 방사성원소의 반감기는 지질학에서 연대측정과 연관되어 중요하다. 그래서 우라늄의 반감기와 납과 혼합된 우라늄 1g에 포함된 우라늄의 비율을 알면, 그 1g에 포함된 납은 우라늄에서 처음 시작하여 일련의 방사성붕괴를 거친 마지막 산물이라는 가정 아래서 지구의 나이를 추정할 수 있다. 이것은 방사성원소에 대한 러더퍼드와 소디의 유명한 변환이론에 포함된 또 다른 중요한 발견에 도달하게 한다.

알파입자와 베타입자, 감마입자의 근원이 무엇인지 아무도 모르던 시절에는 방사능이 명백히 에너지 보존원리를 위배하는 것처럼 보였기 때문에 물리학자들이 당면한 모든 현상들 중에서 가장 불가사의하고 당혹스러운 것이었다. 우라늄과 같은 방사성원소는 겉에서 보기에 아무런 화학변화도 일으키지 않고 외부 인자들로부터 아무런 영향도 받지 않으면서 끊임없이 에너지를 방출하는 것 같았다. 1900년대 초기의 물리학자들이 이것을 기본 물리법칙에 위배되는 일종의 기적이라고 생각한 것도 큰 무리는 아니다. 마리 퀴리는 이것이 "카르노의 원리(열역학 제1법칙)에 위배되거나 또는 위배되는 것처럼 보인다"고 기술했고, 켈빈 경은 베크렐의 발견이 에너지 보존원리의 역사에서 처음으로 이 원리에 의문을 던져 준 사건이라고 천명했다.

방사능이 야기하는 어려움은 이러한 초기의 물리학자들이 방사능이란 개별적인 원자로부터가 아니고 오히려 연속체인 물질에서 생긴다고 생각했기 때문에 일어났다. 실제로 원자라는 개념은 단지 막연하게 이해되었을 뿐 아니라 몇몇 저명한 화학자나 물리학자는 그 개념조차도 강력히 거부했다. 그러나 당시에 그것이 보편적으로 받아들여졌다고 할지라도 방사능은 여전히 심각한 문제를 야기했을 것이다. 그것은 원자 개념이란 방사성과는 대조적으로 나눌 수 없음을 의미하기 때문이다. 한편 방사능은 방사성원소가 입자를 방출하므로 나눌 수 없는 것이 아니라 원소와 원자 내부의 변화를 암시한다.

이 모든 어려움들이 러더퍼드와 소디의 변환이론에 의해 제거되었다. 이 이론은 어떤 원자들은 불안정해서 방사선을 방출하며 저절로 다른 종류의 원자로 바뀌는 변환을 겪는다는(당시에는 혁명적이었던) 생각으로부터 시작된다. 그런데 방사성 반응에서 알파입자나 베타입자, 감마입자의 형태로 방출되는 에너지의 양이 여느 화학반응에서 발생하는 것보다 훨씬 많았기 때문에 이 이론이 에너지에 대한 어려움과 논쟁을 완전히 해결하지는 못했다. 피에르 퀴리는 한 동료와 함께 1903년에 1g의 라듐이 1시간 이내에 1.3g의 물의 온도를 0℃에서 100℃까지 높일 수 있으며 이런 일을 거의 끝없이 계속할 수 있음을 발견했다. 이러한 측정은 무엇이 이 에너지를 만드는 근원이냐는 중요한 질문을 낳게 만들었다. 이 질문은 우라늄으로부터 변하여 생긴 것 중 하나인 방사성원소 라듐이 매초 같은 부피의 수소와 산소가 폭발적인 화학결합에 의해 물을 만들 때 내보내는 에너지보다 100만 배나 되는 에너지를 방출한다는 사실이 발견되고서는 중대한 고비를 맞았다. 당시에 대부분의 물리학자들은 이 막대한 양의 방사성 에너지가 외부 근원으로부터 원자 속으로 들어와서 이 원자가 방사성이 될 때까지 저장되었다가 다시 방출된다고 설명하려 했다. 이 외부 근원의 가설은 상당 기간 동안 지속되다가 원자핵의 구조가 이해된 다음에야 비로소 완전히 버려졌다.

러더퍼드-소디의 변환이론은 매우 이해하기 쉬우며 무거운 원자핵이 가벼운 원자핵으로 변환되는 양상을 개개의 원자에서 일어나는 단계적인 과정을 통해 완벽하게 설명해 준다. 방사성 과정의 마지막 산물은 그 과정에서 알파선, 베타선, 또는 감마선 중 어떤 것이 방출되는가에 따라 달라진다. 만일 우라늄의 붕괴에서처럼 알파선(헬륨 원자핵)이 방출되면, 그 때 생기는 원자의 원자량은 원래 원자의 원자량보다 4단위가 작아지고 원자번호는 2만큼 작아진다. 그래서 만일 $A'$이 새 원자량이고 $N'$이 새 원자번호이며 A와 N을 원래 원자의 원자량과 원자번호라고 하면 $A' = A - 4$이고 $N' = N - 2$이다. 만일 베타입자가 방출되면 원자량은 변하지 않고 원자번호만 1만큼 증가한다. 즉 $A' = A$이고 $N' = N + 1$이다. 만일 감마선(매우 높은 진동수를 갖는 광자)이 방출되면, 원자량과 원자번호가 모두 변하지 않는다. 분명히 감마선이 방출될 때는 원자의 성질이 변하지 않으며, 원자는 주어진 에너지 상태에서 더 낮은 에너지 상태로 바뀌고 그 에너지 차이가 방출된 광자의 에너지가 된다.

알파선과 베타선, 감마선의 방출 과정은 서로 전혀 관계가 없으며 한 가지 종류의 방사성원소는 단지 한 종류의 입자만 방출한다는 것을 분명히 이해해야 한다. 즉, 주어진 방사성원소는 알파입자나 베타입자 또는 감마선 중에서 한 가지만을 방출하며 이 특성은 결코 바뀌지 않는다. 주어진 종류의 방사성원소가 많이 모여 있으면 어떤 시간 간격 동안에 어느 원자가 붕괴할 것인지 절대로 미리 알 수 없고, 우리는 단지 붕괴하는 원자들의 전체 수효만을 예언할 수 있을 따름이며, 그러한 붕괴가 일어나는 비율이 그 원소의 반감기를 결정한다. 방사성원소의 반감기가 길수록 일반적으로 방사성이 더 약하다.

비록 러더퍼드와 소디의 연구로부터 방사능과 관련된 물리가 무척 많이 정리되기는 했으나, 원자핵이 발견되고 원자핵물리가 발전될 때까지는 왜 그리고 어떻게 원자가 방사능을 띠게 되며 무엇이 방사성원소의 수명을 결정하는가 하는 기본적인 질문에 대답할 수가 없었다. 알파입자의 방출에 대한 이론을 만들기 위해서는 여기에 덧붙여 양자역학의 발전이 요구되었다. 그렇지만 그런 것들을 논의하기 전에 현대물리학의 각 발전 단계마다 심오한 영향을 끼친 아인슈타인의 현대물리학에 대한 기여를 꼭 살펴보아야만 한다.

## 참고문헌

1. Nobel Lectures : Physics 1901-1921. New York : Elsevier Publishing Co., 1967, p. 31.
2. 위에서 인용한 책, p. 32.
3. Alfred Romer, "Henri Becquerel," Dictionary of Scientific Biography. New York : Charles Scribner's Sons, 1970, Vol. 2, p. 558.
4. 위에서 인용한 책, pp. 558-559.
5. Adrienne R. Weill, "Marie Curie," Dictionary of Scientific Biography. New York : Charles Scribner's Sons, 1971, Vol. 3, p. 500.
6. 위에서 인용한 책, p. 501.
7. Henry A. Boorse and Lloyd Motz, The World of the Atom. New York : Basic Books, 1966, p. 430.
8. Albert Einstein, Out of My Later Years. New York : Philosophical Library, 1950, pp. 227-228.
9. 위에서 인용한 Boorse와 Motz의 책, p. 438.
10. 위에서 인용한 책, p. 439.
11. 위에서 인용한 책, P. 449.
12. 위에서 인용한 책, p. 450.
13. 위에서 인용한 책, p. 451.
14. 위에서 인용한 책, p. 641.
15. 위에서 인용한 책, p. 701.
16. 위에서 인용한 책, p. 702.
17. 위에서 인용한 책, p. 703.
18. 위에서 인용한 책, pp. 704-705.
19. 위에서 인용한 책, p. 804.
20. 위에서 인용한 책, p. 805.
21. 위에서 인용한 책, p. 806.

## 그림 출처

1. Hendrik Antoon Lorentz, http://www-groups.dcs.st-and.ac.uk/~history/PictDisplay/Lorentz.html
2. Antoine Henri Becquerel(1852-1908), by Library of Congress(USA)
3. Marie Cyrie, by http://www.mlahanas.de/Physics/Bios/MarieCurie.html
4. Ernest Rutherford, New Zealand chemist and Nobel Prize laureate Ernest Rutherford(1871-1937), by George Grantham Bain Collection (Library of Congress)

# 15장
# 알베르트 아인슈타인과 상대론

**확신으로부터 시작한다면 결국 의혹으로 끝나게 되겠지만,**
**의혹 속에서 기꺼이 시작한다면 마침내 확신으로 끝날 것이다.**
**-FRANCIS BACON**

알베르트 아인슈타인(Albert Einstein, 1879~1955)은 독일 울름에서 헤트만 아인슈타인과 그의 첫 부인이었던 파울리네 코흐 사이에서 출생했다. 농부의 후손인 많은 독일계 유태인과 마찬가지로 아인슈타인 가정도 종교심이 깊지는 않았으며 마을 기도소에도 별로 참석하지 않았다. 그의 부모는 모두 즐거운 성격의 소유자였다. 울름에서 파울리네의 친척이 대준 자금으로 전기수리소를 운영하던 알베르트의 아버지는 사업을 꾸려 가는 재미없는 활동을 하기보다는 가족을 데리고 야외로 피크닉 나가는 것을 더 즐기는 쾌활한 사람이었다. 알베르트가 첫돌도 맞이하기 전에 사업에 실패한 헤르만은 가족을 모두 데리고 뮌헨으로 옮겨서 조그만 전기화학 공장을 경영하는 동생 야콥과 함께 일하며 원만히 지냈다. 1년 뒤에 알베르트의 여동생 마야가 출생했는데, 그 여동생이 아인슈타인에게는 가장 가깝게 흉금을 털어놓을 수 있는 사람이었다. 아인슈타인이 70세가 되어 여동생이 죽자 부모나 두 아내가 죽었을 때보다 더 슬퍼하는 기색이 역력했다.[1)]

뮌헨이 압도적인 천주교 도시였다고는 하지만, 그곳에서 아인슈타인 가족은 유태인을 적대시하는 경우를 별로 당하지 않았는데, 40년 후에 나

알베르트 아인슈타인(1879~1955)

치가 일어나면서 바바리아 지방은 유태인 배격운동으로 악명이 높아졌다. 아인슈타인 가족의 생활양식은 전통을 거리낌 없이 무시하는 것으로 요약할 수 있다. 그들은 안식일을 지킨 적이 별로 없었으며 유태교의 금식규범도 따르지 않았다. 헤르만 아인슈타인은 유태교 의식의 대부분이 그저 미신일 따름이라고 간주했다. 종교적 권위에 대한 그의 태도를 그대로 아들이 물려받았으며, 그래서 아인슈타인은 복장에서나 종교, 정치, 물리에 대한 견해마저도 사회의 관습을 거의 고집스러울 정도로 무시했다.

아이작 뉴턴처럼 알베르트도 조숙한 어린이가 아니었다. 그는 말을 늦게 배웠고 10세가 지난 후에야 비로소 독일어를 유창하게 할 수 있었다. 그의 부모는 아인슈타인이 지진아가 아닐까 걱정했지만 세상으로부터 숨어서 몽상에 빠져들었다고 하는 편이 더 그럴듯해 보인다.[2] 다섯 살에서 열 살까지 다녔던 천주교학교에서 공부에 별로 관심을 보이지 않자 선생님은 그의 능력이나 장래성을 별로 좋게 생각하지 않았다. 한 선생은 아인슈타인의 아버지 헤르만에게 알베르트가 어떤 분야로 나가든지 결코 그 분야에서 성공하지 못할 것이 뻔해서 무슨 분야를 택하든 별로 상관이 없다는 말을 했다고 전해진다.[2] 알베르트는 1889년 루이트폴트 김나지움으로 옮겼는데, 그곳은 전형적인 독일식 학교로서 선생들은 학생들에게 계속적인 복종심을 갖게 하는 것을 교과목만큼이나 중요하게 생각하고 있었다. 이 엄격하고 위압적인 환경은 권위에 대한, 특히 교육적 권위에 대한 증오심을 심어 주었다. 루이트폴트 김나지움이 독일의 여느 김나지움보다 더 좋거나 나쁘지는 않았겠지만, 소란을 피우는 학생들을 잠잠하게 하기 위해 완력이나 강제력을 거리낌 없이 사용했던 것은 아인슈타인으로 하여금 관습은 항상 의심스럽게 보아야 한다는 점을 일깨워 주었다. 후에 그 학교 선생들 중 대다수가 선생으로서의 자질이 없다고 단언했다. 이 같은 권위에 대한 의문은, 많은 물리학자가 제자들에게 물리에서는 이제 더 이상 할 일이 별로 남아 있지 않으므로 다른 분야로 나가라고 권유했을 때 아인슈타인으로 하여금 19세기 말의 고전물리학적 지식 체계를 살펴보게 하는 원동력이 되었다. 그러나 알베르트에게 심오한 인상을 심어주고 언젠가는 그의 능력을 펼칠 분야를 암시해 주는 한 사건 역시 김나지움에 다닐 때 일어났다. 열두 살 때 수학 교과서를 펴 들고 학교에서 배우기도 전에 스스로 기하를 깨우친 것이었다. "규칙성과 정리에서의 논리는 아인슈타인에게 영원히 잊지 못할 인상을 남겼다."[3]

1894년 헤르만이 사업에 실패하자 알베르트의 부모와 여동생은 이탈리아의 밀라노로 옮겼다. 알베르트는 (대학교에 입학하기 위해 필요한) 졸업증명서를 받기 위한 규정을 아직 다 채우지 못하였으므로 친척집에 남아 있게 되었다. 학교에서나 집에서나 행복하지 못했던 알베르트는 공부에 점점 더 관심을 기울이지 않게 되었다. 공부에 너무 무관심해지자 선생들 중 한 사람이 마침내 학교를 떠나라고 요청했고 알베르트는 그 충고를 기꺼이 받아들였다. 그는 가족과 다시 합하기 위해 밀라노로 갔고, 집안 경제사정이 불안정했으므로 앞으로 무슨 일을 할 것인가에 대해 심각하게 생각하기 시작했다. 고등학교 졸업증명서가 없었으므로 이탈리아의 어떤 대학교에도 입학할 수 없었으나, 곧 취리히의 스위스공과대학에서는 입학을 위한 졸업증명서가 필요 없다는 것을 알게 되었다. 그 학교에 입학을 원하는 사람은 그저 입학시험에 합격하기만 하면 되었다.

아인슈타인은 스위스로 가서 입학시험을 치렀으나 합격하지 못했다. 그가 실패한 것은 과학과 기초수학에 대한 실력 부족이라기보다는 준비하는 방법이 적절하지 못한 때문이었다. 그래서 아라우 김나지움에 입학하여 생물학, 어학과 같은 자신 없는 과목을 열심히 공부했다. 루이트폴트 김나지움과는 대조적으로 아라우에 다니는 것이 무척 즐거웠다. 대부분의 선생들은 학생들을 겁주는 대신에 학생들로 하여금 스스로 생각하도록 하는 데 더 흥겨워했다. 어쨌든 1896년 입학시험에 다시 도전하여 4년간의 학업과정에 정식으로 입학이 허가되었는데 이 과정을 마치면 교사자격을 얻을 수 있었다. 1896년 가을 스위스공과대학에 그의 입학이 허가된 것은 공식적으로 독일 시민권을 포기한 지 여섯 달 뒤의 일이었다. 독일 시민권을 포기한 이유는 프러시아 당국이 갖고 있는 군사적 권위와 독일에 대한 일반적인 좋지 않은 감정 때문이었다. 아직 스위스 시민권을 신청하지 않았으므로 그는 국적 없는 사람이 되었다.

학교에 다니는 동안 평범한 생활을 보냈다. 정치와 종교는 물론 과학과 수학에 이르기까지 폭넓은 주제로 친구들과 오랜 토론을 하곤 했다. 편한 차림의 옷을 즐겨 입었고 저녁 연주회에서 자주 바이올린을 연주했다. 시골길을 오랫동안 산책하기도 했고 배를 조종하는 법도 배웠다. 독일에서의 침울한 학교생활을 겪은 후인지라 이 학교에서의 생활이 부드럽다는 것과 이곳에서 자신의 포부를 펼 수도 있다는 것을 알았다. 그렇지만 수업시간을 달가워하지 않는 그의 태도는 별로 변하지 않았다. 그는 수업에 거의 출석하지 않았다. 자기 방에서 책을 읽었고 시험을 치르기 위해서는 친구들로부터 노트를 빌렸다. 그렇지만 자신이 원하는 수리물리학자가 되기 위해서는 수학과 과학에 철저한 기초를 닦아야 했기 때문에 공부해야 할 것이 무척 많다는 것을 알았다. 교과과정에서 요구되는 사항들은 아인슈타인이 공부하는 데 스스로 훈련하는 것이 더 낫다는 것을 일깨워 주었다. 그는 수업에 출석하는 것이 자신의 공부에 방해가 될 뿐이라고 계속 믿었지만 모든 과목의 기본원리를 숙달하는 데 많은 노력을 기울였다.

1900년 졸업하고 나서 학교에 조교 자리를 얻는 데 실패했다. 수업시간에 흥미를 느끼지 못했으므로 교수들은 아인슈타인이 일할 때도 별로 관심을 갖지 않으리라고 생각하여 아무도 그를 좋게 여기지 않았는데 이것은 놀랄 일도 아니었다. 낙담한 아인슈타인은 스위스 연방관측소 소장인 알프레트 볼퍼의 도움으로 취리히에 일자리를 구했다. 그곳에서 일하게 됨에 따라 스위스 시민권에 필요한 자격을 얻을 수 있었다.

1900년 12월 첫 번째 논문이 『물리연감 Annalen der Physik』에 발표되었는데, 이 연구는 촉매작용의 원리에 대한 화학자 빌헬름 오스트발트의 선구적 연구에 자극받아 이루어졌다.[4] 이 논문이 그에게 연구직을 얻을 수 있게 만들어 주지는 못했지만 임시강사나 가정교사로 근근이 생활비를 벌었다. 확실한 일자리가 없었던 이 시기에, 기체의 운동론에 관한 학위논문을 완성하여 박사 학위에 필요한 규정에 따라 이 논문을 취리히 대학에 보냈다. 1902년 마침내 스위스특허국에 하급 특허검사관으로 안정된 직장을 찾았다. 비록 1주일에 엿새 동안 근무해야 했지만 별로 간섭을 받지 않는 직책이어서 공간과 시간, 물리적 세상의 성질에 대해 사색하기에는 안성맞춤이었다.

그다음 3년 동안 베른에 있는 자신의 조그만 아파트 골방에서 공간과 시간 사이의 관계에 대한 혁명적 생각을 구상했다. 1903년 동창생이었던 밀레바 마릭과 결혼하게 됨에 따라(비록 자기 바지가 다려졌는지 또는 저녁식사가 따뜻한지 등에 신경을 썼을는지는 의심스럽지만) 요리 만들기와 청소 등 시간이 드는 일상 잡일로부터 벗어날 수가 있었다. 어쨌든 대부분의 자유시간을 뉴턴 물리학에 대해 생각하며 보냈고 점차로 절대공간과 절대시간에 대한 뉴턴의 개념이 옳지 않다고 믿게 하는 이론체계를 발전시켰다. 특별히 놀라운 것은 이 3년 동안에 어떤 전문 물리학자와도 자신의 생각에 대해 토의하지 않고 완전히 혼자서 그 생각을 발전시켰다는 점이다. 아인슈타인은 그가 쓴 세 편의 논문을 『물리연감』에 보냈을 때 아직 박사학위를 받지 못한 채였고 뛰어난 학문적 자격도 갖추지 못했으므로 그의 논문이 발표될 만하다고 인정받기 위해서는 여러 가지 어려움이 많았다. 다행스럽게도 그의 논문들의 혁명적 특성이 인정되었으며 물리연감의 편집자인 빌헬름 빈은 그 논문들이 물리에 대해 결코 평범하지 않은 뛰어난 직관적 "감각"을 지닌 당시 26세인 젊은 청년의 작품임을 알아보았다. 그 논문들은 "비교적 짧았고 자세한 설명이 되어 있지도 않았지만 새로운 이론에 필요한 기초를 모두 포함했으며, 루이 드 브로이에 의해 묘사된 것처럼 한밤의 어둠 속에서 번쩍이는 로켓이 광대한 미지의 영역에 짧지만 강력한 광채를 갑자기 드리웠다."[5] 그러나 많은 보수적인 학자는 그의 이론에 대한 확실한 증명이 실험물리학자들에 의해 모일 때까지 어마어마한 그의 결론에 거부반응을 보인 것이 명백했으므로, 아인슈타인의 생각이 처음부터 보편적으로 받아들여진 것은 아니었다. "그의 논문 중에서 첫 편은 (흑체복사뿐 아니라) 복사 전반에 대한 현상을 설명한 것으로 특히 광전효과를 설명하기 위해 자유광자, 즉 빛의 원자라는 혁명적 생각을 도입하여 빛의 입자론을 부활시켰다. 광전효과에 대한 그의 생각은 1912년과 1915년 사이에 (로버트) 밀리컨의 실험에 의해 사실로 밝혀졌다. 두 번째 논문은 유체 속을 떠다니는 입자는 커다란 기체 분자처럼 행동한다는 것을 바탕으로 하여 기체 분자가 실제로 존재한다는 것을 증명한 브라운운동에 대한 수학적 이론이다. 이러한 예측은 1909년 장 페랭의 멋있는 실험에 의해 증명되었다. 마지막으로 세 번째 논문은 상대론에 대해 처음 발표된 논문인데 이것은 원자물리학에서 가장 유용하게 이용되어 왔으며 오늘날 특수상대성이론이라고 불리는 영역의 한 분야를 다루었다."[6]

비록 아인슈타인이 우상처럼 숭배했던 유일한 인물인 막스 플랑크를 포함한 유럽의 저명한 과학자들 중 몇 사람은 아인슈타인의 연구를 호의적으로 받아들였지만 하룻밤 사이에 그가 유명해진 것은 아니었다. 그렇게 되지 못한 한 가지 이유는, 비록 그의 논문들이 분명하게 쓰였고 과학 논문집에 실리는 대부분의 논문들이 그러하듯 방대한 양의 주석도 없었지만, 그 논문들이 그때까지 물리학에서 본질적으로 연관이 없으며 서로 다른 두 분야라고 생각되어 온 뉴턴역학과 맥스웰의 전자기파 이론으로 자기들의 경력을 지탱해 온 과학자들에게 그 두 분야가 "우주의 속도제한"으로 불리는 빛의 속력에 의해 어떻게든 연관될지도 모른다고 생각하도록 한 점이다. 뉴턴역학에서는 물체를 가속시키는 데 필요한 힘이 작용하는 한 물체가 어떠한 속력으로도 움직일 수 있다고 가정하므로, 어떠한 것도 빛의 속력보다 더 빠르게 움직일 수는 없다는 아인슈타인의 결론은 고전 물리학의 주춧돌을 송두리째 뒤집어 놓았다. 뉴턴에 직접적으로 반대가 되게, 아인슈타인은 물체가 빛의 속력으로 움직이기 위해서는 무한히 많은 에너지가 그 물체로 옮겨져야 하는데, 우주에 존재하는 사용 가능한 에너지의 양은 유한하므로 그것이 불가능한 일임을 보였다.

아인슈타인의 연구에 대한 소식이 세계의 대학교들을 통하여 천천히 퍼져 나가는 동안 1909년까지 스위스특허국에서 계속 일하고 있었다. 이제 기술적으로 가장 능숙한 검사관이 되었으며 그의 가치가 상관에게 인정을 받아서 봉급이 연달아 인상되었다. 이 직장이 그에게 기본이론을 구상하는 데 필요한 시간을 제공해 주었음에도 불구하고 항상 특허국에서는 단지 임시로 일하고 있다고 여기고 있었으므로, 1909년 취리히대학교의 물리학 부교수 자리를 수락하면서 이 직장을 떠날 때 전혀 미련을 두지 않았다.

취리히에서의 그의 봉급은 스위스특허국에서 받았던 것과 별로 다르지 않았으므로, 공식적으로 학문 세계에 들어오기는 했지만 생활양식은 별로 바뀌지 않았다. 비록 강연으로 약간의 과외 수입을 벌었지만, 취리히의 높은 생활비 때문에 이렇게 번 돈은 모두 사라졌다. 그래서 아인슈타인은 자신의 처지에 결코 만족하지 못했으며, 몇몇 다른 기관으로부터 옮기겠느냐는 비공식 타진에 귀가 솔깃해 있었는데 가장 주목할 만한 제의는 프라하에 있는 독일대학교로부터 온 것이었다. 1910년 프라하로 2년 동안 옮기겠다고 결정한 데는 정교수 자리에 대한 약속과 더 많은 봉급, 낮은 생활비가 주요인이 되었지만, 특히 프라하의 도서관과 같은 우수한 시설에 이끌렸다.

프라하에 도착한 뒤 질량과 에너지에 의한 시공간의 곡률에 대한 생각을 구상하기 시작했는데 이것이 일반상대론의 기초가 되었다. 곧 대학에서의 공식 직무, 특히 단조로운 실험일이라든가 학생에게 강의하는 일 등에 그가 기꺼이 보내리라고 생각한 것보다 훨씬 더 많은 시간을 소모했다. 몇 달도 못 되어 프라하로 옮길 당시의 정열은 식어 버렸다. 1912년 독일대학교를 떠나 취리히로 돌아왔지만 스위스에서 단지 1년 동안만 머물다가 베를린의 카이저 빌헬름 연구소의 소장직을 수락했다.

청소년기에 독일 시민권을 미련 없이 버린 데에서 알 수 있듯이 아인슈타인은 결코 독일이나 독일 국민을 좋아해 본 적이 없었지만, 당시 저명한 물리학자들 중 두 사람이었던 플랑크와 발터 네른스트가 베를린에서 함께 일하자고 요청해 그만 흔들리고 말았다. 아인슈타인은 그 연구소의 소장직을 약속받았을 뿐 아니라 강의나 실험시간 등 지루한 임무 없이 오로지 연구에만 전념할 수 있는 베를린대학교의 명예교수직도 제공받았다. 베를린으로 옮기게 되면 취리히에서 받는 것보다 봉급이 두 배로 많아졌으므로 그 제안을 도저히 물리칠 수가 없었다. 아인슈타인은 전쟁의 암운이 깃들고 있었던 1914년 4월 베를린으로 옮겼으나, 밀레바는 베를린에서 도저히 살 수가 없어서 두 아들과 함께 아인슈타인을 떠나 스위스로 돌아갔다.

아인슈타인의 결혼은 상당한 기간 동안 곤경에 처해 있었으며, 그는 항상 일을 가족보다 더 중요하게 생각했고 특히 일반상대론의 수학적 잘못을 고치느라 힘든 노력을 하던 터였으므로 결혼 생활의 종말이 그에게 그리 큰 슬픔을 안겨 주지는 않았다. 세계대전이 터지자 대학교의 분위기가 크게 바뀌었으며, 아인슈타인의 동료들은 전쟁에 기여하기를 촉구하는 정부가 주도하는 연구에 전념하기 시작했다. 그는 그러한 연구에 말려드는 것을 피했으며 독일이 러시아와 프랑스를 침공한 것은 흘린 피에 비해 얻을 것은 하나도 없이 단지 유럽의 모든 국가들에게 커다란 고통만 안겨 주는 어리석은 행동이라고 보았다. 비록 그의 봉급 대부분이 원래 독일 산업가들의 기부금에 의해 지불되었지만, 독일군이 중립국인 벨기에까지 점령한 것은 독일의 군국주의적 성격을 여실히 보여 준다는 점에서 아인슈타인은 이를 지독히 혐오했다. 유럽 통일정부만이 젊은 청년들의 세대를 완전히 파괴하는 큰 재난을 막는 유일한 대안이라고 믿었으나 이러한 그의 견해는 무시되었다. 자신이 평화론자라고 생각했으며 전쟁과 정당방위에 대한 그의 의견은 다소 순진한 편이었다. 1930년대에 아돌프 히틀러의 세상을 제거하기 위해서는 전쟁도 필요악이라는 결론을 마지못해 내릴 때까지 어떠한 전쟁도 정당화될 수 없다는 그의 믿음은 변하지 않았다. 어쨌든 아인슈타인의 국적은 스위스였으므로 그의 "애국적이지 못한" 행동에 대한 공식적 반발로부터 어느 정도 보호받을 수 있었고 전쟁 중에 몇 번 스위스를 여행하는 것도 가능했다.

1916년 아인슈타인의 일반상대성이론을 설명한 논문이 『물리연감』에 실렸다. 60쪽이 넘지 않는 논문에서 아인슈타인은 공간이 우주의 사건들이 전개되는 단순한 배경이 아니고 공간 자체가 그것이 포함하고 있는 에너지와 물체들의 질량에 의해 영향을 받는 기초적인 구조를 가짐을 보였다. 막스 보른은 아인슈타인의 연구를 다음과 같이 평하였다. "이 이론은 나에게 인간의 사고가 자연에 관하여 이룰 수 있는 가장 찬란한 업적이며, 철학적인 투시력과 물리적인 직관, 수학적인 재능이 가장 놀랍도록 어우러져서 조화를 이룬 것으로 보인다. 그러나 이론과 경험 사이의 연결이 아직 부족하다. 그것은 나에게 약간 떨어져서 즐기며 찬양하게 되는 예술의 위대한 산물처럼 보인다."[7] 아인슈타인의 논문은 유클리드의 평평한 면과 직선들을 내던지고 게오르크 리만이 제안한 양의 곡률을 갖는 기하를 이용하여 에너지와 물질에 의해 공간의 곡률이 바뀌는 것과 중력에 의해 빛줄기가 휘는 것을 수학적으로 기술했다.

일반상대론 연구를 위해 그는 육체적 건강은 전혀 돌보지 못한 채 몇 개월씩 복잡한 계산에 온 정신을 집중했다. 그는 1917년 빛의 유도방출과 우주의 구조에 관한 두 개의 중요한 논문을 발표한 후에 정신쇠약 증세로 고통을 받았다. 이 두 논문 중에서 첫 번째 것은 레이저의 이론적 기반을 제공했고 두 번째 것은 현대우주론의 주제가 되었다. 1919년에 결혼한 두 번째 아내인 사촌 동생 엘자의 도움으로 건강을 서서히 회복했다.

아인슈타인이 오늘날에는 20세기의 물리학자 중에서 가장 위대한, 혹은 가장 위대한 사람들 중의 하나로 인정받고 있지만 당시에는 명성이 과학계 바깥으로는 그리 퍼져 있지 못했다. 그러한 사정은 아서 에딩턴 경이 이끄는 영국 원정팀이 기니아만의 프린시페섬으로 건너가서 일식을 촬영했던 1919년에 극적으로 변했다. 6개월 후에 이 사진들을 분석한 결과, 일식이 진행되는 동안 멀리 떨어진 별로부터 오는 빛이 태양 주위를 통과할 때 태양의 중력장에 의해서 휘어진다는 것을 실제로 보여 주었으며 이로써 아인슈타인의 이론이 확인되었다.

아인슈타인의 일반상대론이 검증됨에 따라 시간과 공간의 재구성이 완성되었고 상대론과 이를 만든 사람에 대한 기사와 책들이 쏟아져 나왔다. 상식과 자주 어긋나 보이는 상대론의 예언들이 대중의 호기심을 돋웠으며, 그의 호소력 있는 성격과 "보통 사람" 같은 외모가 인기를 끌었다. 이렇게 세상의 관심이 쏠리자 강연과 글을 부탁하는 요청이 수없이 쇄도했지만 아인슈타인은 이러한 일들이 자신의 연구시간을 너무 많이 빼앗았으므로 대부분 거절하였다. 그렇지만 팔레스타인에 유태인 국가를 건설하려는 시오니즘 운동에는 적극적으로 참여했고 그들의 모금운동에 자기 이름을 사용하도록 허락했다. 그는 "수리물리학과 특별히 광전효과에 대한 법칙을 발견한 공로"로 1921년 노벨 물리학상을 수상했다. 알프레드 노벨의 유언 중에서 인류에게 유익한 발견에 이 상을 수여하라는 조항 때문에 상대론에 대해서는 아무런 언급이 없었다. 노벨상위원회는 상대론이 인류의 상태를 어떻게 개선하게 될는지 결정하기 어려웠다.

1920년 아인슈타인은 닐스 보어를 처음으로 만났는데 그들은 모두 상대방에 대한 지극한 찬사로 대화를 시작했다. 그러나 앞으로 30년 동안 양자론이 맡게 될 역할에 대한 논쟁을 하면서 그들은 서로 상대방이 틀렸다고 확신하며 조금도 굽히지 않고 상대방을 반박했다. "15년이나 앞서, 빛이 파동과 입자로 이루어져 있다는 아이디어와 플랑크의 양자론이 복사뿐 아니라 물질 자체에도 적용될지 모른다는 새로운 견해가 의외로 존중되어야 한다고 끄집어낸 사람이 바로 아인슈타인이었다. 그리고 위에서 첫 번째 생각을 자신의 상보성원리와 연관 지어 과학적으로 그럴듯하게 만들고 두 번째 견해를 러더퍼드의 원자핵에 대한 그 자신의 설명에 접합시킴으로써 이를 실질적이게 만든 사람이 보어였다. 그럼에도 불구하고 바로 이러한 생각들이 두 사람을 일치시키지 못하고 현격한 의견의 차이를 갖게 만들었다."[8] 비록 대부분의 물리학자들이 결과적으로 보어가 승리자임을 인정했고 양자물리학에서는 인과법칙이 필요하지 않다는 보어의 주장을 받아들였지만, 아인슈타인이 말한 것으로 자주 인용되는 "신은 주사위를 던지지 않는다"는 구절에서 알 수 있듯이 결정론적인 우주에 대한 신념을 가진 아인슈타인은 그의 생을 마칠 때까지 보어가 선호한 확률적 통계에 반대하는 입장을 고수했다. 아인슈타인은 양자론이 처음 만들어지고 보강될 때는 많은 기여를 했지만 그가 가진 양자론에 대한 철학적 견해로 인해 생의 마지막 기간 동안에는 물리학계에서 뒷전으로 밀려나게 되었으며 현대물리학의 주류에서 더욱 빨리 멀어지게 되었다.

아돌프 히틀러가 1933년 권력을 잡을 때까지 아인슈타인은 베를린에 머물러 있었다. 많은 국민이 아인슈타인을 "새로운 독일인"의 상징으로, 그리고 독일의 과학적 능력의 상징으로 보고 그를 열렬히 칭송하였음에도 불구하고, 아인슈타인의 평화주의와 그의 문화적 혈통을 비난했던 파시스트와 같은 그룹들은 그를 비방했다. 그를 죽여 버리겠다는 협박이 있기도 했고, 상대론의 기본적 결함에 대해 토의한답시고 각본에 의해 꾸며진 "저명한 과학자"들의 회의가 수없이 많이 열리기도 했다. 아인슈타인은 반유태 시위가 위협적이라기보다는 가련하다고 여겼으며, 그러한 소동이 독일 안의 유태계 사회에 불안만 가중시킬 뿐이라고 불평했다. 그래서 독일을 영원히 떠날 것을 심각하게 고려해 본 적이 한두 번이 아니었으나, 그가 떠나는 것이 베를린대학교와 아직도 세계대전의 참화로부터 벗어나려고 하는 독일 국가 자체에 크나큰 손실일 것이라는 막스 플랑크의 설득에 의해 눌러앉곤 했다. 아인슈타인은 독일을 좋아하지 않았음에도 불구하고 불안정한 바이마르 정부가 굳건히 설 때까지 뒤에서 돕는 것이 자신의 의무라고 느꼈기 때문에 다른 유럽의 대학교로부터 들어온 유혹적인 제의를 거절했다. 더 중요한 것은 이미 세계에서 가장 뛰어난 과학의 중심지에 있으며 그가 베를린을 떠난다면 1920년부터 자신이 시작한 전자기와 중력을 통합하는 수학적 이론체계, 즉 소위 "통일장이론"을 수립하려는 노력이 더욱 어려워질 것임을 알았기 때문이다.

1929년 세계 경제가 붕괴되고 그에 뒤따른 나치의 권력 장악이 베를린에서의 아인슈타인의 이력에 종지부를 찍었다. 이것은 또한 그의 정치적 견해가 절대적 평화주의로부터 방어를 위한 전쟁에 대한 제한적 지지로 바뀌는 계기가 되었다. 그는 히틀러가 유럽 평화에 위협적 존재임을 알았으며 히틀러가 행한 반유태 연설들이 그의 진심을 나타낸 것이라면 자신의 머리가 상에 오르는 첫 번째 제물이 될 것임을 깨달았다. 파시스트들에 대한 증오감으로 인해(비록 몇몇 과격한 시오니즘 지도자를 그가 믿지는 않았지만) 시오니즘 운동에 대한 아인슈타인의 지지가 강화되었으며 만일 히틀러가 권력을 잡게 되면 그가 어디로 옮길 것인가에 대한 생각을 시작하게 했다.

아인슈타인은 그 해답을 얻기 위해 오래 기다리지 않아도 되었다. 1930년대 초에 패서디나의 캘리포니아공대에서 두 해 겨울 동안 방문교수로 일했다. 1933년 패서디나를 세 번째로 방문한 것은 아돌프 히틀러가 독일 수상으로 임명되기 직전이었는데, 그 직후 아인슈타인은 결코 독일로 돌아가지 않겠다는 성명을 발표했다. 정치적으로 좌익에 동정을 가졌기 때문에 말썽이 생겨 널리 알려진 미국 방문을 끝낸 후, 벨기에를 여행하면서 브뤼셀의 독일 대사관에 독일 여권을 반납했고, 오에스테드에 머무르면서 캘리포니아와 옥스퍼드, 프린스턴의 이론물리연구소 등을 포함한 여러 대학교에서 보내온 제의를 검토했다. 1933년 말에 프린스턴으로 가게 되었다. 가끔 미국 국내를 여행한 것을 제외하면 1955년 사망할 때까지 프린스턴에 남아 있었다.

비록 아인슈타인이 생애 중 마지막 기간을 통일장 방정식을 발견하려는 성과 없는 연구로 보냈지만, 이미 과학적 평판을 이룩했고 그의 노력 전체가 수포로 돌아가더라도 별로 잃을 것이 없다고 느꼈기 때문에 이 연구에 바친 시간을 후회하지 않았다. 우주에서 일어나는 모든 현상을 설명하는 단지 한 종류의 방정식이 발견될 수 있겠느냐는 동료들의 회의를 접했을 때, 아인슈타인은 그렇게 거창한 지적 과업을 성취할 수 있는 사람은 자신뿐이라고 믿었다. 1936년 두 번째 아내 엘자가 죽고 물리를 직관적으로 꿰뚫어 보는 눈이 침식당하고 있다는 의심이 커지고 있음에도 불구하고 근 30년 동안 일편단심으로 이 목표를 향해 매진했다.

프린스턴에 머물면서 행한 가장 중요한 행동은 아마도 1940년 봄 나치에 의해 핵분열폭탄이 만들어질지도 모른다고 경고하고 미국 정부가 조직적인 연구를 경주하도록 간청하는 유명한 편지를 프랭클린 루스벨트 대통령에게 보낸 것이었다. 비록 핵분열에 대한 연구가 아인슈타인이 관계하기 전부터 미국의 많은 대학교에서 진행되고 있었지만, 그의 편지가 원자핵 연구에 대한 정부의 관심을 고무시키는 데 도움이 되었다. 또한 1943년에서 1946년까지 미국 해군 군수부대에서 고문으로 일했다.

전쟁이 끝난 후 아인슈타인은 자신의 시간을 나누어 연구 활동과 핵전쟁의 위협에 대해 경고하는 노력에 사용했다. 전쟁 이후에 핵무기를 개발하고 확장하는 것을 조절하는 국제적 노력에 미국이 참여하는 것이 지구의 평화를 어떻게든 유지하기 위한 필수적 선행조건이라고 올바로 예견했다. 또한 시오니즘 운동에 찬성하는 강력한 발언을 계속했으며, 1952년 차임 바이츠만이 죽은 후에 명예직인 이스라엘의 대통령이 되어 달라는 제의를 받았다. 이 제의가 매우 명예롭다고 생각했지만, 자기가 이스라엘로 옮기기에는 너무 늙었다고 말하고 그 제의를 사양했다. 계속 건강이 악화되어 아인슈타인은 활동하는 데 많은 제약을 받았다. 맨 마지막까지 자신감을 간직하고 있는 동안에도 위가 뒤틀리고 메스꺼운 것이 생명에 대한 계속되는 경고임을 알았다. 죽기 며칠 전에 마지막으로 취한 중요한 행동은 원래 버트런드 러셀이 발기하여 만들어진 핵전쟁의 위험에 대한 설명과 모든 국가로 하여금 분쟁의 평화적 해결을 촉구하는 선언문에 서명한 것이었다.

# 상대론의 혁명적 성질

과학의 역사에서 상대성이론이 선포된 것과 같이 한 사건이 인간의 사고에 그렇게 심오한 영향을 미친 적은 없었다. 상대성이론은 1905년의 특수상대론과 1915년의 일반상대론의 두 거대한 지적 단계로 일어났다. 많은 사람이 다윈의 진화론이라든가 또는 플랑크의 양자론도 상대론 이상으로 우리의 사고에 영향을 주었다고 볼 수 있으므로 위와 같이 말하는 것은 너무 대담하고 어쩌면 극적이라고 생각할지 모르겠다. 진화론과 양자론이 우리의 우주를 이해하는 데 매우 중요한 역할을 맡았음은 사실이지만, 저울질해 보면 상대론이 철학적이고 과학적인 사고의 모든 측면에 대해 영향을 주었으므로 과학의 가장 중요한 산물이다.

상대론에서 요청되는 것과 같이 3차원 공간과 1차원 시간을 4차원 시공간 다양체로 결합한 것은 철학을 엄청나게 바꾸어 놓았으며, 그래서 상대론으로 인해 현대물리학이 고전물리학과 다른 만큼이나 현대철학도 칸트의 철학과 다르다. 물리학 자체에 국한하면, 상대론은 모든 다른 이론의 위에 있으며, 그런 의미에서 일종의 우두머리 이론으로 모든 다른 이론들이 이것으로 평가되어야 한다. 받아들여질 수 있는 모든 물리이론은 "상대론적으로 불변"이어야만 되는데, 이것은 이론들이 상대론에서 주어지는 특정한 제한을 따라야만 한다는 뜻이다. 이 요구사항은 모든 다른 이론에서와 마찬가지로 양자론에도 적용되며, 그래서 어떤 의미로 양자론은 상대론에 대해 "보조적"이다. 그러나 양자론과 상대론 사이의 관계는 그보다 더 깊다고 할 수 있는데 그 이유는 양자론의 이론적 기반은 그것이 상대론으로부터 유도될 수도 있음을 암시하기 때문이다.

이런 생각들을 잠시 덮어 두고, 대부분의 사람들에게 있어 현대물리학의 진수는 상대론에 포함되어 있으며, 동시에 이 이론은 사람들이 의문없이 받아들여야만 하는 어마어마한 과학적 신비임을 유의하자. 바로 "상대성"이라는 낱말이 실제로 상대론이 무엇인가를 조금도 나타내 주지 않으며 또한 자연에 대한 이론과 연결 짓는 어떠한 실마리도 제공하지 않으므로 무언가 신비성을 가져다준다. 정말이지 대부분의 사람들은 상대성이란 말을 보통의 관점에서 대상물의 모양이나 겉보기 크기가 이 대상물에 대한 관찰자의 위치에 따라 변하는 것으로 생각한다. 이런 변화가 틀림없이 일어나지만, 만일 이것이 상대성의 전부라면 고전물리학은 상대론 때문에 전혀 영향을 받지 않았을 것이며 아인슈타인도 필요하지 않았을 것이다. 그러나 아인슈타인의 상대론은 운동에 대한 상대성이론이며, 그 안에 물리학에, 그리고 일반적으로 우리의 사고 전반에 끼친 커다란 충격이 들어 있는 것이다.

비록 아인슈타인의 상대론에 대한 첫 번째 논문이 두 개의 다른 혁명적인 논문들과 함께(그중의 하나는 이미 12장에서 논의되었다) 1905년도 『물리연감』에 실렸지만, 나중에 쓴 글들로부터 알 수 있듯 이 특수상대론에 대한 새로운 구상은 1900년경에 빛의 움직임에서 어떤 면들이 그를 의아하게 만들면서 싹트기 시작한 것이 틀림없다. 물리학은 앞 장에서 설명한 것처럼 빠른 속도로 발전했고 물질과 에너지에 대한 새로운 성질을 많이 밝혀내고 있었지만 한 실험, 즉 유명한 마이컬슨-몰리의 실험이 경악과 혼동을 불러일으켰다. 비록 역사적 증거에 의하면 아인슈타인은 상대론 논문을 작성할 때 이 실험에 관해 알지 못했지만, 이 실험이 상대론을 해석하는 데 있어 직접 연관이 되므로 이 실험을 살펴보는 것도 유익할 것이다.

앨버트 마이컬슨이 시카고대학교 물리학과에 있던 1886년에 동료 에드워드 몰리와 함께 어떤 실험을 시작했다. 빛의 전파에 대한 마이컬슨의 지대한 관심과 진공 중에서의 빛의 속력 측정으로부터 "모든 것에 스며들어 있는 에테르"에 대한 (태양계의 궤도를 회전하는) 지구의 상대속력을 결정할 수 있을지도 모른다는 생각이 들었다. 에테르는 당시에 우주의 한 특성으로 받아들여지고 있었다. 빛에 대한 맥스웰의 전자기이론은 빛이 진공을 통하여 파동처럼 전파됨을 보여 주었으며, 파동의 전파에는 매질이 필요하다고 생각되었다. 그러한 매질로서 "빛을 발하는 에테르"가 제안되긴 했지만 에테르가 존재한다는 실험적 증거가 얻어진 적은 결코 없었다. 마이컬슨은 지구와 같은 방향으로 움직이는 빛의 속력과 지구의 운동과 직각(수직) 방향으로 움직이는 빛의 속력을 비교하여 에테르를 찾아낼 것을 제안했다. 그러면 이 두 속력 사이의 차이는 지구의 운동을 보여줄 뿐 아니라 그 궤도 위에서 지구가 움직이는 실제 속력을 알려 주게 된다.

이 실험의 이론적 기반은 만일 에테르가 존재한다면 움직이는 자동차가 그 뒤편에 지나가는 공기의 흐름을 만드는 것과 똑같은 이치로 지구의 운동이 그 속도에 반대 방향을 향하는 에테르의 흐름을 유발할 것이라는 점이다. 지구에서 측정된 빛의 속력은 빛이 이 흐름에(같은 방향이나 또는 반대 방향으로) 평행하게 움직이는지 또는 이 흐름에 수직하게 움직이는지에 따라 에테르의 흐름에 영향을 받게 되거나 또는 받지 않게 될 것이다. 이러한 분석을 강에서 같은 빠르기로 수영하는 두 명의 사람에게 적용하면 상황이 똑같아진다. 한 사람은 강물이 흐르는 방향으로 수영하여 주어진 거리를 갔다 돌아오고, 다른 사람은 같은 시각에 같은 위치에서 출발하여 같은 거리를 강을 가로질러서 갔다가 돌아온다고 하자. 수영하는 두 사람은 출발한 위치로 동시에 돌아올 수 없다. 속력을 더하는 간단한 대수적 덧셈법칙으로 알 수 있듯이, 강을 가로질러서 수영한 사람이 항상 먼저 돌아온다. 만일 빛이 공간의 모든 곳에 스며들어 있는 고정된 에테르를 통하여 전파된다면, 지구의 운동으로 만들어진 에테르의 흐름은 지구의 운동 방향으로 움직이는 빛이 광원으로부터 일정한 거리에 놓인 거울에 부딪혀 반사하여 돌아오는 경우가, 지구의 운동 방향과 수직으로 움직이는 빛이 같은 거리에 놓인 거울에 반사하여 돌아오는 경우보다도 더 느리게 만들어야 한다. 마이컬슨과 몰리의 실험 장치는 무척 민감했으며 태양의 주위를 도는 지구의 속력이 실제 속력인 매초 30㎞ 대신에 매초 1㎞일지라도 두 빛이 왕복하는 운동의 시간 차이를 감지할 수 있도록 설계되었다. 그들은 어떠한 차이도 찾아낼 수 없었으며 마이컬슨은 쓰라린 실망 속에서 그 실험은 실패라고 생각했다. 그는 설계된 대로의 실험으로는 지구의 운동을 감지할 수 없다고 결론지었다.

마이컬슨은 자신의 실험을 제쳐 놓고 아무런 중요성도 없다고 잊어버렸지만, 당시의 물리학자들은 이 무가치적 결과 속에 비록 그 중요성이 어느 정도인지는 모르지만 자연에 관한 매우 중요한 진술이 들어 있음을 알아차렸다. 물리학자 헨드릭 안톤 로런츠는 고전물리의 체계 안에서 그의 물질 내의 전자에 관한 이론을 이용하여 마이컬슨-몰리의 무가치적 결과를 설명하려고 아주 대담한 시도를 했다. 매우 뛰어난 그의 분석에서 복잡한 세부사항은 중요하지 않았지만 그 결과는 깜짝 놀랄 만했다. 그의 분석에 의하면, 움직이는 구형의 전자는 그 전기적 성질 때문에 움직이는 방향을 따라서 어느 정도 찌그러지며, 빨리 움직일수록 더 많이 찌그러짐을 보여 주었다. 그러므로 로런츠는 전자로 이루어진 물질이 만일 움직이면 움직이는 선을 따라 어느 정도 찌그러든다고 추론했다. 그는 마이컬슨-몰리 실험에서의 부정적 결과를 설명하는 데에 이러한 분석을 이용했는데, 빛이 지구의 운동과 평행하게 움직일 때는 거울까지 갔다 오는 경로가 줄어들기 때문에 이 빛이 수직인 빛과 정확히 똑같은 시간 동안에 갔다가 되돌아온다고 말했다. 이 분석에서 놀라운 부분은 움직이는 선을 따라 줄어드는 정도가 에테르의 흐름에 평행하게 움직이는 빛의 진행시간이 에테르의 흐름 때문에 느려지는 정도를 정확히 상쇄한다고 하는 점이다. 이 효과는 영국의 이론물리학자 피츠제럴드도 로런츠와 거의 같은 시기에 비슷한 수축가설을 제안했기 때문에 피츠제럴드-로런츠 수축가설이라고 알려졌다.

수축가설은 사람들에게 별로 심각하게 받아들여지지 않았는데, 그 이유는 물질을 구성하는 전기를 띤 입자들 사이의 전기적 상호작용이 마이컬슨-몰리 장치의 한 팔(지구운동과 평행하게 놓인 것)의 길이를 실험에서 관찰된 것처럼 무가치적 결과를 주도록 꼭 알맞게 줄여 준다는 생각은 너무 작위적인 것처럼 보였기 때문이었다. 이 무가치적 결과는 특수상대론을 태동시킨 아인슈타인의 첫 번째 논문에 의해 눈부시게 설명될 때까지 이론물리학자들에게는 눈에 박힌 티끌로 남아 있었다. 이 논문은 공간과 시간, 자연의 법칙에 대한 우리의 개념에 대단한 혁명을 가져왔다. 그 논문이 과학에 미친 충격은 잴 수 없을 정도로 컸다.

아인슈타인은 특수상대성이론을 구상할 때 마이컬슨-몰리 실험을 알고 있지 못했기 때문에 이 실험의 무가치적 결과를 설명하려고 그의 이론을 개발한 것은 아니었다. 정말이지 당시에 물리학의 주류와는 접촉이 없었고 알고 있는 물리학자도 전혀 없었다. 그러나 맥스웰의 전자기이론은 알고 있었고 빛의 성질, 그중에서도 특히 빛의 운동을 이해하려는 데 깊이 몰두했다. 자연의 법칙을 통합한다는 의미에서, 그리고 이 통합이 움직이는 물체에 대한 법칙(뉴턴역학)과 광학의 법칙(빛의 전파)이 자연에서 동등한 자격으로 존재해야 된다는 이해에 의해서 그의 연구는 고무되었다. 다시 말하면 두 종류의 법칙은 같은 종류의 총체적인 원리에 의해 다스려져야 한다는 것이다. 예를 들어서 만일 역학의 법칙이 서로 상대적으로 운동하는 모든 관찰자들에게 동일하게 나타난다면 광학의 법칙도 똑같이 그래야만 된다고 확신한 것이다. 이것이 아인슈타인의 유명한 자연법칙 불변원리의 요점인데, 나중에 더 자세히 설명할 것이다.

이 개념의 중요함을 보기 위해 (날아가거나 던져졌거나 또는 우리 주위를 움직이는 물체를 관찰하는) 역학실험을 생각하고 이 물체들의 움직임을 관찰함으로써 공간에서의 우리의 운동을 결정하려고 시도해 보기로 한다. 그러한 물체를 아무리 조심스럽게 관찰한다 해도 그들의 움직임 중에서 우리가 움직이는 행성 위에 있는 것인지 아닌지를 말해 주는 것은 하나도 발견할 수 없다. 이것은 우리가 동일한 직선 위에서 일정한 속력으로 움직이는 기차나 비행기를 타고 있을 때에도 똑같이 적용되는 이야기이다. 기차나 비행기 안에서의 어떠한 관찰에 의해서도 우리의 균일한 운동(직선 위를 일정한 속력으로 달리는 운동)을 측정할 수는 없다. 그 이유는 뉴턴의 법칙이 관찰자의 균일한 운동에는 무관하므로, 관찰자가 균일하게 움직이는 한 기준계에서 다른 기준계로 옮기더라도(좌표변환) 이 법칙들을 바뀌게 할 수 없기 때문이다. 우리는 그러한 현상을 항상 경험하고 있기 때문에 이것이 아주 당연한 일로 받아들여지고 있다. 아주 부드럽게 움직이는 비행기 내부에서 일어나는 일만을 관찰하는 한 우리 자신은 움직이지 않는 것처럼 느낀다.

아인슈타인은 이런 생각들을 광학현상에 옮김으로써 광학법칙들도 역학법칙들처럼 우리의 균일한 운동을 드러낼 수 없다고 확신했다. 이것은 아인슈타인이 설명한 것처럼 전자기파(빛)의 진행을 묘사하는 맥스웰 방정식이 관찰자의 운동에 의존할 수 없음을 뜻한다. 이 방정식들이 전자기파의 속력, 즉 빛의 속력을 포함하고 있기는 하나 빛의 속력은 관찰자의 속력에 의존할 수 없다. 만일 의존한다면, 맥스웰 방정식에 의해 나타나는 광학현상들을 마이컬슨-몰리 실험이나 또는 어떤 다른 광학실험으로부터 공간에서의 절대운동을 결정하는 데 이용할 수 있을 것이기 때문이다. 아인슈타인은 진공 중에서의 빛의 속력은 광원과 관찰자의 운동에 무관해야 함을 깨달았다. 이것은 어떤 관찰자가 측정하든지 빛의 속력은 광원과 관찰자 사이의 상대속도(즉, 하나에 대한 다른 것의 속도)에 의존하지 않는다는 것을 뜻한다. 빛의 속력이 불변이라는 것은 물리에, 그리고 특별히 공간과 시간의 개념에 막대한 충격을 가했다.

이제 뉴턴역학을 상대론적 역학으로 바꾸어 놓게 한 특수(제한적인) 상대성이론에 스스로 도달할 수 있도록 하는 두 개의 강력한 개념(빛의 속력이 일정함과 자연법칙의 불변)을 갖게 되었다. 뉴턴역학과 상대론적 역학의 차이를 형식적인 관점에서 보면 뉴턴의 법칙은 빛의 속력을 하나의 보편상수로 포함시키지 않고 또한 이에 의존하지 않는 데 반하여 모든 상대론적 법칙은 이를 포함한다는 점이다. 실제로 특수상대성을 알려 주는 징표는 모든 공식에 빛의 속력이 들어 있다는 것이다. 플랑크의 작용상수 h의 존재가 양자론의 도래를 예고한 것과 같이, 빛의 속력 c의 존재는 상대론을 예고한다. 자연의 법칙은 양자론과 상대론 모두와 일치해야 하므로 모든 법칙을 나타내는 표현에 이 두 상수가 포함되어야 한다.

빛의 속력이 일정하다고 가정한 다음에 절대공간과 절대시간이라는 기존의 개념들을 철저히 분석했는데, 만일 빛의 속력이 변하지 않는다면 이 개념들이 지탱될 수 없다고 확신했다. 이러한 점을 자신에게 만족스럽도록 증명하기 위해 공간에서 서로 떨어져 있는 두 사건에서 동시성이라는 개념이 절대적 의미를 갖지 못하고 관찰자의 운동에 따라 달라짐을 예증하는 유명한 사고실험들 중 하나를 수행했다. 이 실험에서 사용되는 개념들은 좀 미묘하기 때문에 공간이나 시간이 모두 절대적이지 못하다는 것(서로 상대적으로 운동하는 두 관찰자가 측정한 거리와 시간 간격이 같지 않다는 것)을 보여 주는 다른 사고실험을 살펴보자.

이 사고실험은 서로 상대적으로 운동하면서 빛의 속력을 측정하려는 두 관찰자에 관한 것이다. 두 관찰자는 모두 동일한 시계 그리고 길이가 300,000㎞인 동일한 자(공상 같은 생각이지만 분석을 간단히 해 주게 된다)를 갖고 있다. 한 관찰자는 기찻길 옆에 그의 자를 철길에 평행하게 왼쪽에서 오른쪽으로 올려놓고 정지해 있다(이것은 직선의 길이가 적어도 300,000㎞나 되어서 우주공간 밖으로 멀리 뻗어 나가므로 우리 사고실험이 상당히 비현실적이긴 하다). 움직이고 있는 관찰자는 정지해 있는 관찰자가 보기에 왼쪽에서 오른쪽으로 철길을 따라 매초 298,000㎞로 움직이는 지붕 없는 차에 타고 있으며 그의 자도 역시 철길에 평행하게 놓여 있다. 두 관찰자가 모두 그들의 자와 시계로 빛의 속력을 측정하고 그 결과를 기록할 것이다. 그들은 빛이 그들의 자의 한쪽 끝에서 다른 쪽 끝까지 가는 데 걸린 시간을 측정하여 빛의 속력을 알아내려고 한다.

작업을 간단하게 하려고 두 자의 왼쪽 끝이 정지된 관찰자가 보기에 일치할 때 모두 관찰을 시작하기로 한다. 그 순간에 멀리 떨어진 광원에서 나와 왼쪽에서 오른쪽으로 움직이는 레이저 광선이 일치되어 있는 두 자의 왼쪽 끝을 때리면 두 개의 시계가 작동되기 시작한다. 그러면 두 관찰자가 관측한 레이저 광선의 속력은 얼마일까? 정지한 관찰자는 그의 시계가 1초를 알려 줄 때(300,000㎞ 떨어진) 광선이 그의 자의 오른쪽 끝에 도달했음을 알게 된다. 그에게는 빛의 속력이 초당 300,000㎞이다. 움직이는 관찰자는 무엇을 발견할까? 그도 역시 그의 자를 따라가는 광선이 다른 쪽 끝에 도착할 때 그의 시계가 1초를 알린다는 것을 주목하고 그도 자기가 측정한 속력이 초당 300,000㎞라고 기록하게 된다. 이것은 모든 관찰자들이 빛의 속력이 매초 300,000㎞의 같은 값으로 관측되어야 한다는 자연의 사실과 정확히 일치한다. 그러나 만일 우리가 철길에 대해 정지하여 실험을 관측하는 관찰자이며 뉴턴적인 개념 외의 다른 것을 모른다면, 움직이는 관찰자가 하는 말은 우리에게 무의미하며 기초 논리와 "상식"에 위배되는 것처럼 보일 것이다.

왜 그런지 설명하기 위하여 뉴턴적인 관찰자는 다음과 같이 반응할 것이다. 그는(전혀 관찰하지 않고서도 단지 뉴턴적 논리에 의해) 움직이는 막대의 오른쪽 끝은 1초 동안 298,000㎞(차의 속력)를 진행했으므로 광선이(철길을 따라서 300,000㎞ 떨어져 있는) 고정된 자의 오른쪽 끝에 도달한 뒤에도 뉴턴적인 감각에 의하면 움직이는 자의 오른쪽 끝에 도달하기 위해서는 여전히 298,000㎞를 더 진행해야 된다고 지적한다. 움직이는 차 안에서 이 사건을 관찰하지 않는 한 우리에게 뉴턴적인 공간-시간 체계 안에서는 어떤 다른 설명도 그럴듯하지 않으므로 움직이는 관찰자가 말한 것이 크게 잘못되었다고 거부하게 된다.

의심을 모두 해소하기 위해 실험을 되풀이해야 하는데, 이번에는 정지한 관찰자가 움직이는 관찰자의 모든 행동을 주시하고 움직이는 시계와 자를 계속하여 보고 있기로 하자. 다시 한번 레이저 광선이 두 자의 왼쪽 끝을 동시에 때린(두 시계 모두 0의 눈금을 가리킬 때) 다음 정지되어 있는 시계가 1초가 지나갔음을 가리킬 때 정지된 막대의 오른쪽 끝에 도달한다. 그러나 움직이는 막대의 오른쪽 끝은 오른쪽으로 298,000㎞만큼 진행한 것이 아니고 그 거리의 약 10분의 1만큼만 진행했으며 움직이는 시계는 단지 약 10분의 1초만 경과했음을 기록하게 된다. 이와 같이 움직이는 관찰자가 속한 공간-시간 틀에서의 거리와 시간을 정지한 관찰자가 보면 정지한 관찰자가 속한 틀에서 본 것과 같지 않다. 모든 기준틀에서의 거리와 시간은 빛의 속력 같은 값으로 측정되도록 자체적으로 조정되어야 한다. 움직이는 막대는 줄어들고 움직이는 시계는 느려져야 하는데, 여기서는 단지 상대운동만이 문제되기 때문에 두 관찰자만 관계될 때는 이러한 효과는 완전히 상호적이다. 즉, 각 관찰자는 모두 자기는 정지해 있고 다른 관찰자가 움직인다고 생각해도 좋으며 각 관찰자는 모두 상대 관찰자의 틀이 줄어들고 느려진다고 보는 것이다.

이러한 모든 현상은 진공에서의 빛의 속력이 동일한 직선 위를 서로에 대해 일정한 상대속력으로 움직이는 모든 관찰자들에게 일정하기 때문이다. 아인슈타인에게 있어서 이 일정함은 공간이나 시간이 모두 절대적인 양이 아님을 뜻했다. 두 사건 사이의 거리나 시간 간격은 이 두 사건에 대한 관찰자의 운동 상태에 따라 달라진다. 한 관찰자에게 두 사건이 동시에 일어났더라도 다른 관찰자에게는 두 사건 중에서 한 사건, 예를 들면 사건 A가 다른 사건 B보다 더 먼저 일어난다. 그리고 세 번째 관찰자에게는 사건 B가 사건 A보다 더 먼저 일어날 수 있다. 더구나 두 사건 사이의 거리도 세 관찰자에게 모두 다르게 나타난다. 이와 같이 빛의 속력이 일정하다는 것은 아인슈타인이 특수상대성이론을 수립하는 데 기본이 되는 주춧돌 중의 하나이다. 물리법칙이 관련되는 한 상수의 중요성은 빛의 속력 c가 플랑크의 작용상수 h와 뉴턴의 중력상수 G와 함께 자연이 우주를 구성하는 데 있어 모든 자연법칙에 포함되어야만 하는 중요한 상수들 중의 하나라는 점이다. 만일 상수 c(빛의 속력)가 뉴턴의 운동법칙 F=ma와 같은 법칙에 포함되어 있지 않으면 이는 상대론의 요구조건을 만족하지 않으므로 그 법칙이 완전하지 못하며, 그것을 포함하도록 적절히 확장되어야만(또는 완벽하게 되어야만) 한다. 그러면 그 법칙이 상대론적으로 불변이라 말하고 따라서 상대론적으로 적절하게 완성되지 않은 경우에 비해 더 높은 진리를 가르쳐 주는데, 이것이 아인슈타인의 이론을 세우는 데 두 번째 주춧돌이 되는 불변의 원리이다.

불변이라는 개념을 처음으로 도입한 것은 아인슈타인이 아니라 뉴턴에게까지 거슬러 올라가지만, 아인슈타인이 그 개념을 도입하여 특수상대론과 일반상대론을 구성하는 데 이용한 방법은 아주 새롭고 극히 유용하였다. 이를 알아보기 위해 "불변성"을 물리학자들이 사용하는 용어로 정의하자. 이러한 목적을 위해 먼저 물리학에서 사용되는 법칙의 본질을 알아보기로 한다. 우리는 한 사건을 공간의 한 점과 특정한 시각에(예를 들면 전자나 광자와 같은) 한 입자가 생기는 것으로 정의하기로 한다. 사건을 좀 더 구체적으로 정하자면 그것이 언제 어디서 일어났는지 알아야 하는데, 그것은 장소와 시간을 정하기 위한 기준틀(좌표계)이 있어야 함을 뜻한다. 기준틀은 공간에서(3차원의 격자 또는 그물눈처럼) 서로 다른 세 개의 평행하면서 교차하는(구부러졌든지 또는 똑바르든지) 선들로 구성되며, 우리는(각각의 세트에서 하나씩) 세 선이 교차하는 격자에서 임의의 한 점으로부터 한 사건까지의 상대적인 위치를 결정함으로써 공간에서 그 사건을 정하게 된다. 이 교차점을 우리 좌표계의 "원점"이라고 부른다. 이와 같이 한 사건의 위치를 명확히 말하기 위해서는 마치 높은 건물에서 한 사람의 위치를 알려 주기 위해 건물에서의 그의 방 번호, (거리 번호와 건물 번호 등 두 개의 다른 숫자가 필요한) 건물의 주소와 같은 세 개의 숫자를 말해 주어야만 되는 것과 마찬가지로 세 개의 숫자(우리의 격자에서 사건의 좌표)를 말해 주어야만 된다. 사건의 시각 t를 정해 주기 위해서는 시계가 필요하다. 한 사건은 이와 같이 네 개의 숫자, 즉 세 개의 공간좌표와 그것이 일어나는 시각으로 규정된다. 입자의 운동은 그래서 사건들의 모임(네 숫자의 집합)으로 기술되며, 입자의 궤도는 이 사건들을 연결하는 곡선이다. 그러면 법칙이란, 공간과 시간을 포함하면서 사건들 사이를 관계 짓고 그로부터 입자들의 궤도를 예측할 수 있도록 하는 일반적인 진술이다. 법칙은 구체적인 사건을 다루지 않고 자연의 고유한 성질들만 다루기 때문에 관찰자의 기준틀에 관계없이 모든 관찰자들에게 동일해야 한다. 이것이 불변원리의 요점이다.

불변원리를 가능한 한 간단히 보여 주기 위하여, 두 관찰자가 서로 상대방에 대해 일정한 속도로(즉, 동일한 직선을 따라 일정한 속력으로) 움직이는 경우를 상상하자. 관찰자들 사이의 상대운동을 일정한 속도로 제한하면 특수상대성이론(제한된 이론)이 된다. 두 관찰자는 갈릴레오와 뉴턴이 그랬던 것처럼 운동의 기본법칙들을 이끌어 내기 위해 같은 종류의 사건들을 조사할 것이다. 각 관찰자는 사건들을 자기 자신의 기준틀 안에서, 즉 자기 자신의 네 개의 숫자 모임으로(자기 자신의 세 공간좌표와 각 사건이 일어나는 시각으로) 기술하게 된다. 일반적으로 어떤 사건이든지 두 관찰자의 기술이 같지 않으나, 각 관찰자가 이끌어 내는(예를 들면 운동의 법칙 같은) 모든 법칙은 만일 그것이 옳은 법칙이라면 그 내용이나 수학적 형태가 똑같아야만 한다. 불변의 원리는 자연에서 일어나는 사건에 대한 모든 진술이 다른 기준틀에서 표현하더라도 변하지 않는 것이 자연의 본성적인 진리이며 따라서 법칙에 대한 고유한 진리임을 함축하고 있다. 이러한 원리는 우주의 고유한 특성들을(기본진리나 법칙들) 단지 겉보기나 또는 피상적인 특성들과 구별 짓는 데 있어 강력한 지적 도구임에 틀림없다.

불변에 대한 개념을 더 자세히 설명하기 위하여, 관찰자 중에서 한 사람(관찰자 1)이 만든 “법칙”을 살펴보고 나서, 그것을 다른 관찰자(관찰자 2)의 “언어"(기준틀)로 옮기면 그대로 남아 있는지 또는 변하는지 알아보자. 그것이 그대로 남아 있는 경우에만 진정한 법칙이다. 이것을 더 자세히 설명하면, 첫 번째 관찰자는 이 "법칙”을 자기 자신의 기준틀, 즉 자기의 네 숫자(공간에서의 세 개와 시간의 한 개)로 나타낸다. 이 법칙을 두 번째 관찰자의 기준틀에서 표현하려면 〈관찰자 1〉의 공간과 시간좌표(관측값)를 〈관찰자 2〉의 공간과 시간좌표로 옮겨 주는 어떤 수학적 방식이 필요하다. 이 좌표의 변환이 물리학에서 가장 중요한 개념 중의 하나이다.

그런 변환이 꼭 갖추어야 할 것은 한 기준틀에서 관찰된 사건의 세 공간좌표 x, y, z와 시간좌표 t를 첫 번째 틀에 대해 속도 v로 움직이는 다른 틀에서 관찰된 세 공간좌표 $x'$, $y'$, $z'$와 시간 t를 연관 짓는 한 묶음의 대수방정식들이다. 이러한 변환방정식의 성질은 공간과 시간의 기하에 따르게 된다. 공간에 대해 어떤 개념을 선택하느냐에 따라 대응하는 한 묶음의 변환도 달라진다. 뉴턴 물리학에서는 공간-시간 개념이 유클리드적(평평한 기하)이며 공간과 시간은 절대적이다. 이것은 어떤 관찰자에 의해 빛의 속력이 측정되든지 그 속력은 어떤 고정된 틀에 대한 관찰자의 운동에 의존하게 된다는(뉴턴 물리학에서는 완전히 받아들여지는) 믿음과 일치한다. 이 고정된 틀이(빛을 전파시키는 매질이라고 도입된) 에테르라고 가정되었다. 이러한 가정 아래서(갈릴레오 변환이라고 불리는) 변환방정식들은 매우 간단하고 단지 두 관찰자 사이의 상대속력 v만을 포함한다. 시간은 두 관찰자에게 모두 동일하며 두 관찰자의 상대운동 때문에 같은 사건이 다른 장소에서 나타나므로 사건들의 공간좌표는 변한다. 그렇지만 사건들 사이의 거리는 두 관찰자에게 모두 동일하다는 의미에서 공간도 절대적이다.

빛의 속력이 모든 관찰자에게 동일하다는 실험 사실에 기반을 둔 아인슈타인의 물리학 또는 상대론적 물리학에서는 변환방정식이(아인슈타인-로런츠 변환) 유클리드 변환보다 더 복잡하며 속력 v와 함께 빛의 속력 c도 포함한다. 실제로 이 방정식들은 상대성이론의 상징이 되고 물리학의 역사에서 가장 유명하고 심오한 표현인 인자 $\sqrt{(1-v^2/c^2)}$을 포함하는 특징을 갖는다. 이 변환방정식들은 공간과 시간에 대해 같은 방법으로 적용되며, 그래서 상대론에서는 공간과 시간이 동일한 자격으로 취급되며 공간과 시간 자체만으로는 절대적이지 않은 방법으로 서로 섞인다.

그러나 따로따로의 공간과 시간이 절대적이지 않다고 해서 상대론이 절대적이지 못한 이론임을 뜻하는 것은 아니고, 공간과 시간이 절대적인 공간-시간 다양체로서 결합하기 때문에 상대론의 절대성은 뉴턴 물리학보다 한 단계 더 높은 수준이다. 이것을 설명하기 위하여, 우선 뉴턴 이론에 따르면 두 사건을 갈라놓는 거리와 시간 간격은 모든 관찰자에게 동일함에(분리된 절대성) 유의하자. 그러나 상대론에서는 서로 다른 관찰자는 (서로 상대방에 대하여 움직인다는 의미에서 서로 다른) 서로 다른 거리와 서로 다른 시간을 관측한다. 그렇지만 상대론은 우리에게 두 사건 사이의 어떤 특정한 공간거리와 시간 간격의 결합은 모든 관찰자에게 동일함을 가르쳐 준다. 이러한 임의의 두 사건 사이의 절대적인 공간-시간 간격의 제곱은 두 사건 사이의 거리 r를 제곱한 것에서 ct의 제곱을 빼면 얻어진다. 여기서 c는 빛의 속력이고 t는 시간 간격이다. 이러한 양 $r^2-c^2t^2$이 서로에 대하여 일정한 속도로 움직이는 모든 관찰자에게 같은 값으로 나타난다는 의미에서 절대적이다.

모든 관찰자에게 $r^2-c^2t^2$=일정이라는 이 간단한 표현이 특수상대론의 모든 것을 포함하며 뉴턴의 3차원 물리학 대신에 아인슈타인의 4차원 공간-시간 물리학으로 나아가게 한다. 뉴턴 물리학에서 상대론적 물리학으로 변경시키려면 3차원 벡터들 사이의 관계를 포함하는 뉴턴 법칙을 4차원 벡터를 포함하는 법칙으로 바꾸어 놓으면 된다. 4차원 벡터는 공간성분의 세 차원과 시간성분의 한 차원으로 이루어진다. 공간-시간 간격은 이런 종류의 벡터 중에서 기본이 되는 예이다.

운동 방향을 따라 움직이는 막대가 줄어들고, 움직이는 시계가 느려지며, 움직이는 물체의 질량이 증가하고, 아인슈타인의 유명한 방정식 $E=mc^2$(에너지는 질량에 빛의 속력의 제곱을 곱한 것과 같다)으로 표현되듯 질량과 에너지가 같은 종류라는 것과 같이 특수상대성이론에서 나오게 되는 모든 놀라운 결과들은 위에서 설명한 공간-시간 간격의 제곱이 일정하다는 것으로부터 추론될 수 있다. 이 이론이 도대체 어떻게 물리의 법칙들에 영향을 주는지는 에너지와 운동량 보존을 생각하면 쉽게 검증될 수 있다. 뉴턴 물리학에서는 입자의 운동량이 그 자체만으로 보존되며 그 에너지도 질량과 마찬가지로 따로 보존된다. 상대론에 의하면 운동량은 3차원이고 에너지와 질량은 1차원이므로(보존원리를 포함하는) 법칙들이 4차원 벡터들로 기술되어야만 된다는 상대론의 요구조건에 위배되기 때문에 운동량과 에너지, 질량이 따로 보존되는 것은 성립할 수 없다. 운동량과 에너지를 결합하면 그러한 4차원 벡터가 되며, 그래서 상대론적 물리학에서는 분리된 세 개의 보존원리들이 한 개의 에너지-운동량-질량 보존원리로 결합된다. 이것이 곧 과학과 기술에 그렇게 막대한 영향을 미친 아인슈타인의 질량에너지 방정식을 만든다.

특수상대론은 4차원 공간-시간을 도입하기 때문에 두 인접한 사건 사이의 공간-시간 간격에 의해 결정되는 공간-시간 기하의 본질을 살펴보아야만 된다. 뉴턴 물리학에서는 그 기하가 3차원의 유클리드(평평한) 기하이며 공간적 관계에 의해 완전히 결정되므로 거기에서 시간은 아무런 역할도 하지 않는다. 두 사건 사이의 거리의 제곱, 즉 관찰자의 좌표계에 놓인 사건의 좌표들로 표현되는 $r^2$은 단순히 좌표들의 제곱의 합 $x^2+y^2+z^2$으로(피타고라스 정리) 주어진다. 거리의 제곱에 대한 이 단순한 표현이 유클리드(평평한) 기하의 특징이다. 앞의 합에 한 항 $-c^2t^2$을 더해 공간-시간 간격 $x^2+y^2+z^2-ct^2$을 얻으면 특수상대론으로 넘어가며, 이 새로운 합이 유클리드(평평한) 4차원 기하의 표식이다. 그러므로 뉴턴 물리학처럼 특수상대론도 유클리드기하에서 작용한다. 그렇지만 이 두 유클리드기하 사이의 사소한 차이를 유의해야만 한다. 거리공식에서 세 공간항 $x^2$, $y^2$, $z^2$은 두 기하에서 모두 양부호를 갖고 나타나지만, 시간항 $c^2t^2$은 음부호를 갖고 나타난다. 이 음부호가 특수상대론의 모든 결과를 가져오는 데 결정적으로 작용한다. 이 기하에서 공간-시간을 통한 입자의 경로는 "세계선"이라고 불린다.

## 일반상대성이론

아인슈타인이 특수상대론에 관한 논문을 발표한 지 근 10년이 지난 후인 1916년, 일반상대론에 관한 그의 논문이 베를린학술원의 논문집에 실렸다. 그것은 비교적 짧은 논문이었지만 20세기에 있어 가장 위대한 정신을 가진 사람이 10년에 걸쳐 이룩한 강렬하고 통찰력 있는 사고의 산물인 것이다. 모든 면에서 이것은 인간성에서의 지적 창조의 최고봉 바로 그 자리에 서 있다. 이 결과의 성취는 위대한 과학적 통합을 이루려는 아인슈타인의 열정에 의해 추진되었음에 틀림없다. 이와 같은 추진력의 이유로는 바로 그 이름에서 알 수 있듯이 특수(제한적인) 상대성이론이 공간과 시간에 대한 이야기를 끝내지 않고 남겨 두었기 때문이다.

앞에서 언급한 것처럼, 아인슈타인은 물리학 법칙의 통합을 추구하고 있었으며 그의 불변원리가 이것을 이루게 해 주리라고 보았다. 모든 법칙은 그들의 기준틀에(그들의 운동 상태에) 관계없이 모든 관찰자에게 동일한 성질을 가져야만 된다. 다시 말하면, 법칙은 그 법칙을 이용하여 관찰자가 자신의 운동 상태를 결정하도록 해서는 안 된다. 그러나 아인슈타인은 그의 특수상대성이론으로는 이것을 이루지 못했다. 그것은 특수상대론이 소위 "관성기준계의 관찰자"에게만(즉, 서로 상대방에 대하여 일정한 속도로 움직이는 관찰자들에게만) 적용되기 때문이다. 즉 특수상대론은 자연법칙을 표현하는 데 있어서 자연적으로 관성기준틀만(일정한 속도로 움직이는 틀만) 선택하게 된다. 이렇게 법칙을 식으로 나타내는 데 이용되는 좌표계의 종류를 관성계로만 제한하는 것은, 아인슈타인이 생각한 대로, 그의 이론의 결함이었다. 그는 어떻게 움직이는지에 관계없이, 즉 그들이 균일한 운동 상태에 있든지(일정한 속도) 또는 어떤 방법으로든 가속되든지 간에, 모든 좌표계가 자연의 눈에는 동등하게 보일 것이라고 확신했다. 이것은 누구든지 자기 기준틀 안이나 밖에서 어떤 법칙을 적용하더라도(즉, 어떤 관찰을 하더라도) 자기의 운동 상태를 결정할 수는 없어야 함을 뜻한다.

이러한 주장에 대해 우리는 즉시 그것은 옳을 수가 없으며 상대성의 원리를 가속된 운동에까지 확장하여 일반화시키려는 아인슈타인의 시도는 실패할 것이라는 반응을 보이게 된다. 이러한 반응은 우리의 경험에 근거하는데, 이 경험은 우리 기준틀 안의 모든 물체가 우리와 함께 움직이면(모든 물체가 우리가 움직이지 않는 것처럼 행동한다) 우리의 가속운동을 감지할 수 없지만, 우리 주위의 모든 물체들이 운동하지 않을 때는 뉴턴의 제1법칙에 의해 우리가 가속된다는 것을 금방 알 수 있다는 것을 말해 준다. 우리 계가 정지해 있거나 일정한 속도로 움직일 때와는 아주 다른 현상이 나타나게 된다. 가속운동은 절대적인 것처럼 보이는 것이다. 만일 우리가 있는 방이 회전하기 시작한다면 우리는 모두 벽 쪽으로 밀려 갈 것이며, 어떤 다른 관찰자와 무관하게 우리는 즉시 우리의 기준틀이 돌고 있다고 결론짓는다. 그렇지 않다면 우리는 뉴턴의 제2법칙으로부터 방은 회전하지 않지만 방안의 모든 것이 어떤 보이지 않는 힘에 의해 벽 쪽으로 끌린다고 결론지어야 하는데 물론 우리는 그러한 결론을 즉시 버리고 우리가 가속된 기준틀 안에 있다는 좀 더 "그럴듯한" 결론을 내린다. 그러나 아인슈타인은 이 "상식적인" 관념이 상대론을 일반화시키려는 그의 열정에 방해가 되므로 이를 받아들이지 않았으며 물리학의 법칙을 발견하는 데 있어서는 모든 좌표계(기준틀)가 그 운동에 관계없이 동일한 자격을 가져야 한다고 했다. 실제로 아인슈타인은 그의 일반상대론을 설명하기 위해 가속된 기준틀 속의 물체가 마치 그가 "관성힘"이라고 부르는 힘을 받는 것처럼 운동한다는 점을 이용했다.

일반상대성이론을 수립하면서, 아인슈타인은 갈릴레오가 처음 발견했던 것처럼 지구의 중력장 영향하에서 같은 높이로부터 자유로이 떨어지는 물체는 모두 질량에 관계없이 같은 가속도를 갖고 떨어진다는 일반적인 관찰로부터 시작했다. 또한 가속된 기준틀에 속한 모든 물체는 그들의 질량에 관계없이 가속도에 똑같이 반응한다는 것에 유의했다. 두 가지 관찰로부터 그는 물리학에서 가장 놀라운 원리 중의 하나인 관성힘은 중력과 구별할 수 없다는 유명한 동등원리를 제안했다. 이 원리는 관성힘을 관찰하거나 감지함으로써 자기의 운동 상태를(우리의 기준계가 가속되었는지 아닌지를) 결정할 수는 없다는 것을 말하기 때문에 일반상대론의 기본이 된다.

우리는 아인슈타인의 유명한 엘리베이터 사고실험을 간략하게 살펴봄으로써 그의 추론 과정을 가장 잘 따라갈 수 있다. 그 사고실험에서 아인슈타인은 처음에는 지상에 매달려 있는 엘리베이터 안에 들어 있는 관찰자를 상상했다. 그 관찰자가 수행하는 중력에 대한 모든 실험은 엘리베이터 밖의 지상에 있는 관찰자가 실험한 것과 정확히 일치한다. 그러므로 엘리베이터 속의 관찰자는 밖의 관찰자와 마찬가지로 그가 중력이라고 부르는 밑으로 향하는 힘이 엘리베이터 속의 모든 물체를 마룻바닥 쪽으로 잡아당기고 있다는 것을 알고 있다. 이와 같은 경우를, 같은 관찰자가 타고 있는 엘리베이터를 갑자기 지구나 또는 다른 무거운 물체로부터 멀리 떨어진 곳으로 옮겨 놓은 다음 그 엘리베이터가 마룻바닥에서 천장 방향으로 9.8m/초$^2$(지구 표면에서와 같은 가속도)으로 일정하게 가속되고 있을 때 얻어지는 관찰과 결론을 비교하기로 한다. 이 관찰자는 모든 물체들이 여전히 그의 엘리베이터가 지구에서 매달려 있을 때와 마찬가지로 행동하는 것을 발견하게 될 것이다. 그래서 일관된 입장을 지키려면, 여전히 엘리베이터는 고정되어 있고 엘리베이터 안의 물체들이 중력의 힘에 의해 "아래로" 잡아당겨진다고 결론지을 것이다. 이것이 동등원리가 갖는 물리적인 중대성이다. 동등원리는 가속되고 있는 기준틀의 가속도에 의한 효과가 중력장 안에서 정지해 있거나 일정한 속도로 움직이는 틀에 대해 중력이 만들어 주는 효과와 정확히 같은 경우에는 그 효과가 가속되고 있는 기준틀 안에 있다고 결론지을 수 없게 해 준다. 이와 같이 동등원리는 가속운동이 가속되지 않는 운동과 구별될 수 없다는 아인슈타인의 주장을 지지한다. 가속에 의해 만들어지는 관성힘은 중력에 의해 만들어진 것과 같으며, 따라서 관찰자가 그의(기준틀 좌표계) 안의 물체들을(정지해 있거나 움직이거나) 관찰하는 것으로는 그가 중력장 안에서 정지해 있는지 또는 빈 공간에서 일정한 가속도로 움직이는지 알지 못한다. 가속과 정지 상태는 구별될 수 없다. 이 결론은 관찰자가 물체들의 동역학이나 운동학을 관찰하든지 또는 빛의 전파를 관찰하든지 마찬가지로 성립하는데, 이것이 아인슈타인으로 하여금 중력장 아래서의 빛의 행동에 관한 매우 중요한 추론에 이르게 한다.

만일 빛줄기가 가속되고 있는 엘리베이터 안에서 그 가속도에 수직 방향으로 지나간다면, 이 빛줄기는 마룻바닥이 빛줄기 쪽으로 가속운동 하여 움직이므로 바로 물질 입자와 같이 엘리베이터의 마룻바닥 쪽으로 떨어지는 것처럼 보인다. 동등원리는 가속의 효과와 중력의 효과는 서로 구별될 수가 없다는 것이므로, 아인슈타인은 물질 입자가 중력장에서 떨어지는 것과 똑같이 빛줄기도 중력장에서 떨어질 것이라고 예언했다. 이 예언은 1919년 개기일식이 일어날 때 먼 곳에 있는 별에서 나온 빛줄기가 태양에 아주 가까이 지나칠 때 태양 쪽으로 떨어지는 것이 관찰됨으로써 완전히 확인되었다. 이 효과의 크기도 아인슈타인의 이론으로 예언된 것과 정확히 일치했다.

일반상대론으로부터 나오게 되는 물리현상에 관한 다른 추론들을 논의하기 전에 일반상대론이 특수상대론 및 뉴턴 이론과 구별되는 외형상의 특징들을 간단히 살펴보자. 비록 일반상대론적 현상 중에서 대부분은 가속된 기준틀에서 사건이 어떻게 펼쳐지는지 알아봄으로써 동등원리로부터 이끌어 낼 수 있지만, 이 이론이 제공하는 자연의 법칙과 우주의 행동 및 구조에 대한 깊은 통찰력은 이 이론의 전체 형식을 이용하여야 비로소 얻어질 수 있다.

일반상대론은 4차원 공간-시간(공간과 시간이 결합된다)에 기반을 둔다는 점에서 특수상대론을 내포하지만, 일반상대론이 이용하는 기하는 비유클리드적이라는 점에서 특수상대론과 구별된다. 일반상대론의 이 비유클리드적 측면이 아인슈타인의 중력이론을 포함하게 하여 일반상대론으로 인도한다. 중력이 어떻게 비유클리드공간-시간과 연관되는지 보기 위하여, 아인슈타인이 생각했던 엘리베이터와 동등원리로 돌아가서 이제 지구 쪽으로 자유롭게 떨어지는 엘리베이터를 상상해 보기로 한다. 엘리베이터 속에서 관찰자를 포함한 모든 것들은 정확히 같은 속력으로 떨어지며 엘리베이터를 가로질러 던져진 물체는 떨어지는 관찰자가 보면 정확히 직선을 따라 움직인다. 그러면 이 관찰자에게는 중력장이 존재하지 않는다. 그러나 지구 위에 고정된 관찰자에게는 엘리베이터를 가로질러 던져진 물체는 직선을 따라서 움직이는 것이 아니고 포물선을 그리며 움직인다. 엘리베이터 속의 관찰자에게는 중력이 존재하지 않지만, 엘리베이터 밖의 관찰자에게는 중력이 존재한다. 이렇게 모순되는 두 관점이 어떻게 받아들여질 수 있을까? 이 역설에 대한 아인슈타인의 해답은 중력은 한 기준틀에서 다른 기준틀로 옮기면 변화하기 때문에 아무런 절대적 의미를 갖지 못하므로 중력이라는 개념을 완전히 제거하고 위의 생각을 결합시켜 뉴턴의 운동법칙을 개조하는 것이었다. 그는 중력장에서 움직이는 물체에 대한 뉴턴의 제1법칙을 다시 해석하고 물체들은 중력장 안에 있건 그렇지 않건 간에 항상 직선을 따라서 움직인다고 말함으로써 이 일을 해결했다. 그러나 이 말은 유클리드적 의미에서 똑바르지 않은 선들도 포함이 되도록 직선의 개념을 다시 정의하는 것을 뜻한다. 아인슈타인은 직선에 대한 새로운 정의로 다음과 같이 말했다. 공간-시간의 기하가 어떤 선이 직선인지 아닌지를 결정하며 그래서 기하는 공간에 질량이 존재하느냐 아니면 존재하지 않느냐에 따라 유클리드적일 수도 있고 또는 비유클리드적일 수도 있다. 만일 아무 질량도 존재하지 않는다면, 공간-시간은 유클리드적이지만 질량을 가져오면 공간-시간의 기하는 비유클리드적이 된다. 아인슈타인에 따르면, 질량이 존재할 때 중력의 개념은 굴곡된(비유클리드적인) 공간-시간으로 바뀌었다. 중력은 이와 같이 기하가 되었으며 물체가 중력장 안에서 움직이는 것처럼 움직이는 이유는 물체가 물체 주위의 공간-시간 곡률을 따라가기 때문이다. 이러한 운동은 비유클리드기하에서 특정 지어진 가장 짧은 경로를 따라가기 때문에 직선운동이다.

공간-시간의 비유클리드기하의 직접적 결과인 아인슈타인의 중력법칙은 검증된 많은 놀라운 예언을 하면서 뉴턴의 중력을 수정했다. 그것은 태양 가까이 지나가는 빛줄기의 경로가 앞에서 말한 것처럼 구부러진다고 예언했다. 그것은 또한 태양 주위를 회전하는 행성의 궤도 자체가 행성의 운동 방향으로 회전한다고 예언했다. 이 현상은 “행성의 근일점의 진행”이라고 불리는데 실제로 관찰되었다. 마지막으로, 아인슈타인의 중력법칙은 별의 표면에서 나오는 빛은 붉어진다고(아인슈타인의 적색이동) 말한다. 백색왜성과 같이 밀도가 크고 무거운 별의 표면에서는 중력장이 매우 강하므로 그러한 별에서 이 효과가 가장 뚜렷하다.

일반상대론으로부터 나오는 모든 효과는 별과 같이 무거운 물체에 의해 만들어지는 공간-시간의 비유클리드기하로부터 추론될 수 있다. 그러한 물체 가까이에서는 시간이 천천히 흐른다(시계가 느려진다). 이것이 빛이 붉어지는 까닭인데, 그것은 빛을 방출하는 원자가 본질적으로 시계와 같으며 이 시계가 느려지기 때문에 방출하는 빛이 붉게 보이는 것이다. 이와 비슷하게 별의 중력장의 지름 방향으로 놓인 막대는 줄어들지만, 그 막대가 중력장의 지름 방향에 수직으로 놓였을 때는 줄어들지 않는다. 이 현상도 공간의 비유클리드기하를 반영하는 것이며 행성의 근일점이 진행하는 결과를 유도한다.

중력장에서 시간이 느려지고 길이가 줄어드는 것은 속도에 영향을 주게 되어 빛의 속력은 중력장 안에서 작아진다. 이는 빛이 무거운 별 가까이 있을 때는 아주 멀리 있을 때보다 더 천천히 진행함을 뜻한다. 실질적으로 중력이 빛을 잡아당겨서 느리게 만들며, 이때 중력이 충분히 크다면 빛은 지름 방향으로(힘의 방향을 따라) 움직일 수 없고 단지 옆으로만 움직이는 것이 가능하다. 이 효과는 무겁고 밀도가 큰 별의 표면에서 뚜렷하게 나타난다. 만일 어떤 별이 충분히 무겁고 밀도도 충분히 크다면 빛은 그 별로부터 전혀 빠져나올 수 없다. 그러한 별이 검은 구멍인데, 이것은 어떤 의미로는 공간을 자기 주위로 구부려서 아무것도 그를 떠날 수 없도록 만드는 것이다. 아인슈타인의 중력이론은 또한 진동하는 전하가 전자기파를 방출하는 것과 마찬가지로 진동하는 질량도 중력파를 방출한다고 예언한다. 비록 중력파는 직접 검출되지 않았지만 검은 구멍처럼 보이는 것의 주위를 회전하는 별의 움직임에 의해 그런 파동이 방출된다는 간접증거가 얻어졌다.

일반상대론은 뉴턴의 중력이론으로는 가능하지 않거나 가능하더라도 단지 부분적으로밖에는 취급할 수 없는 과제인 우주론에서 가장 극적인 성공을 거두었다. 아인슈타인은 1916년 그의 중력이론을 전 우주에 적용하여 우주에 대한 정적 모형(팽창하지도 무너지지도 않는 모형)을 추론했다. 아인슈타인을 뒤이은 다른 우주론자들은 아인슈타인의 이론에 의해 팽창이론도 포함하는 정적이지 않은 우주 모형들에 이를 수 있음을 보였다. 이 팽창 모형들은 멀리 떨어져 있는 은하계들이 우리로부터 멀어져야 된다고 예언하는데 이는 천체관측 결과와 일치한다. 일반상대론은 관측과 이론연구가 열광적으로 진행되고 있는 우주론이 더욱 번성하게 하는 데 대단히 많은 기여를 하였다.

참고문헌

1. Ronald W. Clark, Einstein : The Life and Times. New York : Avon Books, 1984, p. 25.
2. 위에서 인용된 책, p. 27.
3. Henry A. Boorse and Lloyd Motz, The World of the Atom. New York, Basic Books, 1966, p. 534.
4. 위에서 인용된 Clark의 책, p. 66.
5. 위에서 인용된 책, p. 66.
6. 위에서 인용된 Boorse 와 Motz 의 책, pp. 535-536.
7. 위에서 인용된 Clark 의 책, p. 252.
8. 위에서 인용된 책, p. 313.

그림 출처

1. Albert Einstein, half-length portrait, seated, facing right, by Doris Ulmann (1882-1934), Library of Congress, Prints & Photographs Division, [reproduction number LC-USZC4-4940]

# 16장

# 원자론 : 보어 원자

세상에서 이루어진 발전이 지나온 발걸음은 모두
단두대에서 단두대까지 그리고 화형장에서 화형장까지였다.
—WENDELL PHILLIPS

물질의 기본구성체로서 음전기를 띤 전자와 양전기를 띤 양성자가 발견됨에 따라, 물리학자들은 원자모형을 고안하기 시작했다. 중성인(전기를 띠지 않은) 물질은 같은 수의 양성자와 전자를 갖고 있음을 시사하는 실험 증거로부터 가장 간단한 원자는 한 개의 양성자와 한 개의 전자로 이루어졌음이 분명해졌다. 이 원자, 즉 수소의 모형을 수립하는 것이 유용한 원자이론을 개발하는 첫 단계였다. 만일 수소 원자의 구조와 동작원리가 이해된다면 나머지 다른 것들은 모두 제자리를 찾아갈 것이었다. 언뜻 보기에 이 과제는 수소 원자 속의 전자와 양성자는 두 물체 사이에 중력이 끄는 힘과 비슷한 형태의 힘으로 서로를 끌어당기므로 그런대로 쉬울 것처럼 여겨졌다. 두 경우에서 다른 점은 중력에 의해 끄는 힘은 상호작용하는 물체들의(예를 들면 태양과 행성) 질량에 의존하는 반면에 양성자와 전자 사이에 정전기적으로 끄는 힘은 양성자의 양전하와 전자의 음전하에 의존하는 것이다. 반대 부호를 갖는 이 두 전하의 크기는 로버트 밀리컨의 측정에 의해 같음이 밝혀졌으므로 양성자가 정해진 거리만큼 떨어져 있는 전자를 정전 기적으로 끄는 힘의 크기는 금방 알 수 있으며, 중력에서 두 물체 문제를(태양과 행성) 다루기 위해 뉴턴 시대로부터 발전되어 온 모든 수학적 기법을 이 원자 문제에(양성자와 전자) 그대로 옮겨 놓을 수 있다. 이런 계산에서, 그들 사이에 작용하는 중력은 양성자와 전자의 질량이 너무 작아서(양성자의 질량은 1g을 1조의 1조 배로 쪼갠 것이며 전자의 질량은 그것보다 또 1,840배나 더 작다) 정전기력에 비해 1 다음에 0이 39개가 붙어 있는 인자만큼 더 약하므로 무시할 수 있다. 이와 같은 추론에 따르면 원자 문제는 아주 쉬워 보였다. 고전물리학에서의 두 물체의 중력 문제에서 힘을 나타내는 공식에 질량을 전하로 바꾸어 놓고 이를 그대로 원자에 적용하면 될 듯이 보였다.

이렇게 접근하려는 계획이 아주 합리적이고 매력적이었으나 그것을 수행하는 방법에는 많은 장애가 가로놓여 있었다. 첫째로, 중력 문제에서는 그 풀이가 맞는다는 증거를 행성의 궤도로부터 직접 확인해 볼 수 있으나 원자의 전자궤도는 볼 수 없으므로 다른 증거로부터 간접적으로 추정해야 했다. 다행스럽게도 원자들이 일단 들뜨게 되면 방출하는 복사에 그러한 증거가 포함되어 있다. 이 복사가 원자의 광학 "스펙트럼"이라고 불린다.

두 번째로, 20세기 초엽에는 도대체 수소 원자에서 전자와 양성자가 어떻게 돌아다니는지 또는 서로에 대해 어떻게 배열되었는지, 또는 이와 연관 지어 더 무겁고 복잡한 원자에서 전자들과 양성자들이 어떻게 행동하는지 아무도 몰랐다. 원자를 태양(행성)계의 축소판처럼 다루려는 생각이 자연을 설계하는 데 있어 아주 큰 것으로부터 아주 작은 것에 이르기까지 통일성이 있음을 시사하므로 매우 매력적이었다. 하지만 전기를 띤 입자들의 행동은 질량들의 그것과는 아주 달랐으므로 이 외관상의 대칭성과 단순함은 사람들을 어지럽혔다. 뉴턴의 중력법칙에 따르면 지구와 같은 행성은 태양의 주위를 회전할 때 에너지를 잃지 않지만, 전기와 자기의 법칙에 따르면 회전하는 전하는 에너지를 계속 복사해야만 한다. 이것은 원자 안에서 가속운동 하는 전자들에는 전자기원리가 적용되지 않아야만 안정된 궤도를 돌 수 있음을 의미한다. 그러나 당시의 물리학자들은 전자가 안정된 궤도를 유지하기 위해서 어떻게 전자기법칙들을 바꾸어야 할지 몰랐을 뿐만 아니라 관찰된 전자기현상과 그렇게 뛰어나게 잘 일치하는 전자기법칙들을 수정할 의도가 전혀 없었으므로, 원자의 행성 모형은 일련의 중요한 실험들이 발견되어 물리학자들이 다시 관심을 가지게 될 때까지 버려졌다.

1910년 맨체스터 물리학연구소의 소장이 된 러더퍼드 경은 일련의 실험을 계획하고 수행했는데, 그 실험들은 원자 안의 양성자들은 원자 중심의 작고 무거운 원자핵 속에 밀집되어 있고 전자들은 이 원자핵 주위를 아직 이해되지 않은 어떤 종류의 동작원리를 따라 회전하고 있음을 여실히 보여 주었다. 이 실험들은 물리학자들로 하여금 비록 그들이 맥스웰의 전자기원리들에 의해 제기된 심각한 반대를 어떻게 다룰지는 몰랐을망정 원자의 행성 모형을 진지하게 고려해야만 하게 했다. 1913년 덴마크 물리학자 닐스 보어가 매우 기발하고 감탄할 만하지만 많은 물리학자가 동의할 수 없는 방법을 이용하여 원자모형에 양자론을 도입하여 원자의 행성 모형에 대한 전자기적 어려움을 제거할 때까지 이런 난관 상태는 계속되었다. 그는 복잡한 원자보다는 가장 간단한 원자(수소 원자)로부터 시작했다. 전자가 양성자 주위를 안정된 궤도를 따라 도는 수소 원자의 안정된 모형을 수립하기 위해서는, 이 궤도가 양성자로부터 일정한 거리를 (비록 그런 거리가 전자의 질량과 전하만을 이용해서 정해질 수는 없지만) 유지해야 됨을 알았다. 전하와 질량과 더불어 이 거리를 알려 줄 수 있는 다른 양을 도입하는 것이 필요했다. 보어는 그 해답을 플랑크의 작용상수 h에서 발견했다. 전자가 양성자 주위의 안정된 궤도를 따라 움직이는 것이 가능하도록 이 상수가 원자론에 도입되어야만 했다. 보어는 만일 원자에서 전자의 작용이 양자화되어 전자가 아무 궤도에나 있을 수 없고 그 대신 작용의 단위인 일정한 수(정수)와 연관되는 불연속적인 궤도들 중 어느 한 궤도를 따라서 움직인다면 이 문제가 해결될 수 있음을 보았다. 그는 이 궤도들이 양성자로부터 여러 가지 거리를 갖는 동심원이며 이 거리들(원의 반지름들)은 양자화 조건을 따라 결정된다고 상상했다. 가장 낮은 궤도(수 1이 부여된)는 전자가 그 궤도에 있을 때 한 단위의 작용을 나타내며, 두 번째 궤도는 두 단위의 작용(2h로 쓰인)을 나타낸다. 이 궤도들에는 숫자 1, 2, 3 등이 부여되었다. 이 숫자들은 "주양자수"라고 불리며 각 궤도에 있는 전자의 에너지는 서로 다르며 전자가 낮은 궤도에서 높은 궤도로 뛰어오르면 정해진 방법에 따라 커진다. 가장 낮은 궤도(궤도 1)는 한 단위의 작용을 나타내므로 작용의 양자화 때문에 한 단위의 작용보다 더 작은 작용은 존재할 수 없고 전자는 이 가장 낮은 궤도보다 양성자에 더 가까이 갈 수는 없으며 따라서 원자의 안정성이 보장된다.

전자가("보어 궤도"라고 불리는) 이 가장 낮은 궤도에 존재하면 그것은 허용된 값 중에서 가장 낮은 에너지를 가지며, 따라서 에너지를 조금도 방출할 수 없다. 이와 같이 양자론은 전자기이론을 대치했으며 전자가 가속되더라도 에너지를 복사하지 않으면서 양성자 주위를 회전하는 것이 허용된다. 전자는 한 번에 하나의 광자에너지를 흡수하며 더 높은 궤도로 뛰어오를 수도 있고, 그런 광자를 흡수할 때마다 더 높은 특정한 궤도로 옮기게 된다. 전자가 이 불연속적인 궤도들 중 어느 하나에 존재하는 한 에너지를 복사하지 않는다(맥스웰의 전자기법칙을 따르지 않는다). 전자는 높은 궤도에서 낮은 궤도로 뛰어내릴 때 한 개의 광자를 복사해 내보내며, 그 뛰어내리는 폭이 클수록 방출된 광자의 색깔이 더 푸르다.

맥스웰의 전자기이론을 만족시키면서 전자가 에너지를 방출하지 않고 회전할 수 있다는 불연속적인 궤도에 대한 이 생각은 너무 이상해서 당시의 원로 물리학자들은 보어의 원자모형에 매우 회의적이었거나 아니면 이를 철저히 배격했다. 그러나 이 새로운 이론으로도 풀리지 않는 문제들이 아직 남아 있고 이 이론 자체가 매우 어려운 새로운 문제들도 제기했다. 하지만 한편으로 이것만이 원자물리를 구할 수 있는 유일한 방법이라고 생각하는 열렬한 지지자들도 생겼다. 매우 못마땅한 면이 있음에도 불구하고 보어의 원자모형은 다른 모형으로는 설명할 엄두도 내지 못하는 아주 중요한 실험적 관찰인 수소 원자의 스펙트럼을 설명했기 때문에 받아들여지지 않을 수 없었다. 예를 들어 원자들이 다른 원자와 충돌하여 들뜨게 되었을 때 전자기 에너지를 방출하는데 이 에너지는 여러 파장(색깔)이 섞여 "스펙트럼"을 이룬다. 전형적인 원자스펙트럼은 가능한 모든 색깔이 아니라 각각의 원소에 고유하며 다른 원소와는 전혀 관계없는 한정된 개수의 색깔을 띤 선으로 이루어졌다.

1885년 스위스 과학교사인 야코프 발머가 태양의 흡수스펙트럼에서 네 개의 뚜렷한 선을 발견하게 되자 수소 원자를 이해하려는 노력이 시작되었다. 이 선들은 곧 수소 원자의 스펙트럼에 속한 것임이 판명되었고 일반적으로 "수소 발머선"이라고 불린다. 발머는 이 선들의 진동수 또는 파장(색깔)은 아주 간단한 공식에 의해 2, 3, 4, 5, ……와 같은 정수들로 표현될 수 있음을 보였다. 이 놀라우면서도 불가사의한 공식은 보어가 자신의 원자에 대한 양자 모형(불연속적인 전자궤도)으로부터 그것을 유도할 때까지 설명되지 못한 채로 남아 있었다. 결국 모든 것은 교묘하게 맞아떨어졌으며 보어 수소 원자의 불연속적인 전자궤도들과 수소 스펙트럼에서 불연속적인 밝은 선들이 정확히 대응하였다.

알베르트 아인슈타인을 제외하면, 아마도 닐스 보어가 20세기에 가장 큰 영향을 미친 과학자일 것이다. 그가 고전물리학의 인과율(통계확률에 근거한)을 "양자역학에서 보어의 상보성"이라고 알려진 방식으로 바꾼 것은 아인슈타인의 상대론과 함께 현대물리학을 받치고 있는 두 개의 기둥을 형성한다. 아인슈타인이 제의한 결정론적인 모형에 맞서서 현상의 양식이 우연에 근거하여 일어난다는 보어의 자연에 대한 개념 때문에, 현대물리학의 이 두 거장은 자연의 합리성과 원자물리의 본질에 대해 빈번히 부드럽게 표현하여 의견의 불일치를 보였다.

닐스 헨리크 다비드 보어(Niels Henrik David Bohr)는 1885년 코펜하겐대학교의 생리학 교수의 아들로 태어났다. 그의 아버지는 자신의 전문 분야에 전적으로 몰두하려는 사람은 아니었다. 보어의 집은 끊임없이 줄 잇는 방문객들에게 개방되었고 그들 중 많은 사람은 철학으로부터 물리학에 이르는 다양한 전공을 가진 아버지의 동료들이었다. 소년 시절의 닐스는 그들의 생기 있고 때로는 끝날 줄 모르는 토의를 경청했다. 그와 같은 언어의 교환을 통한 토의는 보어로 하여금 신학과 과학 및 정치와 경제에 이르는 자신의 채 영글지 않은 생각에 대해 더욱 숙고하게끔 해 주었다. 닐스는 이러한 저녁 시간의 대화로부터 세상사에 대해 굉장히 많은 것을 배웠을 뿐만 아니라, 막스 플랑크가 양자론을 발표하고 퀴리 부부와 어니스트 러더퍼드가 방사능에 대해 철저한 연구를 하는 당시의 물리학계

닐스 헨리크 다비드 보어(1885~1962)

가 어떻게 돌아가고 있는지에 대해서도 많은 것을 알게 되었다.

닐스는 즐거운 어린 시절을 보냈으며 나중에 저명한 수학자가 된 그의 동생 하랄과 함께 자유시간의 대부분을 스키와 자전거를 타고 축구를 하며 보냈다. 두 소년은 밖에서 노는 것을 즐겼을 뿐 아니라 공부에도 매우 진지하여 과학과 수학에 깊은 흥미를 길러 나갔다. 1903년 코펜하겐대학교에 들어갈 때, 그는 이미 플랑크나 아인슈타인의 연구에 못지않게 혁명적인 원자 내부의 모형을 제안할 수 있을 정도의 지적 능력들을 발전시켰다. 시작부터 보어는 과학자로서 놀라울 정도의 원숙함을 보였다. 물의 표면장력을 측정하려는 그의 첫 번째 연구계획은 아주 사려 깊고 철저하게 수행되어 아직 학부학생 시절이던 1906년에 덴마크학술원으로부터 금메달을 수여받기도 했다.

이렇게 그는 생애의 초기 단계에서부터 문제를 가능한 모든 관점에서 고려하고 합리적이지 못한 점은 무엇이든지 수개월 또는 수년에 이르기까지 숙고하여 자신이 만족스러운 대답이라고 믿을 수 있을 정도에 도달할 때까지 거친 모서리를 갈고 필요한 수정을 가했다. 아인슈타인의 초인적 지성이 상대론에 이르게 한 통찰력에 빛나는 물리적 직관력을 주었다면 보어의 접근 방법은 좀 더 조직적이었다. 그는 벽돌공이 집을 짓기 위해 벽을 쌓아 올리는 것과 같이 기초에서부터 시작하여 세계에 대한 그의 안목을 구축했다. 보어의 강점은 어떤 물리 문제에 대해 그의 동료들의 생각에 만족할 만하다는 해답을 얻은 후에도 어떤 다른 단서가 더 발견될는지 알아보느라고 계속하여 숙고하는 그의 의지에 있다.

그는 1911년 박사 논문을 완성한 뒤에, 캐번디시 연구소에서 J. J. 톰슨과 원자 연구를 수행하기를 원하여 케임브리지대학교로 갔다. "안타깝게도 톰슨은 그 분야에 흥미를 잃어서 보어가 정성껏 만든 학위논문의 영어 번역판을 보고도 그 중요성을 정당하게 평가하지 못했다. 이 논문은 케임브리지 철학학회에서 너무 길고 인쇄 경비가 많이 든다는 이유로 거절당했으며 이 논문을 발표하려는 보어의 시도는 번번이 실패했다."[1] 용기를 잃은 보어는 원자론에 대한 그의 관심에 호의적인 다른 연구소 소장을 초조하게 물색하던 중 1910년 원자들이 양전하를 띤 원자핵으로 구성되어 있다는 핵 원자를 제의한 어니스트 러더퍼드를 찾았다. 보어는 곧 맨체스터 연구소로 가서 러더퍼드와 합류하여 19개월 동안의 바쁜 활동 끝에 오늘날 "원자의 구성에 대한 보어의 이론"이라고 알려진 연구의 기초를 수립했다. 보어의 연구는 "같은 전하를 띠었지만 서로 다른 질량을 갖는 원자핵이 존재하므로 주기율표의 동일한 위치에 한 종류 이상의 원자가 놓일 수 있다"[2]는 것을 인정함으로써 드미트리 멘델레예프의 주기율표가 가진 몇 가지 결함들을 제거하는 데 도움을 주었다. "동위원소"라는 용어는 나중에 서로 다른 원자량을 가지면서 화학적으로는 구별할 수 없는 물질을 일컫는 것으로 정의되었지만, 보어의 발견이 당시에는 별로 관심을 끌지 못했으며 그와 함께 일한 러더퍼드까지도 타고난 보수성 때문에 보어로 하여금 그의 결과를 발표하지 말도록 설득하려 했다. 러더퍼드의 미지근한 태도에도 불구하고 보어는 원자핵 주위의 궤도를 도는 전자의 안정성을 설명하는 원자모형을 개발하는 노력을 계속했다. 상식적으로 생각하면 원자에서 상대적으로 무거운 원자핵이 훨씬 가벼운 전자를 원자가 붕괴될 때까지 안쪽으로 잡아당길 것이다. 보어는 왜 그런 현상이 일어나지 않는지에 주목하면서 원자핵 주위를 도는 전자가 한 개뿐인 수소 원자로부터 시작하여 그 안정성에 대한 설명을 찾다가 가능성 있는 대답으로 플랑크가 제안한 작용의 양자를 고려하게 되었다.

양자론이 원자 영역에서도 성공한 것이 자극이 되어 물리학자들은 보어의 원자모형을 복잡한 원자에 적용했으나 약간의 성공밖에는 거두지 못했다. 비록 보어의 모형이 기본적으로는 옳지만 많은 사소한 결함을 지니고 있음이 곧 명백해졌다. 1913년부터 1927년까지 불연속적인 궤도라는 혁명적인 구상은 그대로 놓아 둔 채로 보어의 모형을 개선하려는 경쟁이 일어났으며 많은 개선점이 제안되었다. 보어의 모형에서 원형의 전자궤도를 이용한 것은 그 모형의 완전한 능력 발휘를 위해서는 너무 제한적이었다. 그리하여 보어의 원자이론에 대한 첫 번째 발전은 원형이 아닌 전자궤도를 도입하는 것으로 시작되었다. 이러한 변화는 태양계의 모형에서 원형궤도를 이용한 코페르니쿠스적 모형을 케플러가 타원궤도로 개선한 것과 비슷했다. 보어가 애초에 제안한 원자모형은 궤도의 반지름으로 주어진 것처럼 단지 전자궤도의 크기만을 다루었지만, 개선된 모형은 궤도의 크기뿐 아니라 그 모양도 다루었다. 이렇게 추가된 복잡성 때문에 역시 정수로 주어지는 "방위양자수"라고 불리는 두 번째 양자수의 도입이 요구되었다. 이제 원자 속의 전자에는 주양자수와 방위 또는 궤도양자수로 불리는 두 개의 정수가 붙어 다녔으며, 주양자수가 전자의 에너지에 대응하는 것과 마찬가지로 방위양자수는 전자의 각운동량(회전운동)에 대응한다. 이와 같이 전자궤도의 기하학적 모양은 놀라운 방법으로 두 정수들의 모임에 의해 전자의 동역학적 성질과 관계된다.

이렇게 바꾼 후에도 보어 이론의 진화 과정은 끝나지 않았는데 그것은 두 양자수만 가지고는 자기장 속의 원자의 행동을 설명할 수 없었기 때문이었다. 원자 속에서 전자는 원자핵의 주위를 회전하기 때문에 원자는 회전하는 자석과 같이 행동하며 따라서 자기장에 매우 명확한 방법으로 반응한다. 그러나 이러한 반응은 고전물리학으로는 설명될 수 없으며 따라서 양자론이 요구되는 것이다. 그래서 세 번째 양자수인 "자기(磁氣)양자수"가 도입되어야만 한다. 이 세 번째의 양자수가 보어의 모형이 자기장 안에 놓여 있는 원자에서 나온 스펙트럼의 변화로부터 알 수 있는 성질과 부합되도록 만들었다. 원자가 자기장에 놓여 있지 않을 때는, 그 원자의 스펙트럼에 나타나는 밝은 선들은 전자의 주양자수와 방위양자수로 이해될 수 있지만, 그 원자가 자기장에 놓여 있을 때는 스펙트럼에 더 많은 선이 출현한다. 이 현상은 "제만 효과"라고 알려져 있다. 고전 전자기이론은 이것을 단지 부분적으로밖에 설명할 수 없으나 양자론은 세 번째 양자수를 도입하여 완전히 설명한다. 우리는 원자가 자전하는 자석처럼 행동하며 그러므로 자전하는 팽이가 수평면 위에 놓이면 중력장의 영향으로 세차운동 하는 것과 같은 방법으로 전자도 자기장 아래서 세차운동 한다는 데서 이 세 번째 양자수의 도입이 필요함을 이해할 수 있다. 자기장에서 원자가 이렇게 세차운동 하는 것은 동역학적인 특성이며 따라서 양자화되어야 한다. 이 과정은 자기장에 대해서 원자가 회전하는 축이 놓일 수 있는 위치가 불연속적인 수에 의해 제한받기 때문에 "공간양자화"라고 불린다.

앞에서 설명되었듯이 원자 속에서 전자의 동역학적 성질을 정의하는 세 개의 양자수는 보어가 수소 원자의 양자 모형을 제안하고부터 양자역학이 발견될 때까지 10년에 걸쳐 물리학자들이 경험적으로 발견한 명확한 규칙에 따라 전자에 부여된다. 비록 보어의 초기연구를 뒤따라 개발된 원자론의 대부분은 필요할 때마다 새로운 규칙이 추가된 고전적 뉴턴 이론과 양자론의 혼합이긴 했지만 그런대로 소기의 기능을 잘 발휘했다. 그러나 어떤 실험 자료는 이 이론으로는 아직 설명될 수 없는 것도 있었다. 예를 들면 이 이론으로 예언된 원자의 스펙트럼에 나타나는 선의 수는(세 양자수를 이론에 결합시키더라도) 실제로 관찰된 것의 약 절반밖에 되지 않았다. 그 이론의 이러한 결함은 전자의 스핀과 관계되는 네 번째 양자수의 도입으로 제거되었다.

우리는 모두 지구의 자전으로부터 시작하여 회전하는 전동기나 현대기술에 매우 중요한 자이로스코프에 이르기까지 회전하는 물체에 익숙해 있지만 회전하는 전자를 상상하기는 어려우며 그래서 보어의 이론에서는 회전이 전자의 물리적 성질로 포함되지 않는다. 그렇지만 1925년 두 명의 젊은 네덜란드 물리학자인 사무엘 구드스밋과 조지 울런벡은 만일 전자가 실제로 스핀을 지닌다면 보어 이론에서 스펙트럼의 선과 연관된 어려움은 깨끗이 씻길 수 있음을 보였다. 이것은 전자가 네 번째 양자수인 "스핀양자수"를 지님을 뜻한다. 이 스핀양자수는 다른 세 양자수와는 달리 단지 두 값만을 갖는다. 자기장에서 전자의 스핀 축은 단지 두 방향만을 취할 수 있다. 즉, 자기장에 평행하든지 또는 반평행(자기장과 반대 방향을 가리킨다)하든지 둘 중에 하나이다.

구드스밋과 울런벡이 전자의 스핀을 발견하기 전에도 이미 이론물리학자인 볼프강 파울리가 회전과는 전혀 관계없는 이유로 인해 전자의 네 번째 양자수를 제안했다. 그는 원자에서 두 개 이상의 전자가 연달은 전자껍질에 배치되는 방법을 설명하려면 네 번째 양자수가 필요함을 발견했는데 이는 화학적 전자가(電子價)를 푸는 열쇠이다. 파울리는 원자 속의 전자는 양자수들이 모두 다르도록(여러 궤도에) 배치되어야만 한다는 그의 유명한 배타원리로서 보어의 원자모형에 크게 기여했다. 이 간단한 원리가 화학원소의 주기율표를 설명한다. 이는 보어 모형 발전단계에서 절정을 이루었지만 더 이상 나아갈 수가 없었으며 양자역학이 발견됨에 따라 변화가 필요했다. 이제 양자역학을 논의하기에 앞서 아인슈타인이 복사이론에 마지막으로 크게 기여한 것을 살펴보자. 아인슈타인의 기여는 보어의 원자모형에서 광자의 역할을 분명하게 밝혀 주며 양자론이 양자역학으로 옮기는 것을 불가피하게 만든 광자의 중요한 동역학적 성질을 드러내 주었다.

아인슈타인은 비록 플랑크가 유도한 흑체복사 공식을 완전히 인정하긴 했지만 플랑크가 흑체복사와 평형을 이루고 있는 난로의 내부 벽이 진동자로 이루어졌다고 가정했다는 점에서 그것이 충분히 일반적이지 못하다고 느꼈다. 아인슈타인은 이런 특별한 가정은 필요하지 않다고 느꼈으며, 1917년 복사에 관한 논문에서 보어의 원자모형을 이용하여 플랑크의 복사공식을 유도함으로써 그의 느낌이 진실이었음을 보였다. 그는 원자가 일정한 진동수의 광자를 방출하고 흡수하는 흑체(열)복사의 바닷속에 잠겨 있다고 상상했다. 그래서 원자 속의 전자는 끊임없이 낮은 보어 궤도에서 높은 보어 궤도로 뛰어 넘나들면서 주어진 진동수의 광자를 흡수했다가 다시 방출하곤 한다. 만일 그런 원자가 많이 존재한다면, 어떤 순간에서든지 어떤 일정한 수만큼의 원자에서는 전자가 낮은 궤도(상태)에 있고 어떤 다른 수만큼의 원자에서는 전자가 높은 궤도(상태)에 있게 되어 원자들이 복사와 평형을 이룰 것이다. 이 수들은 항상 일정하며 복사의 온도와 서로 연관되어 있다. 온도가 변하지 않는 한 이 수들은 변하지 않는다.

플랑크의 공식을 얻기 위해 아인슈타인은 들뜬 원자(전자가 높은 궤도에 있는 원자)가 어떻게 그 에너지를 잃고서 전자를 낮은 궤도로 떨어뜨리는지에 대한 보어의 구상을 넓히거나 늘려야 했다. 보어에 따르면 전자는 어떤 식으로든 주어진 진동수의 광자를 강제적이 아닌 자발적으로 방출하면서 떨어진다. 아인슈타인은 이런 입장을 받아들였으나 그것 말고도 그가 "광자(복사)의 유도방출"이라고 부른 다른 방출 과정을 추가했다. 그는 광자가 물질 입자와 꼭 마찬가지로 에너지와 함께 운동량도 갖는다고 주장했다. 만일 주어진 진동수의 광자가 들뜬 원자 곁을 지나가면 높은 궤도의 전자가(지나가는 광자에 의해) 자극되어서 원래의 광자와 나란히 움직이는(같은 운동량을 갖는) 광자를 방출한다. 이와 같이, 이제 같이 움직이는 두 동일한 광자가 존재한다. 이 두 광자는 같은 과정을 따라 곧 네 개가 되며, 그 네 개는 여덟 개가 되고 이런 과정이 계속되어 정확히 같은 방향으로 움직여 나가는 동일한 광자로 이루어진 센 광선이 얻어지게 된다.

그런 광선은 현재 모든 종류의 첨단 공업기술에서 흔히 사용되며 "레이저 laser"라고("복사의 유도방출에 의한 빛의 증폭 light amplification by stimulated emission of radiation"의 첫 글자들을 모아서 만든 용어) 불리는 기구에 의해 만들어진다. 아인슈타인은 플랑크의 복사공식을 이끌어 내기 위해 복사의 유도방출에 대한 개념을 도입할 때 레이저와 같은 것은 전혀 상상하지 않았다. 그는 단지 복사이론에서 중요한 문제를 푸는 것만 걱정했을 뿐 광학기술 따위는 안중에도 없었다. 그의 두 가지 순수한 이론적 발견, 즉 유명한 방정식과 복사의 유도방출이 오늘날 가장 중요한 공업기술 중의 두 가지, 즉 핵에너지와 레이저의 발전을 낳게 되었다는 것은 흥미롭다.

아인슈타인이 복사에 관해 쓴 마지막 논문에는 두 가지 중요한 면이 있다. 그것은 보어의 원자모형을 절대적으로 지지하면서 광자의 입자성의 기초가 되는 운동량이라는 중요한 개념을 물리에 도입시켰다. 이 개념에 의해 베르너 하이젠베르크는 물리적인 관점에서 그의 불확정성원리를 분석하게 되었다.

보어가 원자의 안정성을 설명해 낸 것은 원자물리의 연구에 막대한 영향을 주었다. 그가 원자의 안정성을 설명하기 위해 플랑크의 작용의 양자를 도입한 것은 단순하면서도 우아했고, 과학자들이 원자의 구성을 조명할 때 가장 혁명적인 변화를 주었던 플랑크의 작용의 양자라는 현대물리학의 주춧돌 중 하나를 이용했기 때문이다. 보어는 자신의 결론을 1913년 영국왕립학술원이 발행하는 『철학회보 Philosophical Transactions』에 발표하면서, 두 가지 공리에 기반을 둔 그의 이론을 소개했다. "첫 번째 공리는 원자계에 안정된 상태가 있음을 분명히 했는데 그러한 상태는 고전역학으로도 기술될 수 있긴 하다. 두 번째 공리는 원자계가 한 안정된 상태에서 다른 안정된 상태로 전이하는 것은 고전적 과정이 아니며 이러한 전이가 일어날 때 균일한 복사를 주는 한 개의 양자가 방출되며 그 양자의 진동수와 에너지는 플랑크 방정식에 따라 관계된다는 것이다."[3] 보어의 결론들은 점차로 인정받았으나, 보어는 "이 두 공리에 의해 구체화된 원자현상에서 고전적 측면과 양자적 측면" 사이의 관계를 더 분석해야 될 필요를 잘 인식했다.[3] 1916년 보어는 코펜하겐대학교에 그를 위해 새로 만든 교수직을 수락하기 위해 맨체스터에서 코펜하겐으로 돌아왔다. 4년 후 덴마크의 가장 저명한 과학자가 원자에 대한 연구 때문에 영국으로 가는 것을 방지하기 위해 열성적인 독지가들이 모은 기부금으로 운영되는 이론물리학 연구소의 소장이 되었다. 프린스턴의 이론물리 연구소와 마찬가지로 보어의 이론물리 연구소도 세계적인 지도자급 물리학자들 중에서 많은 사람을 코펜하겐으로 끌어들였으며 핵물리학에서 다양하고 중요한 발견들을 낳게 한 전문가들의 친교를 수립하고 살찌우는 데 커다란 역할을 했다.

보어는 아인슈타인이 노벨상을 받은 이듬해인 1922년 노벨 물리학상을 수상했다. 노벨상을 받은 후 수많은 명예학위와 메달들이 쏟아져 들어왔다. 노벨상을 받자 보어의 이름은 유럽과 미국 전역에 걸쳐 일반 가정집에서도 익숙한 이름이 되었다. 새로운 인기 덕택에 유럽 전역을 다니며 물리에 대한 대중강연과 학술강연을 하게 되었다. 강연을 위해 미국에 갔을 때 그는 대부분의 시간을 프린스턴 근처에서 보냈는데 이것은 J. 로버트 오펜하이머와 존 슬레이터와 같은 물리학자들과 오랜 우정을 맺는 계기가 되었다. 그렇지만 보어의 명성은 덴마크에서 가장 높았다. 그는 국가적인 영웅으로 대우받았고 그의 이름을 모르는 학생은 아무도 없었다. 한 양조업자는 그에게 일생 동안 사용할 화려한 저택을 기증하기도 했다.

개인생활과 양자물리학자들의 지도자 격인 자신의 지위에 만족하게 되자 보어는 양자론의 철학적 측면에 대해 생각하기 시작했다. 특히 원자 수준에서 임의로 일어나는 사건이 우주적 수준에서는 결정론적인 우주관을 부정하느냐 하는 문제를 생각했다. 그의 견해는 1920년대 베르너 하이젠베르크가 보어의 양자 가정들을 포함하기 위해 개발한 행렬역학과 양자현상에 대한 폴 디랙의 우아한 수학적 모형, 그리고 에르빈 슈뢰딩거와 루이 드 브로이에 의해 이루어진 확장된 양자론에 영향을 받았다. 슈뢰딩거와 드 브로이는 “물질의 구성체는 복사와 같이 연속적인 파동의 장의 전파법칙에 의해 지배받을지도 모른다”[4)]는 추측에 근거하여 “원자현상에서 연속적인 면이나 불연속적인 면을 모두 수용하기 위해” 양자론을 확장했다. 그렇지만 인과율에 대한 보어 자신의 견해를 진전시키는 데 결정적인 요소는 1927년 하이젠베르크가 발견한 원자물리학에서의 불확정성의 관계였다. 하이젠베르크는 이 관계로부터 측정하는 동작 자체에 의해 원자계에 혼란이 도입되기 때문에 원자현상에서 행해지는 측정의 정확도에는 상호 조정이 존재한다고 결론지었다. 예를 들어 만일 한 입자의 위치를 정확히 결정하려고 시도하면, 그 입자의 운동량에 대한 정보가 덜 정확해진다.

한 입자가 위치하는 장소와 그 에너지를 동시에 정확히 결정하는 것이 불가능함을 알게 됨에 따라 보어는 그의 상보성원리를 수립하는 영감을 얻었다. 이 원리는 "확률적 형태의 인과율이 양자적인 개체들이 낳는 여러 현상들을 얽어매는 유일한 연결고리라는 인식을 확인했으나 양자역학을 기술하는 통계적 방식이 이러한 현상들에 완전히 적용되고 이 모든 현상들에서 관찰이 가능한 면을 완벽하게 설명할 수 있게 해 주었다."[5] 보어의 상보성원리는 거의 모든 물리학자들에게 받아들여졌지만 아인슈타인은 확고부동하게 거부했다. 아인슈타인은 원자현상에 대한 통계적 접근이 성립할 수 없는 여러 가지 이유를 댔으나, 보어는 그의 주장들을 모두 성공적으로 반박했다. 비록 보어는 아인슈타인이 원자 수준에서 확고한 인과율을 선호함으로 말미암아 자신의 상보성원리를 대체적으로 받아들이는 동료 물리학자들의 대열에서 낙오하게 된 것을 항상 아쉬워했지만, 아인슈타인의 거부가 보어의 이론을 더욱 공고히 했다는 것을 부인하기는 어렵다.

보어는 또한 볼프강 파울리와 하이젠베르크, 디랙과 함께 연구하면서 양자역학을 전자기장에 적용했다. 이 집요한 노력은 "장의 양자화에 대한 기본원리들"을 수립하고 "하이젠베르크의 불확정성원리가 동역학적인 양을 측정하는 데 적용되는 것과 마찬가지로 장의 양을 측정하는 데도 적용됨"을 보이는 유명한 논문을 발표하는 것으로 절정을 이루었다.[6] 제임스 채드윅이 중성자를 발견한 것에 자극을 받아서 보어는 원자핵의 물방울모형과 복합핵에 대한 개념을 고안했다. 이 개념은 "어떻게 두 원자핵이 충돌하여 새로운 원자핵을 형성하고 서로 다른 다양한 입자들이 방출되는지를 이해할 수 있게 했다."

2차 세계대전이 터지자 보어는 나치에 의해 점령된 국가를 탈출하는 과학자들에게 연구소 문을 활짝 열었다. 1940년 봄 덴마크가 침공당했을 때, 보어는 덴마크에 남아 있는 것이 영국이나 미국에서 할 수 있는 다른 어떤 일보다도 더 필요하다는 믿음에서 자기 나라를 떠나기를 거절했다. 비록 나치가 주축국을 위해 일하도록 보어를 매수했지만 독일의 전쟁능력에 보탬이 될지도 모르는 어떠한 연구에도 참여하기를 거절했다. 나치가 독일 정부에 협조를 거부하는 사람들에게 어떤 보응을 할 것인지를 보여주는 본보기로 보어를 사용할 것이라는 사실을 미리 알고 목숨을 보전하기 위해 1943년 작은 배를 타고 스웨덴으로 갔다.

마침내 미국으로 건너가서 전쟁 기간 동안 로스앨러모스 연구소에서 맨해튼 계획에 대해 연구했다. 원자폭탄을 개발하는 데 관계된 대부분의 동료 과학자들과 마찬가지로 핵분열폭탄에 대해 단지 나치가 먼저 개발하는 것을 막고 전쟁의 경로를 바꿀 수 있다면 이를 개발해야 한다고 믿었다. 그렇지만 원자폭탄이라는 마귀가 이미 갇힌 병 속에서 나왔으며 어떤 주축국도 원자폭탄을 만들 수 있으리라는 점을 잘 알고 있었다. 그 결과 그는 전쟁 이후에 핵무기의 개발과 사용을 규제하는 국제위원회를 만들어 핵전쟁을 방지하는 방법을 찾는 데 더욱 강박관념을 갖게 되었다. 그렇지만 그의 호소는 우이독경일 뿐이었고 구체적인 행동을 취하라는 그의 제의는 루스벨트와 트루먼 모두에 의해 무시되었다. 그럼에도 불구하고 보어는 자신의 연구소를 확장하는 일을 감독하는 동시에 원자력을 평화적인 목적에 이용하려는 덴마크 정부의 계획에 고문으로 일했다. 1962년 11월 18일 심장마비에 의한 그의 죽음은 지금까지 살았던 가장 다재다능한 과학자들 중 한 사람의 생애를 끝맺게 했으며 플랑크의 양자론과 아인슈타인의 상대론에 의해 60년 전에 시작된 신기원적인 발전들을 어떤 의미에서 중단시켜 버렸다.

## 참고문헌

1. Leon Rosenfeld, "Niels Henrik David Bohr," Dictionary of Scientific Biography. New York : Charles Scribner's Sons, Vol. 2, 1970, p. 240.
2. 위에서 인용된 책, p. 241.
3. 위에서 인용된 책, p. 244.
4. 위에서 인용된 책, p. 248.
5. 위에서 인용된 책, p. 250.
6. Henry A. Boorse and Lloyd Motz, The World of the Atom. New York : Basic Books, 1966, p. 739.

## 그림 출처

1. Niels Henrik David Bohr(1935),
http://www.dfi.dk/dfi/pressroom/kbhfortolkningen/

# 17장
# 양자역학

험프티 덤프티는 경멸스러운 어조로
"내가 어떤 낱말을 사용할 때는, 그 낱말은 더도 덜도 아니고
내가 의미하려고 한 바로 그것을 의미하네"라고 말했다.
앨리스가 "문제는 당신이 한 낱말이
그렇게 많은 다른 것을 의미하도록 할 수 있느냐는 것이죠"라고 말했다.
험프티는 "문제는 누구 맘에 달렸느냐는 것이지. 그게 다야"라고 말했다.
—LEWIS CARROLL

보어의 성공적인 업적과 그와 동시대 사람들에 의해 여러 번 시행된 개선책에도 불구하고 그의 원자모형은 두 가지 이유로 인해 물리학자들에게 만족을 주지 못했다. 첫째, 그것은 실험물리학자들에 의해 빠른 속도로 모인 원자에 관한 방대한 양의 관찰 결과로부터 규칙을 찾아보려고 고전물리학 법칙들과 특별한 양자규칙들을 임의로 도입하여 짜 맞추어 놓았다는 점이다. 둘째, 보어 모형을 가지고는 원자의 스펙트럼선의 세기라든가 원자의 들뜬 상태의 수명 등과 같은 특정한 현상을 전혀 설명할 수 없다는 점이다. 그러므로 물리학자들은 자체의 공리와 법칙들로 이루어진 새 이론이 도입되어야 한다고 확신했지만, 루이 드 브로이가 변혁적인 일을 시작했던 1924년 이전까지는 아무도 그런 이론을 어떻게 만들어야 할지 알지 못했다. 그러나 그런 이론을 만들기 위해 나아가야 할 방향은 아인슈타인이 1909년 빈 공간의 열복사는 파동과 입자의 성질을 모두 가지고 있으며 이 두 가지 면이 동시에 나타나기 때문에 서로를 갈라놓을 수

없음을 보였을 때 이미 시사되었다. 복사에 관한 이 성질은 너무 혁명적이어서 아인슈타인은 에너지나 물질에 대한 사고의 혁명을 통해서만 그것이 이해될 수 있으리라고 느꼈으며 "이론물리학의 다음 단계는 일종의 파동과 복사이론이 융합되어야 해석될 수 있는 빛의 이론을 우리에게 가져다줄 것이다"라고 예언했다. "방출이론"은 빛의 양자(입자)의 방출을 의미했다. 그가 예측한 혁명은 1924년에 시작되었지만 그것이 주로 복사와 관계되리라는 그의 짐작을 넘어서 물질도 함께 다루었으며, 무척 흥미롭게도 에너지는 질량에 빛의 속력의 제곱을 곱한 것과 같다는 그의 방정식에 표현된 에너지와 물질의 동등성이 그 출발점이었다. 이 발견은 이미 입자(질량)와 파동(에너지)의 통합이었지만, 좀 더 중요한 것은 그것이 드 브로이로 하여금 물질(입자)의 파동론을 처음으로 수립할 수 있도록 이끌어 준 것이었다.

물질은 에너지와 동등하며 플랑크의 공식에 따르면 에너지는 상수(플랑크상수)×진동수이므로, 드 브로이는 에너지와 마찬가지로 물질도 그 자체와 관계되는 진동수를 지니며 따라서 파동과 같은 성질을 갖는다고 추론했다. 이것은 전자와 같은 입자가 파동을 수반하며 그러므로 파장도 갖는다는 것을 의미했다. 입자의(오늘날 "드 브로이 파장"이라고 불리는) 파장을 발견하기 위해서, 드 브로이는 광자가 운동량을 갖는다는 아인슈타인의 진술로부터 광자의 파장을 그 운동량과 연결 짓는 공식이 입자에서도 똑같이 그 운동량과 파장을 연결시키는 것이 틀림없다고 추론했다. 아인슈타인은 그의 특수상대론으로부터 광자의 운동량은 그(플랑크상수에 그 진동수를 곱한) 에너지를 광자의 속력(빛의 속력)으로 나눈 것과 같음을 보였다. 이 표현으로부터 광자의 운동량은 플랑크의 작용상수를 광자의 파장으로 나눈 것과 같음을 발견한다. 위와 같은 유추에 의한 추론으로부터, 드 브로이는 한 입자의 운동량(질량×속도)은 플랑크상수를 입자의 파장(이것은 당시에 순전히 가상적인 것이었다)으로 나눈 것과 같다는 혁명적인 가설을 제안했다. 다르게 표현하면, 입자의 드 브로이 파장은 플랑크상수를 입자의 운동량으로 나눈 것이다. 입자가 더 빨리 움직이면 그 입자의 파장은 짧아진다.

루이 빅토르 피에르 레몽 드 브로이(1892~1987)

드 브로이의 추론은 너무 대담하고 물리적이지 못하며 그의 입자-파동 개념은 너무 기괴해서, 3년쯤 후에 미국의 실험물리학자들인 데이비슨과 거머가 행한 중요한 관찰로부터 전자의 파장에 대한 드 브로이의 공식이 옳을지도 모른다는 증거가 얻어질 때까지 그의 논문은 아무런 흥미도 불러일으키지 못했다. 1929년 데이비슨과 거머는 니켈에 전자를 충돌시켜서 니켈의 표면에서 전자들이 튕겨 나가는 모양이(파동인) X선이 튕겨 나가는 것과 같음을 발견했다. 그들은 전자들이 니켈 결정의 원자들과 마치 파동인 것처럼 상호작용한다고 결론을 내렸다. 비록 입자(전자)들의 이런 기괴한 행동에 무척 당황하긴 했지만 그들은 니켈 표면에서 튕겨 나간 후에 전자들의 방향 분포로부터 산란된 전자의 파장을 측정할 정도로 마음의 평정을 되찾았다. 그들이 당시에는 드 브로이의 입자 파동이론을 알고 있지는 못했지만, 그들의 측정은 전자의 파장이 드 브로이의 이론과 일치함을 보여 주었다. 그들은 독일의 괴팅겐대학교에서 이론물리학자 막스 보른의 지도 아래 양자역학이 개발되고 있다는 소식을 듣고 결과를 보른에게 보내었다. 보른은 즉시 그들의 연구가 얼마나 중요한지를 깨달았으며, 드 브로이의 입자의 파동이론은 새롭고 이상한 물리학인 양자역학의 기반이 되었다.

드 브로이는 드 브로이 공국의 영주와 파울리니 다르마일 사이에서 태어난 왕자였으므로 그가 물질 연구에 그렇게 기본적 기여를 한 것이나 더욱이 물리학자가 된 것은 놀랍기만 하다. 루이 빅토르 피에르 레몽 드 브로이(Louis Victor Pierre Raymond de Broglie)는 1892년 디에페에서 출생했으며 조상 대대로 살아온 영지에서 자라면서 왕실생활의 안락함을 모두 즐겼다. 비록 현대의 왕족들이 종종 방탕한 생활을 보이긴 했지만 드 브로이가는 전통에 가득 차 있었으며, 드 브로이의 부친은 자녀들로 하여금 가문의 부유한 안락함 속에 안주하지 않도록 했고 권위에 대한 존경심을 가르쳤다. 드 브로이는 처음에 고전을 공부했으나 1910년 역사 전공의 학사 학위를 받아 졸업했다. 졸업할 때쯤 당시에 존경받는 물리학자였던 그의 형 모리스가 유명한 솔베이 물리학 토론회에 최초로 참가하여 그 회의에서 논의된 것들을 그에게 자세히 설명해 주었다. 그때까지도 과학적 주제들, 특히 물리학에 대해 그리 큰 관심이 없었던 드 브로이에게 아인슈타인과 플랑크, 로런츠, 그 밖의 많은 일류 과학자와 함께 광자가 실재하는 입자인가의 문제로 토의했던 모리스의 회상은 커다란 관심을 유발했고 결국은 그의 직업을 바꾸게 만들었다. 거의 하룻밤 사이에 역사책을 내던지고 과학 교과서를 집어 들었으며 그 후 3년 동안 수학과 과학을 공부한 후 1923년 물리학으로 학위를 받았다.

1차 세계대전으로 인해 물질의 성질을 연구하며 일생을 바치겠다는 그의 계획은 중단되었지만, 군대에 징집되었던 4년 동안 파리의 에펠탑에 주둔한 프랑스 육군 무전부대에 배치되었기 때문에 그 기간을 완전히 허송한 것은 아니었다. 무선방송의 기술적 문제들이 약간 흥미롭다고 느꼈지만 그의 생각은 아인슈타인이 제안한 빛 입자의 행동에서 떠날 줄을 몰랐다. 현대물리학으로 보아서는 다행스럽게도 그는 수천 명의 국민들의 생명을 앗아 간 피로 물들인 북동부 프랑스 평원을 비켜나 상대적으로 안전했던 파리 주둔지에서 전쟁 기간을 보냈다.

전쟁이 끝나자 드 브로이는 온 시간을 다 쏟아 광자연구를 다시 시작했으며 "만일 입자이론(아인슈타인의 광자)을 받아들인다면 본질적으로 파동현상인 간섭과 회절을 설명할 수 없을 것"이기 때문에 복사의 양자이론에서 발생하는 모순에 흥미를 갖게 되었다. 반면에 "파동으로 설명하는 것이 받아들여진다면 흑체복사를 설명할 수 있는 방법은 완전히 사라진다."[1] 드 브로이의 해결책은 한 이론에 찬성하기 위해 다른 이론을 배제하는 것이 아니라 빛의 파동이론과 입자이론이 모두 옳다고 받아들이는 것이었다. 노벨상 수상강연에서 말했듯이 "입자 개념과 파동 개념을 동시에 도입하는 것이 필요하며, 파동을 수반하는 입자의 존재가 모든 경우에 가정되어야 하기" 때문에 빛은 파동과 입자 모두에 의해 이루어졌다.

드 브로이는 1924년 파리대학교의 과학교수 회의에 제출한 박사 학위 논문에서 빛은 파동이자 입자라고 처음으로 제의했다. 드 브로이의 이론에 필요한 실험적 뒷받침이 없었고, 빛의 성질에 대해서 모순되는 두 견해를 어울리지 않게 결연시키려 했으므로 그의 생각이 즉시 받아들여지지는 않았다. 그렇지만 그의 대담한 생각은 많은 물리학자의 관심을 끌었는데, 그 가운데 데이비슨과 거머는 뉴욕의 벨 연구소에서 연구하면서 결정체에 충돌시킨 전자가 회절을 일으켰고 그것이 파동역학의 법칙을 정확히 따른다는 것을 보여 주었다. 드 브로이의 혁명적 생각에 대한 확고한 증명이 대두됨에 따라 1929년에 노벨 물리학상을 수상하기에 이르렀으며, 스톡홀름의 수상식에서 "전자의 파동적 측면"을 논의한 것은 신기한 일이 아니었다.

드 브로이는 소르본에서 강사로서 학문적 직업을 시작하여 앙리 푸앵카레 연구소에서 이론물리학 교수직을 거친 다음 1932년 파리대학교의 이론물리학 교수로 임명되었다. 그렇지만 아인슈타인처럼 드 브로이가 양자역학에 대한 인과율적 해석을 이끌어 내려는 시도는 많은 젊은 동료에 의해서 무시되었다. 현대물리학에 결정론이 필요하다는 그의 완고한 주장 때문에 드 브로이는 일종의 공룡처럼 취급받았다. 드 브로이와 아인슈타인은 모두 닐스 보어와 막스 보른, 베르너 하이젠베르크가 제안한 양자역학의 확률적 해석을 매우 싫어하였으나, 그 둘은 모두 통계적 해석을 선호하는 사람들의 주장을 반박하는 것이 불가능했다.

드 브로이는 새로운 물리학의 창안자이긴 했지만 그것이 빠르게 성장하는 데 중심인물이 되지는 못했다. 양자역학은 외관상 본질적으로 다른 두 가지 경로, 즉 행렬역학과 파동역학으로 발전되었으며 보른과 하이젠베르크, 요르단(이상 행렬역학)과 에르빈 슈뢰딩거(파동역학)가 이러한 발전에 공헌했다. 폴 디랙과 볼프강 파울리도 또한 이 놀라운 연구에서 중요하고 때로는 지배적인 역할을 했다.

행렬역학의 발전은 1925년 하이젠베르크가 한 세미나에서 발표한 논문에서 고전역학으로부터는 가장 일반적인 개념만을 도입하여 자체적으로 일관된 규칙과 법칙을 갖춘 새로운 양자이론적인 역학이 필요하다고 주장하면서 고전물리학과 짜 맞춘 고전양자이론의 개혁을 주도함으로써 시작되었다. 특히 그는 양자역학이 오로지 관찰 가능한 양만을 다루어야 하며 관찰될 수 없는 보어 궤도 따위의 개념은 원자물리학에서 추방되어야 한다고 주장했다.

이제는 더 이상 전자가 원자에서 어떤 특정한 점이나 특정한 궤도에 존재한다고 말하지 않게 되었다. 대신에 점으로 주어졌던 위치는 전자가 모든 보어 궤도들 위에 퍼져 있음을 묘사하는 수들의 배열로 바뀌었다. 이렇게 수들을 배열한 것이 행렬이다. 전자의 위치는 수로 나타내는 양이 아니라 행렬이다. 하이젠베르크는 또한 입자의 뉴턴적인 운동량도 그 입자의 고전적 운동량이 가질 수 있는 많은 값으로 이루어진 행렬로 바꾸어 놓았다. 이 연구가 행렬역학의 시작이었으며 그다음에 보른과 하이젠베르크, 요르단에 의해 원자 문제를 푸는 완전히 자체충족적인 수학적 기술로 발전되었다.

두 행렬을 곱할 때는 곱하는 순서에 따라 그 곱한 값이 달라지기 때문에 행렬역학에서 사용되어야만 하는 대수는 교환관계를 만족하지 않는다.

전자의 위치가 q이고 그 운동량이 p라면 이 양들이 뉴턴 물리학에서는 정확히 결정되고 두 양의 곱 pq는 곱 qp와 같고 그들을 곱하는 순서가 아무런 차이도 불러일으키지 않는다. 그렇지만 행렬역학에서는 p와 q가 정확한 수가 아니다. 그들은 행렬이며, 그래서 pq는 qp와 같지 않다. 하이젠베르크는 행렬역학의 곱셈에서 교환되지 않는 성질은 곱셈에 관계되는 양들이 다음과 같은 의미에서 불확정성원리(하이젠베르크가 제안한 결정할 수 없음의 원리)의 지배를 받음을 뜻한다는 것을 보였다. 그 곱의 두 인자(앞의 예에서 q와 p)가 동시에 무한한 정확도로 측정될 수는 없다. 전자의 위치를 더 정확하게 측정할수록 그 전자의 운동량에 대한 지식은 더 불확실해지고 그 반대도 성립한다. q를 잘 모르는 정도와 p를 잘 모르는 정도의 곱은 플랑크상수를 $2\pi$로 나눈 것보다 작아질 수는 없다.

하이젠베르크는 일정한 속력으로 직선을 따라 움직이는 전자의 위치를 측정하는 과정을 분석하여 물리적 관점으로부터 불확정성원리를 소개했다. 직선 위에 있는 전자의 위치를 알려면 "그것을 보아야만" 되는데, 그것은 전자를 향해 광선을 보내는 것을 뜻한다. 광선속의 광자가 전자에 충돌하면 광자는 반사해서 우리의 눈으로 들어오며 우리는 간단한 광학원리(반사원리)를 적용하여 전자의 위치를 추론한다. 그러나 광자는 전자로부터 반사하면서 전자에 자기 운동량의 일부를 전달하고 이것이 전자의 운동량에 대한 우리 지식에 오차를 유발한다. 전자의 위치를 더 정확히 결정하면 할수록 그 운동량에 대한 우리 지식의 오차는 더 커진다. 이렇게 타협해야 하는 이유는 전자의 위치를 아주 약간의 오차만 내도록 결정하려면 매우 짧은 파장을 갖는 광자를 전자에 쪼여 주어야 되는데, 이것은 높은 에너지를 갖고 있으며 따라서 높은 운동량을 갖는 광자가 필요함을 의미한다. 그것이 전자의 운동량에 큰 오차를 가져온다. 이 모든 것은 플랑크의 작용상수 h로 정의되는 작용의 양자가 존재하는 것에 기인하므로 우리는 측정하는 과정에서 광자 때문에 생기는 혼란을 제어할 수 없다.

위치와 운동량에 처음으로 적용된 하이젠베르크의 불확정성원리는 측정 가능한 다른 한 쌍의 양에도 역시 적용된다. 그런 쌍으로 이루어진 양을 "켤레변수"라고 부르는데 그들이 양자물리학의 결정론에 제약을 가하므로 양자역학에서 중요한 역할을 하게 된다. 켤레변수 중에서 중요한 한 쌍의 예는 시간과 에너지이다. 이 두 양에 연관된 불확정성은 다음과 같다. 입자의 에너지를 측정하느라고 시간을 오래 보낼수록 에너지를 더 정확히 측정할 수 있다. 만일 매우 짧은 시간 안에 측정한다면 에너지 측정값의 오차는 매우 크다.

불확정성원리를 작용 h라는 양이 존재하는 것으로부터 추론하면 더 잘 이해할 수 있다. 이 원리는 한 입자와 연관된 작용이(작용의 단위인) h보다 더 작을 수는 없음을 뜻한다. 만일 입자의 위치를 그 입자 경로의 작은 구간 안에서 정하려면 그 구간의 길이가 입자의 위치에 대한 우리 지식의 오차이며, 그 구간에서 입자의 작용은 구간의 길이에 입자의 운동량을 곱한 것이다. 그러므로 입자의 운동량을 구간의 길이와 곱하여 h보다 작지 않게 만들려면 충분히 커야만 한다. 입자의 위치에 대한 우리 지식의 오차가(구간의 길이가) 감소할수록 입자의 운동량과 운동량에 대한 우리 지식의 오차가 증가한다. 이것이 불확정성원리인데, 우리의 논의가 시사하는 것처럼 이 원리는 플랑크가 발견한 작용의 양자로부터 유래한다.

베르너 카를 하이젠베르크(Werner Karl Heisenberg, 1901~1976)는 독일의 뷔르츠부르크에서 뮌헨대학교 고전문학 교수의 아들로 태어났다. 베르너는 고전문학을 숭상하는 집안에서 자랐으며, 그의 아버지는 유럽의 문화적 역사의 가치를 잘 인식했고, 그것이 베르너에게 영향을 미쳐 후에 나치가 권력을 잡게 되자 그는 독일 문화의 "횃불을 전승하기" 위해 독일에 남기로 작정하게 된다. 그는 초기교육을 막시밀리안 김나지움에서 받았는데, 그곳에서 플라톤과 아리스토텔레스에서 데모크리토스와 탈레스에 이르는 그리스 초기 철학자들의 과학적 연구를 중심으로 고전을 공부했다. 철학과 과학의 관계에 대한 그의 흥미는 그의 전 생애에 걸쳐 계속되었으며 후기 저서 중에서 많은 것이 철학적인 사색으로 가득 차 있다. 과학에 대한 고전적 연구들과 친숙했기 때문에 우주의 성질에 대한 물리이론들이 착상되고 인정되고 그리고는 버려지는 변덕스러운 과정을 알아채고 이해할 수 있었으며 자신의 연구에 참을성 있고 조직적인 방법으로 접근할 수 있었다.

베르너 카를 하이젠베르크(1901~1976)

하이젠베르크는 물리와 철학을 공부하고 1920년 김나지움을 졸업했다. 음악에도 흥미를 느꼈으나 이론물리학의 유혹이 더 강했다. 당시에 세계적으로 으뜸가는 원자물리 이론학자 중 하나인 아르놀트 조머펠트를 찾아가 이론물리학을 공부하도록 허락해 달라고 했다. 조머펠트는 하이젠베르크의 대담함에 약간 당황하여 기초물리학 과정을 끝내고 전공 분야를 정하자고 제의했다. 조머펠트의 충고를 받아들여서 조머펠트가 교수로 있는 뮌헨대학교에서 공부하기 시작했다. 또한 조머펠트의 세미나에도 참석하도록 허락받았는데, 거기서 상급생이나 대학원생들에게 지지 않고 버텼다. 처음부터 학과목에 신기할 정도로 통달했고 입학한 지 여섯 학기 만인 1923년 물리학 박사 시험에 합격했다. 괴팅겐대학교로 옮겼는데, 그곳에서는 막스 보른이 그 학교의 물리학과를 세계에서 가장 좋은 학과로 만들기 위한 프로그램을 감독하고 있었다. 하이젠베르크는 보른의 조수로 일했으며 다음 두 해 동안 양자역학이라고 불리게 된 연구의 기초를 발전시켰다. 1925년 그의 생각을 설명하는 혁명적인 논문을 완성했다. 보른은 하이젠베르크가 쓴 논문의 가치를 알아보고 그것을 『물리학회보 Zeitschrift für Physik』로 보내어 거기에 발표되었다. 그러고 나서 하이젠베르크는 보른과 요르단 파스쿠알과 함께 공동연구를 하면서 자신의 이론을 추가로 개선했으며 행렬역학을 기술하는 비교환적 대수를 실제로 수립했는데 이것이 가장 주목받을 만했다. 하이젠베르크는 점차로 그의 불확정성원리에 도달하게 되었는데, 그것은 "만일 이론이 직접 관찰할 수 있는 물리량만 다루어야 한다면, 한 입자의 위치와 운동량 중 어느 하나에 대한 측정이 다르냐에 따라서 입자에 대한 우리의 지식에 영향을 미칠 것이므로, 그 이론은 입자의 위치와 운동량을 동시에 정확히 알려 주지 못하는 형태로 만들어져야 한다는 것이 그에게는 명백했기" 때문이다.[2) ] 하이젠베르크는 그 후 괴팅겐을 떠나 코펜하겐에서 3년 동안 닐스 보어와 함께 일했으며, 라이프치히대학교의 이론물리학 교수가 되어 1941년까지 머물렀다. 하이젠베르크의 생애에서 이 기간은 다음과 같은 연구에서 볼 수 있듯이 대단히 생산적이었다. 그는 양자역학이 어떻게 전자기현상에 적용될 수 있는지를 보여 주었고 볼프강 파울리와 함께 "양자 전기동역학과 양자장론의 기초를 쌓았으며" 그리고 "중성자와 양성자가 모두 동일한 기본입자, 즉 핵자의 서로 다른 두 에너지 상태라고 간주하는" 하전 스핀에 대한 개념을 도입했다.[3)] 하이젠베르크는 1934년에 노벨 물리학상을 수상했다. 하이젠베르크는 독일에서 가장 뛰어난 물리학자 중에 한 사람이었으므로, 1942년 베를린의 막스 플랑크 물리연구소 소장에 임명되었고 전쟁 기간 동안 그곳에 머물렀다. 나치가 크게는 지식층을, 작게는 유태인을 박해함에 따라서 하이젠베르크는 독일을 탈출하는 학자들과 합류하고 싶은 유혹을 받았으나, 비록 히틀러 정부는 증오했을망정 독일 국가에 대한 애착심 때문에 그냥 남아 있기로 결정했다. 막스 플랑크가 그랬던 것처럼, 하이젠베르크도 전쟁 후에 남아 있을 독일 과학의 흔적을 보전하기 위해 자신은 그대로 머물러 있어야 한다고 믿었다. 1945년 하이젠베르크는 괴팅겐으로 돌아와서 막스 플랑크 연구소 소장직을 맡았으며, "두 계가(예를 들면 두 원자핵이나 또는 두 양성자) 가까이 다가오기 전의 처음 상황과, 두 계가 상호작용을 끝내고 떨어져 나간 후의 마지막 상황만에 의해 사건을 기술하려고 시도하는" 그의 산란행렬 이론을 개발했다.[4] 그는 생애의 나머지 기간 동안 전자와 양성자 같은 기본입자의 성질을 규명하려고 시도했으며, 『미지의 영역을 가로질러서 Across the Frontiers』라든가 『물리와 철학 Physics and Philosophy』 같은 철학과 과학에 관한 책을 저술하기도 했다.

하이젠베르크와 볼프강 파울리가 행렬역학을 이용하여 몇 가지 초보적인 문제들을 해결했음에도 불구하고, 대부분의 물리학자들은 연구에 이용하기에는 그 수학적 구조가 너무 어렵다고 생각했다. 만일 에르빈 슈뢰딩거가 파동역학을 발견하지 않았다면, 양자역학은 매우 느리게 발전했을 것 같다. 드 브로이의 논문에서 드러난 입자의 파동성(파동-입자 이중성)에 자극받아 슈뢰딩거는 오늘날 "전자의 파동방정식"이라고 불리는 것으로 그 절정을 이룬 높은 창조성을 발휘했으며, 이 파동방정식은 단지 전자뿐 아니라 모든 입자에 적용되기 때문에 애초에 여겼던 것보다 훨씬 더 일반적인 특성을 가졌다.

에르빈 슈뢰딩거(Erwin Rudolf Josef Alexander Schrödinger, 1887~1961)는 빈이 유럽의 문화 중심지이자 쇠락해 가는 오스트리아-헝가리 제국의 수도였던 시절에 그곳에서 태어났다. 그의 아버지 루돌프 슈뢰딩거는 화학자로서의 교육을 받았으나 이탈리아의 회화와 식물에 몰두했다. 집안이 경제적으로 무척 유복했으므로 에르빈의 부모는 시간과 정력을 들여 그에게 빈의 풍부한 문화와 역사를 소개해 주었다. 그의 아버지와 어머니는 모두 아들에게 예술의 진미를 깨닫고 지식 자체의 추구를 즐기도록 가르쳤다. 빈의 아름다운 배경 아래서 에르빈은 곧 생명에 대한 강렬한 사랑과 생명체의 생물학적 과정에 흥미를 갖게 되었다.

에르빈은 빈 김나지움에서 초기교육을 받았으며 그곳에서 과학과 수학을 공부했다. 또한 문학을 매우 좋아했으며 시와 어학을 즐겼다. 아인슈타인처럼 에르빈도 암기식 공부를 좋아하지 않았기 때문에 자기 취향에 맞도록 수강과목을 조정했으나 아인슈타인이 학교에 다닐 때 그랬던 것처럼 권위에 대한 반감을 기르지는 않았다. 그는 학교 성적이 뛰어나서 1906년에는 빈대학교에 입학하여 고전물리학을 공부했다. 빈에서 공부한 분야 중의 하나가 연속매질에 대한 물리학이었는데 슈뢰딩거는 그로부터 빛의 파동론을 이해하는 지적 도구를 얻었다. 이러한 이해가 후에 그가 입자에 대한 파동방정식을 수립하는 데 결정적으로 중요한 역할을 했다.

1910년 빈대학교를 졸업한 후 슈뢰딩거는 그곳에서 조교수로 임명되었다. 이론에 흥미를 가졌음에도 불구하고 학생용 실험 장치를 만드는 일을 위해 채용되었다. 슈뢰딩거는 자신을 이론물리학자라고 여겼으므로 실험실에서의 연구를 진정으로 즐기지 않았다. 그렇지만 마땅한 자리를 구할 수 없었으므로 자존심을 누르지 않을 수 없었고 자신을 그저 그런 정도의 실험가 이상으로는 결코 생각하지 않았으므로 실험실에서 최선을 다하는 것밖에는 별 도리가 없었다.

슈뢰딩거는 1차 세계대전 동안 포병부대 장교로 복무하다가, 1920년 선견지명이 있던 물리학자인 빌헬름 빈의 조수로 학문적 직업을 다시 시작했다. 빈은 1905년 『물리연감』의 편집인으로서 아인슈타인이 투고한 광전효과와 브라운운동, 특수상대론에 관한 세 논문의 훌륭함을 알아본 첫 번째 과학자였다. 그 후에 슈뢰딩거는 슈투트가르트와 브레슬라우에 재직하다가 막스 폰 라우에를 계승하여 취리히대학교의 물리학 교수로 임명되었다. 슈뢰딩거가 취리히에서 보낸 기간이 그의 학문적 생애에서 가장 생산적이었는데, 이 기간 동안 열역학과 통계역학, 고체의 비열, 원자 스펙트럼 등에 관한 전문적인 논문들을 발표했다. 또한 양자 뛰어오름이라는 개념을 좋아하지 않았으므로 그의 파동방정식을 공식화했다. "그러므로 그는 스펙트럼을 고윳값 문제의 풀이로서 취급하는 일종의 연속적인 고전적 설명으로 돌아오는 방법을 찾으려고 했다. 만일 바이올린 줄과 같은 고전계의 불연속적인 진동 방식이 고윳값 문제의 풀이로 얻어질 수 있다면, 보어의 정상상태들도 역시 같은 방법으로 얻어질 수 있으리라고 판단했다. 그렇게 함으로써 양자 뛰어오름이라는 생각을 제거할 수 있고 그 뛰어오름은 한 가지 진동 방식(고윳값)에서 다른 진동 방식으로의 전이라는 개념으로 바꾸어 놓을 수 있으리라고 생각했다."[5]

슈뢰딩거는 파동방정식을 발견한 후에, 전자의 파동적 성질에 대한 드브로이의 연구와 윌리엄 해밀턴이 뉴턴역학을 위해 고안한 수학적 이론체계를 결합했다.[5] 현대의 물리학자들에게 크게 유용한 방정식을 만들기 위해 두 물리학자의 연구를 결합시킨 그의 재능이 인정되어 1933년 폴 디랙과 함께 노벨 물리학상을 공동으로 수상했다. 슈뢰딩거는 전자를 입자가 아니라 서로 밀집된 정도가 다르게 공간을 통하여 퍼져 있는 실제적 파동이라고 간주했기 때문에 본이 양자역학을 통계적으로 해석한 것이나 물질의 파동-입자 이중성을 배격했다.[6] 그가 보른의 양자역학적 방식을 반대한 것이 원인이 되어 보른과의 우호적이었지만 오래 끌었던 논쟁이 시작되었으며, 이 논쟁은 그들의 생애 남은 기간 동안 계속되었다.

1927년 막스 플랑크가 은퇴하면서 슈뢰딩거는 플랑크의 자리를 물려받도록 베를린으로 초청되었으며 그는 6년 동안 그 자리를 지켰다. 그는 그곳에서 저명한 교수들과 가졌던 매일의 접촉이 매우 자극적임을 느꼈으나, 1933년 나치가 권력을 장악하게 되었을 때 그 자리를 사임하고 독일을 떠나기로 결심했다. 슈뢰딩거는 유태인이 아니었으며 오스트리아 시민권을 갖고 있었으므로 만일 정부에 협조하기로 마음을 정했다면 매우 안락한 생활을 즐겼을 것이었지만, 특히 보른을 포함한 많은 동료가 나치의 인종차별법 때문에 떠나기를 강요당하고 있는 그때 히틀러 치하의 독일에서 살 수 있을지 의심스러웠다. 슈뢰딩거는 옥스퍼드로부터의 초청을 받아들여 1936년 그라츠대학교로 옮길 때까지 2년 동안 강의했다.

독일이 오스트리아를 합병함에 따라 슈뢰딩거는 1938년 처음에는 이탈리아로 그다음에는 프린스턴으로 망명하지 않을 수 없었으며, 그곳에서 임시로 거처를 정했다. 그 후 아일랜드의 더블린에 있는 고등연구소의 이론물리학 학교의 교장이 되었으며, 1955년 은퇴할 때까지 머물렀다. 그는 비록 물리학에 대한 이론 연구를 계속했지만, 더블린에 있는 동안 한 일 가운데 가장 잘 알려진 것은 1944년 출판한 『생명이란 무엇인가?

What is Life?」라고 불리는 작은 책이었는데, 이 책에서 유전과 같은 생물학적 현상이 양자 뛰어오름으로 설명될 수 있는지를 결정하려고 시도했다. 슈뢰딩거가 원래 가졌던 생물학적 견해는 DNA 분자의 발견과 같은 좀 더 최근의 것으로 바뀌었지만 그의 책은 커다란 인기를 누렸으며 많은 물리학자가 분자생물학을 연구하도록 격려했다.

1955년 더블린에서 은퇴한 후에 슈뢰딩거는 그가 사랑한 빈으로 돌아왔는데 그곳에서 명예가 높았다. 1961년에 죽을 때까지 물리학과 생물학에 관한 문제들에 대해 생각하기를 계속했다. 또한 빈 거리와 빈을 둘러싼 전원을 산보하는 데 많은 시간을 보내면서, 어렸을 때 자신의 교육에 막중한 영향을 끼쳤으며 자신의 다재다능한 천재성을 양육해 준 문화적이며 예술적 정신이 깃든 도시의 모습과 소리를 즐겼다.

슈뢰딩거는 불연속적인 궤도와 전자가 한 궤도에서 다른 궤도로 뛰어오른다는 개념을 무척 싫어했기 때문에 보어 이론으로부터 일정한 거리를 둔 뛰어난 이론학자였다. 고전물리학에 정통한 그는 고전 파동방정식과 튕겨진 줄이나 떠는 판과 같은 진동하는 계에 대한 문제의 풀이에 통달했다. 고전물리학에는 호감을 가졌으나 원자의 보어 모형에는 부정적 편견을 가졌던 그는 물질에 대한 드 브로이의 파동이론으로부터 불연속적인 보어 모형과 거추장스러운 행렬역학을, 보어 모형과 행렬역학의 모든 장점을 추론해 낼 수 있는 한 개의 전자 파동방정식으로 바꾸어 놓을 수 있는 방법을 찾을 수 있다고 생각했기 때문에, 드 브로이의 이론을 매우 쉽사리 받아들였다. 더구나 그러한 파동방정식은 많은 파동방정식을 포함하고 있는 고전물리학의 전통을 이어받고 있다. 물리학자들은 그러한 파동방정식을 다루고 푸는 방법을 알고 있었으며 그러므로 양자역학을 파동형태로 연구할 수 있었다.

전자에 대한 파동방정식을 얻으려고 슈뢰딩거는 정전기장(수소 원자의 양성자에 의한 장) 아래서 움직이는 전자를 묘사하는 고전적(뉴턴) 설명으로 거슬러 올라갔다. 만일 전자의 에너지에 대한 고전적 표현에서 운동량을 수학적 연산자(그 연산자는 전자의 위치가 변함에 따라 전자의 파동이 변하는 비율이다)로 바꾸고 에너지 자체도 다른 연산자(시간이 변함에 따라 전자의 파동이 변하는 비율)로 바꾸어 놓는다면 그가 원하는 파동방정식을 얻을 수 있다는 것을 알았다. 이러한 조작에 의해 물리학에 연속성을 다시 가져다주고, 비위에 거슬리는 불연속적인 전자궤도와 이에 따른 불연속성을 추방할 것이라고 확신했지만 실제로는 그렇게 되지 못했다. 불연속성은 파동 자체에 위장되어 숨어 있었다.

즉시 자신의 방법을 양성자의 정전기장에서 움직이는 전자에 대한 파동방정식을 구하는 데 적용했다. 전자의 에너지를 나타내는 고전적(뉴턴) 방정식을 쓰고 나서 이 표현에서 운동량과 에너지를 그가 고안한 연산자들로 바꾸었다. 표현 전체를 연산자로 취급하여 이를 공간과 시간의 함수(시간과 전자의 위치에 따라 변하는 양)에 적용했다. 이것이 처음 나온 슈뢰딩거의 파동방정식이다. 그런 방정식을 다루는 데 전문가였던 슈뢰딩거는, 이 파동방정식이 세 개의 서로 다른 방정식으로 나뉘는데 그중 하나는 주양자수(전자의 에너지 상태)를 가지고 보어의 궤도를 만들고, 다른 하나는 궤도의 모양을 만들며(방위양자수), 세 번째는 자기장에서 회전하는 원자의 회전축이 가리키는 불연속인 방향[불연속인 자기(磁氣)양자수]을 만든다는 것을 보였다. 슈뢰딩거는 단 한 개의 방정식을 이용하여 물리학자들이 10여 년에 걸쳐 임의적이고 애매모호한 규칙들로부터 얻으려고 분투했던 그 모든 것들을 수 시간 안에 만들어 냈다. 이러한 성공으로 인해 파동역학은 원자 문제를 푸는 양자역학에서 주로 이용되는 수학적 도구가 되었다. 행렬역학은 계속되는 양자역학의 급속한 발전에서 부수적인 역할밖에 하지 못했다.

그러나 이러한 대성공에도 불구하고 슈뢰딩거의 파동방정식은 많은 의문점을 제기했고 여전히 밝혀지지 않은 풀 수 없는 불가사의들로 둘러싸여 있었다. 이러한 의문들 중에서 가장 절박했던 것은 전자와 연관된 파동의 정체였다. 모든 고전적인 파동현상에서 파동은 관찰될 수 있으며 그 세기는 물리적 도구를 이용하여 측정될 수 있는 실제적이고 물리적인 양이다. 그래서 빛이나 소리의 세기는 그 근원으로부터 퍼져 나오는 광파나 음파의 진폭(또는 크기)의 제곱으로 주어진다. 그러나 슈뢰딩거의 파동은 실제적인 파동이 아니어서 그 세기가 측정될 수 없다. 슈뢰딩거 파동을 표현하는 식은 허수인 $\sqrt{-1}$을 포함하며 그러므로 복소수적인 양이다.

입자의 파동과 연관되어 이렇게 물리적이지 못한 특성 때문에 행렬역학 지지자들은 파동역학을 어떤 강한 조건 아래서만 받아들이게 만들었지만, 행렬역학을 공동으로 창안한 사람들 중의 하나인 막스 보른이 슈뢰딩거의 전자파동에 대해 완전히 새롭고 근본적인 해석 방법을 제안하자 이런 조건들은 버려지게 되었다. 전자의 슈뢰딩거 파동은 공간의 주어진 영역에서 전자를 발견할 확률을 재는 척도이다. 좀 더 구체적이고 충분한 설명을 위해 상자 속을 움직이는 전자를 생각하자. 어떤 순간에도 이 전자의 위치에 대해서는 모르지만 이 전자의 운동을 슈뢰딩거방정식을 이용하여 묘사할 수 있고, 만일 이 방정식을 푼다면 파동함수가 얻어지는데, 파동함수는 전자가 어디서 발견될는지에 대해 훨씬 많은 것을 알려 준다. 먼저 파동함수에 나타나는 $\sqrt{-1}$을 모두 $-\sqrt{-1}$로 바꾸어 놓으면 파동함수의 켤레 복소 파동함수를 얻는다. 이제 파동함수에 이 켤레 복소 파동함수를 곱하여 얻어지는 양(파동함수의 절댓값)은 상자 안에서 우리가 원하는 어떤 위치에서든지 전자를 발견할 확률을 알려 준다. 보른의 해석에 따르면 슈뢰딩거의 파동은 확률파동이다.

파동함수에 대한 이러한 설명은 전자에 대한 모든 종류의 확률들을 계산할 수 있도록 해 주기 때문에 보편적으로 인정되었다. 그래서 들뜬 원자에서 전자가 더 낮은 준위로 뛰어내리고 정해진 진동수를 지닌 광자를 방출하게 되는 확률을 계산할 수 있다. 이런 방법으로 보어 이론에서는 불가능했던 들뜬 원자들의 수명(들뜬 상태에서 보내는 시간)이라든지 원자의 스펙트럼선의 세기 등을 계산할 수 있다.

점점 더 많은 원자 문제가 슈뢰딩거방정식으로 풀리게 됨에 따라, 이 방정식은 원자물리를 지배했으며 양자역학과 같은 뜻으로 쓰이게 되었다. 그렇지만 이 방정식에 대한 어려움도 나타나기 시작했는데 그중 몇 가지는 극복되었지만 몇 가지는 이론에서의 근본적인 결함이었다. 이 방정식이 시간을 다루는 방법은 공간을 다루는 방법에 비해 특별하게 구성되어 있다. 이러한 차이는 공간과 시간을 같은 자격으로 다루어야 한다는 상대론의 요구사항과 어긋나기 때문에 반대할 만하다. 이것은 슈뢰딩거방정식이 모든 올바른 이론이 만족해야 하는 상대론적으로 불변이라는 조건을 어긴다는 것을(한 공간-시간 좌표계에서 다른 좌표계로 변환할 때 변한다) 뜻한다. 슈뢰딩거와 당시의 모든 일류 물리학자들이 상대론적으로 불변인 조건이 진실임을 알았지만 그들은 상대론적으로 올바른 전자 파동방정식을 어떻게 구해야 하는지 알지 못했다.

슈뢰딩거의 파동방정식이 상대론적이지 못한 결함을 가진 것은 이 방정식이 입자의 에너지와 운동량의 관계에서 아인슈타인 관계 대신에 뉴턴 관계로부터 유도되었기 때문이다. 이 점을 유의하여 슈뢰딩거는 상대론적으로 옳은 파동방정식을 얻으려고 아인슈타인의 비양자론적인 에너지-운동량 관계식으로부터 시작하여 에너지와 운동량을 적절한 수학적 연산자(에너지에 대해서는 시간 연산자, 운동량에 대해서는 공간 연산자)로 바꿈으로써 실제로 상대론적으로 올바른 파동방정식을 얻었다. 그러나 이 방식의 풀이(파동함수)는 사건이 일어날 확률이 0보다 큰 것은 물론 0보다 작은 것도 가능하게 만들었는데, 0보다 작은 확률은 아무런 물리적 의미도 없으므로 이 방정식은 의미 없는 물리현상을 이끌어 내게 되었다. 이러한 어려움은 위대한 영국 이론물리학자인 폴 디랙이 오늘날 "전자에 대한 디랙의 상대론적 방정식"이라고 알려진 것을 유도할 때까지 계속 남아 있었다.

폴 에이드리언 모리스 디랙(Paul Adrian Maurice Dirac, 1902~1984)은 영국의 브리스틀에서 스위스인 아버지와 영국인 어머니 사이에서 태어났다. 어릴 적에 그는 수줍음이 많고 사교적이지 못했다. 그는 영어와 프랑스어를 모두 말할 수 있었지만, 어떤 언어로도 말이 거의 없었다. 그가 대화를 꺼려 했기 때문에 그의 부모는 걱정을 했지만, 브리스틀에서 초등학교와 중학교를 다닐 때 성적이 괜찮았으므로 정신적으로 결함이 있는 것은 아니라는 것을 알게 되었다. 수학을 좋아하여 그것을 실용적으로 이용할 수 있는 직업을 갖기를 원했으며 그래서 공학을 공부하기로 결정했다. 디랙은 브리스틀대학교에서 전기공학을 공부하고 1921년 학사 학위를 받았다. 그렇지만 공학계통의 직장을 구할 수가 없었으며 수를 잘 다루었기 때문인지 물리에 흥미를 갖게 되었다. 물리학자가 되기 위해서는 수학을 더 공부하는 것이 도움이 되겠다고 느껴서, 비록 공식적인 학위과정은 아니었지만 브리스틀에서 2년 동안 수학에 전념했다. 해석적인 능력을 만족할 만큼 닦고 나서 케임브리지의 세인트존스대학 수학과에서 연구조교로 일하려고 브리스틀을 떠났다. 이 기간 동안 수학 공부를 계속하여 1926년 수학 박사 학위를 받았다. 세인트존스대학에 연구원으로 몇 년 더 남아 있다가, 1932년 세계에서 가장 유명한 석좌교수 자리인 케임브리지의 수학과 루커스 교수에 임명되었다. 이 자리는 전에 아이작 뉴턴이 차지했던 것이다. 디랙이 그렇게 젊은 나이에 그런 명예를 얻었다는 것은 그가 이미 다음과 같은 연구로 유럽에서 특출한 수리물리학자 중의 한 사람임을 인정받았다는 것을 의미한다. 그는 슈뢰딩거의 파동방정식이나 하이젠베르크와 보른의 행렬역학에 의존하지 않는 양자역학을 위해 비교환적 대수를 수립했을 뿐 아니라 전자의 상대론적 이론도 발전시켰는데, 후자에 대한 공로로 그는 1933년 노벨 물리학상을 공동으로 받게 되었다.

뉴턴이 옛날에 차지했던 자리를 얻기 전에도 디랙은 서로 다른 두 분야에서 이룬 연구에 의해 이미 이론양자물리학자로서의 상당한 평판을 얻고 있었다. 행렬역학과 파동역학이 결국 같은 것임을 증명했으며(슈뢰딩거도 혼자서 독립적으로 그것을 보였다), 맥스웰의 전자기이론이(전자기장에 대한 맥스웰의 방정식) 양자역학적 형태로 표현될 수 있음을, 즉 전자기장을 양자화할 수 있음을 보임으로써 양자 전기동역학을 발전시키는 첫걸음을 내디뎠다. 디랙이 개발한 양자역학에서는 한 입자나 여러 입자계의 물리적 상태는 공간과 시간의 함수(상태함수)로 나타낼 수 있는데 이 함수는 관찰에 의해 얻을 수 있는 계에 대한 모든 정보를 포함하고 있다. 관찰이란 상태함수에 적용되는 수학적 연산자에 의해 표현되는 물리적 작용(예를 들면 전자의 위치나 운동량을 관찰하는 것)인데 이런 수학적 연산자들은 교환 불가능한 곱에 의해 지배받는다. 상태함수는 파동역학에서는 슈뢰딩거의 파동함수로, 그리고 행렬역학에서는 행렬로 주어진다.

디랙은 전자기장을 진동자들의 모임으로 다루었는데, 개개의 진동자들이 보이는 양자역학적 행동은 잘 알려져 있었고 한 개의 진동자는 한 개

폴 에이드리언 모리스 디랙(1902~1984)

의 광자를 나타낸다. 이런 방법으로 디랙은 고전적 맥스웰의 전자기장을 양자역학적 진동자로 바꾸어 놓았으며, 각 진동자는 그 자신의 슈뢰딩거 파동방정식을 만족한다. 이러한 획기적 업적은 오늘날 "양자장론"이라고 부르는 분야의 시작이었으며, 그것은 현재 고에너지 입자물리학자들에 의해 광범하게 이용되고 있다. 전자기장을 나타내기 위해 서로 다른 진동자들을 도입함으로써, 디랙은 양자역학에서 다루기가 어려운 연속된 양(전기와 자기장의 세기)을 불연속인 양(진동자)으로 대치했다.

1927년 양자역학에 대한 디랙의 기여가 일반적으로 인정받고 있을 때, 그는 닐스 보어에게 말한 것처럼 "전자의 상대론적 이론을 구하려고 시도"하고 있었다. 슈뢰딩거와 다른 물리학자들이 얻은 상대론적 파동방정식이 공간의 주어진 영역에서 전자를 발견할 확률이 0보다 작은, 따라서 옳지 못한 확률을 주기 때문에 만족스럽지 못함을 깨닫고 디랙은 처음에 시작할 때 이용하는 에너지와 운동량에 대한 아인슈타인의 관계식에서 에너지를 운동량에 연관시키기보다는 에너지의 제곱을 운동량의 제곱에 연관시켰기 때문에 그런 어려움이 생겼음을 알았다. 파동역학은 파동방정식을 만들 때 에너지의 제곱이 아니라 에너지를 이용할 것을 요구한다. 그러므로 디랙은 아인슈타인의 에너지 표현의 제곱근을 취해야만 했는데, 매우 독창적인 방법을 통해 바로 그가 원한 것을 얻어 냈다. 하지만 그 대가도 지불해야 했다. 에너지의 제곱 대신에 에너지를 구해서 그것을 가지고 조작하는 과정에서 예기치 못했던 부작용이 생겼다. 전자에 대한 슈뢰딩거의 비상대론적인 파동방정식은 네 개의 서로 다른 방정식으로 바뀌었다. 하이젠베르크나 파울리는 디랙이 취한 전체 과정이나 네 개의 방정식이 너무 못마땅해서 처음에는 디랙의 생각 모두를 반대했다. 디랙의 네 방정식의 풀이가 비상대론적인 방정식의 풀이에 비해 훨씬 우수하게 원자의 동작원리(스펙트럼선과 다른 것들)를 설명하게 되자, 하이젠베르크와 파울리는 마지못해 디랙의 방정식을 받아들였다. 그들이 특별히 그렇게 하게 된 이유는 "디랙방정식"(실제로 네 개의 방정식들)에 의하면 바로 구드스밋과 울런벡이 제안했던 것처럼 전자가 스핀을 갖기 때문이었는데 슈뢰딩거방정식은 그렇게 하지 못했다. 그러나 디랙방정식이 전자에 스핀을 부여한 것 이외에도 처음에는 매우 바람직스럽지 못한 성질인 0보다 작은 에너지를 갖는 전자를 예언하기 때문에 파울리는 디랙방정식이 여전히 못마땅했다.

이 결과가 어떻게 나오게 되었는지, 그리고 동시대 사람들이 받아들일 수 있도록 그가 0보다 작은 에너지의 전자를 어떻게 해석하였는지 보기 위해 0보다 작은 에너지가 특수상대론에서도 존재함을 유의하자. 특수상대론에서는 입자의 에너지를 제곱한 것은 입자의 운동량을 제곱한 것에 그 질량을 더한 것과 같으므로 에너지를 얻기 위해서는 이 합에 제곱근을 취해야 한다. 그러나 어떤 양의 제곱근은 0보다 크거나 작을 수도 있으므로 0보다 작은 에너지가 특수상대론에 원래부터 포함되어 있다. 그렇지만 양자역학이 발견되기 전에는 0보다 작은 에너지는 단순히 무시되었다. 그러나 양자역학에서는 0보다 작은 에너지가 무시될 수 없다. 양자역학은 만약 0보다 작은 에너지 상태가 존재한다면 전자들은(그들이 금지되지 않는 한) 그 상태들을 채우려고 뛰어내리게 되며, 그래서 모든 물질은 한 번의 거대한 폭발에 의해 0보다 작은 에너지 상태로 사라질 것이고 결국 복사로 꽉 찬 우주를 남겨 놓을 것이라고 예언하게 된다. 이런 일이 실제로 일어나지는 않기 때문에 그런 큰 재난을 막는 어떤 장치가 존재하는 것이 틀림없으며 디랙은 바로 그런 장치를 제안했다. 그는 진공 속에 있는 모든 0보다 작은 에너지 상태들이 이미 그 속에 전자 한 개씩(0보다 작은 에너지를 지닌 입자)을 가지고 있으며, 따라서 파울리의 배타원리에 의해 그 상태는 더 이상의 전자를 받아들일 수가 없다고 가정했다. 이와 같이 파울리의 배타원리는 우주의 모든 물질이 진공 속에 있는 무한히 많은 0보다 작은 에너지 상태로 사라지는 것을 구해 주었다. 진공은 비어 있지 않고 0보다 작은 에너지를 가진 입자들로 무한히(꽉꽉 채워져서) 차 있으며 그들의 에너지가 0보다 작기 때문에 우리는 그들을 정확히 감지할 수가 없다.

이제 전자에 대한 디랙의 상대론적인 방정식이 왜 움직이는 한 개의 전자에 네 개의 방정식을 부여하는지 알게 되었다. 전자는 0보다 크거나 작은 에너지 상태에 존재할 수 있으며(두 방정식이 요구된다), 전자는 그 회전축 주위로 시계 방향이나 또는 시계 반대 방향으로 회전할 수 있으며, 그것이 두 개의 방정식을 더 필요로 한다(각 스핀 상태마다 한 개씩). 이것이 상대론에 의해 디랙이 얻어 낸 네 개의 파동방정식을 설명해 준다. 처음에는 0보다 작은 에너지 상태라는 개념이 매우 거북했으며 이 이론에 있어 결정적인 허물인 것처럼 보였다. 이 이론이 전자의 스핀을 예언하고 전자의 자기적 성질을(전자가 매우 작은 자석처럼 행동한다) 제대로 설명해 주었기 때문에 점차로 받아들여졌다.

그러나 디랙의 분석에 따르면 0보다 작은 에너지 상태가 놀라운 예언을 해 주기 때문에 곧 이 이론에서 아주 소중한 성질임이 밝혀졌다. 디랙은 만일(적어도 전자 질량의 두 배에 해당하는) 충분한 에너지를 가진 전자가 0보다 작은 에너지를 갖는 전자에 흡수되면 그 전자는 0보다 큰 에너지를 갖는 전자가 되고 진공에서 원래 자기 자리에 구멍을 남겨 놓을 것임을 보였다. 음전하와 0보다 작은 에너지가 없어지기 때문에 생기는 이 구멍은 양전하를 가지며 0보다 큰 에너지를 가진 전자처럼 행동할 것이었다. 이 이론은 "디랙의 구멍이론"이라고 알려졌으며, 칼 앤더슨이 "양전자"라고 부른 그런 양전기를 띤 전자를 우주선(宇宙線)에서 발견할 때까지는 그저 환상적이고 기묘한 것으로 여겨졌다. 이 양전자가 전자와 만나면 전자는 구멍으로 사라지고, 구멍 또한 전자로 채워져 사라지기 때문에 양전자는 실로 디랙의 구멍이다[또한 "반(反)전자"라고도 불린다]. 이와 같이 양전자와 전자는 서로를 소멸시키며, 따라서 각기 상대방의 반입자이다. 이러한 결과는 순수한 이론이 갖는 놀라운 예측 능력의 예이다.

전자에 대한 디랙 이론이 받아들여지면서 파동역학은 물리는 물론 화학의 모든 분야에 널리 퍼지기 시작했다. 디랙 이론이 없었을 때에도 물리학자들과 화학자들은 분자의 동역학에 슈뢰딩거방정식을 응용하기 시작했고 여러 가지 분자결합(이온결합과 공유결합)이 만족스럽게 설명되고 해석되었다. 원자의 전자가와 같은 화학적 성질들도 역시 파동역학을 이용하여 추론되었다. 양자역학을 기체 분자와 같은 입자들의 앙상블에 적용함으로써 앙상블에 속한 입자들의 통계와 관계되어 앙상블의 파동함수가 지니는 중요한 대칭적 성질을 발견하기에 이르렀다. 첫 번째 중요한 발견은 어떤 두 동일한 입자들(원자들, 전자들 또는 분자들)을 교환하더라도 통계로부터 추론되는 결과에 아무런 변화가 없도록 앙상블의 통계가 정해져야 한다는 것이었다. 이것은 동일한 두 개의 입자를 구별할 수 있다고 생각하는 고전적 통계와는 다르다. 양자통계에 영향을 미치는 파동함수의 대칭성이 가진 그 다음번 특징은 앙상블에 속한 두 동일한 입자가 교환되었을 때 파동함수가 대수적으로 어떻게 변하느냐에 따라 결정된다. 양자역학에서는 동일한 두 개 입자의 위치를 교환하여도 이를 알 수 없으므로 그러한 교환이 앙상블의 에너지와 같은 동역학적 성질을 변화시킬 수 없지만, 그러한 교환이 앙상블의 동역학에는 영향을 미치지 않으면서 파동함수의 대수적 부호를 양에서 음으로 또는 그 반대로 바꿀 수 있다. 그 이유는 파동함수 자체가 동역학원리를 결정하는 요인이 아니라 파동함수에 그 켤레 복소함수를 곱한 것이 그 요인이 되는데, 이 곱의 값은 파동함수가 양이거나 음이거나 같기 때문이다.

그러나 앙상블에 적용해야 되는 통계는 동일한 두 입자를 교환할 때 파동함수가 부호를 바꾸는지 또는 그대로 있는지에 따라 달라진다. 만일 부호가 바뀌지 않는다면 파동함수는 대칭이라고 불리며 부호가 바뀐다면 그 파동함수는 반대칭이다. 이와 같이 대칭성은 동일한 입자들(예를 들면 전자들)의 앙상블을 분석하는 데 이용되는 통계의 종류와 관계된다. 뿐만 아니라 대칭성의 또 다른 중요성은 파울리의 배타원리를 만족하는 입자들의 앙상블을 묘사하기 위해서는(부호가 바뀌는) 반대칭인 파동함수가 사용되어야만 하고, 반면에 배타원리의 지배를 받지 않는 입자들에는 대칭인 파동함수가 사용되어야만 한다는 점이다.

파동함수의 대칭성과 연관된 입자들의 또 다른 중요한 물리적 성질은 입자들의 스핀이다. 자연에 존재하는 스핀(회전)의 기본단위는 플랑크상수를 $2\pi$로 나눈 $h/2\pi$이며 이것을 $\hbar$라고 쓴다. 전자와 같이 자연에 존재하는 기본입자들은 그들이 단위 스핀의 절반($\hbar/2$)을 지녔는지 또는 한 단위의 스핀($\hbar$)을 지녔는지에 따라 구별되는 두 가지 범주 중 하나에 속한다. 단위 스핀의 절반을 지닌 전자나 양성자와 같은 입자들은 "페르미온"(위대한 이탈리아 물리학자 엔리코 페르미의 이름을 따랐다)이라고 불린다. 그 입자들은 파울리의 배타원리를 만족하기 때문에 반대칭인 파동함수에 의해 기술되어야만 한다. 한 단위의 스핀을 지닌 광자와 같이 스핀이 양의 정수이거나 0인 입자들은 파울리의 배타원리를 만족하지 않기 때문에 대칭인 파동함수에 의해 기술되어야만 한다. 그런 입자들은 "보손"(인도 물리학자 자가디시 찬드라 보스 경의 이름을 따랐다)이라고 불린다. 파동함수의 대칭성을 생각할 때는, 파동함수가 입자들의 위치(그들의 공간좌표)뿐만 아니라 그들의 스핀에도 또한 의존한다는 것을 고려해야 한다. 이와 같이 앙상블에서 임의의 두 입자를 교환하는 것은 단지 그들의 위치뿐 아니라 그들의 스핀 또한 교환함을 의미한다. 입자들의 스핀과 그들의 통계 사이의 관계는 스핀이 1/2인 입자들에 대해서는 페르미에 의해서, 스핀이 0이거나 또는 1인 입자들에 대해서는 보스에 의해서 발견되었다. 그래서 우리는 페르미온은 페르미통계를 만족하고 보손은 보스통계를 만족한다고 말한다. 전자는 페르미통계를 만족하기 때문에, 전자가 필수적인 역할을 하는 우리 일상생활에서의 많은 현상이 페르미통계의 지배를 받는다. 금속의 전기전도라든지 초전도, 고체물리의 여러 면들이 페르미통계의 지배를 받는다.

이 통계들은 또한 백색왜성으로 변하는 진화의 마지막 단계에 가까이 가 있는 태양과 같은 별의 구조라든가 중성자별(펄서; 맥동성)의 구조 등에서 중요한 역할을 하고 있다. 백색왜성에서 중력에 의해 생기는 붕괴되려는 힘은 페르미통계를 따르는 자유전자들이 바깥쪽을 향해 가하는 압력과 평형을 유지하고 있다. 역시 페르미통계의 지배를 받는 자유중성자들은 중성자별에서 같은 역할을 한다. 보스는, 용기 속에 들어 있는 자유광자들은(광자기체) 파울리의 배타원리를 만족하지 않으며 광자는 한 단위의 스핀($\hbar$)을 지녔기 때문에 대칭인 파동함수로 기술됨을 보였다. 광자기체는 그러므로 보스통계의 지배를 받으며, 그로부터 보스는 플랑크의 복사법칙을 유도했다. 헬륨-4(보통 헬륨)의 원자핵은 스핀이 0이므로 보스통계를 만족한다. 절대영도에 가까운 온도에서 헬륨이 보여 주는 모든 놀라운 성질들은 보스통계로부터 유래한다.

## 양자 전기동역학

물리학자들이 양자역학을 원자의 동역학에 적용하여 크게 성공함에 따라, 그들은 또한 전자기장과 전하를 띤 입자들과 그 장 사이의 상호작용을 양자역학적으로 다루기 시작했다. 이러한 일반적이고 넓은 물리학의 분야는 "양자 전기동역학"이라고 불린다. 그것은 (전자와 같은) 물질과 (복사나 광자 같은) 순수한 에너지 사이의 관계를 맺는 데 있어 심장부와 같은 역할을 한다. 물리에서 이 분야는 복사장에 대한 양자역학과(맥스웰의 전자기장을 양자화하는 것) 전하를 띤 입자들(예를 들면 전자) 사이의 상호작용에 대한 양자역학, 전자기장으로 이루어져 있다. 이와 같은 양자역학의 분야는 1927년 디랙에 의해 시작되어 하이젠베르크와 파울리, 특히 페르미로 이어졌는데 페르미는 이 분야를 아주 간단하고 직접적인 방법으로 다루었다.

복사장 자체의 양자역학은 아주 명백하고 그런대로 이해하기가 쉽다. 장은 동역학적으로 여러 가지 들뜬 상태에 속한 조화진동자들의 모임으로 표현되며, 이 진동자들은 광자를 방출하거나 흡수할 수 있어서 복사장의 상태를 변경시키는데, 복사장의 상태변화는 이런 진동자들을 통하여 광자를 창조하거나 소멸시키는 것으로 묘사된다.

양자 전기동역학에서의 어려움은 전기를 띤 입자들과(예를 들면 전자) 전자기장 사이의 상호작용과 관계되는 문제에서 발생한다. 이것은 고전 전기동역학에서는 상당히 쉬운 문제이나 양자 전기동역학에서는 전하와 상호작용하는 장에 대한 파동방정식을 정확히 풀 수 없으므로 문제가 복잡해진다. 대신에 점점 더 높은 단계의 근사로 갈수록 더욱 복잡한 항들이 나타나는 섭동과정(일련의 연속된 근사들)을 이용하지 않으면 안 된다. 그 이유는 전하와 장 사이의 상호작용은 전하가 거짓 광자들을 방출하고 흡수함으로써 생긴다고 설명되기 때문이다. 거짓 광자는 관찰할 수 없는 존재지만 에너지 보존을 위배하지 않으면서 불확정성원리에 의해 허용된 만큼 매우 짧은 시간 동안 창조되었다가 다시 흡수된다. 두 전하는 거짓 광자를 서로 주고받으며 상호작용한다. 전하는 거짓 광자를 방출하고 다시 흡수하면서 자기 자신의 전자기장과도 역시 상호작용한다. 전자기 상호작용을 계산하려면 끝없는 광자의 방출과 재흡수를 고려해야 한다. 그러므로 그 복잡성 때문에 단계적으로 계산할 수밖에 없으며, 그런 계산이 표준적인 방식으로 수행되면 단계마다 결과가 발산하여 무한대가 된다. 이런 무한대 문제는 일본의 도모나가 신이치로(朝永振一郎), 줄리언 슈윙거와 리처드 파인먼이 독립적으로 그 어려움의 근원이 질량(자체 에너지)과 전자의 전하임을 밝혀낼 때까지는 해결할 수 없었다. 전자가 자신의 전하를 통하여 자신의 전자기장과 상호작용하는 것이 전자의 질량에 기여하므로, 전자의 질량을 계산하려면 그 상호작용 또한 계산해야 하지만 그 결과는 무한대이다. 도모나가와 비슷한 분석을 통해 슈윙거와 파인먼은 유한한 결과를 얻기 위해 무한대를 계산에서 뺌으로써 이들이 드러나지 못하게 할 수 있는 방법을 제시했다. 물리학에서 이런 종류의 빼기를 “질량과 전하의 재규격화”라고 부른다. 모든 계산에서 전자가 전하를 띠지 않았다고 가정했을 때 가지는 전자의 이론적 질량을 실험적으로 얻은 질량으로 바꾸어 놓고 전하와 장 사이의 상호작용은 무시한다. 전자의 전하에 대해서도 같은 일을 해 주면 전하와 질량은 더 이상 걱정하지 않아도 되는 단순한 수가 된다. 이러한 과정은 전자들과 관계되는 대부분의 실험에서 믿을 수 없을 정도로 정확한 이론적 결과를 얻게 한다.

슈윙거는 근사의 모든 단계에서 전자의 전하와(자기 자신의 또는 외부에서 작용한) 전자기장 사이의 상호작용을 하나하나 수학적으로 분석하고 각 단계마다 그 분석이 상대론을 따르는지(상대론적으로 불변) 확인하면서 자신의 재규격화 이론을 개발했다. 그렇지만 파인먼은 슈윙거의 복잡하고 어려운 수학을 이용하지 않고서도 전체적으로 보아 같은 일을 행하였다. 그는 전하를 띤 입자들 사이의(또는 입자와 장 사이의) 모든 상호작용을(파인먼 도형이라고 알려진) 공간-시간에서의 도형을 사용하여 그렸다. 그 도형에서 입자의 세계선은 똑바른 실선으로 광자의 세계선은 구불구불한 선으로 나타냈다. 가능한 모든 상호작용은 실선과 구불구불한 선의 모임으로 나타낼 수 있다. 충분한 수의 그런 선들을 도입하여, 상호작용을 도형적으로 원하는 정도의 어떠한 근사까지도 나타낼 수 있다. 이 선들은 공간-시간에서 그려진 세계선이므로 파인먼 도형은 항상 자동적으로 상대론을 따른다. 파인먼은 전자들과 광자들이 관계되는(전하들의 상호작용) 사건에 대한 표현을 다음과 같이 도형으로 그려 냈다. 모든 도형에서 각 선과 두 선의 교차점에다 그 선에 수반되는 파동함수로부터 얻어지는 명확한 수학적 표현을 부여했다. 주어진 사건들의 모임에 대해 그런 표현들을 모두 적절히 조합하면 그 사건들의 모임에 대한 파동함수를 처음부터 끝까지 추적할 수 있으며, 그렇게 하여 펼쳐지는 사건들이 일어날 확률을 계산한다. 파인먼 도형은 입자들의 방출과 흡수에 관계되는 모든 종류의 상호작용에 적용될 수 있으므로, 그 도형들은 일반상대론, 핵물리, 고에너지 입자물리에 이르는 물리학의 여러 분야에서 광범하게 사용되고 있다.

리처드 필립스 파인먼(Richard Phillips Feynman)은 1918년 뉴욕시에서 출생했으며 뉴욕공립학교에서 초기교육을 받았다. 고등학교에 다닐 때 처음 비상한 수학적 재능을 발휘하자, 물리교사는 파인먼의 재능에 너무 감명을 받아서 그를 학급의 맨 뒷자리에 앉히고 다른 학생들은 기초대수를 이용하여 문제를 푸는 동안에 파인먼에게는 고급해석을 이용하도록 했다.[7)]

고등학교를 졸업한 후에, 북아메리카에서 가장 뛰어난 명문 공과대학인 매사추세츠공대(MIT)에 입학했으며, 수학과 물리학 분야의 과목들을 철저히 공부하기 시작했다. 곧 복잡한 양자물리학에 통달하게 되었고 1939년 학위를 받았다. 원자물리의 확률적 성질에 대한 흥미가 생겨 파인먼은 특별장학생으로 프린스턴으로 가서 당시 핵물리학의 최고 권위자였던 존 아치볼드 휠러와 함께 대학원 연구를 했다. 휠러는 원자핵과 검은 구멍의 연구에 대해 이론적 공헌을 남긴 20세기에 가장 다재다능한 물리학자 중의 한 사람이었으므로, 전기동역학과 "전하를 띤 입자들 사이의 상호작용에 관한 근본적인 문제들과 그러한 상호작용이 '원격작용'으로 가장 잘 다루어질 수 있는지 또는 장의 작용에 의해 가장 잘 다루어질 수 있는지"[7)]에 대해 관심을 가졌던 파인먼에게는 완벽한 지도교수였다. 서부로

리처드 필립스 파인먼(1918~1988)

향하는 많은 우수한 과학자 대열에 끼어 파인먼은 1942년 박사과정을 마치고 로스앨러모스에 위치한 정부의 비밀 연구소로 가서 그곳에서 맨해튼 계획에 대한 연구를 했다.

파인먼은 전쟁이 끝날 때까지 로스앨러모스에 남아 있었다. 1945년 코넬대학교의 부교수직을 받아들였으며, 전기를 띤 입자가 다른 전기를 띤 입자와 상호작용할 때 일어나는 여러 가지 과정을 묘사하는 "파인먼 도형"을 개발했다.[8] 몇 년이 지나지 않아 코넬대 정교수가 되었으며, 양자역학에 대한 그의 연구는 동료들 사이에서 유명해졌다. 양자 전기동역학에 관한 그의 논문과(입자들의 행동을 순간순간 추적하려고 시도하는 대신에 입자계의 전체 행동을 묘사하게 되는) 파인먼 도형은 수학적 공식을 될 수 있는 한 쓰지 않고 간단한 방법으로 자연의 과정을 이해하려는 파인먼의 역작 중 전형적인 예이다.

양자 전기동역학에 대한 파인먼의 연구는(슈윙거와 도모나가의 연구와 함께) "양자 전기동역학의 기반을 재건축하게 했으며, 그 뒤를 따라 그것을 이용하여 전자의 움직임을 계산할 수 있는 정확도에 큰 진전을 가져왔다."[9] 1950년 파인먼은 코넬을 떠나 캘리포니아공대로 옮겨서 이론물리학 교수가 되었고 그곳에서 여생을 보냈다. 1950년대 초기에 자기 노력의 대부분을 그의 양자 전기동역학의 세세한 점을 개선하고 새로운 수학적 기법을 발전시키는 데 몰두했다. 20년에 걸쳐서 각고의 노력 끝에 창조한 이론적 체계에 흡족하여, 그가 개발한 방법 중 몇 가지를 고에너지 입자물리학에 적용시키기 시작했으며, 쿼크에 대한 이론을 수립한 머리 겔만과 함께 베타붕괴에서 중요한 이론에 대해 공동연구를 했다. 또한 저온물리, 특별히 초전도현상에 대하여 중요한 업적을 이룩했다. 파인먼이 수행한 연구 중에서 기본적으로 중요한 것은 특별히 양자 전기동역학에 대한 이론이었는데, 1965년 도모나가와 슈윙거와 함께 노벨 물리학상을 공동으로 수상함으로써 그 중요성이 인정되었다.

오랜 암 투병 끝에 1988년 사망하였는데 그때 일반 대중 사이에 널리 알려져 있었다. 베스트셀러인 『파인만 씨, 농담도 잘하시네 Surely You're Joking, Mr. Feynman』라는 제목의 자서전을 저술했고, 『에스콰이어 Esquire』 잡지의 독자들은 그를 미국에서 가장 지적인 사람으로 뽑았다. 또한 수많은 전문적인 연구에 대한 저술을 남겼으며, 그중에서 가장 잘 알려진 것이 『파인만의 물리학 강의 The Feynman Lectures on Physics』이다.

양자 전기동역학의 문제를 풀기 위한 슈윙거나 파인먼, 도모나가의 재규격화 기법은 완전히 잘 알려진 물리법칙들에 기반을 두었기 때문에, 새로운 물리가 아니라 단지 수학적 과정일 뿐이다. 그렇지만 이것이 이 이론의 유용성이나 문제들의 해답을 믿을 수 없을 정도로 정확하게(어떤 경우에는 오차가 10억분의)[1] 얻어 내게 한 커다란 공적을 조금도 훼손시키지 않는다. 그러나 이것은 또한 양자역학에 들어 있는 심각한 결함을 강조하는 것이다. 전통적인 방법을 전기동역학에 적용하면 무의미한 결과를 얻는다. 어찌 되었든 파인먼과 슈윙거, 도모나가의 연구는 자연을 이해하고 탐색하려는 우리를 안내하는 두 위대한 이론인 상대론과 양자론이 출현하고 찬란하게 발전한 "물리학의 황금시대"의 마지막을 장식했다.

참고문헌

1. Henry A. Boorse and Lloyd Motz, The World of the Atom. New York : Basic Books, 1966, p. 1047.
2. 위에서 인용한 책, p. 1105.
3. 위에서 인용한 책, p. 1106.
4. 위에서 인용한 책, p. 1107.
5. 위에서 인용한 책, p. 1065.
6. 위에서 인용한 책, p. 1066.
7. 위에서 인용한 책, p. 1529.
8. 위에서 인용한 책, p. 1530.
9. "Richard Phillips Feynman," McGraw-Hill Modern Men of Science. New York : McGraw-Hill, 1966, p. 170.

그림 출처

1. Louis Victor Pierre Raymond de Broglie, http://www.physics.umd.edu
2. Werner Karl Heisenberg(1901-1976), by MacTutor
3. Erwin Rudolf Josef Alexander Schrödinger, Obverse side of the old Austrian 1000 Schilling note with theoretical physicist and Nobel Laureate Erwin Schrödinger., by Österreichische Nationalbank, Disigner Robert Kalina for the Austrian Government(Copyright holder)
4. Paul Adrian Maurice Dirac, Nobel Foundation, http://nobelprize.org
5. Richard Phillips Feynman, by briola giancarlo

# 18장
# 핵물리학

"우물 속에 진리가 있다"는 옛말이 있다.
이 말의 뜻을 새기자면,
논리가 우리에게 물까지 내려가는 계단을 제공해 준다고
바꾸어 말해도 틀리지 않는다.
—ISAAC WATTS

물리학의 발전은 낮은 에너지 상호작용의 영역으로부터 점점 더 높은 에너지 영역으로 진보해 나가는 일련의 단계로 나타낼 수 있다. 뉴턴 물리학은 주로 공간의 광대한 영역(예를 들면 행성들 사이, 별들 사이, 은하계들 사이 등)을 다루었다. 다음 단계에서 물리학은(예를 들면 기체법칙과 같은) 분자영역으로 들어가는데, 이 영역에서는 고체를 형성하기 위해 분자끼리 결합하는 에너지는 분자들 사이의 중력에 의한 상호작용에 비해 그 크기가 여러 차수(10의 여러 제곱수)나 더 크다. 이 영역, 즉 화학과 화학자들의 영역이라 할 수 있는 곳에서 작용하는 힘은 "판데르발스 힘"이라고 불리는데 전자기적 힘의 한 복잡한 형태이므로 일반적으로 전자기 힘에 속한다. 전자와 양성자가 발견됨에 따라 물리학자들은 원자세계와 상대적으로 강한 원자 내 전자와 핵 사이의 전자기 상호작용으로 인도되었다. 이러한 진행은 상호작용 에너지가 점점 증가하는 것에 대응하여 점점 더 작은 크기의 공간으로 들어가는 여행에 비유될 수 있다. 공간영역이 더 작을수록 관계되는 에너지는 더 커진다.

상호작용 에너지의 이러한 단계적 조직은 입자들(전자, 양성자, 원자 또는 분자)을 이루는 구성물을 따로 떼어 놓는 데 필요한 에너지로 정의되는,

결합에너지라는 개념으로부터 얻어지는 관점에 의해 살펴볼 수 있다. 일반적으로 그 구조가 작을수록 더 단단히 결합되어 있으며 결합에너지가 더 크다. 그래서 지구로부터 전자를 떼어 내는 것이(중력적 결합에너지) 분자나 원자로부터 떼어 내는 것보다 훨씬 더 작은 에너지를 필요로 한다.

구조의 크기와 결합에너지 사이의 이런 관계 때문에, 물리학자들이 전하를 띤 입자들을 충분히 빠른 속력으로 가속시킬 수 있는 방법을 고안하기 전까지는 분자나 원자에 에너지가 충분히 큰 입자(예를 들면, 광자나 전자)를 충돌시킨다든가 또는 관찰될 만한 반응을 유도할 만큼 분자나 원자를 격렬히 충돌시킨다든가 하여 그들의 구조를 실험적으로 조사할 수 없었다. 이러한 문제는 방전관과 같은 전자기적 기술의 발전과 함께 해결되었다. 그러나 그렇게 만들어진 가속된 입자의 에너지는 원자보다 훨씬 작은 원자핵을 조사하기에는 너무 적었다. 물질에서 이러한 여러 크기의 영역과 관계되는 에너지를 간략히 정리해 보면 이 점을 분명히 알 수 있다. 원자물리와 핵물리에서는 전자볼트(eV)가 에너지의 단위이다. 그것은 1에르그의 1조분의 1이며 질량 2g이 매초 1㎝의 속력으로 움직일 때의 운동에너지이다. 전자가 정지 상태에서 시작하여 양쪽 판 사이의 퍼텐셜 차이가 1볼트인 축전기 안에서 음극판으로부터 양극판 쪽으로 방해받지 않고 진공 속을 움직이면 전자는 1전자볼트의 에너지를 얻으며, 그래서 이 에너지에 전자볼트라는 이름이 붙었다.

분자의 결합에너지는 수 전자볼트 정도이며, 그래서 이런 분자는 쉽게 쪼개지거나 분해된다. 수소 원자 안의 전자는 양성자에 약 14전자볼트로 결합되어 있으며 헬륨 원자 속의 전자들은 헬륨 원자핵에 약 50전자볼트로 결합되어 있다. 그래서 분자와 원자물리에 관계되는 에너지는 기껏해야 수백 전자볼트이다.

원자핵과 그 결합에너지를 논의하기 전에, 다른 물리 개념과 연관 지어 전자볼트의 의미를 더 잘 이해하기 위해 에너지 계급과 관계된 수의 크기에 대한 예를 좀 더 살펴보자. 만일 어떤 기체 분자들의 평균 운동에너지가 1전자볼트라면 그 기체의 절대온도는 5,000K 정도이다. 이것이 전자볼트와 온도 사이의 관계를 알려 준다. 만일 전자 한 개의 질량이 모두 에너지로 바뀐다면, 이때 생긴 에너지는 0.5백만(메가) 전자볼트이고 0.5MeV라고 쓴다. 만일 한 개의 양성자의 질량이 에너지로 바뀐다면, 이때 생긴 에너지는 약 10억(기가) 전자볼트이고 1GeV라고 쓴다. MeV나 GeV 같은 에너지 단위는 핵물리와 고에너지 입자물리에서 널리 사용되고 있다.

핵물리학은 1930년대와 1940년대에 가장 극적으로 발전했지만 실험적으로 방사능이 발견되면서 실제로 시작되었다. 방사성 원자핵에서 나오는 알파, 베타, 감마 입자들의 에너지는 매우 컸으므로, 그들은 에너지가 낮은 원자의 변두리 쪽 영역으로부터 방출될 수는 없고 매우 단단히 결합된 원자핵으로부터 나오지 않으면 안 된다는 것이 분명했기 때문이다. 그러나 어니스트 러더퍼드와 퀴리 부부에 의해 이 입자들이 연구될 때는 원자핵의 구조에 대해 별로 드러난 것이 없었다. 정말이지 그 이른 시기에는 많은 물리학자가 원자핵이라는 개념 자체도 별로 좋아하지 않았다. 케임브리지의 캐번디시 연구소 소장이었으며 전자를 발견한 조지프 존 톰슨은 원자의 "건포도 빵" 모형을 제안했다. 그 모형에 의하면 원자의 양전하는 원자의 전체 부피에 고루 퍼져 있고 음전하(전자)는 양전하에 박힌 뚜렷한 점들이었다. 러더퍼드의 다음과 같은 결정적인 실험이 수행되기 전까지는 원자를 그런 식으로 이해해 왔다. 러더퍼드는 얇은 금박 막으로 만든 길고 가는 띠에(방사성 우라늄에서 방출된 양전기를 띤 입자인) 알파입자를 충돌시켜 이 알파입자가 금 원자로부터 산란되는(튕겨 나오는) 모양으로부터 그들이 금 원자 깊숙한 곳에 밀집되어 있는 양전하로부터 세차게 밀쳐진다는 것을 명백히 알려 주는 것에 유의했다. 원자핵의 개념은 이와 같이 탄생했으나 그것은 태어나자마자 물리학자들에게 도저히 풀 수 없을 것같이 보이는 문제들을 안겨 주었다.

이 문제들이 어떠한 것인지 또 그들이 어떻게 해결되었는지를 살펴보기 전에, 원자핵을 특징짓고 묘사하는 데 필요한 두 중요한 수, 즉 원자량 A와 원자번호 Z를 알아보자. 19세기 화학자들은 이미 알려져 있는 원소들의 화학적 성질을 조사하기 시작할 때 임의의 척도로서 원소(원자)에서 가장 작고 화학적으로 더 나눌 수 없는 것을 단위로 하여 질량(원자량)

에 부여하는 것이 편리하다는 것을 발견했다. 수소가 가장 가벼운 원소였으므로 화학자들은 자연스럽게 수소에 원자량 1을 부여했는데 그들은 이 질량 척도에 의해 모든 다른 원소들의 원자량이 정수에 매우 가까움을 발견했다. 특히 윌리엄 프라우트와 같은 화학자는 그래서 수소가 모든 원소의 기본구성체이고, 그러므로 원소들은 "수소의 배수"라고 추론했다. 이렇게 엉성하게 정의된 생각은 원자 전체에 적용될 때는 별 의미가 없었지만, 이것을 원자핵에 적용하면 의미를 갖는다. 만일 원자량을 양성자(수소 원자의 원자핵)의 질량을 1이라고 놓는 척도를 이용하여 나타낸 원자핵의 질량이라고 한다면 모든 원자핵의 질량은 마치 나뉠 수 없는 양성자들로 이루어진 것처럼 매우 정수에 가깝다. 원자핵 속에 들어 있는 양성자수에 대한 문제는 잠시 덮어 두고 원자번호 Z로 돌아가자.

원자번호는 드미트리 멘델레예프가 화학원소의 주기율표를 발견하기 전까지는 분명히 정의되지 않았다. 만일 화학원소들을 이 표 안에서 원자량이 증가하는 순서로 배열한다고 하면 어떤 원자의 원자번호는 이 표에서 차지하는 위치로 결정된다. 이런 관찰로부터 한 원자의 원자번호는 그 원자량의 대략 절반이라는 중요한 발견에 도달한다. 이것은 원자 자체보다는 원자 속에 들어 있는 원자핵에 대한 중요한 무언가를 말해 준다. 원자번호는 원자핵에 속한 전체 양전하이며 따라서 전기적으로 중성인(이온화되지 않은) 원자에 속한 전자의 수와 같다. 원자량이 아닌 원자번호가 원자의 화학적 성질을 결정한다. 이 발견은 다시 다른 중요한 발견으로 이어지게 한다. 즉, 원자번호는 같지만 원자량이 다른 화학적으로 동일한 원소가 존재한다. "동위원소"라고 불리는 그러한 원소들이 1911년 프레더릭 소디에 의해 처음으로 발견되었다. 원자핵에 대한 조사로부터 모든 원소가 서로 다른 형태의 동위원소를 가진다는 것이 드러났다.

이런 초기의 조사와 발견들로부터 밝혀진 원자핵의 성질들은 물리학자들에게 다음과 같은 문제점들을 제기했다. 모든 증거로 보아 원자 전체의 크기보다 수천 배나 작아 보이는 원자핵의 크기를 어떻게 결정할 것인가? 원자핵의 구성체는 무엇인가? 만일 원자핵들이 양성자만으로 이루어져 있다면 측정된 값보다 두 배는 더 크게 되므로 옳지 않았다. 그리고 핵력

(원자핵을 이루는 구성체를 결합하는 힘)의 정체는 무엇인가? (우라늄의 예와 같이) 여러 가지 무거운 원소들의 방사성붕괴에서 나오는 알파나 베타 입자의 에너지라든가 무거운 원자핵에 의해 알파입자들이 산란되는 방법에 비추어 볼 때, 원자핵의 지름은 대단히 작아서 1㎝의 10조분의 1 정도이다. 이런 조사로부터 원자핵을 이루는 입자들의 결합에너지는 원자 속의 전자의 결합에너지보다 100만 배는 더 크다고 보인다. 이 발견이 즉시 다음과 같은 문제를 제기했다. 모두 동일한 전하를 띤 양전하들이 그렇게 작은 원자핵의 부피 속에 어떻게 갇혀 있을 수 있을까? 원자핵의 크기만큼 떨어져 있는 두 양성자 사이의 전기적 척력은 너무 강하기 때문에 아직 알려지지 않은 어떤 매우 강한 힘이 그런 폭발을 방지하지 않는 한 원자핵은 터져 버릴 것이다. 20세기 초기에서 시작하여 30년에 이르는 기간 동안 원자핵의 구성체인 양성자들 사이에 이렇게 무지하게 센 전기적 척력이 있음에도 불구하고 원자핵이 안정하다는 사실이 대부분의 물리학자들이 원자핵에 열중하게 된 주된 문제였다.

원자핵의 안정성 문제는 원자핵 속에 들어 있는 양성자 이외의 입자의 정체에 대한 문제와 긴밀히 연관되어 있어서 그 당시의 일류 물리학자들 거의 모두는 그 점에 대해 숙고했다. 많은 물리학자의 흥미를 끈 가장 그럴듯한 추측은 원자핵은 원자번호 수만큼의 양성자에 추가하여 그 수만큼의 양성자와 전자를 포함한다는 것이었다. 베타선이 전자라고 밝혀짐에 따라 이와 같은 추측이 확인된 것처럼 보였고, 이것이 원자핵에 전자(베타선)가 들어 있다는 강력한 증거로 받아들여졌다. 그것은 만일 원자핵으로부터 전자가 방출된다면 그 전자들은 애초에 원자핵에 들어 있어야만 한다고 주장되었기 때문이다. 이렇게 "자명"해 보이는 가설은 1930년대 초까지 이를 지지한 러더퍼드를 위시한 물리학자들에게 일반적으로 받아들여졌다.

양자역학이 발전되고 불확정성원리가 발견되자 원자핵에 전자가 들어 있다는 가정은 여러 가지 확실한 이유들 때문에 도저히 받아들여질 수 없게 되었다. 무엇보다도 만일 전자가 원자핵 속에 놓인다면 그렇게 작은 영역에 들어 있는 전자의 운동량은 불확정성원리에 따라 너무 커져서 원자핵 속에 갇혀 있을 수가 없게 된다. 다르게 표현하면, 전자가 빛의 속력과 비슷하게 움직이지 않는 이상 그 파장이 너무 길어서 원자핵 크기보다 훨씬 밖에까지 퍼져 나가게 된다. 원자핵의 전자와 양성자 사이의 전기적 인력은 원자핵이 폭발하는 것을 방지할 정도로 충분하게 클 수는 없었다. 원자핵이 이상할 정도로 안정되기 위해서는 원자핵 속에 있는 입자들 사이에 매우 강한 인력이 작용해야만 한다. 끝으로, 원자핵 속에 전자가 들어 있다면 1926년까지 몇몇 원자핵에서 측정된 원자핵의 스핀에 틀린 값을 주게 된다. 스핀이 $\frac{1}{2}\hbar$인(여기서 $\hbar$는 단위 스핀이다) 양성자와 전자가 모두 원자핵 속에 들어 있다면, 원자핵 속에 들어 있는 양성자와 전자를 합한 수가 홀수이면 원자핵의 전체 스핀은 1/2스핀 단위의 홀수 배이고, 그 수가 짝수이면 1/2스핀 단위의 짝수 배가 될 것이다. 이것은 동위원소 질소 -14(원자량이 14인 보통질소)와 같은 원자핵에서 측정된 실험 사실과 일치하지 않는다. 만일 이 원자핵이 (원자번호 7을 설명하려면 필요한) 14개의 양성자와 7개의 전자로 이루어져 있다면, 이 원자핵의 스핀은 1/2단위의 홀수 배일 것이다. 측정된 스핀은 1(1/2단위의 두 배)이었다.

이 모든 주장들로부터 물리학자들은 원자핵 속에는 자유전자가 들어 있지 않다고 확신하게 되었으며, 그래서 원자핵이 양성자-전자로 되어 있다는 모형은 버려졌다. 그러나 러더퍼드는 원자핵 속에 전자가 들어 있다는 생각을 완전히 포기하지는 않았다. 핵 속에 들어 있는 자유전자 대신에 속박된 전자라는 개념으로 바꾸고, 적당한 환경 아래서는 전자와 양성자가 수소 원자보다 훨씬 작은 매우 단단히 결합된 구조를 만든다고 주장했다. 중성인 구성체를 "중성자"라고 부르고 무거운 원소의 원자핵을 만드는 데 절대로 필수적이라고 간주했으며, 핵에 들어 있는 전자들이 핵 표면 가까이 있게 되는 무거운 원자들을 자세히 조사하면 그것들을 발견할 수 있으리라고 확신했다. 그 중성자를 찾기 위한 탐색이 1924년 제임스 채드윅과 그의 가까운 동료이자 공동연구자인 러더퍼드에 의해 시작되었다. 그러나 그들은 잘못된 것, 즉 원자핵의 양성자가 전자 하나를 빨아들여 원자번호가 하나 감소되는 새로운 원자핵을 찾고 있었기 때문에 8

년에 걸친 연구의 대부분을 허송했다. 그러나 1932년 채드윅은 베릴륨-9($^9$Be)에(방사성 폴로늄에서 나온) 알파입자를 충돌시킬 때 탄소 -12($^{12}$C)와 함께 에너지가 매우 큰 전기적으로 중성인 입자가 방출됨을 발견했다. 채드윅은 이 중성인 입자를 러더퍼드의 중성자, 즉 양성자-전자의 결합체라고 생각했다. 그러나 중성자물리학이 매우 빠른 속도로 발전함에 따라 채드윅이 발견한 입자는 오늘날 우리가 원자핵을 구성하고 있는 전기적으로 중성인 입자라고 알고 있는 중성자임이 분명해졌다. 질량이 양성자보다 약간 더 크고 1/2단위의 스핀을 갖는 중성자는 양성자와 흡사하나 전기적으로 중성인 입자이다. 이 발견으로 인해 진정한 핵물리학이 시작되었으며, 1930년대와 1940년대에 걸친 핵물리학의 급속한 발전은 아주 중요하고도 극적인 방법으로 우리의 생활과 사회에 영향을 미쳤다. 어찌 되었든, 중성자의 발견으로 원자핵 연구의 봇물이 터졌다. 나이와 능력을 가리지 않고 모든 물리학자들은 원자핵물리에 이론적으로 그리고 실험적으로 기여하였으므로, 원자핵 바깥 부분의 물리는 거의 완전히 내팽개쳐지고 말았다. 핵물리학자라고 불리는 것은 커다란 존경의 칭호를 부여하는 것이 되었다.

양성자보다 질량이 약간 더 크고(약 전자 세 개의 질량만큼 더 크다) 전기적으로 중성인 중성자는 원자핵의 구조와 그 안정성을 설명하기에 안성맞춤인 성질을 가졌다. 중성자는 양성자처럼 1/2단위의 스핀을 가진 페르미온이고 양성자와 마찬가지로 물리학자들이 “하전(荷電) 이중상태”라고 부르는 “핵자"의 한 종류이다. 하전 이중상태라는 명칭은 베르너 하이젠베르크에 의해 양성자와 중성자 짝에 최초로 붙었는데, 그는 양성자와 중성자가 적당한 조건 아래서 서로 다른 것으로 변할 수 있다는 의미에서 양성자와 중성자는 각기 핵자라는 한 가지 기본입자의 다른 두 측면이라고 주장했다.

중성자의 질량이 전자질량의 약 1,840배이므로 그 파장도 전자의 파장에 비해 그만큼 작다. 그러므로 중성자는 불확정성원리를 위배하지 않으면서 안전하게 원자핵 속에 들어 있을 수 있다. 중성자는 질량이 크기 때문에 전자처럼 원자핵 안에 갇혀서 격렬하게 움직이기보다는 오히려 느리게 움직일 수 있다. 원자핵의 원자량은 바로 그 안에 들어 있는 중성자와 양성자 수의 합이다. 양성자 수는 같지만 중성자 수가 다른 원자핵들은 같은 원소의 동위원소들이다. 헬륨이나 탄소, 산소와 같이 원자량이 작으면서 안정된 원자핵은 같은 수의 양성자와 중성자를 갖지만, 원자핵이 무거워질수록 양성자 수보다 중성자 수가 점점 더 많아진다. 우리가 잘 아는 우라늄-238 원자핵은 96개(원자번호)의 양성자와 142개의 중성자를 갖고 있다. 양성자와 중성자 수의 균형이 크게 어긋나는(양성자 수가 너무 많거나 또는 중성자 수가 너무 많은) 원자핵 동위원소들은 불안정하며, 그것이 우라늄과 라듐 같은 무거운 원자핵이 불안정한(방사성인) 이유이다.

이론물리학자들이 원자핵의 크기와 질량, 스핀, 원자핵을 다룰 때 아주 어렵게 만드는 매우 강한 핵력의 정체 등과 같은 원자핵의 성질들을 설명할 수 있는 원자핵모형을 고안하려고 애쓰는 동안, 실험학자들은 빠른 속도로 실험 결과를 축적하고 있었다. 프랑스 부부 팀인 프레데리크와 이렌 졸리오퀴리가 보통의 가벼운 원자핵에 알파입자를 충돌시켜 방사성 동위원소를 만들면서 중성자가 발견된 직후에 아주 중요한 돌파구가 마련되었다. 이 팀은 높은 에너지의 알파선을 다루는 연구를 하면서 알파입자와 베릴륨이 반응할 때 중성인 방출선들을 검출했다. 하지만 그들은 이 선을 감마선(매우 투과력이 센 광자)이라고 잘못 해석하고 1932년 1월 발표된 논문에서 그대로 보고했기 때문에 아깝게도 중성자의 발견을 코앞에서 놓치고 말았다. 채드윅은 이 논문을 읽고서 졸리오퀴리의 해석에 반대하고 그로부터 한 달 후에 중성자를 발견했다고 공표했다. 그렇지만 졸리오퀴리들도 알파입자와 다른 입자와의 충돌 반응을 계속하여 알파입자를 보통의 알루미늄 원자핵에 충돌시켜서 베타선(양전자)을 방출하는 원자핵을 만들고 또한 붕소에 충돌시켜서 베타선을 방출하는 질소-13을 만드는 등 완전히 물러난 것은 아니었다. 이것이 인위적으로 베타방사능을 만들어 낸 최초의 예이다.

이것은 단지 위대한 이탈리아 이론학자이자 실험학자인 엔리코 페르미(Enrico Fermi, 1901~1954)에 의해 행해진 광대한 영역의 핵물리연구의 출발점에 불과했다. 페르미는 새로운 동위원소를 만드는 데 알파입자보다 느린중성자들이 훨씬 더 효율적이라는 것을 즉각 알아차렸다. 알파입자는 양전기를 띠고 있으므로 원자핵에 의해 밀쳐지지만 전기를 띠지 않은 중성자는 밀쳐지지 않으므로 원자핵에 매우 쉽게 들어가기 때문이다. 이 점을 이해한 페르미는 1934년 알려진 모든 원자핵이 느린중성자를 흡수하는 문제를 조직적으로 연구하기 시작했으며 거의 모든 경우에 방사성 동위원소가 만들어짐을 보였다. 우라늄 원자핵에 느린중성자를 들여보내서 원자번호가 93인 우라늄보다 원자번호가 더 큰 새로운 초우라늄 원자핵을 얻어 냈다고 생각했다. 이러한 결론은 페르미의 과학적 생애에서 별로 많지 않았던 실수 중의 하나였다. 그가 중성자-우라늄 실험에서 얻은 것은 새로운 무거운 원자핵이 아니라 질량이 각각 우라늄 원자핵의 절반 정도인 바륨과 요오드의 원자핵이 뭉쳐진 것이었으므로 그것 역시 매우 중대한 것이었다. 페르미는 전혀 알고 있지 못한 채 핵분열을 일으킨 것이었으며 약 8년 후에는 그것이 첫 번째 핵폭탄으로 이어졌다. 만일 페르미가 그의 실수를 제대로 알아차렸고, 미국으로 이민 가는 대신에 이탈리아에 그대로 남아 있었더라면 역사가 어떻게 돌아갔을지 상상해 봄직하다. 핵분열의 비밀은 주축국의 수중으로 들어갔을 것이다.

페르미는 위대한 물리학자들 중에서 연필과 종이를 사용하는 것이나 실험 장치를 사용하는 것 모두를 똑같이 잘할 수 있었던 마지막 사람이었다. 뛰어난 능력과 물리학의 모든 분야에 대한 깊은 관심, 중성자물리학에 대한 통달 등은 아무도 그가 핵물리학자들을 이끄는 지도자임을 부인하지 못하게 했다. 이탈리아의 뛰어난 물리학자들 대부분이 그에게 이끌려 로마에 위치한 그의 실험실로 모여들어서 그곳을 유럽 핵물리연구의 중심지로 만들었다.

엔리코 페르미는 갈릴레오 이래로 가장 위대한 이탈리아 과학자였으며 20세기에 가장 영향력 있는 물리학자였다. 그는 매우 안락한 가정에서 자라났다. 아버지는 이탈리아 철도청의 공무원이었으며 어머니는 학교 선생이었다. 어렸을 때 로마의 공립학교에 다녔으며 그곳에서 처음으로 과학에 흥미를 갖게 되었다. 학교에서 배우기보다는 스스로 책을 읽고 배우는 총명한 소년이었다. 과학에 대한, 그리고 특별히 물리에 대한 소질은

엔리코 페르미(1901~1954)

수학으로 옮아갔는데, 나중에 "내가 한 열 살쯤 되었을 때 $x^2+y^2=r^2$이라는 방정식이 왜 원을 표시하는지 이해하려고 시도하였다"라고 회고했다.[1] 당시에 이탈리아어로 쓰인 물리학 교과서가 없었기 때문에 라틴어로 쓰인 수리물리학에 대한 책을 공부하면서 물리학에 처음으로 깊은 흥미를 느끼게 되었다. 열세 살도 채 되지 않은 엔리코는 문제들에 대해 철저히 숙달할 때까지 900쪽이나 되는 책의 여백에 자세히 메모를 해 가면서 여러 밤을 보냈다. 그의 아버지의 동료인 A. 아미데이가 엔리코의 학자적인 끈기를 알아보고 그에게 투영기하학에 관한 책을 한 권 빌려주었다. "며칠이 지나기도 전에 페르미는 서문과 처음 세 교과를 읽었고, 두 달이 지나자 그 내용을 통달하게 되어 모든 정리를 증명하고 책 뒤의 200개가 넘는 문제를 금방 풀었다."[2]

엔리코는 라틴어와 그리스어를 포함한 모든 과목에서 뛰어난 성적으로 고등학교를 마친 후 플랑크와 푸아송, 푸앵카레 등의 중요한 업적을 읽으면서 스스로 물리 공부를 계속했다. 또한 시도 즐겼으며 많은 시를 암송하는데 열중했다. 이렇게 암기를 했던 것이 그가 직업에 발을 들여놓은 후 물리학에서 이룩된 주요한 이론적, 실험적 발전을 따라잡는 데 도움을 주었다. 이 기간 동안 학교 친구인 엔리코 페리스코와 함께 물리실험을 수행하기 위한 장치를 설치하며 여가 시간의 대부분을 보냈다. 둘은 모두 능숙한 실험학자가 되었을 뿐 아니라 "로마 지방에서의 중력가속도 값과 로마 수돗물의 밀도, 지구의 자기장들을 정확히 결정했다."[3] 페르미는 17세에 피사대학교에 들어가기 위한 입학시험을 쳤다. "그의 답안지가 채점관들을 깜짝 놀라게 한 것은 틀림없었다. 그는 문제에 보통 고등학교 수준의 답을 쓰는 대신 소리에 관한 문제에서 편미분방정식이라든가 푸리에 분석과 같은 최고급의 수학기법을 적용했다."[4] 그의 답안지를 보고 채점관들은 그가 천재임을 확신했을 뿐 아니라, 그에게 특별 장학금을 주어 가족에게 경제적으로 의존하지 않고 교육을 마칠 수 있도록 해 주었다.[5]

1922년 피사대학교에서 학위를 받았으며, 제일가는 교육기관에서 공부할 필요를 깨닫고 외국장학금 시험에 통과하여 1923년 괴팅겐에서 막스 보른과 그리고 레이던에서 파울 에렌페스트와 공부할 수 있는 자금을 마련했다.[5] 에렌페스트는 그의 젊은 조교가 지닌 비범한 능력을 알아보고 그의 장래에 큰 관심을 갖고 다른 여러 물리학자들에게 그를 소개했다. 1924년 페르미는 이탈리아로 돌아와 피렌체대학교의 강사가 되었다. 두 해 동안 오늘날 페르미통계라고 불리는 것을 발전시켰는데 이것은 파울리의 배타원리를 따르는 입자에 적용된다. 양자수들로 정의되는 한 궤도에 한 개 이상의 전자가 차는 것을 금하는 페르미통계는 스핀이 정수의 반값을 갖는 모든 입자에게 적용될 수 있으므로 원자물리와 핵물리에 기본적으로 중요하다. 이 연구로 인해 유럽에서 누구보다 탁월한 이론학자로서의 자리를 굳혔다. 그의 연구가 지닌 가치는 그가 로마대학교의 첫 번째 이론물리학 교수로 임명됨으로써 공식적으로 확인되었다.

페르미의 로마대학교 임명은 1920년대에는 그리 높게 알아주지 않던 이탈리아의 물리학 부흥에 도움이 되었다. 그는 행정적 일을 즐기지는 않았고 뛰어난 학생들을 유치하는 데 많은 시간을 쏟았으며, 바로 그 학생들 중 대다수가 존경받는 과학자가 되었다. 그의 연구는 한스 베테와 에드워드 텔러를 포함한 많은 외국학생이 로마에 공부하러 오도록 이끌었다. 로마대학교의 물리학부가 개편되자 이탈리아의 다른 대학교에도 물리학과가 개설되었다.

페르미는 로마에 머물면서 볼프강 파울리가 베타붕괴에서 에너지와 운동량이 보존되지 않는 것처럼 보이자 제안하게 된 뉴트리노(중성미자) 가설에 대응하여 베타붕괴에 대한 그의 이론을 발전시켰다. 전자와 함께 방출되지만 실제적으로 검출하기가 어려운 이 입자는 나중에 페르미에 의해 "뉴트리노(중성미자)"라고 이름 붙었다. 파울리는 입자를 가정하여 외관상의 모순을 헤쳐 나갈 길을 찾으려 했는데 그의 이 중성미자에 의해 야기된 문제를 풀기 위해 페르미는 소위 "약력"이라고 불리는 새로운 힘을 제안했다. 그것은 그 힘이 (강한) 핵력에 비해 무척 약하기 때문에 붙은 이름이었다. 약한 힘은 중성미자가 관계되는 모든 입자들 사이의 상호작용에 존재하며, 물리학자들은 이 힘과 중력, 전자기력, 강력이 우주를 구성하는데 필요한 모든 힘들이라고 믿고 있다.

1934년 프레데리크와 이렌 졸리오퀴리는 붕소와 알루미늄에 알파입자를 충돌시켜서 인위적인 방사성 동위원소를 발견했으며, 이 연구로 노벨상을 받았다. 페르미는 전기를 띠지 않은 중성자가 원자핵의 전하에 의해 밀쳐지지 않고 표적원자핵을 뚫고 들어갈 확률이 훨씬 더 크기 때문에 원소에 충돌시킬 "탄환"으로 더 적절하다고 믿었다.[8] 페르미는 여러 원소에 중성자를 충돌시킬 때 중성자의 원천과 표적원소 사이에 파라핀을 끼워 놓음으로써 "느린중성자"라고 알려진 것을 발견했다. 이 느린중성자는 보통 중성자보다 훨씬 더 쉽게 표적원소의 원자핵 속으로 들어갈 수 있었다. 그것은 보통 중성자가 파라핀의 탄화수소 원자에 충돌하면 그 속력이 느려져서 "흡수될 기회가 많아지도록 충분히 오랫동안 표적원자핵 근처에" 머물게 해 주기 때문이었다.[9] 페르미는 느린중성자를 여러 가지 다른 원소에 충돌시켰다. 이런 실험들에 의해 만들어진 방사성 동위원소들의 성질을 조사했다. 그렇지만 느린중성자를 우라늄에 충돌시켜 핵분열에 이르게 되었을 때, 우라늄보다 원자번호가 더 큰 두 가지 원소를 만들었다고 잘못 믿고서 "아소늄"과 "헤스페륨"이라고 이름 지었다. 이 실험의 진정한 결과는 오토 프리쉬와 리제 마이트너가 핵분열이 일어나고 있음을 발견한 1938년까지 드러나지 않았다. 이런 실수에도 불구하고 느린중성자를 이용한 페르미의 실험연구의 가치가 세계적으로 인정되어 1938년 노벨 물리학상을 수상했다.

로마에서의 페르미의 연구는 무솔리니 파시스트 독재의 그늘이 길게 드리워질 때 수행되었다. 물론 페르미는 이탈리아 정부의 군국주의에 반대했고, 유태인에 대해 점점 더 제약을 가하는 법률에서 볼 수 있듯 이탈리아에 대한 독일의 영향이 증대되는 것을 걱정했지만 정부를 공개적으로 비판하지는 않았다. 1928년 결혼한 아내 라우라는 저명한 유태 가문 출신이어서 엔리코는 자기 아내의 안전이 두려웠다. 아내가 이탈리아 해군 제독의 딸이었지만 걱정이 덜어지지는 않았다. 1938년 노벨상을 받으러 스톡홀름으로 갔을 때, 이미 이탈리아를 영원히 떠나리라고 결심했고, 시상식이 끝난 후에 곧장 뉴욕으로 향했으며 컬럼비아대학교의 교수직을 수락했다.

핵분열이 발견되었음을 알게 된 후에, 페르미는 컬럼비아에서 핵연쇄반응을 계속시킬 수 있는지를 알아보는 실험을 수행하기 시작했다. 그 열쇠는 중성자를 느리게 만드는 것이었는데 너무 많은 중성자가 분열을 일으키지 않고 흡수되는 바람에 별로 성과가 없었다. 광범위한 실험 끝에, 그는 속도를 느리게 하는 물질로 흑연을 사용하기로 결정했다.

페르미나 그의 동료들은 지속되는 연쇄반응의 군사적 잠재가치를 놓치지 않았으며, 핵분열 연구 프로그램에 미국 정부가 재정적인 지원을 하도록 설득해 보았다. 그렇지만 초기에는 이 분야가 너무 새로운 것도 하나의 이유가 되어 적절한 지원이 이루어지지 않았다. 또 다른 문제는 성공적인 원자로를 건설하는 데 당시에 페르미나 또는 다른 사람들이 예상한 것보다 훨씬 더 엄청난 양의 인력과 자재가 필요하다는 것이었다. 페르미가 전쟁 상대국 출신이라는 것과 페르미 본인이 핵폭탄 연구계획을 시행하는 데 더 능동적인 역할을 맡는 것을 그리 내켜 하지 않았던 이유로 그의 노력은 방해를 받았다. 컬럼비아에서 그의 연구는 보통 우라늄을 사용하여 연쇄반응을 얻으려는 노력에 집중되었지만, 곧 우라늄 동위원소인 $^{235}U$만 분열될 수 있음이 밝혀졌다.

미국이 1941년 말 2차 세계대전에 참전할 때까지, 원자폭탄의 개발을 지휘하는 기구가 설립되었다. 연합군이 1941~1942년 전쟁 초기에 밀리게 되자 핵분열을 전쟁에 응용하도록 개발하는 것이 더욱 긴급해졌다. 1942년 페르미는 시카고로 옮겨 시카고대학교 스태그 광장 지하에 마련된 비밀실험실에서 저절로 계속되는 분열반응을 첫 번째로 만들려는 노력을 감독했다. "페르미와 그의 동료들은 중성자를 느리게 만들기 위한 순수한 흑연과 핵분열 물질인 농축 우라늄을 이용해 원자로를 만들기 시작했다. 원자로는 불순물이 없도록 특수하게 제작된 40,000개 정도의 흑연 벽돌로 이루어졌는데 그 안에는 우라늄 수 톤을 집어넣을 수 있도록 거의 22,000개의 구멍이 뚫려 있었다."[9] 일본이 진주만을 공격한 지 거의 1년 뒤인 1942년 12월 2일에, 페르미의 원자로는 고비를 넘기고 연쇄반응을 계속했다. 1944년 페르미는 시카고를 떠나, 맨해튼 계획의 총책임자였던 J. 로버트 오펜하이머의 일반고문으로 일하기 위하여 뉴멕시코의 로스앨러모스로 갔다. 로스앨러모스에 머무르는 동안, 페르미는 1945년 7월 16일 뉴멕시코의 앨러모 고도 근처에서 성공적으로 행해진 첫 번째 원자폭탄 실험을 목격했다.

페르미는 1946년 시카고대학으로 돌아와 그곳에서 여생을 보냈다. 새로 만들어진 핵물리학 연구소의 교수였으므로, 그렇게 싫어했던 행정업무에서 벗어나 뛰어난 대학원 학생들을 지도할 시간을 가지게 되었다. 학생들 중에서 머리 겔만, 리청다오(李政道), 양첸닝(楊振寧) 등 몇 명은 노벨상 수상자가 되었다. 페르미는 핵물리에서 가장 흥미로운 발견들은 이미 다 이루어졌다고 느꼈으므로 관심의 초점을 핵물리에서 입자물리로 옮겼다. 1930년대와 1940년대, 1950년대에 걸쳐서 입자들의 종류가 늘어남에 따라 페르미의 입자물리에 대한 흥미는 더욱 높아졌다. 많은 물리학자처럼 페르미도 동물원 우리 속에 널려 있는 것과 같은 입자들의 밑바탕에 깔린 규칙을 찾으려 했다. 그는 파이온 산란에 대한 실험적 연구와 우주선(宇宙線)의 기원에 대한 이론적 연구에 유용한 일을 했으나 그런 노력들이 크게 성공적이지는 못했다. 그는 자신의 제자였던 머리 겔만이, 모든 물질은 "쿼크"라고 부른 기본입자로 구성되어 있다는 제안을 함으로써 절정을 이루게 된 연구에 간접적인 역할을 했다.

페르미는 그의 시간을 자신의 연구와 다른 물리학자들과의 공동연구에 쪼개 쓰면서 과학계에서의 활동을 계속했지만, 검진을 위한 수술 결과 위암임이 밝혀진 1954년부터 그의 활동은 눈에 띄게 위축되었다. 이제 살 날이 얼마 남지 않았음을 알고 있었지만, 자신이 할 수 있는 최선을 다하여 연구를 계속하려고 시도했고, 건강이 악화되어 1954년 9월 병원에 입원할 때까지 일상생활을 유지했다. 두 달 동안 암과 투병했으나 결국 11월에 운명하여 시카고에 묻혔다. 그가 사망한 후에 100번째 원소가 페르뮴이라고 명명되었고, $10^{-13}$㎝의 길이를 나타내는 단위를 페르미라고 불렀다. 이론물리학자로서 그리고 실험물리학자로서 그의 독보적인 업적을 기리기 위해 일리노이주의 바타비아에 위치한 국립가속기연구소를 페르미연구소라고 개명했으며, 그에게 경의를 표하기 위해 국가특별상으로서 페르미상이 제정되었다.

핵물리학에 대한 페르미의 연구에 의해 높은 에너지의 양성자가 원자핵에서 튕겨져 나오는 산란실험을 이용하여 원자핵의 크기를 측정할 수 있게 되었다. 동시에 이 실험들로부터 핵력의 세기와 그 힘이 미치는 범위를 결정할 수 있었다. 그 힘은 전자기 힘보다 수백 배나 더 세며 1㎝의 10조분의 1이라는 지극히 짧은 범위 내에서만 작용한다는 것이 밝혀졌다. 그 힘의 세기가 이렇게 강하기 때문에, 핵력은 또한 "강력" 또는 "강한 상호작용"이라고도 불린다. 높은 에너지 중성자를 원자핵에 산란시킨 실험으로부터 항상 인력으로 작용하는 핵력이 중성자나 양성자에 모두 똑같이 작용함을 알았다. 강력은 이와 같이 전하와 무관하여 양성자와 양성자, 중성자와 중성자, 양성자와 중성자가 모두 서로 동일한 세기로 잡아당긴다. 핵력의 범위가 매우 짧다는 것은 양성자가 강한 인력인 핵력의 영향을 받아 더 무겁고 새로운 원자핵을 만들기 위해 원자핵 속으로 끌려 들어가기 위해서는 우선 원자핵의 양전하 때문에 생기는 척력인 쿨롱 전자기 힘의 장벽을 뚫고 들어가야 함을 의미한다. 실제로 서로 다른 두 개의 원자핵이 충분히 빨리 움직이면 서로 상대방의 쿨롱 장벽을 뚫고 들어가 그들의 핵력에 의한 인력으로 합해져서 복합핵이 만들어질 수 있다. 위와 같은 분야를 다루는 원자핵 화학은 별들이 이런 과정(열핵융합)을 통하여 복사를 방출하기 때문에 별들의 구조와 진화에 매우 중요한 역할을 하게 된다.

물리학자들이 점점 더 자세하게 원자핵의 구조를 조사하기 시작함에 따라 그들은 그런 연구에 사용되는 입자들(전자나 양성자)을 점점 더 빠른 속력으로 가속시킬 수 있는 특별한 전자기 기계장치를 개발하지 않을 수 없었다. 그런 입자 가속기에는 직선 모양과 원 모양의 두 가지가 있는데, 앞의 것은 주로 전자를 가속시키고 뒤의 것은 양성자를 가속시킨다. 선형 가속기(linear accelerator, 또는 줄여서 리낙 linac이라고 부른다)에서는, 전자들이 같은 크기의 원통들이 일렬로 연결된 곳을 통과하는데 서로 연결된 한 쌍의 원통들 사이에는 일정한 전위차가 유지되어서 전자가 한 원통에서 다음 원통을 통과할 때마다 점점 더 빠른 속력을 얻는다. 현대 리낙은 그런 원통이 수천 개나 연결되어 있고 그 길이가 수 킬로미터에 이르기도 한다. 바로 옆 원통과의 전위차가 100,000볼트가 되는 현대적 리낙에서는 전자의 속력을 빛의 속력에 아주 가깝게, 그 에너지를 약 50억 전자볼트(50GeV)에 이를 정도로 가속시킬 수 있다.

원형가속기는 사이클로트론의 현대판인데, (지름이 수 센티미터에 불과한) 첫 번째 사이클로트론은 1930년대 초기에 어니스트 올랜도 로런스에 의해 만들어졌다. 오늘날의 원형가속기는 고리 모양의 안쪽 면을 따라 매우 강력한 자석들을 연달아 배열한 것이다. 양성자가 지나가는 진공관의 지름은 약 1㎝ 정도이고, 양성자들이 관 안에서 움직일 때 퍼지지 않게 하려고 두 쌍의 자석을 이용하는데, 한 쌍은 그들이 원궤도를 따라 움직이도록 방향을 조절하고 다른 한 쌍은 〔집속(集束) 자석〕 양성자들이 흐트러지지 않도록 조절한다. 양성자들은 계속하여 증가하는 전위에 의해 원하는 속력(에너지)까지 단계적으로 가속된다. 둥그런 모양의 진공관의 길이가 길수록, 양성자가 한 바퀴 돌 때마다 속력이 증가하는 정도도 더 크다. 매우 큰 양성자 에너지를 얻기 위하여 둘레가 수 킬로미터이거나 또는 이보다 더 긴 원형가속기들이 건설되었다. 지름이 2.5㎞인 가장 큰 원형가속기가 CERN(유럽핵물리연구센터를 프랑스 이름으로 나타낼 때 머리글자들을 모아서 만든 이름)에서 작동 중이다. 이 장치로 최대 540GeV 정도의 에너지가 얻어졌지만, 이런 최댓값은 양성자들은 진공관을 한 방향으로 돌게 하고 반(反)양성자들은 진공관을 반대 방향으로 돌게 하여 충돌시키는 기법을 이용하여 도달할 수 있었다. 양성자와 반양성자가 충돌하면 두 입자의 전체 운동에너지는 모든 종류의 입자들로 바뀔 수 있다. 위와 같이 하면 양성자가 단지 정지해 있는 표적에 충돌할 때보다 두 배의 충돌에너지를 얻을 수 있다. 입자와 반(反)입자가 충돌하는 원형가속기는 "충돌기 collider"라고 불린다. 현재 원둘레가 50~65㎞인 충돌기들의 건설이 계획되고 있다. 만일 이렇게 거대한 충돌기들이 실제로 건설된다면, 그들은 1조(테라) 전자볼트(TeV)에 달하는 충돌에너지를 만들어 낼 것이다.

질량과 에너지에 대한 아인슈타인 관계식($E=mc^2$)은 핵반응이 일어날 때 상호작용하는 입자들의 질량 중 상당한 비율이 에너지로 변할 것을 시사하기 때문에, 핵의 질량을 측정하는 것은 매우 중요하다. 핵의 질량을 측정하면 핵반응에서 생성될지도 모르는 새로운 원자핵을 밝혀내고 아인슈타인의 질량-에너지 관계를 검사하는 데 사용할 수 있다. 여태까지 핵반응에서 이 관계식을 벗어나는 경우는 전혀 발견되지 않았다.

스핀은 그 값이 정확히 측정되는 핵의 또 다른 중요한 성질이다. 이런 측정은 "분자선속(分子線束)" 과정을 통해 수행되는데, 이 방법은 미국 물리학자 이지도어 아이작 라비의 위대한 독창성을 통해 성공적으로 개발되었다. 회전하는 원자핵은 그 전하 때문에 매우 작은 자석이라고 할 수 있다. 그러한 원자핵이 가진 자력의 세기는 원자핵의 (스핀의 단위 $\hbar$의 개수로 표시되는) 스핀과 그 전하의 크기에 의존한다. 그러므로 만일 원자핵들을 자기장 속으로 보내면, 원자핵은 그 장과 상호작용하며 (그 장으로부터 회전에너지를 얻으며), 이 상호작용의 세기는 원자핵의 스핀에 의존한다. 만일 자기장의 세기가 원자핵 선속을 가로지르는 방향으로 변하면, 원래의 선속은 원자핵이 몇 개의 스핀 단위를 가졌느냐에 따라 서로 다른 선속으로 갈라진다. 만일 원자핵의 스핀이 $\frac{1}{2}(h/2\pi)$이라면, 즉 스핀 단위의 $\frac{1}{2}$이라면, 원래 선속은 두 개의 선속으로 갈라지며, 만일 원자핵 스핀이 1 (한 개의 스핀 단위)이라면, 자기장에 의해 세 개의 다른 선속이 만들어지는 식이다. 이 방법을 이용하면 원자핵의 스핀을 한눈에 알 수 있다. 나중에 이 방법은 여러 가지 실제적 응용에 중요하게 이용되었고, 핵자기공명(nuclear magnetic resonance, NMR)의 기본이 되었다.

실험학자들이 원자핵에 관해 좀 더 자세한 자료를 수집하기 시작함에 따라 곧 원자핵 물리학과 관련된 일련의 이론적 의문들이 제기되었다. 이 의문의 대부분은 양성자들 사이의 강한 전자기적 척력에도 불구하고 중성자와 양성자를 아주 작은 원자핵 속에 가두어 두는 핵력(강력)의 정체에 관한 것들이었다. (보어가 원자에서 한 것처럼) 원자핵의 모형을 고안하기 위하여, 이론학자들은 핵력의 수학적 성질을 알아내야만 했다. 그들은 또한 원자핵에 양자역학의 법칙들이 적용되는지 안 되는지도 알아내야만 했다. 이 질문은 두 가지 다른 이론적 연구에 의해 긍정적인 대답을 얻었다. 1928년 러시아 물리학자 조지 가모프는 우라늄-238과 같은 무거운 원자핵이 알파입자를 방출하며 붕괴하는 현상을, 무거운 원자핵 내에 있는 알파입자에 슈뢰딩거방정식을 적용하고 그런 알파입자들이 그 파동적 성질 때문에 원자핵의 퍼텐셜 장벽에 "터널을 뚫고 나옴"을 보임으로써 설명하였다. 뚫고 나오는 비율은 알파입자의 파동함수로 주어지는데 가모프는 이로부터 우라늄 원자핵의 수명(반감기)을 성공적으로 계산했다. 이런 종류의 계산이 나중에 별의 내부에서 일어나는 열핵융합 계산에 중요한 부분이 되었다.

가모프는 중성자가 발견되기 전에 이러한 연구를 수행했지만, 중성자가 출현함에 따라 간단한 원자핵인 중수소(重水素)에 대한 첫 번째 이론적 모형이 한스 알브레히트 베테와 루돌프 파이얼스에 의해 만들어졌다. 이 모형은 1931년 해럴드 클레이턴 유리가 무거운 수소(중수소) 원자와 보통 산소원자 두 개로 이루어진 화합물인 무거운 물(중수)을 발견함에 따라 제안되었다. 핵력에 의해 결합되어 있는 양성자 한 개와 중성자 한 개로 이루어진 중수소는 가장 간단한 원자핵이다. 그러므로 이것은 핵물리학에서, 원자물리에서의 수소 원자와 같은 역할을 한다. 베테와 파이얼스는 중수소 문제를 양자역학적으로 풀어냄으로써 수소 원자에 적용된 슈뢰딩거방정식으로부터 일반적인 양자역학이 발전된 것과 꼭 마찬가지로 핵에 대한 양자역학적 모형에 이르게 할 것이라고 느꼈다. 그들은 어느 정도까지는 성공했으나, 양성자와 중성자 사이의 힘에 대한 수학적 성질이 당시에는 알려지지 않았으므로 중수소의 양자역학 이론은 아직 완전하지 못했으며, 따라서 중수소에 대한 올바른 슈뢰딩거방정식을 쓸 수 없었다. 베테와 파이얼스는 양성자와 중성자의 상호작용이 가지는 세기와 범위를 가정하고 이러한 제한 아래서 상호작용의 모양(수학적 형태)은 별로 상관없음을 보임으로써 이러한 어려움을 피했다. 어찌 되었든 그들은 핵 내의 상호작용을 다루고 핵의 모형을 수립하는 데 있어 양자역학이 성립함을 보였다. 그럼에도 불구하고 핵 속의 양성자와 중성자가 동등하게 취급되어야 하기 때문에 핵 구조를 양자역학으로 다루는 것이 원자에서 바깥 부분을 다루는 것보다 훨씬 더 어렵다. 핵은 원자 자신과는 다르다. 즉, 무거운 중심 주위로 잘 정의된 궤도를 따라 매우 가벼운 입자들이 무리 지어 다니는 행성계와는 다르다. 그러나 핵을 양자역학적으로 취급하는 것은 대체로 성공적이었다.

비록 강력(핵력)이 핵의 구조를 결정하고 핵입자들의 동역학을 지배하기는 하지만 베타입자(전자)를 방출하는 방사성 핵에서는 다른 힘, 즉 약상호작용이 작용하기 시작한다. 그런 핵(동위원소)들은 양성자에 비해 너무 많은 여분의 중성자를 포함하고 있는데, 이것은 중성자가 많은 불안정한 동위원소를 만들기 위해 안정된 원자핵에 느린중성자를 충돌시켜 인위적인 방사능을 만든 페르미의 유명한 실험으로 예증되었다. 물리학자들은 1920년대 자연적으로 존재하며 베타선을 방출하는 방사성 원자들을 조사하면서, 베타입자를 방출하기 전의 방사성핵과 베타선을 방출하고 남은 핵 사이에 스핀과 에너지가 균형을 이루지 않는 것처럼 보임을 발견했는데 나중 핵의 질량이 베타입자를 방출하기 전의 핵의 질량보다 항상 더 작았다. 아인슈타인의 질량-에너지 관계에 따르면 이 질량 차이는 방출된 전자의 질량에 전자의 운동에너지에 해당하는 질량을 더한 것과 같아야 하는데, 베타선을 방출하는 많은 수의 동일한 핵들로부터 나온 전자들의 속도가 0에서부터 어떤 최댓값에 이르기까지 퍼져 있어서 이 관계가 항상 만족되지는 않았다. 이와 같이 연속적인 속도 스펙트럼은 에너지 보존이라는 신성불가침의 원리에 심각하게 위배되었으므로 물리학자들을 경악하게 만들었다. 이 피할 수 없는 에너지 불균형으로부터 야기된 위기가 너무 심각했기 때문에, 닐스 보어를 포함한 몇몇 저명한 물리학자는 핵에서 일어나는 과정에서는 에너지 보존을 포기하자고 제안했다. 그러나 이 극적인 제안에도 불구하고 스핀의 불균형이 여전히 남아 있으므로 그 어려움을 모두 한꺼번에 제거하지는 못했다. 핵에서 베타선이 방출되면 남아 있는 핵의 스핀은 그대로 있거나 단지 한 단위만큼 변했다. 그러나 만일 단지 한 개의 전자만 방출되었다면, 전자의 스핀은 1/2단위이므로 원래 핵과 나중 핵의 스핀은 모든 베타방사성 과정에서 반(半) 단위만큼만 차이가 생겨야 하기 때문에, 한 단위만큼 차이 나는 것은 있을 수 없는 일이었다. 핵의 베타붕괴에서는 분명히 전자 한 개를 방출하는 것보다 무엇인가 다른 것이 더 관계되지 않을 수 없었다. 그래서 1930년 파울리는 전혀 마음이 내키지 않았지만 오로지 베타붕괴에서만 전자의 방출로 야기되는 진퇴양난을 헤쳐 가기 위한 "절망적인 수단"으로 새로운 입자가 전자와 함께 나온다는 개념을 제안했다. 그는 이 입자를 "중성자"라고 불렀으나 나중에 이 이름이 페르미에 의해 "뉴트리노(중성미자)"(작은 중성입자)로 바뀌었다. 당시에 알려진 기본이 되는 입자는 단지 광자, 전자 그리고 양전자뿐이었으며, 이 세 입자들이 에너지와 질량에 대하여 알려진 모든 성질들을 적절하게 설명한다고 생각되었기 때문에 이 제안은 대부분의 물리학자들에게 터무니없고 대담한 것으로 받아들여졌다. 그러나 에너지 보존원리를 살리기 위해서는 무엇인가 극적인 일이 일어나야만 했으므로 중성미자는 물리학자들 사이에서 점차로 지지를 받게 되었다.

베타붕괴가 이미 받아들여진 물리학 법칙들을 따르도록 하기 위해서,

중성미자는 1/2단위의 스핀을 가지며 전기 및 자기전하도 0이고 관찰될 수 있는 한 질량도 0이라고 생각되었다. 다른 말로 표현하면, 이 새로운 입자인 중성미자는 여러 다른 에너지를 가질 수 있고 그래서 에너지를 나를 수 있다는 것만 제외하면 관찰이 불가능하도록 만들어진 것처럼 보였다. 이처럼 다양한 에너지를 갖는 중성미자가 존재해야 베타붕괴에서 에너지 균형이 올바르게 이루어질 수 있으며 중성미자의 스핀이 1/2이어야 올바른 스핀 균형이 이루어진다. 베타붕괴에서 전자와 함께 방출되는 중성미자의 에너지는 단지 전자만이 존재한다고 했을 때 보이는 에너지 차이를 메꿔 준다. 비록 중성미자를 포착하기는 매우 어려웠지만(물질과 너무 약하게 상호작용하기 때문에, 즉 약한 상호작용을 하기 때문에, 중성미자는 그 경로를 휘지 않고 은하계 전체를 지나갈 수 있다), C. 코완과 F. 라이메스의 영리한 실험에 의해 1956년 마침내 실험적으로 관찰되었다.

베타붕괴 과정은 오늘날에는 중성자에 의해 완전히 이해될 수 있는데, 중성자는 중성미자가 제안될 당시에는 아직 발견되지 않았었다. 중성자가 핵 밖에 있을 때는 불안정하다. 처음에는 중성자가 평균 약 12분 만에 양성자와 전자, 그리고 중성미자로 붕괴되는 것으로 믿었다. 실제로는 오늘날 알려진 대로 중성자는 양성자와 전자, 중성미자 대신에 반(反)중성미자로 붕괴한다. 전자에 대해 반전자(양전자)가 있으며 양성자에 대해 반양성자가, 중성자에 대해 반중성자가 있는 것처럼 중성미자도 반중성미자를 갖지만, 중성미자는 전하를 띠고 있지 않으므로, 반중성미자는 단지 그 속도에 대해 (시계 방향 또는 시계 반대 방향으로) 회전하는 방법에 의해서 중성미자와 구별된다. 그러나 이 같은 사실들이 중성자가 많은 동위원소 핵 안에서 일어나는 베타붕괴에 대해 중성자의 붕괴가 하는 역할을 바꾸지는 않는다. 안정된 동위원소에서는 중성자가 붕괴되지 않지만, 여분의 중성자를 포함하는 불안정한 동위원소에서는 중성자들 중 하나가 양성자로 바뀌면서 핵으로부터 전자와 반중성미자가 방출되어 베타붕괴 과정을 만든다. 양성자와 전자, 반중성미자를 융합시키면 중성자가 만들어진다. 이러한 과정이 태양과 같은 별의 안쪽 깊은 곳(중심 부분)에서 네 개의 양성자가 열핵융합을 일으켜 헬륨 원자핵을 만드는 첫 번째 단계이다. 그러한 별들은 열핵반응으로 수소를 태워서 에너지를 만든다.

이 베타붕괴 과정의 대부분이 실험적으로 알려졌을지라도, 베타붕괴에 대한 양자역학적 이론은 페르미가 1934년에 물리학에서 가장 유명하고 중요한 논문들 중 하나로 생각되는 논문을 발표함으로써 만들어졌다. 이 논문에서 그는 전자기적 상호작용하에서 전자가 광자를 방출하거나 흡수하는 것과 비슷하게 베타붕괴에서 중성자와 양성자들이 전자와 중성미자(또는 반중성미자)를 방출하거나 흡수하는 이론을 개발했다. 또한 분석을 위해 약력이라고 불리는 새로운 힘의 장을 도입했는데 전자와 전자기장의 관계는 전자의 전하를 통해 맺어지는 것처럼 그 새로운 힘의 장은 결합상수(페르미 상수)를 통하여 중성미자와 연관된다. 이러한 장이론을 이용하여 페르미는 베타붕괴에서 나오는 전자의 속도 스펙트럼을 올바로 표현했다. 베타붕괴에 대한 실험 사실들로부터 또한 중성미자 결합상수의 크기를 계산했는데 그 값이 전자의 전자기 결합상수에 비하여 10의 여러 제곱만큼이나 작음을 보였다. 다시 말하면, 약한 상호작용은 전자기 힘보다 무척 약하지만 중력보다는 강하다.

베타붕괴 문제가 해결되고 중성미자의 역할이 이해되었으니, 이제 지금까지 제안된 핵의 모형들 중에서 그 일부를 살펴보기로 한다. 핵에서의 상호작용의 수식적인 모양을 알지 못하므로, 복잡한 핵을 양자역학적으로 정확히 다루는 것은 불가능하다. 그러나 별의 내부에서 일어나는 것과 같은 핵의 상호작용을 분석하는 데 있어 괜찮은 결과를 주는 그럴듯한 모형을 만드는 것은 가능하다. 짧은 범위 내에서 강하게 작용하는 인력인 핵력과 넓은 범위에 걸쳐 작용하는 척력인 쿨롱(전자기) 힘을 한꺼번에 고려하기 위하여, 핵을 (마치 죽은 화산의 분화구처럼) 그 가장자리가 땅바닥까지 내려오는 높고 경사가 급한 테두리(전자기적 척력 또는 쿨롱 장벽)로 둘러싸인 좁고 깊은 우물(강한 인력)에 비유하여 표현한다. 핵의 원자량이 더 클수록 우물이 깊어지고, 원자번호가 더 클수록 테두리가 높아진다. 두 개의 핵이 상대방의 쿨롱 장벽을 뚫고 들어갈 정도로 충분히 빨리 움직이면 그 두 핵이 공동으로 만드는 핵 우물에 함께 빠지게 되어 복합핵이 만들어진다. 이 모형은 꽤 엉성함에도 불구하고, 별의 내부에서 가벼운 핵으로부터 무거운 핵이 생성되고 에너지가 방출되는 현상에 적용되어 커다란 성공을 거두었다. 이와 같은 분석은 한스 베테가 1930년대 후반에 처음 착수했다. 그때 태양과 무게가 비슷하거나 더 가벼운 별에서는 그 구조와 에너지 발생, 그리고 느리게 일어나는 진화를 지배하는 가장 중요한 열핵과정은 네 개의 양성자가 일련의 단계들을 거쳐 $^{4}$He(헬륨) 핵으로 융합되는 연속적인 양성자-양성자 반응임을 보였다. 태양보다 더 무거운 별에서는 가장 지배적인 열핵반응이 역시 $^{4}$He 핵을 형성하기 위한 네 양성자의 융합이지만 이것은 직접과정이 아니라 탄소핵과 관련되는 간접과정으로, 탄소가 양성자를 한 개 흡수함으로써 그 과정을 시작하게 된다. 그 후에 나머지 세 양성자도 하나씩 차례로 흡수되어 네 양성자가 다 흡수될 때까지 단계마다 새로운(더 무거운) 핵이 나타난다. 그러나 그런 흡수의 마지막 단계에는 원래의 탄소핵이 알파입자(헬륨 원자핵)와 함께 다시 생긴다. 이 과정에서 탄소핵은 핵 촉매로 작용하므로, 이 과정을 "탄소순환"이라고 부른다.

핵물리로부터 두 가지 중요한 기술이 창안되었는데, 하나는 파괴적(핵폭탄)이고 다른 하나는 건설적(핵에너지)이다. 이 두 가지가 모두 2차 세계대전 중에 긴급한 군사적 요청으로 인해 생겼다. 전에 밝힌 것과 같이, 페르미는 자신도 모르는 사이에 우라늄을 느린중성자로 충돌시켜서 핵분열을 일으켰지만, 핵분열을 공식적으로 발표한 공로는 오토 한과 프리츠 슈트라스만, 리제 마이트너에게 돌아갔다. 그들은 1938년 페르미의 실험을 답습하여 우라늄 핵으로 들어간 느린중성자가 그 핵을 둘로 쪼개지게 만들었다는 올바른 결론을 내렸다. 이 과정은 닐스 보어가 제안한 핵 모형인 물방울 모형의 도움으로 가장 잘 이해된다. 한 방울의 물속에 들어 있는 분자들은 바로 옆 분자들과 비교적 강하고 범위가 짧은 힘(판데르발스 힘)에 의해 결합을 유지하지만, 외부에서 이 물방울에 지름 방향으로 힘을 가하면 두 개의 물방울로 쪼개질 수 있다. 똑바로 세운 유리관 끝에서 나오는 액체가 계속 방울을 만들며 떨어지는 데에서 이것을 알 수 있다. 여기서 유리관의 끝에서 방울을 떨어지게 만드는 힘은 중력이다. 느린중성자를 흡수한 무거운 핵은 중성자의 에너지에 의해 떨기 시작하고,

떠는 핵에서 반쪽 부분들이 멀어지면 둘 사이를 잡아당기는 핵력은 그 범위가 짧기 때문에 급격히 약해져서 둘을 서로 밀치는 쿨롱 힘이 이 두 조각을 완전히 떼어 놓으면 분열이 일어난다. 그러면 둘 사이에 작용하는 전자기 척력 때문에 두 핵 조각은 200MeV 정도의 운동에너지를 갖고 서로 멀리 떨어져 나간다. 이 막대한 양의 에너지는 단순히 전체 과정을 일으킨 데 불과한 느린중성자로부터 나오는 것이 아니라 전자기적인 척력으로부터 나오는 것이다.

물리학자들은 곧 원자량이 238인 보통 우라늄 동위원소($^{238}$U)는 중성자와 상호작용하여 분열을 일으키지 않지만 원자량이 235인 우라늄 동위원소($^{235}$U)는 분열을 일으킨다는 것을 발견했다. 자연에 존재하는 우라늄 퇴적물에 들어 있는 우라늄-235 동위원소의 비율은 1%가 채 안 되므로, 2차 세계대전에서 가장 중요한 계획 중의 하나는 첫 번째 핵폭탄을 제조하기 위해 분열을 일으킬 수 있는 우라늄-235를 충분히 많이(약 7㎏) 추출하는 일이었다. 이 계획을 수행하는 동안, 물리학자들은 흔한 우라늄-238 동위원소가 핵분열을 일으키지는 않지만 빠른중성자를 흡수하여 우라늄 동위원소($^{239}$U)를 만들고 곧 베타선(전자와 반중성미자)을 방출하여 우라늄보다 원자번호가 큰 원소인 넵투늄 핵이 됨을 발견했다. 이 새로운 원소는 다시 베타선을 방출하고 플루토늄 핵이 되는데, 이것이 느린중성자를 흡수하면 잘 분열할 수 있게 된다.

중성자가 일으키는 핵분열의 발견은 유용한 핵에너지를 개발시키는 첫 번째 단계였으며, 페르미의 감독 아래 (원자로라고 알려진) 첫 번째 핵반응로의 건설로 절정을 이루었다. 원자로의 개념의 근본이 되는 이론적 기반은 아주 간단하다. 만일 순수한 우라늄 조각을 충분히 많이 쌓으면, 쉬지 않고 스스로 에너지를 만들어 내는 분열과정이 그 안에서 자동적으로 계속 일어난다. 그 이유는 외부에서 길을 잃고 헤매는 중성자가 하나라도 원자핵 더미로 들어오면, 여러 우라늄 핵들과 충돌하면서 이리저리 돌아다니게 되고, 결국은 한 $^{235}$U 핵에 흡수되는데, 그것이 분열하면서 다른 중성자들을 내보낸다. 이 중성자들은 원자로의 우라늄 덩어리들 사이에 끼워 놓은 흑연 조각들에 의해 느려진다. 빠른중성자들은 $^{238}$U에 흡수되어 플루토늄 원자핵을 만들고, 느린중성자들은 $^{235}U$에 흡수되어 원자로가 계속 동작하도록 한다. 현재 원자로는 자연 우라늄 덩어리 대신에 $^{235}U$ 막대 꾸러미로 이루어진 원통을 사용하는데, 그러면 에너지가 발생하는 비율이 크게 증가된다.

참고문헌

1. Henry A. Boorse and Lloyd Motz, The World of the Atom. New York : Basic Books, 1966, p. 1319.
2. 위에서 인용한 책, pp. 1319-1320.
3. Emilio Segre, "Enrico Fermi," Dictionary of Scientific Biography. New York* Charles Scribner's Sons, Vol. 4, 1971, p. 577.
4. 위에서 인용한 Boorse 와 Motz의 책, p. 1320.
5. 위에서 인용한 Segre 의 책, p. 577.
6. 위에서 인용한 책, pp. 578.
7. 위에서 인용한 책, pp. 579.
8. 위에서 인용한 책, pp. 580.
9. "Enrico Fermi," Biographical Encyclopedia of Scientists. New York : Facts on File, Inc., 1981, p. 258.

그림 출처

1. Enrico Fermi, by Nobel Foundation, http://nobelprize.org/

# 19장
# 입자물리학

내가 당신에게 증거를 주긴 했지만,
당신을 이해시킬 의무는 없습니다.
—SAMUEL JOHNSON

전자와 양성자가 19세기 말과 20세기 초에 걸쳐 발견되었을 때, 물리학자들은 물질에 대한 올바른 이론을 수립하는 데는 부호가 반대이며 크기가 같은 전하를 띤 이 두 종류의 입자만 있어도 모든 것이 다 잘될 것처럼 보였기 때문에, 이 입자들을 성취감을 가지고 관찰했다. 마이클 패러데이의 초기 전기화학 실험들이 전하에 기본단위가 있다는 것을 아주 분명히 보여 주었고 물질의 "전자" 이론에 대한 헨드릭 안톤 로런츠의 이론적 연구를 확인하기 위해 전자의 존재가 필요했으므로 이 발견들은 한층 더 만족스러웠다. 그러나 물리학자들은 곧 전자와 양성자의 발견이 그리스의 원자론자 시대 이래 과학에서 끈질기게 추구된 목표인 자연의 기본적인 구성 요소를 찾는 데 마지막을 장식했다기보다는 오히려 "입자물리학"이라고 알려진 물리학의 새 장을 여는 것임을 알았다.

어떤 의미로는 물질의 본성과 원자론을 제의한 데모크리토스의 가설로부터 입자물리학이 시작되었다. 그러나 전자와 양성자가 발견됨에 따라 가설이 진실로 바뀌었다. 그렇지만 이 진실이 단지 입자물리학의 시작에 불과하다는 것은 전자와 양성자가 제기한 다음과 같은 어려운 질문으로 알게 된다. 전자와 양성자가 물리학자들이 찾았던 기본입자들인지 아니면 전자와 양성자를 구성하는 보다 더 기본적인 입자가 존재하는지가 의문이었다. 물리학자들은 만일 전자와 양성자가 모두 물질의 구조를 이루는 기본이 되고 똑같이 중요하다면 왜 양성자의 질량이 전자보다 그다지도 큰지 의아해 했다. 전자와 양성자가 구조적으로 다르다는 사실은 디랙의 상대론적인 파동방정식이 전자에 대해서는 성공적이었지만 양성자는 제대로 설명할 수 없었다는 점으로부터도 알 수 있다. 그 파동방정식으로부터 전자의 자기능률 값은 옳게 나왔지만, 양성자에 대해서는 그렇지 못했다. 디랙방정식은 점(부피가 0인) 전하에 적용되기 때문에 이러한 차이는 전자는 점으로 취급할 수 있지만 양성자는 그럴 수 없음을 말해 주는 듯싶다. 이와 같은 입장은 자연에 우리가 받아들일 수 없는 비대칭이 존재한다는 것을 뜻하기 때문에 이는 매우 만족스럽지 못하다. 물질의 구조에서 그렇게 중요한 역할을 하는 두 기본입자가 왜 구조적으로 그렇게 달라야 할까? 양성자와 전자가 모두 기본입자라기보다는 그들 자체가 더 기본적인 입자로 구성되어 있다고 생각하는 것이 심미적으로 더 만족스럽지 않을까? 하지만 전자에 대해 그럴듯한 모형을 만들려는 모든 시도는 실패하고 말았다. 그래서 현재까지 전자는 구조를 갖지 않는 점과 같은 입자라고 생각되고 있다. 그러나 양성자는 그렇지 않다.

물리학자들이 원자에 대한 올바른 모형을 수립하려고 애쓰던 20세기 초반에는, 전자나 양성자의 본성에 대해서 별 관심을 두지 않았다. 그러나 점점 더 많은 종류의 입자가 실험적으로 드러남에 따라서 입자들의 구조에 관한 의문들이 이론학자들의 관심을 사로잡기 시작했다. 플랑크가 양자론(작용의 양자)을 발견함에 따라 자연에 존재하는 첫 번째 질량이 없는(정지질량이 0인) 입자로서의 광자와, 이 광자와 연관되어 전자와 양성자에까지 양자역학이 적용되어 이중성(입자와 파동적 성질이 동시에 존재하는)의 개념이 도입되었다. 광자를 입자로서, 전자기파의 양자로서 다루게 됨에 따라 오늘날 모든 입자물리학에 광범위하게 사용되는 "장이론"이 시작되었다. 광자가 정지질량이나 전하를 갖지 않았다는 사실이 광자를 전자나 양성자와 구별할 수 있게 했다. 그러나 광자는 스핀에 있어서도 나머지 두 입자와 다르다. 광자의 스핀은 스핀 단위의 절반이 아니라 한 단위의 스핀 ($h/2\pi$), 즉 $\hbar$이다. 광자는 (페르미통계를 만족하는) 페르미온이 아니라 (보스통계를 만족하는) 보손이다. 플랑크의 복사공식은 광자의 이런 성질로부터 유도될 수 있다.

한 단위의 스핀을 가지며 질량과 전하를 갖지 않는 입자인 광자의 존재는, 단지 대칭성만 고려하더라도, 물리학자들에게 스핀 1/2을 갖는 질량과 전하가 없는 입자가 존재할 것이라는 점을 시사하는 것이 틀림없었지만, 20세기 초기에는 새로운 입자를 도입하는 것이 대부분의 물리학자들에게 몹시 혐오스러웠으므로 어쩔 수 없는 경우에만 제안되었다. 닐스 보어로부터 강력하게 위협받은 에너지 보존원리를 살리기 위하여 볼프강 파울리가 중성미자를 제안할 때도 이와 똑같은 상황이 일어났다. 파울리는 베타붕괴에서 나타나는 연속적인 전자속도 스펙트럼을 설명하려고 중성이고(전하가 없고) 질량이 없으며 스핀이 1/2인 입자를 제안하면서 매우 조심스러워했으며 심지어 그와 같은 궁색한 제안을 할 수밖에 없는 무모함을 사과하기까지 했다. 그는 1930년 방사능에 대한 회의에 참석하는 사람들에게 다음과 같이 시작되는 편지를 보냈다. “저는 $N^{14}$와 $Li^{6}$ 핵의 ‘잘못된’ 통계와 연속적인 베타 스펙트럼에 관하여 통계 및 에너지 법칙을 구하기 위한 절망적인 방법에 도달하게 되었습니다. … 현재로는 이 생각에 대한 어느 것도 감히 발표할 용기가 없습니다.”

중성미자는 그 역할이 잘 정해지지 않은 채 입자들의 무대로 던져졌다. 그러나 그것이 에너지 보존을 구했으며 베타붕괴 과정에 대한 올바른 통계를 제공했다. 중성미자의 스핀이 4이기 때문에, 어떤 계의 전하나 정지 질량을 그대로 놔두면서 그 계의 통계를 바꾸기 위해 이 성질을 자연이 이용함직하다. 정지질량이 0이므로 중성미자가 특수상대론을 만족하려면 빛의 속력으로 움직여야만 한다. 중성미자는 알려진 모든 입자들 중에서 가장 신비스러우며, 그 구조에 대해서는 아무것도 알려지지 않았다. 중성미자는 에너지를 가졌으며 양자역학에서는 에너지가 플랑크상수×그 진동수이므로 중성미자도 또한 진동수를 가졌음에 틀림없다. 이런 일련의 생각에 따르면, 모든 범위의 진동수를 갖는 중성미자들이 존재하고, 중성미자는 물질과 매우 약하게 상호작용하므로 우주가 시작할 때(대폭발 시) 존재하였던 중성미자들이 아직도 거의 다 존재할 것이다.

전자에 대한 디랙의 상대론적인 파동이론으로부터 예언되었고 우주선(宇宙線)에서 칼 앤더슨이 발견한 양전자(반전자)가 입자들의 모임소에 들어온 네 번째 입자이다. 이 발견으로 인해 물리학자들은 모든 입자가 반입자를 가진다고 확신하게 되었다. 또한 기본입자의 수가 갑자기 두 배가 되었으므로 기본입자에 대하여 이전부터 내려오던 개념을 철저하게 바꾸어 놓았다. 입자와 그 반입자는 동일한 정지질량과 동일한 스핀을 갖지만 전하의 부호는 반대이다. 이런 성질들이 어떤 입자든지 그 반입자와 함께 창조된다면, 이런 기적이 일어날 만큼 충분한 에너지가 준비되어 있다면, 다시 말해 진공에서 매우 짧은 순간적인 요동이 일어난다면 공간의 어떤 점 주위에서도 입자들이 갑자기 만들어질 수 있음을 뜻한다. 광자의 반입자는 광자 자신이지만 전자나 양성자, 중성미자는 (자신과 구별되어) 뚜렷이 다른 반입자를 갖는다.

양성자보다 약간 더 무거운 중성자는 양전자와 거의 같은 시기에 발견되었지만, 양전자와는 달리 상대적으로 안정되어 있으며 이것이 없다면 핵은 존재할 수 없다. "상대적으로 안정되다"라는 용어는 베타붕괴성이 없는 핵 안에서는 완전히 안정되었다는 의미이다. 이미 말했듯이 핵 밖에서는 중성자가 평균 약 12.5분 만에 양성자와 전자, 중성미자로 붕괴한다. 이 시간 간격이 중성자의 반감기〔일정한 수의 중성자들 중 절반이 이 시간 동안에 붕괴하며(베타붕괴), 매 12.5분이 지날 때마다 남은 것들 중 절반이 붕괴한다〕라고 정의되었다. 전자와 양성자가 자신의 반입자를 가지듯이 중성자도 반중성자를 갖는다. 만일 양전자가 완전히 빈 공간에 홀로 존재한다면 전자처럼 안정하지만, 양전자가 물질을 통과해 가면 양전자는 전자와 함께 소멸되고 갑자기 에너지가 출현한다(두 감마선이 방출된다). 그래서 중성자가 불안정하다는 것처럼 양전자가 불안정하다고 생각하는 것은 전문적으로 보았을 때 옳지 않다. 즉, 양전자는 저절로 붕괴되지는 않는다.

중성자가 발견됨에 따라서 물리학자들은 핵에서 분자에 이르기까지 물질의 구조를 설명하는 완전한 이론을 수립하는 데 필요한 모든 기본입자들을 갖게 되었다. 모든 것이 아주 근사하게 제자리에 척척 맞아떨어지는 것처럼 보였으며, 그래서 2차 세계대전이 일어나기 전 10년 동안 새로운 입자를 찾으려는 수색은 눈에 띄게 둔화되었다. 그렇지만 우주선(宇宙線) 물리학은 꾸준히 발전하였으며, 1933년에서 1936년에 이르는 기간 동안 우주선 물리학자들은 우주선에서 모든 방향을 통하여 지구의 대기권 안으로 들어오며 재빠르게 움직이는 (전하를 띠거나 그렇지 않은) 이상한 입자를 발견했다고 보고했다. 태양계는 이 입자들의 바다에 담겨 있는 셈이다. 이 입자에 대해서는 풍선이나 로켓에 의해 지구 대기권 밖으로 올려 보낸 이온 검출기를 이용해 처음으로 광학적 방법에 의해 우주선들이 조사될 때까지 그 성질이 완전히 이해되지 않았다. 풍선과 로켓 실험들이 수행되기 전까지 물리학자들 사이에서는 이 큰 에너지를 가진 입자들이 지구에서 나왔는지 아니면 우주공간에서부터 온 것인지에 대해 많은 논쟁이 있었다. 오스트리아 물리학자 빅토르 헤스가 직접 풍선을 타고 올라가 지구 표면으로부터 높아질수록 우주선의 세기가 강해진다는 것을 확실하게 보여 주자, 이 논쟁은 우주선이 우주공간에서 나온 것이라는 쪽으로 해결되었다. 만일 우주선의 근원이 지구였다면 관찰의 결과가 반대였을 것이다. 이런 관찰에 기반을 두고서 미국 물리학자 로버트 밀리컨은 이 선들을 "우주선(宇宙線)"이라고 불렀으며, 아주 적절한 그 이름은 지금까지 그대로 내려온다.

우주선 연구에 종사한 밀리컨은 우주선이란 어떤 설명되지 않은 과정에 의해 멀리 떨어진 은하계 영역에서 물질이 에너지로 변하여 발생하는 전자기파(감마선)라는 이론을 제안했다. 그러나 이 생각은 전혀 받아들여지지 않았으며 밀리컨 자신도 자기장에 집어넣은 안개상자를 통과한 우주선의 경로를 조사하여 이 선들이 매우 높은 에너지를 갖는 전기를 띤 입자임을 분명히 알고 나서 마지못해 그의 생각을 포기했다. 더 자세한 연구 결과 우주선은 두 성분을 포함하고 있음이 밝혀졌다. 1차적 성분은 별들 사이의 공간이나 은하계들 사이의 공간에서 오는 것으로 (수조 eV에 이르는) 매우 에너지가 큰 양성자와 무거운 핵들로 이루어져 있으며, 2차적 성분은 1차적 성분에 의해 지구의 대기층에서 만들어졌다. 에너지가 큰 1차적 성분이 대기 중의 핵과 충돌하면, 수천 개의 2차적 성분으로 이루어진 소나기를 만들 수 있는데, 그렇게 만들어진 것들 중에서 여러 가지 종류의 수명이 짧은 입자들이 발견되었다. 이 2차적 성분이 입자물리학에서 완전히 새로운 발견과 연구 분야로 이어지는 길을 활짝 열어 놓았다.

우주선에서(양전자를 제외하고) 첫 번째로 발견된 중요한 새 입자는 칼 데이비드 앤더슨(양전자를 발견한 사람)과 S. H. 네더마이어가 발견한 것이었다. 그들은 1934~1935년에 우주선의 2차적 성분 중에서 전기를 띤 어떤 것들은 투과력이 매우 강하고 정지질량이 100MeV보다 큰 것들이 있음에 유의했다. 이 발견은 물리학자들이 그들의 물질구조와 일들이 되어 가는 방식 안에 그런 입자를 집어넣기에 알맞은 방법을 찾을 수가 없었기 때문에 무척 당혹스러웠다. 나중에 측정된 이 입자의 정확한 정지질량은 105.57MeV(전자의 정지질량의 약 200배)였다. 이 입자의 전하는 음부호를 띠었고 스핀은 1/2(페르미온)이었으며 200만분의 1초의 수명이 끝난 뒤에는 전자와 중성미자, 반중성미자로 붕괴했다. 이 입자는 우주선에서 발견되거나 높은 에너지 가속기에서 만들어지는 수명이 매우 짧은 일련의 입자들 중 첫 번째 것이었다. 이 특별한 입자는 "뮤중간자"라고 불리었는데, "중간자"라는 낱말은 그 질량이 전자와 양성자 질량 중간에 있다는 것을 가리킨다.

이론학자들은 핵력(강력)을 힘의 장이라는 용어로 설명할 수 있는 방법을 찾고 있었기 때문에 "뮤중간자"의 질량은 그들을 특히 신명 나게 만들었다. 전자기 힘이 전자기장의 양자(광자)에 의해 날라지고, 중력이 중력자(결코 관찰된 적이 없는 중력장의 양자)에 의해 날라지는 것과 마찬가지로, 강력도 그 장의 양자에 의해 날라지리라고 주장되었고 사람들은 그 양자가 "뮤중간자"일 것으로 가정했다.

이렇게 가정하게 된 까닭은 일본 이론학자 유카와 히데키(湯川秀樹)의 연구로부터 시작된다. 그는 1935년 만일 어떤 힘의 장이 미치는 범위가 짧으면 그 장의 양자는 0이 아닌 정지질량을 가져야 하며, 범위가 짧을수록 그 질량은 더 커야 함을 보이기 위해 일반적인 양자역학적 논증을 사용했다. 중력이나 전자기 힘처럼 범위가 무한대인 힘은 중력자나 광자와 같이 정지질량이 0인 양자를 갖는다. (산란실험으로부터) 두 핵자 사이에 작용하는 힘의 범위를 측정한 값을 사용하여, 강력의 양자가 지닌 질량은 전자의 질량보다 약 200배쯤일 것으로 추론했다. 그래서 1930년대 초기의 이론물리학자들이 "뮤중간자"를 유카와의 강력 양자라고 받아들인 것은 하나도 놀랍지 않다. 그러나 "뮤중간자"의 성질들을 조심스럽게 분석한 결과 그것은 힘의 장의 양자는 전혀 될 수 없고 전자와 같이 어느 모로 보나 페르미온임이 밝혀졌다.

왜 "뮤중간자"는 강력을 나르는 입자가 될 수 없는지 보기 위하여, 두 핵자들(양성자-양성자, 양성자-중성자 그리고 중성자-중성자) 사이의 상호작용에 대한 유카와의 생각을 알아보자. 유카와 이론에 따르면, 이 세 개의 상호작용마다 각각 작용하는 두 입자들은 질량을 가진 장의 양자를 주고받는데 이 양자들은 실험적으로 관찰된 다음과 같은 사실을 정확히 만족할 수 있는 성질을 가져야 한다. (1) 위의 세 경우에 작용하는 힘은 모두 같다. (2) 상호작용하는 두 핵의 전하는 서로 바뀔 수 있으나 전체 전하는 변할 수 없다. (3) 강력의 양자는 핵자에 의해 잘 흡수되어야 한다.

두 핵자가 서로 상대방의 범위 안으로 들어오면 강력을 통하여 두 핵자들이 상호작용하는 것은 오늘날 다음과 같이 기술된다. 각 핵자는 순간적으로 거짓 양자를 나르는데, 그 양자들 중 한 개가 곧 다른 핵자에 의해 흡수된다. 즉, 두 핵은 그들 사이에 강력의 양자를 주고받으며 강력하게 상호작용한다. 이것은 상호작용하는 핵의 전하에는 관계없이 모두 동일한 강력이(강력의 전하에 대한 독립성) 작용함을 설명하기 위하여 정지질량은 거의 같지만 전하가 +1, -1, 0인 세 가지 서로 다른 종류의 양자가 존재함을 뜻한다. 더구나 이 양자들은 핵에 잘 흡수되어야 하며, 그들의 스핀은 〔반정수(半整數)가 아니고, 예를 들면 0, 1과 같은〕 정수여야만 한다. 즉, 그들은 잘 흡수되지 않는 페르미온이 아니라 잘 흡수되는 보손이어야만 한다. 그런데 "뮤중간자"는 이런 특성들을 모두 만족하지 않는다. "뮤중간자"는 핵과 약하게 상호작용하면서 물질을 관통한다. 그리고 단지 양과 음의 전기만을 띠는 "뮤중간자"만 존재한다. 또한 "뮤중간자"는 스핀이 1/2인 페르미온이다. 그런 이유들 때문에, "뮤중간자"는 오늘날 "뮤온"이라고 불리며, "중간자"라는 이름은 나중에 발견된 유카와 양자가 요구하는 성질을 갖춘 입자를 위해 남겨졌다. 뮤온은 이제 불안정하며 무거운 전자로 분류되고 입자물리학자들이 생각할 때 계획된 일에 대해 아무런 역할도 맡지 않는 것처럼 보였다. 따라서 뮤온은 아직까지 대부분의 입자물리학자들에게는 그것이 발견될 당시와 마찬가지로 이상스러운 존재로 받아들여지고 있다. 만일 뮤온이 존재하지 않더라도, 우주는 변하지 않을 것이므로 많은 물리학자는 자연이 무엇 때문에 불필요한 듯한 입자를 창조하였는지 의아해 하고 있다. 그러나 이런 관점은 정곡을 놓치고 있는 것이다. 그것은 만일 뮤온을 전자의 들뜬 상태라고 가정한다면, 뮤온의 존재는 전자의 존재로부터 저절로 따라오기 때문이다. 수소 원자가 존재하고 이 원자가 광자를 흡수하여 들뜬 상태로 되는 것과 마찬가지로 복합구조를 갖는 바닥상태로서의 전자도 중성미자를 흡수하여 그 들뜬 상태의 구조로서의 뮤온의 존재를 암시한다.

핵력에 대한 유카와의 이론이 옳다고 확신한 실험물리학자들은 우주선으로부터 유카와 양자가 갖게 되는 알맞은 스핀과 질량, 전하를 갖추고 핵과 상호작용하는 세 가지 입자를 찾는 수색을 계속했다. 1946~1947년에 걸쳐 세실 프랭크 파월과 그의 조수는 우주선에서 전하가 +1, 0, -1 이며 스핀이 0인 삼중선(三重線)을 발견했다. “파이중간자” 또는 “파이온” 이라고 불리는 이 세 보손은 매우 비슷한 질량을(약 140MeV) 가졌으며 핵에 잘 흡수되었다. 그러므로 입자물리학자들은 이 입자들이 핵력을 나르는 입자라고 인정했다. 이 보손들을 이용하여 유카와는 두 핵자 사이의 상호작용이 어떻게 거리에 의존하는가를 나타내는 수학적 공식을 유도했는데, 그것은 쿨롱의 전자기 상호작용에 이 상호작용의 범위를 매우 짧게 만드는 지수함수를 곱한 것과 같았다. 상호작용에 대한 이 공식은 유카와의 연구 이전에 이미 이용되어 온 경험적으로 만든 여러 가지 공식보다 더 나은 결과를 주지는 못했다. 그러므로 핵력에 대한 파이온 이론이 이 힘의 정체에 대하여 전에 알고 있었던 것보다 더 깊은 통찰력을 갖게 해 준다고 말할 수는 없다.

매우 짧은 수명(반감기가 약 1억분의 1초)을 지니고 전기를 띤 파이온($\pi^+$ 또는 $\pi^-$)은 중성미자를 방출하며 뮤온으로 붕괴한다. 가끔 파이온은 중성미자 또는 반중성미자를 방출하며 전자(또는 그 전하가 무엇이냐에 따라 양전자)로 붕괴한다. 중성인 파이온($\pi^0$)은 전기를 띤 파이온보다 훨씬 더 빨리 두 개의 감마선으로 붕괴한다. 파이온은 두 핵자가 충돌할 때 풍부하게 만들어진다. 이것이 파이온이 강력(핵력)을 나른다는 유카와의 제안을 지지하는 또 다른 증거로 받아들여졌다.

파이온과 뮤온의 수명은 한 관찰자에 대하여 어떤 시계가 빠른 상대적 운동을 할 때 관찰자의 시계에 비해 상대적 운동을 하는 시계가 더 느리게 간다는 아인슈타인의(특수상대론에 의한) 추론을 지지하는 강력한 실험적 증거로 이용될 수 있다. 이것은 파이온이나 뮤온이 어떤 관찰자에 대하여 더 빨리 움직일수록 그 관찰자의 시계로 잰 이 입자들의 수명이 더 길어지는 것이 알려짐으로써 증명되었다. 파이온과 뮤온의 수명의 정의는 파이온과 뮤온이 정지해 있는 기준틀(좌표계)에 있는 관찰자가 측정한 수명이다.

파이온이 발견되고 그것이 진정한 중간자라고 받아들여지면서, 그 특성들에 의해 뚜렷이 구분되는 종류로 입자들을 분류하는 첫 단계가 시작되었다. 뮤온과 파이온이 발견되기 전에도 다음과 같은 세 가지 입자 종류가 알려져 있었다. 스핀이 $\frac{1}{2}$인 무거운 입자(중성자와 양성자), 스핀이 $\frac{1}{2}$인 가벼운 입자(전자, 양전자, 중성미자), 스핀이 0이고 정지질량이 0인 광자가 그것이다. 이 입자들이 당시에는 서로 다른 종류로 나뉘지 않았는데, 그렇게 나눈다고 해서 물리학이 실제로 더 간단해지지도 않았을뿐더러 물리학이 더 깊이 있게 이해되지도 않았기 때문이었다. 그렇지만 파이온과 뮤온을 발견함에 따라, 이 입자들을 종류대로 배열한다는 바로 그것이, 새로 발견된 입자 수가 날로 증가하여 전체 수가 두 배로 불어난 "입자의 모임소"에서 어떤 질서를 세우는 한 방법이 되는 것이다.

스핀과 질량이 입자들을 그룹으로 구별 짓는 첫 번째 특성으로 이용되었다. 스핀이 $\frac{1}{2}$인 입자들은 모두 페르미온(스핀 단위의 $\frac{1}{2}$의 홀수 배인 것들)으로 그룹 지어졌으며(전자, 중성미자, 뮤온, 양성자, 중성자 그리고 그들의 반입자들), 스핀이 1, 0 그리고 2인 입자들(각각 광자, 중간자 그리고 중력자)은 모두 보손으로 그룹 지어졌다. 페르미온은 모든 물질의(원자와 분자) 구성 요소인 반면에, 보손은 페르미온들 사이에 작용하는 힘의 장을 나르는 입자라고 생각되었다.

페르미온은 "중입자"(바리온)라고 불리는 무거운 페르미온(핵자와 나중에 발견된 더 무거운 입자들)과 "경입자"(렙톤)라고 불리는 가벼운 페르미온인 두 가지 서로 다른 그룹으로 나뉜다. 높은 에너지 가속기로부터 점점 더 많은 중입자가 튀어나오자, 그들 중 어떤 것들은 스핀이 3/2임이 발견되었으며, 그래서 중입자를 스핀이 1/2인 것과 3/2인 것으로 세분하는 것이 편리했다(물론 두 가지가 모두 페르미온이다). 중입자의 전하에 대해 또 다른 복잡성이 나타났다. 스핀이 1/2인 중입자는 모두 전하가 0, +1 또는 -1이었으나, 스핀이 3/2인 중입자는 전하가 1씩 차이 나면서 +2로부터 -1에 이르는 값을 가졌다. 그런 입자들의 배열이(각기 자신의 반입자를 가진) 처음에는 아무런 의미도 없는 것처럼 보였다. 이번 장의 끝부분에서 논의되는 "쿼크"를 도입하고 나서야 차차 질서 비슷한 것이 나타났다.

모두 스핀이 1/2이고 그들의 반입자로 구성된 경입자는 두 그룹으로 나뉜다. 한 가지는 전기를 띠며 질량만 제외하면 전자와 같은 것과, 다른 한 가지는 정지질량이 0인 전기를 띠지 않은 중성미자이다. 이 두 그룹 중 첫 번째에는 전자, (질량이 105MeV인) 뮤온, 질량이 양성자의 약 두 배나 되어 1784.2MeV인 타우 경입자가 포함된다. 질량들을 통해 살펴볼 때 경입자는 모두 다 "가볍다"라고 생각하는 것은 틀린 것이며, 그래서 "경입자"라는 이름은 오해를 불러일으킨다. 입자물리학자들은 세 종류의 중성미자를 검출했다. 한 가지는 "전자(電子) 중성미자"라고 불리며 베타붕괴에서 나타나는 보통 중성미자이다. 다른 한 가지는 "뮤온 중성미자"라고 불리며 파이온이 뮤온으로 붕괴할 때 방출되는 중성미자이다. 마지막은 타우 경입자가 붕괴할 때 방출하는 중성미자이다. 서로 다른 경입자가 오로지 여섯 개만 존재한다는 것이 입자들의 세계가 가지고 있는 기본적 특성 중의 하나라고 받아들여지고 있다. 각 경입자마다 자신의 중성미자를 동반하고 있다는 사실이 현대 입자물리학이 직면한 불가사의 중 하나이다. 중성미자의 스핀과 정지질량이 0이라는 점(빛의 속력으로 움직임)과 그들의 속도 방향에 대한 스핀 방향의 관계만 고려하면, 모든 중성미자들은 정확히 똑같은 방식으로 행동하므로, 전자 중성미자와 다른 두 가지 중성미자들을 구별하기 위한 어떤 물리적 의미를 부여하기가 힘들다. 뮤온이 파이온으로부터 방출된 중성미자와는 서로 상호작용하지만 베타붕괴에서 나오는 중성미자와는 상호작용하지 않는다는 것을 실험학자들이 발견하고 나서 그 구별 방법이 도입되었다. 그렇지만 타우 경입자가 자신의 중성미자를 가졌는지는 아직 실험적으로 증명되지 않았다. 뮤온 중성미자와 전자 중성미자를 실험적으로 구별 지은 것은 1950년대 L. 레더먼과 M. 슈워츠, 스타인버거(1988년 노벨상 수상자들)가 파이온에서 방출된 중성미자는 양성자와 결합하여 중성자와 뮤온을 만들지만, 결코 중성자와 양전자를 만들지 않는다는 것을 발견한 때로 거슬러 올라간다.

중간자는 스핀이 정수인 보손이며 전하는 +1, 0 또는 -1이고 질량은 파이온 질량(140MeV)으로부터 10000MeV(10GeV) 이상까지 분포한다. 이 매우 무거운 중간자들은 여러 나라에서 작동 중인 매우 강력한 가속기들에서 만들어졌다. 이렇게 무거운 중간자들이 굉장히 많이 존재한다는 사실은 우주에서 그들의 역할이 무엇이냐는 매우 중요한 질문을 제기한다. 만일 중간자 중에서 가장 가벼운 파이온이 핵력을 나르거나 전달한다면, 왜 다른 중간자들이 존재하는가? 다른 중간자들 모두가 파이온의 들뜬 상태라는 것이 한 가지 대답이 될 수는 있겠다. 그러나 만일 그렇다면, 왜 파이온은 그보다 더 낮은 에너지 상태(물질에 존재할 수 있는 가장 낮은 에너지 상태)의 들뜬 상태가 아닌가? 모든 원자나 분자현상에서는 들뜬 상태가 가능한 가장 낮은 에너지 상태로 붕괴하기 때문에 이 질문은 중요하다.

비록 우주선에서 발견되는 것과 같은 (입자들의) 높은 에너지, 즉 100억 GeV 정도에 이르는 가속기는 건설할 엄두도 못 내고 있지만 전기를 띤 입자들을 수천억 전자볼트의 에너지까지 가속시킬 수 있는 매우 높은 에너지 가속기들이 건설되면서 새로운 입자들의 근원으로서 우주선은 뒷전으로 밀리고 있다. 그러나 만일 대단히 높은 에너지를 갖는(정지질량이 지극히 큰) 새로운 입자를 발견하려면 아직도 우주선을 조사해 보아야 할 것이다. 그런 입자들을 발견하기 위해 우주선을 조사하는 데 있어서 불리한 점은 매우 드문 사건을 찾기 위하여 우주선의 자취를 찍은 사진을 수십만 장이나 조심스럽게 검토해야 한다는 것이다. 반면에 가속기에서는 우리가 관심을 두는 바로 그 에너지에 해당하는 입자들을 많이 만들어 내도록 설계할 수 있다. 어찌 되었든, 우주선을 조사하든지, 가속기에서 높은 에너지를 갖는 입자들의 선속을 정지해 있거나 움직이는 표적에 충돌시켜서, 1950년대 이래 (그 수에 있어서나 그 종류에 있어서나) 당황할 정도로 많은 새 입자가 발견되었다. 이론물리학자들은 이 입자들을 위에서 설명한 세 그룹뿐 아니라 보다 더 작게 구분함으로써 이런 혼란 속에서 어떤 질서를 찾아내었다. 그들이 이용한 방법은, 어떤 의미에서 화학원소들에 대한(즉, 핵이나 동위원소들의) 멘델레예프 표와 비슷한 입자들의 표를 만들려고 시도한 것이었다. 그렇지만 곧 멘델레예프 표와 새로운 가속기에서 급속히 만들어지는 새로운 높은 에너지 입자들을 모두 포함해야 하는 입자들의 표 사이에는 커다란 차이가 있었다. 멘델레예프 표의 모든 동위원소들은 중성자와 양성자라는 단지 두 종류의 기본입자로 이루어져 있으나, 단지 두 종류의 기본적인 구성입자들을 사용하여 모든 중입자와(두 핵자와 그보다 더 무거운 모든 것) 모든 중간자를(파이온과 그보다 더 무거운 모든 것) 만드는 것은 불가능했다. 기본적인 입자가 셋 또는 그보다 더 많이 필요했는데 곧 그런 기본입자들이 어떻게 도입되었는지를 살펴보기로 한다. 그 전에, 새로 발견된 높은 에너지 입자들의 행동에서 밝혀진 몇 가지 경험적인 규칙들을 알아보자. 이 규칙들은 우리가 자연현상을 이해하는 데 매우 중요한 역할을 해 왔던 에너지-운동량-질량 보존이나 각운동량 보존과 같은 동역학 보존원리들에 첨가되어야만 하는 추가된 보존원리처럼 보인다.

이 추가된 보존원리들 중 가장 중요한 것이, 전하의 보존과 중입자 수의 보존, 경입자 수의 보존이다. 입자들이 중입자인지 중간자인지 경입자인지 또는 이들이 어떻게 섞여 있든지 관계없이 그들 사이의 모든 상호작용에서, 상호작용 전의 전체 전하는 상호작용 후의 전체 전하와 같아야만 한다. 전하는 창조되지도 소멸되지도 않는다. 만일 상호작용 후에 양전하를 띤 새로운 입자가 나타나면, 그래서 처음보다 전하가 +1만큼 불어나면, 상호작용 후에 -1의 전하를 띤 이 입자의 반입자가 꼭 나타나야 한다.

중입자 수의 보존은 중입자가 항상 중입자와 다른 입자들이 함께 나타나도록 붕괴한다는 사실로부터 유래한다. 모든 중입자에는 중입자 수가 부여되는데, 이 수는 바로 중입자가 저절로 붕괴해서 생길 수 있는 핵자들(중성자와 양성자)의 수로 정의된다. 알려진 모든 중입자는 결국 한 개의 중성자 또는 한 개의 양성자로 붕괴하기 때문에 중입자 수가 +1이다. 양성자 자체도 또한 중입자 수가 +1이다. 중입자 수의 보존은 양성자가 절대로 안정됨을 의미한다. 만일 양성자가 사라진다면, 중입자 수는 +1에서 0으로 바뀔 것인데 이것은 금지되어 있기 때문이다. 요즈음의 대통일장이론이 주장하듯이, 이 보존원리는 절대적인 것이 아니라 절대에 아주 가깝게 만족되며 따라서 양성자의 수명은 무한대가 아니라 단지 매우 길 뿐일지도 모른다. 그러나 이런 주장을 지지하는 증거는 아직 하나도 없다. 반중입자의 중입자 수는 -1이다. 그래서 중입자 수의 보존은 상호작용하는 입자들의 모임에서 전체 중입자 수가(그 모임에 속한 모든 중입자와 반중입자의 중입자 수를 합한 것) 상호작용한 뒤에도 상호작용하기 전의 중입자의 수와 같아야만 한다는 것을 뜻한다. 중입자는 창조될 수도 없고 소멸될 수도 없다. 만일 상호작용 후에 또 하나의 중입자가 나타난다면 중입자의 수가 같게 유지되기 위해서 반중입자도 동시에 나타나야만 한다. 그런 상호작용에서 중간자나 광자는 보존되지 않는다. 그래서 양성자보다 더 무거운 중입자는 어떤 보존원리도 위배하지 않고 파이온(중간자)과 양성자 또는 중성자로 붕괴할 수 있다. 중입자는 또한 다른 중입자와 광자, 또는 중입자와 광자 그리고 중간자로 붕괴될 수도 있다.

경입자(즉, 전자, 중성미자, 뮤온, 다른 입자들)의 보존, 즉 경입자 수의 보존도 또한 모든 상호작용에서 들어맞는다. 어떤 입자의 경입자 수는 그 입자가 붕괴할 수 있는 전자 또는 중성미자의 수이다. 전자와 중성미자의 경입자 수는 +1(그들의 중입자 수는 0이다)이다. 어떤 중간자든지 그 경입자 수는 0이지만 뮤온의 경입자 수는 +1이다. 양전자의 경입자 수는 -1이며 양전자나 반중성미자로 붕괴될 수 있는 어떤 반입자든지 그 경입자 수는 -1이다. 경입자 수의 보존원리란 서로 상호작용하는 입자와 반입자들의 모임에서 전체 경입자 수는 상호작용하기 전이나 후에 같아야만 된다는 것이다. 이런 보존원리들이 적용되는 몇 가지 예를 보면 이것들이 얼마나 유용한지 알 수 있다.

중성자가 붕괴하기 전에는 중입자 수가 1이고 경입자 수는 0이다. 중입자 수의 보존은 중성자가 양성자로 붕괴되어야만 함을 의미하며, 전하의 보존은 양성자와 함께 전자도 따라서 생겨야 함을 의미한다. 그러나 양성자와 전자만 생긴다면 경입자 수의 보존에 위배되며, 그래서 이 붕괴에서 반경입자(반중성미자)도 함께 나타나야만 한다. 전하를 띤 파이온의 붕괴가 이런 보존원리를 보여 주는 간단하고도 분명한 다른 예이다, $\pi^-$와 $\pi^+$는(경입자 수는 0) 각각 $\mu^-$와 $\mu^+$(경입자 수가 +1)로 붕괴하지만, 그런 붕괴에서는 모두 경입자 수를 보존하기 위해 반중성미자가(반중성미자의 경입자 수는 −1이다) 함께 나타난다.

보존원리를 떠나기 전에, 입자들의 상호작용과 붕괴에서 질량-에너지 보존에 관해 자세히 살펴보자. 그러나 우선 중성미자가 발견되기 전까지는 보편적으로 받아들여졌던 반전성(反轉性) 보존이라는 특수한 보존원리가 파기되었음을(즉, 더 이상 적용되지 않음을) 유의하고 그것에 대해 논의하자. 중성미자가 나타나자 그것이 흡수되거나 방출되는 과정(즉, "약상호작용"과 관계되는 과정)에서는 반전성 보존이 성립되지 않는다는 것이 밝혀졌다. 반전성이라는 개념은 실제 세상에서 일어나는 것과 실제 세상이 거울에 비친 상에 나타나는 사건을 묘사하는 데 있어 이들을 어떻게 비교하여 분석하는가로부터 나오게 된다. 거울이 하는 일이라고는 왼쪽 현상을 모두 오른쪽 현상으로 바꾸고 오른쪽 현상을 모두 왼쪽 현상으로 바꾸는 것이 전부이므로 실제 우주에서나 거울에 비친 상의 우주에서나 자연의 법칙이 같으리라고 기대되기 때문에, 반전성의 개념이 첫눈에는 어떤 어려움이나 질문을 야기하지 않을 것처럼 보인다. 이런 관점에 따르면 거울 속에 있는 어떤 사건을 보더라도 우리가 우주의 반사된 상을 보고 있다는 것을 알 수 없어야 한다. 이런 개념을 "반전성 보존의 원리"라고 하며, 왼쪽 현상이나 오른쪽 현상을 지배하는 법칙이 다르다는 이유를 찾을 수 없으므로 이 원리는 매우 그럴듯하게 여겨진다. 현대물리학에서는 어면 계나 현상의 반전성은 그 계나 현상을 묘사하는 파동함수로 정의될 수 있다. 이 파동함수는 우리가 사건을 묘사하는 데 사용하는 기준틀(좌표계)에 의존하는 수학적 표현이다. 이제 만일 우리 좌표계의 세 축 중에서 한 축의 방향을 거꾸로 바꾼다면, 거울 속에 있는 사건을 얻는 셈이 된다. 그런 좌표변환을 "반사"라고 부른다. 여기서 양자역학적인 관점으로부터 다음과 같은 의문이 제기된다. 우리가 좌표계를 위와 같은 방법으로 바꾸면 사건을 묘사하는 파동함수에는 어떤 일이 일어날 것인가?

일반적인 양자역학의 논의를 따르면 파동함수가 변하지 않을 수도 있고 또는 파동함수의 부호가 바뀔 수도 있다. 앞의 경우에 우리는 그 계나 현상의 반전성이 "양(陽)"(짝)이라고 부르며 뒤의 경우에는 "음(陰)"(홀)이라고 부른다. 물리학자들은 두 종류의 반전성이 모두 자연에서 아주 자연스럽게 일어남을 발견했으나, 중성미자 현상과 약상호작용이 발견되기 전까지는, 반전성이 짝에서 홀로 또는 홀에서 짝으로 바뀌는 것은 한 번도 관찰된 적이 없었다. 그런 이유 때문에, 물리학자들은 반전성 보존의 원리를 제안했던 것인데, K중간자라고 불리는 한 무리의 중간자들의 행동으로부터 보편적으로 인정되었던 그 원리가 과연 성립하는지에 대한 심각한 의문이 제기되었다. 이 중간자들은 두 개 또는 세 개의 파이온으로 붕괴하며 K중간자와 파이온의 반전성은 분명하게 정해져 있고 두 파이온의 반전성은 짝인 반면에 세 파이온의 반전성은 홀이므로 이 붕괴에서 반전성이 항상 보존되는 것은 아님이 명백했다.

두 물리학자 리청다오와 양첸닝이 대담하게 반전성이 강한 상호작용이나 전자기 또는 만유인력 상호작용에서는 보존되지만 약한 상호작용에서는(중간자 또는 중성미자를 수반하는 상호작용) 성립하지 않는다고 제안할 때까지는, 이 반전성에 관한 문제를 어떻게 해야 할지 아무도 몰랐다. 이 가설은 후에 S. 우가 코발트 핵의 베타붕괴를 조심스럽게 분석하여 실험적으로 증명되었다. 그녀의 실험에서는 코발트 핵이 방출하는 베타선은 핵이 회전하는 방향과 그 반대 방향으로 똑같이 방출되지 않고 회전 방향의 반대 방향으로 더 잘 방출됨을 보여 주었다. 이 결과는 다음 이유 때문에 반전성 보존을 분명히 위배한다. 핵이 회전하는 방향이 거울에 대하여 어떻게 놓였느냐에 따라서(거울에 평행하게 놓였는지 또는 수직하게 놓였는지에 따라서), 거울의 상은 방출된 베타선의 방향은 바꾸지 않으면서 회전하는 방향만 거꾸로 바꾸든지 또는 회전하는 방향은 바꾸지 않으면서 베타선의 방향만 거꾸로 바꾸므로, 위의 결과와 같은 비대칭성은 회전하는 코발트 핵에서 방출되는 베타선에 대해 실제 과정과 거울에 비친 상의 과정을 비교하면 서로 다름을 말해 준다.

중성미자 자신은 그 운동 방향에 대하여 회전하는 방향이 고정되어 있으므로 중성미자에는 반전성 보존이 적용되지 않음을 아주 간단하게 보여준다. 자신으로부터 달아나는 중성미자를 관찰하는 사람은 항상 시계 반대 방향으로 회전하는 중성미자를 보고, 따라서 자신에게 가까이 다가오는 중성미자를 관찰하는 사람은 항상 시계 방향으로 회전하는 중성미자를 본다. 이것은 중성미자가 빛의 속력으로 움직이며 정지질량이 0임을 말해준다. 그렇지 않다면 관찰자는 중성미자를 뒤에서부터 따라잡을 수 있을 만큼 빨리 움직일 수 있을 것이고 그래서 중성미자를 앞서가게 되면 중성미자는 관찰자로부터 멀어지는 셈이지만 그래도 관찰자에게는 그 중성미자가 시계 방향으로 회전할 것이며, 이것은 멀어지는 중성미자가 시계 반대 방향으로 회전해야만 한다는 사실에 위배된다. 반중성미자의 속도와 스핀 사이의 관계는 중성미자의 그것과 서로 반대이다.

이제 우리로부터 멀어지지만(시계 반대 방향으로 회전하는) 거울로는 가까이 다가가는 중성미자를 생각하자. 거울에 비친 그 중성미자의 상은 우리에게 다가오지만, 그 상의 스핀은 역시 시계 반대 방향이다. 그러므로 거울 속의 중성미자의 상은 중성미자가 아니고 반중성미자이다. 그래서 거울 속에 비친 우주의 상은 실제 우주와 같은 법칙을 만족하지 않는다. 우리 우주를 거울 속의 상으로 변환하면 반전성이 보존되지 않는다. 이런 생각은 거울 속 우주의 상이 존재할 수 없음을 뜻하지는 않는다. 거울 속 우주는 실제로 존재할 수 있다. 그렇지만 그런 우주에서는 모든 입자들이 반입자로 바뀌어 있다. 그 점만 빼고는 모든 법칙이 동일하다. 그러나 원자 정도 크기의 세계에서는 양전자가 미래에서 과거로 거슬러 올라가는 전자처럼 행동하기 때문에 시간이 거꾸로 가는 것처럼 나타난다.

이제 입자들의 상호작용과 붕괴와 관련 지어 질량-에너지 보존으로 돌아가자. 고에너지 물리학이 현재처럼 복잡하게 발전되기 이전에도, 특별히 핵물리학에서 입자들의 상호작용이 광범위하게 연구되었으며, 전하와 스핀, 에너지 보존과 같은 기본적인 보존원리들이 그런 상호작용을 지배한다는 것이 잘 알려져 있었으나, 상호작용을 통해 서로 교환되는 에너지는 거기에 관여하는 계의 정지질량과 비교하면 상대적으로 얼마 되지 않았다. 그러나 고에너지 입자물리학에서는 교환되는 에너지 자체가 관여하는 정지질량만큼이나 크다. 그러면 입자들의 상호작용이나 한 입자의 붕괴와 관계되는 현상이 어떤 방향으로 진행할 것인지를 우리에게 알려 주는 안내자 역할을 하는 질량-에너지 보존원리가 어떻게 적용될까? 좀 더 구체적으로, A가 한 입자의 상태(정지된 중입자)를 나타내고 A가 붕괴되어 생기는 상태를 B로 나타낸다고 가정하자. 다시 말하면 B는 입자들의 모임(중입자, 광자, 중간자, 경입자)으로 이루어져 있는데, 그 전체 에너지는 에너지 보존에서 요구되는 것처럼 A의 질량과 같다. 처음 질량에 해당하는 에너지는 마지막 상태의 에너지와 정확히 일치하므로, 사건이 A→B의 방향으로 진행하든지 또는 그 반대 방향인 B→A로 진행하든지 에너지는 보존되는데 도대체 왜 붕괴되는 과정만 일어날까? 이를 결정하는 인자는 B상태의 정지질량과 A상태의 정지질량을 비교하면 알 수 있다. 중입자 A는 더 작은 정지질량을 갖는 다른 중입자로 항상 붕괴되는데, 이때 에너지가 방출되며(두 중입자 질량의 차이) 그 에너지는 마지막 중입자의 운동에너지와 여기서 함께 만들어지는 중간자와 경입자, 반경입자의 운동에너지, 감마선의 에너지로 나타난다. 그래서 마지막 B상태의 엔트로피가 A상태의 엔트로피보다 크며, 그러므로 열역학의 제2법칙이 과정의 방향을 결정하는 인자이다. 어떤 과정이 진행되기 위해서는 엔트로피가 증가되어야만 한다. 중성자는 양성자보다 약간 더 무거우므로, 중성자는 저절로 양성자와 전자, 중성미자로 붕괴되며, 이 붕괴는 엔트로피가 증가함을 나타낸다.

이와 같은 상황이 높은 에너지 우주선과 커다란 가속기에서 특정한 사건들을 관찰했던 1950년대 초기에 모두 잘 이해되었다. 우주선 선속(線

束)에 들어 있으며 가속기 안에서 충돌로도 만들어지는 파이온과 뮤온(중간자와 경입자) 외에 약간 이상한 성질을 가진, 그래서 우리를 당황스럽게 만든 매우 무거운 중입자들의 새로운 가족들이 발견되었다. 잘 알지 못하는 입자의 가족들이 발견되면, 물리학자들은 질량이나 스핀, 전하, 반전성 등과 같은 이해할 수 있는 성질에 따라 그것들을 배열하려고 시도한다. 1950년대 말과 1960년대 초에 걸쳐 발견된 (양성자 질량에서 양성자 질량의 세 배에 이르는 질량을 갖는) 전형적인 새로운 무거운 중입자들은 스핀이 1/2인 8개의 중입자의 모임에(팔중선), (좀 더 무거운 것들인) 스핀이 3/2인 10개의 중입자 모임에(십중선) 아주 자연스럽게 배열되었다. "초다중선(超多重線)"이라고 불리는 이들 모임은 각기 전하와 질량, 그리고 "기묘도"라고 불리는 이름에 따라 배열된 부속 그룹으로 나뉜다. 그래서 팔중선은 전하에 대한 핵자 이중선(양성자, 중성자), 중성인 단일선 $\Lambda^0$(람다), 전하에 대한 삼중선 $\Sigma^+$, $\Sigma^0$, $\Sigma^-$(시그마), 전하에 대한 이중선 $\Xi^0$, $\Xi^-$(크사이)로 이루어져 있다. 위의 부속 그룹들은 각기 "기묘도"의 값에 의해 특성 지워지며, 위의 부속 그룹의 기묘도 값은 차례대로 0, -1, -1, -2이다. 각 부속 그룹에 속한 입자들의 질량은 거의 같지만, 평균질량은 핵자 이중선의 경우인 약 940MeV에서 크사이 이중선의 경우인 약 1321MeV까지 증가된다. 입자물리학자들은 여기에 "하전(荷電) 스핀"이라고 불리는 (정수이거나 홀수의 절반인) 다른 숫자를 한 가지 더 도입했는데, 이것은 각 부속 그룹에 속한 입자의 수를 알게 해 준다. 하전 스핀은 실제 스핀과는 아무런 관계도 없고 오히려 전하와 관계된다. 한 부속 그룹에서 서로 다른 전하를 갖는 입자의 수는 (전하 0을 포함해서) 하전 스핀에 1을 더한 것의 두 배와 같다. 그래서 단일선의 하전 스핀은 0이고 이중선은 1/2, 삼중선은 1이다.

십중선은 다음과 같은 부속 그룹으로 이루어졌다. (델타 사중선, 하전 스핀은 3/2이고 기묘도는 0인) $\Delta^{++}$, $\Delta^+$, $\Delta^0$, $\Delta^-$, (시그마 삼중선, 하전 스핀은 1이고 기묘도는 -1인) $\Sigma^+$, $\Sigma^0$, $\Sigma^-$, (크사이 이중선, 하전 스핀은 1/2이고 기묘도는 -2인) $\Xi^0$, $\Xi^-$ 그리고 마지막으로 (오메가 단일선, 하전 스핀은 0이고 기묘도는 -3인) $\Omega^-$이다. 이 그룹들이 발견되고 그들이 어떻게 이런 이름을 얻게 되었는지에 대한 이야기를 들으면 지난 30년에 걸쳐서 입자물리학자들이 어떻게 생각해 왔는지에 대한 흥미로운 안목을 얻게 된다. 핵자가 아닌 중입자가 존재한다는 첫 번째 실험적 증거는 우주선 안에서가 아니라 높은 에너지 가속기로부터 발견되었는데, 가속기 안에서 정지된 양성자에 에너지가 매우 큰(큰 운동에너지를 갖는) 음전하를 띤 파이온($\pi^-$)을 격렬하게 충돌시켰더니 전하를 띠지 않은 입자가 만들어졌음을 안개상자를 통해 알게 되었다. $\pi^-$의 자취가 갑자기 사라졌기 때문에 전하보존으로부터 파이온이 양성자에 흡수되었음을 알게 되었으며 운동량 보존법칙(파이온의 운동량)으로부터 파이온의 자취가 끝나는 곳에서 서로 멀어지는 전하를 띠지 않은 두 개의 입자가 생겨야만 했으며, 그 둘의 운동량을 더하면 흡수된 파이온의 운동량과 꼭 같아야만 했다. 이 새로 만들어진 두 입자들은 전하를 띠지 않았기 때문에 안개상자에서 아무런 흔적도 남기지 않았으나, 좀 떨어진 곳에서 새로운 흔적이 나타났는데 이 흔적으로부터 새로운 종류의 중입자인 $\Lambda^0$과 새로운 종류의 중간자인 $K^0$가 원래의 $\pi^-$가 양성자에 흡수된 위치에서 만들어졌으리라고 추정되었다. 이 과정을 기호로 표시하면 $p^+ + \pi^- \rightarrow \Lambda^0 + K^0$로 쓴다.

$\Lambda^0$는 그것을 만들어 준 힘(강력)에 거슬리는 아주 당혹스러운 특성을 갖는다. 그것은 강력이 작용하여 1조분의 1의 1조분의 1초 동안인 매우 짧은 시간 안에 (매우 많이) 생겨났지만, 그것이 양성자와 $\pi^-$ 또는 중성자 $\pi^0$로 다시 붕괴할 때까지, 창조된 시간에 비하면 몹시 긴 1초만큼의 긴 수명을 가졌다. 이런 이유 때문에, 입자물리학자들은 $\Lambda^0$를 "기묘한" 입자라고 불렀으며, 강한 상호작용 아래서 보존되는 "기묘도"라고 불리는 일종의 "의무"를 지니고 있다고 함으로써 그 느린 붕괴(긴 수명)를 설명한다. 그러므로 이 입자는 강한 상호작용 과정, 즉 매우 빠른 붕괴 과정을 따라 붕괴할 수 없으며 기묘도가 보존되지 않는 약한 상호작용 과정을 따라서만 붕괴할 수밖에 없다. 강한 상호작용은 "기묘도"를 보존하지만, 약한 상호작용은 그렇지 못하다!

그러나 강한 상호작용에서 "기묘도"가 보존된다는 관점에서 보면 도대체 어떻게 강한 상호작용에 의해 기묘도가 0인 두 입자로부터 $\Lambda^0$가 만들어지는지를 설명할 수 있을까? 이 질문은 기묘입자들이 ("부수적 생산"이라고 불리는) 쌍으로 만들어진다는 생각으로 설명된다. 그 쌍 중의 하나인 $K^0$은 음 "기묘도"인 -1을, 다른 하나인 $K^0$은 양 "기묘도"인 +1을 지니므로 이 창조 과정에서 기묘도가 보존된다. 그래서 $\Lambda^0$와 $K^0$의 창조는 전자와 양전자가 쌍으로 창조되는 것에 비교될 수 있다. 이처럼 양전자는 전자(반양전자)와 만나서 소멸되기까지는 없어지지 않고 존재하는 상태에 있다. 그래서 양전자는 창조될 때 걸린 시간보다 훨씬 더 오랫동안 존재한다. 이와 같은 방법으로, $\Lambda^0$도 오로지 $K^0$와 함께 있는 경우에만 "기묘도"를 보존하면서 빨리 붕괴할 수 (강력 붕괴) 있으나, $K^0$가 없다면 "기묘도"가 보존되지 않는 약한 상호작용을 통해서만 붕괴될 수 있다. 이러한 모든 개념들, 즉 부수적 생산이라든가 "기묘도", 기묘도의 보존과 비보존 등이 $\Lambda^0$의 긴 수명과 1960년대와 1970년대, 1980년대에 걸쳐서 건설되고 작동된 높은 에너지 가속기를 이용하여 만들어진 다른 모든 기묘입자들을 설명하기 위해 도입되었다.

무거운 중입자의 종류가 번창함에 따라 생길 수 있는 질문은 그것들을 초다중선(超多重線)이나 이러한 초다중선의 부속 그룹으로 배열한 것으로부터 마치 핵과 동위원소들의 구조가 중성자와 양성자로 이해되었듯이 좀 더 기본적인(초보적인) 입자들에 의해 이해될 수 있겠느냐는 점이다. 중입자는 기본입자가 아니라 중성자나 양성자(핵자들)보다 더 기본적인 입자들로 구성되어 있다는 것이 로버트 호프스태터와 그의 동료들이 수행한 기본적 실험연구에 의해 이미 증명되었다. 매우 에너지가 큰(속력이 큰) 전자를 이용하여(실제로는 매우 강력한 전자현미경), 호프스태터는 양성자의 구조를 조사했으며, 양성자로부터 산란되어 나간 전자들의 경로로부터 양성자는 내부구조가 없는 점전하가 아니라 복잡한 구조를 가지며 일정한 부피에 퍼져 있는 전하처럼 행동한다고 결론지었다. 매우 높은 에너지를 가진 전자를 이용한 (매우 깊숙한 곳까지 조사하는) 실험들이 잇따라 이루어졌는데 이 실험들은 핵자 안의 전하가 핵자의 부피 속에 균일하게 분포되지 않고 불연속적인 혹처럼 뭉쳐 있음을 보여 주었다. 다음 실험들은 더 나아가서 팔중선과 십중선의 초다중선을 이루는 개개의 중입자들은 세 개의 서로 다른 전하를 포함한다는 것을 시사했다. 이렇게 되자 이 세 전하들이 모든 물질을 구성하는 기본적인 입자라고 받아들여졌다.

로버트 호프스태터(Robert Hofstadter)는 1915년 뉴욕시에서 루이스 호프스태터와 그의 첫 부인인 헨리에타 퀘니스버그의 아들로 태어났다. 뛰어난 물리학자인 부모와 마찬가지로, 그의 부모도 아들이 어떤 특정한 분야에 제한되지 않고 문화와 배움의 진가를 음미할 수 있도록 교육하였다.[1] 호프스태터는 뉴욕시 공립학교에서 초등교육과 중등교육을 받았으며, 전 과목에 걸쳐 수석 자리를 놓치지 않았다. 뉴욕시립대학교에서 학부과정을 마쳤는데, 수학과 물리학을 전공하고, 1935년 우등으로 졸업했다. 그해에 제너럴일렉트릭이라는 전기회사에서 제공하는 특별장학금을 받아 프린스턴대학교에서 공부할 수 있었으며 그곳에서 석사 학위를 받은 후 1938년에 박사 학위를 받았다.[1] 박사 학위 연구는 유기분자의 적외선 스펙트럼에 관한 것이었지만, 박사 학위 후에 결정체를 전자검출기로 이용하는 연구에 흥미를 느꼈으며, 이것이 후에 높은 에너지 산란실험에 대한 연구에 지극히 가치가 있었음이 증명되었다.[1] 1939년 프린스턴을 떠나 펜실베이니아대학교로 옮겼으며 그곳에서 핵물리학에 흥미를 느끼고 특별히 양성자와 중성자의 구조에 관심을 가졌다.

일본이 진주만을 공격하자 미국은 2차 세계대전에 참전하게 되었으며, 호프스태터를 포함한 많은 물리학자가 자신들의 개인적 연구계획을 보류하고 전쟁 수행을 위한 노력에 그들의 재능을 투여하지 않을 수 없게 되었다. 호프스태터는 표준국에서 일하다가 노든이라는 회사로 옮겨 그곳에서 전쟁을 마칠 때까지 머물러 있었다.[2] 전쟁이 끝난 뒤에, 프린스턴으로 돌아와 물리학 조교수가 되었으며 그곳에서 요오드화나트륨에 탈륨막을 입힌 결정체로 만든 측정기를 개발했다.[2] 이 결정체는 곧 전자 같은 전하를 띤 입자와 감마선을 검출하는 데 뛰어난 장치임이 밝혀졌다.[2]

1950년 부교수로 스탠퍼드의 교수진의 일원이 되었다. 그곳에 도착했을 때 학교 근처에 높은 에너지 선형(직선)가속기가 건설 중이었으므로, 프린스턴에 있을 때 익힌 실험 솜씨를 발휘하여 스탠퍼드에서 산란실험에 사용될 수 있는 장치들을 설계하고 만드는 것을 도왔다.[2] 가속기가 동작

로버트 호프스태터(1915~1990)

하게 될 때까지 고에너지 업자물리학에 온통 전념했으며, 1950년대에는 핵자의 전하분포와 자기(磁氣) 능률을 측정하여 그 절정을 이룬 일련의 실험들을 수행했다.[2] "좀 더 정확히 설명하면, 핵자에서 네 가지 전자기 '형태인자'들을 결정했는데, 각 형태인자는 어떤 입자가 다른 입자나 장과 어떻게 상호작용하는지를 기술하는 전문적인 양"이므로, "그 형태인자가 어떻게 행동하는지를 보면 다른 어떤 모형을 이용했을 때보다 핵자의 크기와 모양을 더 잘 알 수 있는 일반적인 방법이다."[3] 호프스태터는 핵자에 대한 연구와 특히 "양성자와 중성자가 양(陽)전하 물질로 이루어진 중심 속과 그 주위를 두 겹으로 둘러싸고 있는 중간자 물질로 구성되어 있음"을 발견한 공로로 1961년 노벨 물리학상을 받았다.[4] 이 발견은 "양성

자와 중성자가 점이 아니며 전에 가정되었던 것처럼 '기본적'이지 않고 상당히 복잡함"을 보여 주었다.[5]

그의 실험기법은 아직 입자물리학자들에게 유용한데 그것은 에너지가 매우 강한 전하를 띤 입자(즉 전자)가 핵 속의 개개의 양성자와 중성자를 조사하는 데 가장 중요한 방법으로 남아 있기 때문이다. 전하를 띤 입자의 에너지가 클수록 핵 속에서 방향을 바꾸지 않고 더 깊숙이 뚫고 들어가며, 그래서 전하를 띤 입자의 에너지와 전자산란 실험으로 핵을 묘사하는 정확도 사이에는 직접적인 관계가 있다. 호프스태터는 "자신이 로$\rho$ 중간자와 오메가$\Omega$ 중간자라고 이름 붙인, 이미 알려진 것보다 더 무거운 중간자"가 존재할 가능성이 있음을 추정했다.[6] 이 중간자들은 핵자들 사이의 상호작용에서 매우 중요한 역할을 차지한다.[7] 그는 또한 많은 핵의 크기를 측정했으며 핵물질이 가장 안정된 상태를 유지하기 위해 스스로 어떻게 배열되는지를 발견했다. 그리고 "핵의 내부에서는 밀도가 거의 일정하며 그 주위는 일정한 두께를 갖는 표면으로 둘러싸여 있는데 그 표면의 밀도가 점차 0으로 감소하는 것"도 발견했다.[7]

호프스태터의 실험은 고에너지 입자물리학에서 굉장한 이론적 발견을 이룩하게 하는 기폭제가 되었는데 이 이론이 오늘날 하드론(중입자와 중간자를 한꺼번에 부르는 명칭)에 대한 "쿼크(q) 이론" 또는 "쿼크모형"이라고 불린다. 이 이론은 머리 겔만으로부터 시작되었으며, 매우 일반적인 대칭관계로부터 중입자들이 여덟 개(팔중선)나 열 개(십중선)의 초다중선으로 배열되는 것은 임시로 "쿼크" 삼중선이라고 부른 것에 의해 이해될 수 있음을 보였다. 그렇지만 초다중선의 각 부속 그룹(팔중선과 십중선)을 설명하기 위해서는 세 가지 서로 다른 종류의 쿼크가 필요했다.

"기묘도"와 "부수적 생산"의 개념을 도입하도록 한 일련의 사건들을 발생 순서대로 살펴보면 흥미롭다. 1952년 브룩헤이븐 국립연구소의 물리학자들은 입자들을 충돌시켜 10억 전자볼트(GeV)의 에너지를 만들 수 있는 코스모트론 가속기를 가동하기 시작했다. 예견된 대로, 질량이 500~1700MeV에 이르는 새로운 입자들이 만들어졌다. 이 입자들은 총괄하여 하이퍼론[초(超)입자]이라고 불리었지만, 곧 그 입자들이 두 가지 종류로 나뉘었다. 한 가지는 스핀이 0이고 질량이 500MeV 정도인 "무거운" 중간자(K중간자 또는 케이온)로 이루어진 부속 그룹이었는데, 그것들은 파이온처럼 핵자와 강하게 상호작용했다. 다른 한 가지는 질량이 1100~1400MeV에 이르는 여섯 개의 "무거운" 중입자(앞에서 설명된 것처럼 이름 지어진)로 이루어진 부속 그룹이었다. 이 여섯 개의 중입자가 어떻게 더 작은 부속 그룹으로 나뉠 수 있을까? 우리가 살펴본 것처럼, 이 중입자들은 모두 같은 중입자 수(+1)를 가졌으며 같은 스핀(1/2)과 (+) 또는 (-)의 반전성을 가졌고 전하도 -1, 0, +1이었다. 그러나 스핀이나 중입자 수, 반전성, 전하만으로는 네 개의 질량 부속 그룹을 자연스럽게 두 개의 핵자와 여섯 개의 "무거운" 중입자로 나뉘게 할 수는 없었다. 이 네 가지 질량 부속 그룹을 각기 독자적으로 표시하기 위해서는 다른 물리량(양자수)이 요구되었다. 일본 물리학자 K. 니시지마(西島)와 머리 겔만이 1955년 거의 동시에(그러나 서로 독립해서) 그러한 양으로 "기묘도"를 제안했다. 니시지마는 그것이 일종의 전하라고 생각했다. "기묘도"가 보존원리의 지배를 받는다는 것은 1954년 A. 파이스의 관찰에 의해 암시되었다. 기묘한 두 입자들은 항상 쌍으로 만들어졌으며, 이 쌍을 이루는 입자들은 공통된 성질(기묘도)을 함께 지니고 있어서 그 전체 값은 0이었다. 이와 같이 쌍으로 만들어지는 것이 나중에 "부수적 생산"이라고 불리었다. 1964년 쿼크가 도입됨에 따라 기묘도를 나르는 기묘쿼크가 도입되었으며 아래에 자세히 설명하겠지만 팔중선의 쿼크 삼위일체가 완성되었다.

머리 겔만은 오스트리아 이민자의 아들이었으며, 1929년 뉴욕시에서 출생했다. 다른 여러 과학자들과 마찬가지로, 어린 나이에 수학과 물리학에 재능을 보였으며 15세의 나이에 예일대학교의 학부에 등록할 수 있었다. 1948년 학사 학위를 받은 후, 뉴헤이븐을 떠나 매사추세츠의 케임브리지로 옮겨서 MIT에 대학원생으로 등록했으며, 3년 동안의 공부 끝에 박사 학위를 획득했다. 1952년 시카고대학교에서 엔리코 페르미의 지도를 받으려고 MIT를 떠났으며 페르미가 사망한 후 1955년까지 시카고에 머물렀다. 페르미의 연구 그룹이 겔만을 받아들인 것은 그가 이론물리학자로서 얼마나 유망하였는지를 말해 주지만, 그보다 더 충격적인 일은

1956년 그가 패서디나의 캘리포니아공대 교수로 임명된 후 혜성처럼 부상한 것이다. 1년이 못 되어 입자물리학에서 시작한 중요한 연구를 인정받아 정교수로 승진하였다. "1953년 겔만은 원자 내부에 존재하는 특정한 입자들이 그가 '기묘도'라고 부른 불변의 양을 가지고 있으며 이 양은 강한 상호작용과 전자기 상호작용에서는 보존되지만 '약한' 상호작용에서는 보존되지 않는다고 제안했다."[8]

대칭성 방식을 가장 처음으로 사용했던 겔만의 제안은 1940년대와 1950년대에 걸쳐 그 수가 정신없이 늘어만 가는 입자들의 모임에 어떤 가닥을 잡게 만들어 주었으며, 인위적으로 생산된 "수명이 짧고 무거운 '기묘 입자'들의 여러 가지 이상스러움"을 설명하는 데 도움이 되었다. 제안에 뒤이어 강하게 상호작용하는 입자들의 행동을 설명하기 위해 겔만과 다른 물리학자들은 다음과 같은 방식을 내놓게 되었다. "1961년 이스라엘 물리학자 니만은 겔만과 함께 강하게 상호작용하는 입자들을 한꺼번에 분류할 수 있는, 겔만이 '여덟 갈래 길'이라고 부른 새로운 체계를 공표했다. 이 방식에서 각양각색의 기묘 입자들과 다른 입자들은 몇 가지 안 되는 바닥상태들의 '반복'으로 표현된다."[10]

겔만의 여덟 갈래 길이 지닌 유용성은 (그가 예견한) $\Omega^-$입자가 1964년 실험물리학자에 의해 발견되자 곧 분명해졌다. 겔만의 분류법에서 한 가지 전통적이지 않은 특성은 점과 같은 입자들이 1보다 작은 전하를 가졌다고 가정한 점이다. 그는 이 입자를 제임스 조이스의 소설 『피네간의 경야 Finnegans Wake』에 나오는 한 구절("출석 장부에 표시된 세 개의 쿼크")에서 따온 "쿼크"라고 불렀다. 겔만은 자연에 세 가지 쿼크가 존재한다고 제안하고, 그들을 "위", "아래", "기묘" 쿼크라고 불렀다. 이 쿼크들은 전자의 $\frac{2}{3}$ 또는 $-\frac{1}{3}$만큼의 전하를 가졌으며, 이 값이 아무렇게나 정해진 것처럼 보임에도 불구하고 전하의 기본단위로 인정받고 있다. 쿼크는 아무런 구조도 갖고 있지 않다고 알려져 있으므로(전자와 중성미자와 같은 경입자처럼), 우주의 모든 물질은 쿼크와 경입자가 조합되어 이루어진 것으로 믿어진다. 그런 입자를 더 이상 나눌 수는 없어서, 물리학자들은 예견되고 있는 '꼭대기'(t) 쿼크가 발견되면 자연의 기본적인 구성 요소에 대한 탐사가 막을 내릴 것이라고 주장한다.

비록 쿼크가 직접 검출된 것은 아니지만, 겔만의 구상은 물리학자들에게 인정을 받았으며, "예쁨", "매력", "꼭대기", "바닥"과 같은 쿼크를 추가로 가정한 다른 사람들에 의해 어느 정도까지 체계가 잡혔다. 이렇게 쿼크의 수효가 불어나자 많은 물리학자는 1940년대 입자물리학을 괴롭혔던 혼란으로 다시 돌아가는 것이 아닌지 걱정했지만, 겔만이 제기한 여덟 갈래 길은 여전히 입자물리학의 초석으로 남아 있다. 입자들의 가족을 체계화한 연구로, 1960년 미국 과학아카데미 회원으로 선출되었으며, 1969년 노벨 물리학상을 받았다.

처음에 겔만은(그리고 서로 독립하여 조지 츠바이크와 함께) 단지 두 종류(또한 "맛"이라고 불리는)의 쿼크만 제안했는데, 그들은 전하가 $\frac{2}{3}$e인(e=전자가 갖는 전하의 크기) "위"(u) 쿼크와 전하가 $-\frac{1}{3}$e인 "아래"(d) 쿼크였다. 그래서 양성자는 udu(두 개의 위 쿼크와 한 개의 아래 쿼크)이고 중성자는 dud(두 개의 아래 쿼크와 한 개의 위 쿼크)로 이루어진 복합구조를 갖는 것으로 생각되었다. u와 d 쿼크에 1보다 작은 서로 다른 전하를 부여한 쿼크 가설이 초기에는 물리학자들을 몹시 불쾌하게 만들었다. 그들은 자연에 존재하는 가장 작은 전하는("단위"전하는) 전자가 지닌 전하 e이고 다른 모든 전하는 이 기본전하의 0보다 크거나 작은 정수 배라는 생각에 길들여졌기 때문이었다. 그러나 만일 중입자가 세 개의 쿼크로 구성되어 있다면 위와 같은 생각은 분명히 성립할 수 없으며, 전자의 전하를 단위전하라고 하는 것이 u 쿼크나 d 쿼크의 전하를 단위전하라고 부르는 것보다 더 의미 있어 보이지 않았으므로 단위전하라는 바로 그 생각은 의미를 잃게 되었다.

겔만의 쿼크 이론에서는, 핵자나 또는 중입자에 들어 있는 세 개의 쿼크들은 강력에 의해 서로 모여 있지만, 이 힘의 수학적 형태에 대해서는 전혀 알지 못하므로, 이 이론이 중입자 안에서 행동하는 쿼크들의 동역학적 양상에 대한 설명을 해 주지는 못한다. d 쿼크가 u 쿼크보다 더 무거

우리라고 가정하는 것 이외에 쿼크들의 질량에 대해서는 전혀 알려져 있지 않았다. 그런데 d가 지닌 전하가 u가 지닌 전하보다 작고, 전하 자체가 질량에 기여하므로 전하가 큰 것이 더 큰 질량을 가지리라고 기대되기 때문에 d 쿼크가 u 쿼크보다 더 무겁다는 생각 자체도 의심스러운 것이었다.

$\Lambda^0$중입자와 팔중선에 속한 더 무거운 "기묘한" 중입자들이 발견됨에 따라서, u와 d 쿼크만 가지고는 기묘한 중입자의 구조를 설명할 수 없음이 명백해졌다. 세 번째 쿼크가 필요했고 그런 쿼크로 S 쿼크(기묘도 strangeness의 첫 글자)가 제안되었다. 그 쿼크의 전하는 $-\frac{1}{3}$e이고 질량은 d 쿼크보다 크다. 어떤 중입자에 s 쿼크가 한 개 들어 있으면 그 중입자는 "기묘도" -1을 가지며 두 개의 s 쿼크를 가지면 "기묘도"가 -2이다. 그래서 dus인 쿼크 구성을 갖는 $\Lambda^0$와 dsd로 구성된 $\Sigma^-$는 "기묘도"가 -1인 반면에, 음전하를 띤 크사이 입자 $\Xi^-$는 sds의 구조를 갖고 "기묘도"는 -2이며 (십중선에 속한) $\Omega^-$는 sss의 구조에 -3인 "기묘도"를 갖는다.

알려져 있는 다른 모든 입자들과 마찬가지로, 쿼크(q)도 그 쿼크가 지닌 전하의 부호와 반대인 전하와 그 쿼크의 기묘도와 부호가 반대인 기묘도를 가진 반쿼크($\bar{q}$)를 갖는다. 그래서 $\bar{u}\bar{d}\bar{u}$는 반양성자 $\bar{p}$의 구조이며 $\bar{u}\bar{d}\bar{u}$는 반중성자 $\bar{n}$의 구조이다. 모든 중간자는 쿼크와 반쿼크로 이루어져 있으므로 중간자들 $\pi^-$, $\pi^0$, $\pi^+$는 차례대로 $(\bar{u}d)$ , ($\bar{u}u$ 또는 $\bar{d}d$) , $(\bar{d}u)$로 주어지는 쿼크-반쿼크의 조합이다. 그래서 $\pi^0$는 자기 자신의 반중간자이며, $\pi^-$는 $\pi^+$의 반중간자이고 $\pi^+$는 $\pi^-$의 반중간자이다. 중입자가 페르미온의 성질(스핀이 $\frac{1}{2}$ 또는 $\frac{3}{2}$)을 가진다는 것을 설명하기 위하여 모든 쿼크는 스핀 $\frac{1}{2}$을 가져야만(즉, 쿼크 자신이 페르미온이어야만) 한다. 이것은 중간자가 스핀이 0 또는 1인 보손임을 의미한다.

위에서 설명된 간단한 쿼크 이론은 쿼크에 추가의 성질이 더 필요하게 되는 등 몇 가지 어려움에 부딪혔으며 따라서 이론이 굉장히 복잡해지게 되었다. 가장 간단한 형태를 갖는 쿼크모형은 동일한 두 페르미온은 동일한 양자 상태에 함께 존재할 수 없다고 하는 파울리의 배타원리에 위배된다. 간단한 쿼크모형에서는 u 쿼크나 d 쿼크, s 쿼크가 모두 동일한 페르미온이라고 생각한다. 이런 접근 방법은 같은 상태에 존재하는 세 개의 u 쿼크나 세 개의 d 쿼크로 이루어진 중입자는 존재할 수 없다는 것을 뜻하는데 실제로는 십중선에 ddd 중입자($\Delta^-$)뿐 아니라 uuu 중입자($\Delta^{++}$)도 존재한다. 겔만과 다른 사람들이 발전시킨 쿼크 이론에서는 중입자에 들어있는 쿼크들이 모두 동일한 공간적 바닥상태에 놓여 있기 때문에 중입자와 파울리의 배타원리 사이에 모순이 생긴다. 그러나 만일 $\Delta^{++}$와 $\Delta^-$에서처럼 들어 있는 세 쿼크가 동일한 경우에 쿼크의 스핀들은 서로 평행하거나 반(反)평행할 수밖에 없으므로 셋 중에서 적어도 두 개는 같은 스핀 상태에 존재해야만 한다. 그러므로 세 개 중 단지 두 개만이 서로 다른 스핀을 가질 수 있고 따라서 동일한 공간적 바닥상태에 놓일 수 있다. 세 번째 쿼크의 스핀은 다른 두 쿼크 중 적어도 하나의 스핀과 평행하지 않을 수 없으므로, 세 개의 동일한 쿼크가 같은 바닥상태에 놓인다는 것은 파울리의 배타원리에 어긋나며 따라서 이러한 상황은 받아들여질 수 없다. 겔만과 그의 동료들은 각 쿼크에는 세 가지 다른 종류가 있다고 가정하고 이 종류를 나타내는 이름을 재미있게 지어 이를 "색깔"이라 불렀다. 그래서 u, d, s 쿼크에는 각기 "빨강", "노랑", "파랑" 색깔의 세 종류가 있다고 가정함으로써 그 어려움을 제거하거나 또는 피했다. 그래서 $\Delta^{++}$ 중입자는 세 개의 동일한 쿼크가 아니라 "빨강", "노랑", "파랑" 색깔의 세 u 쿼크들로 이루어져 있어서 $\Delta^{++}$ 전체로는 "무색"이라고 생각함으로써 파울리의 배타원리와의 모순을 해결했다.

전하들 사이의 전자기적 힘이 광자를 방출하고 흡수함으로써 전달되는 것과 비슷하게, 쿼크 사이의 강한 힘도 "글루온"이라고 불리는 (광자와 같이 정지질량이 0인) 스핀이 1인 보존에 의해 전달된다고 묘사된다. 이 글루온은 자체가 색깔을 가지고 있으며 따라서 글루온도 그들 자신과 상호작용한다. "색깔" 부하(負荷)를 나르는 (강력의 근원) 글루온은, 전자기 힘은 나르지만 전하는 나르지 않으므로 (전자기 힘의 근원) 자신들끼리는 상호작용하지 않는 광자와 아주 다르다. 강한 힘을 이런 식으로 보게 되면, 글루온이 쿼크로부터 방출되거나 흡수되면 쿼크의 "색깔"을 바꿀 수도 있다. 이것이 가능한 이유는 글루온은 세 개의 "색깔"들 r(빨강), y(노랑), b(파랑) 중 하나를 나르는 동시에 반색깔들 $\bar{r}$, $\bar{y}$, $\bar{b}$ 중 하나를 함께 나르기 때문이다. 그래서 만일 어떤 글루온이 색깔 r와 반색깔 $\bar{b}$를 나르고($G_{r\bar{b}}$로 표시되는) "파랑" 쿼크에 의해 흡수되면 그 쿼크의 색깔은 "빨강"으로 바뀌며, 이 같은 글루온을 방출하는 쿼크의 색깔은 "빨강"에서 "파랑"으로 바뀐다. 어떤 색깔과 바로 그 색깔의 반색깔을 나르는 글루온은 중입자의 색깔을 바꾸지 않는다. 강력에 대한 글루온 모형에 의하면, 여섯 개의 색깔을 바꾸는 글루온과 두 개의 색깔을 바꾸지 않는 글루온이 (모두 여덟 가지) 존재한다.

전자기력에 대한 광자이론을 양자 전기동역학(Quantum Electro-Dynamics, QED)이라고 부르는 것과 마찬가지로, 강력에서 색깔을 띤 글루온-쿼크 모형을 양자 색소동역학(Quantum Chromo-Dynamics, QCD)이라고 부른다. 그러나 이 이론을 발전시키려는 온갖 노력에도 불구하고, 수치(數値)적인 결과로 얻어진 것은 별로 없다. 이 이론은 단지 중입자와 중간자의 매우 일반적인 특성만을 예견했다. 그러한 특징들은 오늘날 매우 복잡해진 QCD보다 더 간단하고 이론적 기반이 훨씬 취약한 이론에 의해서도 거의 비슷하리만큼 쉽게 설명된다. 만일 쿼크들이 매우 무거운 입자이며(플랑크 질량이라고 불리는 $10^{-5}$g 정도의 질량) 그래서 세 개의 쿼크가 중력에 의해 결합될 때 그들의 질량을 대부분 잃으면서 중입자를 만든다면, 중입자는 두 쿼크가 양쪽 끝에 있고 세 번째 쿼크가 그 중간에 놓인 선형회전자이다. 그러면 세 쿼크가 동일한 바닥상태에 속하지 않으며, 강한 힘 대신에 중력이 작용하므로 이 모형에서는 "색깔"을 띤 쿼크를 도입할 필요가 없게 된다. 이 모형은 또한 QCD 모형으로는 설명이 불가능한 팔중선에 속한 중입자들의 자기(磁氣) 능률을 제대로 설명한다. QCD에서 가장 만족스럽지 못한 측면은 그 값을 따로 정해서 손으로 집어넣어 주어야만 하는 많은 수의 정해지지 않은 상수로 가득 차 있다는 점이다. QCD가 중입자의 동역학에 관한 모형을 제공하지 못하는 한, 중입자에 대해 QCD와 경쟁할 수 있는 모형들을 수립하는 일이 오늘날 물리학의 필수적인 부분으로 남아 있다.

QCD 모형의 현재 상태는 관찰된 증거가 없이 근거가 모호한 수많은 가정으로 가득 차 있다. 대부분의 입자물리학자들은 강력은 쿼크들 사이의 거리가 멀어지면 그 세기가 매우 빨리 커져서 무한대가 되고 쿼크들이 가까이 다가오면 그 세기가 역시 같은 정도로 빨리 0이 되는 이상한 성질을 갖는다고 가정한다. 쿼크 사이의 거리가 멀어짐에 따라 "색깔" 힘이 빠르게 증가하는 것을 "무한한 쿼크 감금"이라고 부른다. 이런 개념에 따르면, 자유 쿼크란 존재할 수 없고, 그래서 "색깔"은 결코 관찰될 수 없다. 이것은 쿼크들이 항상 "무색"의 조합으로만(ryb의 삼중선인 중입자나 또는 "색깔"-"반색깔"의 이중선인 중간자로만) 존재하지 않을 수 없음을 의미한다. 이런 무한한 감금이라는 가정이 어떤 구체적인 증거에 기반을 둔 것은 아니지만, 우주선이나 또는 어떤 높은 에너지 가속기에서도 자유 쿼크가 관찰되지 않았다는 사실로부터 이론적으로 추론한 것이다. 그러나 그런 사실은, 쿼크들이 철저히 감금되었다기보다는, 이 책의 저자 중 한 사람(모츠)이 제안한 것처럼, 만일 자유 쿼크의 질량이 플랑크 질량(10만분의 1g)과 같다면 중입자와 중간자 안에서 쿼크들의 결합에너지가 1000만조GeV 정도로 지극히 큼을 의미할 수도 있다.

쿼크들이 매우 가까워지면 "색깔" 힘이 없어지기 때문에, 중입자 안의 세 쿼크들이 자유롭게 돌아다닌다는 〔"점근(漸近) 자유도"라고 불리는〕 가정도 또한 산란실험 결과를 아무런 근거 없이 해석한 것이다. 이 실험들에서는, 높은 에너지의 경입자들이(전자와 뮤온) 핵자를 향해 쏘아졌다. 중입자 속에 들어 있는 쿼크들의 동역학 상태에 대해 어떤 정보라도 얻기 위해 핵자와 충돌한 후에 그 경입자들의 행동(경로)을 조심스럽게 조사했다. 이 경로들로부터 얻은 결론은 쿼크들이 서로 아무런 관계도 없는 것처럼, 즉 그들이 자유스러운 것처럼 보이도록 돌아다닌다는 것이었다. 그러나 만일 쿼크들이 중력에 의해 결합되어 있다 해도 쿼크의 구조를 경입자로 조사하는 한 경입자들은 복합구조로부터 산란되더라도 같은 식으로 행동할 것이다.

오늘날 인정받고 있는 쿼크의 수는 S 쿼크를 도입한 이래 둘이 더 많아졌다. "매력"(c)이라고 불리는 네 번째 쿼크는(세 종류의 색깔이 있으며 전하는 $\frac{2}{3}$e이다) 기대되었던 것에 비해 아주 드물게 일어나는 특정한 종류의 하드론 반응을 설명하기 위하여 1970년 하버드의 이론물리학자 그룹에 의해 제안되었다. 1974년 브룩헤이븐 국립연구소의 실험물리학자들 그룹은 J라는 어떤 중간자를 발견했고, 스탠퍼드 선형가속기에서 일하는 다른 그룹은 그들이 프사이라고 부른 중간자를 발견했다. 나중에 이 두 입자가 s 쿼크보다 더 무거운 쿼크와 반쿼크로 이루어진 동일한 중간자임이 밝혀졌다. J/프사이 중간자가 존재한다는 사실은, 그것을 이루는 쿼크의 질량이 (3.7GeV) s 쿼크와 u나 d 반쿼크의 어떤 조합으로도 설명하기에는 너무 컸으므로 "매력" 쿼크의 존재를 발견한 증거라고 간주되었다.

"매력"을 발견한 후에, L. 레더먼이 이끌고 있는 페르미 연구소의 물리학자들 그룹이 1977년에 질량이 9.46MeV이고 전하가 $-\frac{1}{3}$e인 새로운 중간자를 발견했다. 그들은 이 중간자가, 그들이 b(바닥)라고 부른 다섯 번째 쿼크의 존재에 대한 증거라고 받아들였다. 그러나 입자물리학자들은 경입자와 쿼크 사이의 대칭성으로부터 여섯 번째 쿼크가 존재해야만 한다고 주장했기 때문에, 위의 발견으로 쿼크를 쫓는 탐색이 끝나지는 않았다. 그런 대칭성에 의한 논의는 다음과 같이 전개된다. 경입자에는 (e, $v_e$), ($\mu$, $v_\mu$), ($\tau$, $v_t$)로 주어지는 소위 세 "세대(世代)"(가족), 즉 세 개의 전자와 같은 입자인 전자, 뮤온, 타우와 이들 입자에 대응하는 세 종류의 중성미자 $v_e$, $v_\mu$, $v_t$가 존재한다. 그러므로 쿼크도 (d, u), (s, c), (b, t) (t는 아직 발견되지 않은 "꼭대기" 쿼크를 나타낸다)로 주어지는 세 가지 세대 또는 가족이 존재해야만 한다. 이런 이유는 매우 약하여 믿기가 어렵다. 무엇보다도 먼저, $\tau$ 형태의 중성미자는 결코 관찰된 적이 없고, "꼭대기" 쿼크가 존재하더라는 실험적 증거도 매우 빈약하다. 그러나 매우 무거운 쿼크가 발견된다 할지라도, 중성미자의 질량이 0이라는 점에 의해 강조되는 것처럼, 경입자와 쿼크는 근본적으로 다른 종류의 입자들이기 때문에, 위에서 소개한 것과 같은 이유는 옳지 못하다.

기본적인 높은 에너지 입자에 관한 이 장을 마치기 전에, 중성미자와 중입자, 중간자들 사이의 상호작용을 만드는 힘인 약한 상호작용을 나르거나 전달한다고 가정되어 온 중간단계 보손인 $W^{\pm}$와 $Z^0$를 간략하게 설명하자. 이 상호작용은 단지 중성미자가 중입자나 또는 중간자에 지극히 가까이 다가갈 때에만(약력의 범위는 $10^{-15}$㎝이다) 일어나기 때문에, 중간 단계 보손의 질량이 매우 커야만 한다. 전자기 상호작용과 약한 상호작용을 한데 묶으려는 시도(소위 "전자기-약 이론")에서 유래되는 어떤 이론적 추론에 의하면 $W^{\pm}$의 질량은 약 80GeV이고 $Z^0$의 질량은 약 92GeV일 것으로 예상된다. 전기를 띤 중간단계 보손으로 $W^+$와 $W^-$ 두 가지가 필요한 것은 중성미자가 전하를 교환하면서 중입자나 중간자와 상호작용할 수 있기 때문이다. 그래서 약한 상호작용에서는 중성자가 전자와 반중성미자를 방출하며 양성자로(전하를 +1만큼 증가시키며) 바뀐다. 이 베타붕괴 과정은 중성자 안의 d 쿼크에 $W^-$를 방출하고(d 쿼크는 u로 바뀐다), 그다음에 $W^-$가 매우 빨리 전자와 반중성미자로 붕괴함으로써 발생한다. 만일 뮤온-중성미자($\nu_\mu$)가 중간자와 상호작용한다면, (이 이론에 의하면) 중성자에 의해 흡수되는 $W^+$를 방출하고, 그다음에 이것이 음전하를 띤 뮤온($\mu^-$)으로 변함으로써 상호작용한다. 중간단계 보손 이론에 따르면, 중성미자가 양성자에 의해 산란되면서 전하를 얻지 않고 양성자의 전하도 바뀌지 않으면, 양성자와 고에너지 중성미자 사이에 $Z^0$가 교환된다. $W^+$와 $Z^0$는 그들의 스핀이 1(즉 $\hbar$)이기 때문에 벡터 보손이다.

1981년 CERN에서 실험물리학자들은 카를로 루비아의 지휘 아래 한 방향으로 움직이는 양성자 선속을 그 반대 방향으로 움직이는 반양성자 선속과 충돌시키는 슈퍼 양성자 싱크로트론 충돌기를 가동시켰다. 서로 반대 방향으로 움직여서 충돌되는 양성자와 반양성자는 서로를 소멸시키면서 540GeV에 달하는 총 에너지를 방출하도록 설계되었다. 이만한 정도의 에너지라면 많은 종류의 입자들을 만들어 낸다. 원래 540GeV라는 에너지는 이론적으로 예견된 W와 Z의 질량에 해당하는 입자들을 만들 수 있도록 정해졌으므로, 여기서 생기는 입자들 중에 W 또는 Z도 포함되기를 바랐다. 1984년 7월 CERN 그룹은 그들의 사진건판에 기록된

10억 개 이상의 사건들 중에서 여섯 사건을 발견하였다고 발표했다. 어떤 경우에도 그런 보손들은 $10^{-20}$초(1조분의 1억분의 1초) 이내에 붕괴해 버리기 때문에 바로 그 보손 자체가 관찰된 것은 아니지만, 그 보손들이 경입자와(또는 반경입자와) 반중성미자(또는 중성미자)로 붕괴된다고 가정했다. 그렇게 하여 매우 높은 에너지를 지닌 전자의 흔적이라고 해석되는 선속 방향에 수직인 방향을 따라서 한 흔적이 발견되었다. 사진건판에 전자의 흔적과 반대되는 방향 쪽으로 흔적이 없었으므로(반중성미자는 전하를 띠지 않으므로 흔적을 남기지 않는다) 운동량 보존법칙에 따라서 전자와 함께 반중성미자가 실제로 나타난 증거로 받아들여졌다.

이런 종류의 물리학은 관찰될 수 없는 입자가 존재한다는 가정에 근거했기 때문에 어쩐지 꺼림칙한 느낌을 주는 것을 피할 수 없다. 그래서 위에서 설명한 것처럼 $W^-$가 발견되었다고 공표하면서, 전자의 흔적은 존재하지만 그것과 평형을 이루는 다른 흔적이 없는 것은 그 흔적의 전조(前兆)로서 $W^-$가 나타났다는 충분한 증거라고 주장되었다. 그러나 이런 결론은 두 가지 의문을 제기한다. 첫째로, 중간 단계의 입자 상태를 거치는 대신에, 전자와 반중성미자가 직접 만들어지는 것이 왜 불가능한가? 둘째로 사진건판에 보이는 10개도 넘는 흔적 중에서 왜 하필이면 전자의 흔적을 골라내어 특별히 취급하는가? 그 다른 흔적들이 전조를 가졌음을 가리키지 않는 것과 마찬가지로 전자의 흔적이 전조가 있었다고 가리키는 이유도 없지 않은가? 우리는 CERN 실험과 같은 종류의 실험과 관계되어 아직도 많은 질문이 대답되지 않은 채로 남아 있고, 이 실험에서 나타나는 모든 특성을 철저히 분석해야만 한다는 사실을 지적하기 위해 이런 점들을 언급하는 것이다.

## 참고문헌

1. Henry A. Boorse and Lloyd Motz, The World of the Atom. New York : Basic Books, 1966, p. 1760.
2. 위에서 인용한 책, p. 1761.
3. "Robert Hofstadter," McGraw-Hill Modern Men of Science. New York : McGraw-Hill, 1966, p. 239.
4. Isaac Asimov, Asimov s Biographical Encyclopedia of Science and Technology, 2nd ed. Garden City, New York : Doubleday & Co., Inc., 1982, p. 854.
5. 위에서 인용한 책 "Robert Hofstadter, " p. 239.
6. 위에서 인용한 Asimov 책, p. 854.
7. 위에서 인용한 책 "Robert Hofstadter," p. 239.
8. "Murray Gell—Mann,〉, McGraw-Hill Modern Men of Science. New York : McGraw— Hill, 1966, p. 188.
9. 위에서 인용한 책, p. 189.
10. 위에서 인용한 책, p. 190.

## 그림 출처

1. Robert Hofstadter, by Nobel Foundation, http://nobelprize.org/

# 20장 우주론

**하나님께서 "빛이 있으라!" 하시매 빛이 생겨났다.**
**—창세기 1:3**

고대 이래 모든 사회는 우주에서 자신이 차지하는 위치에 대해 깊은 관심을 가져 왔고, 달 없이도 밝은 밤하늘의 두려운 광경이 틀림없이 행성과 별, 은하수의 정체에 대해 사색하도록 했을 것이므로 우주론은 문명의 존재와 그 기원을 같이한다. 비록 고대 수메르나 바빌로니아, 페니키아, 이집트, 칼데아 사람들이 항해와 농업(태양의 위치가 변함에 따라 기후가 바뀌는 것에 대한 지식은 절대로 필수적이었다), 그리고 달력 제작을 위하여 천체들의 정확한 위치를 정하는 천문학을 발전시켰을지라도, 그들이 결코 합리적인 우주론을 개발한 것은 아니었다. 그들은 신화나 점성술, 신학에 의해 우주를 그렸다. 그래서 우주에 대한 생각이 사회마다 달랐고 원시적이었으며 우주 내에 신과 사람이 섞여 살았으며 또한 아무런 이성적 바탕도 없었다.

고대 그리스 사람들이 최초로 천상을 조심스럽게 관찰하고 이를 기반으로 하여 관측하고 검사할 수 있는 합리적인 우주론을 세우려고 시도했다. 피타고라스가 단순한 수식관계를 가지고 행성의 운동을 설명하려고 시도한 것이 아마도 그리스 우주론의 시작일 것이며, 이러한 생각은 플라톤에 의해 계승되었다. 그렇지만 초기의 모든 그리스 철학자들의 사고는 지구가 우주의 중심이라는 믿음에서 헤어나지 못했기 때문에 그런 연구에서는 별 성과가 없었다. 사모스의 아리스타르코스는 이러한 믿음으로부터 벗어나 나무랄 데 없는 논리와, 달의 모양에 따라 지구에 대한 태양과 달의 위치를 정밀하게 관찰한 자료를 이용하여 지구가 중심인 태양계는 터무니없으며 조리에 맞지 않는 결과를 가져다준다는 것을 예증했다. 불행하게도 아리스타르코스의 연구를 담아 놓은 그의 책이 수세기 동안 버려져 있었으므로 그리스 내에 태양중심설의 추종자는 없었다. 그렇지만 그로부터 1800년쯤 후에, 니콜라우스 코페르니쿠스는 아리스타르코스가 이미 태양중심설의 전례를 남겼다고 지적함으로써 자신이 그런 이론을 받아들인 것을 정당화시켰다.

비록 아리스타르코스 당대의 그리스 사람들과 후세 사람들이 그의 우주론을 인정하지는 않았지만, 그리스 사람들은 정밀한 천문학적 관찰을 계속했으며 언제든지 가능하면 수학을 이용하는 것을 꺼리지 않았다. 이러한 연구는 히파르코스가 믿지 못할 정도로 정확하게 천체를 육안으로 관찰한 것과 프톨레마이오스의 주전원(周轉圓) 이론으로 절정을 이루었지만, 우주의 구조에 대한 모형으로서의 우주론은 고대 그리스 시대 초기부터 마지막에 이르기까지 별다른 진전이 없었다. 하지만 코페르니쿠스가 『천상물체의 혁명에 관하여 On the Revolutions of Celestial Bodies』라는 위대한 책을 출판하자 그와 같은 모든 것이 바뀌게 되었다. 그러나 요하네스 케플러가 행성의 운동에 대한 세 가지 법칙을 발견하고 그것을 발표할 때까지 천문학은 궁극적으로 완성된 우주론에 다다르게 하는 합리적인 길을 떠나지도 못했다. 그런데 케플러의 법칙은 경험적 법칙이며 태양계 바깥에 있는 은하계 같은 대상에 대해 어떤 추론을 할 수 있는 일반성을 지니지 못했기 때문에, 단지 그 법칙만으로는 우주론을 구축하기에 충분한 기반이 되지 못했다. 기본적이고 보편적인 원리에 바탕을 둔 일반적 우주론을 발전시키기 위해서는 아이작 뉴턴과 운동법칙, 만유인력 법칙이 나올 때까지 기다려야 했다. 하지만 그 이전에 갈릴레오의 망원경에 의한 관찰로부터 우주가 얼마나 광활한지에 대한 암시를 얻었고 우주론이 다루어야 할 영역이 그리스 사람들이 상상했던 것과는 비교도 안 될 만큼 크다는 것을 보여 주었다. 은하수의 정체는 수천 년 동안 불가사의였으며 그러한 불가사의는 갈릴레오가 망원경을 통하여 은하수를 관찰하고 은하수가 수많은 불연속적인 밝은 점, 즉 개개의 별들로 이루어졌다는 것을 발견할 때까지 그대로 남아 있었다. 갈릴레오는 알고 있는 별의 고유한 밝기(태양의 밝기)를 이용하여 은하수의 별빛이 희미하다는 것으로부터 은하수가 육안으로 볼 수 있는 별보다도 훨씬 더 먼 거리에 있다고 결론지었다. 오늘날 우리는 은하수가 우리 은하계 중심과 우리 사이에 놓여 있는 소용돌이치는 모양의 팔(별 구름이 모인 것)로 이뤄졌음을 알고 있다.

뉴턴의 운동법칙과 만유인력 법칙이 확립된 물리원리들과 철저한 수학적 분석에 바탕을 둔 합리적인 우주론을 발전시키는 문을 열어 주었다. 뉴턴에게는 우주의 문제를 푸는 것이 태양과 같은 여러 물체에 대한 중력문제에 불과했음이 분명했다. 그러나 우주의 문제를 찬찬히 생각해 보자. 그는 도저히 극복할 수 없어 보이는 어려움에 봉착했다. 전 공간을 통하여 무한히 많은 별이 균일하게 펴져 있는 무한한 우주나, 또는 중력에 의해 서로 상호작용하는 유한한 개수의 별들이 무한한 공간 안에 들어 있다는 것 중 그 어느 것도, 우리가 보는 것과 같은 우주를 만들 수는 없었다. 만일 우주가 무한하며 균일하게 분포된 점인 질량(별)으로 이루어져 있다면, 어느 한 점에서의 중력장이 한 개의 값으로 정해지지 못한다. 그 중력장은 우리가 원하는 어떤 값이라도 취할 수 있었다. 이러한 생각을 이해하기 위하여, 그런 모형의 우주 내의 임의의 한 점을 정하고 반지름 R인 어떤 구의 표면에 이 점이 놓여 있다고 하자. 점에서의 중력장의 세기는 단지 구 속에 들어 있는 전체 질량(전체 별의 수)에만 의존한다. 구의 밖에 있는 별들은 그 점의 중력장에 아무런 영향도 미치지 못한다. 구의 질량은 구의 부피가 증가함에 따라, 즉 반지름의 세제곱 $R^3$에 비례하여 커지고, 구의 표면에서의(주어진 점에서의) 중력장은 반지름의 제곱인 $R^2$에 따라서 감소하므로(즉, 반지름의 제곱에 반비례하므로), 점에서 중력장의 세기는 $R^3/R^2$, 즉 R에 비례하여 커진다. 이와 같은 분석은 구의 크기에 관계없이 적용되므로, 중력장의 세기는 어떠한 값이라도 가질 수 있다. 물론 이 결과는 무의미하며 따라서 별들이 무한히 분포되어 있다는 것은 물리적으로 가능하지 않다.

저녁 하늘이 어둡게 보인다는 점에 근거하여, 별들이 무한히 분포되어 있다는 것을 반대하는 비슷한 주장이 1890년 H. W. 오블러스에 의해 제기되었다. 별들의 수가 무한하다면 어떤 점에서나 별로부터 오는 빛의 세기가 매우 커서 밤하늘은 별의 표면과 같이 밝을 것이므로 하늘은 결코 어두울 수가 없다. 별들의 수명이 유한하다는 것에 근거하여 오블러스의 분석을 그럴듯하게 반대하는 주장도 제기되었다. 매우 멀리 떨어진 별은 그 별의 빛이 우리에게 도달하기 훨씬 이전에 식어 버려 어두워질 것이므로 오블러스의 분석에서 그런 별들은 고려하지 말아야 한다는 것이다. 그러나 이러한 사실은 무한한 별의 분포로부터 만들어지는 중력장에 대한 논의에 아무런 영향도 미치지 않는다.

무한한 공간에 유한한 수의 별이 들어 있을 수는 없다는 뉴턴의 주장은 다음과 같다. 그러한 분포는 우리가 실제로 관찰하듯이 균일한 별들의 분포를 만들 가능성이 없다. 별들이 무한히 흩어져 있어서 하늘이 실질적으로 비어 있는 것처럼 보이든지, 아니면 별들이 한곳에 집중되어 핵을 이루고 핵에서 멀어지면서 모든 방향으로 균일하게 엷어져야 할 것이다. 뉴턴은 은하계나 은하계 덩어리 같은 것은 전혀 알지 못했지만 무한한 공간 속에 유한한 수의 별들이 분포되어 있을 수 없다는 것은 유한한 은하계나 은하계 덩어리에도 똑같이 적용된다. 뉴턴의 우주 문제와 결부되는 이런 어려움들 때문에, 아인슈타인이 일반상대론(중력이론)을 전체 우주에 적용하여 모든 우주론자들이 출발점으로 삼고 있는 몇 개의 우주방정식을 얻을 때까지, 우주론의 모형을 세우는 일은 지연되었다. 이 방정식들을 살펴보기 전에, 현대 기술이 천문학자들에게 만들어 준 전파망원경에서 감마선 망원경, 중성미자 망원경에 이르는 여러 가지 종류의 망원경에 의해 그 모습을 드러낸 우주를 설명하기로 한다. 이런 망원경들을 이용하여, 반세기 전까지만 해도 허무맹랑한 꿈이거나 상상에 불과했던 것을 초월한 여러 가지 복사선과 입자들을 통해 우주를 탐구할 수 있다. 오늘날의 천문학자들은 여기에 더하여 지구 주위를 회전하는 망원경 덕택에 지구 대기권에 의한 관측오차도 제거할 수 있다.

이런 여러 가지 망원경들에 의해 수집된 관찰기록들로부터 아무리 먼 곳에서도 우주의 구성 요소는 성단들이고, 은하계를 이루는 구성체들은 그들 사이의 중력 상호작용에 의해 한데 묶여 있다는 것을 알 수 있다. 그래서 우리가 살고 있는 은하계인 은하수는 안드로메다자리의 거대한 나선형 성운(星雲)과 약 20개의 다른 은하계가 함께 속해 있는 커다란 성단의 변두리에 놓여 있다. 안드로메다 은하계는 우리로부터 약 250만 광년쯤 떨어져 있으며, 우리가 속한 은하계 성단은 지름이 약 400만 광년이다(1광년은 빛이 1년 동안 진행하는 거리로 약 10.5조 ㎞이다). 많은 성단이 100개 또는 1,000개까지의 은하계를 포함한다. 약 5000만 광년 떨어져 있는 버고 성단은 보이는 것만 해도 2,500개의 은하계를 포함하고 있으며, 약 20억 광년 떨어진 히드라 성단은 수백 개의 은하계로 이루어져 있다.

그런 성단들이 가진 특성으로 흥미롭지만 의아스러운 것은 개개의 은하계가 너무 빨리 움직이기 때문에 성단이 퍼져 나가는 것을 막을 정도로 충분한 중력이 있기 위해서는 한 성단 속에서 관찰된 은하계 수보다 100배 정도의 은하계가 있어야 한다는 것이다. 이 수수께끼가 "사라진 질량(실제로는 숨겨진 질량)에 관한 불가사의"라고 알려져 있다. 우주에 존재하는 전체 질량 중에서 단지 약 1% 정도만 실제로 관찰되었으며 이것은 보통의 중입자(핵)에 의해 설명될 수 있다. 이 "숨겨진 질량"의 정체가 지난 50여 년에 걸쳐서 물리학자들과 천문학자들을 당황하게 만들었지만, 그것을 그렇게 줄기차게 찾으려 한 많은 관찰천문학자의 조사를 피해 간 것을 보면, 그것이 매우 난해한 성질을 갖고 있음이 틀림없다. 이 숨겨진 질량이 전파망원경으로 포착되었듯이 특정한 은하계가 막대한 에너지를 낸 사건을 설명할 수 있을는지도 모른다.

은하계 자체는 수백억에서 수천억까지 모여 있는 별들이 그런대로 균일하게 분포되어 있는 타원체 구조를(타원형 은하계) 이루든가 또는 균일한 중심부와 그 중심부의 지름 양쪽 끝에서 시작되는 한 쌍의 나선형 팔들이 중심부를 감싸는 형태를 갖는다. 안드로메다 은하계는 그런 팔이 다섯 개이고 우리 은하수는 세 개의 팔을 갖고 있다. 대부분의 나선형 은하계들은 팔의 수가 세 개 이상이 되지는 않는데, 이것은 작은 전파망원경으로도 쉽게 포착할 수 있는 매우 일정한 전파 신호를 방출하는 중성 수소 원자가 그런 은하계의 나선형 팔에 농축되어 있기 때문에 전파망원경을 이용하여 중심부로부터 추적할 수 있다. 나선형 팔에는 또한 광대한 먼지 구름 자국이 있는데 그것은 수소 원자와 함께 새로운 별들을 끊임없이 만들어 내는 재료가 된다. 그러므로 나선형 팔은 별들의 육아실(育兒室)이다. 나선형 은하계의 중심부는 균일하며 먼지가 없고 중성 수소 원자도 매우 조금밖에 포함되어 있지 않아서, 이 중심부에서는 새 별들이 태어날 수 없다. 천문학자들은 이런 사정에 비추어 은하계에 속한 별들을 두 가지 범주로 나누었다. 한 가지는 늙은 별들로서 일반적으로 나선형 은하계 속이나 타원형 은하계 전역에 걸쳐 발견되며, 다른 한 가지는 태양처럼 젊은 별들로서 나선형 은하계의 나선 팔에서 발견되지만 타원형 은하계에는 존재하지 않는다. 금속을 거의 포함하지 않는 오래된 별들은 "상태밀도 II" 별이라고 불리며, 금속을 많이 포함하는 젊은 나선형 팔 별은 "상태밀도 I" 별이라고 불린다. "금속(무거운 원소)이 많다"라는 용어는 상대적이다. 상태밀도 I 별의 대기에는 무거운 원소(탄소, 산소, 철 등)들이 차지하는 비율이 약 3%인 반면에 상태밀도 II 별의 대기에 포함된 그런 원소의 비율은 0에 매우 가깝다. 두 가지 별들 모두에서 상태밀도는 거의 수소와 헬륨이 차지하고 있으므로(태양에서는 수소가 73%이고 헬륨이 24%이다), 상태밀도 II 별에 무거운 원소가 포함되어 있지 않다는 사실은 이 별들이(무거운 원소가 없었던) 초기 우주의 원시수소와 헬륨으로부터 만들어졌다는 증거로 간주된다. 상태밀도 I 별들 중 대부분은 상태밀도 II 별들이 생긴 후 수억 년에서 50억~60억 년 사이에 상태밀도 II 별들의 중심부에 위치한 용광로 속에서 매우 높은 온도로(수백만 도) 구워진 물질들로부터 만들어졌고 그러고 나서는 거대한 폭발(초신성)과 함께 공간으로 토해졌다. "굽는" 과정에서 상태밀도 II 별들의 중심부에 있던 원래의 수소와 헬륨 중 약 3%가 탄소로부터 시작되는 무거운 원소의 핵으로 융합되었으며 따라서 상태밀도 I 별들은 무거운 원소로 보강된 물질로부터 태어났다.

은하계 중심부에서 후광(後光)을 형성하고 있는 "구상(球狀)성단"이라고 불리는 커다란 구 모양으로 모여 있는 별들 또한 상태밀도 II 별들만으로 이루어졌다. 각기 모두 10만 개에서 100만 개에 이르는 상태밀도 II 별들을 포함하고 있는 약 100개의 구상성단들이 은하수의 중심부 주위를 회전하고 있다. 이렇게 구 모양으로 모인 별들은 먼지나 기체를 포함하고 있지 않은데 아마도 우리 은하계나 또는 그들과 중력에 의해 연결되어 있는 다른 은하계가 태어나면서 남긴 찌꺼기일지도 모른다. 은하계에서 또 하나의 중요한 특성은 일정한 형태가 없는 은하계의 후광인데, 그것은 거의 구형이며, 그 구의 반지름은 은하계 지름의 약 두 배이다. 이 후광이 어떤 물질로 이루어져 있는지는 알려지지 않았으며, 그래서 천문학자들은 은하계의 후광이 "사라진 질량" 중의 일부를 설명할지도 모른다고 추측했다.

은하수와 같은 은하계의 지름은 약 100000광년이며 약 15000광년 정도의 지름으로 이루어진 구형 중심부를 갖는다. 이 중심부에는 약 2000억 개의 별들이 있다. 은하수보다 거의 두 배가 큰 안드로메다 나선은 은하수에 속한 별들처럼 그 나이나 진화 정도가 여러 단계에 와 있는 약 4000억 개의 별들을 가지고 있다.

은하계의 형태에 대한 설명은 이렇게 간단히 마치고, 은하계들의 성단을 다시 살펴보기로 하자. 공간에 흩어져 있는 은하계들의 분포를 조심스럽게 분석하여 은하계들이 각기 여러 개의 조그만 성단들로 조직되어 있을 뿐 아니라 그 성단들이 모여 커다란 성단을 이루고 있음이 밝혀졌다. 우리 은하계가 속한 성단과 버고란 이름의 성단이 합쳐져 거대한 한 개의 초대형 성단이 된다. 그러나 초대형 성단들이 가진 놀랄 만한 성질은 그것들이 반드시 구형 모양을 취하는 것이 아니라 선형처럼 보이는 것도 있다는 점이다. 그들은 공간에서 블라우스 소매 끝의 레이스 모양을 갖는다. 이와 같이 은하계의 덩어리로 이루어진 거대한 선들이 사이사이에 빈 공간처럼 보이는 구형 구멍을 만들면서 공간을 통하여 연결되어 있는 것처럼 보인다. 그러나 이 구멍들이 완전히 비어 있는지는 확실하지 않고 그곳에 보이지 않는 무거운 입자들이 많이 포함되어 있을 가능성이 상당히 높다.

별의 생애는 우주 문제와 긴밀한 관계가 있다. 일정한 형태를 갖지 않고 분포된 먼지와 기체로부터 별이 형성되는 것은 본질적으로 중력현상이지만, 자연에 있는 모든 종류의 힘이 별의 생애 중 서로 다른 기간 동안 다소간 중요한 역할을 한다. 별의 모양으로부터 구면 대칭인 힘(중력)에 의해 모든 별들이 만들어졌음을 분명히 알 수 있다. 별에 따라 그 성질에 큰 차이가 있으므로, 왜 그런 차이가 있게 되는지 살펴보자. 이런 차이는 두 가지 변수에 의해 결정된다. 하나는 중력에 의해 수축되어 별을 만들게 되는 기체와 먼지의 질량이고 다른 하나는 그 기체와 먼지의 화학적 구성(실질적으로 수소-헬륨 비율에 의해 결정되는 평균분자량)이다. 만일 주어진 화학적 구성과 일정한 질량을 갖고 무질서하게 모여 있는 초기의 기체와 먼지가 어떤 평형상태로 수축된다면, 그렇게 될 수 있는 방법은 단 한 가지밖에 없다는 것은 명백한 사실이다. 즉, 중력에 의해 배열되는 최종 형태는 오직 한 가지이다. 그래서 별이 만들어질 때 처음 재료의 질량과 화학적 구성만 이 별의 생애를 결정한다.

질량과 화학적 구성이 이 별이 살아가는 과정에서 각각 그 역할을 어떻게 해내는지 보기 위하여, 광대하게 분포된 기체와 먼지가 갈라져 생긴 조각들로 이루어진 여러 가지 질량을 갖는 별들의 모임을 상상하자. 최종적으로 이루어진 은하계 성단에 속한 모든 별들의 화학적 구성은 그 별들이 태어날 때와 달라지지 않았지만, 그 질량은 달라졌으며, 그래서 그 별들에서 관찰된 성질의 차이는 완전히 이 질량의 차이로부터 비롯된다. 질량이 어떤 역할을 하는지 알아보기 위해, 원래의 먼지구름이 중력에 의해 수축하기 시작할 때 갈라져 생긴 무거운 조각들을 살펴보자. 수축하는 속력은 분명히 그 질량과 기본적인 운동의 법칙 및 만유인력의 법칙에 의존하게 된다. 기체법칙, 열역학법칙과 함께 위의 법칙들로부터 수축하는 과정을 따라 기체 분자들의 내부 구조가 어떻게 변하는지 알 수 있다. 에너지 보존원리와 열역학 제2법칙은 곧 조각들이 배열된 전체 덩어리가 에너지를 잃고 따라서 총 엔트로피가 증가해야만(에너지의 방출은 엔트로피의 증가를 의미한다) 안으로 떨어지는 원자와 분자들이 안정된 구형의 기체를 형성할 수 있다는 것을 말해 준다. 에너지는 아주 단순한 방법으로 방출된다. 중력이 원자와 분자를 함께 모이도록 잡아당기면, 그들은 점점 더 빠른 속력으로 움직여서(중력의 위치에너지가 운동에너지로 바뀐다) 전체 덩어리의 온도가 증가하게 되고 그러면 전체 배열은 수축하게 되어 그 절대온도의 네제곱에 비례하는 비율로 복사선이 방출된다. 그러나 온도만 가지고는 이 전자기 복사가 무엇으로부터 나오는지 알 수 없다. 복사선은 원자들이 서로 충돌할 때 진동하는 원자에 속한 전자로부터 방출된다. 전체 덩어리의 수축이 계속되는 동안 그 에너지는 줄어들며, 방출되는 중력의 위치에너지 중 단지 절반만이 전자기 복사로 바뀌게 되므로 온도가 높아지는 동안 수축은 계속되어야만 한다. 에너지의 나머지 절반은 전체 덩어리의 운동에너지(내부에너지) 형태로 남아 있으며 그래서 계속하여 온도를 높인다. 이런 과정은 내부 온도가 절대온도로 1000만 도에 다다를 때까지 계속된다. 이 온도에 도달하면 양성자가(4개씩 짝지어서) 헬륨 원자핵으로 바뀌는 열핵융합이 시작되므로 수축이 멈춘다. 이 시점에서 전체 덩어리는 드디어 별이 되었고, 별의 반지름이나 밝기, 표면온도 등은 주로 그 질량에 의해 결정되며, 또한 이 질량이 별이 진화해 나가는 빠르기도 결정한다. 화학적 구성은 이 진화 과정에서 꼭 필요하지만 부수적인 역할만 하게 된다. 수소의 비율은 온도와 함께 양성자들이 융합되어 헬륨 원자핵이 만들어질 때 얼마나 빠르게 에너지를 방출하는지를 결정하며, 무거운 원소들의 비율은 별의 중심부에서 발생한 복사선이 표면까지 얼마나 빨리 전달되는지를 결정한다. 태양과 같은 별에서는, 핵융합에 의해 발생된 복사선이 거의 3000만 년 후에야 표면까지 도달한다. 이 기간 동안 복사선의 특성은 매우 강한 감마선으로부터 현재 지구상의 생체가 태양으로부터 받아들이는 복사선으로 엄청나게 다르게 바뀐다.

위치에 따라 달라지는 물리적 조건을 결정하기 위한 여러 가지 변수(예를 들면 압력, 온도, 밀도)를 측정하기 위해 별의 내부까지 파고들어 갈 수 없으므로, 별의 내부를 지배하는 기본 물리법칙들로부터 이 조건들을 추정하는 것밖에 별다른 도리가 없다. 복사선은 별의 내부로부터 직접 우리에게 도달할 수 없지만 중성미자는 가능하다. 그렇지만 중성미자가 전달해 주는 정보는 애매하다. 다행스럽게도, 별을 이루는 물질은 기체 상태(실제로 이상기체)로 되어 있으며, 그래서 열역학법칙과 잘 알려진 기체법칙들을 적용해도 좋다. 에너지는 별의 내부로부터 표면까지 대개 복사선의 형태로 전달되므로, 복사선이 별의 내부에서 표면까지 이동하는 동안 복사선과 이온화된 원자와의 상호작용을 적절히 고려하려면 양자론에 의해 수정된 복사선의 법칙을 적용해야만 한다.

별의 내부에서 안쪽이나 바깥쪽으로 위치를 바꿀 때 별 내부의 조건이 어떻게 변하는가를 기술하는 기본 물리법칙과, 이 법칙과 함께 사용되는 (모두 네 개인) 기본적인 방정식이 위대한 영국 천문학자 아서 에딩턴에 의해 개발되었다. 그는 별 내부에서 에너지가 전달될 때 주로 복사선에 의한다는 것을 보이고 이 상황을 기술하는 방정식을 만들었다. 이 공식은 천문학자들이 오늘날 별들의 구조와 탄생, 진화를 연구하기 위해 이론 천체물리학을 정확한 분석적 방법이 되게끔 발전시키는 데 있어 최종적인 방정식이 되었다. 그러나 별에 대한 자세한 이론적 모형을 세우기 전에 한 가지 중요한 정보, 즉 별의 에너지가 어떻게 발생하는가에 관한 지식이 더 필요했다. 에딩턴은 별들의 밝기로부터 별들이 헬륨 원자핵을 만들기 위해 양성자들을 융합하면서 에너지를 생산한다고 올바른 짐작을 했다. 그러나 에딩턴이 그의 연구를 수행할 때는 아직 핵물리학이 알려지지 않았으므로, 별들이 융합을 어떻게 이루는지 알지도 못한 채로 내부변수들 사이에 매우 일반적인 관계를 가정했다. 이러한 관계들로부터 별의 내부방정식을 풀 수 있었으며 반지름과 질량, 밝기가 태양과 비슷한 별들에 관한 모형을 얻게 되었다. 이 가정들이 천문학 문제에 만족할 만한 해답은 못되었으나, 에너지가 만들어지는 방법에 대해 알지 못하고서도 방정식들이 올바른 길로 나아가고 있었으므로 당시에는 이 가정들이 중요하였다.

아서 스탠리 에딩턴 경(Sir. Arthur Stanley Eddington, 1882~1944)은 영국 켄달에서 출생했다. 교장이었던 아버지는 퀘이커 교도로서 아서가 두 살 때 죽었다. 아버지가 돌아가신 직후 서머싯으로 이사해 어린 시절을 보냈다. 비록 가진 돈은 별로 없었지만, 어머니는 아서를 브린멜린학교에 보냈으며, 그곳에서 고전문학의 진가를 음미하는 능력과 수학에 탄탄한 기반을 주입시켜 준 몇몇 훌륭한 선생님들을 만났다. 천성적으로 수줍음을 잘 타기는 했지만 학과목에서 우등을 놓치지 않았으며, 오늘날 맨체스터대학교가 된 학교에 진학할 수 있는 장학금을 얻었다. 맨체스터에 다니면서 물리학자 아서 슈스터로부터 특별한 영향을 받았는데, 슈스터는 선생님들 중 가장 뛰어났으며 젊은 에딩턴이 과학에 흥미를 갖도록 격려해 주었다. 1902년 케임브리지의 트리니티대학에서 공부할 수 있는 장학금을 받았으며 그해 가을에 그곳에서 공부를 시작했다.

케임브리지에서 처음 두 해 동안 수학을 집중적으로 공부했다. 철저한 시험 준비로 1904년 2학년 학생으로는 사상 처음으로 트리포스 시험에서 1등으로 랭글러 지위에 오르는 영예를 차지했다.[1] 그다음 해 수학 학사 학위를 받았고, 잠시 동안 수학 개인교사를 하며 생활비를 벌었다. 1906년 그리니치의 왕립천문대에서 조수장으로 임명되었으며 7년 동안 머무르며 천문학자가 되기 위한 공부를 계속했다. 왕립천문대에서는 에딩턴에게 여러 가지 임무를 맡겼는데, 그 임무를 수행하면서 천문학에서 가장 최근의 진전 상황에 친숙해졌으며 실제적인 천문학에 대한 그의 재능을 연마했다. 그리니치에서 일하기 시작하면서 곧바로 영국천문학회의 회원으로 선출되었다. 별의 내부구조에 대한 이론적 천문학 연구를 시작했는데, 그것이 그의 평판을 확고하게 해 주었으며, 천문학 관측을 위해 몰타와 브라질로 여러 번 원정도 나갔다. 1913년 케임브리지의 플루미안 석좌교수직을 맡았으며, 천문대 소장이 되어 천문대 관사로 옮겨 여생을 마쳤다.[1]

에딩턴이 왕립천문대에서 쌓은 훈련은 별의 구조에 관한 연구를 수행하는 데 큰 도움이 되었다. 그는 별의 내부에서 기체의 복사평형을 다룬 카를 슈바르츠실트의 이론에 특별한 관심을 가졌다.[2] 바깥쪽을 향해 나가는 별의 복사선이 별을 에워싼 바깥껍질의 질량에 의한 무게와 맞먹는 기체압력을 만들어 내며, 별의 질량과 별이 에너지를 복사하는 비율 사이에는 직접적인 관계가 있음을 보였다. 다시 말하면, 태양보다 질량이 여러 배 더 큰 별은 거기에 대응하여 그만큼 짧은 수명을 가진다는 것이다. "에딩턴은 상대적으로 몇 안 되는 별들만 태양보다 10배 이상 무거우며 태양의 질량보다 50배가 더 큰 별들은 지극히 드물 것이라고 결론지었다."[3] 이런 믿음은 관찰할 수 있는 영역의 우주에서 그렇게 큰 질량을 갖

아서 스탠리 에딩턴 경(1882~1944)

는 별이 별로 없음을 보여 준 관측에 의해 확인되었다. 또한 몇 개의 붉고 거대한 별들의 지름도 계산했으며 그의 계산을 시리우스별에 딸린 왜성(矮星)에 적용했는데, "얻어진 지름이 너무 작아서 그 별의 밀도가 50,000g/㎤에 달했는데, 그는 이 값이 너무 커서 대부분의 사람들이 속으로 '그건 엉터리야!' 라고 소리칠 것이라고 생각했다."[3] 비록 에딩턴의 계산이 여러 사람의 눈꼬리를 추켜올리게 했지만, 그 별에서 나오는 스펙트럼 띠의 적색이동이 알베르트 아인슈타인의 상대론에 의한 결과와 거의 같다는 것이 윌슨산천문대의 천문학자들에 의해 발견되어 에딩턴의 계산

이 확증되었다.[3)]

별의 색깔과 밝기에 대한 헤르츠스프룽-러셀의 순서가 계속 옳은 것으로 인정되려면 태양 질량 정도의 질량을 갖는 별들이 복사하는 비율을 살펴볼 때 별들의 진화 과정 시간이 수조 년에 이른다는 에딩턴의 결론 또한 매우 혁명적이었다.[4)] 그는 그렇게 오랫동안 별들을 태우는 화학에너지의 근원을 찾아낼 수 없었으므로, 1917년에 별에서는 핵 과정에 의해 연료가 공급된다고 제안했다. 에딩턴이 오토 한과 리제 마이트너가 핵분열을 발견하기 20년이나 더 이전에 이런 제안을 내놓았으므로, 그의 제안은 많은 사람의 의심을 샀다. 그렇지만 별에 에너지를 제공할 수 있는 아무런 대체근원이 없다면서 그는 주장을 굽히지 않았는데, 1938년 한스 베테가 별의 에너지에 대한 탄소-순환이론을 발표하자 결국 옳았음이 밝혀졌다.

에딩턴은 상대론에 대해 가장 뛰어난 전문가 중의 한 사람이 되어 가고 있었다. 1916년 일반상대론에 대한 아인슈타인의 유명한 논문을 영국에서 맨 처음 받은 사람이었으며, 그 논문의 난해한 수학을 곧 터득했다. 1918년 런던물리학회를 위해 작성한 우아한 「중력의 상대성이론에 대한 보고」 덕택으로 영국 과학계가 일반상대론을 받아들이는 데 주도적인 역할을 했다고 알려졌다. 또한 일반상대론을 대중도 알 수 있게 엮은 『공간과 시간, 그리고 만유인력 Space, Time and Gravitation』이라는 책도 펴냄으로써 아인슈타인의 연구에 대한 대중의 관심을 높였다. 1919년 기니아만의 프린시페섬에 원정대를 이끌고 가서 개기일식을 촬영했고 이로써 일반상대론의 중심적인 예견 중의 하나인 중력이 빛의 경로를 휘게 한다는 가설을 확인하는 데 필요한 실험적 증거를 제공했다. 일식이 일어나는 동안 사진건판을 바꾸기에 바빠서 그 일식을 직접 관찰할 수 없었지만, 일단 건판이 현상되자 태양의 둘레 부근을 통과하는 별빛이 이동한 것이 기록되었으며, 그래서 일반상대론이 실험으로 확인되었다고 공표했다. 에딩턴에 의해서 이론이 실험적으로 확인되었다는 소식을 아인슈타인에게 전한 후에, 만일 예측된 빛의 휘어짐이 관찰되지 않았더라면 어떻게 느꼈을 것이냐는 질문에 아인슈타인은 "그러면 하느님에 대해 매우 섭섭하다고 생각했겠지요. 그 이론은 옳으니까요"라고 대답했다고 알려진다. 1932년 에딩턴은 『상대론에 대한 수학이론 Mathematical Theory of Relativity』이라는 책을 출판했는데, 아인슈타인도 이 책이 지금까지 상대론에 대해 쓰인 책 중에서 가장 멋있다고 생각했다.

1920년대에 에딩턴은 상대론과 양자론을 통합하는 대이론을 수립하려는 생각에 집착해 있었다. 빛의 속력이나 플랑크상수와 같은 자연의 기본상수가 이 노력을 푸는 열쇠라고 보았다. 우주 속에 들어 있는 입자들의 수에 대해 오늘날 보통 받아들여지고 있는 것과 크게 다르지 않은 값을 계산했으며 25개가 넘는 물리상수들의 값도 계산했다. 안타깝게도 두 이론을 조화시키면서 당면한 어려움들과 실험 결과에 의해 뒷받침되지 않는 물리상수들의 의미를 일반화시키는 데 너무 의존한 나머지 더 이상 진전을 이룰 수가 없었다. 시간을 내어 물리학과 우주론에 대한 책들을 연달아 저술했으며 이 책들 덕택으로 당시에 과학의 대중화에 가장 앞장선 사람으로서의 평판을 굳혔다. 그는 폴 디랙이 제안한 것과 같은 행렬역학에 대한 이론도 개발했지만, 진리가 과학이론보다는 어떤 신비한 계시를 통해서만 얻어질 수 있다고 점점 더 확신하게 되었다. 에딩턴의 주관론적인 철학이 오늘날 일반적으로 무시되고 있을지는 몰라도, 그 철학은 삼단논법처럼 순수하며 어떤 예외도 용인될 수 없다는 확신으로부터 나온다. 그런 신념은 대개 휴지통에 던져지게 되는 이론을 낳게 하지만 에딩턴이 별과 상대론에 대한 연구에 불러왔던 상상력은 그의 기본이론에도 스며들어 있다.

중성자가 발견된 이래 핵물리학은 빠르게 성장하면서, 별에서 에너지를 만들어 내는 열핵융합 과정에 대한 이론이 1936년 한스 베테에 의해 개발되었다(18장 참조). 그는 수소가 헬륨으로 열핵융합 하는 두 가지 다른 과정을 분석했다. 첫 번째는 양성자-양성자 연쇄반응인데, 거기서는 네 개의 양성자가 일련의 단계들을 거친 후에 한 개의 헬륨 핵으로 융합되었다. 두 번째는 유명한 탄소-질소 순환으로서, 거기서도 또한 네 개의 양성자가 한 개의 헬륨 핵으로 융합되지만, 직접 그렇게 되지는 못하고 탄소가 촉매로 작용한다. 양성자-양성자 연쇄반응은 절대온도의 네제곱에 비례하여 일어나지만, 탄소순환은 온도의 20제곱에 비례한다. 이와 같이 온도에 의존하는 모양의 차이 때문에, 양성자-양성자 연쇄반응은 태양과 같거나 더 작은 질량을 갖는 별에서 일어나는 반면, 탄소순환은 좀 더 무거운 별들에서 나타난다. 이 현상이 태양보다 약 65,000배나 더 밝은 오리온자리의 리겔과 같은 청백색 별이 왜 그리 밝은지를 설명해 준다.

2차 세계대전이 시작될 무렵, 천체물리학자들은 비로소 열핵에너지 발생에 대한 베테의 방정식을 에딩턴의 별 내부 방정식과 결합하기 시작했는데, 그래서 물리학에서 그렇게 큰 흥분을 일으켰던 분야의 모든 것이 전쟁이 끝날 때까지 멈추어졌다. 그러나 전쟁이 끝나자 빠른 속력의 컴퓨터를 이용할 수 있게 되어 이 분야는 빠른 속도로 확장되었다. 이렇게 얻어진 별에 대한 모형들은 별의 상수들(질량, 반지름, 표면온도, 화학적 구성비 등)에 대해 별들로부터 관찰된 성질과 넓은 범위에 걸쳐 놀랄 만하게 맞아떨어졌다. 이 모형들은 별의 구조에서 질량과 화학적 구성비가 중요하다는 것을 분명히 보여 주었고, 이 두 변수가 별의 구조를 유일하게 결정한다는 것을 증명했다. 이것이 물리학의 역사에서 물리계(별)와 일련의 방정식들(수학적으로 표현된 물리법칙들)과의 관계에 대한 가장 아름다운 예 중의 하나이다. 이 방정식으로부터 추정된 태양에 대한 모형은 태양 중심부의 온도가 약 1500만 절대온도이며 중심부의 밀도는 1㎤마다 150g임을 보여 주었다. 전쟁이 끝난 후에 핵물리에 관한 자료가 광대하게 증가함에 따라 천체물리학자들은 개별적인 별의 모형을 넘어서서 별들의 모임의 진화에 대한 이론들을 발전시킬 수 있게 되었으며, 그 결과는 관찰된 것들과 아주 잘 일치했다. 별의 질량이 그 진화를 결정하는 데 가장 중요한 변수이다. 별은 무거울수록 핵연료를 빨리 "태우고" 더 빨리 진화한다. 별의 질량은 또한 그 별의 생명을, 즉 별의 마지막 상태가 백색왜성으로서 끝날 것인지 아니면 중성자별이나 검은 구멍으로 끝날 것인지를 결정한다. 모든 별은 맨 처음 수소를 태워서 헬륨을 만든다. 그러고 나서 적색거성의 단계에 다다르면 헬륨을 태워 탄소를 만들며 진화한다. 태양 정도의 질량을 갖는 별은 탄소 핵을 더 무거운 핵으로 핵변환시키는 데 필수적인 중심부 온도를 수억 도 이상으로 올릴 만큼 힘을 내기에 그 질량이 충분하지 못하므로 탄소 단계를 넘어서 진화하지 않는다. 태양이나 그와 비슷한 별들은 그래서 적색거성의 단계를 지난 다음에는 백색왜성 단계에서 정착한다. 그런 별들에서는 모두 동일한 상태에 놓인 자유전자들의 압력이 더 이상 붕괴하는 것을 막아 준다. 이 전자들은 상대적으로 고정되어 있고 촘촘히 들어찬 원자핵들 사이를 자유롭게 움직인다. 백색왜성을 이루는 물질은 그래서 마치 금속처럼 행동한다.

태양보다 더 무거운 별들은 백색왜성에서 평형상태를 유지할 수 없다. 그런 별들은 백색왜성 단계를 넘어서 자유전자들이 강제로 무거운 원자핵 속으로 들어가 원자핵에 들어 있는 양성자가 중성자로 바뀔 때까지 붕괴를 계속한다. 그런 원자핵은 불안정하기 때문에, 그 별이 거의 완전히 중성자로 이루어질 때까지 중성자를 방출한다. 그러면 그 별은 중성자별이 되는데 이때의 지름은 수 킬로미터에 불과하고 밀도는 세제곱센티미터마다 수십억 톤이나 된다. 그런 별은 또한 매우 빨리 회전하므로 무척 강력한 자기장으로 둘러싸여 있다. 그 별이 더 이상 중력에 의해 붕괴하지 않는 것은 동일한 상태에 놓인 중성자들의 압력 때문이다.

만일, 별이 아주 무거우면(태양 질량의 10~15배) 그 별은 중성자별 단계를 지나서도 계속 붕괴하여 "검은 구멍"이 되는데, 이것은 지금까지 알려진 물질의 상태 중에서 가장 경이로운 것이다. 검은 구멍 이론을 가장 높은 수준으로 발전시킨 사람은 존 아치볼드 휠러인데, 그가 물질이 중력에 의해 수축되어 궁극적으로 다다른 이 상태에 아주 적절한 이름을 붙였다. 검은 구멍 근처의 공간-시간은 극한에 이를 정도로 휘었기 때문에, 휠러가 그랬던 것처럼 검은 구멍을 조사하기 위해서는 일반상대성이론을 적용하지 않을 수 없다. 검은 구멍 이론의 복잡하게 얽힌 세세한 점까지 다루지 않고서도, 뉴턴의 중력이론을 공간-시간 곡률을 포함하도록 적당히 변형시켜서 적용하면 검은 구멍 이론의 실질적인 특성들을 이해할 수 있다. 무거운 별과 같은 구형의 무거운 물체가 오그라들면, 그 표면에 작용하는 중력의 힘이 너무 커서 표면으로부터의 탈출속력이 빛의 속력과 같아진다. 그래서 빛 자체도 표면을 빠져나올 수 없으므로, 그것은 보이지 않게 된다. 이것은 뉴턴의 이론으로부터 얻어지는 일반적인 방법에 의해서도 이해할 수 있지만 완전한 분석과 검은 구멍 물리를 모두 이해하려면 일반상대론이 필요해진다. 직접 볼 수 없는 검은 구멍의 존재는 그 주위를 회전하는 볼 수 있는 별의 행동으로부터 추론할 수밖에 없다. 그래서 시그너스 X-1에서 X선을 방출하는 매우 작고 보이지 않는 영역이 관찰되었는데, 무거운 별 한 개가 5.6일마다 한 번씩 그 주위를 회전했다. 우리는 이 보이지 않는 X선의 근원이 보이는 무거운 별들이 떨어지고 있는 검은 구멍이라고 결론짓는다.

그의 시대에 가장 상상력이 뛰어나고 다재다능한 물리학자들 중의 한 사람인 존 아치볼드 휠러(John Archibald Wheeler)는 1911년 플로리다주 잭슨빌에서 출생했다. 그의 부모는 모두 도서관원이어서 책과 배움을 존중한 것이 존으로 하여금 과학자가 되겠다는 결정을 하는 데 영향을 주었다. 그는 어릴 때부터 매우 유망한 학생이었으며 부지런히 공부한 결과 21세의 나이에 존스홉킨스대학교에서 물리학 박사를 획득하게 되었다. 박사 학위논문 연구를 마친 후에 뉴욕대학교에서 그레고리 브라이트와 1년 동안 보냈으며 그다음 해에는 코펜하겐에서 닐스 보어와 함께 핵물리 연구에 열중하면서 보냈다. 노스캐롤라이나대학교의 교수진에 합류하여, 3년 동안 강의하고 "(1937년에) 가벼운 원자핵의 공명 그룹 구조에 대한 개념을 기술했으며 이 구조를 고려해 넣은 원자핵 파동함수를 구성하는 수학적 공식체계를 제공했다. 그는 이 접근 방법이 다른 결과들과 함께 두 알파입자들 사이의 상호작용에 대한 (속도에 의존한다고 판명된) 유효 상호작용을 계산하는 수단을 어떻게 만들 수 있는지 보였다."[5] 휠러는 같은 해에 산란행렬에 대한 개념을 수립하여 베르너 하이젠베르크와 다른 사람들에 의해 연구되고 있던 소립자(素粒子) 물리학에 대한 연구에 크게 기여한 이론적 도구를 만들어 내면서 산란행렬의 주된 특성을 설명했다.[5]

1938년 채플힐을 떠나 프린스턴으로 옮겨 그곳에서 원자핵에 대한 연구를 계속했다. 그의 연구는 1953년 개별적인 핵자의 상태와 전체적인 원자핵을 구별한 "원자핵의 집단적 모형"을 도입한 것으로 절정을 이루었다.[5] 또한 공명 그룹 구조를 원자물리에 도입하기도 했지만, 소련이 1949년 원자폭탄을 터뜨림으로써(이것이 핵무기에 대한 미국의 전매에 종지부

존 아치볼드 휠러(1911~2008)

를 찍었다) 야기된 정치적 위기에 따라 수소폭탄을 만드는 것이 가능한지를 알아보기 위해 로스앨러모스에서 에드워드 텔러와 합류했을 때, 그의 연구 중에서 세인의 관심을 가장 많이 끌었던 일이 벌어졌다고 보아도 좋다. 휠러는 수소연료를 폭발시키는 다양한 장치에 대한 핵물리를 풀기 위한 비밀연구를 지휘하려고 프린스턴으로 돌아왔다. 1952년 수소폭탄의 시험발사가 성공함에 따라 소위 매터혼 계획에 대한 휠러의 연구가 끝나게 되었다. 매터혼 계획 시대 이래로 핵무기의 설계와 전문적인 특성은 크게 변했지만, 휠러와 그의 동료들이 핵무기를 설계하는 데 기반이 되어온 많은 비법을 발전시켰으며, 그 비법들이 나중에 여러 국립연구소에서 연구하는 물리학자들에 의해 개선되어 왔다.[6)]

정부를 위한 연구를 마친 후, 곧 입자와 장(場) 사이의 관계를 더 잘 이해하기 위해 아인슈타인의 일반상대론으로 그의 관심을 돌렸다. 대학원 학생 리처드 파인먼과 함께 연구하면서, 아인슈타인의 일반상대론으로 그려진 것과 같이 자연을 기하적으로 해석하는 것은 모든 물질이 단순히 공간-시간 곡률의 부산물이기 때문에 자연을 고려하는 데 입자는 적절하지 못한 기반임을 의미한다고 결정했다. 자연을 입자로 이해하려고 시도하는 것은 대양(大洋)을 바다 위에서 보면서 이해하려고 시도하는 것과 마찬가지일 것이었다. 어찌 되었든지, 자연에 대한 기하적 개념은 그로 하여금 공간이 어떤 단 한 가지의 기하에 의해 기술되지 않고 한 기하에서 다른 기하로 진동하는 것으로 기술되는 확률적인 방식을 개발함으로써 양자론을 아인슈타인의 일반상대론과 함께 묶으려고 시도하게 했다.[7] 그는 공간을 미시적인 수준에서 플랑크 길이($1.6 \times 10^{-23}$㎝) 정도에서 격렬한 요동으로 특징지어지는 거품과 같다고 상상했다. 각 점마다 완전한 3차원 기하를 포함하는 이런 이상한 활동무대를 지칭하기 위해 "초공간(超空間)"이라는 새로운 말을 만들었다. 그에게는 초공간에서의 요동이 입자가 만들어지는 원인이었다. 입자란 그저 초공간에서 파동 치는 거품에 의해 만들어진 상에 불과하다.

일반상대론을 이론적으로 연구하면서 중력에 의한 붕괴의 동작원리에 대해 궁금증을 느꼈다. 1세기도 더 전에 피에르 라플라스와 존 미첼에 의해 도입된 개념을 발전시켜 가면서, 휠러가 수행한 계산에 의하면 적어도 태양보다 질량이 세 배가 되는 별의 열핵난로가 일단 타기를 멈추면 그 별은 휠러가 "검은 구멍 상태"라고 부른 것으로 오그라드는 것이었다. 간단히 말하면, 그 별은 대기로부터 죄어들어 오는 힘을 더 이상 버틸 수 없게 되어 결국 지름이 수 킬로미터밖에 되지 않을 때까지 스스로 붕괴하고 만다. 그런 물체의 표면에서 중력장의 세기는(검은 구멍 별의 밀도가 엄청나게 증가된 때문에) 너무 커져서 빛까지도 도망 나올 수 없으며 그 별은 보이지 않게 된다. 검은 구멍 물리에 대해 많은 선구적인 연구를 수행하면서, 빛 신호가 우주를 결코 도망가지 못할 정도로 우주의 질량이 공간을 충분히 휘게 만들어서 우주 자체가 거대한 검은 구멍 안에 놓여 있을지도 모른다고 제안했다. 또한 만일 우리가 팽창하는 우주에 살고 있다면, 바깥으로 돌진해 나가는 은하계들이 어느 날 그 방향을 바꾸어, 모든 물질과 에너지가 한 개의 작은 물질과 공간으로 휘몰아쳐 들어와서 그 존재가 없어질 때까지 오그라들 것이라고 가정했다. 비록 수많은 물리학자가 자연에 대한 그의 기하적 견해에 동의하지 않고 양자론과 상대론을 결합하려는 그의 시도가 기본적인 결함을 갖는다고 믿지만, 휠러는 자연의 미시적, 거시적 수준에서 모든 현상을 기하적 체계로 설명하는 데 있어서(비록 그런 접근 방법의 유용성에 대해서는 논쟁이 계속되고 있지만) 아인슈타인을 제외하고는 그 누구보다도 많은 업적을 남겼다.

무거운 별들의 진화에서 중요한 결과는, 그 별들로부터 우주에서 오늘날 관찰되는 무거운 원소들이 만들어졌다는 것이다. 이런 대단히 큰 별들의 중심부 온도는 수십억 도에 이르며, 그래서 그 별들에 존재하는 가벼운 원자핵들은 서로 충돌한 다음에 합해져서 무거운 원자핵을 이루기에 충분히 빠른 속도로 움직인다. 그렇게 무거운 별들은 그들의 진화의 마지막 단계에서 철로 이루어진 중심부를 다 만들면 격렬하게 붕괴한 다음에 폭발하여 초신성(超新星)이 된다. 이런 과정에서 철로 이루어진 중심부는 붕괴 과정에서 어마어마하게 수축되어 재빨리 회전하는 중성자별로 변하며, 폭발된 물질은 중심부에서 빠르게 밖으로 팽창하여 별들 사이에 존재하는 물질로 이루어진 구름에 무거운 원자핵을 주입시키고 다음 세대 별들을 만드는 재료를 보강한다.

우주의 동작원리를 이해하려면 우주에 대한 두 가지 성질을 더 아는 것이 중요하다. 첫째, 굉장히 먼 거리에서 매우 밝은 물체가 발견되었다. 이 물체들, 즉 수십억 광년이나 떨어져 있는 이 유명한 퀘이사들은, 지금까지 관찰된 것들 중에서 가장 멀리 떨어진 물체들이다. 퀘이사가 사진건판에서는 별처럼 보이는 물체이므로, 그들이 위치한 광대한 거리로 미루어보건대 그들은 또한 알려진 것들 중에서 가장 밝게 빛나는 물질의 집결체이다. 가장 멀다고 알려진 퀘이사는 우리로부터 근 100억 광년이나 멀리 있으며, 주어진 부피 안에 들어 있는 퀘이사의 수는 거리가 커질수록 더 많아짐이 발견되었다. 그러므로 퀘이사들은 우리에게 수십억 년 전의 초기우주에 관한 무엇인가를 말해 준다. 퀘이사가 그 광대한 거리에도 불구하고 사진건판에서 보통 별의 상과 같게 보이는 것은, 그것이 극도로 밝은 물체임을 의미한다. 퀘이사에 관계된 모든 정보로부터, 천문학자들은 전형적인 한 퀘이사가 100개의 은하계가 모인 것만큼 밝다고 추산한다. 퀘이사가 갖는 에너지의 근원이 아직도 큰 불가사의이다. 오늘날 우리가 알고 있는 힘의 장이나 입자들 중에서 어느 것도 그렇게 농축된 에너지의 근원을 설명할 수 없다.

우주의 동작원리에 대해 중요한 정보를 내포한 두 번째 놀라운 성질은 모든 공간에 퍼져 있는(우주의) 배경복사이다. 이 복사는 1965년 아노 앨런 펜지어스와 로버트 우드로 윌슨이 전파망원경으로 우연히 검출하였다. 공간의 모든 방향에서 균일하게 우리에게 들어오는 이 장파장의 복사는 매우 차가운 열흑체복사이다. 그것은 온도가 2.7K인 난로에서 방출되는 열복사의 모든 특성들을 다 갖추었다. 이 배경복사는 초기우주의 상태에 관한 이론적 추론을 확인해 주었고, 두 그룹의 지지자들이 수년 동안 싸워 왔던 두 가지 우주 모형 중에서 우주론자들로 하여금 한 개를 올바로 선정할 수 있도록 만들어 주었기 때문에, 현재 우주의 매우 중요한 성질이 되었다. 이 결과는 우리를 우주의 동작원리와, 우주가 정적(靜的)인지 아니면 팽창하는지, 그리고 만일 팽창한다면 영원히 팽창을 계속할 것인지 아니면 어떤 먼 미래에 팽창을 멈추고 수축하기 시작할 것인지에 대한 질문으로 인도해 준다.

물리학의 이 흥미로운 분야에서는 의도적이 아닌 우연에 의한 것이긴 하지만 이론과 관찰이 조화를 이루고 있으므로, 이 질문을 이론적인 관점과 관찰적인 관점의 두 가지 측면에서 살펴보자. 1912년 V. M. 슬리퍼는 은하계들의 스펙트럼 띠에서 적색 또는 청색의 도플러이동을 발견했는데, 그것은 우리 은하계 밖의 은하계들이 가까이 다가오든지 또는 멀어져 가고 있으며 어떤 일정한 거리 밖의 은하계들은 모두 속력을 점점 더 크게 하며 우리로부터 멀어져 가고 있음을 알려 주었다. 그렇지만 슬리퍼가 관찰한 증거는 우주전체의 행동에 대해 어떤 뚜렷한 결론을 이끌어 낼 만큼 충분히 결정적이지는 못했다. 그로부터 근 10년 뒤에 에드윈 허블이 멀리 떨어진 은하계로부터 나온 스펙트럼들을 조직적으로 조사하기 시작했으며, 먼 은하계들이 우리로부터 떨어진 거리에 비례하는 속력으로 점점 더 멀어져 가고 있다는 명백한 증거를 얻었다. 그는 이 현상을 단위 거리마다 은하계들이 멀어지는 비율을 알려 주는 법칙의 형태로(허블의 법칙) 진술했다. 이 비율을 나타내는 수를 "허블 상수"라고 한다. 이 상수의 크기는 100만 광년마다 매초 약 16㎞인데, 그러나 아직도 이 값에 약간의 오차가 포함되어 있다. 근 12년 동안 계속된 허블의 연구는 우주가 팽창한다는 증거라고 보편적으로 인정받고 있다.

에드윈 파월 허블(Edwin Powell Hubble, 1889~1953)은 미국이 낳은 가장 위대한 천문학자이다. 그는 외부 은하계 천문학에 대한 연구의 발전을 거의 다 확립하였으며 우주가 팽창함을 예증한 관찰된 증거들을 수집했다. 은하계들이 각기 서로에 대해서 멀어져 가고 있다는 허블의 결정으로부터 아베 조르주 르메트르와 조지 가모프 같은 우주론자들은 극도로 농축된 물질 덩어리들이 어떤 이유로 인해 폭발하여 공간을 가로질러 소용돌이치며 나간 조각들이 별과 은하계가 되었다는 가설을 만들었다.

허블이 현대천문학에 끼친 충격에도 불구하고, 그의 성장 배경 중에서 천문학을 그의 직업으로 선택하도록 이끈 것은 별로 찾을 수 없다. 켄터키주 보험판매원의 아들로 태어났다. 가족은 시카고로 이사했고 그곳에서 고등학교에 다녔다. 뛰어나게 공부를 잘하고 체육에도 소질을 발휘했던 에드윈은 시카고대학교로 진학할 수 있는 장학금을 받았으며, 그곳에서 로버트 밀리컨 및 천문학자 조지 헤일과 사귀었다.[8] 수학과 천문학을 전공했으므로 의심할 여지없이 이 두 사람들로부터 영향을 받았다. 또한 권투도 즐겼는데, 유망한 프로 권투선수라고 생각한 어떤 중개인이 당시에 주름잡던 중량급 챔피언인 잭 존슨과의 시합을 주선했다.[8] 허블이 권투선수로 나섰을지도 모를 계획은 1910년 옥스퍼드의 퀸스대학에서 공부할 수 있는 로데스 장학금을 받게 됨에 따라서 중단되었다.

자신의 학문적 배경에도 불구하고 옥스퍼드에서 법학을 공부하기로 결정했다. 영국-미국 법률제도의 발전에 대한 흥미 때문에 1913년 미국으로 돌아와 법률가가 되는 것을 진지하게 고려했다.[8] 변호사 자격을 따고 켄터키에 사무소를 개설한 후에, 곧 학문으로서의 법률과 법률사무소를 운영하고 의뢰인들의 문제를 다루는 어려움 사이에는 큰 차이가 있음을 발견했다. 법률을 실제로 실행하는 데 큰 흥미를 느낀 적이 결코 없었으므로 법률가가 그의 적성에 맞지 않는다고 결론을 내리고 자신의 원래 분야였던 천문학으로 돌아왔다.

1914년 시카고의 여크스천문대에 대학원생으로 돌아왔으며, 성운(星雲)

에드윈 파월 허블(1889~1953)

들의 분류를 조사했다.[9] 그의 연구는 조지 헤일을 감명시켰고, 헤일은 허블에게 100인치 반사망원경을 건설 중인 윌슨산천문대에서 자기와 함께 일하자고 초대했다. 허블은 새로운 망원경이 완성되면 충분히 가능한 수많은 발견의 진가를 인식하고 헤일의 제안을 받아들였다. 그렇지만 그가 천문학자로서의 일을 시작하기도 전에, 미국은 1차 세계대전에 참전하게 되었고 프랑스에서 근무할 200만 명의 군대를 동원하기 시작했다. 허블은 미국 원정군으로 징병되었으며 프랑스 전투에 참가했다. 1919년 미국으로 돌아오기 전까지 2년 동안 외국에 남아 있었으며, 그 후에는 마침내 윌슨산천문대의 헤일과 합류했다.[9)]

윌슨산천문대에서 은하계 형성에 관하여 60인치 망원경을 가지고 수행한 허블의 초기 연구로부터 은하계인 성운과 은하계가 아닌 성운을 구별하기 위한 분류 체계를 수립하게 되었다.[9)] "그는 새로운 행성처럼 보이는 푸르스름한 성운과 변광성(變光星)들을 많이 발견했으나, 그의 초기 연구에서 얻은 가장 중요한 결과는 은하계로 이루어진 퍼짐형 성운으로부터 나오는 복사의 기원에 관한 것이었다."[9)] 그렇지만 일단 100인치 망원경을 가동할 수 있게 되자, 은하수 밖에 존재하는 성운들의 구성과 정체를 결정하려는 연구 노력을 집중적으로 시작했다. 메시어 31성운에서 그가 처음으로 발견한 세페이드 변광성은 외부 은하계 성운까지의 거리를 결정하는 데 이용될 수 있었으므로, 관찰이 가능한 우주의 모양을 알아내려는 그의 나중 노력에 대단히 값진 것이었다.[9)] 여러 개의 세페이드 변광성을 찍은 사진건판을 조사하면서, 메시어 31성운이 은하수를 넘어서 100만 광년 밖에 위치하였으며 그래서 분리된 "우주섬"임을 계산으로 알아냈다. 이 발견을 1924년에 공식적으로 발표함으로써 우주란 그런 "우주섬"들이 수천억 개나 모여서 이루어졌다는 현대적 관점을 수립했다. 전에는 수많은 "우주섬"으로 가득 차 있는 우주를 지지하는 사람과 공간에 별들이 모여 있는 계로서 의미 있는 것은 오로지 은하수밖에 없다고 주장하는 사람들로 천문학자들이 갈라져 활발한 논쟁이 전개되었다. 윌슨산천문대에 설치된 100인치 반사망원경과 같은 장치들이 개발됨에 따라 앞 그룹의 관점이 옳다는 것이 명백해졌다.

1925년 허블은 은하계 분류방식을 공개했는데, 은하계 형성의 표준 되는 안내로서 아직 그대로 쓰이고 있다. 허블의 조사에 의해서 대부분의 은하계들은 어느 정도까지 회전대칭성을 갖고 있음이 밝혀졌으며, 그래서 모든 은하계들을 정상적인 것과 비정상적인 것 두 부류로 나누었는데, 앞의 정상적인 은하계를 나선형 은하계와 타원형 은하계로 더 세분했다.[10)] 분류방식은 은하계의 구조를 이해하려는 이전의 노력을 좌절시켰던 혼란에 상당한 질서를 찾아 주었다.

은하계가 관찰 가능한 우주의 기초단위임을 밝히고 보편적으로 인정된 은하계의 형태에 대한 "지도"를 제공하고 나서, 그다음으로 관찰이 가능한 우주의 끝까지의 거리를 계산하는 데 믿을 만한 방법을 찾았다. 처음에는, 외부 은하계 사이의 거리 척도를 단지 600만 광년까지밖에 확장시켜 줄 수 없었던 그의 믿음직한 세페이드 변광성을 다시 조사했다.[10] 그 다음 몇 해 동안, 그는 거리를 측정하고 은하계 성단의 밝기에 의존하여 궁극적으로는 관찰이 가능한 우주의 크기를 약 2억5000만 광년까지 늘렸다.[10]

허블은 은하계의 거리를 조사하여 그의 가장 위대한 업적을 이룰 수 있었다. 그것은 은하계까지의 거리와 은하계가 바깥 방향으로 멀어져 가는 속도는 비례한다는 법칙이다. 전 연구로부터 은하계가 은하수로부터 더 멀리 위치할수록 그것이 더 빨리 멀어져 감을 알았다. 허블은 "거리가 100만 광년씩 멀어질수록 속도는 매초 약 160㎞씩의 비율로 증가한다"고 추산했다.[11] 이것을 더 깊이 조사함에 따라서 이 관계가 1억 광년이 넘는 거리까지 성립된다는 사실이 밝혀졌다, 모든 은하계들이 그들의 속력이 꾸준히 증가하면서 서로에 대하여 더 멀어져 간다는 이 발견은 지구가 태양의 주위를 돈다는 코페르니쿠스의 제안 이래로 가장 중요한 천문학의 발견이었다. 그것은 허블의 법칙으로부터 갈릴레오에서 아인슈타인에 이르는 대부분의 과학자들이 상상하였던 것처럼 우주가 움직이지 않는 별들의 모임이 아니고 동역학적인 것임이 밝혀졌기 때문이다. 이 발견은 또한 천문학에 허블 상수를 제공해 주었는데, 이 상수는 은하계가 멀어져 가는 속도와 그 거리 사이의 비율이다. 허블 상수는 시간의 역수인 차원을 가지며, 그 역수는 우주의 나이이다. 허블이 원래 결정한 것에 따르면, 우주의 나이는 약 20억 년이다(그 후에 150억 년으로 수정되었다).[11] 외부 은하계 영역을 자세히 조사한 결과에 따르면 공간에 흩어진 은하계들의 분포는 상대적으로 균일하여 보였다. 그러나 최근에 매우 멀리 떨어진 은하계 덩어리의 분포를 좀 더 자세히 조사한 결과 이것들이 공간에 균일하게 분포되지는 않았음을 알게 되었다. 오히려 그것들은 빈 공간처럼 보이는 거대한 방울의 표면에 일종의 레이스 같은 무늬를 만들었다.

1930년대에 허블은 관찰 가능한 우주 안에 들어 있는 은하계들의 분포를 지도로 만들고 은하계의 나선형 팔이 회전하는 동작원리를 조사하는 데 몰두했다. 또한 멀어지는 은하계로부터 오는 빛의 적색이동을 적절히 해석하는 것에 관해서 수많은 이론우주론자와 계속되는 논쟁에 말려들었다. 적색이동 측정이 믿을 만하지 못하다고 느꼈는데, 그것은 은하계에서 오는 빛이 처음 은하계를 떠날 때보다 희미해 보이게 만드는 빛에너지의 감소를 보완하기 위해 어떤 조절을 해야만 했기 때문이었다. 은하계들이 빛의 속력에 상당히 가까운 속력으로 멀어져 가고 있다는 적색이동의 해석을 받아들일 수 없었으므로 1936년 은하계들이 실제로 정지해 있다고 결론지었다.[12] 어찌 되었든 이 가정은 단순히 그러한 관찰에 기반을 둔 이론에 동의할 수 없다는 이유 하나만으로 허블이 자신의 관찰을 무시한 몇 안 되는 예 중의 하나이다.

2차 세계대전이 일어나자 허블은 천문학 연구를 중단하고, 탄도학 책임자 및 애버딘 실험장에 위치한 초음속 풍동(風洞) 연구소의 소장이 되었으며, 그곳에 1946년까지 남아 있었다.[12] 정부에 대한 봉사를 마친 허블은 캘리포니아로 돌아와 팔로마천문대에 설치될 헤일 200인치 반사망원경의 제작감독을 도와주었다. 새 망원경이 1949년 가동하게 되자, 최초로 사용한 사람은 허블이었다. 헤일 망원경은 관찰할 수 있는 우주의 영역을 수천 배나 확장시켰으며, 등방적(等方的)이고 팽창하는 우주라는 허블이 원래 가졌던 관점을 지지하는 증거를 보강해 주었다. 모든 외부 은하계 거리들이 두 배나 더 적게 추산되었다는(그래서 메시어 M31에서 허블이 사용한 세페이드 변광성은 실제로 약 200만 광년 되는 곳에 위치한다) 월터 바데의 추정에 의해 우주의 경계가 더 확장되었음에도 불구하고, 허블이 발견한 것은 실질적으로 도전받지 않고 그대로 남아 있다.[12] 그는 죽기 전 수년 동안 은하계 형성을 계속 관찰하였고, 연어 낚시와 함께 옥스퍼드의 퀸스대학 명예이사 선출이나 기타 여러 가지 명예학위 등 그에게 수여된 많은 영예를 즐기며 보냈다.

금세기의 처음 30년 동안 관찰천문학자들이 먼 은하계와 도플러 이론으로부터 얻은 자료가 팽창하는 우주를 가리킨다는 해석을 시작하고 있는 동안, 우주론자들은 관찰된 것을 이해하기 위하여나 우주에 대한 올바른 모형을 개발하는 안내로서 뉴턴 이론은 막다른 길로 인도할 뿐이었기 때문에 아인슈타인의 중력이론(일반상대론)에 눈을 돌렸다. 아인슈타인 자신도 1917년의 우주론에 대한 그의 유명한 논문에서 이런 연구를 시작했는데 이 논문에서 그는 우주 전체에 그의 중력장 방정식들을 적용했다. 방정식들은 중력을 한 점 주위에서 그 부근의 질량과 에너지에 의해 만들어지는 공간-시간-곡률로 취급한다. 자신의 방정식들을 적용하기 위해, 아인슈타인은 우주의 개별적인 질량들이 잘게 부서져서 매우 희박하고 등방적이며 균일한(동질의) 물질이 안개처럼 모든 공간을 채운다고 상상했다. 그러면 우주에서 한 점은 그 점에서의 물질의 밀도와(모든 점에서 다 같다) 공간-시간의 곡률로(역시 모든 점에서 다 같다) 특징지어질 것이다. 우주의 어느 곳에서 보든 우주는 모든 관찰자에게 동일하게 보여야만 된다는 유명한 우주원리에 맞춰서, 아인슈타인은 그의 우주에 대한 장(場) 방정식으로부터 정적이고 균일하며 등방적인 우주의 모형에 대응하는 풀이를 찾아보았다. 아인슈타인이 우주에 대한 연구를 수행할 당시에는, 먼 은하계들이 점점 멀어지는 것은 알려지지 않았다. 그래서 그는 우주가 정적이지 않다고 믿을 아무런 이유도 없었다. 그러나 우주의 정적 모형은 성립할 수 없었는데, 그 모형은 은하계들이 그들을 서로 잡아당기고 있는 중력의 힘(공간-시간의 곡률)에도 불구하고 공중에 떠서 서로 일정한 간격을 유지하도록 요구했기 때문이다. 그러므로 아인슈타인은 우주가 붕괴하지 않도록 막으려고 "우주상수"라고 부른 항을 더하여 그의 중력장 방정식을 약간 고쳤다. 이 추가의 항에 의해서, 장 방정식으로부터 유일한 반지름을 갖는 구형이고 닫힌 우주에 대응하는 정적 풀이를 구했다.

우주는 여분의 한 차원이 시간이라고 생각할 수 있는 더 높은 차원의 다양체(多樣體) 속에 담겨진 삼차원 공간표면[초표면(超表面)]으로 묘사되어야만 하기 때문에, 여기서 "우주의 반지름"을 조심스럽게 정의하지 않을 수 없다. 진짜 차원은 초구(超球)의 표면인 3차원(우리의 3차원 공간)이며, 이것을 풍선의 표면에 비유해도 좋다. 은하계와 은하계 성단은 이 표면에 발린 물리적 대상으로 상상될 것이며 그들 사이의 실제 거리는 초표면을 따라서 측정되는데, 그것은 우리 공간에서 깊이(지름 방향의 거리)에 대응한다. 그런 풍선의 반지름 R는 물리적으로 측정될 수 있는 양이 아니고 단지 풍선 표면에 위치한 점들 사이의 거리를 결정하는 척도변수일 뿐이다. 만일 R가 두 배가 되면 모든 거리가 두 배가 된다. 아인슈타인의 정적 우주는 바로 그런 "공간-풍선"이며, 그 "반지름"은 공간 자체에 "수직"인 상상의 방향을 따라서 놓여 있는 척도이므로 측정될 수 없다. 이제 우주의 팽창은 다음과 같은 의미로 이해되어야만 한다. 은하계들이 공간의 어떤 중심이 되는 점으로부터 멀어지는 것이 아니다. 그런 점은 존재하지도 않는다. 모든 은하계들이 그들 모두에 대하여 서로 멀어지며, 따라서 그 팽창은 공간의 어느 점에서나 모두 똑같게 보인다. 이것은 풍선을 불면 그 표면의 넓이가 증가하는 것과 똑같이 팽창이 계속되면 우주의 부피가 증가함을 의미한다.

우주에 대한 아인슈타인의 정적 모형이 아인슈타인의 우주 장 방정식으로부터 얻을 수 있는 유일한 것은 아니다. 이 사실은 여러 다른 우주론자들에 의해 예증되었는데, 특히 소련 수학자 알렉산드르 프리드만은 아인슈타인의 장 방정식에서 우주의 반지름 R와 평균 질량밀도 등의 기본 우주 변수를 시간에 의존하는 형태로 바꾸었다. 이 시간에 의존하는 우주 방정식들은 그래서 정적인 우주보다는 동적(動的)인(팽창하거나 수축하는) 우주를 요구한다. 아인슈타인의 정적 우주모형에서는 반지름 R가 변하지 않으므로 은하계들 사이의 거리가 일정하게 유지되지만, 프리드만의 모형에서는 R가 변하므로 은하계들 사이의 거리와 우주 평균밀도가 모두 변한다. 이 사실이 먼 은하계들이 멀어져 간다는 허블의 발견으로 다시 돌아오게 만들며, 따라서 그 발견은 아인슈타인의 중력법칙과 프리드만의 시간에 의존하는 우주방정식이 결합함으로써 얻어진 직접적 결과이다. 그러나 이 방정식들은 우주가 팽창한다는 것으로만 제한하지 않고 우주가 붕괴하는 것도 허용한다. 거기에 덧붙여서, 이 방정식들은 우주가 유클리드적(평평한)인지 또는 비유클리드적(구의 표면과 같이 안쪽으로 휘어졌기 때문에 닫혔거나, 또는 거대한 접시와 같이 바깥쪽으로 휘어졌기 때문에 열린)인지를 알려 주는 우주의 기하가, 우주가 팽창하는 비율(허블 상수)과 우주에 포함된 물질의 평균밀도에 어떤 방식으로 관계되는지도 알려 준다.

이 모든 것을 설명하기 위하여, 시간에 의존하는 두 개의 우주방정식들을 좀 더 조심스럽게 살펴보자. 이 방정식들 중에서 첫 번째는 단순히 전체 우주에 대한 에너지 보존을 진술하는 것이다. 다시 말하면 이 방정식은 R기 증가하는 비율의 제곱으로 주어지는 우주의 전체 운동에너지를(우주가 얼마나 빨리 팽창하는지를) 질량에너지와 중력의 위치에너지, 우주의 복사에너지에 연관시킨다. 오직 우주의 전체 에너지가 0보다 작을 경우에만 우주는 닫혀 있고, 그러므로 우주의 기하는 구형인 방법으로(타원체) 비유클리드적이다. 우주가 팽창하는 동안 먼 은하계들이 멀어져 나가는 속력이 우주의 탈출속력보다 작게 유지되도록 양의 값을 갖는 우주의 운동에너지가 충분히 작아야만 된다. 이 진술은 우주의 평균 질량밀도가 항상 특정한 임계밀도보다 더 커야만 됨을 의미하는데, 그 임계밀도는 허블상수의 제곱(R가 증가하는 비율의 제곱)을 변하지 않는 중력상수로 나눈 것에 비례한다. 그래서 임계밀도의 수치 값은 허블 상수, 즉 우주가 현재 팽창하는 비율에 의존한다. 이 매우 중요한 상수 값으로 100만 광년마다 매초 16㎞를 받아들인다면, 임계밀도는 $4.5\times10^{-30}$g/㎤ 또는 공간의 1㎥당 270만분의 1핵자 또는 공간 400,000㎤의 부피마다 핵자가 한 개 있는 셈이다. 만일 우주 안에 숨겨진 질량(소위 "사라진 질량")을 무시하고 우주의 평균 질량밀도를 계산하는 데 우주에서 관찰된 물체(별, 은하계, 다른 물체)만을 사용한다면, 그 값은 임계밀도보다 작으며, 따라서 영원히 팽창하는 열려 있고 쌍곡선적인 우주를 가리킨다. 그러나 현재로서는 우주가 포함한 대부분의 질량을 탐지할 수 없다는 간접적인 증거가 설득력이 크므로 우주의 기하에 대한 우리의 결정을 유보하지 않을 수 없다. 만일 추정된 숨겨진 질량이 참으로 모두 존재한다면, 우주의 평균밀도는 임계밀도보다 커지며, 우주는 닫혀 있고 타원체인 공간-시간 다양체(리만적이며 비유클리드적인 기하)이며, 우주의 팽창은 미래의 어떤 순간에 멈추게 되고 그 후에는 붕괴한다. 그런 조건은 팽창과 수축을 반복하는 진동하는 우주를 가리킨다.

이제 아인슈타인의 시간에 의존하는 우주방정식 중에서 두 번째를 살펴보자. 그 방정식으로부터 우리는 원칙적으로 우주의 질량밀도를 사용하지 않고서도 우주의 기하에 대한 성질을 추론할 수 있다. 이 방정식은 팽창이 느려지는 비율(감속변수)을 허블 상수의 제곱 및 우주의 반지름 R의 제곱과 연관시킨다. 이 변수는 순수한 수(공간-시간의 단위가 없다)이다. 만일 그 값이 1/2보다 크면 우주는 타원형이고 닫혀 있으며, 만일 그 값이 1/2과 같으면 우주는 평평하고 무한하며, 만일 그 값이 1/2보다 작으면 우주는 열려 있고 쌍곡선형이다. 원칙적으로 (100만 광년 안에 들어 있는 가까운 은하계들로부터의 적색이동에서 알 수 있는) 우주가 현재 팽창하는 비율과 (수십억 년 떨어진 매우 먼 은하계들로부터의 적색이동에서 알 수 있는) 수십억 년 전의 우주 팽창비율을 비교함으로써 이 변수를 계산할 수 있다. 그러나 아주 먼 은하계들까지의 거리를 아는 데 포함된 매우 큰 오차 때문에 이런 계산을 하기 매우 어렵다. 현재로서는 우주의 기하에 대한 질문은 대답을 미룬 채 남겨 둘 수밖에 없다.

이제 매우 초기의 우주와, (만일 우리가 그런 순간을 말할 수조차 있을지 모르지만) 우주가 창조된 순간이나 그 순간에 매우 가까운 시간 동안에 존재했던 조건들에 대한 논의를 마지막으로 이 장을 끝내려고 한다. 극히 최근까지도 과학에서 이 분야는 몇 명 안 되는 우주론자들만 다루는 한정된 영역이었다. 대부분의 물리학자들은 우주에 대해 인정될 수 있는 모형을 수립하는 데 기반이 되는 관찰 증거들이 너무 미약하다고 느꼈기 때문에 이 분야를 그대로 남겨 두었다. 그러나 최근 고에너지 입자물리학이 급속히 발전함에 따라서, 물리학자들은 지상(地上)에 국한된 실험실에서 만들어 낼 수 있는 에너지를 훨씬 능가하는(10의 여러 제곱 배만큼 더 큰) 에너지가 존재했던 실험실로서 초기우주를 대하게 되었다. 그러므로 입자물리학자들은 우주 모형이 쿼크와 같은 기본 구성 요소에 대한 어떤 중요한 성질을 드러낼 수 있을지 보려는 마음에서 우주 모형에 지대한 관심을 갖게 되었다.

우리가 일반적으로 "대폭발" 또는 초기의 "불덩어리 구(球)"라고 말하는 우주가 탄생한 직후의 조건들은 어떠했을까? 우리 우주의 이런 처음 조건들을 발견하기 위하여, 아인슈타인의 시간에 의존하는 우주방정식들을 다시 살펴보자. 그러나 이번에는 이 방정식들을 미래가 아니라 시간의 흐름을 반대 방향으로 바꿈으로써, 즉 방정식에서 (시간)t를 -t로 바꾸어 놓음으로써 과거에 적용하자. 그러면 이 방정식은 시간을 거슬러 올라갈수록 우주는 점점 더 작아지며, 질량과 에너지 밀도, 온도가 증가하며 허블 상수(팽창비율)가 증가한다는 것을 말해 준다. 우리는 어떤 에너지도 우주로 흘러들어 가거나 나올 수 없기 때문에 수축이 단열(斷熱)적으로 일어남을 잊지 말고, 단순히 일반적인 열역학 원리들을 수축하는 우주에 적용함으로써 초기우주의 전반적인 조건에 대하여 그럴듯한 모습을 그려 볼 수 있다. 열역학에 의하면 기체가 외부 힘에 의해 단열적으로 수축되면 기체의 온도, 그러니까 그 내부에너지가 증가한다. 기체의 내부에너지가 증가하는 것은 외부의 힘이 기체에 일을 했기 때문이다. 외부 힘을 중력으로 바꾸어 놓으면, 이 현상은 또한 우주에도 그대로 적용된다. 우주가 중력이 잡아당기는 힘 아래서 수축하면, 중력의 위치에너지가 내부에너지(우주에 포함된 물질의 운동에너지와 복사에너지)로 변환된다.

시간을 거슬러 올라가면 우주의 반지름은 줄어들며, 우주의 온도는 반지름이 줄어드는 것과 같은 비율로 증가한다. 다시 말하면, 반지름이 현재 값의 1/10로 줄어들면 온도는 현재보다 10배 더 증가하는 식이다. 질량과 복사의 밀도 역시 증가하지만, 두 가지가 같은 비율로 증가하는 것은 아니다. 물질밀도는 반지름의 세제곱에 반비례하여($1/R^3$에 비례하여) 증가하지만, 복사밀도는 반지름의 네제곱에 반비례하여($1/R^4$에 비례하여) 증가한다. 이런 차이가 생기는 이유는, 우주가 더 작아질수록 점점 더 많은 광자가 1㎤에 비집고 들어오기(물질밀도가 증가) 때문이다. 그런데 우주의 크기가 감소하면 1㎤에 비집고 들어오는 광자의 수만 증가하는 것이 아니라 개개의 광자의 에너지도 증가한다(광자가 더 파래진다). 시간을 거슬러 올라가면, 각 광자가 스스로 에너지가 커질 뿐만 아니라 그 수가 핵자의 수보다도 근 10억 배나 더 많아지기 때문에 우주의 과거 역사에서 물질에 비해 복사가 훨씬 더 중요함을 알 수 있다.

시간을 거슬러 올라가는 여행을 계속하면, 우주의 현재 질서는 온도가 높아짐에 따라 점점 더 증가하는 무질서에 양보하는 것을 볼 수 있다. 별과 행성, 은하계들은 그들을 에워싼 매우 뜨거운 복사 때문에 그 구성체인 원자들로 쪼개진다. 시간을 더 거슬러 올라가면, 이 원자들은 전자와 원자핵으로 쪼개지고, 마침내 원자핵 자체도 핵자들로 분해된다. 우주의 온도가 절대온도 약 1조 도에 이르면, 이러한 상황에 도달하며 우주의 반지름은 현재보다 약 1조분의 1로 줄어든다. 그러나 입자물리학자들은 그것보다 더 높은 온도와 더 이른 시기에 대하여 생각해 보았으며, 그래서 그들은 더 오래된 과거를 돌아보았다. 창조된 순간인 우주의 반지름 R가 0이었던 순간에, 거의 1조분의 1의 1조분의 1의 1조분의 1초가 지난 이런 매우 초기의 신기원까지 거슬러 올라가면, 우주방정식은 우리에게 창조된 순간으로 다가갈수록 우주의 온도와 밀도가 끝없이 계속하여 증가하며 마침내는 무한대가 됨을 말해 준다. 이 상태가 아무런 물리적 의미도 지니지 못하는 "초기특이점"이라고 알려져 있다. 방정식들은 더 이상 성립하지 않으며, 따라서 현재 있는 그대로의 이론을 가지고는 "우주의 탄생"을 이해할 수 있는 방법은 존재하지 않는다. 이런 이유 때문에, 이론물리학자들은 우주가 태어난 지 $10^{-35}$초만큼 지났고 우주의 온도가 절대온도로 1조×1조×10,000도일 때부터 우주에 대한 연구를 시작한다. 이때의 우주는 현재보다 $10^{28}$배 정도 더 작으며 매우 뜨거운 "불덩어리 구"이므로 이 상태를 "대폭발"이라고 간주해도 좋을 것이다.

그때 복사가 지배하는 우주는 모든 종류의 중입자와 반중입자, 다양한 모든 중간자, 경입자와 반경입자의 매우 뜨거운 복사선의 혼합이다. 우주가 팽창하여 식으면, 핵자를 제외한 모든 중입자와 전자를 제외한 모든 경입자는 사라진다. 그때의 온도는 10억 도 정도이며, 핵자로부터 헬륨 원자핵이 형성될 만큼 충분히 식어서, 양성자의 25%가 실제로 헬륨 원자핵으로 융합된다. 우주가 계속 팽창하면 중성 수소 원자와 헬륨 원자가 형성되기에 충분하리만치 선선해질 때까지 온도도 계속하여 낮아진다. 온도가 계속 더 떨어지게 되면, 복사가 중성 헬륨이나 수소와 상호작용하기에는 너무 차가워진다. 그래서 복사와 물질이 연결을 끊게 되고, 물질(중력)이 지배적인 현재 상태의 우주로 진화해 나간다.

우리는 위에서 표준 되는 이론을 소개했는데, 이 이론은 물리적으로 허용될 수 없는 초기특이점을 제거할 수 없기 때문에, 현재 있는 그대로서는 분명히 만족스럽지 못하다. 그러나 이 책의 저자들 중 한 사람(모츠)은 이런 곤경을 헤쳐 나오는 데 핵자의 구조에 대한 우리의 생각을 대폭 변경시키는 것과 연관된 한 방법을 제시한 바 있다. 그는 그가 "유니톤"이라고 부른 매우 무겁고 기본적인 입자가 존재한다고 추론했으며 그것이 겔만의 쿼크와 동일함을 확인했다. 유니톤의 질량이 매우 크기 때문에 ($10^{-5}$g 정도), 핵자 안에서 쿼크들을 결합하는 힘은 중력이며, 핵자 자체는 세 유니톤이 직선 위에 놓여 있고 두 개는 양 끝에, 그리고 한 개는 중앙에 놓인 선형회전자라고 생각했다. 이제 "대폭발"은 오직 유니톤들로만 이루어진 초기우주라고 생각하면 설명이 가능하고, 이 유니톤들은 광대한 에너지를 방출하며 핵자를 형성하기 위해 삼중선으로 결합한다. 이것이 우주의 탄생인 "대폭발"인 것이다.

핵자에 대한 이런 모형은 우주의 처음 순간을 제거함으로써 우주의 초기특이점을 제거한다. 유니톤 모형은 창조의 처음 순간이 없는 것을 허용한다. 만일 우주의 온도가 $10^{32}$K였을 때까지 시간을 다시 거슬러 올라가면, 이제 우주에 존재하는 광자들의 에너지는 핵자를 유니톤들로 분해할 만큼 충분히 커질 것이다. 그래서 이제 우주에 들어 있는 복사들의 모든 에너지는 유니톤의 질량과 그들 상호 간의 중력에너지 형태로 나타나면서 빨려 들어가고 우주는 차가워진다. 이러한 우주의 상태가 변할 수 있는 유일한 방법은 유니톤이 핵자에 들어 있는 삼중선으로 붕괴하는 것뿐이다. 이 현상은 과거에 반복하여 일어났고 미래에도 반복하여 일어나기를 계속할 것이다.

## 참고문헌

1. A. Vibert Douglas, "Arthur Stanley Eddington," Dictionary of Scientific Biography. New York : Charles Scribner's Sons, Vol. 4, 1971, p. 278.
2. James R. Newman, The World of Mathematics. New York : Simon & Schuster, 1956, p. 1069.
3. 위에서 인용한 Douglas 의 책, p. 279.
4. 위에서 인용한 책, p. 280.
5. "John Archibald Wheeler," McGraw-Hill Modern Men of Science. New York : McGraw-Hill, 1968, p. 590.
6. 위에서 인용한 책, p. 591.
7. 위에서 인용한 책, p. 593.
8. G. J. Whitrow, "Edwin Powell Hubble," Dictionary of Scientific Biography. New York : Charles Scribner's Sons, Vol. 5, 1972, p. 528.
9. 위에서 인용한 책, p. 529.
10. 위에서 인용한 책, p. 530.
11. 위에서 인용한 책, p. 531.
12. 위에서 인용한 책, p. 532.

## 그림 출처

1. Sir. Arthur Stanley Eddington, English astrophysicist Sir Arthur Stanley Eddington (1882-1944), by George Grantham Bain Collection, Library of Congress Prints and Photographs Division Washington, D.C.
2. Together with John Archibald Wheeler in front of lake in Holstein before the Hermann Weyl-Conference 1985 in Kiel, Germany, by Emielke
3. Studio Portrait of Edwin Powell Hubble. Photographer : Johan Hagemeyer, Camera Portraits Carmel. Photograph signed by photographer, dated 1931., http://hdl.huntington.org/cdm/ref/collection/p15150coll2/id/129

# 에필로그

우리는 물리학의 진화와 성장을 두 가지 측면에서 소개했다. 하나는 물리학을 구성하는 물리의 기본원리들을 발견하고 발전시킨 과학자들의 생애이며, 다른 하나는 이 원리들이 발견되고 제안된 방법이다. 이러한 발견자들의 생애를 살펴보면, 자연을 탐색하고 무엇이 자연을 지배하는지 발견하려는 욕구와 수그러들지 않는 내부 정열에 대한 그들의 헌신에 감명받는다. 물리학의 초기 시대에는 안내해 줄 만한 계율이 하나도 없었으므로, 초기의 물리학자들은 미지의 세계에서 길 잃은 탐험가와 같았다. 그들은 자연이 어떻게 "작동"하는지를 발견해야 했을 뿐 아니라, 그들 자신의 과학에 대한 새로운 논리를 발견하고 발전시켜야 했다. 그런데 그 과학의 정체라는 것도 단지 희미하게밖에 이해되지 못했다. 이런 과제는 최소한 얼마만큼이라도 확신과 교만을 지닐 것을 요구했다. 그것은 자연(우주)이 이성적이라는(변덕스럽지 않다는) 확신이며 이 탐험가들의 지적 능력이 자연에 의해 제시된 문제를 푸는 데 직면하는 과제와 같은 수준이라고 믿는 교만이다.

자연이 이성적임을, 그러므로 기본원리를 사용하여 기술할 수 있음을 인정하면서, 초기의 물리학자들은 지적 혁명을 개시했는데, 그 혁명은 그들이 상상할 수 있었던 것을 훨씬 더 넘어서는 곳까지 확장되었으며 현대 사회의 모든 측면에 지대한 영향을 주었다. 우주에서 지극히 몇 안 되는 사건들만이 잘 조직되어 있고 이성적인 우주에서 요구되는 규칙성을 가리키고 있었기 때문에, 그러한 혁명의 길을 따라 출발하기에는 상당한 용기가 필요했다. 물질과 형태가 굉장히 다양했기 때문에, 고대 그리스 사람들은 자연이 보편적인 법칙에 의해서가 아니라 자신들의 변덕에 따라서 사건을 조정하는 많은 신에 의해서 지배된다고 생각했다. 매일 해가 뜬다든가 별자리들의 배열, 행성들이 운동하는 모양, 달의 모습이 바뀌는 것, 그리고 매우 규칙적으로 일어나는 일식과 월식 같은 하늘에서 벌어지는 특정한 사건들이 보편적인 자연법칙에 의해서 조작되는 것이 아니라 오히려 하늘의 물체에 자기의 뜻을 불어넣어 천상(天上) 물체에 알맞게 규칙적인 양식으로 움직이도록 강요하는 전지전능한 창조자의 능력을 과시하는 증거라고 받아들였다.

그렇게 단순한 신을 끌어들인 설명에서 떠나 태양계의 동작원리에 신들이 아무런 관계도 없고 태양계는 심지어 "신들마저도 복종하지 않을 수 없는" 불변의 법칙들에 의거하여 행동한다고 제안하는 것이야말로 가장 나쁜 종류의 이단(異端)이었으며, 그러한 것을 공표하기에는 대단한 용기가 필요했다. 조르다노 브루노가 1600년 화형장에서 불태워졌고 갈릴레오가 감옥에 갇힌 것은 당시에 과학원리들을 선포하는 것이 얼마나 위험한지를 여실히 보여 주는 증거이다. 그러나 과학에서 개척자가 되기 위해서는 좀 더 좁은 의미에서의 용기, 즉 그 시대를 지배하고 있는 과학적 견해와 일치하지 않는 견해도 고집할 수 있는 용기도 필요했다. 누구보다도 자기 동료들이 색다른 생각이나 개념의 제안을 조롱하는 것이 새로운 생각을 제기하는 것을 가장 강력하게 억제할 수도 있다. 그래서 코페르니쿠스는 "역사의 무대에서 야유받고 물러나오게 될까 봐 두려워서" 태양계에 대한 태양중심설이 대중에게 알려지게 만들고 싶지 않다고 고백했으며, 율리우스 마이어는 열이 에너지의 한 형태라고 제의하고 열역학 제1법칙을 발견하게 된 데 대해 19세기의 동시대 사람들이 그에게 퍼부은 조롱에 견디지 못해 거의 자살할 지경에까지 이르렀다. 새로운 이론을 제안하는 데 용기가 필요한 것은 닐스 보어의 원자에 대한 양자 모형에 관하여 알게 된 알베르트 아인슈타인에 의해 가장 감명 깊게 표현되었다. 아인슈타인은 그와 똑같은 생각을 닐스 보어보다 1년 전부터 갖고 있었으나 감히 그것을 발표할 용기가 없었다고 말했다. 이와 같이 물리 이야기를 엮어 나가는 것은 이 이야기에 포함된 모든 사람들의 뛰어난 특성인 용기에 대한 이야기이다.

요하네스 케플러와 갈릴레오 갈릴레이, 아이작 뉴턴의 연구와 더불어 새로운 과학이 시작되었을 때, 그 과학은 밑바탕에 아무런 주제도 깔아 놓지 않고서 발전되었다. 그때는 동시에 여러 현상을 설명할 수 있는 보편적인 원리를 찾는 것이 아니었고 어느 특정한 현상을 올바로 기술할 수 있는 것을 발견하려고 시도하는 것이 전부였다. 이와 같은 목표를 달성하려는 첫걸음은 만유인력의 법칙을 발견하고, 중력의 힘이란 단지 "사과가 땅으로 떨어지는 것"만을 지배하는 것이 아니라 달이 어떻게 지구의 주위를 도는지, 행성들이 어떻게 태양의 주위를 도는지, 밀물과 썰물이 어떻게 일어나는지, 그리고 별들의 운동에서 그들이 어떻게 지배되는지까지도 지배하는 우주의 "원동력"이라고 제안한 뉴턴에 의해서 취해졌다. 뉴턴의 개념이 이렇게 일반화된 것은 물리학을 단지 특정한 사건에 대한 구체적인 설명뿐 아니라 보편적인 원리나 법칙을 발견하려는 새로운 단계로 승화시켰으므로, 그 중요성을 아무리 강조해도 지나치지 않는다. 이 일반화야말로 물리학을 뉴턴 시대에서부터 현재까지 한데 묶고 여러 가지 방법으로 나타나게 하는 연결고리이다.

물리학을 통합하려는 동기는 우주의 모든 구조물이 우주에 존재하는 힘과 연관되어 있다는 발견으로부터 시작됐다. 구조물의 종류가 수없이 많아 보였으므로 첫눈에 보기에는, 모든 구조물들을 전부 설명하려면 무한히 많은 종류의 힘이 요구되는 것처럼 생각되었기 때문에, 이런 생각이 처음에는 통합보다 더 복잡해지는 것처럼 보였을지도 모른다. 그러나 한 가지 힘이 여러 가지 서로 다른 구조물을 만들 수 있었으므로 구조물을 힘과 연관시켜 물리학의 통합을 이루려는 이러한 어려움은 단지 겉으로만 나타날 뿐이지 실제로 그런 것은 아니었다. 원칙적으로 몇 개 되지 않는 힘들이 우주에 존재하는 모든 구조물들을 설명할 수 있다.

힘이 단지 어떻게 구조물을 만들 수 있는지는 물체에 작용된 힘과 그 힘을 받는 물체가 움직이는 방법을 연관시킨 뉴턴의 운동법칙으로부터 명백히 알 수 있다. 만일 우주에 힘이 존재하지 않는다면, 우주의 모든 입자들은 직선 위를 움직일 것이며 현재처럼 결코 그들 사이의 물질 인력에 의해 한데 모여 그룹을 이루며 결합하지 않을 것이므로, 구조물이 형성될 수가 전혀 없다. 물체에 작용하는 힘이 끊임없이 그 물체의 운동 상태를 변경시킨다는 뉴턴의 발견이 구조물을 이해하는 열쇠였으며 물리학에서 통합을 향한 진격의 시작이었다.

이 개념을 뉴턴의 운동법칙과 만유인력의 법칙을 사용하여 자세히 연구된 첫 번째 힘인 중력이 지배하는 구조물의 하나로서 태양계에 어떻게 적용되는지를 간략하게 살펴보는 것도 유익할 것이다. 만일 중력의 힘이 갑자기 제거된다면, 행성들은 모두 서로 태양으로부터 직선을 따라 떠나버리고 구조물로서의 태양계는 사라질 것이다. 우리에게는 다행스럽게도, 태양이 행성들을 중력에 의해 잡아당기는 것과 행성들이 직선 위를 일정하게 움직이려는 자연스러운 경향(그들의 관성)이 조화를 이루어 행성들이 태양의 주위를 거의 원형 궤도를 따라 회전하도록 만들어 준다. 동역학적인 구조물로서의 태양계가 이렇게 유지된다.

뉴턴은 중력을 보편적이며 우주에 존재하는 모든 큰 구조물(행성, 별, 별들의 모임)들을 다 설명할 수 있는 개념으로 제안함으로써 이를 놀랍도록 일반화시켰다. 실제로 그는 우주의 구조 자체가 중력에 의해 지배된다는 선까지 제의했으며, 그리고 나서는 만유인력의 법칙을 사용하여 별들의 관찰된 분포를 계산하려고 시도했다. 이러한 노력이 현대우주론의 시작을 장식한다.

중력이 우주적이며 천문학적인 원동력임은 물리학자들과 천문학자들에게 즉각 받아들여졌다. 이 믿음에 기반을 두고서 18세기와 19세기의 위대한 수학자들이 이론물리학의 가장 장엄한 지식체계 중의 하나인, 이른바 천체역학을 발전시켰는데, 그것이 뉴턴의 중력이론에서 최고봉을 대표한다. 이러한 수학자들은 물리학에서 중요한 역할을 계속 차지해 오고 있으며 물리학이 새로운 이론으로 진화해 나가는 데 물리학자들을 인도한 새로운 개념들을 도입했다. 물리학자들은 이론이 수학적으로 아름다워야만 옳은 이론이라고 주장한다. 이것은 이론이 표현된 수학이 우아하고 간단해야만 되며 가능한 한 적은 수의 기본개념을 사용해야 한다는 것을 의미한다. 이런 아름다움의 개념은 현재까지 물리학을 풍미하고 있다.

19세기의 수학적 우아함으로 표현된 뉴턴 물리학은 물리학자들로 하여금 구체적으로 힘을 연관시키지 않고 다른 분야를 발전시킬 수 있도록 허용한 개념들을 만들어 내었다. 이러한 개념들 중에서 가장 중요한 것은 입자들 사이의 모든 상호작용에서, 그 상호작용의 성질에는 상관없이, 특정한 물리량들이 꼭 보존되어야만 한다는 보존원리이다. 입자들이 어떤 고립된 계에서도 세 가지 보존되는 양들, 즉 운동량과 에너지, 그리고 각운동량(회전운동)은 특별히 중요하다. 여전히 물리학을 지배하고 있는 이 보존원리들은 모든 장소와 시간에서 성립한다는 의미에서 보편적이다.

보존원리들은 대칭성의 보존이라는 다른 개념과 연관되며, 물리학자들이 올바른 물리법칙을 찾는 데 매우 중요한 안내 역할을 맡는다. 물리학자들이 사용하는 대칭성은 다른 관찰자에 의해 표현되더라도 법칙의 수학적인 형태가 동일해야만 한다는 것을 의미한다. 이런 견해는 불변의 개념을 포함한다. 그래서 운동량 보존의 원리는 우리가 공간의 한 장소에서 다른 장소로 옮기더라도 자연의 법칙이 변하지 않아야 된다는 의미에서 공간이 대칭적이어야만 됨을 의미하며, 에너지 보존은 법칙이 한 순간에서 다른 순간으로 옮기더라도 변하지 않아야 됨을 의미한다(시간에 대한 우주의 대칭성). 각운동량 보존의 법칙은 우리의 위치를 바꾸어 우주를 서로 다른 방향에서 바라보더라도 법칙이 변하지 않아야 됨을 의미한다.

뉴턴으로부터 현재까지의 물리학의 연속을 나타내 주는 이 모든 개념들은 중력이 여전히 이해될 수 있는 유일한 힘이었던 시기에 뉴턴의 동역학으로부터 유도되었다. 그 당시에는 비록 중력이 행성이나 별들의 동작원리를 지배할지라도, 물질 내부의 동작원리라든가 우리 주위에 존재하는 입자들 사이의 상호작용에는 아무런 역할도 맡지 못하든지 아니면 아주 사소한 역할밖에는 맡지 못함이 분명했다. 피상적인 관점에서 보자면, 다이아몬드나 철과 같은 가장 단단하고 가장 강한 것에서 시작하여 살아있는 세포와 같은 가장 부드러운 것에 이르기까지 굉장히 다양한 물질들을 설명하려면 여러 가지 서로 다른 힘들이 작용하고 있어야만 될 것처럼 보였다. 만일 이것이 사실이라면, 그런 모든 힘들을 발견하려는 시도는 별 성과가 없을 것이었다. 다행스럽게도 일이 그렇게 되지는 않았는데 그것은 고대 그리스 사람들이 알고서 그랬던 것은 아니지만, 물질에서 보통 관찰되는 모든 성질들과 살아 있는 유기체와 그 생명 과정을 설명하는 힘인 전기를 발견했기 때문이었다.

전기력을 발견한 지 근 2000년이 흐른 뒤에야, 물리학자들은 이 힘이 원자와 분자, 화학의 전 분야를 설명한다는 사실을 예증했다. 중력을 제외하고 우리가 일상생활에서 맞부딪히는 모든 힘들은(마찰, 탄성력, 근육 힘 등) 전기력이 다르게 나타난 것이다. 그러나 이 힘을 고대 그리스 사람들은 알지 못했고 18세기에 와서야 비로소 우연히 발견된 다른 중요한 성질을 갖고 있었는데, 그것은 자기(磁氣)와 연관되어 있었다. 고대 그리스 사람들도 자기를 발견했지만, 전기력과 자기력이 서로 밀접하게 연관되며 전자기력이라고 불리는 한 가지 힘의 다른 두 측면임을 알지 못했다.

전자기가 발견되자 우리가 "통합물리"라고 불러도 좋은 물리학의 새로운 국면이 시작되었으며, 아인슈타인은 전 생애에 걸쳐서 "통일장이론"을 찾는 일을 추구했다. 이러한 추구를 인도한 아인슈타인에 의해 가장 잘 표현된 그 목표는 전자기장과 중력장이 단 한 개의 더 기본 된 장으로부터 유도될 수 있음을 보이는 것이었다. 비록 아인슈타인의 추구가 성공적이지는 못했지만, 그것이 이미 물리학자들이 알고 있었던 네 가지 기본 힘들, 즉 중력, 전자기, 핵(강)력 그리고 약한 상호작용을 통합하려는 오늘날의 시도를 발생시켰으므로 매우 영감적이고 고무적이었다.

이제 물리학에 스며들어 있는 통합개념은 뉴턴 물리학의 수학에 깊은 뿌리를 두고 있다. 뉴턴의 중력을 다루는 데 사용되는 일반적인 수학공식들과 같은 공식들은 그것을 거의 고치지 않고서도 전기를 띤 입자들 사이의 전자기 상호작용을 다루는 데 적용될 수 있다. 뉴턴의 중력이론과 전자기의 수학적 공식화가 매우 비슷하다는 사실이 이 둘을 통합하려는 운동을 강력히 지지했다.

비록 이런 통합이 성취되지는 못했지만, 다른 종류의 통합이 빛의 전자기 성질에 대한 맥스웰의 놀라운 발견에 의해 이루어졌다. 전자기장에 대한 그의 유명한 방정식들은 이 전자기장이 빈 공간을 통하여 빛의 속력으로 전파됨을 보였으며, 19세기 말의 위대한 실험학자 하인리히 헤르츠는 맥스웰의 전자기파가 광파(光波)의 모든 성질을 갖고 있음을 실험으로 예증하여서, 전자기와 빛의 통합을 완성했다. 하지만 이러한 성취가 전자기에 전부 계승된 뉴턴의 기본 보존원리를 변경시키지는 않았다.

그러나 통합이 전자기와 빛에 국한된 것은 아니었다. 다른 물리학자들은 열역학법칙과 기체법칙들은 만일 분자라는 개념을 인정하면 뉴턴의 운동법칙으로부터 추론될 수 있음을 예증했다. 실제로, 뉴턴의 운동법칙은 기체의 압력을 분자에 의한 충돌로, 그리고 기체의 온도는 기체에 속한 분자들의 평균 운동에너지로 귀착시킨다. 그렇지만 모든 통합 중에서 가장 볼만하고 극적인 것은 1905년 아인슈타인의 특수상대론으로 이루어졌는데, 특수상대론은 공간과 시간을 공간-시간이라고 불리는 한 개의 물리량으로 통합했다. 이 개념은 절대공간과 절대시간이라는 서로 분리된 뉴턴적 의미를 없애고 그것을 한 개의 절대 4차원 공간-시간 다양체로 대치했다. 그러나 아인슈타인의 발견은 빈 공간을 일정한(그러나 서로 다른) 속도로 움직이는 모든 관찰자들에게 빛의 속력이 똑같이 보인다는 사실로부터 유래하는 공간과 시간을 통합한 것을 더 넘어서 앞으로 나갔다. 그것은 에너지와 운동량, 그리고 입자의 질량을 한 개의 양인 질량-에너지-운동량으로 통합했다. 그래서 에너지와 운동량, 질량이 각기 따로 보존되는 원리들이 한 개의 에너지-질량-운동량의 보존원리로 바뀌었다. 그래서 질량과 에너지의 동등성이 수립되었으며, 그것이 없었더라면 당시의 고에너지 입자물리학은 이해될 수 없었다.

아인슈타인이 제안한 특수상대론의 이 놀라운 모든 결과들은 기본적인 불변의 원리로부터 추론되었다. 불변의 원리는 자연의 법칙이 일정하게 움직이는 모든 기준틀에서 동일한 수학적 형태를 가져야만 한다고 말한다. 다른 말로 표현하면, 일정하게 움직이는 어떤 관찰자가 공식화한 법칙의 수학적 표현은, 그렇게 움직이는 다른 관찰자가 공식화한 것과 같아야만 된다는 것이다. 이것은 법칙이 아닌 자연의 어떤 진술에 대해서는 성립하지 않는다. 불변의 원리는 그래서 물리학자들로 하여금 기본이 되던 보편적 법칙을 자연에 대한 모든 가능한 진술로부터 구별해 낼 수 있도록 만들어 주는 강력한 분석도구이다. 불변의 원리는 물리학자들이 보편적 진리를 찾는 데 있어 오류 없는 신호이며, 그러한 신호가 되어 왔다. 그것은 모든 현대물리학의 밑바탕을 이룬다.

아인슈타인은 그의 일반상대론에서 중력의 힘을 공간-시간 다양체의 곡률로 바꿈으로써 물리를 한층 더 통합시켰다. 이 이론에 따르면 질량이 그 근처의 4차원 공간-시간 다양체를 휘게 만들어서, 한 입자가 첫 번째 입자에 끌려서 직선 위를 움직인다기보다는 오히려 이 공간-시간 곡률을 따라 움직이게 만든다. 아인슈타인은 이렇게 하여 중력의 힘을 휘어진 공간-시간으로 바꾸었으며, 그렇게 함으로써 기하를 물리의 일부로 만들었다. 아인슈타인은 이 중력이론을 전체 우주에 적용했으며, 그것이 현대우주론의 시작이었다. 이 우주론으로부터 얻어지는 한 중요한 추론은 우주가 팽창하고 이 팽창은 약 150억 년 전에 광대한 폭발("대폭발")로부터 시작되었다는 것이다. 기하와 물리학을 결합함으로써 물리학자에게는 광대한 새로운 영역이 열리게 되었다. 이 영역에는 우주의 구조뿐 아니라 가장 기본 되는 입자의 구조 역시 포함된다.

19세기가 막을 내리려는 시기에, 우주는 서로 상호작용하지만 그 성질은 아주 다른 두 가지 양인 입자와 장(場)으로 이루어진 것처럼 보였다. 입자(즉 전자와 양성자)들은 공간의 작은 영역에 국한되어 있고 우주의 모든 물질들을 설명하는 반면에, 장은 어떤 장소에 국한된 것이 아니라 파동처럼 퍼져 있고 순수한 에너지 상태라고 상상해도 좋다. 그러나 우주의 내용물을 입자와 파동으로 나눈 이분법의 이런 개념은 막스 플랑크와 알베르트 아인슈타인에 의해 허물어졌다. 그들은 전자기장이 입자들의 흐름(광자)처럼 행동할 뿐 아니라 파동의 연속처럼 행동하기도 함을 발견했다. 이 발견이 오늘날 모든 물리학에 스며들어 있는 파동-입자 이중성의 시작이었다. 이 파동-입자 이중성이라는 가설은 1920년대 입자(즉, 전자와 양성자)가 파동의 성질을 가졌음이 발견됨에 따라 완성되었다. 이와 같이 일련의 고리를 이루는 생각들이 완성되었으며, 입자와 장을 함께 다루기 위하여 양자역학이라고 불리는 수학과 물리학으로 이루어진 전공 분야가 발전되었다.

우리의 물리 이야기가 여기서 막을 내려야 되겠다. 그것은 물리학자들의 할 일이 더 이상 남아 있지 않기 때문이 아니다. 아직도 만들어야 할 흥분되는 발견들이 굉장히 많이 남아 있지만, 끝이 없는 이러한 추구를 안내해 줄 두 위대한 이론들인 상대론과 양자론은 알려져 있다. 이 이론들은 인간이 성취하고 창조할 수 있는 바로 최고봉이며, 이 이론들이 소립자의 미시적 세계와 별이나 은하계의 거시적 세계를 통합했다. 우리가 우주의 통합을 얘기할 때면, 우리는 이 두 이론을 생각하게 되는데, 이 두 이론이 우주 자체의 팽창이 어떻게 우주에 존재하는 물질과 에너지를 이루는 기본적 입자들의 성질로부터 추론될 수 있는지를 우리에게 알려주기 때문이다.

# 찾아보기

[ㄴ]



[ㄷ]

[ㅊ]

**[ㅍ]**

[ㅎ]

물리 이야기
The Story of Physics

1쇄 1992년 03월 31일
중쇄 2008년 03월 30일

지은이 로이드 모츠·제퍼슨 헤인 위버
옮긴이 차동우·이재일
펴낸이 손영일
펴낸곳 전파과학사
주소 서울시 서대문구 증가로 18, 204호
등록 1956. 7. 23. 등록 제10-89호
전화 (02) 333-8877(8855)
FAX (02) 334-8092
홈페이지 www.s-wave.co.kr
E-mail chonpa2@hanmail.net
공식블로그 http://blog.naver.com/siencia

ISBN 978-89-7044-534-2 (03420)
파본은 구입처에서 교환해 드립니다.
정가는 커버에 표시되어 있습니다.

# 물리 이야기

The Story of Physics